FIGHTER WING

TOM
CLANCY

FIGHTER WING

Eine Reise in die Welt der modernen Kampfflugzeuge

Aus dem Amerikanischen
von Heinz-W. Hermes

WILHELM HEYNE VERLAG
MÜNCHEN

Alle in diesem Buch dargelegten Ansichten und Meinungen geben die des Autors wieder und müssen nicht unbedingt mit denen anderer Personen oder Institutionen, der Luftstreitkräfte oder der Regierung irgendeines Landes übereinstimmen.

Titel der amerikanischen Originalausgabe:
FIGHTER WING
A Guided Tour of an Air Force Combat Wing

Die Originalausgabe erschien im Verlag
Berkley Books, New York

Umschlaggestaltung: Art & Design Norbert Härtl, München
Umschlagillustration: Joel Levirne
Satz: Leingärtner, Nabburg
Druck und Bindung: RMO-Druck, München
ISBN 3-453-11520-1

Printed in Germany

Dieses Buch ist vier Mitgliedern des 366. Geschwaders gewidmet,
die ums Leben kamen, während sie sich im Jahr 1994
im Einsatz befanden:

Major Morton R. Graves III, USAF (34. Bomberstaffel),
Captain Jon A. Rupp, USAF (34. Bomberstaffel),
Captain Kathleen J. Hale, USAF (Sanitätsabteilung des 366. Geschwaders),
Staff Sergeant Don Antikainen (389. Jagdstaffel).

Sie starben im Dienst, ohne große Zeremonien und Fanfaren –
Gunfighter, Kämpfer und Amerikaner. Wir glauben, daß Sie das wissen sollten,
denn ihre Freunde, Familien und Fliegerkameraden liebten sie
und vermissen sie jetzt. Bitte bringen auch Sie Ihnen Zuneigung entgegen,
denn die besten unserer Ideale wurden immer durch solche Krieger beschützt.

Inhalt

Danksagung	9
Vorwort	13
Einführung	19
Airpower 101	25
Desert Storm: Planung des Luftkriegs	69
Kampfflugzeuge	99
Waffen: wie man Bomben »smart« macht	171
Air Combat Command: Nicht mehr die Air Force unserer Väter	241
Das 366. Geschwader – eine Führung	271
Kriegsvorbereitung: Green Flag 94-3	321
Rollen und Aufgaben: Das 366. Geschwader in der Realität	359
Schlußwort	393
Glossar	397
Bibliographie	428

Danksagung

Mein Dank gilt allen Menschen, die dieses Buch zu etwas Besonderem gemacht haben. Einmal mehr beginnen wir mit meinem Partner und Rechercheur John D. Gresham. Seine Arbeit an diesem Buch führte ihn oft kreuz und quer durch das Land, und er machte dabei einige außerordentlich interessante Erfahrungen. Ob er sich mit Informanten über die kleinsten Details von Präzisions-Lenkwaffen auseinandersetzte oder ob den »Ritt« seines Lebens in einem Jagdflugzeug erlebte, er schaffte es immer wieder, seinen ganz eigenen Schwung in die Bücher dieser Reihe einzubringen. Abermals konnten wir auf die klugen Ratschläge und das enorme Wissen des Herausgebers dieser Reihe, Professor Martin H. Greenberg, zurückgreifen. Einmal mehr ein Kompliment an Laura Alpher für ihre hervorragenden Zeichnungen, die man immer wieder mit Freude ansehen kann und die viel zum Gelingen des Buches beigetragen haben. Dank schulden wir auch Craig Kaston, dessen Fotos wir hier erstmalig verwenden. Auch die Arbeit von Tony Koltz, Mike Markowitz und Chris Carlson muß wiederum erwähnt werden. Sie recherchierten hervorragend und lieferten redaktionelle Unterstützung – und das immer kritisch und vor allen Dingen rechtzeitig. Danken möchten wir auch Cindi Woodrum, Diana Patin und Rosalind Greenberg, die in der Abschlußphase uns alle auf den neuesten Stand brachten.

Ein Buch wie dieses kann man nicht ohne die Unterstützung von hochrangigen Offizieren in führenden Positionen schreiben, und dieses hier macht dabei keine Ausnahme. Unser erster Dank geht deshalb an Dr. Richard Hamilton, den Chefhistoriker der Air Force und langjährigen Freund. Er war da, als wir anfingen, half uns mit soliden Ratschlägen zur Konzeption des Buches und zeigte uns zugleich, wie man diese Ratschläge in die Tat umsetzen konnte. Zwei hochrangigen USAF-Offizieren können wir gar nicht genug danken: General John M. Loh und General Charles A. Horner. Diese Offiziere, beide am Ende ihrer Laufbahn, schenkten uns ihre wertvolle Zeit und Unterstützung, und wir werden ihnen wohl nie das Vertrauen und die Freundschaft vergelten können, das sie uns entgegenbrachten. Dank auch an Colonel John Warden vom Air Command and Staff College[1], der uns an seinem besonderen Einblick in die Materie teilhaben ließ. Im Bereich der Nellis AFB, Nevada, stand uns Lieutenant General Tom Griffith zur Seite, der dort das weltweit tollste Luftkampf-Trainingszentrum leitet. Ebenfalls in Nellis waren es Brigadier General Jack Welde, der Kommodore des 57. Geschwaders; Colonel John Frisby

1 Stabs- und Führungsakademie. *(Sämtliche Fußnoten in der deutschen Ausgabe sind Anmerkungen des Übersetzers.)*

von der Adversary Tactics Division[2]; Colonel Bud Bennett, der das 554. Range Control Squadron[3] kommandiert, und Colonel Bentley Rayburn von der USAF Weapon School[4], die uns während unseres Besuches völlige Bewegungsfreiheit in ihren Einrichtungen und bei Kontakten mit ihrem Personal ermöglichten. Weitere erwähnenswerte Hilfe erhielten wir auf der Nellis AFB von Lieutenant Colonel Steve Anderson, dem Leiter der USAF Thunderbirds[5]; Lieutenant Colonel Steve Ladd, dem Leiter der 549. Joint Training Squadron[6], die besser als AIR WARRIOR bekannt ist; Major Steve Cutshell im Adversary Tactics Shop in Nellis und Lieutenant Colonel Ed LaFontaine, der die USAF Combat Search and Rescue Scool[7] (CSAR) aufbaute. Die beiden lebenden Legenden Blake Morrison und Marty Isham – das Team, welches hinter der Militärzeitschrift *USAF Weapons Review* steht – waren unverzichtbar für die Detailkorrekturen. Schließlich gab es da noch zwei wundervolle junge Offiziere der USAF, Major Gregory Masters und Captain Rob Evens, die uns ihre ganz persönlichen Erfahrungen aus dem Golfkrieg mitteilten.

Eine andere Gruppe, die von elementarer Bedeutung für unsere Arbeit war, ist zwar nicht so gut bekannt, deswegen aber nicht weniger wichtig als die vorgenannten: die verschiedenen USAF Public Affairs Offices[8] (PAO) und Archive, die unsere überaus zahlreichen Anträge auf Besuchserlaubnis und Informationen bearbeiteten. Ganz oben auf unserer Liste stehen dabei Major Dave Thurston, June Forté und Carol Rose vom PAO des Pentagon. Unten im Air Combat Command sind es Colonel John Miller, Colonel Mike Gallager und die Captains John Mills, Katie Germain und Michelle DeWerth, die sehr hart arbeiteten, um ihre Story verständlich zu übermitteln. Draußen auf der Nellis AFB, Nevada, gelang es Major George Sillia trotz der unglaublichen Hitzewelle im April 1994, unseren Besuch dort sowohl unvergeßlich wie auch erträglich zu gestalten. Im USAF Space Command war Colonel Dave Garner stets bemüht, uns die Raumfahrt-Story richtig zu vermitteln. Auch von den Geheimdiensten erhielten wir hilfreiche Unterstützung. Bei der NRO waren es Jeff Harris und Major Pat Wilkerson, bei der NSA Linda Miller und Judith Emmel und bei der DARO schließlich Major Dwight Williams. Hilfe erhielten wir auch von weiteren PA-Offizieren, wie den Lieutenant Colonels Bruce McFadden und Charles Nelson, Major Jim Tynan, den Captains Tracy O'Grady und Brett Morris sowie dem Lieutenant Chris Yates. Danke euch allen.

---

2 Eine Einheit, die speziell auf feindliche Taktiken und Manöver im Luftkampf trainiert wird. Sie übernimmt bei Übungen die Feindrolle und fliegt nicht selten auch Maschinen, die von einem potentiellen Gegner verwendet werden.
3 Schießplatz-Kontroll-Staffel
4 Waffenschule
5 »Donnervögel«: Kunstflugstaffel der amerikanischen Air Force
6 kombinierte Trainingsstaffel
7 Schule für Such- und Rettungseinsätze im Kampf
8 Informations- und Pressestab; Büros für Öffentlichkeitsarbeit der U.S. Air Force

Auf der Mountain Home AFB, ID, hatten wir die außerordentliche Ehre, mit einer der vortrefflichsten Gruppe von Menschen, die man sich vorstellen kann, zusammenzuleben: dem Personal des 366. Fighter Wing, »The Gunfighters«. Unser herzlichster Dank geht an den dortigen Wing Commander[9] Major General David McCloud. Dieser Mann ist ständig in Bewegung, und seine Bereitschaft, in diesem hektischen Jahr die knapp bemessene Zeit seiner Einheit mit uns zu teilen, übertraf bloße Pflichterfüllung bei weitem. In diesem Zusammenhang soll auch der Geschwaderstab erwähnt werden. Colonel Robin Scott war jederzeit hilfsbereit, ganz gleich, ob es darum ging, uns die Einsätze des Geschwaders zu erklären oder uns in die Feinheiten des »Crud«-Spiels einzuweihen. Die Lieutenant Colonels Gregg Miller und Rich Tedesco führten uns in die Kunst der Aufstellung von ATOs ein. Die PAOs des Geschwaders, Captain Christi Dragen und Lieutenant Don Borchelt, waren einfach bewundernswert in ihrer Toleranz und Geduld. Nicht unerwähnt bleiben soll auch die Unterstützung, die uns von den verschiedenen Staffelführern des Geschwaders zuteil wurde: den Lieutenant Colonels John Gauhn, Stephen Wood, Larry New, Frank Clawson, Lee Hart, William K. Bass und Jay Leist. Und dann war da noch Lieutenant Colonel Tim Hopper, Befehlshaber der 34. Bomberstaffel des Geschwaders. Tim ist einer der beeindruckenden jungen Combat Leaders in der heutigen Air Force, und es machte ihm nichts aus, daß wir alle Licht- und Schattenseiten seiner Karriere kennenlernten, während wir dort waren. Gott schütze Tim, denn die Nation braucht Offiziere wie ihn. Ein weiterer Truppenführer besonderer Art ist Brigadier General Silas Johnson, der Kommodore des 552. Airborne Control Wing[10], und wir sind außerordentlich stolz darauf, ihn zu kennen. Ebenfalls Dank an General J. C. Wilson, den Kommodore des 28. Bombergeschwaders auf der Ellsworth AFB, South Dakota, der uns die »schweren Eisen« der Air Force vorgeführt hat.

Wieder einmal gilt unser Dank unseren verschiedenen Partnern in der Industrie, ohne die sämtliche Informationen über die Vielzahl von Flugzeugen, Waffen und Systeme kaum ans Tageslicht gekommen wären. Bei den Flugzeugherstellern waren es Lee Whitney, Barbara Anderson, Robert Linder, Tom Courson, Lon Nordeen, Gary Hakinson, Martin Fisher und Jerry Ennis von McDonnell Douglas; Joe Stout, Donn Williams, Karen Hagar, Jim Ragsdale, Jeff Rhodes, Eric DeRitis, Susan Walker, James Higginbotham, Terry Schultz, Doug McCurrah und Robert Hartman von Lockheed Martin; Mike Mathews, James Walker, Eric Simonson, Tony Pinella und Tom Conrad von Rockwell International; John Visilla, Tony Contafio und Patty Alessi bei Northrop Grumman; Milt Furness, Cynthia Pulham und Susan Bradley von Boeing und schließlich Jim Kagdis und Foster Morgan von Boeing Sikorsky. Aber wir hatten auch Gelegenheit, bei den verschiedenen Herstellern von Lenkflugkörpern, Waffen und elektro-

9 Geschwader-Kommodore
10 Luftraumüberwachungs-Geschwader

nischen Systemen alte Freundschaften zu erneuern und neue zu schließen: mit Tony Geishanuser und Vicky Fendalson von Texas Instruments; Larry Ernst von General Atomics; Glenn Hillen, Bill West, Kearny Bothwell und Cheryl Wiencek bei Hughes; Tommy Wilson, Adrien Poirier, Edward Ludford, Dave McClain und Dennis Hughes bei Loral; Judy Wilson-Eudy bei Motorola; Nurit Bar bei Rafael USA und – zum Schluß, aber gewiß nicht als geringste – Ed Rodemsky, LeAnn McNabb und Barbara Thomas bei Trimble, die alle wieder viel Zeit und Mühe aufwandten, um uns die letzten Entwicklungen des GPS-Systems beizubringen. Das gleiche gilt für alle Menschen, die uns bei Pratt & Whitney und Westinghouse geholfen haben. Dank ihnen allen.

Einmal mehr Dank für all die Hilfe, die wir in New York erhielten; bei William Morris sind besonders Robert Gottlieb, Debra Goldstein und Matt Bialer hervorzuheben. Bei Berkeley Books gilt unser Dank wieder unserem Herausgeber John Talbot und gleichermaßen David Shanks, Patty Benford, Jacky Sach sowie Jill Dinneen. Unseren Freunden Tony Tolin, Dave Deptula, Matt Caffrey, Jeff Ethell, Jim Stevenson, Norman Polmar, Bob Dorr, Roger Turcott und Wilber Creech noch einmal Dank für eure Beiträge und klugen Ratschläge. Allen Menschen, die uns auf Flüge mitgenommen haben, unser Dank dafür, daß Sie uns Unwissenden beigebracht haben, wie alles in Wirklichkeit geschieht. Auch all unseren Lieben und Freunden danken wir ein weiteres Mal dafür, daß sie da waren, als es uns nicht möglich war. Gott schütze euch alle.

Vorwort

Als ein Mann, der sein Leben lang als Luftwaffenpraktiker im Feld stand, hatte ich sehr oft Gelegenheit, Richtungswechsel in punkto Technik, Politik, Taktik und Organisation meines Berufes zu beobachten. Nach mehr als drei Jahrzehnten Dienst in der Air Force muß ich eingestehen, daß sowohl radikale als auch flüchtige Veränderungen viel für die Menschen bedeuten, welche die blaue Uniform tragen. Während ich das Manuskript zu diesem einzigartigen Buch las, wurde ich ständig daran erinnert, daß einige Aspekte moderner Kriegführung jedoch unveränderbar sind. Nirgendwo ist das offensichtlicher als gerade bei den Einsätzen von Luftstreitkräften, die dramatischen technischen Änderungen unterworfen sind. In diesem Werk ist es Tom Clancy wohl besser als allen Autoren vor ihm gelungen, die neue Rolle der Luftstreitkräfte und ihre Bedeutung für die Nation zu definieren.

Vier wesentliche Geschehnisse haben mein Verständnis der Luftstreitkräfte in dieser Periode dramatischer Veränderungen gewandelt – und alle vier ereigneten sich in einem kurzen Zeitraum von nur 18 Monaten.

Das erste fand am 17. Januar 1991, also an dem Tag statt, als der Luftkrieg am Persischen Golf begann. Zu dieser Zeit war ich Vize-Stabschef der Air Force, und wir saßen im Operationszentrum der Air Force im Pentagon zusammen – in unserem Lageraum. Irgendwie war es schon paradox, daß wir zusammen mit dem Rest der Welt den Angriff live über CNN im Fernsehen verfolgten, gerade so, als wäre es eine Montagabend-Fußballübertragung. Zur gleichen Zeit, als unsere F-117-A-Stealth-Kampfflugzeuge auf Ziele im Herzen Bagdads losschlugen, starteten B-52 Standoff-Missiles[11] sicher vom Persischen Golf aus gegen Ziele im Nordirak; darauf folgten Angriffe im gesamten Gebiet des Irak durch ein Reihe weiterer Kampfflugzeuge. Das war der erste ernsthafte Test für unsere modernen Luftstreitkräfte, besonders für die sich dem Radar entziehenden Stealth-Maschinen, die mit Präzisionskriegsmaterial ausgestattet waren, in die wir seit dem Ende des Vietnamkriegs enorme Beträge investiert hatten. Obwohl ich zu diesem Zeitpunkt durchaus zufrieden und optimistisch war, blieben für mich dennoch bedrückende Erwartungen und eine Menge unbeantworteter Fragen, als unsere Flugzeuge in den Bereich der zweifellos hervorragenden Flugabwehrstellungen des Irak flogen. Wie viele Piloten und Maschinen würden wir verlieren? Würden wir die Luftherrschaft erlangen und die Entwicklungsmöglichkeiten, die den Irak zur Kriegführung befähigten, schnell und entscheidend zerstören? Hatten

---

11 Standoff Missile: Abstands-Lenkflugkörper, dessen Zielpunkt erheblich vom Startpunkt entfernt ist

unsere intensiven Trainingsmethoden für die Flugzeugbesatzungen – wie die Red-Flag-Übungen – unsere Crews ausreichend auf die Unbilden eines modernen Luftkriegs vorbereitet? Auch stellten wir uns die Frage, ob unsere Planungsentscheidungen richtig waren. Wie die Geschichte dann bewies, waren sie es.

Das zweite Datum ist der 28. Februar 1991, der Tag, an dem Präsident Bush die Feuereinstellung befahl. Der Krieg war gewonnen, schnell und entscheidend, und unsere Streitkräfte hatten minimale Verluste erlitten. Unsere Leute hatten eine überwältigende Vorstellung gegeben, professionelle Kompetenz, Disziplin und Führungsqualitäten bewiesen. Die Resultate übertrafen selbst meine kühnsten Erwartungen. Während die ganze Welt die absolute Vorherrschaft unserer Luftstreitkräfte und die demonstrierte Effizienz von »smarten« Bomben und der Stealth-Technologie bestaunte, wurde die lebenswichtige Rolle einer modernen, landgestützten Luftmacht bewiesen. Damit hatten die realen Einsätze von Luftstreitkräften mit den Theorien über Luftmacht gleichgezogen, und ihre entscheidende Bedeutung war zu einer Tatsache moderner Kriegsstrategien geworden. Die Bilder der völligen Verwirrung, die CNN aus Bagdad übertrug, als unsere ersten Flugzeuge, für das irakische Radar nicht erkennbar, die irakischen Streitkräfte völlig überraschten, überzeugten eine skeptische Öffentlichkeit vom immensen Wert der Stealth-Waffen in künftigen Luftkriegen. Darüber hinaus waren die in diesem Buch so genau beschriebenen Präzisionswaffen in der Lage, militärische Ziele zu zerstören, ohne daß es zu unnötigen Opfern bei der Zivilbevölkerung kam. Unsere völlige Luftüberlegenheit erlaubte uns die uneingeschränkte Überwachung sämtlicher Truppenbewegungen des Feindes auf dem Boden, während Sadam Hussein genau hierdurch daran gehindert wurde, die gleichen Fähigkeiten zu nutzen. Wir waren völlig gefahrlos in der Lage, seine Entwicklungsmöglichkeiten zur Kriegführung zu zerstören und so seine Soldaten bis zur Ineffizienz zu demoralisieren. Letztendlich bewies dieser Sieg die Realitätsnähe unserer Trainingsprogramme ebenso wie die hervorragende Leistung und Kompetenz unserer Piloten und Besatzungen.

Als ich dieses Buch zum ersten Mal mit Tom diskutierte, erwähnte ich ein weiteres Datum mit einer besonderen persönlichen Bedeutung. Am 26. März 1991 wurde ich zum kommandierenden General des TAC (Tactical Air Command) ernannt. Die Aufgabe war ein Traumkommando für jeden Kampfpiloten. Und dennoch, wer hätte damals schon daran gedacht, daß ich der letzte Chef dieser stolzen Organsation sein würde, die so reich an Tradition und ehrenvoller Geschichte ist – einer Geschichte, die unsere stolze Leistung im Golfkrieg mit einschließt, als sich unsere Leute mit dem Satz »Besser kann es überhaupt nicht werden!« im Ruhm ihres Sieges sonnten. Allerdings wußte ich bereits zu dem Zeitpunkt, als ich zum Befehlshaber des TAC befördert wurde, daß diese Hochstimmung nicht von Dauer sein konnte und wir sehr schnell einen neuen und unbekannten Kurs einschlagen würden. Ich war mir damals bereits darüber im klaren, daß wir uns den schmerzlichen Prozessen des Rüstungsabbaus und der

Umstrukturierung zu unterziehen, zugleich aber die Notwendigkeit vor Augen haben würden, unsere Kampfkraft zu erhalten. Mit unserem »zu leichten« Sieg am Golf und dem Ende der Zeiten einer Fremdbedrohung war das Vertrauen der Öffentlichkeit und der Regierung in unsere nationalen Verteidigungsmaßnahmen so sehr gewachsen, daß man zu der Ansicht gelangte, drastische Kürzungen würden die Sicherheit keineswegs beeinträchtigen.

Die Zeit für eine Reduzierung der Luftstreitkräfte und die Formulierung eines neuen Plans für eine umfassende Reorganisation war gekommen. Mit ständig wachsenden Auseinandersetzungen um niedrigere Dollar-Haushalte wurde auch der Anteil des Militärs immer weiter reduziert. In kürzester Zeit strichen wir ein Drittel unseres Personals und musterten 35 % unserer Flugzeuge aus. Die meisten unserer überseeischen Stützpunkte wurden geschlossen; unsere Leute und unsere Ausrüstung sind heute in erster Linie auf dem amerikanischen Kontinent stationiert. Die Entscheidung lief darauf hinaus, Technologie und intensives Training höher zu bewerten als bloße Quantität. Was wir jetzt haben, ist eine kleine, aber hochtrainierte Streitmacht. Überdies hat sich die Hauptaufgabe der Air Force gewandelt. Während früher alles auf die nukleare Abschreckung und einen Hauptfeind fokussiert war, sahen wir uns nun der vielschichtigen Forderung gegenüber, Macht und Schlagkraft an nahezu jedem Platz der Erde demonstrieren zu müssen. So wurde das Statement der neuen Mission formuliert: ›Weltweiter Einsatz/weltweite Machtdemonstration‹. Dieses Buch zeichnet die Restrukturierung der U.S. Air Force nach, die in dem Bemühen erfolgte, der neuen Mission gerecht zu werden.

Das vierte Datum, welches große Wichtigkeit für mich besitzt, ist der 1. Juni 1992. An diesem Tag wurden wir Zeugen des Zusammenschlusses von SAC (Strategic Air Command), TAC (Tactical Air Command) und Elementen des MAC (Military Airlift Command). Das war die Geburtsstunde des ACC (Air Combat Command). Diese neue Organisation stellt jedem Oberkommandierenden eines regional begrenzten Kriegsschauplatzes kampfbereite Luftstreitkräfte zur Verfügung. Das ACC ist mit rund einer Viertelmillion aktiv im Dienst stehender Reservisten und Zivilkräfte der bei weitem größte Befehlsbereich in der U.S. Air Force. Es verfügt über fast dreitausend Flugzeuge, darunter so gut wie jeder Typ von Bombern, Jägern und Aufklärungsflugzeugen, Befehls- und Führungsinstitutionen, elektronischer Kriegführung und Truppen-Transportflugzeugen aus dem Inventar der U.S. Air Force. Zu behaupten, daß der Gedanke an einen solchen Zusammenschluß unter den Mitgliedern des SAC, MAC und TAC Beklommenheit auslöste, ist schlicht untertrieben. Deshalb empfand ich als erster kommandierender General des ACC, daß es notwendig war, unseren Leuten zu versichern, daß weder SAC noch MAC oder TAC bei dieser »friedlichen Übernahme« etwas verlieren würden. Das hier war eine freundschaftliche Vereinigung, kein feindseliges Verschlingen. Tatsächlich zählten all die unterschiedlichen Einheiten der verschiedenen Teilstreitkräfte der USAF zu den Gewinnern bei dieser Fusion: SAC hatte es über vierzig Jahre geschafft, die Oberhand bei der Verhinderung eines Atomkriegs zu behalten. TAC und SAC hatten entschlossen zusammengewirkt und so den Golfkrieg gewonnen. MAC schließlich hatte es zuwege gebracht, die beiden anderen Einheiten effizient auszurüsten und zu versorgen, damit sie ihre Kampfaufträge erfüllen konnten.

Dieses Buch schildert in allen Einzelheiten etliche Lektionen, die wir im Golfkrieg lernen mußten. Lektionen, die zu vielen Entschlüssen geführt haben, durch die letzten Endes die Air Force von heute gestaltet wurde. Von vordringlicher Bedeutung ist die Notwendigkeit der Einbindung einer Luftmacht, um schnelle Eingreifmöglichkeiten zu gewährleisten. Konsequenterweise kann so die Air Force Regierungsentscheidungen innerhalb von Stunden und Tagen – und nicht mehr erst binnen Wochen – unterstützen. Composite Wings[12] auf der Pope Air Force Base, Moody AFB und Mountain Home AFB wurden aus Staffeln aller Truppenteile (Bomber, Fighter, Tanker und diverse technischen Versorgungseinheiten) zusammengestellt, um ohne Verzögerung eingesetzt werden und den Kampf an jeden Ort der Erde tragen zu können.

Tom Clancy wird Sie mit einem solchen Composite Wing, dem 366. auf der Mountain Home AFB, Idaho, bekanntmachen. Die Leser werden jede Staffel besuchen und deren Anteil am Unterstützungsauftrag dieses Geschwaders – das der Autor so treffend als »Miniatur-Air-Force« bezeichnet – kennenlernen. Tatsächlich ist unser 366. so etwas wie ein Mikrokosmos innerhalb des Gesamtkommandos. Von besonderem Interesse wird die Beobachtung einiger der realistischen Trainingsübungen sein, durch die wir die Fähigkeiten der ACC-Soldaten verbessern. Sie werden auf der Nellis AFB, Nevada, an Kriegsspielen teilnehmen, bei denen für Flugzeugbesatzungen reale Kampfsituationen mit feindlichen Flugzeugen und vom Boden ausgehenden Bedrohungen simuliert werden. Danach wird Sie Clancy, der Experte unter den Geschichtenerzählern, mit in die Zukunft nehmen. Sie werden dabeisein, wenn das 366. zu einem Einsatz nach Vietnam befohlen wird. Dieses Szenario ist reine Erfindung, aber die Schilderungen sind realitätsgetreu. Die Zeit oder der Ort mögen andere sein, aber die Darstellung kann leicht ein Bild aus der Zukunft sein.

Als Resultat des »leichten Sieges« im Golfkrieg hat sich in der amerikanischen Bevölkerung eine Erwartungshaltung eingestellt, der in der Zukunft schwer zu entsprechen sein dürfte. Was jetzt erwartet wird, ist ein schneller, schmerzloser 99:0-Sieg mit geringen Opfern und gegen *jeden* Feind. Aber es ist wohl klar, daß wir nicht auf einen Erfolg zurückblicken und davon ausgehen können, daß wir so etwas ebenso leicht wiederholen können. Das ist der Grund, weshalb der Autor die massiven Kürzungen bei den militärischen Ausgaben klugerweise kritisch aufnimmt und sich fragt, wie sich dies auf die nationale Verteidigung auswirken wird. Er setzt sich mit dem Abbau bei den Streitkräften und der Lufttransportfähigkeit

---

12 Kombinierte Geschwader mit zusammengeführten Aufgabenbereichen, also »Mehrrollen-Geschwader«

auseinander und stellt die Annahme in Frage, daß wir auch heute noch in der Lage seien, einen Krieg vom Golf-Typ mit derselben Effizienz und dem gleichen Erfolg wie beim ersten Mal zu führen. Von besonderer Bedeutung für das ACC ist die Zukunft der Bomber-Streitkräfte und der B-2 Spirit. Bomber geben dem Kommandeur von Luftstreitkräften alle Vorteile in die Hand, die durch eine interkontinentale Reichweite und große Ladekapazität für Präzisionslenkwaffen entstehen, und vermitteln ihm damit ein fast unanständig gutes Gefühl. Bomber haben eine enorme Schlagkraft, die innerhalb weniger Stunden nach dem Einsatzbefehl zur Verfügung stehen kann. Unsere Fähigkeit, Bomber zu bauen, ist wichtig für die Nation. Der Versuch, diese Fähigkeit nur zu erhalten, ist nicht genug. Ebenso muß die Möglichkeit geschützt werden, Flugzeuge mit der Stealth-Technologie, wie die F-22, weiterhin zu produzieren und einzusetzen, denn es müssen angemessene Stückzahlen verfügbar sein, um die Flotten von F-15 Eagle abzulösen, die zur Zeit den Himmel beherrschen. Das Problem der Flugzeugqualität ist von vitaler Bedeutung: Die F-15, das Fundament unserer heutigen Fighter-Streitkräfte, werden sich bald der Herausforderung neuer Generationen von Kampfflugzeugen und Lenkwaffen stellen müssen, die sowohl von unseren Gegnern als auch von unseren Alliierten entwickelt wurden. In früheren Kriegen verwendeten wir einfachere Waffen. Als wir mehr davon brauchten, standen uns ausreichende industrielle Kapazitäten zur Verfügung, um sie schnell und in großen Stückzahlen zu produzieren. Heute können wir aber nicht mehr so einfach »rasch mal den Hahn aufdrehen«, um High-tech-Waffen zu bekommen, die notwendig sind, um auf die Veränderungen der Weltlage zu reagieren. Diese Kapazitäten müssen geschützt werden, so daß wir »für alle Fälle« über *den* Vorteil verfügen, der vielleicht in der Zukunft gebraucht wird.

In diesem Buch werden Sie etwas über ausgeklügelte Flugzeuge erfahren, die dem Oberbefehlshaber eines Unified Command[13] in einem Kriegsgebiet vom ACC zur Verfügung gestellt werden können. Von der vielseitig verwendbaren F-16 über unser zuverlässiges Arbeitspferd C-130 und die U-2 als hochfliegendes Spionageflugzeug bis hin zum neuesten Stand der Technik, dem Flying Wing B-2, werden Sie die Möglichkeiten und Grenzen jedes einzelnen Flugzeugs kennenlernen und logischerweise die Rolle verstehen, die jedem Typ im Kampf übertragen wird. Ein Einsatzflugzeug kann nur so effektiv sein wie die Fähigkeiten seiner Besatzung und die Tödlichkeit der Waffen, die es mit sich führt. In diesem Buch werden Sie detaillierte Beschreibungen von Luft-Luft- und Luft-Boden-Flugkörpern, ungelenkten Bomben und den grundlegenden Verteidigungswaffen finden. Das alles ist entscheidend für das Verständnis einer modernen Luftmacht. Bei gesenkter Flugzeug-Zahl ist es zur Notwendigkeit geworden, daß jedes einzelne über größere Kapazität zur Zerstörung von Zielen und zugleich über umfassendere Möglichkeiten verfügt, einen Angriff zu überstehen.

---

13 zusammengeführtes Kommando verschiedener Teilstreitkräfte – u. U. auch aus anderen Nationen –, die sich in einer Koalition zusammengeschlossen haben

Wie in diesem Buch dargestellt, liegen die zukünftigen Entwicklungsmöglichkeiten nicht allein im Bereich neuer Waffen, sondern auch in einem Führungsstil, der unsere begrenzten Ressourcen optimal nutzen kann – die größtmögliche Leistung bei einem vorgegebenen Investitionsrahmen. Der Führungsstab beim Air Combat Command hat sich bemüht, ein Arbeitsklima zu schaffen, das zu Vertrauen, Teamarbeit, Qualität und Stolz anspornt. Die Zielsetzung lautet, Autorität und Verantwortlichkeit bis in die untersten Ebenen zu delegieren, um auf diese Weise jedem einzelnen Mitglied des Teams, ohne Rücksicht auf den Dienstgrad, ein Bewußtsein der Beteiligung am Produkt oder an der Mission zu vermitteln. Keine Einzelperson oder Gruppe im ACC ist in ihrer Bedeutung größer oder geringer als andere. Die außergewöhnlichen, hochtrainierten jungen Männer und Frauen in diesem Kommando sind der Grund, weshalb ich zuversichtlich auf ihre Fähigkeit vertraue, auf jede nationale Krise richtig zu reagieren.

Die Luftmacht ist in die Jahre gekommen. Dieses Buch zeichnet die Schaffung einer Befehlsinstitution mit einzigartiger Geisteshaltung nach – des U.S. Air Force Combat Command. Es verfügt über den richtigen Führungsstab, die Kampfkraft und äußerst trainierte und kompetente Menschen, welche die besten Streitkräfte der Welt für den Luftkampf an jeden Platz der Erde bringen können, und das zu jeder Zeit und entschlossen, schnell zu einem Erfolg zu kommen, mit überwältigendem Vorteil und geringen Opfern. Mit der Art und Weise, wie er uns alles darüber berichtet, hat Tom Clancy ein Meisterstück vollbracht. Ich bin stolz darauf, daß ich als erster Befehlshaber des Air Combat Command Dienst tun durfte, und genauso stolz bin ich, daß ich dieses Buch kommentieren durfte, damit Sie Spaß beim Lesen haben.

John M. »Mike« Loh
General, USAF (im Ruhestand)
im Juli 1995

Einführung

Im August 1914 entdeckte ein britischer Flieger, der am Himmel über Mons in Belgien patrouillierte, das Vorrücken der deutschen Armee Klucks gegen das britische Expeditionskorps. Als er fünf Jahrzehnte später vom Fernsehen interviewt wurde, erinnerte er sich der Reaktion hochrangiger Offiziere, als er ihnen die Neuigkeiten berichtete – sie glaubten ihm nicht. Bald darauf nahmen die Piloten Kameras mit und schufen so die Möglichkeit, den skeptischen Generälen, deren Blickwinkel auf die Beobachtungen auf dem Boden beschränkt war, ihre Beobachtungen aus der Luft her zu beweisen.

Früher hatten beide Seiten Aufklärungsflüge unternommen, wobei die feindlichen Piloten mit Pistolen aufeinander schossen. Dann folgten Maschinengewehre. Nicht lange danach begann man, »Aerial Killer«[14] zu entwerfen – die ersten Kampfflugzeuge. Das waren noch empfindlich instabile Konstruktionen aus Holz und Draht, die im allgemeinen mit leistungsschwachen Antrieben völlig untermotorisiert waren. Aber sie flogen. Und man lernte damals enorm schnell dazu. Eines Tages stellte jemand die Frage: »Wenn du einen Motor in einen Rumpf hängen kannst, warum nicht auch zwei oder sogar noch mehr? Wenn du genug sehen kannst, um schießen zu können, kannst du auch genug sehen, um eine Waffe abzuwerfen, oder etwa nicht?« Damit begann das Zeitalter der Bomber.

Es waren schließlich die Deutschen, die bei Verdun im eisigen Wetter des Februar 1916 erstmals ein Konzept ausprobierten, das wir heute unter dem Begriff »Luftmacht« kennen – den systematischen Einsatz taktischer Flugzeuge mit der Absicht, ein Schlachtfeld zu beherrschen (diese Definition sollte in der folgenden Zeit noch gewandelt und erweitert werden). Das Ziel bestand darin, das Schlachtfeld gegen französischen Flugzeugeinsatz abzuriegeln, um den Feind auf diese Weise daran zu hindern, weiterreichende Blicke hinter die deutschen Linien zu werfen; wie sich jedoch herausstellte, funktionierte dieser Plan nicht besonders gut. Allerdings bekamen andere mit, was die Deutschen da versuchten, und gelangten zu der Ansicht, daß es dennoch machbar sein müßte. Gegen Ende des Krieges griffen Flugzeuge Infanterieverbände an. Dadurch erfuhren die Soldaten erstmals, was Feldmäuse schon längst begriffen hatten: Das Ziel eines aus der Luft nahenden Räubers fühlt sich gleichermaßen psychisch belastet wie physisch bedroht.

Zwischen den Kriegen setzte sich eine Handvoll weitsichtiger Offiziere in Großbritannien, Italien, Deutschland, Japan, Rußland und den

---

14 Luft-Zerstörungswaffen

Vereinigten Staaten von Amerika mit der Luftmacht-Theorie auseinander – und vor allen Dingen mit deren praktischer Umsetzung im nächsten, bereits abzusehenden Krieg. Der bekannteste dieser Männer war wohl der Italiener Giulio Douhet. Er entwarf die erste große »Strategie« der Luftmacht: Bomber und Kampfflugzeuge sollten weit in den Rücken des Feindes vordringen, um dort Angriffe auf dessen Rüstungsindustrie, Schienenwege, Straßen, Brücken und Waffentransporte an die Front durchzuführen. Douhet ging soweit, daß er annahm, die Luftmacht allein – ohne Armee oder Marine – sei in der Lage, den Sieg in einem Krieg zu erringen. Mit anderen Worten: Wenn nur genug Fabriken, Schienenstränge, Straßen und Brücken zerstört würden, könnte der Feind auf diese Weise an einen Punkt gebracht werden, wo er am Boden läge und mit der weißen Flagge winken müßte.

Douhet war zu optimistisch. Bei Luftstreitkräften ist nicht allein bemerkenswert, was sie können, sondern ebenso, wozu sie nicht in der Lage sind. Eine der unabänderlichen Tatsachen der Kriegführung ist die, daß nur Infanterie einen Feind besiegen kann – Infanteristen sind Menschen, und nur Menschen können Boden besetzen und halten. Panzer können über den Boden rollen. Artillerie kann umkämpftem Terrain hart zusetzen. Luftmacht – im Grunde nichts anderes als Langstrecken-Artillerie – ist in der Lage, über weite Entfernungen Boden zu neutralisieren und zu beharken. Aber nur Menschen sind imstande, sich dort auch festzusetzen.

Dennoch kann die Luftmacht einen durchaus machtvollen Effekt haben, und das hatte man beim deutschen Generalstab keineswegs vergessen. Im Mai 1940, als ein neuer deutscher Angriff an einem Ort namens Sedan französischen Boden verschandelte, entschuldigten französische Soldaten ihr zügiges Verlassen des Schlachtfeldes mit den Worten: »Aber, *mon lieutenant*, da fielen Bomben.«

Dieser zweite weltweite Konflikt kündigte die Wichtigkeit der Luftmacht in Bereichen an, die niemand mehr ignorieren konnte. Jetzt griffen riesige Luftflotten alles an, was in ihrer Reichweite lag – und diese Reichweite nahm ständig zu, da sich die Luftfahrttechnik unglaublich schnell weiterentwickelte. Erfindungsgeist neigt dazu, sich von Begeisterung anstecken zu lassen, die eine Entdeckung und neue Möglichkeiten auslösen. Ingenieure, die ihre Fähigkeiten bislang in den Dienst von Dampfmaschinen in Schiffen und Eisenbahnen gestellt hatten, fanden auf einmal eine wesentlich aufregendere Aufgabe. Zunächst kamen die großen Durchbrüche im Bereich der Motorenleistung, und diese Erfolge zogen Weiterentwicklungen bei den Konstruktionen der Flugzeugrümpfe nach sich.

Als der Zweite Weltkrieg begann, hatten sowohl Daimler-Benz als auch Rolls-Royce wassergekühlte Reihenmotoren entwickelt, die mehr als tausend Horsepower[15] erzeugen konnten. In Amerika tat Allison das gleiche,

15 1000 Horsepower = 1014 PS bzw. 745,7 KW

und Pratt & Whitney starteten die Produktion ihres Monsters in East Hartfort, Connecticut, des zweitausend Horsepower starken R-2800-Sternmotors. Wirkungsvoller gekühlt, einfacher und besser als andere in der Lage, selbst katastrophale Kampfbeschädigungen wegzustecken, waren der Double-Whasp und seine nahen Verwandten dazu ausersehen, eine Vielzahl sehr erfolgreicher Tactical Aircrafts (F6-F Hellcat, F4-U Corsair, TBF/TBM Avenger, P-47 Thunderbolt etc.) anzutreiben, und darüber hinaus in einer großen Anzahl von Bombertypen und Transportflugzeugen Verwendung zu finden.

Die Republic P-47 Thunderbolt bezeichneten ihre Piloten wegen ihrer brutalen und entschieden uneleganten Linien als »the jug«. Dieser »Krug« war von Alexander Cartvelli, dem Konstrukteur der Thunderbolt, ursprünglich als Höhen-Abfangjäger entworfen worden, doch entpuppte er sich später als hervorragender Geleitschutzjäger für die Bomber der 8. Luftflotte über Deutschland. Aber die Thunderbolt konnte mehr als das: Sie hatte insgesamt acht schwere Maschinenkanonen vom Kaliber .50[16] an Bord und konnte zusätzlich mit Bomben und Raketen ausgerüstet werden. Ihre robuste Konstruktion und enorme Bewaffnung führten schnell dazu, daß die Piloten mit anderen Formen der Jagd zu experimentieren begannen. Bald darauf flogen die »Jug-Driver« im Tiefflug Einsätze, die sie selbst wegen ihres wilden und heiklen Charakters oft als »Rodeos« bezeichneten: Wenn es funktionierte, war es durchaus ein schönes Spiel. Diese Einsätze brachten die deutsche Wehrmacht dazu, einen neuen Begriff zu prägen: *Jabo* – die Kurzform für *Jagdbomber*, was eigentlich soviel wie »jagender Bomber« bedeutet –, ein Wort, das mit Angst und Respekt ausgesprochen wurde. Aber die P-47 war auch weit mehr als das. Andere Länder hatten Flugzeuge mit vergleichbaren Einsatzprofilen. Die russische Il-2 zum Beispiel war als Tiefflug-Angriffsvogel ausgelegt und hatte bei denen, die sie jagten, einen ganz üblen Ruf. Sie benötigte aber einen Jagdschutz. Die Thunderbolt war da schon etwas ganz anderes. Sie konnte sich sowohl in einem feindlichen als auch in einem befreundeten Schwarm von Kampfflugzeugen behaupten – die jetzt als »Furball«[17] bezeichnet wurden – aber auch im Tiefflug den Menschen am Boden das Leben zur Hölle machen. Und das war, obwohl zu dieser Zeit kaum bemerkt, eine Revolution der Klassifikationen. Ein einziges Flugzeug für mehr als ein Einsatzprofil zu verwenden, war eigentlich so logisch, daß Jugs Fähigkeit, sich in mehr als nur einer Einsatzart zu bewähren, anscheinend glatt übersehen wurde. Alexander Cartvelli hatte zufällig das Vielzweck-Kampfflugzeug erfunden.

Also, was kann eine Luftmacht erreichen? Sie kann einem Feind das Leben überaus schwermachen – besonders, wenn man genau das treffen kann, was man tatsächlich treffen will. In dieser Hinsicht hält Amerika weiterhin die Führungsposition in der Welt. Die Folgerung daraus ist

---

16 Kaliber .50 = 12,7 mm

17 »Pelzkugel«

logischerweise der Satz: »Wenn du es sehen kannst, kannst du es auch treffen.« Daraus ergibt sich wiederum: »Wenn du in der Lage bist, es zu treffen, kannst du es auch ausschalten.« Diese Denkweise prägte die amerikanische Luftkampf-Doktrin. Bombardierung im Sturzflug und enge Luftunterstützung wurden erstmals vom Marine Corps der Vereinigten Staaten von Amerika bei frühen Interventionen in Nicaragua systematisiert. In den späten 30er Jahren übernahm das Heeresflieger-Korps (Army Air Corps, die spätere Army Air Force oder AAF[18]) das als »Ultra-Secret«[19] eingestufte Norden-Bombenzielgerät, um eine systematische Genauigkeit beim Bombenabwurf aus großen Höhen zu erreichen. Im Zweiten Weltkrieg experimentierte die AAF erfolgreich mit den TV-geführten Bomben der Typen »Razon« und »Mazon«. Bei den Deutschen wurden ähnliche Versuche unternommen, in deren Rahmen man mit den funkgesteuerten Fritz-X-Bomben ein italienisches Schlachtschiff versenkte.

Die Präzision von Waffen dieser Kategorie wurde im Laufe der Jahre immer weiter verbessert. Einige von uns können sich bestimmt noch an den »glücklichsten Typ im Irak« erinnern, der in CNN übertragen wurde. Während des Golfkriegs befand sich sein Wagen etwa 200 Yards / 183 Meter vom Aufschlagpunkt einer 2000 Pound / 746,48 kg schweren Bombe auf einer irakischen Brücke entfernt, und er überlebte. Brücken sind immer zerstörenswerte Ziele. Das gleiche gilt für Fabriken, Flugzeuge am Boden, Radio- und Fernsehtürme sowie Funkrelaisstationen. Aber ganz besonders gilt das für die Stellen, an denen Signale erzeugt und Befehle abgesetzt werden … weil sich dort Befehlshaber aufhalten – und Befehlshaber zu töten ist immer noch der schnellste Weg, eine Armee zu zerschlagen. Oder sogar eine ganze Nation. Der Einsatz von Präzisions-Lenkwaffen kann mit einem Bombenabwurf aus dem Hinterhalt verglichen werden. Jede Art von Kriegführung ist grausam und schmutzig, aber derartige Waffen sind weniger grausam und schmutzig als ihre Alternativen.

Mit den erst kürzlich aufgekommenen Präzisions-Lenkwaffen kann man Befehlszentralen einer feindlichen Nation mit großer und tödlicher Genauigkeit angreifen, und damit ist das Versprechen der »airpower« letztlich erfüllt. Aber die Einhaltung eines solchen Versprechens muß nicht unbedingt das sein, was die Menschen wirklich wollen. Sie wollen einen »chirurgischen Luftangriff«? Dann suchen Sie sich einen guten Chirurgen. Chirurgische Angriffe gibt es in keinem Krieg. Dennoch ist kein Kraut dagegen gewachsen, daß diese Phrase immer wieder in Reden von Leuten auftaucht (normalerweise von gewählten oder ernannten Politikern), die verdammt noch mal nicht wissen, wovon sie eigentlich reden. Um die Sache ganz einfach darzustellen: Chirurgen verwenden kleine und außerordentlich scharfe Messer, die sie mit äußerstem Feingefühl in höchsttrainierten Händen halten, um einen kranken Körper zu öffnen und

---

18 Luftstreitkräfte der U.S. Army

19 höchste Geheimhaltungsstufe bei den Alliierten in der Zeit nach dem Ersten und im Zweiten Weltkrieg

zu heilen. Taktische und strategische Flugzeuge werfen metallene Objekte ab, die mit hochexplosiven Sprengstoffen gefüllt sind, um Ziele zu zerstören. Die Technologie ist seit ihren Anfängen sehr viel weiter entwickelt worden, wird aber nie chirurgische Präzision erreichen. Ja, die qualitative Weiterentwicklung im Laufe der letzten fünfzig Jahre ist in der Tat erstaunlich, aber nein, sie ist auf keinen Fall Zauberei. Unter dem Strich dürfte es eine kluge Entscheidung sein, sich nicht zum Objekt tödlicher Aufmerksamkeit amerikanischer Kriegsflugzeuge zu machen.

Die neueste Revolution – ebenfalls amerikanischen Ursprungs – ist Stealth[20]. Als ich für ›Im Sturm‹ recherchierte, reiste ich an einen Ort, der zum damaligen Zeitpunkt auf der Langley Air Force Base in Virginia Tidewater unter der Bezeichnung »Hauptquartier des Tactical Air Command« geführt wurde. Dort blickte mir ein ernster und wortkarger Lieutenant Colonel direkt in die Augen und erklärte: »Junge, du kannst ganz sicher davon ausgehen, daß ein unsichtbares Flugzeug taktisch gesehen ganz gut zu gebrauchen ist.«

»Glaub' ich, Sir«, gab ich zur Antwort, »Hab' ich mir selbst nämlich auch schon gedacht.«

Auf den ersten Blick fast eine Vergewaltigung der Gesetze der Physik, erscheint Stealth bei genauerer Betrachtung sogar als deren totale Pervertierung. Diese Technologie begann 1962 mit der theoretischen Erörterung eines russischen Radaringenieurs über die Beugungswirkungen von Strahlungen im Mikrowellenbereich. Fast zehn Jahre später las ein Ingenieur bei Lockheed dieses Papier und dachte sich: Wir können ein unsichtbares Flugzeug bauen. Nicht einmal weitere zehn Jahre darauf flog ein solches Flugzeug über ein mit Instrumenten gespicktes Testgebiet und brachte die Radartechniker zur Verzweiflung. Zwischenzeitlich hatten die Herren in den blauen Uniformen ihre Ungläubigkeit überwunden, sahen die Zukunft und verkündeten, sie sei gut. Sehr gut. Etliche Jahre später, in der Nacht des 17. Januar 1991, bewiesen F-117A Black Jets des 37. Tactical Fighter Wing über Bagdad, daß Stealth wirklich und ohne jede Frage funktioniert.

Die Stealth-Revolution läßt sich ganz einfach beschreiben: Heute kann ein Flugzeug buchstäblich überall hinfliegen (nur durch seine Tankkapazität begrenzt), Bomben mit einer sehr hohen Treffergenauigkeit (sie liegt bei 85-90% für eine einzelne und bei 98% für zwei Waffen) ins zu zerstörende Ziel bringen, *und währenddessen werden als einziger Hinweis nur der Blitz und das Krachen der Detonation zu registrieren sein.* Das bedeutet: Die nationalen Befehlsgewalten (ein amerikanischer Euphemismus für einen Präsidenten, Premierminister oder Diktator) sind so durch direkten Angriff verwundbar geworden. Ein Wort noch an diejenigen, die der Ansicht sind, daß die USAF nicht nachdrücklich genug versucht habe, Saddam Hussein umzubringen: Überlegen Sie einmal, ob sein Tod überhaupt Sinn und Zweck der Aktion war! Mag sein, daß wir nur versucht haben, das

20 »Heimlichkeit«, die sog. Tarnkappen-Technologie

Funkgerät (z. B. sein Befehls- und Führungs-System) auszuschalten, das er in der Hand hielt. Ein etwas engstirniger Rechtsstandpunkt, aber sogar im Pentagon gibt es Rechtsanwälte. Wie auch immer, jemand könnte gewollt haben, daß wir es *tatsächlich* versuchten, dann war Hussein in der Tat ein Glückspilz, weil er es geschickterweise unterlassen hat, auf einen ganz bestimmten Knopf zu drücken. Wer auch immer die Absicht haben sollte, als nächster gegen die Vereinigten Staaten von Amerika anzutreten, ist gut beraten, sich das vorher zu überlegen. Er kann sicher sein, daß wir beim nächsten Mal härter vorgehen werden, und alles, was wir dazu benötigen, ist die Kenntnis, wo sich ein ganz spezieller Sender befindet.

Wie schon in ›Atom U-Boot‹ und meinem Buch über die Panzertruppe werde ich Sie auf eine Führung mitnehmen, die uns Einblicke in eine der Elite-Kampfeinheiten Amerikas und deren Ausrüstung verschafft. Die Einheit, die wir dieses Mal aufsuchen werden, ist das 366. Geschwader auf der Mountain Home AFB in Idaho. So wie es heute organisiert ist, stellt das 366. das Gegenstück der Air Force zur 82. Airborne-Division[21] oder zur 101. Air Assault-Division[22] der Army dar – eine Schnelle Eingreiftruppe, die praktisch sofort an jeden Krisenherd der Welt entsandt werden kann. Die Aufgabe des 366. besteht in erster Linie darin, einen Aggressor so lange aufzuhalten, bis die Hauptstreitmacht der USAF zur Unterstützung am Kriegsschauplatz eintrifft – kampfbereit für eine Offensive. Aber bevor wir diese kühnen Männer und Frauen in ihren erstaunlichen Flugmaschinen besuchen, lassen Sie uns einen Blick auf die Technologien werfen, die es den Flugzeugen ermöglichen, sich zu bewegen, zu »sehen« und zu kämpfen.

---

21 Luftlande-(Fallschirmjäger-)Division
22 Luftangriffs-Division

Airpower 101

Wir alle haben im Fernsehen schon einmal einige dieser cleveren Zeichentrickfilmfiguren gesehen, die sich ein Paar Flügel angelegt hatten und dann versuchten, wie Vögel zu fliegen (mit herzlichem Dank an Warner Bros., Chuck Jones und Wile E. Coyote). Normalerweise enden derartige Versuche damit, daß sich die Gestalt ramponiert und voll blauer Flecke in völligem Durcheinander auf dem Grund einer schrecklich tiefen Schlucht wiederfindet und um Hilfe fleht. Sich Flügel an die Arme zu schnallen, mit ihnen wie ein Vogel zu flattern und dann mit Anlauf von irgendwelchen Klippen zu springen, sieht albern aus, also lachen wir darüber; aber genau das ist die Methode, mit der Menschen etliche tausend Jahre lang immer wieder versuchten, einen Flug zustandezubringen. Eigentlich überflüssig zu erwähnen, daß es nicht funktionierte – es konnte gar nicht. Diese Versuche mußten fehlschlagen, weil sie den Grundelementen, die das Fliegen ermöglichen, nicht Rechnung trugen.

Im Grunde sind es zwei Kräfte, die einem helfen, in die Luft zu kommen und dort zu bleiben. Diese beiden Kräfte werden als Schub (oder Vortrieb) und Auftrieb bezeichnet. Gegen diese beiden wirken aber zwei weitere Kräfte, die versuchen, uns auf dem Boden zu halten. Sie werden als Gewicht (Masse und Gravitation) und aerodynamischer Widerstand bezeichnet. Die praktische Anwendung dieser Kräfte mit dem Zweck, ein Flugzeug sicher von Punkt A nach Punkt B zu fliegen, bestimmt die Grundzüge der Ingenieurwissenschaft für Aerodynamik.

Wollte ein Ingenieur, der ein Kampfflugzeug zu konstruieren hat, diese Kräfte verleugnen, so wäre das absurd und letztlich nur eine Zeitreise in die Vergangenheit. Gleichzeitig muß er oder sie in der Lage sein, die Grenzen, die durch diese Kräfte gezogen werden, so weit wie möglich zu seinen Gunsten zu verschieben. Die Vorgabe besteht per definitionem immer darin, die Flugeigenschaften eines Kampfflugzeug so weit als möglich dem »Grat« anzunähern. Anders gesagt: Um diesen Grat wirklich verstehen zu können, müssen Sie die Grundkräfte verstanden haben. Also, bevor wir uns damit befassen, wie gut sich die verschiedenen Kampfflugzeuge diesem Grat nähern können, lassen Sie uns zunächst ein wenig Zeit für die Beschäftigung mit den vier Kräften Schub, Auftrieb, Gewicht und aerodynamischer Widerstand aufwenden.

Schub

Diese Kraft bewirkt, daß sich ein Flugzeug in die Luft erheben und dort bewegen kann. Sie wird durch das Flugzeugtriebwerk erzeugt und bewirkt den gleichen Effekt auf den Flugzeugrumpf – gleichgültig, ob er von

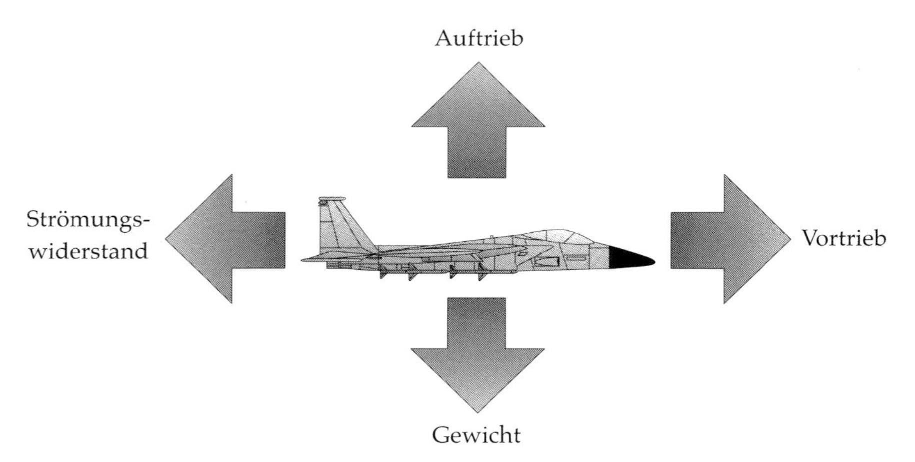

Illustration der vier Grundkräfte, die an einem angetriebenen Flugzeug wirksam werden: Schub (Vortrieb), Strömungs- (aerodynamischer) Widerstand, Auftrieb und Gewicht *Jack Ryan Enterprises, Ltd., von Laura Alpher*

einem Propellerantrieb gezogen oder von einem Strahltriebwerk geschoben wird. Schub wird normalerweise in der Einheit Pound oder in Newton[23] angegeben. Je mehr Schub ein Antrieb entwickeln kann, desto schneller wird sich das Flugzeug bewegen und desto mehr Auftrieb entwickelt sich an den Tragflächen. Das ist so ähnlich, wie wenn Sie in Ihrem Auto auf das Gaspedal treten: Der Motor produziert mehr Kraft, die Räder drehen sich schneller, und der Wagen bewegt sich mit höherer Geschwindigkeit auf der Straße. Zugleich umfließt die Luft das Kraftfahrzeug mit höherer Geschwindigkeit.

In der Welt der Kampfflugzeug-Konstruktionen wird die Antriebskraft eines Triebwerks grob als das Verhältnis zwischen Schub und Gewicht ausgedrückt. Dieses Verhältnis stellt das Schubvolumen, welches ein Triebwerk entwickeln kann, dem Gewicht des Flugzeugs gegenüber.

Je größer dieser Wert ist, desto stärker ist das Flugzeug. Bei den meisten Kampfflugzeugen liegt er zwischen 0,7 und 0,9. Wirklich hochkarätige Modelle wie die F-15 und F-16 haben jedoch Schub-/Gewichts-Verhältnisse von mehr als 1,0 und können sogar im senkrechten Steigflug noch beschleunigen!

Auftrieb

Auftrieb ist die Kraft, die ein Objekt durch unausgewogene Fließgeschwindigkeit der umströmenden Luft nach oben drückt. Bei einem Flugzeug entsteht diese Unausgewogenheit durch unterschiedliche Krümmung des obe-

23 1 Pound (Schub) entspricht 4,448 Newton = 0,45359 kp; 1 Newton entspricht 0,2248 Pound = 0,1019 kp

ren und des unteren Tragflächenprofils (das obere Profil ist stärker gebogen als das untere). Die Luftströmung wiederum ist eine Folge des Vortriebs, den das Triebwerk produziert. Wenn die Luft auf die Anströmkante der Tragflügel trifft, wird sie geteilt. Ein Teil der Strömung verläuft über die Oberseite der Tragfläche und der Rest entlang der Unterseite. Bedingt durch die Form eines Flugzeugflügels, muß der Luftstrom auf der Oberseite eine größere Strecke zurücklegen als der auf der Unterseite. Da sich beide Luftströme gleichzeitig wieder an der Hinterkante der Tragfläche vereinigen müssen, fließt der Luftstrom an der Oberseite schneller.

In der Aerodynamik gibt es eine einfache, aber prägnante Beziehung zwischen der Geschwindigkeit und dem Druck eines Gases: Je schneller sich ein Gas bewegt, desto geringer ist sein Druck – und umgekehrt. Dieses Prinzip nennt man das Bernoullische Gesetz, benannt zu Ehren des Wissenschaftlers, der dieses Phänomen im 18. Jahrhundert erstmals experimentell erforschte. Wenn der Luftstrom oberhalb des Flügels eine höhere Geschwindigkeit hat als der auf der Unterseite, muß der Druck an der Oberseite niedriger sein als unterhalb der Tragfläche. Die Differenz zwischen beiden Druckwerten bewirkt, daß die Luft auf der Unterseite nach oben drückt und dadurch den Flügel »anhebt«. Wird nun die Geschwindigkeit des Flugzeugs erhöht, so wächst auch die Druckdifferenz zwischen Ober- und Unterseite der Tragfläche. Die Folge ist ein größerer Auftrieb. Der Anstellwinkel des Flügels (AOA[24]) kann sich bedeutend auf den Auftrieb auswirken.

Der Auftrieb wächst anfangs noch synchron mit dem AOA, allerdings nur bis zu einem bestimmten Punkt. Jenseits dieses Punktes wird der AOA zu groß, und der Luftstrom auf der Oberseite des Flügels reißt ab. Ohne diesen Luftstrom gibt es keinen Druckunterschied mehr, und der Tragflügel kann keinen Auftrieb mehr produzieren. Wenn diese Situation eintritt, spricht man davon, daß der Flügel (und damit das Flugzeug) überzogen wurde. Allerdings ist ein großer AOA nicht die einzige Ursache dafür, daß eine Maschine überzogen werden kann. Wenn ein Flugzeug beispielsweise mit extrem niedriger Geschwindigkeit bewegt wird, kann die Luft irgendwann nicht mehr schnell genug über das Tragflügelprofil strömen, um für ausreichenden Auftrieb zu sorgen. Dann tritt auch hier der Effekt des Überziehens ein – und jeder Pilot wird Ihnen bestätigen, daß so etwas außerordentlich schädlich für die Gesundheit sein kann.

Aerodynamischer Widerstand

Einfach ausgedrückt ist der Strömungswiderstand die Kraft, die ein Flugzeug langsamer zu machen versucht. Letztlich ist Strömungswiderstand eine Form der Reibung; eine Kraft, die der Fortbewegung des Flugzeugs entgegengerichtet ist. Das ist eine nicht ganz leicht zu erfassende Vorstel-

24 AOA = **A**ngle **O**f **A**ttack, Angle of Incidence oder Anstellwinkel: der Winkel, in dem die Luft auf die Vorderkante der Tragfläche trifft

lung, weil wir Luft nicht sehen können. Aber obwohl Luft meist unsichtbar ist, besitzt sie dennoch Gewicht und Trägheit. Wir alle haben schon einmal einen Spaziergang an einem stürmischen Tag unternommen und dabei gefühlt, wie wir gegen den Druck des Windes ankämpfen mußten. Das ist der Strömungswiderstand. Wenn sich also ein Flugzeug durch die Luft bewegt, drückt es die Luft aus dem Weg, und die Luft drückt zurück. Bei Überschallgeschwindigkeiten kann der Luftwiderstand von enormer Bedeutung sein, da dann riesige Mengen Luft aus dem Weg gerissen werden. Die dabei entstehende Reibung kann die Außenhaut eines Flugzeugrumpfes schnell auf Temperaturen von mehr als 500° F / 260° C aufheizen.

Es gibt zwei Formen des aerodynamischen Widerstandes: den parasitären und den induktiven. Der parasitäre Widerstand wird durch Luftverwirbelungen hervorgerufen, die auf unterschiedliche Beulen und Buckel sowie andere strukturelle Unebenheiten eines Flugzeugrumpfs zurückzuführen sind. Alles, was die Oberfläche eines Flugzeugrumpfs uneben macht, wie Bomben, Nietköpfe, Abwurftanks, Funkantennen, Farbe oder Steuereinheiten (Quer- und Seitenruder), erhöht den Luftwiderstand des Flugzeugs. Der induktive Strömungswiderstand ist ungleich schwerer zu verstehen, da er unmittelbar mit dem Auftrieb zusammenhängt. Mit anderen Worten: Während der Auftrieb durch die Tragflügel erzeugt wird, baut sich zugleich ein induzierter Strömungswiderstand auf. Da aerodynamischer Widerstand unvermeidlich ist, kann man den Strömungswiderstand bestenfalls minimieren und die Grenzen erkennen, innerhalb derer man sich der optimalen Leistung eines Flugzeugs nähert. Und diese Grenzen sind von großer Bedeutung. Strömungswiderstand reduziert die Beschleunigungs- und Manövereigenschaften und steigert den Kraftstoffverbrauch, was wiederum den Kampf- und Einsatzradius beeinflußt. Deswegen sind gute Kenntnisse des aerodynamischen Widerstands nicht nur bei Flugzeugkonstrukteuren, sondern auch bei den Fliegern selbst erforderlich.

Gewicht

Gewicht ist das Resultat von Schwerkrafteinflüssen der Erde, die eine anziehende Wirkung auf die Masse eines Körpers in Richtung auf den Erdmittelpunkt ausüben. Daher wirkt es dem Auftrieb direkt entgegen. Von allen Kräften, die beim Fliegen zu berücksichtigen sind, ist das Gewicht die hartnäckigste. Mit wenigen Einschränkungen können wir die anderen drei in den Griff bekommen. Aber Schwerkraft entzieht sich unserer Kontrolle. Letzten Endes gewinnt sie *immer* (es sei denn, man fliegt ein Flugzeug mit einer Geschwindigkeit, die jenseits der Gravitationskraft der Erde liegt – also etwa 25 000 mph / 40 000 km / h!). Schub, Auftrieb und aerodynamischer Widerstand sind wesentliche Bestandteile im Konstruktionsprozeß eines Flugzeugs. Werden jedoch Schub oder Auftrieb zu schwach bemessen, um das Flugzeug oben zu halten, zieht die Schwerkraft das Flugzeug nach unten.

Triebwerke

Wenn Sie erst einmal die Physik des Fliegens verstanden haben und in der Lage sind, ein leistungsfähiges und leichtgewichtiges Triebwerk zu bauen, ist es relativ leicht, ein Flugzeug in die Luft zu bekommen. Ein Hochleistungsflugzeug allerdings in einer derartig feindseligen Atmosphäre zu betreiben wie der, in welcher sich die heutigen Militärflugzeuge bewegen müssen, ist eine ganz andere Sache. Diese Maschinen sind alles andere als simpel.

Mit der Kompliziertheit kommen auch die Probleme. Das Herz eines jeden guten Flugzeugs ist sein Triebwerk – das ist das Ding, das es überhaupt erst zum Fliegen bringt. Es sind mehr Kampfflugzeug-Entwicklungsprogramme von Triebwerksproblemen geplagt worden als von jeder anderen Art von Kummer. Also, werden Sie fragen, wo liegt denn das große Problem, wenn es darum geht, ein gutes Jet-Triebwerk herzustellen? Nun, versuchen Sie sich einmal vorzustellen, daß Sie ein Triebwerk mit einem Gewicht von 3000 bis 4000 lb[25]/1360,8 bis 1814,4 kg bauen müssen, das mehr als das Siebenfache seines Eigengewichts an Schub produziert. Dabei müßten Sie mit Toleranzen bauen, die enger definiert sind als bei der besten Schweizer Uhr. Es müßte über Jahre hinweg zuverlässig arbeiten, und das selbst dann noch, wenn Piloten es – unter Kampfstreß oder durch Flugmanöver angestachelt – über seine Konstruktionsgrenzen hinaus belasten.

Um Ihnen ein besseres Bild davon zu vermitteln, wie präzise diese Maschinen gebaut werden, betrachten Sie doch einmal ein menschliches Haar. Sie haben den Eindruck, es sei außerordentlich dünn? Tatsächlich wäre es zu dick, um zwischen etliche bewegliche Teile eines Strahltriebwerks zu passen. Das verstehe ich unter engen Toleranzen! Lassen Sie uns jetzt einige dieser Teile in Rotationsgeschwindigkeiten von mehreren tausend Umdrehungen pro Minute versetzen und wiederum einige dieser Teile dabei Temperaturen aussetzen, die so hoch sind, daß die meisten Metallegierungen sofort schmelzen würden. Wahrscheinlich bekommen Sie jetzt allmählich eine Vorstellung davon, für welche mechanischen und thermischen Belastungen ein Strahltriebwerk konstruiert sein muß, damit es während seiner gesamten Einsatzzeit betriebsfähig bleibt. Falls auch nur eines der rasend schnell rotierenden Verdichter- oder Turbinenräder unter diesen Belastungen versagt und mit dem festen Gehäuse in Kontakt kommt, zerfetzen die entstehenden Bruchstücke das Flugzeug genauso effektiv, als würde es von einem Flugkörper oder von Flakfeuer getroffen.

Seit die Leistungsfähigkeit von Kampfflugzeugen so eng mit ihren Triebwerkseinheiten verbunden ist, wurden die Grenzen dieser Technologie ständig durch Konstrukteure und Hersteller nach oben verschoben. Ein Ziel, das sie dabei vor Augen haben, ist die Entwicklung von Trieb-

---

25 1 lb. = 1 pound (force) = 4,448 Newton = 0,4535 kp (Kraft)

werken, die leichter als ihre Vorgänger und ihre Konkurrenten sind, zugleich aber größeren Schub produzieren. Um das zu erreichen, muß ein Konstrukteur immer darauf setzen, daß eine oder zwei Neuentwicklungen in der Triebwerkstechnologie genau so arbeiten, wie er es erwartet. Gelegentlich heißt das allerdings auch, daß große Risiken eingegangen werden müssen – Risiken, die sich gewöhnlich immer dann in Probleme verwandeln, wenn sie in den Medien breitgetreten werden. Das war beispielweise Mitte der 50er Jahre der Fall, als sehr viele Maschinen allein aufgrund von Problemen bei der Triebwerksentwicklung wieder abgewrackt werden mußten. Rümpfe, wie z. B. die der McDonnell F-3H Demon oder Vought F-5U Cutlass, mußten monatelang – teilweise sogar jahrelang – darauf warten, daß die Entwicklung der für sie bestimmten Triebwerke vollendet wurde. Und wie ist in den letzten vierzig Jahren die Leistungsfähigkeit von Strahltriebwerken vorangekommen? Lassen Sie uns rasch einen Blick darauf werfen.

Mitte der 50er Jahre begann die U.S. Air Force die North American F-100 Super Sabre, die unter dem Spitznamen »Hun« (»Hunne«) bekannt wurde, in Dienst zu stellen. Angetrieben vom Pratt & Whitney J57-P-7, einem Axialverdichter-Turbojet, der mit dem gerade entwickelten Nachbrenner ausgerüstet war und es auf eine Schubleistung von 16000 lb./7257,7 kp brachte, war sie der erste Überschalljäger, der eine Geschwindigkeit von Mach 1,25 erreichte.

Je stärker das Vertrauen in die Turbinen-Luftstrahltriebwerke wuchs, desto schneller tauchten neue Jägerkonstruktionen auf, und 1958 flog die erste McDonnell F-4 Phantom II. In der Welt der Kampfflugzeuge ist die F-4 so etwas wie eine Legende. Während des Vietnamkriegs erwies sie sich als beeindruckender Kampfbomber, und selbst heute ist sie noch bei einigen Luftstreitkräften im Einsatz (auch bei der Luftwaffe der Bundeswehr). Angetrieben von zwei gigantischen General Electric J79-GE-15 Turbojets, die je 17900 lb./8119,3 kp Schubleistung erbrachten, konnte die Phantom – oder das »Rhino«, wie sie auch liebevoll genannt wurde – in großen Höhen Geschwindigkeiten von Mach 2,2 erreichen.

Um ein Strahltriebwerk mit Axialverdichter zu verstehen, betrachten Sie einmal das J79-Triebwerk und seine fünf Hauptabschnitte:

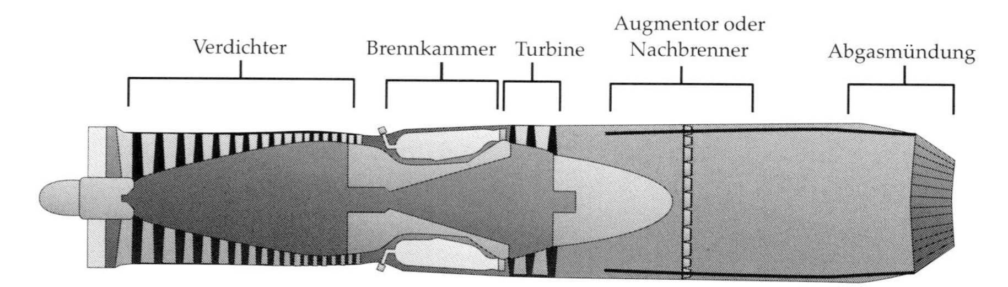

Schnittzeichnung eines typischen Axialstrom-Triebwerks in der Bauart eines Pratt & Whitney J 79
Jack Ryan Enterprises, Ltd., von Laura Alpher

An der Stirnseite des J79 befindet sich das Kompressor(verdichter)-Element. Hier wird die Luft in das Triebwerk gesaugt und in einer Serie von 17 axialen Verdichterstufen komprimiert. Jede Stufe ähnelt einem Windrad mit dutzenden schmaler Turbinenschaufeln (sie sehen wie kleine gebogene Flossen aus), welche die Luft durch das Aggregat drücken und dabei komprimieren. Die verdichtete Luft passiert dann die Brennkammer, wo sie mit Kraftstoff angereichert und gezündet wird. Die Verbrennung erzeugt große Mengen heißen, unter hohem Druck stehenden Gases, das randvoll mit Energie ist. Dieses heiße Gas entweicht durch eine Mündung auf die drei Turbinenstufen des »Heißelements« im Triebwerk (so benannt, weil hier die höchsten Temperaturen zu finden sind). Die gedrungenen, ventilatorartigen Turbinenschaufeln werden im selben Augenblick angetrieben, da das heiße Gas auftrifft, wodurch sich das Turbinenrad mit sehr hoher Geschwindigkeit und großer Kraft dreht. Das Turbinenrad sitzt auf einer Welle, die ihrerseits die Verdichterstufen antreibt und damit zu einer weiteren Kompression des Luftstroms führt. Das heiße Gas entweicht dann aus dem hinteren Teil des Triebwerks (der Strahldüse), und die so aufgebaute Gesamtströmung treibt das Flugzeug durch die Luft. Beim Einsatz des Nachbrenners (oder Augmentors) erfolgt eine zusätzliche Einspritzung von Kraftstoff unmittelbar in die Abgase, die sich in der letzten Brennkammer, auch als »burner can« (»Brennerkanne«) bekannt, befinden. Das Resultat ist ein fünfzigprozentiger Zuwachs zur Schubleistung des Triebwerks. Für ein Turbojet-Triebwerk war ein Nachbrenner erforderlich, um Überschallgeschwindigkeiten überhaupt erreichen zu können. Leider bedeutete dessen Einsatz, daß das Triebwerk grob gerechnet drei- bis viermal mehr Kraftstoff als bei Vortriebsarten ohne Nachbrennereinsatz verschlang. Bei der F-4 Phantom II beispielsweise schafften es die Nachbrenner bei vollem Einsatz, die Tanks in weniger als acht Minuten trockenzulegen. Dieser Kraftstoffdurst war das nächste Problem, das der Lösung seitens der Triebwerkskonstrukteure harrte.

Das Axialstrom-Triebwerk wurde während der späten 50er Jahre die vorherrschende Antriebseinheit bei Flugzeugen, da es Überschallgeschwindigkeiten so lange standhalten konnte, wie sich Kraftstoff in den Tanks befand. Der Begriff »axial« bedeutet »längs einer geraden Linie« und beschreibt den Weg, den die Luft durch diese Triebwerksart nimmt. Bis zum damaligen Zeitpunkt waren Zentrifugal-(Zirkular-)Stromtriebwerke die erste Wahl bei den militärisch genutzten Maschinen – tatsächlich waren sie auch stärker als die ersten Strahltriebwerke mit Axialverdichter. Aber mit Zentrifugalstromtriebwerken war es unmöglich, schneller als der Schall zu fliegen.

Anstatt mit einem mehrstufigen Verdichter arbeiteten die Zentrifugalstromtriebwerke mit einer einstufigen Version, bei der ein pumpenähnlicher Impeller[26], ähnlich geformt wie bei Kreiselpumpen, die Aufgabe hatte, die eingeleitete Luftströmung zu verdichten. Dadurch wurde der

---

26 Schaufelrad

Druck (oder die Verdichtung) der frühen Jet-Triebwerke drastisch begrenzt, und zwangsläufig war auch das Höchstmaß erreichbaren Schubs entsprechend niedriger. Das Druckverhältnis ist definiert als der Wert der Drucksteigerung, die zwischen der letzten Verdichterstufe und der Einlaßöffnung zum Verdichterelement eines Jet-Triebwerks stattgefunden hat. Da aber das Druckverhältnis *der* Schlüssel zur Leistungscharakteristik jedes Strahltriebwerks ist, besaßen die Axialstrom-Konstruktionen ein größeres Wachstumspotential als irgendeine andere Konstruktion in der damaligen Zeit. Folglich waren die Hauptmotive, weshalb schließlich Strahltriebwerke mit Axialverdichtern die Zentrifugalstromeinheiten ablösten, darin zu finden, daß sie höhere Druckverhältnisse erreichen und überdies einen Nachbrenner unterbringen konnten. Mit einem Zentrifugalstrom konnte einfach nicht genug Luft durch das Aggregat bewegt werden, um einen Nachbrenner nach der Zündung weiterbrennen zu lassen.

Mitte der 60er Jahre wurde jedoch offensichtlich, daß auch die Turbojets die Grenzen ihrer praktischen Nutzungsmöglichkeiten, besonders bei Unterschallgeschwindigkeiten, erreicht hatten. Da die Kampfflugzeuge inzwischen immer schwerere Nutzlasten über immer größere Entfernungen transportieren mußten, war die Konstruktion eines neuen Triebwerks mit höherem Startschub und wirtschaftlicherer Kraftstoffnutzung unumgänglich geworden. In den 60er Jahren brachten die Konstruktionslabors schließlich ein Triebwerk unter der Bezeichnung »High-Bypass-Turbofan« heraus.

Auf den ersten Blick scheint sich ein Turbofan- nicht allzusehr von einem Turbojet-Triebwerk zu unterscheiden. Tatsächlich gibt es aber Unterschiede, und die offenkundigsten sind das Vorhandensein eines Gebläses und der »Bypass-Duct« genannten Nebenströmungsleitung. Das Gebläse-Element ist ein sehr großer, mit niedrigem Druck arbeitender Verdichter, der einen Teil des Luftstroms in den Hauptverdichter leitet. Die restliche Luft gelangt in einen getrennten Kanal, den Bypass-Duct. Das Verhältnis zwischen der Luftmenge, die in den Bypass gelangt, und derjenigen, die in den Verdichter geleitet wird, nennt man das Bypass-Verhältnis. Im Fall der High-Bypass-Turbofans werden etwa 40 bis 60 % der Luft in den Bypass-Duct hinabgeleitet. Allerdings gibt es auch Konstruktionen, bei denen das Bypass-Verhältnis Größenordnungen von bis zu 97 % erreichen kann.

Mir ist bewußt, daß dies alles nicht sonderlich logisch klingt. Brauchten wir nicht mehr Luft und keineswegs weniger, um die Leistung eines Strahltriebwerks zu steigern? Nicht im Fall der Turbofans. Mehr Luft ist hier eindeutig nicht besser. Erinnern wir uns: Das Druckverhältnis war der Schlüssel zur Leistungscharakteristik eines Stahltriebwerks. Deshalb unternahmen die Konstrukteure der ersten Turbofans enorme Anstrengungen, um dieses Verhältnis zu vergrößern. Das Resultat war das Bypass-Konzept.

Wenn ein Triebwerk große Mengen an Luft verdichten muß, wird die Druckzunahme über einen großen Rauminhalt verteilt bzw. ausgebreitet. Reduziert man die Luftmenge, die in den Verdichter geleitet wird, kann mit geringeren Mengen erheblich mehr Wirkung erzielt werden, was einen größeren Druckzuwachs zur Folge hat. Das ist gut. Daraufhin vergrößerten die Konstrukteure die Umdrehungsgeschwindigkeit des Verdichters. Wenn sich dessen Verdichterstufen schneller drehen, ist die Wirkung auf die Luft intensiver, und es wird ein weiterer Druckzuwachs erzielt. Das ist besser. Der Bypass-Duct war relativ leicht in das Triebwerkskonzept zu integrieren, aber wie sich dann leider zeigte, beschwor ein schneller drehender Verdichter neue Schwierigkeiten herauf.

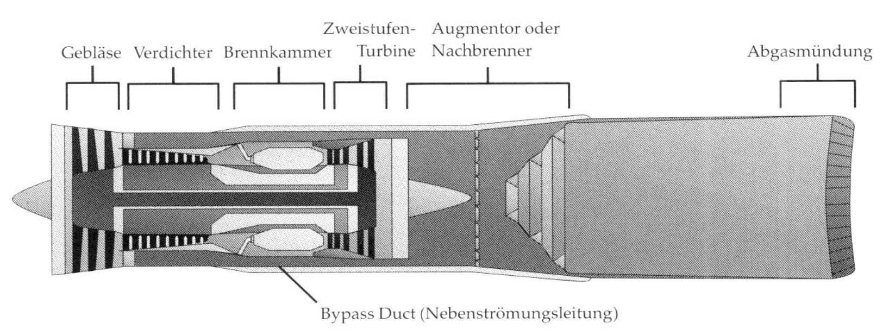

Schematische Schnittzeichnung eines typischen Mantelstrom-Triebwerks in der Bauart eines Pratt & Whitney F 100 *JACK RYAN ENTERPRISES, LTD., VON LAURA ALPHER*

Drei große Probleme mußten nun gelöst werden:

1. einen höheren Wirkungsgrad aus der Turbine herauszuholen, damit diese den Verdichter auf größere Geschwindigkeit bringen konnte;
2. die Verdichterschaufeln am sog. Compressor-Stalling zu hindern, wenn sie auf sehr hohe Rotationsgeschwindigkeiten gebracht wurden;
3. das Gewicht des Verdichters so weit zu reduzieren, daß die Zentrifugalbelastung nicht die mechanische Widerstandsfähigkeit der für die Verdichterschaufeln verwendeten Legierungen überstieg.

Jedes Problem für sich war bereits eine enorme technische Herausforderung, aber alle drei auf einmal zu lösen erforderte schon so etwas wie Ingenieursgenialität.

Um einen höheren Wirkungsgrad von Turbinen zu erzielen, muß man in erster Linie metallurgische Probleme beheben. Wenn heißere Gase produziert werden müssen, um die Turbinenräder auf schnellere Umdrehungszahlen zu bringen, wird zwangsläufig der gesamte Triebwerk heißer. Der nächste Punkt ist, daß bei einer Reduktion des Turbinengewichts eine wesentlich höhere Energieausbeute aus den heißen Gasen erzielt werden kann. Beide Kriterien erfordern jedoch stärkere und dementsprechend hitzebeständigere Metallegierungen. Die Entwicklung solcher Legierungen setzt allerdings aufwendige Forschungsarbeit voraus. Wenn man mit Metallen arbeitet, stellt man fest, daß in keiner Legierung hohe Stabilität und hohe thermische Belastbarkeit gemeinsam auftreten. Die Lösung wurde schließlich gefunden, indem man nicht nur eine spezielle Legierung für die Turbinenschaufeln, sondern auch eine spezielle Herstellungstechnik entwickelte.

Der herkömmliche Weg, Turbinenschaufeln zu bauen, bestand in der Verwendung von Legierungen auf Nickelbasis. Sie weisen eine gute thermische Widerstandsfähigkeit auf und verfügen über große mechanische Belastbarkeit. Leider schmelzen selbst die besten Legierungen auf Nickelbasis bei Temperaturen um 2100 bis 2200° F/1148 bis 1204° C. Für Axialstromtriebwerke in der Bauart eines J79 mit Brennkammertemperaturen von 1800° F/982° C war das gut genug; die Temperatur der Schaufeln in der ersten Turbinenstufe blieb weit genug unter dem Schmelzpunkt. Die High-Bypass-Turbofans dagegen haben Brennkammer-Auslaßtemperaturen von ungefähr 2500° F/1371° C. Derartige Hitze verwandelt die beste Turbinenschaufel aus Nickellegierungen innerhalb weniger Sekunden in Schlacke. Sogar schon vor Erreichen ihres eigentlichen Schmelzpunktes wären die Schaufeln bereits weich wie Pudding. Durch die Zentrifugalkräfte würden sie gedehnt und sehr schnell mit dem Turbinengehäuse kollidieren. Schlechte Nachrichten.

Dennoch bleiben die Legierungen auf Nickelbasis nach wie vor das beste Material für Turbinenschaufeln. Die wirklichen Neuerungen liegen also weniger auf dem Gebiet der Legierungen als auf dem der Herstellungsverfahren. Die Produktionstechnologie, die am wirksamsten die Leistungsfähigkeit von Turbinenschaufeln verbesserte, war das Monokristall-Gußverfahren.

Das Monokristall-Gußverfahren ist ein Prozeß, bei dem die geschmolzene Turbinenschaufel vorsichtig heruntergekühlt wird, damit die Metallstruktur die Form eines Monokristalls annimmt. Die meisten Metallgegenstände haben multiple- bzw. vielfach kristalline Strukturen. Beispielsweise können Sie manchmal die kristallinen Grenzstrukturen bei Zinküberzügen frisch galvanisierter Stahlkanister oder auf alten Türknöpfen aus Messing, die im Laufe der Jahre durch den Gebrauch angelaufen sind, deutlich erkennen. Wenn Gegenstände aus Metall gegossen werden, legen sich dessen Kristalle, bedingt durch ungleichmäßige Kühlung, willkürlich zusammen. Metallobjekte brechen oder reißen gewöhnlich entlang der Grenzen ihrer Kristallstrukturen. Um ein kristallines Objekt schmelzen zu können, muß man Hitze in ausreichender Höhe zuführen, damit alle Kristallbindungen aufbrechen. Je größer ein Kristall, desto mehr Hitzeenergie ist erforderlich. Kann man aber die Entstehung von multiplen Kristallbindungen gänzlich verhindern, so erhält man ein metallenes Gußstück, das über hohe Stabilität und zugleich über thermische Belastbarkeit verfügt und somit einen Qualitätsstandard erreicht, der für Turbinenschaufeln außerordentlich wünschenswert ist.

Der erste Schritt zur Schaffung einer Monokristallstruktur muß also darin bestehen, den Kühlprozeß sehr präzise zu kontrollieren. Bei der Herstellung von Turbinenschaufeln wird das bewerkstelligt, indem die Gußform sehr langsam aus dem Induktions-Schmelzofen herausgezogen wird. Ein Induktions-Schmelzofen arbeitet nach einem ähnlichen Prinzip wie Ihr Mikrowellengerät zu Hause – nur sehr viel heißer. Aber die kontrollierte Kühlung allein führt noch nicht zu einer Monokristallstruktur. Dazu brauchen Sie noch einen sogenannten »Strukturfilter«.

Die geschmolzene Nickellegierung wird in die Gußform der Turbinenschaufel gegossen, die ihrerseits auf eine gekühlte Plattform in einem Induktions-Schmelzofen montiert wurde. Nach der Befüllung wird die Einheit aus Gußform und Kühlplatte langsam aus dem Schmelzofen gezogen. Unmittelbar darauf beginnen Mehrfachkristallstrukturen am Boden der Gußform einen »Impfblock« auszubilden. Da die Kühlplatte aber vertikal verschlossen ist, können die Kristalle nur in eine einzige Richtung, nämlich zur Spitze des »Impf-« oder »Startblocks« wachsen. An dessen Spitze gibt es eine sehr enge Passage, die etwa wie der Ringelschwanz eines Schweins geformt ist. Diese »Schweineschwanzwindung« ist der Strukturfilter, denn er ist gerade weit genug, um ein einzelnes Metallkristall passieren zu lassen.

Wenn die Monokristallstruktur die Grundform der Turbinenschaufel erreicht hat, wächst sie und härtet aus, während die Gußform langsam aus dem Schmelzofen gezogen wird. Ist sie erst einmal völlig ausgekühlt, dann ist die Turbinenschaufel ein einziges Metallkristall, ohne strukturelle Grenzbereiche, die es schwächen könnten. Nach abschließender maschineller Bearbeitung und Politur ist die Schaufel einsatzbereit.

Obwohl Monokristall-Turbinenschaufeln außerordentlich stark und hitzebeständig sind, würden auch sie schmelzen, wenn sie den heißen Gasen aus der Brennkammer eines Mantelstromtriebwerks direkt ausgesetzt wären. Damit die geschmolzenen Turbinenräder nicht tröpfchenweise aus der Strahldüse kommen, werden sie mit einer Schutzschicht aus kalter Luft überzogen, die der Verdichter über die Turbinenschaufeln bläst. Das wurde ermöglicht, indem komplizierte Luftleitsysteme und Entlüftungslöcher direkt in die Turbinenschaufeln eingegossen wurden. Durch diese Entlüftungslöcher geführt, bildet die Luft eine Art Schutzfilm, der einen direkten Kontakt der Schaufeln mit den Heißstromgasen

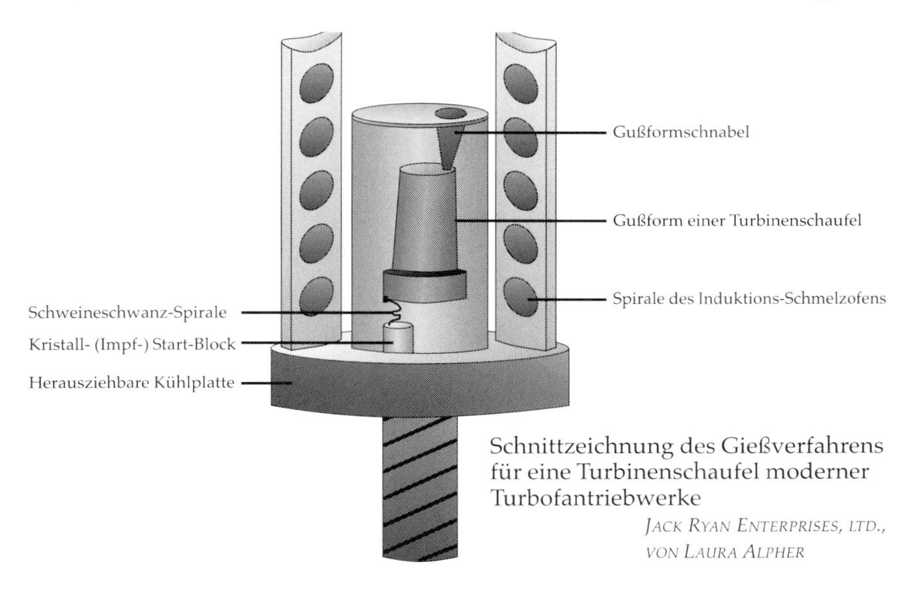

Schnittzeichnung des Gießverfahrens für eine Turbinenschaufel moderner Turbofantriebwerke

Jack Ryan Enterprises, Ltd., von Laura Alpher

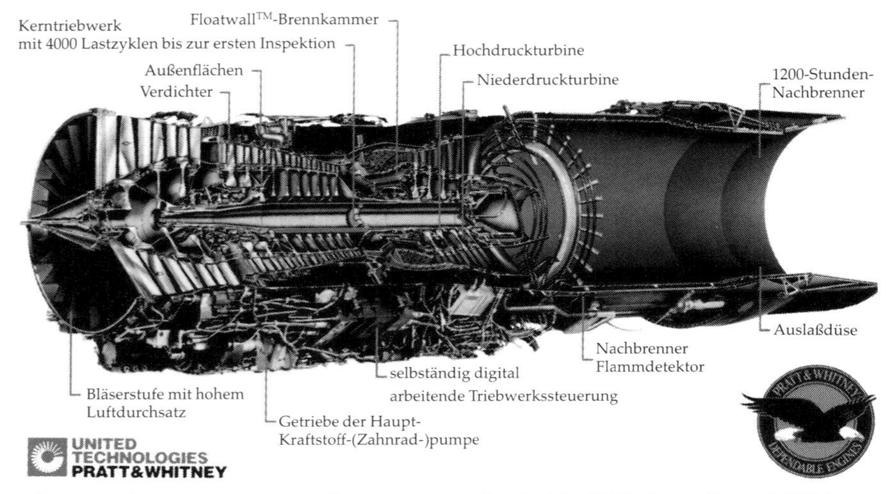

Schnittzeichnung eines Mantelstromtriebwerks F-100-PW-229 von Pratt & Whitney
JACK RYAN ENTERPRISES, LTD., VON LAURA ALPHER

unterbindet und es den Turbinenschaufeln zudem ermöglicht, die Energie dieser Gase auszuschöpfen. Frühere Konstruktionsversionen von Turbinenschaufeln, die nicht als Monokristallguß vorlagen, hatten sehr einfache Entlüftungslöcher und Kühlluftleitsysteme, die maschinell mit Laser oder Elektronenstrahlen ausgearbeitet wurden und bei weitem nicht die gleiche thermische Schutzwirkung erbrachten.

Dank der Monokristallguß-Technologie sind die Turbinenelemente von Mantelstromtriebwerken nicht nur in der Lage, mit höheren Drücken und Temperaturen als Turbojets zu arbeiten, sondern überdies kleiner, leichter und zuverlässiger. Bei einem kursorischen Vergleich zwischen J79 und F100 stellt man fest, daß das Turbinenelement, das den Verdichter antreibt, von drei großen auf zwei kleinere Stufen geschrumpft ist.

Die verbleibenden Probleme resultierten aus dem höheren Druckverhältnis der Bypasstriebwerke. Man mußte also verhindern, daß es bei den höheren Rotationsgeschwindigkeiten der Verdichterschaufeln zu Strömungsabrissen kam, und gleichzeitig mußte das Gewicht des Verdichterabschnitts reduziert werden. Dessen Gewicht ist besonders deshalb entscheidend geworden, weil jedes zusätzliche Pound / Kilogramm dort von den Flugzeugkonstrukteuren in anderen Bereichen kompensiert werden muß. Zum Glück brachte die Lösung, die ein »Überziehen« des Verdichters verhindert, auch eine Reduzierung des Verdichter-Gesamtgewichts mit sich.

Vergegenwärtigen wir uns das Problem: Im gleichen Augenblick, da die Rotationsgeschwindigkeit des Verdichters erhöht wird, nimmt auch die Geschwindigkeit des Luftstroms zu. Ab einem bestimmten Punkt wird die Luftgeschwindigkeit so hoch, daß sich eine Schockwelle aufbaut, die den Verdichter zum »Überziehen« bringt. Das ist durchaus dem vergleichbar, was früher vielen gradflügeligen Jets und raketengetriebenen Flugzeugen passierte, wenn sie Überschallgeschwindigkeit erreichten. Überschreitet ein Flugzeug die Grenze zur Schallgeschwindigkeit, bildet sich eine Schockwelle (eine vermeintliche »Schallmauer«), die bei den Tragflügeln eine »Schockblockade« bewirkt, so daß sie allen Auftrieb verlieren. Im Triebwerk führt ein schockinduzierter Luftwiderstand zu einer Blockade des Luftstroms: Der Verdichter ist außerstande, die Luft weiter voranzutreiben. Bei der Flugzeugkonstruktion bestand die Lösung des Problems darin, den Tragflügeln eine Schwenkung nach achtern zu geben. Die gleiche Lösung war auch auf die Verdichterschaufeln eines Mantelstromtriebwerks anwendbar. Die Rückwärtsbeugung der Verdichterschaufeln unterband aber nicht nur die Schockblockierung. Sie hatte gleichzeitig den Vorteil, daß die Schaufeln nun einen besseren Wirkungsgrad beim Luftdurchsatz erzielten, da größere Rotationsgeschwindigkeiten erreicht werden konnten. Das wiederum erhöhte das Druckverhältnis. Weil diese zurückgebogenen Verdichterschaufeln höhere Geschwindigkeiten möglich machten, komprimierten sie auch die Luft effizienter. Die Folge war, daß weniger Verdichterstufen erforderlich waren, um das benötigte Druckverhältnis zu erreichen. Weniger Stufen bedeuten ein geringeres Gesamtgewicht des Verdichters und damit des gesamten Triebwerks. Vergleichen wir noch einmal das J79 und das F100 miteinander, so stellen wir fest, daß die insgesamt 17 Verdichterstufen des J79 beim F100 auf 13 reduziert sind (eigentlich sogar auf zehn, wenn wir den Gebläseabschnitt nicht mitrechnen). Auch das Gewicht des Verdichters selbst konnte bei etwa der Hälfte der Verdichterstufen im vorderen Teil des Triebwerks durch die Verwendung von Titanlegierungen reduziert werden. Titan ist zwar leichter als alle Nickellegierungen, kann aber wegen seiner geringeren Hitzebeständigkeit nur bis zum Mittelelement des Verdichters verwendet werden. Deshalb bleiben in den restlichen Stufen weiterhin Stahllegierungen im Einsatz. Dennoch konnten bemerkenswerte Gewichteinsparungen erzielt werden, indem Titan überall dort verwendet wurde, wo es vertretbar war, und die derzeitige Generation von Bypasstriebwerken für Kampfflugzeuge hat hiervon erheblich profitiert.

Sobald die Probleme mit der höheren Rotationsgeschwindigkeit der Verdichter gelöst waren, wurden bei allen Hochleistungsflugzeugen im militärischen Einsatz Axialstromtriebwerke durch die bessere Technologie der Mantelstromtriebwerke ersetzt. Ihr überlegener Schub machte sie ganz selbstverständlich zur ersten Wahl für die neue Generation von Hochleistungsflugzeugen wie z.B. F-15 und F-16, die Mitte der 70er Jahre vorgestellt wurden.

Die aktuelle Version der Pratt & Whitney-F100-Familie, das F100-PW-229, wird allgemein als das beste Fighter-Triebwerk der Gegenwart angesehen. Es kann einen Schub von mehr als 29000 lb./13154,18 kp mit Nachbrennereinsatz erzeugen und ebenso für eine bessere Kraftstoffökonomie im Einsatz ohne Nachbrenner sorgen. Obwohl es nicht das erste Mantelstromtriebwerk ist, das in einem Kampfflugzeug eingesetzt wurde (in die F-111A hatte man schon das Pratt & Whitney TF30 eingebaut), ist das F100-Triebwerk der erste wirkliche »Kampf«-Turbofan. Das F100 wird als

Triebwerkseinheit bei sämtlichen F-15-Flugzeugserien und ebenso bei den meisten der F-16-Flotte verwendet. Der erste Flug des F100 fand im Juli 1972 in einem Prototyp der F-15 statt, und im Februar 1975 hatte die Eagle bereits acht Steiggeschwindigkeits-Weltrekorde aufgestellt und flitzte damit den bisherigen Rekorden der turbojetgetriebenen F-4 Phantom und der sowjetischen MiG-25 Foxbat glatt davon.

Die Verbesserung im Bereich der Kraftstoffökonomie in Unterschallgeschwindigkeiten war in erster Linie darauf zurückzuführen, daß jetzt geringere Mengen unter hohem Druck stehender Luft, die in die Brennkammer gelangen, besser mit Kraftstoff angereichert und vollständiger verbrannt werden konnten. Die rationellere Verbrennung senkte den spezifischen Kraftstoffverbrauch von Bypasstriebwerken in Unterschallgeschwindigkeiten um etwa 20 %; als zusätzlichen Bonus produzieren sie weniger Rauch als eine Axialstromkonstruktion. Das ist zudem ein bedeutender taktischer Vorteil. In Vietnam kündigte die F-4 Phantom II ihre Anwesenheit nämlich gewöhnlich durch Rauchfahnen an, die aus ihren beiden J79-Turbojets quollen.

Eine weitere bemerkenswerte Verbesserung in der Kraftstoffökonomie und der gesamten Triebwerksleistung bewirkte die Entwicklung eines fortgeschrittenen elektronischen Kontrollsystems unter der Bezeichnung FADEC (Full-Authority Digital Engine Control). FADEC ersetzte das alte hydromechanische Kontrollsystem, das noch bei den Axial-Luftstrahl-Turbinentriebwerken im Einsatz war. Es reagiert schneller und präziser auf Einflüsse, die während des Fluges auf das Triebwerk wirksam werden. Die von FADEC kontrollierten Parameter schließen den Anstellwinkel des Flugzeugs, Lufttemperatur und -geschwindigkeit mit ein. Da FADEC also in der Lage ist, wesentlich mehr Faktoren als das hydromechanische System zu überwachen, kann es ununterbrochen Feinabstimmungen am Triebwerk vornehmen und dessen Leistung optimieren.

Aber nicht alles, was ein Turbofantriebwerk charakterisiert, stellt eine Verbesserung gegenüber dem Turbojettriebwerk dar. Ein Beispiel: Der Nachbrenner in einem Turbofan verbraucht tatsächlich weit mehr (etwa 25 %) Kraftstoff als sein Gegenstück in einem Turbojet. Das liegt daran, daß ein sehr großer Teil der Luft, die in ein Zweikreistriebwerk gelangt, gleich in den Bypass Duct hinunter geleitet wird. Die Folge ist, daß der Nachbrenner mit größeren Mengen sauerstoffreicher Luft versorgt wird, und je mehr Sauerstoff für die Verbrennung zur Verfügung steht, desto größer ist auch die Kraftstoffmenge, die in den Nachbrenner eingespritzt werden kann, und parallel dazu wächst der Schub. Bei den Turbofantriebwerken bringt der Nachbrenner einen Schubzuwachs von 65 % (gegenüber 50 % beim Turbojet). Die gute Nachricht aber lautet: Flugzeuge, die mit einem Kampf-Turbofantriebwerk ausgerüstet sind, müssen nicht so oft auf den Nachbrenner zurückgreifen. Die aktuelle Version des F100 gibt ohne Nachbrenner ebensoviel Schub ab wie das J79 mit dieser Komponente. Auch eine F-15C braucht den Nachbrenner, um Überschallgeschwindigkeiten zu erreichen. Sie kann aber im hohen Unterschallbereich fliegen und mit Zusatztanks und Raketen bestückt sein, ohne diese kraftstoffverschlingende Einrichtung einsetzen zu müssen.

Derzeit sind alle Hochleistungsjäger Unterschallflugzeuge mit der Möglichkeit, kurze Jagden in den Überschallbereich zu unternehmen, indem sie den Nachbrenner einsetzen. Aber die nächste Generation von Advanced Tactical Fighters (ATF) der U.S. Air Force wird die Forderung zu erfüllen haben, Dauergeschwindigkeiten über Mach 1,5 (in großer Höhe) *ohne* Einsatz des Nachbrenners durchstehen zu können. Das läßt sich einzig erreichen, indem man den Kern (also Verdichter, Brennkammer und Turbinenabteilung) eines Mantelstromtriebwerks so weiterentwickelt, daß es mehr Schub entwickelt als die gegenwärtige Kampftriebwerks-Generation. Unter Zuhilfenahme der fortgeschrittenen Technik, die das Computer-Modeling mit seinen Flußdynamiken bietet, können Verdichter- und Turbinenschaufeln eines neuen Triebwerks gebaut werden, die kürzer, dicker und stärker getwistet sind als die Schaufeln im F100. Daher hat ein F119-PW-100, das als Triebwerk für den neuen F-22 Fighter (den Gewinner der ATF-Ausschreibung) vorgesehen ist, weniger Stufen in Verdichter und Turbine (drei Stufen im Gebläse, sechs im Verdichter und zwei in der Turbine). Aber selbst mit diesen Veränderungen wird es nicht möglich sein, Überschallgeschwindigkeiten zu erreichen. Um den erforderlichen Schub zu erhalten, muß das Bypass-Verhältnis weiter reduziert und mehr Luft durch das Zentrum des Triebwerks geleitet werden.

Das F119-Triebwerk in der F-22 ist technisch gesehen ein Bypasstriebwerk mit niedrigem Bypass-Niveau, bei dem lediglich etwa 15 bis 20 % der Luft durch den Bypass Duct geführt werden. Scheinbar steht ein niedriges Bypass-Verhältnis im Gegensatz zu allem, was ich vorher über die Vorteile eines High-Bypass-Turbofans gesagt habe. Indes werden Mantelstromtriebwerke mit hohem Bypass-Verhältnis entworfen, um gute Leistungen bei *Unterschallgeschwindigkeiten* zu produzieren! Dagegen muß das beste Triebwerk für Geschwindigkeiten im Überschallbereich eher einem Turbojet gleichen. Mit einem niedrigen Bypass-Verhältnis ist das F119-Triebwerk beinahe ein reinrassiges Axialstromtriebwerk, bei dem gerade noch genug Luft durch den Bypass Duct geschickt wird, um den Bedarf für Kühlung und Verbrennung (Sauerstoff) im Nachbrenner zu decken. Bei Testflügen in den Jahren 1990 und 1992 konnte die F-22 beim High-Altitude-Flug[27] Mach 1,58 ohne Einsatz des Nachbrenners durchhalten. Der enorme Vorteil, ohne Nachbrenner Geschwindigkeiten im Überschallbereich zu erreichen, und die schubvektorisierten Abgasdüsen verleihen der F-22 bedeutend verbesserte Manövriereigenschaften, welche sogar noch die der wendigen F-16 Block 50/52 mit der 229-Version des F100 übertreffen werden. Schubvektorisierung kommt durch den Gebrauch von steuerbaren Düsen und Klappen zustande, deren Aufgabe darin besteht, einen Teil der Abgase, die das Triebwerk verlassen, in eine gewünschte Richtung abzulenken. Hierdurch kann man Richtung oder Flughöhe des Flugzeugs

27 High Altitude Level = Höhen über 20 000 Fuß

wechseln und muß dabei weniger auf Steuereinrichtungen (Querruder, Ruder) zurückgreifen, die eine Menge Strömungswiderstand hervorrufen. Das Rolls-Royce-Pegasus-Triebwerk, das es der AV-8 Harrier ermöglicht, auf einem Tennisplatz zu starten und zu landen, ist das bekannteste Beispiel für Schubvektorisierung.

Wohin sich die Triebwerkstechnologie von hier aus entwickeln wird – darüber kann man nur spekulieren. Eine der größten Herausforderungen, der sich Konstrukteure seit Jahrzehnten gegenübergestellt sehen, ist die Entwicklung von Triebwerkseinheiten, die ein taktisches Short-Takeoff/Vertical-Landing-Flugzeug (STOVL) Wirklichkeit werden lassen. Die AV-8B Harrier II ist ein hervorragendes Gerät für die U.S. Marines, aber das Gewicht ihres Pegasus-Triebwerks beschränkt sie auf kurze Reichweiten und Unterschallgeschwindigkeiten. Möglicherweise ist die kommende Triebwerksgeneration, die im Rahmen des JAST-Programms (Joint Advanced Strike Technology) entwickelt wird, dann in der Lage, eine Antwort auf die STOVL-Herausforderung zu geben. Aber was auch immer geschehen mag, Triebwerkskonstrukteure werden zu allen Zeiten den Schlüssel für jene in der Hand halten, die ein »Bedürfnis nach Geschwindigkeit fühlen«.

Stealth

»Stealth« ist ein gutes angelsächsisches Wort, das von derselben Wurzel abstammt wie das Verb »steal« im Sinne von »sich heranstehlen, um einen Widersacher zu überraschen«. Wenn gute Augen und Ohren die einzig verfügbaren Sensoren sind, pirscht man sich am besten durch Tarnung und gedämpfte Schritte (»... ich werde den ersten Legionär auspeitschen lassen, der auf einen Zweig tritt oder dessen Rüstung klappert ...«) an einen Feind heran. Die Ninja-Krieger im mittelalterlichen Japan waren Meister des Stealth. Sie nutzten den Schutz der Nacht, schwarze Kleidung und lautlose Methoden, um in Burgen einzudringen und Wachen zu töten. Damit erwarben sie sich den legendären Ruf mystischer Unsichtbarkeit. Unterseeboote nutzen die Weltmeere, um ihre Bewegungen zu verbergen, und kein noch so hochtechnisierter Sensor hat es bis zum heutigen Tag geschafft, die Ozeane transparent zu machen.

Für ein Flugzeug stellen Radar und Infrarotsensoren die stärkste Bedrohung dar. Lassen Sie uns zunächst einmal das Radar in Augenschein nehmen. Das Akronym RADAR wurde erstmals während des Zweiten Weltkriegs in die militärische Terminologie aufgenommen. Der Begriff steht für »Radio Detection and Ranging«, und diese Technik steigerte signifikant die Fähigkeit von landgestützten Warneinrichtungen, Schiffen oder Flugzeugen, feindliche Einheiten zu entdecken. Ein Sender erzeugt Schwingungen elektromagnetischer Energie, die über Schaltkreise auf eine Antenne übertragen werden. Die Antenne wandelt die Schwingungen in einen gebündelten Strahl (»Keule«) um, der über die Antenne gesteuert werden kann. Liegt ein Ziel in der Reichweite der Radarkeule, wird ein großer Teil der Energie absorbiert, ein kleiner Teil zur Radarantenne reflektiert. Die Schaltkreise nehmen die zurückkehrenden Schwingungen über die Antenne auf und leiten sie an einen Empfänger weiter, der das Signal verstärkt und die wichtigen taktischen Informationen herausfiltert (Zielpeilung und -entfernung). Diese Informationen werden auf einem Bildschirm dargestellt, wo ein Beobachter dann die Position des Ziels feststellen, dessen Kurs einschätzen und taktische Erwägungen anstellen kann. Ein großes Objekt, das eine erhebliche Menge Energie auf die Antenne zurückstrahlt, erscheint als großes, helles Echozeichen (»Blip«) auf dem Bildschirm. Umgekehrt reflektiert ein kleines Objekt nur geringe Mengen Energie und erscheint dementsprechend nur als kleiner Punkt oder überhaupt nicht.

Zwei Stealth-Technologien können das Radar überlisten: Formgebung, um den »Radarquerschnitt« (RCS, Radar Cross Section) des Objekts zu reduzieren, und Beschichtung des Objekts mit Radar absorbierenden Materialien (RAM). Im Zweiten Weltkrieg, als das Radar noch in den Kinderschuhen steckte, experimentierten beide Seiten mit diesen Techniken. Die Deutschen waren zumindest teilweise erfolgreich. Um 1943 trugen sie zwei unterschiedliche Absorber-Beschichtungen mit den Bezeichnungen *Jaumann* und *Wesch* auf die Schnorchelmasten ihrer U-Boote auf, um die Erfassung durch Flugzeugradar zu erschweren. Obwohl diese RAMs den Bereich der Radarerfassungen von etwa acht nautischen Meilen / 14,8 km auf eine nautische Meile / 1,852 km reduzierten, bestand das Problem weiterhin, da sich die Beschichtungen bei längeren Tauchgängen unter dem Einfluß des Seewassers von den Schnorchelmasten ablösten. Währenddessen testete die Luftwaffe[28] unterschiedliche Rumpfformen, die das Radar unwirksam machen sollten. 1943 entwarfen zwei deutsche Brüder namens Horten ein Nurflügel-Flugzeug, das von einem Turboprop angetrieben wurde und in seiner Erscheinungsform dem B-2-Bomber der USAF recht ähnlich sieht. Schwanzoberflächen und scharfkantige Übergänge zwischen Tragflügeln und Flugzeugrumpf vergrößern das Radarecho eines Flugzeugs. Daher ist ein Nurflügel-Flugzeug die ideale Stealth-Formgebung, und zudem ist es eine sehr leistungsfähige Konstruktion. Ein Prototyp unter der Bezeichnung Ho IX V-2 flog erstmals im Jahr 1944, verunglückte aber 1945 nach einem Testflug. Da die Alliierten an beiden Fronten vorrückten, wurde das Programm gestoppt. Die bemerkenswerten Arbeiten an der Herabsetzung der Radarsignatur unterschiedlicher Flugzeuge, die deutsche Ingenieure Anfang bis Mitte der 40er Jahre leisteten, konnten lange Zeit an keinem einsatzfähigen Flugzeug reproduziert werden. Das blieb so, bis 1958 die Skunk-Werke von Lockhheed mit der Arbeit an der A-12 begannen, die zu einem Vorläufer der späteren SR-71 Blackbird werden sollte.

Ebenso wie andere Aktivsensoren hängt die Radarleistung außerordentlich stark davon ab, wieviel von der Energie, die das Zielobjekt abstrahlt, zur Empfangsantenne reflektiert wird. Ist diese Energiemenge groß, so sieht der Operator einen großen »Blip«, ist sie klein, so sieht er ein

---

28 Der Begriff LUFTWAFFE ist auch im Original deutsch, da er ausschließlich für deutsche Luftstreitkräfte verwendet wird.

kleines Echozeichen. Die Menge reflektierter Energie, der RCS eines Ziels, wird normalerweise als Fläche in Quadratmetern (1 m^2 entspricht ca. 10,76 square feet) angegeben. Diese Maßeinheit ist allerdings etwas irreführend: Der RCS kann nicht durch einfache Berechnung der Fläche bestimmt werden, die das Ziel dem Radar zuwendet. RCS ist ein sehr kompliziertes charakteristisches Merkmal, das von verschiedenen Faktoren abhängt. Die wichtigsten dürften die Querschnittsfläche des Ziels (geometrischer Querschnitt), die Reflexionsstärke der auftreffenden Radarenergie (Materialstreufaktor) und die Menge der zur Radarantenne reflektierten Energie (Richtfaktor) sein. Um den RCS eines Flugzeugs zu senken, müssen die Konstrukteure die genannten Faktoren soweit als möglich herabsetzen. Dabei dürfen jedoch die Fähigkeiten des Flugzeugs, seine Aufgaben zu erfüllen, nicht geschmälert werden. Es sollte vielleicht erwähnt werden, daß derartige Konstruktionsmerkmale nicht einfach auf bestehende Designs aufgepfropft werden können; tatsächlich sind sie von fundamentaler Bedeutung schon für den Flugzeugentwurf. Daher die Notwendigkeit, spezifische Stealth-Strukturen zu entwerfen.

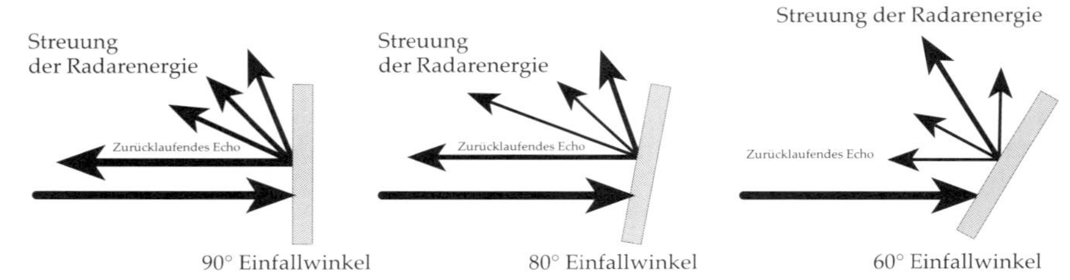

Vergleich der Radarwellen-Reflexionen an drei verschieden angewinkelten Oberflächen *Jack Ryan Enterprises, Ltd., von Laura Alpher*

Von den drei wichtigsten RCS-Faktoren bereitet der geometrische Querschnitt den Konstrukteuren noch die geringsten Sorgen. Vergleichen Sie einmal den RCS eines B-2-Bombers mit dem einer gewöhnlichen Ente. Eine Ente ist, körperlich gesehen, wesentlich kleiner als ein Stealth-Bomber. Dennoch ist sie für ein Langstrecken-Suchradar *um ein Fünffaches größer* als die B-2A! Ein gewöhnlicher Spatz oder Fink würde aus der Radarperspektive schon eher zur B-2A passen. Während also die physikalische Größe bei der RCS-Verringerung kein Problem darstellt, müssen sich die Konstrukteure hauptsächlich mit Streufaktor und Richtfaktor – Reflectivity und Directivity – auseinandersetzen. Auf diesen Gebieten kann, wie wir noch sehen werden, *eine Menge* erreicht werden.

Von diesen beiden Faktoren hat der Richtfaktor die mit Abstand größten Auswirkungen in der RCS-Gleichung. Dem Bemühen, ihn herabzusetzen, verdanken F-117A und B-2 ihr merkwürdiges Aussehen. Durch eine entsprechende Formgebung kann die Directivity-Komponente verringert werden. Das wird erreicht, indem Flächen und Kanten des Ziels so ausgerichtet werden, daß die einfallende Radarenergie von der Empfangsantenne weggelenkt wird – etwa so wie die Vielfachspiegelung von Gesichtern beim Tanzen in der Disco. Die Oberfläche der F-117A ist in ganze Serien ebener Platten facettiert, während bei der geschmeidig konturierten B-2 eine Technik angewendet wurde, die man als »Planform-Design« bezeichnet. Beide Formgebungen weisen jedoch Oberflächen auf, die um etwa 30° von einfallenden Radarsignalen abgewinkelt sind. Spitzere Winkel haben auf jeden Fall eine bedeutende Auswirkung auf den RCS. Stellen Sie sich drei Metallplatten vor, die in unterschiedlichen Winkeln zur auftreffenden Radarkeule aufgestellt sind. Wenn die erste Platte lotrecht (90°) zum Radarstrahl steht, wird der größte Teil der Energie zur Radarantenne reflektiert und maximiert den RCS der Platte bei der Darstellung auf dem Radarbildschirm. Nun stellen Sie sich die zweite Platte um 10° nach hinten geneigt vor: Schon werden 97 % aus dem Einfallswinkel des Radars abgelenkt. Das ist schon besser. Jetzt denken Sie sich die dritte Platte mit einer Neigung um 30° nach hinten: Fast 99,9 % der einfallenden Radarenergie werden aus der Richtung des Radars abgelenkt!

Selbst unter Berücksichtigung der Tatsache, daß Formgebung der beste Weg ist, den RCS zu reduzieren, bleibt es so gut wie ausgeschlossen, sämtliche Oberflächen und Kanten zu eliminieren, die Radarenergie reflektieren können, also beispielsweise auch Lufteinlaßöffnungen der Triebwerke, die Vorderkanten der Tragflügel, Führungsschienen der Kabinenhauben oder sogar die Ansatzstücke für Verbindungskabel am Flugzeugrumpf. Man bemüht sich, durch Verwendung von RAM-Beschichtungen und RAS den Streufaktor dieser Schwachstellen zu reduzieren. RAM schluckt Radarenergie und wandelt sie in Wärme oder magnetische Felder von geringer Größe um. Der physikalische Vorgang, der die Grundlage hierzu bildet, ist außerordentlich komplex: Das Material reagiert durch Resonanz auf die einfallende Radarenergie. Die resultierenden Schwingungen werden in Wärmeenergie oder durch elektrische Induktion in schwache magnetische Felder umgewandelt. RAM kann, abhängig von seiner Zusammensetzung und Schichtstärke, etwa 90 bis 95 % der einfallenden Radarenergie absorbieren. Bei den derzeitigen Flugzeugkonstruktionen, wie F-15 oder F-16, die noch nicht im Stealth-Design gebaut sind, können RAM-Beschichtungen (angeblich verfügt die U.S. Air Force über eine radarschluckende Beschichtung unter der Bezeichnung »Iron-Ball«) den RCS um Größenordnungen von 70 bis 80 % herabsetzen.

RAS-Bauweisen können allerdings nur bei solchen Flugzeugkonstruktionen sinnvoll eingesetzt werden, die von vornherein die Zielsetzung haben, »stealth« zu sein, denn diese Bauweise muß sozusagen »nahtlos« in den Flugzeugrumpf integriert werden. Bei modernen RAS-Konstruktionen werden starke, radartransparente Materialien verwendet, die zu steifen, nach innen gewölbten Strukturen zusammengebaut und dann mit RAM befüllt werden. Da RAM ziemlich dick unter die zusammengesetzte Schale eingebracht werden kann, wird der Hauptteil der Energie einer Radarkeule geschluckt, bevor sie auf Metallteile der Flugzeugstuktur treffen kann. Ältere Konstruktionen im RAS-Design, wie die SR-71, wurden aus radarreflektierenden, dreieckig geformten Metallteilen hergestellt, bei denen die Räume zwischen den Dreiecken mit einem RAM gefüllt wurden. Trifft eine Radarkeule auf derartige Strukturen, wird sie zwischen den Dreiecksplatten hin und her reflektiert. Mit jedem Aufprall wird die Radarenergie durch das RAM geleitet und dabei immer weiter absorbiert. Irgendwann ist dann das Radarsignal zu schwach, um noch auf einem Radarschirm erkennbar zu sein – und das war es dann! Bei Stealth-Maschinen wie B-2 und F-22 wird von radarabsorbierenden Materialien vornehmlich dort ausgiebig Gebrauch gemacht, wo den RAS konstruktionsbedingte Grenzen gesetzt sind. Das gilt besonders für Stellen wie Tragflügelvorder- und -hinterkanten, Oberflächen der Steuerung und die Einlaßöffnungen der Triebwerke. Eine gute RAS-Konstruktion ist in der Lage, bis zu 99,9 % der einfallenden Radarenergie zu absorbieren.

Stellen Sie sich einmal ein Luft-Such-Radar mit einem hypothetischen Erfassungsbereich von 200 nautischen Meilen / 370,4 km vor, das gegen eine B-52 eingesetzt wird: Das Flugzeug ist auf dem Radar so groß wie die Seitenwand einer Scheune. Durch extensiven Gebrauch der Stealth-Technologien beträgt der RCS einer B-2A lediglich noch $^1/_{10000}$ des Wertes einer B-52, während der Erfassungsbereich auf weniger als zwanzig nautische Meilen / 37,4 km herabgesetzt wird. Diese Reduktion im Bereich der Rardarreichweite hinterläßt massive Lücken im Frühwarnsystem einer feindlichen Nation, das mit einer Maschine wie der B-2 leicht durchflogen werden kann.

Unter dem Strich sind also die B-2A und eigentlich auch die F-117A oder F-22A keineswegs unsichtbar für ein Radar; aber die effektiv nutzbaren Entfernungen, auf denen Radaranlagen gegen Flugzeuge dieser Bauart eingesetzt werden können, sind so klein geworden, daß die Maschinen relativ gefahrlos um die Warnstationen herumfliegen können. Und genau das war es, was die F-117 des 37. (provisorischen) Tactical Fighter Wing bei den Irakern während des Unternehmens »Desert Storm« veranstalteten.

Obwohl Radar immer noch erste Wahl bei der Erfassung von Flugzeugen ist, gewinnen Infrarot-(IR-)Sensoren durch steigende Empfindlichkeit zunehmend an Bedeutung. Der Frequenzbereich der Infrarotstrahlung liegt im elektromagnetischen Spektrum knapp unterhalb des sichtbaren Lichts und weit oberhalb des Radars. Da der größte Teil infraroter Energie durch Wasserdampf und Kohlendioxid in der Atmosphäre absorbiert wird, stehen nur zwei »Fenster« im Infrarotband zur Verfügung, in denen ein Flugzeug erfaßt werden kann. Ein Fenster, das »mittlere-IR-Band«, befindet sich auf einer Wellenlänge von 2 bis 5 Mikron / 0,002 bis 0,005 mm. Dieser – auch als »Mittel-IR« bezeichnete – Bereich wird von aktuellen Luft-Luft-Flugkörpern wie den AIM-9 Sidewinder als Zielsuchbereich verwendet. Infrarotstrahlungen von Triebwerksteilen und Abgasöffnungen eines Flugzeugs fallen genau in diesen mittleren IR-Bereich. Das andere Fenster liegt im langwelligen Infrarotbereich, bei einer Wellenlänge von 8 bis 15 Mikron. Die langwellige IR-Signatur einer Maschine wird durch luftwiderstandsbedingte Reibungswärme oder Aufheizung des Flugzeugrumpfs durch die Sonne hervorgerufen. Moderne IRST- (InfraRed Search and Tack) und FLIR- (Forward-Looking InfraRed) Systeme (die als Luft-Luft-Sensoren an Bedeutung gewonnen haben, seit sich »radarunsichtbare« Flugzeuge im Einsatz befinden) können in beiden Fenstern nach Zielen suchen.

Um die IR-Signatur eines Flugzeugs herabzusetzen, müssen die Konstrukteure Möglichkeiten finden, die Abgasöffnung der Maschinen zu kühlen, denn dort wird die meiste IR-Energie produziert. Ein guter Anfang bestünde darin, den Nachbrenner zu beseitigen, der einen grellen IR-Fleck – »Bloom« oder »Blüte« genannt – auf dem Schirm hervorruft. So etwas ist aber nur durchführbar, wenn das Leistungsprofil eines Flugzeugs (wie bei Konstruktionen in der Art der F-117A und B-2A) keine Höchstgeschwindigkeiten (Überschall) vorgibt, auf den Nachbrenner also verzichtet werden kann. Sowohl die F-117A als auch die B-2A sind deshalb mit Turbofantriebwerken ohne Nachbrenner ausgerüstet. Der nächste Schritt bei der Unterdrückung der Infrarotstrahlung besteht darin, die Ansaugöffnung der Triebwerke so zu konstruieren, daß kalte Umgebungsluft um das Triebwerk herumgeführt wird. Anschließend wird sie mit den heißen Abgasen gemischt, bevor sie die Strahldüse verläßt. Eine Kühlung um nur 100 bis 200° F / 37,8 bis 93,3° C setzt die IR-Signatur des Flugzeugs bereits bedeutend herab.

Weil es unmöglich ist, die Abgase des Triebwerks auf die Temperatur der Umgebungsluft abzukühlen, müssen die Flugzeugkonstrukteure die Erfaßbarkeit der heißen Abgase reduzieren. Breite, flache Strahldüsen sind in der Lage, die Abgasblüte praktisch plattzudrücken, wodurch sie schneller mit der Umgebungsluft durchmischt wird. Diese rasche Durchmischung treibt die Abgasblüte schnell auseinander, so daß die Erfaßbarkeit durch IR-Sensoren reduziert wird. Sowohl die F-117A als auch die B-2A verfügen über exotisch geformte Schubdüsen, die nicht nur die Abgasblüte schnell auflösen, sondern überdies den direkten Blick auf die heißeren Teile des Triebwerks unterbinden. Im Fall der F-117A sind die Abgasmündungen mit einem Keramikmaterial versehen worden, das dem beim Space Shuttle verwendeten recht ähnlich ist. Diese Maßnahme hilft dabei, mit der Hitze-Erosion, die durch die heißen Abgase hervorgerufen wird, fertigzuwerden.

Während man zur Reduzierung der Triebwerksemissionen im Bereich des mittleren IR-Bandes durchaus eine Menge unternehmen kann, besteht kaum eine Möglichkeit, die durch Luftwiderstand oder Sonneneinstrahlung hervorgerufene Aufwärmung des Flugzeugrumpfs zu unterbinden. Der beste Weg dürfte immer noch der sein, verstärkt Kohlefasermaterialien bei Flugzeugrümpfen und Flügeloberflächen zu verwenden, da diese Verbundmaterialien über sehr gute IR-Energie verzehrende Eigenschaften verfügen. Einige spezielle Anstriche haben bescheidene Auswirkungen auf die langwellige IR-Signatur, aber sie können nur innerhalb ihrer eingeschränkten Fähigkeiten als verwendbar eingestuft werden. In Ermangelung eines aktiven Kühlsystems – das kompliziert und zudem teuer wäre – bleibt die Liste der nutzbaren Möglichkeiten begrenzt. Zum Glück ist der Erfassungsbereich der derzeitigen IRSTs sogar im Einsatz gegen ein Stealth-Flugzeug nicht größer als der des Radars selbst, was sich zukünftig allerdings ändern kann.

Die Erfassungstechnologien entwickeln sich rapide weiter, und eine Stealth-Maschine von heute kann schon morgen eine »sitzende Ente« sein, wenn die Konstrukteure in Selbstzufriedenheit verharren. Mein Freund Steve Coonts verwendete vor einigen Jahren in seinem Roman ›The Minotaur‹ ein Konzept »aktiver« Stealth. Computergestützte »Tarnkappen«-Systeme sind immer noch reine Science-fiction. Aufgrund der fortschreitenden Verbesserungen in der Computer- und Signalverarbeitungs-Technologie kann es aber sein, daß wir nur noch eine Generation von einem Flugzeug entfernt sind, das sich unter einer elektronischen Tarnkappe verstecken kann, die es selbst generiert. Schon vor Millionen von Jahren brachte die natürliche Auslese einem kleinen Reptil namens Chamäleon bei, daß man sich für einen Verfolger am besten unsichtbar macht, indem man genauso wie der Hintergrund aussieht, vor dem man sich gerade befindet.

Avionic

In ›Atom U-Boot‹ und meinem Buch über Panzertruppen konnten wir feststellen, wie sehr die Fortschritte bei Computer-Hard- und -Software die Fähigkeiten von Kampfmaschinen revolutioniert haben, Ziele aufzuspüren und auszuschalten. Da moderne Hochleistungsflugzeuge häufig nur noch eine einzelne Person als Besatzung haben, sind die Wichtigkeit von elektronischen Rechnern und der Bedarf an Computern, die schnellere und größere Datenübertragungsraten schaffen, enorm gestiegen. Stellen Sie sich die Sensoren als Augen und Ohren eines Flugzeugs vor, den Computer als sein Gehirn und die Anzeigegeräte als Stimme, durch die es mit dem Menschen im Cockpit kommuniziert. Sämtliche Sensoren, Computer und Anzeigen sind Bestandteile des elektronischen Nervensystems eines Flugzeugs, das auch als »Avionic« bezeichnet wird.

Bei älteren Maschinen in der Art der F-15 Eagle bestand die einzige verfügbare Suchsensorik aus dem Radar, und fast alle Systemanzeigen waren analoge Meßgeräte. Während eines Kampfeinsatzes verfügte der Pilot einer F-15 aus den frühen Serien über ein HUD[29]-Display der ersten Generation, auf dem alle Informationen angezeigt wurden, die er benötigte, um seine Maschine fliegen und beherrschen zu können. Wenn man alles zusammenzählt, kommt man auf über hundert Skalen, Schalter und Anzeigen, um die sich ein F-15A-Pilot kümmern mußte. Je weiter sich die Computertechnologie entwickelte, desto mehr leistungsfähige Sensoren kamen hinzu, und die Menge an Informationen, die sie zur Verfügung stellen konnten, stieg dramatisch an. Um eine Überlastung der Piloten zu verhindern, begann man, die Vielzahl von Anzeigegeräten, die nur jeweils eine Information vermittelten, durch Multifunktions-Displays (ähnlich kleinen Computer-Monitoren, die von Tasten umrandet sind) zu ersetzen. Bei einigen Maschinen, wie der F-15E Strike Eagle, standen nun derartige

---

29 **H**eads-**U**p-**D**isplay: Blickfeld-Darstellungsgerät oder Front-Sicht-Anzeige

Datenmengen zur Verfügung, daß sowohl der Pilot als auch der WSO (Weapon System Officer) voll gefordert waren, um das gesamte Potential des Flugzeugs ausschöpfen zu können. Die neuen F-22 Fighter der Air Force werden sogar noch größere Fortschritte im Bereich der Sensorik und Computerleistung aufweisen. Während die F-15E Strike Eagle zu ihrer besten Zeit Geräte von der Leistungsfähigkeit von zwei bis drei IBM-PC-AT-Computern (mit Intel-80286-Mikroprozessor) an Bord hatte, wird die F-22 in ihrem Bauch die Pendants zu zwei Cray-Supercomputer-Großrechenanlagen in die Wolken tragen, und es ist sogar noch Platz für einen dritten! Um mit diesem gewaltigen Zuwachs an internem Datenverarbeitungsvolumen fertigwerden zu können, mußten die Transferraten im Netzwerk – oder »Bus« –, das die verschiedenartigsten Untersysteme eines Flugzeugs miteinander verbindet, von einer Million Zeichen pro Sekunde (1 Megabyte/Sekunde oder 1 Mb/Sek.) auf über 50 Mb/Sek. gesteigert werden. In ähnlichem Maß wurden der Schreib-Lese-Speicher und die Datenspeicher-Kapazität vergrößert.

Kein Pilot kann die F-22 ohne die Unterstützung von Computern fliegen. Tatsächlich weisen alle Flugzeugkonstruktionen, die seit der F-16 produziert wurden, ein instabiles Flugverhalten auf. Solche Maschinen können nur dann in der Luft bleiben, wenn man sich auf ein computerkontrolliertes Steuerwerk stützt, dessen Reaktionszeit und Behendigkeit bei der Kontrolle von Abläufen nach Millisekunden gemessen werden (die menschliche Reaktionszeit wird normalerweise in Zehntelsekunden gemessen, das heißt, sie ist hundertmal länger). Normalerweise kontrollieren und filtern automatisierte Systeme das, was der Pilot über »Knüppel- und Pedalsteuerung« eingibt, um »pilotenbedingte Schwankungen« zu verhindern, die zu einem »Verlassen des kontrollierten Fluges« führen könnten. Manchmal taucht in Unfallberichten eine alptraumhafte Phrase auf: »kontrollierter Flug ins Gelände«. Im Klartext heißt das, daß irgendein armer Kerl einen Krater in die Landschaft gebohrt und niemals davon erfahren hat. Der Traum eines jeden Konstrukteurs und Programmierers von Flugkontroll-Avionic besteht darin, so etwas unmöglich zu machen.

Damit der Pilot praktischen Nutzen aus den stark angewachsenen taktischen Informationen ziehen kann, wird die F-22 mit Entscheidungshilfe- und Durchführungssoftware ausgestattet sein, die ihn oder sie dabei unterstützt, die Maschine bis an die Grenzen ihres Kampf- und Flugpotentials zu treiben. Die Funktionen des menschlichen WSO in einer F-15E werden von elektronischen Systemen wesentlich besser erfüllt als von Menschen aus Fleisch und Blut. Ob die zusätzliche Hilfe menschlicher oder elektronischer Herkunft ist, man sollte sich jedenfalls darüber im klaren sein, daß künftige Piloten jede Menge davon brauchen werden, um mit der Vielzahl an Informationen umgehen zu können, die von integrierten Sensorgarnituren und Außenbordfühlern übermittelt werden, und dabei auch noch ihre Maschinen zu fliegen. Automatisierung ist ein absolutes Muß, wenn zukünftige Kampfflugzeuge nur noch mit einer Person bemannt sein sollen. Es kostet mehr als eine Million Dollar, einen Piloten oder WSO auszubilden, und Personalkosten sind der größte Einzelposten im Verteidigungshaushalt. Daher ist es durchaus verständlich, daß die erforderliche Besatzungsstärke minimiert werden soll. Der Trick besteht darin herauszufinden, was die Maschinen gerade eben alles selbst erledigen können und was von menschlichen Piloten beurteilt werden muß. Der Schlüssel für diese Beziehung liegt in einer Cockpitkonstruktion, die es dem Piloten ermöglicht, mit einem Blick auf nicht mehr als vier oder fünf Anzeigegeräte genau zu wissen, was sich innerhalb und außerhalb der Kabine abspielt (»Situationsbewußtsein«).

Ein kompletter Überblick über die jüngsten Fortschritte in der Computertechnologie würde den Rahmen dieses Buches sprengen. Zwei Bereiche sind jedoch wichtig für uns, damit wir verstehen können, wie ein Flugzeug sein Ziel finden, zerstören und wieder verlassen kann, ohne daß der Feind irgend etwas dagegen zu unternehmen vermag. Diese Bereiche sind die Sensoren und die »Mensch-Maschine-Schnittstellen« oder Displays. Bei den Sensoren werden wir einen Blick auf die Fortschritte der Leistungsfähigkeit von Radar- und ESM-Systemen (Electronic Support Measures) werfen, die erst durch die gewaltige Datenverarbeitungsgeschwindigkeit heutiger Computer möglich wurden. Bei den Anzeigegeräten werden wir uns damit befassen, auf welche Weise Informationen an Piloten übermittelt und wie sie für ihn oder sie verwertbar gemacht werden, damit die Piloten im Kampfstreß bessere taktische Entscheidungen treffen können.

Sensoren

Seit dem Koreakrieg ist Radar das Sensorsystem schlechthin für Jagd- und Bodenkampf-Flugzeuge. Die Funktionsprinzipien der Systeme für den Einsatz in der Luft haben sich seit dem Zweiten Weltkrieg nicht grundlegend geändert. Bis 1970 waren die Luftradar-Systeme meist Einzweck-Luftabfang- oder Bodenerfassungs-/Navigations-Systeme. 1975 läutete die mit dem starken Hughes APG-63 ausgestattete F-15 Eagle die neue Ära der »Multi-mode«- oder Multifunktions-Radare ein.

Das APG-63 war als erstes programmierbares Allwetter-, Vielfachmodus- und Dopplerimpuls-Radar so konstruiert, daß es vom Piloten allein bedient werden konnte. Dopplerimpuls-Radare beruhen auf dem Prinzip, daß die Schwingungsfrequenz von Wellen, die von einem sich bewegenden Objekt reflektiert werden, ein wenig nach oben oder unten verschoben wird, je nachdem, ob sich das Objekt auf den Beobachter zu oder von diesem fort bewegt. Genaue Messungen dieses Doppler-Effekts machten es möglich, mit Hilfe des Datenerfassungs-Computers des Radars die relative Geschwindigkeit und Richtung eines Ziels mit großer Präzision zu bestimmen. Bei einem Erfassungsbereich von mehr als 100 nautischen Meilen/182,5 km gegenüber Zielen mit einem großen RCS (z. B. dem Tu-95-BEAR-Bomber) vereinte das APG-63 große Reichweite mit automatischer Zielerfassung und -verfolgung. Durch Kontrollübergabe fast aller Radarvorgänge an einen digitalen Rechner bekam der Pilot mehr Freiraum, um sich auf das Erreichen einer möglichst optimalen Angriffsposition konzentrieren zu können. Übrigens übertraf die Leistungsfähigkeit dieses Computers kaum den Standard der ersten IBM-PC-Generation, die mit Prozessoren vom Typ Intel 8-bit 8086/8088 ausgestattet war (heute verfügen bereits viele Haushaltsgeräte wie z.B. Kühlschränke über leistungsfähigere Computer-Chips!). Der beeindruckendste Aspekt des APG-63-Radarsystems war der Programmierbare Signal-Prozessor (PSP) der ersten Generation, der Störflecke vom Boden ausfiltern konnte und so dem Radar eine »Sieh-runter/schieß-runter«-Fähigkeit verlieh. Das bedeutete, daß ein Pilot selbst in zerklüftetem Gelände erfolgreich im Tiefflug Ziele verfolgen und angreifen konnte, die sich bis dahin inmitten der Störfelder, die von Bäumen, Hügeln, Felsen und Gebäuden ausgingen, »verstecken« konnten. Nach einigen Modifikationen an der PSP-Hardware und -Software konnte das APG-63 auch hochauflösende Echtzeitkarten des Bodens liefern, die Navigation bei schlechtem Wetter oder nachts ermöglichten. Auf radarerzeugten Bodenkarten konnte ein erfahrener Pilot Fahrzeuge, Bunker oder andere Ziele erkennen. Diese Möglichkeit wurde dann bei der verbesserten Variante, dem Kampfbomber F-15 Strike Eagle, noch weiter ausgebaut. Überdies kann das APG-63 ein Ziel verfolgen und zur selben Zeit nach anderen suchen (»track-while-scan« oder TWS).

Die Hardware des APG-63 war ähnlich revolutionär wie seine Software. Die Antenne ist eben, flach und kreisförmig in zwei Achsen angeordnet, damit das Ziel selbst während Manövern mit sehr hohen Endbeschleunigungs- oder *g*-Werten weiter verfolgt werden kann. Das bedeutet, daß die F-15 einen Luft-Luft-Flugkörper starten, dabei bis zu 60° vom Ziel abdrehen kann (off-boresight[30] genannt) und dennoch nicht dessen Spur verliert, selbst wenn das Ziel Ausweichmanöver fliegt. Die Untersysteme zum APG-63 – wie Stromversorgung, Sender und Signalrechner – sind zu einzelnen LRUs[31] zusammengefaßt, was die Instandhaltungs- und Reparaturzeiten wesentlich verkürzt. Unter einer LRU versteht man einen Kasten mit Systemelektronik (normalerweise klein genug, um von nur einem Mechaniker festgehalten, ausgebaut und schnell ersetzt werden zu können), der die wesentlichen elektronischen oder mechanischen Bestandteile von Untersystemen eines Flugzeugs enthält. Sollte etwas im Inneren einer LRU defekt sein, wird die gesamte Box zwecks Reparatur zurück zum Hersteller, zu einer Niederlassung oder einem Depot geschickt.

Der horizontale oder Azimut-Erfassungsbereich des Radars ist auf die Mitte vor dem Flugzeug zentriert und hat drei wählbare Bogensegmente: 30°, 60° oder 120°. Der vertikale bzw. Elevations-Erfassungsbereich verfügt über drei wählbare »bars« (ein bar ist eine »Scheibe« Luftraum mit einer senkrechten Tiefe von 1 $^1/_2$° pro bar): 2 bar (3°), 4 bar (6°) oder 6 bar (9°) stehen für die vertikalen Scan-Vorgänge zur Verfügung. Um ein

---

30 abweichend von der Blickrichtung direkt nach vorn, »Schielwinkel«

31 **L**ine-**R**eplacable-**U**nit: austauschbare Einheit (Black Box) innerhalb des elektronischen Leitungssystems

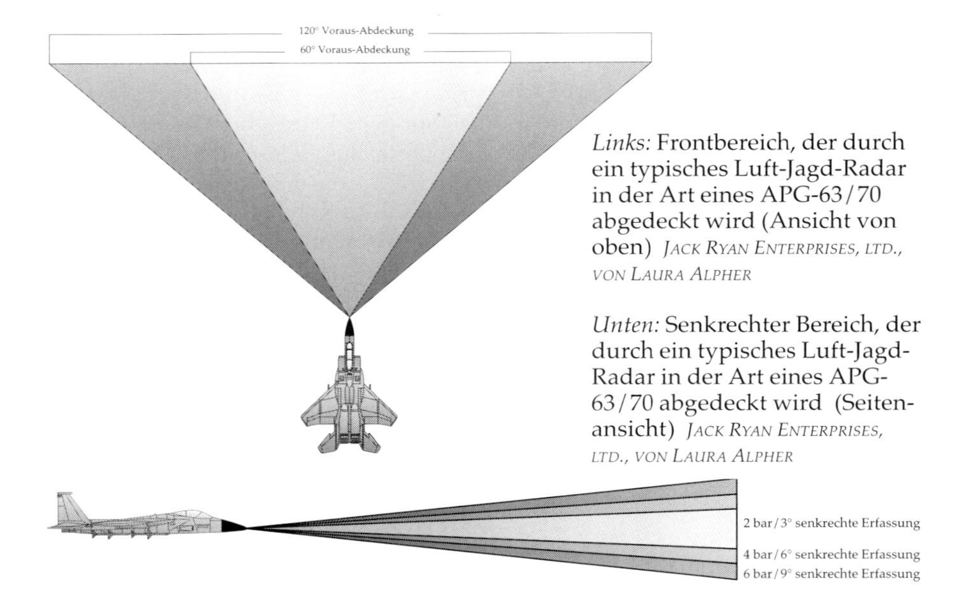

Links: Frontbereich, der durch ein typisches Luft-Jagd-Radar in der Art eines APG-63 / 70 abgedeckt wird (Ansicht von oben) *JACK RYAN ENTERPRISES, LTD., VON LAURA ALPHER*

Unten: Senkrechter Bereich, der durch ein typisches Luft-Jagd-Radar in der Art eines APG-63 / 70 abgedeckt wird (Seitenansicht) *JACK RYAN ENTERPRISES, LTD., VON LAURA ALPHER*

bestimmtes Suchraster abdecken zu können, tastet die auslenkungsbeschränkte Antenne das gewählte Bogensegment zunächst von links nach rechts ab. Am Ende des Segments senkt sich die Radarkeule um einen bar und tastet nun von rechts nach links ab. Das geht so weiter, bis die Erfassung aller bars abgeschlossen ist. Wenn die Radarkeule eine Streichgeschwindigkeit von etwa 70°/Sek. / bar hat, kann die Erfassung des Zielsuchrasters (eine Abtastung von 120°, 6 bar) bis zu 14 Sekunden zum vollständigen »Scan« benötigen. Die ersten Eagle-Piloten waren mit ihrem neuen Flugzeugradar sehr zufrieden, nachdem sie jahrelang angestrengt in verschwommene, mit Störflecken übersäte Radarbildschirme gestarrt hatten, als wären es Kristallkugeln, darum ringend, verwertbare Informationen über das Zielgebiet herauszulesen. Jetzt erschien ihnen das APG-63 wie eine Offenbarung. Die ultimative Bewährung eines Systems zeigt sich jedoch erst im Kampfeinsatz. Die F-15C bestätigten den Wert des APG-63-Radarsystems im Golfkrieg ebenso wie die Maschinen, die sich in Saudi-Arabien und Israel im Einsatz befanden. Die F-15 konnte wenigstens 96,5 Abschüsse von feindlichen Flugzeugen verbuchen, ohne einen eigenen Verlust zu verzeichnen.

So gut das APG-63-Radar auch war, der Nachfolgetyp für die F-15 Strike Eagle, die eine Zweifachmission zu erfüllen hat, mußte noch besser sein. Die Ingenieure von Hughes verwendeten das APG-63 als Basis für die Entwicklung des neuen APG-70-Radarsystems. Als man es 1983 in einer modifizierten, zweisitzigen F-15B testete, wurde offensichtlich, daß die Augen der Eagle sogar noch schärfer geworden waren. Um Kosten und Änderungen am Flugzeugrumpf auf ein Minimum zu beschränken, wurden die gleiche Antenne, Stromversorgung und Sendeeinheit wie beim

Vorgängermodell verwendet. Aber alle Bestandteile im Gehirn des Systems waren neu. Ein neuer Radar-Datenprozessor, PSP, und weitere Bauelemente ersetzten die älteren Varianten der APG-63-LRUs. Das Softwarepaket war völlig neu und verfügte über größere Flexibilität, was spätere Änderungen sogar noch einfacher machte. Das APG-70 kann *mehrere* Luftziele gleichzeitig mit den neuen AIM-120-AMRAAM-Luft-Luft-Flugkörpern verfolgen und angreifen. Um die Bodenkampf-Rolle der F-15E-Maschinen zu unterstützen, gibt es einen hochauflösenden Bodenerfassungs-Modus (von Besatzungen wurde uns berichtet, daß sie routinemäßig selbst Hochspannungsleitungen erkennen können) und sogar einen besseren SAR-Modus (Synthetic Aperture Radar), der binnen weniger Sekunden ein Bodenbild von der Qualität eines Schwarzweiß-Fotos für den WSO produzieren kann. SARs greifen auf eine Rechentechnik zu, welche die Horizontalbewegung des Flugzeugs verwendet, um das Radarsystem »hereinzulegen« und es »glauben« zu machen, daß die Antenne im Augenblick viel größer sei, als sie in Wirklichkeit ist. Durch Überlappung vielfach zurückgestrahlter Echos von etlichen Abtastungen und deren Abstimmung auf den Doppler-Effekt der unterschiedlichsten Objekte aus jeder einzelnen Erfassung wird ein Bild mit enorm hoher Auflösung erzielt. Objekte in einer Größe von lediglich 8,5 ft./2,6 m können im SAR-Modus bereits auf eine Entfernung von 15 nautischen Meilen/27,8 km klar erkannt werden. Die Fähigkeit, Gebäude und sogar Fahrzeuge schon über weite Entfernungen eindeutig und bei jedem Wetter auf dem Radarbild zu identifizieren, vereinfacht das Problem einer Zielansprache für die Flugzeugbesatzung enorm.

Ein weiteres außergewöhnliches Merkmal des APG-70 nennt sich »Non-Cooperative Target Recognition« (NCTR)[32]. »Kooperierende« Ziele können durch Transponder erkannt werden, welche die befreundeten Flugzeuge mit sich führen und die mit dem richtigen Code antworten, wenn sie von einem IFF-System »angesprochen« werden. Die allerdings relativ geringe Zuverlässigkeit dieser Arbeitsweise hat zu sehr stark einschränkenden ROE (Rules Of Engagement[33]) geführt. Diese ROE verlangen verschiedene, unabhängig voneinander ablaufende Bestätigungsvorgänge, um sicherzustellen, daß das Ziel tatsächlich ein Feind ist, bevor der Pilot die Freigabe zum Abschuß erhält. Alle Kommandeure bei den Luftstreitkräften leben in ständiger Angst vor »Brudermord«- oder »Blau-gegen-Blau«-Vorfällen[34]. Die tragischen Abschüsse von zwei Helikoptern der Army, die 1994 im Nord-Irak durch F-15C erfolgten, lassen darauf schließen, daß diese Ängste wohlbegründet sind. NCTR, das sich rasch zum Standard vieler Radargeräte amerikanischen Ursprungs entwickelt, besitzt die Fähigkeit, ein Ziel bereits nach seinem Typ zu klassifizieren,

32 Erkennung nicht-»kooperativer« (feindlicher) Ziele

33 Regeln für die Aufnahme von Kampfhandlungen

34 Bei Manövern und kriegerischen Auseinandersetzungen werden in den Operationszentralen die eigenen Streitkräfte traditionell mit der Farbe Blau, die gegnerischen mit der Farbe Rot bezeichnet.

während es sich noch außerhalb des sichtbaren Bereichs befindet. Wie das bewerkstelligt wird, unterliegt höchster Geheimhaltung; sogar die bloße Erwähnung von NCTR auf Air-Force-Gelände oder bei einem Zulieferanten hat hochgezogene Augenbrauen und verkniffene Lippen zur Folge. Jedenfalls wurde NCTR während der »Operation Wüstensturm« eingesetzt. Aufgrund der verfügbaren Quellen wird die Möglichkeit diskutiert, daß eine hochauflösende Radarkeule ein Ziel auf direktem Gegenkurs fokussiert und die Schaufelzahl des Gebläses oder Verdichters beim Triebwerk der sich nähernden Maschine feststellt. Wenn man die Schaufelzahl kennt, weiß man ziemlich genau, um welches Triebwerk es sich handelt, und erhält so einen guten Hinweis darauf, ob das Ziel als feindlich einzustufen ist.

Das APG-70 verfügt über eine LPI-Betriebsart (Low Probability of Intercept[35]), um Detektoren der Typen RWR und ESM (Electronic Support Measure) eines feindlichen Flugzeugs unwirksam zu machen, indem Techniken wie Frequenzsprung und Leistungsveränderung verwendet werden.

Grob gesagt ist der Schlüssel für die Leistungsfähigkeit des APG-70 die Computerkapazität. Die Strike Eagle verfügt über ein fünfmal höheres Datenverarbeitungsvermögen als die früheren F-15, eine zehnmal größere Arbeits- und Datenspeicherkapazität und eine Software, die wesentlich einfacher anzuwenden und zu reprogrammieren ist. Das Herausfinden und Beseitigen von Störungen ist durch Built-In-Test (BIT), also Selbsttest-Software, vereinfacht worden. BIT kontrolliert routinemäßig den Funktionsstatus und das »Wohlbefinden« der Hauptsysteme und ist in der Lage, Fehler einer bestimmten LRU zu lokalisieren. Diese Fähigkeiten machen die F-15E Strike Eagle zum gefährlichsten Raubvogel in den Lüften unserer Tage. Noch während die »Mud Hen« (»Moorhenne«, wie die ersten Besatzungen die F-15E nannten) 1991 in den letzten Tests steckte, suchte das US-Verteidigungsministerium bereits nach Möglichkeiten, die Zeiträume zu verkürzen, die man benötigt, um fortgeschrittene Computertechnologie in militärische Systeme zu integrieren.

1980 startete die U.S. Air Force das Pave-Pillar-Programm, dessen Ziel die Entwicklung einer fortschrittlichen Avionic-Architektur war, die bereits die nächste Generation integrierter Schaltkreise in Form von Standardmodulen beinhalten sollte. Bei dieser Konfiguration werden sämtliche Sensoren, Kommunikations-, Navigations- und Waffensysteme und die ausführenden Untersysteme miteinander über ein LAN (Local Area Network) kommunizieren und die errechneten Informationen der Besatzung je nach Wunsch und Notwendigkeit präsentiert werden. Hierdurch wird die Arbeitsbelastung der Piloten erheblich verringert, so daß sie sich stärker auf das Fliegen der Maschine konzentrieren können – ein absolutes Muß bei den Flugzeugen der Zukunft, die nur noch von einem Menschen allein geflogen werden sollen. Die neue F-22 ist das erste Flugzeug,

---

35 geringe Abfang-Wahrscheinlichkeit

das Nutzen aus dem Pave-Pillar-Programm zieht. Gemessen an ihrer Computerkapazität, wird das Avionic-System einer F-15E Strike Eagle wie ein Taschenrechner aussehen.

Die F-22 verfügt über zwei Hughes Common Integrated Processors (CIPs). Dank dieser integrierten Zentralrechner wächst die Computer-Datenverarbeitungsgeschwindigkeit in dem neuen Kampfflugzeug um das Hundertfache gegenüber dem System der Strike Eagle. Dabei ist heute schon ausreichend Platz für einen dritten CIP vorgesehen, der installiert werden kann, wenn neue Sensoren oder andere Systeme zur Verfügung stehen. Mit Rücksicht auf diese gestiegende Datenverarbeitungsfähigkeit wurde die Bandbreite des Datenbus einer F-22 auf 50 Mb/Sek. erweitert – gegenüber lediglich 1 Mb/Sek. bei der F-15E. Da das APG-70-Radar kein alleinstehendes System ist, wird auch die Radarantenne nur noch eine von vielen Sensoreinheiten im Rahmen der elektronischen Kampfführungs- und Gefahrenwarnsysteme sein. Alle Daten, die diese Sensoren liefern, werden miteinander verknüpft, über CIPs verarbeitet und dem Piloten auf einem oder mehreren farbigen, flachen Multifunktions-Displays (MFD) angezeigt. Sehen wir uns jetzt einmal an, was das neue APG-77-Radar der F-22 alles kann.

Das APG-77 ist mit älteren Radarsystemen überhaupt nicht mehr vergleichbar. Die Antenne ist eine starre, elliptische, aktive Fläche und enthält rund 1500 Transmit/Receive oder T/R (Radar-Sende-/Empfangs-Module). Jedes T/R-Modul hat etwa die Größe eines Erwachsenenfingers und ist ein vollständiges Radarsystem für sich. Der AN/APG-77-T/R-Baustein ist das Ergebnis eines gewaltigen Technologie-Entwicklungsprogramms des Verteidigungsministeriums in Zusammenarbeit mit Texas Instruments. Geplant war, daß jedes Modul etwa 500 US-Dollar pro Einheit (abhängig von den bestellten Stückzahlen) kosten sollte, ein Preis, der vor fast einem Jahrzehnt festgelegt wurde, als sich das Programm in seinem Anfangsstadium befand. Das APG-77 hat keinerlei Servomotoren oder Lenkgestänge mehr, um die Antenne auszurichten. Obwohl sich die Antenne selbst nicht mehr bewegt, kann das APG-77 immer noch ein 120°-vielfach-bar umfassendes Suchraster scannen. Allerdings leistet das APG-77 eine 120°/6-bar-Suchraster-Erfassung – statt in 14 Sekunden, die das APG-70 noch brauchte – praktisch ohne Wartezeit. Denn um einen Bereich schnell abzutasten, kann dieses Aktivradar Vielfach-Radarkeulen bilden.

Die beeindruckendste Fähigkeit des APG-77 ist seine LPI-Suchfunktion. Die Impulse eines LPI-Radars sind für herkömmliche RWR- und ESM-Systeme nur sehr schwer feststellbar. Das bedeutet, daß die F-22 eine aktive Suche mit dem APG-77-Radar durchführen kann, ohne daß ein mit RWR/ESM ausgestattetes Flugzeug dadurch viel klüger wird. Konventionelle Radare senden Hochenergie-Impulse in einem schmalen Frequenzband aus und lauschen dann auf relativ hochenergetische Echos. Ein gutes Warngerät kann diese hochenergetischen Impulse durchaus über Entfernungen aufnehmen, die doppelt so groß sind wie die effektive Reichweite des aussendenden Radars. Dagegen senden LPI-Radare Impulse mit sehr niedriger Energie über ein sehr breites Frequenzspektrum (genannt

»spread spectrum-transmission«). In dem Augenblick, da die Reflexion der vom Ziel kommenden multiplen Echos empfangen wird, setzt der Signalrechner sämtliche Einzelimpulse zusammen. Die Summe der reflektierten elektromagnetischen (EM-)Energie entspricht etwa der des Hochenergieimpulses eines normalen Radars. Da jedoch jeder einzelne LPI-Impuls über bedeutend weniger Energie verfügt und außerdem nicht unbedingt in das normale Frequenzraster paßt, das Luft-Such-Radare verwenden, wird ein feindliches Warnsystem erhebliche Schwierigkeiten haben, Impulse zu erfassen, ehe es selbst vom LPI-Radar entdeckt wird. Das verschafft der F-22 einen immensen Vorteil bei jedem Angriff über weite Entfernungen, da der Pilot nicht erst eine Aufschaltung schaffen muß, wenn er seine AMRAAM-Flugkörper starten will. Als Resultat wird der erste Hinweis, den der Pilot einer feindliche Maschine über den Angriff einer F-22 erhält, im Kreischen seiner Radar-Warnempfänger bestehen, die ihm klarmachen, daß das Radar eines AMRAAM aktiviert wurde, sich aufgeschaltet hat und in die Endphase des Abfangmanövers gegangen ist. Zu diesem Zeitpunkt ist es sicherlich zu spät für ihn, über irgend etwas anderes als das Aussteigen nachzudenken.

Schließlich verfügt das APG-77 noch über erweiterte Fähigkeiten im Bereich des NCTR. Da es unglaublich feine Radarkeulen zu bilden vermag, kann der Signalrechner durch eine Datenverarbeitungsmethode namens ISAR (Inverse Synthetic Aperture Radar[36]) das hochauflösende Radarbild eines Flugzeugs erstellen. Ein ISAR-fähiges Radar verwendet den Doppler-Effekt, der durch Rotationswechsel in der Position des Gegners in Relation zur Radarantenne entsteht, um eine dreidimensionale Abbildung des Ziels zu erstellen. Mit einem guten 3-D-Radarbild kann ein integriertes Flugzeug-Gefechtssystem eine Maschine möglicherweise schon durch einen Vergleich mit Bildern identifizieren, die in den Datenbänken gespeichert sind. Der Computer übermittelt anschließend seine bestmögliche Einschätzung an den Piloten, der seinerseits das Radarbild auf eines der Multifunktions-Display holen und selbst überprüfen kann, wenn er das möchte. Sollte sich das Ganze anhören wie eine Szene aus ›Star Trek‹, vergegenwärtigen Sie sich bitte, daß all dies von der Software in den CIPs der F-22 geleistet wird und weitere Fähigkeiten nur einen Schritt in der Softwareentwicklung entfernt sind.

Obwohl Radar auch in den kommenden Jahrzehnten das wichtigste Sensorsystem an Bord eines Kampfflugzeugs bleiben wird, gewinnen die Infrarotsensoren sowohl für die Luftüberlegenheit als auch für Bodenkampf-Einsätze ständig an Bedeutung. Während des Golfkriegs führten mit FLIR-Technologie ausgestattete Maschinen (wie die F-117A, F111-F, F-15E und F-16C) rund um die Uhr Präzisions-Bombenangriffe durch. Um eine Luftüberlegenheit herzustellen, benötigt ein Flugzeug das IRST-System, während die speziell für den Bodenkampf-Einsatz vorgesehenen Maschinen das FLIR-System brauchen. Die Unterschiede zwischen diesen

---

36 digitales Radar mit Negativbild-Darstellung auf der Basis einer künstlichen Blende

beiden IR-Sensoren resultieren in erster Linie aus den unterschiedlichen Einsatzprofilen.

IRSTs sind Sensoren mit Weitwinkelblickfeld, die nach Zielen sowohl im mittleren wie auch im langwelligen IR-Band suchen. Ein IRST arbeitet mit automatisierten Erfassungs- und Verfolgungsroutinen, um Ziele vor einem stark mit Störfeldern übersäten Hintergrund ausmachen zu können. Moderne IRSTs sind stabilisierte, auslenkungsbegrenzte starre Flächen, die riesige Gebiete erfassen und Flugzeuge über Entfernungen von 10 bis 15 nautischen Meilen / 18,5 bis 27,8 km entdecken können. Allerdings sind bereits 5 bis 8 nautische Meilen / 9,3 bis 14,8 km eine mehr als ordentliche Reichweite gegen Maschinen ohne Nachbrenner und IR-Stealth. »Stabilisiert« bedeutet, daß der Sensor automatisch die Flugzeugbewegungen kompensiert. Auslenkungsbegrenzer (»Gimbals«) sind unterstützende Lager, die all das möglich machen, indem sie den Sensorkopf um diverse Achsen rotieren lassen. Eine starre Fläche ist wie das Auge eines Insekts – es besteht aus vielen unabhängigen Detektorelementen, die mehr oder weniger halbkugelförmig angeordnet sind. Das ist besser als ein Einzelelement, das mechanisch angetrieben werden muß, um das gesamte Gesichtsfeld bestreichen zu können.

FLIRs können als Sensoren für weite, aber auch für enge Gesichtsfelder ausgelegt sein. Die Bildqualität ist jedoch bei einem FLIR in der weiten Einstellung für einen Sichtbereich nicht besonders gut, und derartige Systeme werden gewöhnlich in diesem Modus nur zu Navigationszwecken herangezogen. Da FLIRs entwickelt wurden, um besser auflösende Bilder als ein IRST zu liefern, haben sie eine höhere Datenrate und sind keinen so hohen Signalrechenprozessen unterworfen. Im Grunde sind FLIRs Infrarot-Fernsehkameras, die in der Lage sein müssen, klare Bilder zu liefern, damit der Operator sie mittels des raffiniertesten Sensors der Welt identifizieren kann: des original menschlichen Augapfels. Die meisten FLIR-Systeme für den Bodenkampf-Einsatz sind in außenliegenden Gondeln oder Türmen untergebracht. LANTIRN-Systeme (Low-Altitude Navigation and Targeting InfraRed Night), die in der F-15E und F-16C zu finden sind, bestehen aus zweien dieser Gondeln. Die eine ist die AAQ-13-Navigationsgondel und mit einem FLIR-weiten Sichtbereich für die Navigation sowie einem Terrainverfolgungsradar für die Allwetternavigation ausgestattet. Die AAQ-14-Zielgondel dagegen hat ein FLIR mit engem Sichtbereich für exakte Zielerkennung und einen Laser-Designator, der wie ein Bohrer aussieht. Die FLIR-Systeme, die sich an Bord der F-15E und F-111 befinden, waren die Kameras, die aus dem Golfkrieg das erstaunliche Filmmaterial mitbrachten, auf dem nächtliche Abwürfe zu sehen waren, bei denen lasergelenkte Bomben genau in die Lüftungsschächte eines irakischen Befehlsstandes fielen.

Noch vor wenigen Jahren war die Ansicht weit verbreitet, Radar-Warnempfänger seien nur eine laute und unzuverlässige Belästigung im Cockpit. Heute allerdings wird wohl kein Kampfflieger, der einigermaßen bei Sinnen ist, in eine Gefahr hineinfliegen, ohne eine gute RWR / ESM-Ausrüstung an Bord zu haben. Die meisten Kampfflugzeuge verfügen heute über RWRs, die so eingestellt sind, daß sie nur dann eine Warnung abgeben, wenn ein feindliches Feuerleitradar eine Aufschaltung durchgeführt hat. Das heißt, daß sie etwa so effizient arbeiten wie Rauchmelder, die Alarm schlagen, wenn sie sich in einem Raum befinden, in dem ein Feuer ausbricht. Mit den enorm gewachsenen Datenverarbeitungsmöglichkeiten, die bei der F-22A zur Verfügung stehen, ist jetzt endlich ein voll integriertes ESM- und Electronic Warfare oder EW (Elektronisches Kampfführungs-System) möglich geworden. Im Grunde ist das ESM ein passiver Breitbandfrequenz-Radarempfänger. Es wurde entwickelt, um Radarsignale aufzuspüren, zu analysieren und den Gerätetyp des Radars zu klassifizieren, der die Aussendung erzeugt. Das wurde schon vorher gemacht, allerdings von speziellen EW-Flugzeugen wie der EF-111A Raven, die mit elektronischen Black Boxen und ganzen Girlanden von Antennen derartig vollgestopft sind, daß sie kaum noch über direkte Kampfkraft verfügen.

Zusätzlich zum Standard-ESM-Paket wurde nach speziellen Raketenwarnsystemen geforscht, die in die F-22 eingebaut werden sollten. Historisch gesehen bekamen die Besatzungen von mehr als 80 % der abgeschossenen Flugzeuge nie den Gegner zu Gesicht, der sie heruntergeholt hatte. Mit einem Raketenwarnsystem, das in der Lage ist, einen 360°-Bereich kugelförmig abzudecken, wird ein Pilot wissen, wann ein feindlicher Flugkörper auf ihn abgefeuert wurde. Auf der Basis von Daten, die ein Raketenwarnempfänger liefert, können dann andere Systeme des Flugzeugs automatisch ausgedehnte Gegenmaßnahmen einleiten und eine gut wahrnehmbare akustische Warnung an den Piloten schicken. Das verkürzt die Reaktionszeit des Piloten, die er bei einem anfliegenden Flugkörper benötigt, und reduziert die Flugzeugverluste, die in einem Umfeld höchster Gefahr entstehen.

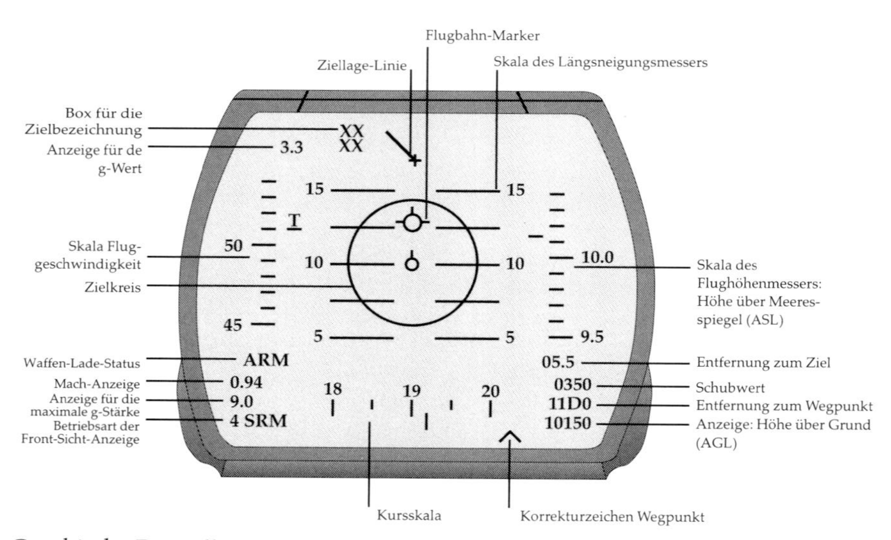

Graphische Darstellung eines Heads-Up-Displays (HUD = Blickfeld-Darstellungs-Gerät bzw. Front-Sicht-Anzeige) mit den Symbolen, wie sie ein Pilot üblicherweise sieht

Jack Ryan Enterprises, Ltd., von Laura Alpher

Displays

Die menschlichen Sinnesorgane begrenzen die Datenmenge, die ein Pilot verarbeiten kann, ohne überlastet zu werden. Um diese Datenflut in die richtigen Bahnen zu lenken, dürfen dem Piloten nur bereits aufbereitete, situationsrelevante Informationen vermittelt werden. Mit anderen Worten: Was wir brauchen, sind »pilotenfreundliche« Cockpits. Wenn eine Information den Piloten nicht erreicht, ist es gleichgültig, ob der Computer die richtige Antwort parat hat oder nicht. Weiter oben haben wir die Unzahl an Meßgeräten, Schaltern und Anzeigen erwähnt, die ein Pilot früherer F-15-Modelle im Auge behalten mußte, um die Maschine fliegen zu können. Wie dem auch sei, sobald ein Pilot in eine Kampfsituation kam, brauchte er lediglich noch das Weitwinkel-HUD mit dem feindlichen Flugzeug in Deckung zu bringen. Der gefährliche Blick hinunter ins Cockpit war jetzt nicht mehr notwendig.

Das HUD zeigt alle wichtigen taktischen und Flugzeugsystem-Informationen in klarer und knapper Weise an – wenn man einmal verstanden hat, was all die Nummern und Zeichen bedeuten. Das HUD ist mit einer Serie von Schaltern verbunden, die auf den Triebwerkleistungs- und Steuerhebel montiert sind und zur Einstellung der Frontsichtanzeige betätigt werden können. Dank des HOTAS (»Hands on Throttle and Stick«[37]) genannten Systems braucht der Pilot innerhalb einer Kampfsituation nicht mit »gesenktem Kopf« im Cockpit zu sitzen. In einer Phantom F-4E aus dem Vietnamkrieg mußte der Pilot noch unter seinen Sitz greifen, um den Wahlschalter für die 20-mm-Kanone zu finden! Heute dagegen braucht der Pilot einer F-15 oder F-16 nur noch den entsprechenden Wahlschalter zu drücken, um von Radarbetriebsarten bis hin zur Waffenwahl alle Funktionen zu kontrollieren.

Das HUD ist mit einer großen Menge wichtiger Datenanzeigen bestückt. So kann ein Pilot sofort erkennen, daß er beispielsweise einen Kurs von 191° bei einer Fluggeschwindigkeit von 510 Knoten hält, sein Flugzeug sich im Steigflug von 10° und das Ziel sich links oberhalb des derzeitigen Kurses seiner Maschine befindet. Sobald er sich in eine gute Schußposition gebracht hat, kann er eine Kurzstreckenrakete mit IR-Ziel suchkopf wählen und auf das Ziel abfeuern.

Dummerweise sind aber in dem Augenblick, da die Piloten ihre Augen für einen Rundumblick vom HUD abwenden (und ein guter Pilot wird das öfter machen, um seine »Sechs«[38] – den Himmel hinter ihm – zu kontrollieren), sämtliche Daten für sie verloren, bis sie ihren Blick wieder nach vorn richten. Das HUD ist eben nur ein Bild, das auf eine Glasscheibe oberhalb des Instrumentenbretts projiziert wird. Da es ein fixiertes Anzeigegerät ist, kann es den Augen des Piloten nicht folgen, wenn der sich einmal umblickt.

---

37 »Hände auf Leistungs- und Steuerhebel«

38 Der »Sechs-Uhr-Bereich« des Flugzeugs. Zielansprachen werden nach dem Zifferblatt einer Uhr definiert, wobei die Zwölf-Uhr-Position die Peilung direkt über den Bug der Maschine nach vorn ist.

Oder kann es das doch? Gerade jetzt sind helmintegrierte HUDs in Amerika und Großbritannien in der Entwicklungsphase (Israel und Rußland verfügen schon über einsatzbereite Systeme). Das in den Helm eingebaute HUD ergänzt das Standard-HUD und sorgt für ein erweitertes Situationsbewußtsein. Wenn ein Flugzeug Luft-Luft-Flugkörper mit schwenkbaren Suchern (High-off-boresight-Suchern) nach Art der russischen AA-11 oder israelischen Phyton-4 mit sich führt, kann der Pilot sogar Ziele angreifen, die sich seitlich versetzt von der Flugzeugnase befinden. Somit können Ziele attackiert werden, die den eigenen Kurs kreuzen, ohne dabei Zeit oder Energie darauf verschwenden zu müssen, in eine direkte Schußposition zu gelangen. Das wiederum eröffnet enorme Vorteile bei Hochgeschwindigkeits-Luftkämpfen (»Furballs«).

Zukünftige Ausrüstungsmöglichkeiten beinhalten VR- oder Virtual-Reality-Displays, sprachgeführte Systemsteuerung (erinnern Sie sich an das Buch und den Film ›Firefox‹?), VR-Kontrollhandschuhe, VR-Kleidung oder Systemsteuerung durch Augenbewegungen. An einem Himmel, der voll von Stealth und lautlosen Angriffen ist, gilt es keine Zeit zu verlieren.

Die »Schneide«: kommende USAF-Flugzeuge

Also, was hat es mit der »Schneide« auf sich? Worin besteht der nächste Schritt bei der Konstruktion von Kampfflugzeugen?

Zwei neue Kampfflugzeuge werden etwa im Laufe des nächsten Jahrzehnts auf den Basen der USAF eintreffen. Beide werden Elemente der Technologien enthalten, über die wir eben gesprochen haben. Beide werden die Lösungen (auf dem neuesten Stand der Technik) für all die Probleme darstellen, welche die Planer der USAF während der vergangenen ein bis zwei Jahrzehnte erkannt haben, und sich deshalb noch auf Denkweisen beziehen, die im letzten Stadium des Kalten Kriegs angemessen waren. Allein diese Tatsache hat einige Leute nach Nutzen und Notwendigkeit fragen lassen, da sich das Weltbild in den letzten fünf Jahren gehörig gewandelt hat. Vor dem Hintergrund der 1991 im Golfkrieg gewonnenen Erfahrungen und der allgemeinen Erwartung, daß die Streitkräfte der Vereinigten Staaten von Amerika im 21. Jahrhundert »in der Heimat stationiert« sein werden, sind diese Systeme dennoch von lebenswichtiger Bedeutung, um die Glaubwürdigkeit der USAF zu erhalten.

Northrop Grumman B-2a Spirit

> Zwei B-2, ohne Jagdschutz und Tankflugzeuge, hätten die gleiche Einsatzleistung erbringen können wie eine Gruppe von 32 Strike-Flugzeugen, 16 Fightern, zwölf Maschinen zur Unterdrückung von Luftabwehrmaßnahmen und 15 Tankflugzeugen.
>
> General Chuck Horner, USAF (i. R.)

Das teuerste Flugzeug aller Zeiten läßt sich außerordentlich schlecht bei Steuerzahler und Gesetzgeber verkaufen, wenn diese zunehmend bissig auf Auftragnehmer im Verteidigungsbereich reagieren und militärischen Beschaffungsmaßnahmen immer skeptischer gegenüberstehen. Um aber die B-2 verstehen zu können, muß man die Bedrohung begreifen, zu deren Entschärfung sie konstruiert, und die fast unvorstellbare Aufgabe, zu deren Erfüllung sie erdacht wurde. Zum Bankrott der Sowjetunion hat auch deren leidenschaftliches, vierzig Jahre währendes Streben nach einem undurchdringlichen Luftabwehrsystem beigetragen. Die Nationale Luftverteidigungsorganisation (bekannt unter der russischen Abkürzung PVO) war eine eigenständige Einheit, die Armee, Luft- und strategischen Raketenstreitkräften gleichgestellt war. Sie wurde ins Leben gerufen, um die USAF und die wenigen strategischen Bomber anderer westlicher Alliierter daran zu hindern, ins Landesinnere vorzudringen und dort das hochzentralisierte sowjetische Befehls- und Führungssystem ebenso zu »enthaupten« wie die politischen und militärischen Führer. Im Grunde bestand der einzige Plan der westlichen Nationen, dieses System zu unterlaufen, im »Szenario des Jüngsten Gerichts«, nach dem Atomraketen eingesetzt werden sollten, um schrittweise die Luftverteidigungsanlagen »aufzurollen«, damit anschließend die Bomber ihre Ziele erreichen könnten.

---

39 Langstreckenflugkörper mit interkontinentaler Reichweite und Atomsprengköpfen

Der erste B-2A-Spirit-Stealth-Bomber aus der Vorserienproduktion vor seinem Hangar auf dem Gelände der Northrop-Grumman-Fabrik in Palmdale, Kalifornien
CRAIG E. KASTON

In den 70er Jahren begannen die Russen ihre mobilen ICBM-Systeme (Intercontinental Ballistic Missile[39]) zu entwickeln, die sie auf speziellen Eisenbahn- oder gigantischen Radlaffetten in den Weiten der Sowjetunion hin und her transportieren konnten. Die Sowjets wußten genau, daß jedes stationäre Raketensilo punktgenau auf Satellitenbildern erkannt und zwecks Zerstörung anvisiert werden konnte. Ihre strategischen Atom-U-Boote konnten möglicherweise von Sonareinrichtungen oder U.S.-Navy / NATO-Jagd-Unterseebooten verfolgt werden; aber was kann man unternehmen, um einen mobilen Raketenkomplex auszuschalten? Die vorgeschlagene amerikanische Lösung bestand darin, die mobilen Raketeneinheiten mit einem Flugzeug zu jagen, das so revolutionär sein sollte, daß die Sowjetunion ihm nichts entgegenzusetzen hätte.

Ideal wäre eine unsichtbare Maschine gewesen, die sich mit Lichtgeschwindigkeit fortbewegt hätte und mit atomaren Präzisionswaffen vom Typ »death ray« (»Todesstrahl«) bewaffnet gewesen wäre. Aber ein Unterschallflugzeug, fast völlig unsichtbar für Radar- und IR-Sensoren und mit einige Atomraketen bestückt, reichte auch schon aus, wenn (und das war ein großes Wenn) seine Entwicklung so geheimgehalten werden könnte, daß die andere Seite keine Zeit und keinerlei Datenmaterial hätte, um wirksame Gegenmaßnahmen zu entwickeln. Das war die Geburtsstunde der B-2A Spirit. Die Ursprünge des B-2-Designs lassen sich bis in das Jahr 1920 zurückverfolgen, zu dem Experimentalflugzeug, das die visionären Gebrüder Horten in Deutschland als ihr erstes »Nurflügel-Flugzeug« entwarfen: ohne die üblichen Schwanzoberflächen und mit einer Kabine, die in eine Verdickung des Flügels eingepaßt war. Das Ziel der Brüder bestand darin, einen möglichst geringen Luftwiderstand zu erzielen (der Vorteile eines niedrigen Radarquerschnitts konnten sie sich noch nicht bewußt sein). Das Problem aller Nurflügler liegt aber in der typischen Instabilität, die größer ist als bei herkömmlichen Flugzeugen mit Rümpfen und Schwanzbereichen. Das instabile Flugverhalten führte zum Absturz etlicher Prototypen und schließlich dazu, daß auch das Programm der Hortens selbst zerschellte (dennoch befand sich ein sehr ehrgeiziges Projekt mit Doppelturbinentriebwerk auch noch am Ende des Zweiten Weltkriegs in der Entwicklung). In den 40er Jahren entwarf der brillante und exzentrische amerikanische Ingenieur Jack Northrop den schweren Bomber XB-35, ein Nurflügel-Flugzeug mit Propellerantrieb, dem später die YB-49, ein vielversprechender achtstrahliger Turbojet-Bomber, folgte (der als Konzession an den ursprünglichen Entwurf vier kleine senkrechte Heckflossen hatte). Unglücklicherweise waren die damaligen Steuerelemente rein manuell und damit unzureichend, um mit den konstruktionsbedingten Instabilitätsproblemen reiner Nurflügel-Flugzeuge fertigzuwerden. Daraufhin stellte die Air Force das Projekt ein. Ungeachtet der für Nurflüger typischen Probleme hat das Design eine unleugbare Eigenschaft: Es ist auf Radarschirmen kaum zu erkennen. Somit war die Bühne für den Auftritt der B-2 vorbereitet.

Ursprünglich als ATB (Advanced Technology Bomber) bezeichnet, begann die B-2-Entwicklung 1978 als »schwarzes« Programm, was bedeutet, daß die Ausgaben nirgendwo im Haushalt der Air Force auftauchten und die Existenz des Projektes nur einem begrenzten Kreis von Regierungsmitgliedern bekannt war. 1981 entschied man sich für den gemeinsamen Vorschlag von Northrop und Boeing, und die Entwicklung des neuen Bombers folgte auf breiter Ebene. Das Ganze dauerte sieben Jahre, einschließlich einer tiefgreifenden Umkonstruktion Mitte der 80er Jahre, als die USAF die ursprünglichen Konstruktionspläne geändert haben wollte. Die Möglichkeit eines Durchbruchs im Tiefflug sollte in die Vorgaben für die Maschine einbezogen werden. (Kurz vor seinem Tod und unter besonderen Sicherheitsfreigaben wurde es Jack Northrop erlaubt, ein Modell der B-2 zu sehen – die Verwirklichung einer Idee, deren Verfechter er schon seit vier Jahrzehnten war.)

Die erste B-2 aus der Vorserienproduktion (bekannt als Air Vehicle #1) wurde am 22. November 1988 in Palmdale, Kalifornien, aus dem Hangar gerollt, und der erste Flug fand am 17. Juli 1989 statt. Laut Terminplan sollte die IOC (initial operation capability[40]) der ersten B-2A-Staffel (von acht Maschinen) des 509. Bombergeschwaders auf der Whiteman AFB, Missouri, 1996 erreicht werden. Die Air Force hat als offiziellen Namen »Spirit« vorgegeben. Als Zusatz erhält jede Maschine den Namen eines Bundesstaates; die ersten fünf werden »Spirit of California«, »Spirit of Missouri«, »Spirit of Texas«, »Spirit of Washington« und »Spirit of South Carolina« heißen. ACC-Commander General Michael Loh befürwortet diesen Namen, weil die B-2 wie ein Geist kommen und gehen kann, ohne gesehen zu werden.

Erst durch eine Kombination verschiedener fortschrittlicher Technologien wurde die Entwicklung der B-2 möglich. In vorderster Linie standen die computergeführte Konstruktions- und Fabrikations-Verfahren, bekannt als CAD/CAM-Technologien der Luftfahrtindustrie. Bei der F-117A mußten ungünstig geformte, facettierte und zugleich flache Oberflächen verwendet werden. Das stellte für die früheren Generationen der Computer-Hard- und -Software, mit deren Hilfe sie Mitte der 70er Jahre entworfen wurde, die einzig verfügbare Lösung dar (millionenfache Berechnungen des Radarquerschnitts waren notwendig, um die Richtigkeit der Konstruktion zu bestätigen). Die B-2, mittels wesentlich leistungsfähigerer Computersysteme entworfen, konnte mit einer geschmeidigen Linienführung der aerodynamischen Oberflächen gebaut werden. Die inzwischen weiterentwickelten Computer konnten die notwendigen Milliarden von Berechnungen in relativ kurzer Zeit leisten.

Zudem war die B-2 das erste moderne Flugzeug, das in Produktion ging, ohne daß ein Prototyp oder auch nur ein Entwicklungsplan erforderlich war. Die Konstruktionsentwicklung an fortschrittlichen dreidimensionalen CAD/CAM-Systemen machte eine virtuelle Entwicklung der B-2 möglich, wobei die Paßform praktisch jeder Komponente überprüft werden konnte, bevor diese hergestellt wurde. Als die ersten B-2 zusammengebaut wurden, war das Resultat in der Geschichte der Luftfahrt, vielleicht sogar des gesamten Ingenieurwesens, einmalig: Jedes einzelne Teil paßte auf Anhieb, das fertiggestellte Flugzeug stimmte mit sei-

---

40 Ersteinsatz-Befähigung

Der erste Vorserien-B-2A-Spirit-Bomber überfliegt die Edwards AFB, Kalifornien. Achten Sie auf die Steuerflächen (kombinierte Höhen- und Seitenruder und die Klappen) entlang der Flügel-Hinterkanten. CRAIG E. KASTON

nen Konstruktionsvorgaben in Millimeter-Toleranzen überein, und das bei einer Spannweite von 172 feet/52,4 Metern.

Die Steuerelemente der B-2 sind einzigartig. Die Außenseite der Hinterkante jeder Flügelspitze besteht aus einem Paar scharnierartiger Luftwiderstandsklappen (»drag rudder«), die durch hydraulische Stell- bzw. Steuermotoren bewegt werden und mit einem zweiten Paar auf der Innenseite – den »elevons« genannten kombinierten Höhen- und Querrudern – gekoppelt sind. Diese Steuerflächen übernehmen die Aufgaben der Höhen- und Seiten- sowie der Querruder eines herkömmlichen Flugzeugs.

Die Besatzung der B-2 besteht aus dem Mission Commander (MC) und einem Piloten, die Seite an Seite auf normalen Schleudersitzen unter absprengbaren Dachsegmenten sitzen. Der MC hat seinen Platz auf der rechten Seite (Steuerbord) mit dem Piloten zu seiner Linken (Backbord). Jede Position verfügt über vier Multifunktions-Farbdisplays und Steuersäulen vom Fightertyp, die jedoch Steuerjochs haben, wie sie gewöhnlich bei großen, mehrstrahligen Maschinen verwendet werden. Diese Steuerungen speisen ihre Befehle in ein mit vier Reservesystemen gesichertes Fly-by-wire Steuerwerk ein, was die Spirit sehr stabil, aber auch höchst beweglich macht. (Nach Aussage seiner Testpiloten fliegt sich die B-2 »wie ein Jäger«, ein Geschenk des Fly-by-wire-Systems.) Das Kommunikationssystem ist mit der gesamten Palette von HF- über UHF- bis VHF-Geräten bestückt, ebenso mit einem Terminal für Satellitenkommunikation, wobei dann alles über ein einziges Dateneingabepanel kontrolliert wird. Möglicherweise ist all das bereits mit den neuen MILSTAR-Kommunikationssatelliten voll kompatibel, die gerade jetzt eingeführt werden. Die Panoramafenster sind sehr groß, aber es gibt keine Sichtmöglichkeit nach hinten, weshalb sich die Crew auf die ausgeklügelten Warnsensoren im Heck verlassen muß, um die »Sechs« zu kontrollieren. Die Besatzung besteigt die

Maschine durch eine Bodenklappe mit ausziehbarer Leiter, die sich unmittelbar hinter dem Schacht des Bugfahrwerks befindet. Der traditionelle »Alarm«-Knopf befindet sich bei der Ausrüstung in der Nase; allerdings sind sich die meisten Experten einig darüber, daß er wahrscheinlich niemals von einer B-2-Crew benötigt wird.

Die vier Mantelstromtriebwerke vom Typ General Electric F118-100 wurden tief ins Innere des Flügels eingebaut und sind nachbrennerlose Versionen des F101, das in der B-1B verwendet wurde. Jedes Triebwerk ist für eine Schubleistung von 19000 lb./8618 kp ausgelegt. Zur Zerstreuung der Hitze und um die heiße Sektion vor feindlichen IR-Verfolgungssystemen zu verbergen, wird die einströmende Luft den komplizierten Lufteintrittsöffnungen über einen S-förmigen Bogen zugeführt, der den Gebläsebereich vor dem Einblick durch ein feindliches Radar schützt. Die einzigartigen v-förmigen Abgasschlitze leiten die Gase längs eines langen, breiten und trogförmigen Bereichs aus dem Oberteil des Flügels ab.

Viele Details hinsichtlich Bauweise und verwendeter Materialien der B-2 werden auch in den kommenden Jahren streng geheim bleiben. Öffentlich wird währenddessen von verschiedenen Seiten unterstellt, daß Graphit/Epoxid-Verbindungen ausgiebig eingesetzt worden seien. Sogar die Lackierung machte eine einzigartige neue Technologie erforderlich. Antennen wurden bündig mit der Oberfläche montiert; selbst die Luftmessungs-Sensoren, die bei Fly-by-wire-Maschinen sonst meist auffällig hervorstehen, sind bei der B-2 bündig in der Flügelvorderkante eingebaut. Die wohl konventionellsten Ausrüstungsteile sind das Hauptfahrwerk, das von einem Boeing-767-Verkehrsflugzeug abgeleitet wurde, und die Ausrüstung der Nase, deren Ursprünge von der Boeing 757 stammen.

Mit nur einem Auftankvorgang in der Luft ist eine Reichweite von mehr als 10000 nautischen Meilen/18520 km realisierbar. Wie lange die Maschine in der Luft bleibt, hängt also nur von der Ausdauer der Crew ab, und selbst das spielt beim hohen Automatisierungsgrad an Bord eine untergeordnete Rolle. Tatsächlich kann eine B-2 mit einem Minimum an Tankerunterstützung praktisch jedes Ziel auf der Welt angreifen und zu einem Stützpunkt auf dem U.S. amerikanischen Festland zurückkehren. Der Einfüllstutzen für die Betankung in der Luft befindet sich oben auf dem Besatzungsraum und ist unter einer ausfahrbaren Klappe aus radarschluckendem Material verborgen; nach Aussage von Piloten ist die B-2 recht stabil und zeigt angenehme Flugeigenschaften, wenn sie im Auftankvorgang hinter einem Tanker herfliegt.

Sämtliche Waffensysteme sind im Innern untergebracht, was bei einem Stealth-Flugzeug absolut erforderlich ist, da eine an Stützen hängende Bewaffnung den Radarquerschnitt dramatisch vergrößert. Die beiden Bombenschächte achtern der Kabine können entweder eine Rotations-Starteinrichtung für acht Flugkörper oder herkömmliche Munitions-Module, ähnliche denen in der B-1B, aufnehmen.

Die Air Force plant, bis 1998 zwanzig B-2 mit einem Gesamtwert von 44 Milliarden US-Dollar bei der Northrop Grumman Corp. in Los Angeles zu kaufen. Der ursprüngliche Wunsch bestand im Kauf von 132 B-2, doch aufgrund des hohen Anschaffungspreises und des Endes des Kalten Krieges beschnitt der Kongreß das Programm. Obwohl Northrop Grumman angeboten hat, weitere zwanzig Maschinen bis 2008 zu einem Festpreis von 570 Millionen US-Dollar aufzulegen, ist die Zukunft des Programms höchst ungewiß. Wie dem auch sei, die B-2A Spirit ist der neueste Stand der Technik bei den Strike-Maschinen und wird es wahrscheinlich auch bis in die Mitte des nächsten Jahrhunderts bleiben.

Lockheed Martin – Boeing F-22

Im Jahr 1972 wurde das derzeitige Spitzen-Kampfflugzeug der USAF, die F-15 Eagle, bei den Geschwadern eingeführt. Seitdem hat sich sowohl die politischen Ordnung der Welt als auch die Eigenart der Luftfahrt-Technologie gewaltig verändert. Vor diesem Hintergrund ist es verständlich, daß die Air Force Milliarden von Dollar und die gesamte Zukunft der bemannten Kampfflugzeuge auf die Lockheed Martin-Boeing F-22 und ihr neues Triebwerk vom Typ Pratt & Whitney F119 setzt. 1984 forderte die ATF-Baubeschreibung eine 35-Millionen-Dollar-Maschine (nach damaligem Dollarkurs) von 50 000 lb./ 22 679 kg, die bereits über die neuesten Entwicklungen der Technologie zur erschwerten Aufspürbarkeit verfügen, mit Überschallgeschwindigkeit fliegen (die YF-22A demonstrierte ihre Fähigkeit, Mach 1,58 zu erreichen und bei Höhen oberhalb 50 000 ft./15 240 m auch zu halten, im Rahmen eines Vergleichsfliegens für die Ausschreibung) und einen Gefechtsradius von mehr als 800 nautischen Meilen/1481,6 km aufweisen sollte. 1986 waren nur noch zwei Teams im Wettbewerb, die beide über flugfähige Prototypen verfügten: die Lockheed-Boeing-General Dynamics YF-22 und die Northrop-McDonnell Douglas YF-23. Obwohl auch die YF-23 hervorragende Leistungen erbrachte, beschloß man im April 1991 bei der Air Force, der beweglicheren YF-22 den Vorzug zu geben. Wenn es bei den momentanen Planungen bleibt, wird die Air Force 442 Maschinen ankaufen, wobei der Flug der ersten Maschine aus der Serienproduktion für Anfang 1997 und die IOC für 2004 vorgesehen sind. Die geplante Produktion wird voraussichtlich bis ins Jahr 2011 laufen, mit Nachfolgeversionen – falls erforderlich – für den Strike-, SEAD- (Suppression of Enemy Air Defense) und Aufklärungseinsatz.

Nach Einschätzung der Air Force setzt der Erfolg anderer Einsätze – auf dem Schlachtfeld, Angriffe in die Tiefe eines feindlichen Gebiets (Deep Strike), Luft-Nahunterstützung (Close Air Support), Blockaden etc. – Luftüberlegenheit voraus. Angesichts der Vielfalt derzeitiger Kampfflugzeug-Generationen bei den Luftstreitkräften potentieller Gegner wie auch mit Blick auf mögliche Verkäufe von Maschinen der jüngsten Generationen braucht die USAF ein Kampfflugzeug, das jeden möglichen Gegner zu jeder Zeit und an jedem Ort *ihrer* Wahl angreifen und zerstören kann. Die F-22 wurde konstruiert, um die Grundausrüstung an Waffen und Sensoren der F-15 aufzunehmen, allerdings so modifiziert, daß diese den Stealth- und Überschallflug-Anforderungen entsprechen. Die Kombination aus Stealth und hoher Fluggeschwindigkeit wurde entwickelt, damit die F-22 rasch in ein Gebiet gelangen, dort Lufthoheit herstellen, feindli-

Einer der beiden YF-22-Prototypen überfliegt die Edwards AFB während eines »Fly-Off« (Vergleichsfliegens) für neuentwickelte Kampfflugzeuge.
LOCKHEED MARTIN

che Erfassungs- und Angriffsmöglichkeiten unterbinden und im Grunde so agieren kann wie Ridley Scotts *Alien*, damit die bösen Jungs zu verängstigt sind, um noch einmal aufzusteigen.

Lockheed Martin deutet an, daß die F-22A/B eine echte Stealth-Konstruktion derselben Klasse wie F-117A und B-2 sein wird. Obwohl die F-22 die Größe einer F-15 hat, hört man über das frontale Erscheinungsbild, daß dessen Radarquerschnitt über hundertmal kleiner als der der Eagle sein soll! Die Komponenten der F-22 sind folgende: 28% Verbundmaterialien (Kohle-Verbundfaser, Thermoplaste und dergleichen), 37% Titan, 20% Metall (Aluminium und Stahl) und 15% »andere« Materialien (Krypton?). Um das Gewicht der Maschine zu reduzieren und dennoch Stabilität zu gewährleisten, wurden die strukturellen Bestandteile der F-22 als Mischung aus Metall- und Verbundbau-Konstruktionen entwickelt, die auch den Gesamt-Radarquerschnitt des Rumpfes herabsetzt. So sind beispielsweise immer zwei von drei Holmen in den Flügeln Verbundmaterial-Konstruktionen, während jeder dritte aus Titan ist. Auch die neue Lackierung verfügt sicherlich über RAM-Eigenschaften. Übrigens ist die »Kerbe« an den Flügelvorderkanten wahrscheinlich eine »Radarfalle«, die Radarwellen einfangen und entlang der Flügelwurzeln zerstreuen soll.

Sogar die Triebwerke erfüllen Stealth-Bedingungen. Da die doppelten F119-Triebwerke genügend »trockenen Schub« (d.h. ohne Einsatz des

Ein F119-Mantelstromtriebwerk auf einem Teststand, mit Nachbrenner in Vollast. Ein Paar F119-Triebwerke ist als Antrieb für die neue F-22, das Kampfflugzeug des 21. Jahrhunderts, vorgesehen. *PRATT & WHITNEY-UNITED TECHNOLOGIES*

Nachbrenners) liefern, um der F-22 Marschgeschwindigkeiten im Überschallbereich zu ermöglichen, konnte auch die IR-Signatur gegenüber einem konventionellen Kampfflugzeug mit gleicher Geschwindigkeit bedeutend reduziert werden. Die Pratt & Whitney F119 (je 35000 lb./ 15879,2 kp Schub) verleihen der F-22 die Kraft einer F-15C (mit dem F100-PW-220 unter vollem Einsatz des Nachbrenners), jedoch im »military« (trockenen) Schubmodus. All das wird ohne verstellbare Lufteinlauframpe (um den RCS der Maschine zu verringern) und mit einem Triebwerk erreicht, das selbst »stealthy« ist, im Gegensatz zu denen in der F-117A, die am Triebwerkseinlaß Leitbleche brauchen. Die Turbineneintrittskanäle sind gebogen, um die Fächerelemente vor feindlichem Radar zu verbergen, mit RAM beschichtet und mit weiteren technischen Tricks versehen, um diese traditionelle Radarfalle weiter zu verkleinern. Bei den meisten Strahltriebwerken sind die Strahldüsen rund; bei der F-22 sind es rechtwinklige Schächte mit beweglichen Blechen, welche die Abgase umleiten können – mit dem Effekt, daß der Schubvektor »steuerbar« gemacht wird. Diese »2-D«-Düsen (bis zu +/– 20° vertikal aus der Mittellinie verschiebbar) des F119 verbessern die Beweglichkeit des Flugzeugs und verleihen der F-22 hervorragende Start- und Landeeigenschaften auf kurzen Bahnen.

Das Cockpit wird ein fast völlig »gläsernes« Design aufweisen (d.h. nur Multifunktions-Displays), mit nur noch drei analogen Instrumenten als Notfallreserve. Nicht weniger als sechs MFDs in drei verschiedenen Größen sind so eingerichtet, daß ein Pilot sie konfigurieren kann, wie es ihm oder ihr gefällt. Das Cockpit ist eine typische HOTAS-Konstruktion mit holographischem Weitwinkel-HUD.

Ein Modell des »gläsernen« Cockpit-Designs eines neuen F-22-Kampfflugzeuges. Beachten Sie, daß anstelle der herkömmlichen Zifferblatt- oder »Streifen«-Instrumente nur noch Multifunktionsanzeigen im Computerstil verwendet werden.
LOCKHEED MARTIN

Ebenso dürfte ein am Helm angebrachtes Sichtgerät, das dem Pilot dabei hilft, die Waffen auf ihre Ziele zu führen, eine willkommene Verbesserung darstellen. Wenn alle Konstruktionen der F-22 wie geplant funktionieren, wird ihr »flight envelope« den Flugleistungsbereich jedes anderen US-Kampfflugzeugs und selbst den der MiG-29 oder der Su-27/35 bei weitem übertreffen. Ebenso soll die F-22 hinsichtlich Beschleunigung, Rollgeschwindigkeit und weiterer Flugparameter jeder anderen heute existierenden Konstruktion überlegen sein. Die Fly-by-wire-Flugsteuerung mit vierfachem Backup-System wird aus der F-22 eine richtige 9-*g*-Maschine machen, die schnelle Wendemanöver ausführen kann, solange der Pilot sie nur aushalten kann.

Die F-22A/B wird über die erste voll integrierte Avionicsuite verfügen, die jemals in einem Kampfflugzeug zum Einsatz kam. Der von Hughes entwickelte Common Integrated Processor (CIP – die F-22 hat zwei CIP-Schächte und Raum für einen dritten) ist der Kern des Systems und unterstützt das APG-77-Radar von Westinghouse-Texas Instruments, die Suite für elektronische Kampfführung von Lockheed Martin und die TRW-Kommunikations-/Navigations- und IFF-Subsysteme. Die elektronischen Bauteile werden mit Flüssigkeit gekühlt sein und mehr als eine Million Lines of Computer Code[41] schaffen. Die gesamte Datenverarbeitungsgeschwindigkeit bei der F-22A/B mit zwei CIP-Bays wird sich in der Größenordnung von 700 Mips (700 Millionen Rechenoperationen pro Sekunde – das ist die Leistung von vier Cray-Großcomputern) bewegen, mit einem Erweiterungspotential von mehr als 100%, das bereits bei der Entwicklung berücksichtigt wurde.

Nun zu den Sensoren: Das neue Westinghouse-APG-77-Radar ist eine Weitwinkel-Fixphasenfläche (120°), die mit konventionellen RWR-Systemen so gut wie nicht erfaßbar ist. Faktisch kann das APG-77 auf wahrscheinlich jede Einsatzart, für die ein Radar in Frage kommt, program-

41 LoCC = Standard im Bereich der Rechengeschwindigkeit von Computern

miert werden. Falls nötig, brauchen nur die zusätzlichen Softwarekomponenten eingelesen und die Prozessoren- bzw. Speicherkapazität in den CIPs erweitert zu werden. Darüber hinaus wird die F-22A/B über eine integrierte Suite für Gegenmaßnahmen verfügen, die mit den CIPs kommuniziert. Das schafft die Möglichkeit rascher Systemumprogrammierungen in Krisensituationen und sollte auch schnellere Abänderungen erlauben. Die Stör-/RWR-Antennen befinden sich in »raffinierten Außenhäuten« oder »smart skins« an den Flügelenden und die Kommunikations-, Navigations- und IFF-Antennen an den Vorderkanten der Tragflügel.

Die Waffen-Grundausstattung der F-22 wird im großen und ganzen ähnlich der sein, die bei der F-15C zu finden ist, allerdings in den weiterentwickelten Versionen. Die Flugkörper werden hydraulisch von ausziehbaren Schienen-Startgeräten abgefeuert, die sich in drei internen Waffenschächten (einer auf jeder Seite und der dritte im Bauch der Maschine) befinden. Da durch das Öffnen einer Klappe, um eine Waffe zu starten oder abzufeuern, der Radarquerschnitt eines Flugzeugs aus bestimmten Einfallwinkeln sehr plötzlich dramatisch zunehmen kann, haben die Konstrukteure Servomotoren vorgesehen, die diese Klappen blitzschnell öffnen und schließen, damit die Bloßstellung auf ein Minimum reduziert wird. Als zusätzliches Stealth-Charakteristikum ist die 20-mm-Kanone tief im rechten Mittelteil des Flugzeugrumpfs untergebracht und feuert durch eine Klappe, die mit dem ersten Schuß aufschnappt und sich nach der letzten Kugel sofort wieder schließt. In einer Nicht-Stealth-Ausführung können zusätzlich noch acht Luft-Luft-Flugkörper an vier Flügelmasten mitgenommen werden.

Die F-22 wurde so konstruiert, daß die meisten Zugangsöffnungen auf Bodenniveau sind, und über den Standardsatz einer F-15C hinaus sind nur acht zusätzliche Werkzeuge erforderlich. Die F-22 erfordert auch nur noch das blanke Minimum an Bodenwartungsmaterial wie Servicewagen und Arbeitsbühnen. Sie verfügt unter anderem über eigene Sauerstoff- und Edelgas-Generatoren, um das Steuersystem des Piloten umweltschonend zu versorgen und den Druckausgleich für das Kraftstoffsystem zu liefern. Außerdem soll die Wartungsstundenzahl pro Flugstunde geringer sein als bei F-16 oder A-10. Es wird auch eine tragbare elektronische Wartungshilfe geben, gestützt auf einen Handcomputer, der an Schnittstellen der Maschine angeschlossen wird, und ein spezieller Wartungs-Laptop-Computer wird daraufhin die gesamte diagnostische Arbeit tun und angeben, was ersetzt oder gefüllt werden muß etc. Eines der Konstruktionsziele bestand darin, die Einsatzraten zu erhöhen, indem man versuchen wollte, eine Rückkehrzeit ins Gefecht von 15 Minuten zu erreichen – für Auftanken *und* Neubewaffnung!

Während über die endgültige Produktionsstückzahl immer noch nicht entschieden ist, wird eine F-22 nach fundierter Schätzung den Steuerzahler 100 Millionen US-Dollar kosten. Trotzdem bleibt die F-22 das wohl mit höchster Priorität versehene Beschaffungsprogramm, über das die USAF heute verfügt. Es sollte die Air Force in die Lage versetzen, ihre »Schneide« gut ins nächste Jahrhundert zu schlagen.

Desert Storm: Planung des Luftkriegs

Kürzlich bescherte uns der Jahrestag der »Operation Desert Storm« Erinnerungen an diese unglaublichen Stunden im Januar 1991, in denen wir vor unseren Fernsehgeräten klebten. Damit kamen auch die lebendigen Bilder, die uns dort geboten wurden, zurück: F-15, die gerade von einer saudiarabischen Autobahn starten; Bomben, die durch Fenster fallen; massierte Panzereinheiten, die gerade die Wüste durchqueren; Soldaten, die sich in einem Gelände eingraben, das wie eine Marslandschaft aussieht, und abgerissene, mutlose einfache irakische Soldaten, wie sie Straßen entlangtrotten, die mit den Wrackteilen ihrer Armee übersät sind; der außergewöhnliche Anblick, den die explodierenden Flakgranaten über Bagdad boten, und vieles mehr. Die Erfassung des Kriegs gegen den Irak durch die Medien war hervorragend. Wenn Sie allerdings darüber nachdenken, sind die Eindrücke für die meisten von uns unvollständig und bruchstückhaft geblieben. Irgend etwas fehlt. Aber was? *Die Tatsache, daß es einen Plan gab. Auf dem Boden und in der Luft.* Der Krieg gegen den Irak war keine Angelegenheit nach dem Motto: »Hallo, Kinder, laßt uns mal eine Show abziehen.« Er kostete Zeit und die Arbeit von nicht wenigen brillanten Köpfen.

Die Planung des Luftkrieges beispielsweise war das Ergebnis eines über dreißig Jahre gewachsenen intellektuellen und spirituellen Bewußtseins von Offizieren der USAF, die Kampfflieger befehligen. In meiner Abhandlung über die Panzertruppen sprachen wir mit zwei Männern, die mitgeholfen hatten, den Sieg auf dem Boden zu erringen, General Fred Franks und Major H. R. McMaster. Jetzt werden wir mit zwei Männern sprechen, die den Luftkrieg zu gewinnen halfen.

Allerdings muß ich betonen, daß zum Sieg in der »Operation Desert Storm« etliche Flieger unterschiedlichster Streitkräfte aus zahlreichen Ländern ebenso beigetragen haben. Geplant wurde die Luftschlacht gegen den Irak jedoch einzig und allein von der U.S. Air Force.

Offiziere der USAF hatten sich jahrelang damit beschäftigt, eine neue Vorstellung von Luftmacht zu entwickeln. Eine Vision, die sich *nicht* auf die traditionellen Rollen und Aufgaben wie atomare Abschreckung gegenüber der Sowjetunion oder Bombardierung einer Brücke in Vietnam stützte. Vielmehr lag diesem Bild ein tief verwurzelter Glaube daran zugrunde, daß Luftmacht ein entscheidendes Werkzeug auf der Operations- oder Kampfebene eines Krieges darstellt. Dieser neuen Vorstellung entsprechend, reichte es nicht aus, nur zu wissen, wie man Flugzeuge fliegt, Flugkörper startet und Bomben wirft; man mußte darüber hinaus wissen, wie man eine Luftschlacht plant und durchführt.

Verschiedene Menschen kamen auf unterschiedlichen Wegen zu diesem Schluß. Einige von ihnen hatten ein Bild vor Augen, auf dem sie von MiGs, SAMs und Flakgeschützen abgeschossen wurden, während sie vergeblich mit der Bombardierung wertloser Ziele in Nordvietnam beschäftigt waren – Ziele, die von Politikern ausgewählt wurden, die keine in sich geschlossene Zielvorstellung in ihren Köpfen hatten. Andere erlagen dem Trugbild, daß Luftmacht immer nur für die treue Gemeinde derer reserviert sei, die an die Magie des Fliegens glaubten. Allgemein als »Luftmacht-Besessene« bekannt, widmeten sie Jahrzehnte harter Arbeit und Aufopferung dem engstirnigen Ziel, den Vereinigten Staaten von Amerika die größte Konzentration dieser ach-so-undefinierbaren Macht zu verschaffen.

Man muß über einen Plan verfügen. Man muß Führungspersönlichkeiten haben.

Die Bomben-Luftschlachten gegen Deutschland und Japan im Zweiten Weltkrieg waren bis zur Einführung eines Jagdschutzes und der Festlegung von Zielen kostspielige Fehlentscheidungen. Nur die Ausschaltung wichtiger Ziele konnte den endgültigen Ausgang des Krieges beeinflussen. Später, als die 8. Luftflotte P-51-Langstreckenjäger als Begleitschutz bekam und die petrochemische und Beförderungsmittel-Industrie *methodisch* zu bombardieren begann, wurden die Auswirkungen praktisch sofort auf jedem Kriegsschauplatz spürbar. Dadurch sollte eigentlich für jeden, der ein Verständnis für Luftmacht besaß, offensichtlich werden, daß der Schlüssel zum Erfolg die Mischung der Kräfte ist, Schläge gegen die richtige Kombination von Zielen zum richtigen Zeitpunkt zu führen. Kurz gesagt: der richtige *Plan*. Ein derartiger Plan erfordert die richtige Kombination passender Flugzeuge, deren Besatzungen fähig sind, die richtigen Ziele zu zerstören und so die Kampfkraft eines Feindes maximal zu beeinträchtigen. Ebenso benötigt man Offiziere, die genügend Erfahrung besitzen und die speziell dafür ausgebildet wurden, um derartige Einsätze zu leiten. Sie sollten nicht nur von Einheiten der U.S. Air Force, sondern auch von anderen Teilstreitkräften und ebenso von verbündeten Staaten kommen. Solche Befehlshaber müssen selbst Flieger sein und darüber hinaus Diplomaten, Logistiker und sogar Experten für Öffentlichkeitsarbeit.

Natürlich entwickelten auch die anderen Teilstreitkräfte des amerikanischen Militärs eigene Ideen, obwohl es denen, die eine Luftmacht unterstützen, als logisch erschien, daß Rekrutierung, Ausbildung und Leitung dieser Truppen durch die Air Force erfolgen sollten. Allerdings waren viele Fliegeroffiziere der USN und des USMC mit einigem Recht der Ansicht, daß die De-facto-Übergabe der Leitung ihrer fliegerischen Bereiche bedeuten würde, sich bei der Durchführung künftiger Operationen in den Würgegriff der USAF zu begeben.

Deshalb blieb diese Idee eine Vision, bis das Scheitern einiger wohlbekannter Luftoperationen in den 80er Jahren (besonders die Stümperei bei der Geiselbefreiungsaktion im Iran) zu den Veränderungen führte, die notwendig waren, damit die Luftmacht in den 90er Jahren wirkungsvoll eingesetzt werden konnte. Mit an erster Stelle bei diesen Veränderungen stand der Goldwater-Nichols Military Reform Act, der die militärische Kommandostruktur neu definierte. In diesem Papier wurde auch festgestellt, daß die verschiedenen Arten von Teilstreitkräften (Wasser, Boden und Luft) von geeigneten Profis organisiert und geleitet werden sollten. Die Luftmacht sollte unter dem Kommando eines Fliegers mit dem Titel »Joint Forces Air Component Commander«[42] (JFACC) stehen. Im Fall eines Kriegseinsatzes ist der JFACC ein Lieutenant General (Code OF-9, drei Sterne), der dem Oberkommandierenden, dem Commander in Chief (CinC), der zusammengeführten Streitkräfte direkt verantwortlich ist. Ein »Kriegsschauplatz« ist für solche Operationen definiert als ein bestimmtes Gebiet, in dem Land-, Luft- und Marinestreitkräfte koordiniert geführt werden. Dabei wird gewöhnlich von einem einzelnen Gegner ausgegangen. Im Grunde fanden im Zweiten Weltkrieg, bedingt durch die Kriegsschauplätze in Europa und im Pazifik, zwei separate Kriege statt.

Während der Operationen »Desert Shield« und »Desert Storm« war Lieutenant General Charles A. Horner, USAF, der JFACC für CENTCOM. Im August 1990, unmittelbar bevor die Invasion in Kuwait stattfand, war er kommandierender General der 9. Luftflotte auf der Shaw AFB in South Carolina. Als einer von vier nominierten kommandierenden Generälen der Air Force mit Stationierung in den Vereinigten Staaten hatte er somit einen zusätzlichen Verantwortungsbereich als kommandierender General des CENTAF (Central Command Air Force). CENTCOM, das U.S. Central Command, ist ein zusammengeführtes Kommando, das für den größten Teil des Mittleren Ostens (Südwestasien) verantwortlich ist. CENTCOM, das die während des Geiseldramas im Iran gebildete Schnelle Eingreiftruppe ersetzte, ist ein Kommando ohne Streitkräfte. Als leitendem Operationskommando werden CENTCOM erst im Falle einer Krise Streitkräfte unterstellt. Als kommandierender General der Air-Force-Abteilung im CENTCOM war Horner der Mann, der als Stabschef den Luftkrieg gegen den Irak planen und durchführen sollte.

Chuck (wie er es vorzieht, genannt zu werden) Horner wurde 1936 in Davenport, Iowa, geboren und ist Absolvent der University of Iowa. Nach dem Staatsexamen trat er Anfang der 60er Jahre in die Air Force ein und flog zwei Dienstperioden in Südostasien, mit rund 111 Einsätzen allein während der zweiten Dienstzeit. Seine besondere Spezialität war die Jagd auf Surface-to-Air Missiles – SAM (Boden-Luft-Flugkörper) und AAA- oder Anti-Aircraft-Artillery-Radare. Diese Einsätze, als »Wild Weasel«[43] bekannt, waren (und sind) sehr riskant und verbunden mit steigenden Ausfallzahlen bei den Besatzungen. Wie so viele andere junge Offiziere der USAF verlor er am Himmel über Nordvietnam viel von seinem Vertrauen in das »System« der Air Force.

Tom Clancy: Sie haben in Vietnam gekämpft. Was haben Sie daraus gelernt?

42 Kommandierender General des Air-Force-Anteils im Stab der Streitkräfte
43 »Wildes Wiesel«

Gen. Horner: Alle Fighterpiloten fühlen sich unverwundbar, bis sie zum ersten Mal abgeschossen werden. Am Tag, an dem sie abgeschossen werden und aus der Hülle springen, die das Cockpit für sie darstellt, findet wirkliche eine Veränderung bei ihnen statt. Da ich selbst nie abgeschossen wurde, kann ich darüber allerdings nur Spekulationen anstellen. Soviel kann ich aber behaupten, daß es nichts Besseres gibt, als nach Hause zu kommen und nicht getötet zu werden. Man fühlt sich dann wirklich gut.

Um näher an den Kern der Sache zu kommen: Beschuß vom Boden, SAMs und solches Zeug übten eine Art Faszination auf mich aus. Tatsache ist, daß ich ein praktisch veranlagter Mensch bin: ich bin Farmer. Also, wenn wir hinaufgeschickt wurden, um einen Schlag gegen ein Ziel in der Art einer Müllkippe auszuführen und es boten sich wirklich wichtige Ziele an, ging mir durch den Kopf, daß so etwas *nie* passieren würde, wenn ich etwas zu sagen hätte. Manchmal passierte es auch tatsächlich *nicht*, weil es da oben [in Nordvietnam][44] keine Polizisten gab, die überprüfen konnten, was wir tatsächlich bombardierten.

Wenn es Leute in Washington gibt, die den Krieg zu führen glauben, und die Leute über dem Schlachtfeld, die diesen Krieg austragen, und wenn diese beiden Gruppen sich nicht auf der gleichen emotionalen und psychischen Ebene befinden und man kein Vertrauen hat, dann hat man *nichts*. Unglücklicherweise war die Integrität das erste Opfer des Vietnamkriegs.

Während Chuck Horner noch seine Kampfeinsätze in Vietnam flog, tauchte eine neue Generation von Offizieren mit neuen Ideen und Wertvorstellungen in der USAF auf. Unter ihnen befand sich ein geistig anspruchsvoller junger Offizier namens John A. Warden III. Er wurde 1943 in McKinney, Texas, geboren und entstammt einer Familie, die auf eine lange Reihe von Familienangehörigen im militärischen Dienst zurückblicken kann. Fasziniert von Militärgeschichte und -technologie, war er in den 60er Jahren einer der ersten Absolventen der neuen Air Force Academy in Colorado Springs, Colorado. Obwohl er auch seinen fliegerischen Teil durch Einsätze leistete, zum Beispiel mit der OV-10 Bronco und der F-4 Phantom in Südostasien, galt doch während der gesamten Laufbahn seine wirkliche Leidenschaft der Entwicklung von Grundsätzen für eine erfolgreiche Durchführung von Luftschlachten.

Tom Clancy: Wie sahen die Vorstellungen der Air Force und der anderen Streitkräfte in der Ära nach dem Vietnamkrieg aus, als Sie in den späten 70er Jahren aus Südostasien zurückgekehrt waren?

---

44 Erläuterungen in eckigen Klammern sind Einschübe des Autors.

Col. Warden: In Vietnam hatte die Marine auf taktischer Ebene ihre Sache gut gemacht, aber obwohl man grundsätzlich ganz zufrieden mit sich war, erkannte man doch die Notwendigkeit, sich über die Struktur innerhalb der Navy Gedanken zu machen. Also wurde die »Maritime Strategy« entwickelt, in deren Mittelpunkt stand, die sowjetische Marine praktisch aus dem Bild zu löschen und dann die »Bastionen« der sowjetischen Heimatgewässer anzugreifen. Es war ein ausgezeichneter Katalog von Ideen, welcher der Navy ein gutes Fundament verschaffte, auf der sie ihre Kräfte aufbauen und ausbilden konnte. Die Air Force entwickelte allerdings ganz andere Ideen. Auf der einen Seite waren Leute wie ich der Ansicht, daß wir mit den uns zur Verfügung stehenden Mitteln eine *taktisch* gute Leistung vollbracht hätten, die Mittel jedoch *strategisch* für die falschen Zwecke eingesetzt worden seien. Mit anderen Worten: Ich fand es abscheulich, daß wir Menschen und Maschinen vergeudet hatten – unsinnig und für die falschen Zwecke. Ich wollte nie wieder etwas mit einem Krieg zu tun haben, in dem nicht die politischen Ziele sachlich identifiziert und der dorthin führende Weg vorgezeichnet wären. Zum Beispiel hielt ich die Vorstellung einer allmählichen Eskalation für lächerlich.

Auf der anderen Seite hatten viele Offiziere der Air Force völlig andere Erfahrungen gemacht. Für sie war die strategische Seite eines Krieges ohne Bedeutung. Entscheidend für sie war die *Art und Weise*, wie er geführt wurde, und damit befanden sich ihre Erfahrungen auf einer anderen Ebene. Später, nach dem Krieg, übernahmen Fighter-Offiziere schnell das Kommando über die Air Force von den Offizieren, die im Strategic Air Command (SAC) groß geworden waren. Viele dieser neuen Luftkampf-Einsatzoffiziere der Air Force hatten den überwiegenden Teil ihrer Dienstzeiten in Vietnam damit verbracht, enge Luftunterstützung in Südvietnam zu fliegen, und glaubten, als sie aus dem Krieg zurückkehrten, die Zukunft der Air Force liege in einer reinen Unterstützungsfunktion für die Armee. Nun, es ist nichts Schlechtes an der Luftunterstützung von Armee und Marine – oder, wenn Sie wollen, auch anders herum: Marine und Armee –, aber das zur einzigen Funktion zu erheben, begrenzt das Potential einer Luftmacht außerordentlich schwerwiegend, weil dann alles auf Taktik konzentriert wird.

Wie andere Befürworter der Luftmacht stellte auch John Warden deren natürliche Vorteile heraus. Seiner Ansicht nach mußten neue Handlungskonzepte entwickelt werden, um das unerfüllte Versprechen einer Luftmacht zu verwirklichen. Obwohl reichlich über diese neuen Wege debattiert wurde, kam man zu keinem einvernehmlichen Ergebnis. Dann, im Jahre 1988, veröffentlichte Warden ein kleines Buch mit dem Titel ›The Air Campaign: Planning for Combat‹[45]. Das war das erste Buch über Luftoperationen, das seit dem Ende des Zweiten Weltkriegs veröffentlicht wurde, und überhaupt das erste, das sich speziell mit Fragen der vollständigen Planung einer Luftschlacht auseinandersetzte. Dadurch wurde es sofort zur Pflichtlektüre bei Offizieren und Systemanalytikern. Es löste einen Sturm von Kontroversen aus, weil darin argumentiert wurde, eine Luftmacht tauge zu mehr als nur dazu, die Funktion einer Waffe zu erfüllen, die bei der Unterstützung eines Bodenfeldzugs eingesetzt wird. Lassen wir Colonel Warden die Geschichte selbst berichten.

Tom Clancy: Würden Sie etwas über ›The Air Campaign: Planning for Combat‹ erzählen?

Col. Warden: Ich war graduierter Student am National War College und beschloß, daß ich drei Dinge tun wollte: ein Buch schreiben, lernen, wie man einen Computer bedient, und an einem Marathonlauf teilnehmen. Für das Buch hatte ich zwei Möglichkeiten zur Wahl: entweder moderne Anwendungen der Vorstellungen Alexanders des Großen oder irgend etwas auf der Operationsebene einer Luftmacht. Mein wissenschaftlicher Berater machte mir klar, daß ich wahrscheinlich mehr aus einem Thema über Luftmacht-Operationen würde herausholen können, also entschied ich mich dafür. Ich arbeitete etwa sechs Monate an diesem Buch, während ich weiter studierte. General Perry Smith, der zu dieser Zeit gerade Kommandant[46] war, las das Manuskript, fand es gut und schickte Kopien davon an einige Generäle in Schlüsselpositionen. Als das Buch schließlich alle Stationen bis zur Veröffentlichung durchlaufen hatte und 1988 erschien, war bereits eine hübsche Menge der Manuskriptkopien bei der USAF im Umlauf. Was das Buch selbst angeht, so sind seine Grundlagen heute noch ebenso gültig wie zu dem Zeitpunkt, als ich es schrieb. Heute habe ich allerdings ein wesentlich besseres Verständnis für Krieg und Luftmacht, und deshalb würde ich gerne noch etliche weitere Bücher mit höherem Anspruchsniveau schreiben.

1988 wechselte John Warden, inzwischen Colonel, als stellvertretender Direktor für Strategie, Lehrmeinung und Kriegführung zum Pentagon in das Büro des USAF-Planungsstabs. Während er dort arbeitete, trug er die Verantwortung für das Team, das die »Operation Instant Thunder« (»sofortiger Donnerschlag«) entwickeln sollte, den grundlegenden Plan für einen Luftkrieg gegen den Irak drei Jahre später.

---

45 ›Der Luftkrieg: Planung für den Luftkampf‹

46 Damit übte er praktisch die Funktion eines Dekans am National War College aus

Tom Clancy: 1988 wurden Sie ins Pentagon zum USAF-Planungsstab versetzt. Erzählen Sie uns etwas darüber.

Col. Warden: Mein neuer Chef, General Mike Dugan, damals stellvertretender Stabschef für Planung und Operationen (der spätere Stabschef der USAF), hatte mich damit beauftragt, zur Veränderung der geistigen Einstellung in der Air Force beizutragen. Im Planungsstab unterstanden mir etwa hundert Offiziere, und die Arbeit begann damit, daß ihnen einige Konzepte für die strategischen und operativen Ebenen einer Luftmacht übergeben wurden. Anschließend verbrachten wir viel Zeit damit, die Ideen zu debattieren und zu verfeinern. Unsere wöchentlichen Stabsbesprechungen dauerten oft drei bis vier Stunden – nicht etwa, weil wir alltägliche Verwaltungsangelegenheiten diskutierten, sondern weil wir uns mit den gewaltigen strategischen und operativen Themenkreisen auseinandersetzen mußten, die alle Angehörigen der Abteilung und andere Leute dazu zwingen würden, sehr hart an diesen Dingen zu arbeiten. Nach und nach waren wir soweit, unsere Ideen in die Tat umzusetzen, schrieben das AFM-1-1-Handbuch [das Air Force Basic Operations Manual] neu und stellten ein Programm zusammen, um das Konzept für die Laufbahnausbildung in der USAF zu reformieren. Wir hatten buchstäblich Dutzende von Projekten gleichzeitig laufen, und alle hatten den gleichen Leitfaden: »Laßt uns damit anfangen, ernsthaft über Luftmacht und ihre operativen und strategischen Ebenen nachzudenken.«

Hier ein Beispiel anhand eines Projektes, das wir bei Checkmate[47] [eine der Organisationen in der Planungsabteilung] durchzogen: Laßt uns von der Hypothese ausgehen, daß Kraftstoff das »Gravitationszentrum« [eine lebenswichtige Notwendigkeit bei jeder Operation] für die sowjetische Armee darstellt. Also setzten wir uns mit den Leuten vom Geheimdienst zusammen, und die sagten: »Ihr verschwendet eure Zeit – die Sowjets verfügen über Kraftstoffreserven für 108 Tage, die sie sicher in Kraftstoffbunkern unter Ostdeutschland eingelagert haben. Ihr habt nur 14 Tage, bevor der Krieg nuklear wird beziehungsweise bis die Sowjets ihre Ziele erreicht haben. Also steht einfach nicht genug Zeit zur Verfügung, alle diese Bunker-Tankanlagen zu zerstören.«

Nun, das ergab für die Offiziere von Checkmate keinen Sinn. Darum stellten sie eine andere Frage: »Wie gelangt der Sprit von den unterirdischen Tanks zu den Tanks im Hauptkampfgebiet, aus denen dann die Front versorgt

---

47 Schachmatt

wird?« Das war eine einfache Frage nach der Art der *Verteilung*. Wir fanden heraus, daß die Sowjets etwa 25 Treibstoffdepots für die Operationsebene in einem Bereich von der Ostsee (im Norden) bis an die Alpen (im Süden) angelegt hatten. Sie waren so konzipiert, daß Kraftstoff in großen Mengen, von Osten kommend, hereingebracht und dann weiter nach Westen »verschoben« werden sollte. Nun, erstens gab es keine Querverbindungen in Nord-Süd-Richtung zwischen den einzelnen Depots, und zweitens – obwohl die unterirdischen Bunker für das Zeugs sehr gut gebaut worden waren – verfügte jedes dieser Depots lediglich über drei Auslauf-Verteilerrohre – wie eine Tankstelle mit nur drei Zapfsäulen. Ein Tanklastzug würde also ankommen, befüllt werden, danach Kurs auf den nächsten untergeordneten Stab nehmen, dort entladen werden und zum Depot zurückkehren, um mehr zu holen. Außerdem gab es noch ein Verteilerrohr für taktische Pipelines [Feld-Kraftstoff-Versorgungsrohre, die von Pioniereinheiten gelegt werden, während sie mit den Stäben im Kampf vorrücken]. Also floß letzten Endes der ganze Kraftstoff aus diesen riesigen Depots durch nur drei oder vier sehr unsichere Ausgabe-Verteilerrohre.

Was würde passieren, wenn wir die zerstören würden? Wir beschlossen, ein wenig weiterzuforschen, und es stellte sich heraus, daß die Einheiten in den Depots unter Sollstärke bemannt waren und nicht über genügend Tanklastzüge verfügten, um die festgelegten Verkehrszahlen für den jeweiligen Tank zu erreichen. Es gab keine »Elastizität« im sowjetischen System. Wenn wir also die Kraftstoffversorgung stoppen würden [durch Bombardierung der Verteilerrohre in den Depots], säßen sie nach vier bis fünf Tagen auf dem trockenen.

Jetzt stellen Sie sich einmal vor, Sie wären ein taktischer Befehlshaber der Sowjets und wüßten, daß Ihr Kraftstoffnachschub abgeschnitten worden wäre. Da Sie sicherlich nicht den ganzen Treibstoff, den Sie für einen Zeitraum von drei bis vier Tagen mit sich führen, bis auf den letzten Tropfen verbrauchen würden, ließen Sie wahrscheinlich anhalten, würden sich eingraben und auf Nachschub warten. So, wie ihr System aufgebaut war, war Umkehr fast unmöglich, weil ein Armeekorps sowjetischer Prägung immer von einem bestimmten Depot im Osten abhängig war und deswegen einfach Pech hatte, solange niemand das Problem löste – und so etwas konnte nicht in ein paar Tagen gelöst werden. Was wir aus dieser Übung lernten, war folgendes: Eine Handvoll Kampfbomber, richtig gegen Zentren operativer Schwerpunkte eingesetzt, wäre in der Lage, überproportional hohe Auswirkungen auf die Kampffähigkeit an der Front zu erzielen. Diese Lektion kam uns bei der Planung des Golfkriegs sehr zustatten. Jeder, den wir davon unterrichteten, fand das Konzept gut – mit Ausnahme der Geheimdienstleute.

Wenn sie ein Problem betrachten, sprechen die Analytiker gern von einem »Modell«. Das ist ein Konzept oder eine Simulation, die als Methode verwendet werden kann, um Vorstellungen zu prüfen oder auszudrücken. Colonel Wardens Modell stellt einen Feind als Anordnung von strategischen Zielen in fünf konzentrischen Ringen dar: die militärische / politische Führungsspitze im Zentrum, dann die Schlüsselindustrien, die Transport-Infrastruktur, die allgemeine und moralische Unterstützung von Zivilisten und im äußersten Ring die Streitkräfte im Einsatz. Lassen Sie uns einen Blick darauf werfen.

Tom Clancy: Waren diese Studien, die Sie in einem analytischen Prozeß erarbeitet hatten, hilfreich, als Sie in Richtung Irak zu blicken begannen?

Col. Warden: Ja, das von uns verwendete System der gestaffelten Ringe entsprach genau dem, was ich für General Dugan im Frühjahr 1988 entwickelt hatte. Später wurde es unter der Bezeichnung »Modell der fünf Ringe« bekannt. Im wesentlichen zeigt es, daß Sie gedanklich auf der höchstmöglichen Ebene eines Systems ansetzen müssen, daß es Ihr Ziel sein muß, dieses System des Feindes so zu beeinflussen, daß es zu dem wird, was es Ihrer Vorstellung nach werden soll, und daß es genau das tut, was es Ihrer Ansicht nach tun soll. Die fünf Ringe zeigen auf, wie sämtliche Systeme orga-

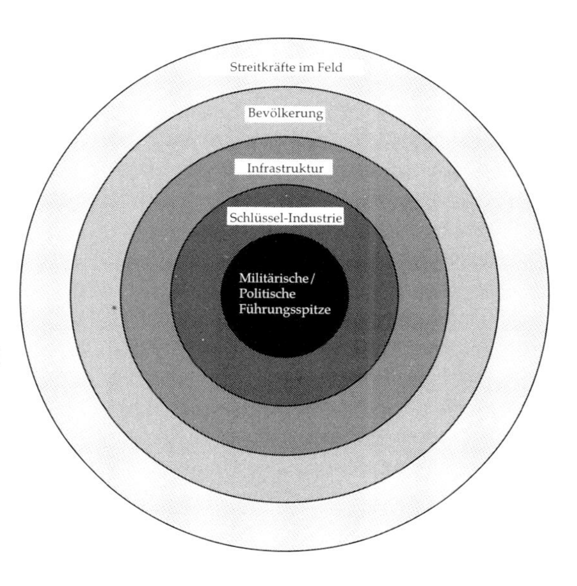

Schematische Darstellung des strategischen »Fünf-Ringe«-Modells von Colonel Warden: Die feindlichen Streitkräfte im Feld befinden sich ganz außen, die nationale / militärische Führung ist im Zentrum.
Jack Ryan Enterprises, Ltd., von Laura Alpher

General Charles Horner während seiner Zeit als kommandierender General der 9. US-Luftflotte und des U.S. Air Force Central Command (CENTAF), damals noch im Range eines Generalmajors
Offizielles Foto der U.S. Air Force

nisiert sind. Ein Armeekorps beispielsweise hat ein sehr ähnliches Organisationsmuster wie eine Nation oder wie die Luftstreitkräfte. Jedes System hat Gravitationszentren, die in dem Augenblick, da sie angegriffen werden, dazu neigen, das gesamte System auf niedrigere Energieniveaus und sogar bis zur völligen Lähmung zu bringen. Im Deputy Directorate for Operations hatten wir dieses Konzept fast zwei Jahre lang erörtert; daher war es leicht, all das nach der irakischen Invasion in Kuwait sehr schnell anzuwenden.

Während Colonel Warden damit beschäftigt war, eine intellektuelle Veränderung der Air Force herbeizuführen, hatten Offiziere wie General Chuck Horner damit zu tun, die Routinearbeiten zu erledigen und die Streitmacht in Gang zu halten und zu verbessern. 1987 wurde General Horner das Kommando über die 9. Luftflotte mit Hauptquartier Shaw AFB in South Carolina übertragen. Seine Aufgabe als Befehlshaber bestand darin, als JFACC alle denkbaren Luftoperationen zu leiten, die von CENTCOM durchgeführt werden sollten. Gleichzeitig war er kommandierender General sämtlicher Luftstreitkräfte, die in einem solchen Fall CENTCOM unterstellt werden würden. Hören wir einmal zu, welche Gedanken bei dieser Berufung in ihm vorgingen.

Tom Clancy: Würden Sie bitte über Ihre Ernennung zum Oberbefehlshaber über die 9. Luftflotte sprechen?

Gen. Horner: Die 9. Luftflotte hatte ihre beste Zeit während des Zweiten Weltkriegs. Nach ihrer Rückkehr in die Vereinigten Staaten wurde sie zu einer Trainingseinheit. 1980 wurde daraus die Rapid Deployment Joint Task Force [RDJTF[48]], die Vorgängerin der heutigen CENTCOM-Organisation. Larry Welch war damals der Director of Operations im TAC, und die RDJTF war die heißeste Sache, die damals lief. Ich hatte mit der Carter-Doktrin zu tun und deshalb die Aufgabe, den Mittleren Osten zu einem lebenswichtigen Bestandteil nationaler Interessen der Vereinigten Staaten von Amerika zu machen.

Später, als die RDJTF zum CENTCOM wurde, fiel der 9. Luftflotte die Rolle des Luftwaffenbestandteils dieser Organisation zu. Der nächste kommandierende General der 9. Luftflotte, General Bill Kirk, war sicherlich der beste Taktiker, den die Air Force jemals hervorgebracht hat. Ich war sehr aufgeregt, als ich ihn ablösen sollte, denn ich erbte von Larry Welch mit seinen enormen intellektuellen Fähigkeiten und Bill Kirk mit seinen gewaltigen taktischen Leistungen einen Stab, der kriegsorientiert war und an diesem Problem tagein, tagaus arbeitete. Darüber hinaus war ich mit bei den ersten, die in den Genuß des Goldwater-Nichols Acts kamen. Nun, eine der von Goldwater-Nichols bewirkten Änderungen war die Befreiung von sehr viel administrativer Verantwortung. Als kommandierender General von zehn Kampfgeschwadern brauchte ich allein deshalb eine Menge Zeit, um sie alle einzeln zu besuchen, und diese Zeit hatte ich nun. Was ich *nicht* mehr brauchte, war viel Zeit für administrative Dinge. Und da sich General Wilber Creech [Befehlshaber des TAC] sehr um die Instandhaltung gekümmert hatte, brauchte ich mir auch keine Sorgen mehr um die Wartung zu machen. General Creech hatte die Operationspläne fixiert; also brauchte ich mir auch darüber keine Gedanken zu machen. Alles, was ich noch zu tun hatte, war, den Geschwader-Kommodoren neue Erfahrungsblickwinkel zu öffnen, sie anzumeckern oder ihnen auf den Rücken zu klopfen, Orden zu verleihen und mit ihnen zu fliegen, um herauszubekommen, was sie eigentlich trieben. Dadurch konnte ich wirklich achtzig Prozent meiner Zeit damit verbringen, mich mit CENTCOM-Problemen auseinanderzusetzen. Das System funktionierte zu dieser Zeit ausgezeichnet.

Tom Clancy: Sie hatten den neuen Verantwortungsbereich eines JFACC – Joint Forces Air Component Commander. Welche Bedeutung hatte diese Funktion zu jener Zeit für Sie?

Gen. Horner: Meiner Ansicht nach sollten, wenn wir in einen Krieg ziehen müßten, sämtliche Luftstreitkräfte unter der übergrei-

---

48 Schnelle Einsatztruppe der zusammengeführten kombinierten Streitkräfte

fenden Struktur und Leitung des JFACC zusammenarbeiten. Ich habe nie den Begriff »Kommando« verwendet, weil der die Marines irritiert hätte [deren Fliegereinheiten waren unabhängig, operierten aber unter seiner »Leitung«]. Die ganz große Sache, die wir für uns damals laufen hatten, war unter dem Namen Blue Flag bekannt. Wann immer wir ein Blue Flag des CENTCOM abhielten, zog ich die Navy und das Marine Corps hinzu. Darüber hinaus war die Army immer zur Teilnahme bereit. Nun ja, Navy und Marines kamen immer schleppenden Schrittes, aber sie kamen. Schließlich waren es dieselben Kerle, mit denen ich in den Krieg gezogen war.

Tom Clancy: Sie waren lange Zeit in dieser Position, fünf Jahre, und währenddessen haben Sie den Wechsel von der Zeit des Kalten Krieges in die Ära danach erlebt. Erzählen Sie ein bißchen darüber.

Gen. Horner: In unseren Trainings-Szenarien hielten wir weiterhin das Feinbild Rußland aufrecht, bis Norman Schwarzkopf im November 1989 CinC des CENTCOM wurde. Er inspizierte die bestehenden Pläne und sagte: »Mottet sie ein, wir werden sie nicht mehr brauchen. Wir werden *niemals* gegen die Russen kämpfen.« Er wußte, daß der Kalte Krieg vorbei war.

Tom Clancy: Was taten Ihre Leute denn hinsichtlich der Luftschlacht- und Operationsplanung vor der Invasion von 1990?

Gen. Horner: Viele verschiedene Dinge. Wir haben *jede Menge* geübt. Das war aber keineswegs ungewöhnlich. Außerdem fanden Manöver im Mittleren Osten statt. Des weiteren gab es da noch ein Programm zur Material-Vor-Deponierung, das sehr gut ist, ein Produkt des Kalten Krieges. Diese Versorgungsmöglichkeiten standen für jede Art von Eventualität in gleich welcher Region am Persischen Golf zur Verfügung. Der wirkliche Grund für unseren Blitzstart bei der Irak-Planung war »Internal Look«, eine Generalprobe, die im Juli 1990 durchgeführt wurde. In der Zwischenzeit hatte nämlich General Schwarzkopf die sich bereits abzeichnende Bedrohung erkannt, die aus der Invasion des Irak in Kuwait und Saudi-Arabien erwachsen würde.

Aufgrund der irakischen Invasion in Kuwait im August 1990 wurden alle Pläne, die schon vorher auf Papier festgehalten worden waren, hervorgeholt und angewendet. Für General Horner bedeutete das eine Reise nach Saudi-Arabien, um Verteidigungsminister Richard Cheney und General H. Norman Schwarzkopf beim Briefing der saudi-arabischen Führung zu unterstützen und sich der Erlaubnis, Streitkräfte der Vereinigten Staaten in dieses Gebiet zu entsenden, bestätigen zu lassen. Danach ließ General Schwarzkopf Chuck Horner dort zurück, damit er dort einige Wochen als

»CENTCOM Forward«[49] fungieren sollte. So konnte er selbst ins CENTCOM-Hauptquartier nach Tampa in Florida zurückkehren, um von dort aus die erforderlichen Streitkräfte schneller in das Gebiet zu verlegen und auf diese Weise eine Abschreckung gegen weitere Aggressionen seitens der Iraker zu schaffen.

Tom Clancy: Während Ihres Aufenthaltes in Jedda, Saudi-Arabien, hatten Sie eine kleine Unterredung mit General Schwarzkopf, bei der es um die Gestaltung des Luftfeldzugs ging. Erzählen Sie bitte etwas darüber.

Gen. Horner: Im April 1990 ging ich nach Tampa, um Schwarzkopf über die Vorbereitungen zur Internal-Look-Planübung im Juli zu informieren, da ich keine Lust hatte, mit einem »falschen« Plan vom Thema abzuschweifen. Bei dieser Gelegenheit hatte ich ihm einen Überblick über eine Anzahl von Dingen vermittelt, und eines davon war das Konzept einer »strategischen Luftschlacht« in diesem Gebiet. Er war mit dieser Einsatzbesprechung und den Gedanken sehr einverstanden. Eigentlich war er auf der ganzen Linie und mit allem einverstanden.

Später, als wir mit unseren Briefings in Jedda fast fertig waren, entschloß er sich, unmittelbar bevor er ins Flugzeug nach Tampa stieg, zu Hause sofort jemanden zu suchen, der den Plan für eine derartige Luftschlacht ausarbeiten würde. Ich hätte ihn umarmen können! Lassen Sie sich eines sagen, es kann einem nichts Großartigeres auf dieser Welt passieren, als wenn Ihr Chef Sie ansieht und sagt: »Also, Horner, das *erste,* was ich erreichen will, ist Luftüberlegenheit.«

Als General Schwarzkopf in die Vereinigten Staaten zurückkehrte, bestand eine seiner ersten Handlungen darin, mit dem Stab der U.S. Air Force Kontakt aufzunehmen und Unterstützung bei der Ausarbeitung eines Plans für einen strategischen Luftfeldzug anzufordern. Die Aufgabe landet auf dem Schreibtisch Colonel Wardens und wurde an das Checkmate-Team weitergeleitet. Allerdings gab es auf dem Weg dorthin noch einige interessante Umleitungen.

Tom Clancy: Worin bestand Ihre erste Einbindung in den Planungsprozeß für den Luftkrieg?

Col. Warden: Am Montag, dem 6. August, stellte ich morgens etwa ein Dutzend Offiziere für Checkmate zusammen, um mit einer ernsthaften Planung zu beginnen, dabei immer in der Hoffnung, den richtigen Weg zu finden, um unseren Plan auch »verkaufen« zu können. Ich trug meine Ideen meinem Chef vor, der sie seinerseits dem Vize-Stabschef Lieutenant

49 Kommandierender General des CENTCOM auf vorgeschobenem Posten

General Mike Loh und dem Stabschef [General Mike Dugan] darlegte. Am Mittwochmorgen, also am 8. August, wollte General Schwarzkopf mit General Dugan telefonieren, sprach aber statt dessen mit General Loh, weil sich General Dugan gerade nicht in der Stadt befand. General Schwarzkopf teilte General Loh mit, daß er etwas Unterstützung bei der Ausarbeitung eines Plans für eine strategische Luftschlacht benötige, und fragte, ob der Stab der Air Force da irgend etwas für ihn tun könne. General Loh sagte ihm, daß bei uns bereits einige Leute daran arbeiteten und für ihn so schnell als möglich etwas vorbereitet haben würden. General Loh fragte uns, wann er ein Konzept des Plans haben könne. Wir sagten: heute nachmittag – und wir lieferten.

Ausgehend vom ersten Entwurf, bestand der erste Schritt darin, unsere Vorstellungen durch tiefergehende Geheimdienstdaten und -analysen zu verfeinern. Kurz darauf begannen wir, bei den Geheimdiensten [Air Force Intelligence, CIA, NSA, DIA und anderen] anzufragen, ob sie uns ab sofort Informationen zukommen lassen würden, um unsere Lücken zu füllen. Wir wußten genau, wonach wir fragen mußten, denn die Lage der Nation und der militärischen Einheiten war uns bekannt und auch wie die anderen eigenständigen Einrichtungen organisiert waren. Dadurch waren wir in der Lage zu verstehen, wie die Iraker auf den höchsten Ebenen arbeiteten, und es war lediglich noch offen, wie man etliche Schichten verfügbarer Informationen aufeinander abstimmte, um die Einzelheiten herauszufinden. Das war allerdings nur deshalb möglich, weil wir die Welt mit einen »System«-Blick betrachteten, den wir sehr schnell weiterentwickeln konnten.

An dieser festgelegten Aufgabe arbeitete der Checkmate-Stab weiter. Unter Verwendung einiger Ziellisten des CENTAF (218 Ziele) und CENTCOM (256 Ziele) entwickelten sie eine Serie von Ziel-Prioritäten-Plänen (bekannt unter der Bezeichnung »Instant Thunder«), um Ziele im Innern Kuwaits und des Irak anzugreifen. Das Resultat war fast zweihundert Seiten lang und berücksichtigte die Vorteile sämtlicher neuen Flugzeuge, Waffen, Sensoren und anderer Technologien.

Tom Clancy: Würde Sie uns bitte vom Instant Thunder Briefing mit General Schwarzkopf erzählen?

Col. Warden: General Alexander begleitete uns in einer C-21 [Militärversion des Learjets]. Mit dabei waren Lieutenant Colonel Ben Harvey, Lieutenant Colonel Dave Deptula und ein oder zwei weitere Jungs. Als wir eintrafen, gingen General Alexander und ich direkt zum Büro des Direktors für Planungen bei CENTCOM [Major General Bert Moore]. Kurz darauf traf auch General Schwarzkopf mit seinem Stellvertreter ein. Wir saßen um einem Tisch herum, und ich zeigte General Schwarzkopf Fotokopien unserer graphisch aufbereiteten Briefings. Das war der erste Schritt auf dem Weg zu dem, was wir Instant Thunder nannten. Es kam ganz gut rüber. »Ihr Kerle habt mein Vertrauen in die Air Force wiederhergestellt«, sagte General Schwarzkopf. Er war ein sehr guter Zuhörer und machte keine abwertenden Bemerkungen. Zum Abschluß unserer Sitzung gab uns General Schwarzkopf noch einige zusätzliche Aufgaben und befahl uns, den Vorsitzenden der Vereinigten Stabschefs, General Colin Powell, sobald als möglich ins Bild zu setzen.

Der Zweck von Instant Thunder war der, den Irak strategisch zu lähmen, damit er seine Armee in Kuwait nicht länger unterstützen konnte, was diese schließlich in eine unhaltbare Situation bringen würde. Darüber hinaus sollte der gesamte Einflußbereich des Irak als eines Akteurs am Persischen Golf durch Instant Thunder beschnitten werden, damit in dieser Zone nach dem Krieg ein besseres Kräftegleichgewicht herrschen würde. Eine große Debatte, die wir mit vielen Einzelpersonen bei der Air Force, allerdings nicht mit General Schwarzkopf, führten, war folgende: Der ursprünglich Instant-Thunder-Plan bestand darin, direkt ins Herz des Irak vorzudringen und es zum Stillstand zu bringen. Viele hochrangige Offiziere der USAF waren der Ansicht, daß die irakische Invasionsarmee in Kuwait dann in südlicher Richtung marschieren würde [nach Saudi-Arabien hinein]. Zu einem solchen Zeitpunkt wäre das logistisch zu schwer durchführbar, hielt ich dagegen. In der gesamten Geschichte hat es noch nie eine Armee gegeben, die offensiv vorrückte, während das strategische Heimatland zusammenbrach.

Bei unserer Sitzung mit General Powell machte ich eine Randbemerkung darüber, wie man die Iraker dazu bringen könnte, sich aus Kuwait zurückzuziehen. Er ging darauf ein und meinte, er sei überhaupt nicht an einem Rückzug interessiert; er wolle sie vielmehr an Ort und Stelle vernichten. Ich informierte ihn, daß wir auch eine solche Planung bewerkstelligen könnten. Also begannen wir kurz darauf die Phasen II und III des Instant-Thunder-Plans zu entwickeln, der zur Zerstörung der irakischen Armee führen sollte. Etwa Mitte Oktober hatten wir ein gutes Konzept ausgearbeitet, das wir an Dave Deptula faxten, der sich damals gerade in Riad aufhielt. Major Buck Rodgers gaben wir auch noch einen Papierausdruck mit, als er abflog, um Dave für etwa einen Monat abzulösen.

Tom Clancy: Was passierte als nächstes?

Col. Warden: Kaum eine Woche nach unserer Einsatzbesprechung mit General Powell reiste ich unter Auspizien der Vereinigten Stäbe zurück nach Tampa, um General Schwarzkopf sämtliche Informationen – einschließlich logistischer Voranschläge, Operationskonzepten, Plänen für Täuschungsmanöver und psychologische Kriegführung usw. – zu übergeben. Nachdem ich ihm und dem größten Teil seines ranghöheren Stabes alles vorgetragen hatte, beauftragte er mich, den gesamten Plan zu General Horner zu bringen, der damals als vorgeschobener kommandierender General des Central Commands diente. Der Ärger begann am nächsten Tag mit dem Briefing bei General Horner. Wir konnten uns einfach nicht verständigen.

Ich fühlte, daß das Hauptproblem General Horners Ansicht darüber war, wie sich Bodentruppen gewöhnlich bewegen. Jedenfalls war er der Meinung, die einzige Möglichkeit, eine Armee aufzuhalten, bestehe darin, auch Bodentruppen einzusetzen, aber mit Luftunterstützung. Er sah sich als CENTCOM Forward vor einem unlösbaren Problem. Zu dieser Zeit verfügte er nämlich über keine nennenswerten eigenen Bodentruppen, mit denen er ein feindliches Heer hätte aufhalten können. Jetzt kam dieser »Schreibtisch-Oberst« aus Washington daher und präsentierte einen Plan, der so lustige Worte wie »Offensive« und »strategische Ziele« enthielt, und die ergaben für General Horner einfach keinen Sinn.

Im Anschluß an das Briefing kehrte Colonel Warden nach Hause zurück. Aber nicht alles, was er Chuck Horner dargelegt hatte, war auf taube Ohren gestoßen. Ganz im Gegenteil: Vieles von dem, was er gesagt hatte, paßte sogar genau zu den Vorstellungen, die General Horner über eine bevorstehende Luftschlacht im Kopf hatte. Er behielt kurzerhand drei von Wardens Instruktoren für seinen eigenen Stab da, um mit ihrer Unterstützung den kommenden Krieg zu planen. Lassen wir uns das von ihm mit seinen eigenen Worten erzählen.

Tom Clancy: Würden Sie uns mitteilen, wie Ihre eigenen Erkenntnisse aus dem Briefing Colonel Wardens über den beabsichtigten Instant-Thunder-Plan aussahen?

Gen. Horner: Colonel Warden und sein Planungsteam hatten in Riad ihren Auftritt, und ich war wie erschlagen von der Genialität des Plans. Er ist ein *sehr* intelligenter Junge. Aber es war *kein* Schlachtplan; tatsächlich war es eine kenntnisreiche Auflistung von Zielen. Er und seine Mitarbeiter hatten Zugriff auf Informationen, die uns unzugänglich waren. Etwa zwei Wochen zuvor hatten wir bereits gute Informationen von der Navy erhalten, und daher wußten wir, wie das Luftabwehrsystem der Iraker ausgeschaltet werden konnte. Er aber hatte *gutes* Material über die Produktion von Atomwaffen und die Lagerung von chemischen und biologischen Waffen, über das wir nicht verfügten. Das Briefing scheiterte, weil es mich bei den Aspekten des Kriegsschauplatzes nicht zufriedenstellen konnte – nämlich in dem Punkt, die irakische Armee zu treffen. Als ich ihn darüber befragte, sagte er: »Machen Sie sich deswegen keine Gedanken, das ist unwichtig.« Nun, *er* mag vielleicht nicht der Ansicht gewesen sein, daß es wichtig sei, *aber ich* war dieser Ansicht; und das war der Punkt, an dem die Sache zusammenbrach. Wie auch immer, »diese Jungs sind gut«, sagte ich mir, und da ich zusätzliche Mitglieder in meinem Planungsstab brauchte, um den offensiven Lufteinsatzplan auszuarbeiten, behielt ich drei Lieutenant Colonels von Colonel Wardens Briefing-Team zurück, damit sie mit mir arbeiten konnten, weil mein eigener Stab mit all den Alltags-Angelegenheiten bereits überlastet war, die während Desert Shield anfielen.

Der reguläre Arbeitsaufwand wurde nämlich seit einiger Zeit immer größer, und deshalb fragte ich: »Wie soll ich einen offensiven Luftfeldzug führen und gleichzeitig den Laden hier in Gang halten?« Meine Antwort hieß Major General »Buster« Glosson. Buster war an den Golf geschickt worden, ins Exil zu Rear Admiral Bill Fogerty an Bord von dessen Flaggschiff, der *USS LaSalle*, und hätte sich umgebracht, um da raus und nach Riad zu kommen. Also rief ich ihn an und sagte: »Buster, mach AWOL und sieh zu, daß du herkommst.« Und er machte es. Nun, Buster erledigt Dinge in Windeseile. Sobald er angekommen war, setzten wir uns zusammen, und ich sagte: »Du wirst jetzt da hineingehen und dir dieses Briefing nehmen [von den drei zurückbehaltenen Instruktoren]. Du wirst eine Menge großartiger Sachen darin finden, von denen ich möchte, daß sie drinbleiben, aber du mußt einen durchführbaren Plan daraus machen. Wir müssen etwas daraus machen, das wir in eine Air Tasking Order [ATO] packen können.«

Natürlich wuchs der Planungsstab ständig weiter. Tatsächlich schickten wir Buster alle neuen Leute, die ins CENTCOM-Hauptquartier kamen, um unter ihm zu arbeiten, sobald sie irgendwelche vernünftige Eigenschaften für die Planung aufwiesen. Das alles spielte sich in einem Konferenzraum [»Black Hole« genannt] ab, der unmittelbar neben meinem Büro lag, weil wir vermeiden wollten, daß irgend jemand erfuhr, daß wir hier offensive Operationspläne schmiedeten. Schwarzkopf wollte, daß das alles geheimgehalten wurde, da wir immer noch versuchten, die

Colonel John Warden umreißt Anfang August 1990 die Grundzüge des Instant-Thunder-Feldzugplans für den Checkmate-Stab. *OFFIZIELLES FOTO DER U.S. AIR FORCE*

Iraker durch Verhandlungen aus Kuwait herauszubekommen. Also, wann immer eine Person dem Black-Hole-Team zugewiesen wurde, mußte sie schwören, daß sie ausschließlich mit Mitgliedern des Teams sprechen würde. Das Team arbeitete 18 Stunden täglich. Das muß da drinnen gestunken haben wie in der Hölle …

Wieder zu Hause im Pentagon, war Colonel Warden drei seiner Instruktoren im Rang von Lieutenant Colonels los, hatte aber dennoch einige Hoffnungen, die wachsenden Planungsbemühungen in Riad unterstützen zu können. Lassen Sie uns den Faden von hier aus wieder aufnehmen.

Tom Clancy: Das Briefing mit General Horner lief nicht gut, aber er fragte, ob er drei von Ihren Jungs, die graphischen Darstellungen und die Pläne dabehalten könne. Er hat Ihre Präsenz zu spüren bekommen und einfach Ihre Männer dabehalten. Wie haben Sie sich gefühlt?

Col. Warden: Ich entschied, daß wir die Checkmate-Operationsplanungen weiterbetreiben und Pläne für künftige Operationen entwickeln sollten – in der Hoffnung, daß sie ein gewisses Maß an Zustimmung im Hauptquartier des CENTAF erhalten würden. Meine Vorstellung war, alles irgend Mögliche zu tun, um sicherzustellen, daß wir die richtige Art von Luftkrieg führen würden. Mir war völlig klar, daß wir hier in Washington über Ressourcen verfügten, die sich den Planungsstäben in Riad unmöglich erschließen konnten. Genauso klar war für mich, daß sich Dave Deptula keine

Hoffnungen machen konnte, genügend passende Leute zu finden, die den in Washington begonnen Plan zu Ende führen könnten. Deswegen wies ich das Checkmate-Team an, Dave weiterhin mit Plänen und Informationen zu füttern. Um die Führung in Saudi-Arabien nicht zu verwirren, versahen wir alles, was wir ihm schickten, mit so wenig Kennzeichnungen wie möglich.

Tom Clancy: Wie schätzen Sie den CENTAF-Stab ein, und wie, denken Sie, entwickelte sich der Instant-Thunder-Plan?

Col. Warden: Wenn man den CENTAF-Stab von damals betrachtet, muß man ihn gedanklich in zwei verschiedene Gruppen einteilen. Die überwiegende Mehrheit war bis kurz vor dem eigentlichen Beginn des Krieges dem traditionellen Operationsstab eines Tactical Air Control Center angeschlossen und dachte bis drei oder vier Tage, bevor der Krieg wirklich losging, ihre einzige Aufgabe bestehe darin, an Defensivplänen für Saudi-Arabien zu arbeiten. Dann gab es noch eine relativ kleine Gruppe, die im Black Hole wirkte – maximal 15 bis 20 Personen, die unter »fachlichen« Sicherheitsbedingungen arbeiteten. Gemeint sind die Leute, die im Black-Hole-Planungszentrum arbeiteten – Glosson, Deptula usw. –, und die wir zu unterstützen versuchten, indem wir Datenbeschaffung und Ideen vorantrieben. Die Geheimdienstbürokratie spuckte auch Megabytes von Daten aus, aber das Problem bei deren institutionellen Daten war der Mangel an Kohärenz. Also schickten wir ihnen die verarbeiteten Daten in Form von Zielkoordinaten, technischen Daten und Angriffs-/Zielplänen hinüber. Buster und Dave waren nicht gezwungen, davon Gebrauch zu machen, aber das meiste davon fanden sie prima und verwendeten es schließlich doch. Wir bauten alles in ein Konzept ein, das einem durchführbaren Plan so nahe wie möglich kam. In vielen Fällen mußte man nur noch eine Flugzeug-Kennummer einfügen und sagen, zu welcher Zeit etwas Bestimmtes passieren solle.

Im November 1990, als die diplomatischen Möglichkeiten erschöpft waren, befahl Präsident George Bush eine Aufstockung der bereits Desert Shield zugeordneten Streitkräfte und darüber hinaus weitere Einheiten, um eine »offensive Möglichkeit« verfügbar zu haben, falls diese sich als erforderlich erweisen sollte. General Horner nimmt die Geschichte an diesem Punkt wieder auf.

Tom Clancy: Der November 1990 kommt, und der Präsident entscheidet, daß eine Koalition unter Leitung der Vereinigten Staaten Gewalt anwenden werde, wenn die Iraker Kuwait nicht verließen. Wie weit waren Ihre Leute mit dem Planungsprozeß inzwischen vorangekommen?

Gen. Horner: Ich denke, daß wir schon im Oktober 1990 einen offensiven Luftfeldzug recht gut in eine äußere Form gebracht hatten. Dann, als Präsident Bush diese Entscheidung traf, wurde der Armee mitgeteilt, daß mehr Streitkräfte benötigt würden. Also brauchte auch die Air Force mehr Einheiten, um die Armee zu unterstützen. Im Grunde verdoppelten wir die Gesamtstärke der Air Force im Kampfgebiet, wobei wir erkundeten, wo wir die zusätzlichen Maschinen stationieren konnten. Das war zu diesem Zeitpunkt notwendig geworden, weil Abstellraum [zum Abstellen und Warten von Maschinen der Koalition] zur geschwindigkeitsbestimmenden Beschränkung bei der Zuordnung von weiteren Flugzeugen zu unseren Streitkräften wurde.

Der Plan für den strategischen Luftfeldzug selbst ließ da nur einen Planungzeitraum von zwei Tagen zu. Ein weiteres Problem ergab sich dadurch, daß sich eine multinationale Koalition zu bilden begann. Wie Sie sich vielleicht vorstellen können, mußte eine Vielzahl von Gesetzen in den Gastländern beachtet werden. Sicherzustellen, daß die Gastländer auf dem laufenden gehalten wurden, war von vitaler Bedeutung. Also, wenn man fliegen wollte, mußte man in der ATO sein. Die Saudis wollten das, denn dann wußten sie, was vor sich ging, und konnten sagen: »Nein, hier können Sie nicht fliegen.« Oder fragen: »Wem gehörten die Flugzeuge, die mit ihrem Überschall-Knall diese Kamelherde erschreckt haben?«

Der Januar 1991 kam heran wie ein Löwe und brachte den Krieg mit. General Horner erinnert sich, wie überrascht er über die Erfolge zu Beginn von Desert Storm war, und auch an seine Bedenken wegen der unvermeidlich kommenden Kostenlawine.

Tom Clancy: Wenn Sie die Ziele des Luftfeldzugplans zusammenfassen sollten, der zu Desert Storm wurde, wie würden Sie diese charakterisieren?

Gen. Horner: Als erstes die Luftüberlegenheit zu gewinnen (Phase I). Zweitens, die irakischen Möglichkeiten für eine Offensive zu blockieren und besonders die SCUDs, Atom-, biologischen und chemischen Waffen in dem uns möglichen Umfang zu lähmen (Phase II). Dann das Schlachtfeld einzugrenzen (Phase III) und es für den Bodenkrieg vorzubereiten (Phase IV).

Tom Clancy: Hatten Sie in der ersten Kriegsnacht (vom 16. auf den 17. Januar 1991) irgendeine Vorstellung davon, wie gut sich die Dinge entwickelten?

Gen. Horner: Nein. Das lag teilweise daran, daß ich – zusammen mit dem Rest der USAF – 25 Jahre Pessimismus verkörperte. Ich glaube, daß ich wirklich angefangen hatte, das Zeug zu glauben, das wir all die Jahre gehört hatten: Wir sind nicht gut. Als Gesellschaft hielten wir unsere Streitkräfte für einen Haufen Attrappen.

Diese Art von Pessimismus ist in meinem Beruf aber ganz nützlich, denn es ist viel besser, auf diese Weise überrascht zu werden als andererseits die Lanzenreiter auf der Krim [das berühmte Buch ›Charge of the Light Brigade‹]. Der Höhepunkt dieser ersten Nacht war, daß die F-117A es schafften, nach Bagdad vorzudringen und wir nur eine einzige Maschine verloren hatten [eine F-18 Hornet der Navy]. Sicherlich eine Tragödie, aber bei weitem nicht die dreißig bis vierzig Flugzeugverluste, die von einigen vorausgesagt worden waren.

Tom Clancy: Sprechen Sie über »Poobahs Party«.

Gen. Horner: »Poobahs Party« wurde von Larry »Poobah« Henry entworfen, wahrscheinlich einem der besten Planer, die wir je hatten. Er war der einzige Navigator [Rücksitz] unter den Geschwader-Kommodoren am Golf. Er sieht durchschnittlich aus, hat seine Navigator Wings gemacht, ist aber unglaublich genial. Der Mann ist ein absoluter Teufel, wenn zur Jagd auf SAMs geblasen wird. Er schaffte es, eine Fülle von luft- und bodengestarteten Flugkörpern und *hundert* HARM-Raketen zur gleichen Zeit in die Luft zu locken. Es war niederschmetternd für die Iraker, etwas, wovon sie sich während des restlichen Krieges nicht mehr erholten.

Während General Horner und sein Stab den Luftangriff auf den Irak starteten, sah sich der nach Washington D.C. zurückgekehrte Colonel Warden mit seinem Checkmate-Stab alles auf CNN im Fernsehen an, wie wir anderen es auch taten. Die Ereignisse jener Nacht sind jedenfalls eine Erinnerung wert.

Tom Clancy: Was trafen die CENTAF-Einheiten tatsächlich mit dem ersten Knall zur Stunde H (3 Uhr Ortszeit)?

Col. Warden: Die staatlichen Befehlsinstanzen, Operationszentren und jeden Platz, von dem wir wußten, daß er als Kommandoposten verwendet wurde; die beiden bedeutendsten Kommunikationseinrichtungen in der Altstadt Bagdads, ebenso das Versorgungsnetzwerk für Elektrizität und die Schlüssel-Knotenpunkte im KARI- [»Irak« rückwärts buchstabiert] Luftabwehrsystem. Das waren die Ziele, die wir angriffen, und es war eine Sache von ein paar Minuten oder so zur Stunde H [am 17. Januar 1991, 0300L = 3 Uhr morgens Ortszeit]. Der Irak war an diesem Punkt schon grundsätzlich nicht mehr in der Lage zu reagieren, da seine Systeme zusammengebrochen waren.

In Riad befaßten sich derweil General Horner und sein Stab mit den unausbleiblichen Änderungen und Schwierigkeiten, die bei jedem Versuch auftreten, einen komplexen Plan zu verwirklichen. Die größte Schwierigkeit bestand in der Bedrohung, die das Atomraketensystem der Iraker, allgemein als SCUD bekannt, darstellte.

Tom Clancy: Haben die Iraker *irgend etwas* Hervorragendes bei ihrer Kriegführung geleistet?

Gen. Horner: Nun, das mit den Befehls- und Führungsinstanzen ihrer SCUDs machten sie schon recht gut, indem sie dafür Motorradkuriere einsetzten; und sie hatten die SCUDs sehr gut versteckt. Ihr COMSEC[50] war *überwältigend*. Wir hatten fast den Eindruck, als hätte Saddam den Befehl erteilt, daß *jeder*, der ein Funkgerät verwendete, zu erschießen sei.

Tom Clancy: Erzählen Sie etwas über die Unterschätzung der SCUDs.

Gen. Horner: Da ich dem Militär angehöre, neige ich dazu, mich an die positiven und negativen Fachbegriffe der Militärsprache zu halten. Im Bewußtsein eines Soldaten existieren Zivilisten nicht bis zu dem Zeitpunkt, wo man in einen Krieg zieht; dann ist man von denen auf einmal umzingelt. Wir hatten damit begonnen, etwas über die SCUDs herauszufinden. Nun, die Saudis nahmen es gelassen auf. Anders die Israelis: Sie waren völlig schockiert, und das hat mich überrascht. Sie meinten, die SCUDs würden ihre Städte treffen, und die Israelis gerieten derart in Panik, daß Menschen starben – buchstäblich vor *Angst*.

Tom Clancy: Wie schätzten Sie die Leistungsfähigkeit der Patriot-SAM-Flugkörper ein, welche die SCUDs abfangen sollten?

Gen. Horner: Mein Eindruck war gut. Aber lassen Sie es uns einmal so sehen: Wen kümmert es, ob sie tatsächlich jemals eine SCUD abfingen? Nach allgemeiner Wahrnehmung haben sie es gemacht. Die SCUD ist keine militärische Waffe, sie ist eine Waffe des Terrors. Also, wenn Sie eine Antiterrorwaffe haben, die den Menschen den *Eindruck* vermittelt, daß sie funktioniert, dann funktioniert sie.

Colonel Warden hat seine eigenen Erkenntnisse aus der SCUD-Bedrohung gezogen und Maßnahmen entwickelt, um damit umzugehen.

Tom Clancy: Was war mit den Angriffen auf die SCUD-Standorte?

Col. Warden: Es gibt zwei Möglichkeiten, die Resultate der Luftangriffe auf die mobilen SCUDs zu betrachten. Die weitverbreitete Meinung geht dahin, daß wir es nicht geschafft haben, auch nur eine einzige SCUD-Startrampe zu zerstören. Die Iraker hatten eine bevorzugte Startrate von zehn bis zwölf Flugkörpern pro Tag. Diese Zahl resultiert aus Erkenntnissen,

---

50 **Com**munications **Sec**urity: Kommunikations-Sicherheit, Abhörschutz

die aus einer Zeit stammen, bevor die SCUD-Gegenoperationen auf den Weg gebracht wurden. Fast sofort, nachdem die Jagd auf diese Raketen und ihre Starteinrichtungen begonnen hatte, fiel die Startrate auf etwa zwei pro Tag, wenn man von einigen sporadischen Starts ganz am Ende des Krieges absieht; und die Patriot SAMs stießen auf nicht allzu viele anfliegende Flugkörper. Das war das wirkliche Ergebnis der Anti-SCUD-Bemühungen – vielleicht ein taktischer Fehler, auf jeden Fall aber ein strategischer Erfolg. Schließlich wird ein Krieg auf der operativen und strategischen Ebene gewonnen oder verloren.

Eines der interessantesten Probleme, mit denen General Horner und sein Stab nach den ersten paar Tagen von Desert Storm konfrontiert wurden, bestand darin, daß die Luftstreitkräfte des Irak beschlossen hatten, überhaupt nicht mehr zu fliegen. Sie hatten offensichtlich die Entscheidung gefällt, sich in die Bunker auf ihren Stützpunkten zurückzuziehen und die Angriffe »abzuwettern«, wie es schon verschiedene andere Luftstreitkräfte vor ihnen im Yom-Kippur-Krieg von 1973 getan hatten. Eigentlich eine gute Maßnahme, die den Irakern allerdings nichts einbrachte.

Tom Clancy: Wessen Idee war es, sich um die Bunker zu kümmern, und waren Sie zuversichtlich, daß die BLU-109-Gefechtsköpfe und GBU-24 und -27 LGBs mit den Bunkern fertigwerden würden?

Gen. Horner: Buster Glosson war der Mann, der sich damit gedanklich auseinandersetzte. Als dann die ersten Filme zu uns zurückkamen, ja, da waren wir zuversichtlich. Die von den Jugoslawen gebauten Bunker bereiteten uns die größten Sorgen. Die waren solide gebaut. Sie sahen wie große Kuhfladen aus. Aber als wir uns die Filme ansahen, stellten wir fest, daß auch sie zerstört worden waren, und wußten, daß der Rest kein Problem mehr darstellen würde. Das Bomb damage assessment [BDA[51]] beunruhigte uns nicht. Es war wirklich ohne Bedeutung, denn wir versuchten nur, den Druck auf die Iraker aufrechtzuerhalten. Genau zu wissen, wann mit dem Bodenkrieg begonnen werden sollte, spielte für mich keine Rolle, weil uns die Iraker zu irgendeinem Zeitpunkt schon wissen lassen würden, daß sie müde waren. Sie haben von den Desertationen usw. gehört. Deshalb haben wir auf das Resultat mehr Wert gelegt als auf den Aufwand.

Während aus den Tagen Wochen wurden, näherte sich der Feldzugplan immer mehr seinem Ziel. Einige von General Horners Gedanken aus jener Zeit sind ganz interessant, weil sie Ihnen eine Vorstellung davon geben

---

51 Einschätzung des Wirkungsgrades der Zerstörung durch eine Bombardierung

können, welche Bedeutung es für ihn persönlich hatte, diesen Luftkrieg zu führen. Nicht alle seine Gedanken waren heiter.

Tom Clancy: Als die erste Woche vergangen war, hatten Sie da das Gefühl, die Luftüberlegenheit gewonnen zu haben?

Gen. Horner: Ja. Sorgen bereitete uns nur die Frage, wie wirkungsvoll wir gewesen waren. Ehrlich gesagt war das Zeug, das wir im strategischen Krieg machten, ja ganz interessant, aber wenn man auf den Boden der Tatsachen zurückkehrt, scheint das einzige, was der irakischen Armee wirklich zusetzte, der Abschuß von Panzern gewesen zu sein. Es gab einiges, was wir über die atomaren Möglichkeiten nicht wußten, und wir sahen keinen Weg, sämtliche chemischen Waffen zu erwischen – das wußten wir. Er [Saddam Hussein] verfügte über mehr davon, als wir möglicherweise angreifen konnten. Hinsichtlich der nachrichtendienstlichen Leistungen auf dem Schlachtfeld und der schnellen Reaktionen darauf agierten wir eher kläglich – wir hatten einfach nicht die Ausstattung dafür. Außerdem war es meinen Jungs von der Air Force nicht erlaubt, die Gefangenen zu verhören, weil die Special Forces der Army glaubten, das sei ihr Job.

Khafji ist eine kleine saudische Küstenstadt, etwas südlich der kuwaitischen Grenze. Am 16. Januar 1991, bevor der Luftkrieg begann, wurde die Zivilbevölkerung evakuiert. Am 29. und 30. Januar 1991 besetzten die Iraker die Stadt. Das war teilweise eine »Machtdemonstration«, um zu erproben, wie die Koalition reagieren würde, teilweise aber auch ein »provokativer Angriff«, um die Vorbereitungen der Koalition für einen Bodenkrieg in diesem Gebiet durcheinanderzubringen, und zu einem weiteren Teil auch eine politische Trotzgeste. Hören wir, welche Eindrücke General Horner von dieser Schlacht hatte:

Tom Clancy: Sprechen Sie über die Khafji-Offensive.

Gen. Horner: Jack Liede, der J-2 [Geheimdienst-Offizier] des CENTCOM, gab uns als Leitfaden die Information, daß der Kommandeur der irakischen 3. Panzer-Division etwas im Schilde führe. Ich wußte nicht, was es war bzw. wer er war, aber wir begannen sofort, ihn mit den E-8-JSTAR-Radarflugzeugen zu überwachen, die bereits vor dem Krieg auf dem Schauplatz eingetroffen waren. Die ganze Aktion fand nachts statt. Was die Sache aber dann zu einem Klacks machte, war ein Unmanned Aerial Vehicle [UAV] der Marine. Es kam mit Bildern zurück, auf denen man sehen konnte, wie Schützenpanzer in der Nähe der Grenze zwischen Kuwait und Saudi-Arabien aufmarschierten. Ich erinnere mich, daß ich sagte: »Hey, der Bodenkampf hat angefangen!« Wir haben auf sie eingeschlagen, bevor sie zum Einsatz kamen, und die Saudis, Katarer und U.S. Marines machten sie dann gänzlich fertig.

General Horner mußte sich auch mit den tagtäglichen Problemen auseinandersetzen, die nun einmal Bestandteil eines Krieges sind. Verluste und Zeitpläne besaßen eine Schlüsselfunktion in seinen Gedanken.

Tom Clancy: Wie fühlten Sie sich zu diesem Zeitpunkt bei Verlustmeldungen?

Gen. Horner: Jeder Verlust war eine Tragödie. Es war so, daß ich von vier bis sieben Uhr morgens ein wenig zu schlafen versuchte. Wenn ich dann zum Tactical Air Control Center zurückkam, ging ich als erstes zum Schreibtisch der Rettungsstaffel, nur um zu erfahren, wie hoch unsere Verluste waren. Ich kann es nicht anders erklären, denn es ist außerordentlich schwierig, aber ich will es so versuchen: Ich hatte meinen früheren Berater in einer der F-15Es vom 4. Geschwader losgeschickt, und als er da oben bei Basra fiel, fühlte ich mich, als hätte ich selbst ihn umgebracht.

Tom Clancy: Erzählen Sie etwas mehr über die Tagesroutine.

Gen. Horner: Die Schlüsselfiguren, die das TACC leiteten, waren vier Colonels – Crigger, Reavy, Volman und Harr. Wenn ich morgens eintraf, machte ich bei Dave Deptula halt und sprach mit ihm die während der Nacht hereingekommenen Lageberichte über die Ziele in Bagdad durch, dann ging ich weiter und traf mich mit den Jungs von der Army. So in der Art lief das ab. Ich verfuhr grundsätzlich nach der Routine, zunächst zu prüfen, was an Zielen anlag, damit wir die ATO rechtzeitig herausbekamen. Manchmal erledigte ich dann etwas Papierkrieg, las Meldungen, aß zu Mittag, redete mit Leuten über ihre Einschätzung des Geschehens, schlief ein wenig und machte mich dann für das Abendbriefing bereit. Buster und ich gingen zur täglichen Besprechung mit General Schwarzkopf, und er änderte immer die Ziele der Army, die wir angreifen wollten. Dann zwischen 23 und 24 Uhr fing es an, hektisch zu werden. Diese SCUD-Dinger und JSTARS waren oben, und wir hatten einige Bewegungen [bewegliche Bodenziele] und dergleichen. Ich schlief etwa zwei Stunden pro Nacht und machte noch einige Nickerchen im Laufe des Tages, denn meine Selbstdisziplin mußte gewahrt bleiben, auch wenn ich in den ersten Tagen des Krieges zu »aufgedreht« war, um schlafen zu können.

Bei Checkmate im Pentagon war Colonel Warden währenddessen stark damit beschäftigt, die Operationen am Persischen Golf zu unterstützen, und mußte sich gleichzeitig mit anderen Situationen auseinandersetzen, die typisch für eine Regierungshauptstadt während eines Krieges sind.

Tom Clancy: Was machten Sie und das Checkmate-Team zu diesem hektischen Zeitpunkt des Krieges?

Col. Warden: Alle möglichen Sachen liefen. Unter anderem mußten wir versuchen, dem Verteidigungsminister und dem Weißen Haus ein möglichst wahrheitsgetreues Bild der aktuellen Lage zu vermitteln ... weil viele der Analysen, die von den traditionellen DIA- und CIA-Bürokratien geliefert wurden, »Newtonsche« [statische] Analysen einer »quantischen« [dynamischen] Situation waren. Ich glaube, damit waren wir in eine neue Epoche des Krieges eingetreten – eine militärtechnische Revolution, wenn Sie so wollen. Die von den althergebrachten Geheimdienst-Agenturen angewendeten Methoden waren etwa so, als würden Sie mit einem Röhrengerät testen, wie gut ein Mikrochip arbeitet. Der Test würde das Ergebnis erbringen, daß der Chip nicht funktioniert – und die Schlußfolgerung wäre völlig irrelevant.

Tom Clancy: Wie wichtig waren die Satellitensysteme im All für die Operationen im Golf?

Col. Warden: Meiner Ansicht nach war der Golfkrieg der erste *echte* »Weltkrieg«. Da liefen Dinge um den Globus mit Echtzeitdarstellungen dessen, was auf dem Kriegsschauplatz vor sich ging. Der Zweite Weltkrieg war nicht im eigentlichen Sinne ein globaler Krieg – er war eine Serie von Feldzügen, die an verstreuten Ort stattfanden. Satelliten sind das System, das einen Weltkrieg möglich macht und während Desert Storm Wirklichkeit werden ließ.

Tom Clancy: Könnten Sie bitte berichten, mit welchen Bedingungen sich die Flugzeugbesatzungen während des Krieges auseinandersetzen mußten?

Col. Warden: Wie Sie sich vielleicht erinnern, hatten wir fürchterliche Witterungsbedingungen in jener Zeit – historisch gesehen das schlechteste Wetter seit 1947, als man angefangen hatte, in dieser Region metereologische Aufzeichnungen zu machen. Sehr viele F-117-Einsätze konnten ihre Angriffe nicht abschließen, da sie den Rules Of Engagement [ROE] unterworfen waren, die im wesentlichen besagen: Kein Abwurf, wenn du nicht sicher bist, daß du dein Ziel triffst. Auch bei den F-16 und F/A-18 lief es nicht so gut, weil sie ab dem zweiten Tag auf mittleren Höhen [von 12000 bis 20000 feet/3660 bis 6100 Meter] fliegen mußten, um die Ausfälle niedrig zu halten. Also versuchten sie, ihre Bomben von da aus abzuwerfen. Das heißt nicht, daß sie niemals ein spezielles Ziel trafen, sondern, daß es wesentlich aufwendiger war als mit den lasergeführten Bomben der F-111F oder F-117A.

Tom Clancy: Lassen Sie uns vom Übergang zu Phase II reden.

Col. Warden: Nun, es ist wichtig zu verstehen, daß im eigentlichen Sinne keine Übergänge von Phase zu Phase erfolgten, sondern tatsächlich die Phasen I, II und III miteinander verschmolzen. Ursprünglich hatten wir voneinander abgesetzte Phasen geplant, das war aber noch zu einer Zeit, als nur über eine begrenzte Anzahl von Flugzeugen verfügt werden konnte. Eigentlich wollten wir in Phase I jedes Gramm unserer Kraft auf die strategischen Gravitationszentren in der irakischen Kriegsmaschinerie konzentrieren. Wie hatten einfach nicht das Gefühl, irgend etwas in Kuwait ausrichten zu können, solange wir die Operation im Irak nicht zu Ende gebracht hätten.

Phase II sollte eigentlich die Operation eines einzigen Tages werden, an dem wir das Problem mit der Lufthoheit über Kuwait endgültig gelöst hätten. Wir nahmen an, daß wir nur einige Raketenstellungen [SAM] auszuschalten hatten, da keinerlei Beweise dafür vorlagen, daß irakische Luftstreitkräfte in Kuwait stationiert worden wären. Die nächste Phase, also Phase III, sah vor, die irakische Armee in Kuwait zu vernichten. Die Army bezeichnete das gern als »Schlachtfeld-Vorbereitung«. Aber Dave Deptula stellte das richtig, als er General Horner erklärte: »Wir bereiten kein Schlachtfeld vor, wir zerstören es!«

Der Zweck von Phase III bestand darin, die Truppenstärke der irakischen Armee auf eine Größenordnung von fünfzig Prozent ihres Vorkriegs-Status zu reduzieren. Das würde sie unter operativen Aspekten wirkungslos machen. Falls notwendig, hätten wir sogar noch darüber hinausgehen und sie völlig zerstören können. Wir vertrauten absolut darauf, daß die irakischen Einheiten, wenn wir sie zu fünfzig Prozent aufrieben, die erste Armee in der Geschichte wäre, die dadurch nicht schachmatt gesetzt würde. Nach etlichen Diskussionen über den Umsturz von 1990 bauten wir den Plan für Phase III so auf, daß er an erster Stelle die Eliminierung der Republikanischen Gardeeinheiten vorsah. Dann sollten die reguläre Armee und die ausgehobenen Truppen aus Wehrpflichtigen folgen, die in der Nähe der Grenze zu Saudi-Arabien stationiert waren.

Tom Clancy: Sprechen Sie über die Auseinandersetzung wegen des Bomb Damage Assessement (BDA).

Col. Warden: Das BDA-Problem geht schon auf die Zeit des Zweiten Weltkriegs zurück. Die Jungs vom Geheimdienst sind ganz schön vorsichtig, wenn es darum geht, etwas als zerstört zu bezeichnen, das nicht wirklich zerstört ist. Es ist eine vernünftige Annahme, daß etwas zerstört ist, wenn es in Trümmern liegt. Wenn eine Mauer niedergerissen wird, ist sie zerstört, anderenfalls ist sie intakt. Wenn Ziele allerdings von Präzisionswaffen getroffen werden, kann es sein, daß nur geringe oder überhaupt keine Zerstörungen zu sehen sind, und das paßt nun einmal nicht in die Standard-Sachverhalte von Geheimdiensten. Die überwiegende Mehrheit der Analytiker geht genau nach den Regeln vor, so wie sie es gelernt haben. Beispielsweise sagt die Air Force: »Wir haben da draußen Sachen in die Luft gejagt.« Und die CIA antwortet: »Nein, habt ihr nicht.« Hier ist ein gutes Beispiel für so etwas: Wir hatten eine Luftaufnahme von einem Panzer, der laut CIA unbeschädigt war. Dann besorgte sich jemand von einem Aufklärungsflugzeug eine Seitenaufnahme [Foto], und sie konnten deutlich erkennen, daß der Turm um fast einen halben Meter versetzt war und das Geschützrohr im Sand steckte. Ein zerstörter Panzer.

Diese Art von Vorgängen brachte Buster Glosson schließlich auf das Konzept des »Panzerknackens«, bei dem wir kleine LGBs einsetzen, um gepanzerte Fahrzeuge zu zerstören. Die allgemeine Ansicht war, daß es albern sei, eine teure [12 000 US-Dollar] Präzisions-LGB gegen einen Panzer einzusetzen. Wenn Sie aber vier Flugzeuge losschicken, von denen jedes vier Bomben trägt, und sie kommen zurück und haben im Durchschnitt zwölf Treffer gelandet, ist das sogar *billig*.

Im Verlauf des Februar 1991 wurden immer mehr Einsätze, die das CENTAF befahl, zur Unterstützung der geplanten Bodenoperationen herangezogen, um die irakischen Streitkräfte zur Räumung Kuwaits zu zwingen. Ungeachtet dessen, wie andere aufgrund der täglichen Resultate die Lage beurteilten, hatte General Horner seine eigenen Vorstellungen von einem Erfolg.

Tom Clancy: Hatten Sie bei den Vorbereitungen des Bodenkriegs das Gefühl, daß ihre Leute wirkungsvoll waren? Durch welche Faktoren wurden sie eingeschränkt?

Gen. Horner: Offen gestanden hatten wir alle Zeit, die wir brauchten. Ich machte mir keine übermäßig großen Sorgen darum, *wann* der Bodenkrieg beginnen würde. Ich habe mir auch nie wirklich Gedanken darüber gemacht, »wie effektiv« wir waren, da wir das schon an Fakten wie den Zahlen desertierter Soldaten bei den Irakern erkennen konnten. Wenn Sie darüber nachdenken, werden Sie feststellen, daß wir dabei waren, sie alle zu schnappen. Auch das Wetter war kein wirklicher Faktor, weil ich zuversichtlich war, daß wir morgen bekommen würden, was wir heute nicht bekommen hatten. Die [Iraker] würden schon nirgendwo anders hingehen. Richtig Punkte machten wir, nachdem sich Buster das »Panzerknacken« ausgedacht hatte. Das funktionierte großartig!

Am 24. Februar begann der Bodenkrieg, und der Luftfeldzug gegen den Irak wurde eingeschränkt.

Tom Clancy: Was waren Ihre Eindrücke von der Situation, als Desert Storm Ende Februar 1991 abgeschlossen war?

Gen. Horner: Ich war froh, daß der Bodenkrieg so gut und schnell vorangekommen war. Ich sage Ihnen was: Wir hatten den Krieg satt und waren es satt, Leute umzubringen. Ich nehme an, daß wir alle uns wünschten, daß Saddam abtreten würde; aber Saddam war *kein* Ziel, sondern sein Befehls- und Führungs-System war das Ziel. Wenn die irakische Armee Stabsbesprechungen abhielt, sollten wir den Ort, an dem sie stattfanden, durch »andere Quellen« herausbekommen, die Stelle bombardieren und die Notizen der Besprechung vernichten.

In den letzten Tagen des Krieges war es überhaupt schwer geworden, noch Ziele zu finden, die zu bombardieren sich lohnte. Mein genereller Eindruck vom Luftfeldzug? Ich war über das Ergebnis erfreut. Man wird nie völlig zufrieden sein, aber die Zahl der Gesamtverluste war gut, und das Kriegsmaterial funktionierte besser als erwartet. Aber bedingt durch meinen Charakter bin ich eigentlich nie völlig zufriedenzustellen.

Colonel Warden verbrachte die Schlußphase des Krieges damit, den Bodenkampf vom Checkmate-Zentrum im Pentagon aus zu beobachten. Anschließend ging er nach Hause, um einige wohlverdiente Tage mit dem Nachholen von Schlaf zu verbringen. Danach allerdings:

Tom Clancy: Was passierte mit Checkmate, nachdem der Krieg zu Ende war?

Col. Warden: Direkt nachdem die Kampfhandlungen eingestellt waren, veranstalteten wir eine tolle Party. Kistenweise Champagner. Unsere Freunde von CIA, DIA und NSA kamen herunter. Der Staatssekretär für die Air Force [Donald Rice] und der Unterstaatssekretär für die Regierungspolitik des Verteidigungsministeriums verbrachten den Nachmittag mit uns zusammen.

Bald danach wurden wir zu einer »politisch unkorrekten« Organisation, die im Widerspruch zum Goldwater-Nichols Act zu stehen schien. So wurde Checkmate ein paar Monate nach Ende des Krieges geschlossen. Wie auch immer, irgendwann fand eine Wiedergeburt statt. Heute leistet es riesige Planungskontingente für den Stabschef der Air Force. Was mich selbst angeht, ich verließ das Pentagon etwa zwei Monate nach Ende des Krieges und ging ins Weiße Haus, um als Sonderberater von Vizepräsident Quale zu arbeiten. Ironischerweise bearbeitete ich ausschließlich nicht-militärische Vorgänge.

Tom Clancy: Heute sind die Auswirkungen des Golfkrieges klar. Wurde der Plan Ihrer Ansicht nach gut umgesetzt?

Col. Warden: Ja. Alles in allem haben wir genau das erreicht, was wir erreichen wollten. Für mich allerdings besteht das befriedigendste Moment darin, daß wir derart bedeutende Resultate mit so wenig Blutvergießen auf *beiden* Seiten erzielt haben. Darüber hinaus erschien mir das alles wie eine Demonstration dessen, was man mit einer Luftmacht erreichen kann, wenn man sie richtig einsetzt. Ich hoffe nur, daß wir mit der Revolution fortfahren und nicht durch den bürokratischen Druck seitens des Verteidigungministeriums und des Kongresses in die alten Zustände zurückfallen.

Nach dem Krieg wurde Chuck Horner zum Viersterne-General befördert und übernahm das U.S. Space Command in Colorado Springs, Colorado. Dort packte er eine Vielzahl von Aufgaben an, wozu auch die Leitung des North American Air Defense Commands und Arbeiten an Verteidigungsmaßnahmen gegen Interkontinentalraketen gehörten. Nach seiner Pensionierung im Sommer 1994 ließ er sich zusammen mit seiner Frau Mary Jo in Florida nieder und schreibt dort seine Erinnerungen an die Krise und den Krieg am Persischen Golf von 1990/1991 nieder. Colonel Warden schloß seine Karriere mit einer der wohl befriedigendsten Berufungen ab, die er sich vorstellen konnte: Er wurde Kommandant des Air Command and Staff College an der Air University, mit Sitz auf der Maxwell AFB, Alabama. Dort stellte er den Lehrplan um und legte das Schwergewicht auf die Planung von Luftfeldzügen zum Nutzen der zusammengeführten Streitkräfte und internationaler Studenten aus der ganzen Welt. Er wird im Sommer 1995 die Air Force verlassen und in Pension gehen. Möglicherweise wurde er der Clausewitz oder Alfred Thayer Mahan der Luftmacht, indem er die Verwendung der Luftmacht in seinem Buch *The Air Campaign: Planning for Combat* festschrieb. General Horner und Colonel Warden haben in der USAF und der Geschichte der Luftmacht unzweifelhaft Spuren hinterlassen.

Kampfflugzeuge

Was ist ein »Klassiker«? Dieser Begriff ist inzwischen überstrapaziert, seine Bedeutung verschwommen. Die vielleicht beste Definition, die ich jemals gehört habe, lautet etwa folgendermaßen: »Ich kann dir nicht sagen, was es ist, aber ich erkenne es, wenn ich es sehe.« Wenn man sich mit den Leuten unterhält, die heute in der Flotte von Maschinen der U.S. Air Force zum fliegenden oder zum Wartungspersonal gehören, dann verwenden die das Wort »Klassiker« sehr häufig. Dafür gibt es einen Grund: Jedes Kampfflugzeug, jeder Bomber und jedes Versorgungsflugzeug der USAF ist gezwungenermaßen ein Klassiker. Es kostet soviel Zeit, Geld und Mühen, ein Kampfflugzeug zu produzieren, daß alles, was nicht wenigstens ein rauschender Erfolg ist, eine Katastrophe zu sein scheint, die jedermann betrifft. Jedes neue Kampfflugzeug muß sofort ein Klassiker und weitaus leistungsfähiger sein als die Maschine oder die Maschinen, die es ersetzen soll. Dieses Kapitel soll Ihnen etwas über die klassischen Flugzeugprogramme vermitteln, die zur Zeit aktuell sind.

Wenn sich heute eine militärische Einheit entschließt, ein Flugzeugprogramm zu finanzieren, und ein Unternehmen entscheidet, in das Programm einzusteigen und das Flugzeug zu bauen, bedeutet das für beide sprichwörtlich »Haus und Hof zu setzen«, mit sämtlichen schweren Konsequenzen, die zu erwarten sind, wenn das Programm fehlschlägt. Die Risiken sind bekannt, aber erstaunlicherweise wollen immer wieder alle auf jeden Fall mit im Flugzeuggeschäft sein – allerdings können auch die Gewinne aus einem erfolgreichen Programm für einen Hersteller, dessen Zulieferer, die umliegenden Gemeinden und militärischen Dienstleistungsbetriebe, welche die Lieferung des Endproduktes übernehmen, immens sein.

In der Absicht, die Kosten über einen möglichst langen Zeitraum zu verteilen, neigt man dazu, bei modernen Flugzeugen ein möglichst langes Einsatzleben zu verwirklichen. Nur ein Beispiel: Die Boeing KC-135 wurde in den späten 50er Jahren bei der USAF in Dienst gestellt, und es ist geplant, sie erst Ende 2020 außer Dienst zu stellen. Das ist eine Zeitspanne von mehr als sechzig Jahren! Sogar noch länger im Dienst ist die C-130 Hercules, die zum ersten Mal kurz nach dem Koreakrieg flog. Eine modernisierte Version (die C-130J) wird gerade gebaut und ist darauf ausgelegt, bis in die Mitte des nächsten Jahrhunderts bei der USAF, in Großbritannien und Australien verwendet zu werden.

Die Entwicklungszeit eines modernen Flugzeuges, vom Moment der ersten Baubeschreibung bis zu dem Augenblick, da die Maschine zum Geschwader kommt, kann durchaus bis zu 15 Jahre dauern. Außerdem können im Laufe von bis zu 25 Produktionsjahren noch etliche Modellgenerationen als Nachfolger innerhalb einer Serie gebaut werden. Wenn Sie

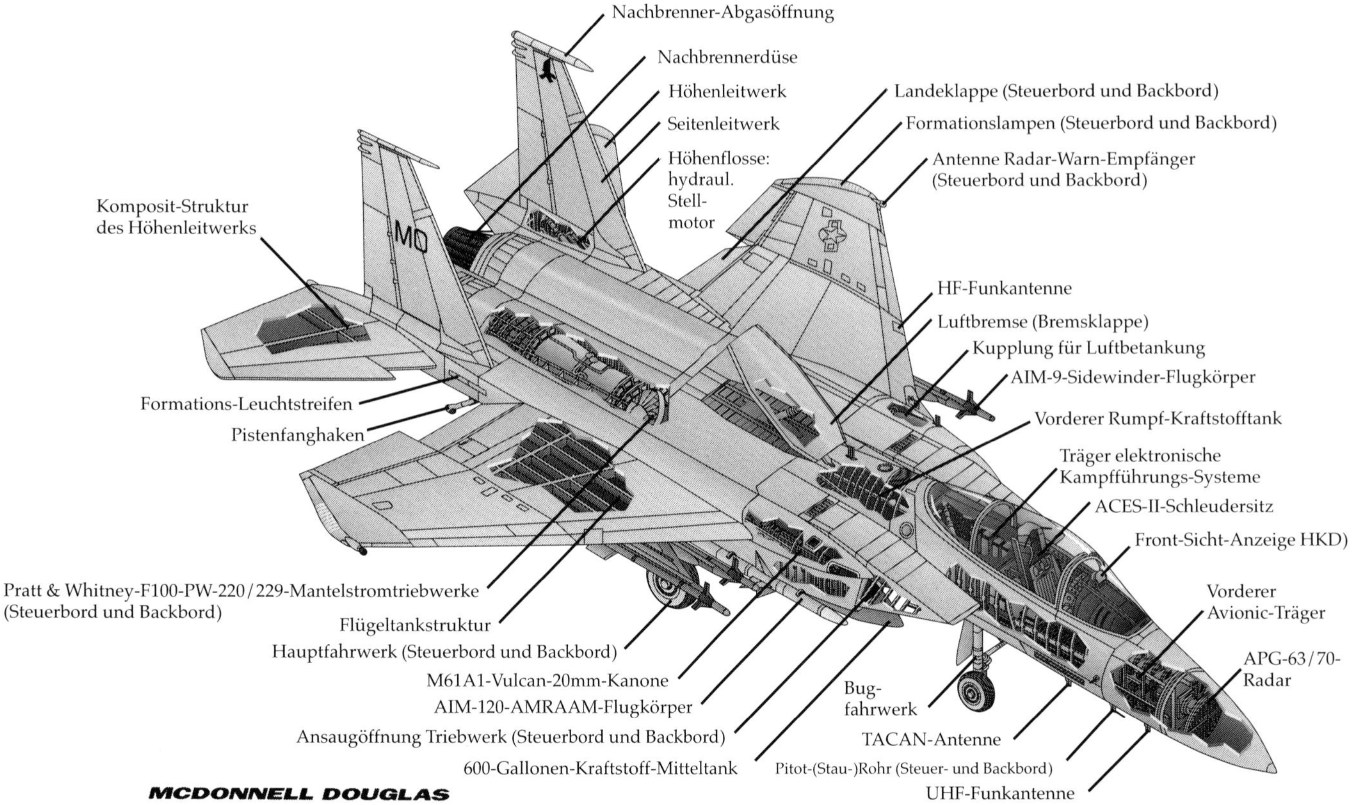

Schnittzeichnung einer McDonnell Douglas F-15C Eagle

Jack Ryan Enterprises, Ltd., von Laura Alpher

der Ansicht sind, daß dieser Zeitraum sehr lang sei, dann sehen Sie sich einmal die F-15 Eagle an. Der erste Entwurf entstand Ende der 60er Jahre, die Produktion wurde Mitte der 70er aufgenommen, und seitdem läuft die Serienproduktion kontinuierlich weiter. Wenn man den Überhang an unerledigten Aufträgen für Saudi-Arabien und Israel und weitere mögliche Bestellungen betrachtet, werden die Varianten der Eagle aus der dritten Generation voraussichtlich bis 2015 oder gar 2020 in Produktion und im Dienst sein. Also, lesen Sie weiter, und erfahren Sie etwas über die klassischen Flugzeuge, die jetzt und künftig bei der USAF geflogen werden.

McDonnell Douglas F-15 Eagle

Im Juli 1967 stellten die sowjetischen Luftstreitkräfte der Weltpresse stolz ihr neuestes Flugzeug, die Ye-266/MiG-25, auf dem Domodedevo-Flughafen außerhalb Moskaus vor. Nach der Nomenklatur der westlichen Geheimdienste bekamen alle »bedrohlichen« Kampfflugzeuge Codenamen, die mit dem Buchstaben F begannen; die MiG-25 nannte man »Foxbat«. Ganz wie ihr Namensvetter, die Fuchsfledermaus, das größte fliegende Säugetier, war diese Maschine eine Bestie mit bemerkenswerter Sensorik, scharfen Zähnen und beeindruckenden Leistungswerten. Innerhalb kurzer Zeit hatte sie diverse neue Weltrekorde in erreichter Höhe, Geschwindigkeit, Steiggeschwindigkeit und Time-to-Altitude[52] aufgestellt, alles wichtige Maßstäbe für die Fähigkeiten eines Fighters im Kampf. Der beste vergleichbare amerikanische Fighter zu dieser Zeit, die McDonnell F-4 Phantom, wurde durch die neue MiG klar in den Schatten gestellt. Die U.S. Air Force startete daraufhin einen Konstruktions-Wettbewerb für eine Maschine, die in der Lage sein sollte, die russische Leistung zu übertreffen. Das Programm hatte sogar eine noch größere vitale Bedeutung, wenn man bedenkt, daß auf derselben Luftfahrtschau auch die MiG-12/27-Flugzeuge aus der Flogger-Serie vorgestellt wurden und weitere beeindruckende sowjetische Kampfflugzeuge zu sehen waren. Sehr schnell erstellte die Air Force eine Baubeschreibung für ein Projekt, das unter der Bezeichnung FX (Fighter Experimental) zusammengefaßt wurde. Verschiedene Hersteller bewarben sich um den FX-Vertrag, der schließlich an McDonnell Douglas in St. Louis ging. Der Vertrag wurde im Dezember 1969 zuerkannt, und die erste F-15, als »Eagle« bezeichnet, wurde am 26. Juni 1972 vorgestellt. Ende 1975 hatte die erste F-15-Trainingsstaffel, die berühmte 555. »Triple Nickel«, auf der Luke AFB den Betrieb voll in Schwung gebracht, und das 1. Tactical Fighter Wing (TFW) auf der Langley AFB, Virginia, hatte seine Ausstattung mit einem kompletten Kader aus neuen Vögeln bekommen. Es wurden 361 F-15A Fighter und 58 F-15B Jagdbomber-Trainingsmaschinen fertiggestellt, bevor 1979 die verbesserten C- und D-Modelle in Produktion gingen. 1995 betrieb die

52 Zeit bis zum Erreichen einer vorgegebenen Flughöhe

Air Force etwa zwanzig Staffeln mit F-15, darunter fünf Staffeln der Reserve und Nationalgarde.

Die Konstrukteure bei McDonnell Aircraft bauten einen 40000 lb./18140 kg schweren »kompromißlosen« Fighter für die Luftüberlegenheit, der äußerlich der Foxbat hinsichtlich der Größe, der kantigen Öffnungen des Lufteinlasses, der großen Flügelfläche und großen doppelten Schwanzflossen sehr ähnlich sah. Die Außenflächen sind mit Inspektionsklappen übersät, von denen sich die meisten auf Schulterhöhe befinden, damit sie leichter zu erreichen sind und man auf Arbeitsbühnen verzichten kann. Beim Rumpf wurden in beträchtlichem Umfang Titan (stärker als Stahl) für die Flügelholme und Triebwerksträger und in begrenztem Umfang weiterentwickelte Bor-Fiberglas-Gemische (nicht-metallisch) an den Schwanzoberflächen verwendet. Rostfreien Stahl findet man hauptsächlich in den Fahrwerksstreben, und für die Außenhaut nahm man in erster Linie Flugzeugbau-Aluminium. Zum Vergleich: Bei der Foxbat wurden für den gesamten Rumpf schwere Stahllegierungen verwendet. Das brachte der sowjetischen Maschine einen großen Gewichtsnachteil ein. Falls Sie sich über die Stärke des amerikanischen Vogels wundern sollten, bedenken Sie bitte, daß der Testrumpf der McDonnell Douglas F-15 über 18000 simulierte Flugstunden hinter sich gebracht hatte, was einer potentiellen Einsatzzeit von 35 Jahren – berechnet auf der Basis einer Flugleistung von 300 Stunden pro Jahr – entspricht.

Entsprechend den ursprünglichen Leitlinien für die FX-Konstruktion hatte das Flugzeug ein lupenreiner Luftüberlegenheits-Fighter zu sein – »mit nicht einem Pound für den Bodenkampf«. Frühere Konstruktionen

Eine F-15C der 390. Fighter-Staffel des 366. Geschwaders an ihrem Abstellplatz auf der Nellis AFB während Green Flag 94-3. Sie trägt die Standardbestückung mit drei 610-Gallonen-/2305-Liter-Kraftstofftanks und acht Luft-Luft-Flugkörpern.
CRAIG E. KASTON

wie die F-4 Phantom und die F-105 Thunderchief hatten ihre Luftkampfleistung gegen die Vielzweckfunktion eines »Fighterbombers« eingetauscht, und das brachte ihnen häufig fatale Nachteile im Kampf gegen die beweglicheren sowjetischen MiGs ein, gegen die sie über Nordvietnam antreten mußten. (Später sollte die Strike-Eagle-Version der F-15 zu einem der besten Luft-Boden-Kampfflugzeuge werden, die es jemals gab).

Die F-15 flog mit den stark weiterentwickelten Triebwerken vom Typ Pratt & Whitney F100-PW-100, welche die damaligen technischen Möglichkeiten bis an ihre Grenzen ausreizten. Die beiden J-79-Triebwerke der Phantom II brachten es auf eine Schubleistung von je 17600 lb./7983,2 kp, bei einer Einlaßtemperatur von 2035° F/1112,7° C, während der Turbineneinlaß des F100-PW-100 höllische 2460° F/1348,8° C aushalten konnte. Mit vollem Nachbrennereinsatz bringt es die Grundversion des F100 auf eine Schubleistung von 25000 lb./11339,8 kp – fast das Achtfache ihres Eigengewichts. Eine gut trainierte Bodencrew kann das Triebwerk in dreißig Minuten aus- und auch wieder einbauen; probieren Sie das mal bei Ihrem Oldsmobile! Im Einsatz verschlissen die F100-Triebwerke schneller als erwartet. Das war in erster Linie darauf zurückzuführen, daß der weiterentwickelte Rumpf es den Piloten erlaubte, mit Leistungshebeleinstellungen und Anstellwinkeln auf der »Kante der Leistungskarte« zu fliegen, was die Triebwerke auf Dauer ernsthaft überlastete. Piloten gewinnen Luftkämpfe aber nur, wenn sie genau auf dieser Kante fliegen, also muß dieser Preis wohl bezahlt werden, um die überwältigenden Möglichkeiten zu nutzen, die das F100 bietet.

Eine der Realitäten moderner Kampfjets ist die, daß sie schneller ihren Sprit verbrennen, als Teenager ihre Cola Light schlucken – um einiges schneller. Obwohl das F100-Mantelstromtriebwerk rationeller arbeitet als die alten Turbojet-Fightertriebwerke, verbraucht es immer noch Kraftstoff in rauhen Mengen, besonders beim Einsatz des Nachbrenners. Um die beiden großen Turbofans zu füttern, führt die Eagle riesige Kraftstoffmengen mit, die im Rumpf und in den Flügeln untergebracht sind. Zusätzlich können sämtliche F-15 bis zu drei außenliegende Abwurftanks zu je 610 Gallonen/2305 Liter mitten unter der Maschine und unter den Flügeln mitführen. Um die Reichweite der Eagle ohne Nachtanken noch weiter zu vergrößern, hat McDonnell Douglas das FAST-Pack entwickelt (Fuel and Sensors Tactical Pack), ein Paar wulstiger »angepaßter« CFTs (Conformal Fuel Tanks), die sich dicht an den Rumpf unterhalb der Flügel schmiegen. Sie sind auf minimierten aerodynamischen Widerstand hin konstruiert und erzeugen sogar etwas Auftrieb, wodurch die Gesamt-Leistungsfähigkeit der Eagle insgesamt nur geringfügig geschmälert wird. Die CFTs haben ein Kraftstoff-Fassungsvermögen von jeweils 750 Gallonen/2834,9 Litern und können binnen 15 Minuten an- und abgebaut werden. Außerdem sind an jedem CFT auch noch Vorrichtungen zur Montage von Bombenträgern oder Flugkörper-Startschienen vorhanden. Für die derzeitige Fighter-Version der Eagle sind keine CFTs mehr vorgesehen, da die normale Kapazität der Innen- und zusätzlichen Abwurftanks zur Erfüllung der Missionen ausreicht, die heute von den Eagle-Piloten geflogen werden.

Der Kopf der Eagle ist ihr Cockpit, das mit einer Glaskuppel verschlossen wird. Von der Kabine aus hat man einen einzigartigen Panoramablick, der allerdings in einem Luftkampf die Überlebenschancen beeinträchtigt. Die F-15-Piloten sprechen von dem Gefühl, mehr »auf« als »in« der Maschine zu fliegen. Durch geringfügige Verlängerung der Kuppel ließ die Konstruktion ausreichend Platz für einen zweiten Sitz und machte es leichter, die Version F-15B/D zu bauen, Einsatz-Trainingsmaschinen, und letztlich auch die F-15E Strike Eagle.

Der Pilot sitzt auf einem Schleudersitz vom Typ McDonnell Douglas ACES II, der zu den besten der Welt zählt. Wenn man in ihm Platz nimmt, wird man von einem Beckengurt- und Schultergeschirr-System gehalten. In den Kissenteilen sind Fallschirm und Rettungspäckchen untergebracht, die ausgestoßen werden, sobald der Sitz ausgelöst wird. Wenn die Maschine getroffen wurde, muß man nur einen der beiden Auswurfhebel (einer auf jeder Seite des Sitzes) ziehen, während man sich fest in den Sitz preßt – und schon ist man unterwegs. Pyrotechnische Ladungen sprengen die Kuppel ab, ein Raketentriebwerk zündet und schießt einen ins Freie. Zu diesem Zeitpunkt läuft absolut alles, einschließlich der Fallschirmöffnung, automatisch ab. Sogar die Freigabe des Fallschirms bei einer Landung im Wasser erfolgt durch Sensoren, die das Vorhandensein von Wasser feststellen und die Fallschirmleinen kappen, damit der Überlebende sich nicht im Schirm verfängt und ertrinkt.

Obgleich das Instrumentenbrett direkt vor dem Piloten mit einer Mischung aus Meß- und Anzeigegeräten vollgestopft ist, konzentriert sich das, was am meisten benötigt wird, auf gerade mal drei Dinge: das HUD (Heads-Up Display oder Frontsichtanzeige), den Steuer- und die Leistungshebel. Vorhin hatten wir erfahren, wie das HUD einem Piloten fast alle lebenswichtigen Flug- und Sensordaten anzeigt, die er benötigt, ohne daß er sich bewegen oder hinunter ins Cockpit sehen muß.

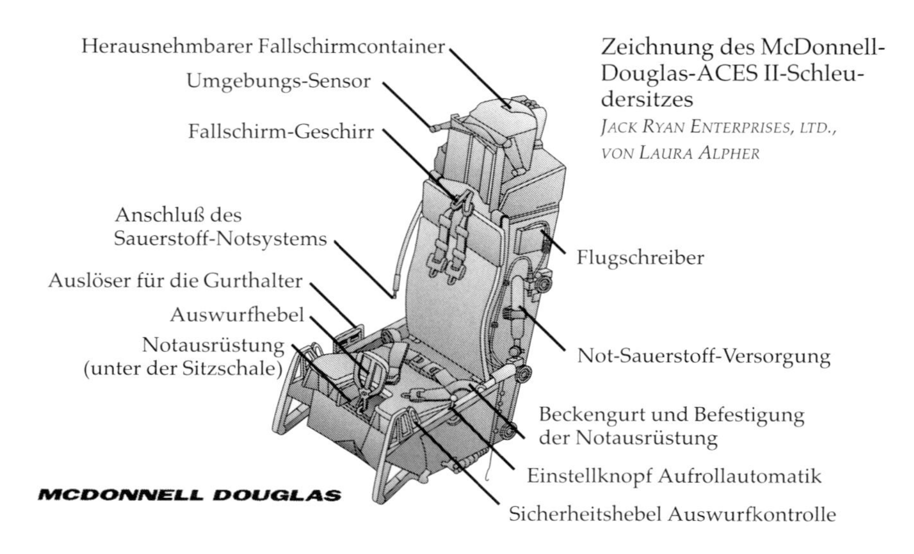

Zeichnung des McDonnell-Douglas-ACES II-Schleudersitzes
JACK RYAN ENTERPRISES, LTD., VON LAURA ALPHER

Der Blick nach unten ist gefährlich, weil man bei einem Luftkampf keinesfalls seine Augen vom Ziel abwenden sollte. Die meisten der Bedienknöpfe, die ein F-15-Pilot für den Kampf in der Eagle benötigt, sind auf dem Steuerhebel angebracht; die Leistungshebel befinden sich links im Cockpit. Beide sind mit einer Vielzahl von kleinen Schaltern und Knöpfen übersät, die sich allesamt in Form und Strukturierung unterscheiden, so daß der Pilot bereits nach kurzer Zeit einen speziellen Schalter allein durch Ertasten identifizieren kann. Dieses System – als HOTAS (Hands on Throttle And Stick) bekannt – hat Eugene Adam entwickelt, ein brillanter Ingenieur von McDonnell Douglas. In Fachkreisen der Cockpit-Konstrukteure ist er so etwas wie eine Legende. Er steht auch hinter den »gläsernen« Cockpits (bei denen statt der Balken- und Zifferblatt-Anzeigegeräte MFDs verwendet werden) der F-15E Strike Eagle, der F / A-18 Hornet und vieler anderer Kampfflugzeuge, die heute im Einsatz sind. Die HOTAS-Schalter steuern nahezu alles, was ein Pilot beim Luftkampf benötigt – Radarmodus, Funksprechtaste, Störmittelauswurf und natürlich auch den Waffeneinsatz, der durch Bewegen eines Fingers und Drücken eines Schalters ausgelöst werden kann.

Ich bin zwar nie auf dem Vordersitz einer Eagle aus der derzeitigen Serie geflogen, habe jedoch einige Zeit in der Kuppel der vollbeweglichen Simulatoren verbracht, die McDonnell Douglas in den Anlagen des Unternehmens in St. Louis betreibt. Wenn Sie in einem Sitz der Eagle Platz nehmen, stellen Sie als erstes fest, daß sich Ihre Hände fast automatisch auf die HOTAS-Kontrollen legen und Ihre Augen sich auf das HUD richten. Es dauert eine Weile, bis Sie alle Schalter und Knöpfe sortiert haben, obwohl Sie die wirklich wichtigen sehr schnell identifizieren werden. Wenn der Simulator in Betrieb gesetzt wird, »fliegen« Sie tatsächlich, und als erstes stellt sich das Gefühl ein, daß Ihre Maschine über den ganzen Himmel wackelt, weil die Steuerung so empfindlich reagiert. Sie finden aber schnell heraus, daß der Trick, eine gleichmäßige Flugbahn beizubehalten, darin besteht, Ihren Griff um den Steuerknüppel zu lockern und diesen mit der rechten Hand nur ganz leicht zu »streicheln«. Wenn man Manöver mit der Eagle fliegt, spricht das Steuersystem so schnell und reaktiv auf die kleinsten Korrekturbewegungen an, daß man das Gefühl hat, »hinter« dem Flugzeug »herzuhinken«. Gut ausgetrimmt, können die beiden F100-Triebwerke dank des digitalen Triebwerk-Steuerungssystems schnell beschleunigt oder verzögert werden.

Ich habe schon erwähnt, daß das bei Hughes gebaute Radar der Eagle zum Standard für AI-Radare (Air-Intercept- oder Luftabfang-Radare) wurde, nachdem es 1975 bei den Streitkräften eingeführt worden war. Anfänglich als APG-63 bezeichnet, modernisierte man es im Laufe der Zeit auf den Standard des APG-70, der in die F-15E und die letzten Modelle der F-15C Eagle als Erstausstattung eingebaut wurde. Das Eagle-Radar sollte derartig kraftvoll und flink sein (es sollte z. B. selbst kleine Ziele während Manövern unter den hohen *g*-Wert-Belastungen eines Luftkampfes unterscheiden und festhalten können), damit man Ziele im weiten Luftraum vor den neuen Kampfflugzeugen erfassen und angreifen konnte. Das erfordert eine *enorme* Leistungsfähigkeit. Die nackte Kapazität eines Radars wird hauptsächlich von zwei Faktoren bestimmt: der Größe der elektrischen Stromstärke, mit der es vom Flugzeug versorgt werden kann, und dem Raum, der für die Antenne zur Verfügung steht. Der Entwicklungsstand eines modernen Radars wird in hohem Maß vom jeweils neuesten Stand der Technik bei einem geheimnisvollen Seitenzweig der Computerwissenschaft, beeinflußt, den Signalrechnern. Das ursprüngliche APG-63-Radar verfügte über drei Hauptbetriebsarten: niedrige Impulsrate (Frequenz) für die Bodenerfassung, mittlere Impulsrate für bewegliche Ziele im Nahbereich und hohe Impulsrate für Erfassungen über große Entfernungen von 100 nautischen Meilen/185,2 km und mehr. Nachdem die meisten wichtigen Radarkontrollen auf der Leistungs- und Steuerhebelsäule untergebracht wurden, sind sie nun während eines Kampfes gut zu bedienen. Die wichtigsten dieser Schalter dürften die zur Ausrichtung des Radars während des Steigflugs und die zur Auswahl der verschiedenen Betriebsarten sein. Das System wurde ständig verbessert, um mit dem technischen Fortschritt Schritt zu halten, und läuft jetzt, seit es über einen programmierbaren Signalprozessor (PSP) verfügt, unter der Bezeichnung APG-70. Dieser PSP wurde bei den F-15-A/B-Serien nachträglich in das APG-63 eingebaut; bei den folgenden C/D- und E-Modellen war der PSP bereits serienmäßig vorhanden. Die Verbesserungen schlossen beim Modell in der F-15E eine Vielzahl neuer Betriebsarten wie z.B. die Präzisions-Bodenkartographierung des SAR (Synthetic Aperture Radar) ein.

Ein weiterer wichtiger Bestandteil der Avionic bei der Eagle ist die Garnitur von Kommunikationsgeräten. Über die neuen Funkgeräte vom Typ Have Quick II (resistent gegen Störungen und Abhören) hinaus gibt es die neuen JTIDS-Terminals (Joint Tactical Information Data System), die eine Vernetzung von sämtlichen damit ausgestatteten Flugzeugen zu einem LAN in der Luft ermöglichen. Ein derart gesicherter (nicht störbarer, nicht anzapfbarer etc.) Datenverbund erlaubt den Austausch von Informationen, welche die Flugzeug-Sensorik liefert, mit den Systemen anderer Flugzeuge, Schiffe und Einheiten am Boden. JTIDS-Terminals befinden sich bereits in den E-3 Sentry AWACS und auch an Bord der Bodenüberwachungsmaschinen E-8 Joint-STARS. Sogar Patriot-SAM-Batterien der U.S. Army, Kreuzer und Zerstörer der U.S. Navy in der Ägäis und NATO-Einheiten haben die Möglichkeit, sich in den Datenverbund des JTIDS-Systems einzuloggen. Eigentlich sind Datennetze ja nichts Neues, JTIDS aber ist etwas Besonderes, da es einen kompletten Situationsbericht überträgt, einschließlich der Radarkontakte. Es sendet Position, Höhe und Kurs der Maschine und gibt jedem, der über ein Empfangsterminal verfügt, Auskunft über den Kraftstoff- und Waffenstatus (es zählt Bomben, Kanonenmunition und an Bord vorhandene Flugkörper). Das Hauptproblem bei den ersten Ausführungen des JTIDS bestand darin, daß es enorm teuer war. Spätere Versionen wurden daher neu entwickelt mit dem Ziel, Größe, Kosten und Kompliziertheit zu reduzieren. Glücklicherweise machte die rasante technologische Entwicklung das alles sowohl technisch möglich als auch kostenmäßig vertretbar, und die neuen Terminals sollen in ein bis zwei Jahren bereits im Einsatz sein. Im Augenblick sind nur die F-15C, die zur 391. Fighter-Staffel des 366. Geschwaders auf der Mountain Home AFB in Idaho gehören, mit JTIDS ausgerüstet.

Es ist stets von lebenswichtiger Bedeutung, daß ein Pilot weiß, wo er oder sie sich gerade befindet; daher wurde ein äußerst genaues INS (Inertial Navigation System[53]) in die Avionic-Garnitur der Eagle aufgenommen. Das Litton ASN-109 INS ist eine »Black Box«, die mit Laserstrahlen arbeitet, welche sich in entgegengesetzter Richtung zueinander in fiberoptischen Kabeln bewegen. Jede Bewegung der Maschine verursacht winzige Verlagerungen in der Wellenlänge des Lichts, die wahrgenommen und analysiert werden, um daraus Position, Geschwindigkeit und Beschleunigung zu bestimmen. Vor einem Start wird das System »ausgerichtet« und mit den geographischen Koordinaten und des Ausgangspunktes (normalerweise die Parkposition der Maschine, an der ein Pfosten mit den gemessenen Koordinaten aufgestellt ist) und einer Reihe von »Wegpunkten« gefüttert. Da die Positionsberechnungen des INS jedoch dazu tendieren, über den Kurs zu »wandern«, wenn sich ein Einsatz über mehrere Stunden hinzieht, sind Maßnahmen getroffen worden, um die Navigations-Standorte durch Daten aus am Boden befindlichen Hilfsstationen – wie dem TACAN-System (einer Serie elektronischer Kursstrecken-Navigationshilfen am Boden) – zu aktualisieren. Des weiteren können Peilstandorte aus optischen und Radarkartenbestimmungen hinzugezogen werden. In Zukunft wird die verbesserte Avionic in den C-Modellen zusätzlich ein supergenaues Honeywell-System erhalten, in dem ein GPS-Empfänger mit einem Ring-Laser-Kreiselkompaß-System in einer einzigen Box kombiniert sein wird.

Durch die HOTAS-Kontrollen des Piloten kann auch ein passives System für Gegenmaßnahmen gesteuert werden. Um heute in einem Umfeld höchster Bedrohung überleben zu können, braucht man ein Gerät, das gegnerische Radare stört. In der Eagle ist es das Northrop ALQ-135(V), das völlig eigenständig arbeitet. Der Pilot braucht es nur einzuschalten. Um den Piloten auf elektronische (z.B. radargelenkte) Bedrohungen aufmerksam zu machen, gibt es den Loral ALR-56C Radar Warning Receiver (RWR), dessen Display rechts unter dem HUD angebracht ist. Dieses Display zeigt sowohl den Gefahrentyp als auch die Peilung zum feindlichen Radar an. Es kann auch Informationen darüber liefern, ob das Radar des Gegners noch abtastet oder dieser bereits einen SAM-Flugkörper gestartet hat. Man kann sich wohl vorstellen, daß diese Information von lebenswichtiger Bedeutung für einen Piloten ist, der auf dem Schlachtfeld moderner Luftkriege überleben will. Die Antennen für das ECM- und RWR-System sind in Behältern auf den Spitzen der beiden Seitenleitwerke untergebracht. Falls das ECM-System einmal versagt und ein anfliegender Flugkörper am Schwanz seiner Maschine hängt, hat der

53 Trägheitsnavigationssystem
54 Düppel und (Hitze-)Scheinziel-Auswerfer

Pilot noch die Möglichkeit, auf den Tractor ALE-45/47 Chaff-and-Flare Dispenser[54] zurückzugreifen, dessen Auslöseknopf sich auf der linken Seite der Leistungshebelsäule befindet.

Die einzige Rechtfertigung für die Existenz von Kampfflugzeugen besteht darin, Rüstungsgüter (technischer Begriff für Waffen) zu einem feindlichen Ziel zu bringen (oder zumindest anzudrohen, das zu tun). Wie wir schon festgestellt haben, bestand die ursprüngliche Konstruktionsvorgabe für die F-15 Eagle in einem kompromißlosen Air-to-Air- (der Fachbegriff der USAF ist »Air Superiority«)-Fighter. Deshalb war die Waffengarnitur der F-15C mit Blick auf die Annahme und schnelle Niederkämpfung einer großen Anzahl von Luft-Luft-Zielen optimiert worden. Für die Konstrukteure der Eagle war der Ausgangspunkt für ihre Bewaffnung daher die ursprüngliche Bestückung des Flugzeugs, das sie ersetzen sollte, die acht Luft-Luft-Flugkörper tragende F-4 Phantom. Sie entschlossen sich allerdings, diesem Paket noch eine Kanone hinzuzufügen, da das Fehlen einer solchen Waffe amerikanische Piloten über Nordvietnam oftmals die Möglichkeit gekostet hatte, MiGs abzuschießen. Im Gegensatz zu Lenkflugkörpern haben Kanonen keine Minimalreichweite und können auch gegen Bodenziele eingesetzt werden, falls das einmal nötig sein sollte. Ursprünglich hatte man vor, die F-15 mit den neuen Kanonen vom Typ Philco Ford (jetzt Loral Aeronutronic) 25 mm GAU-7 auszurüsten, entschied sich dann aber dafür, doch die zuverlässigeren sechsläufigen Revolverkanonen M-61 Vulcan 20 mm einzubauen. Diese Waffe wird bei der USAF seit Mitte der 50er Jahre verwendet, ist selbst schon so etwas wie ein Klassiker und in jedem Kampfflugzeug der USAF zu finden, dessen Aufgabe die Herstellung von Luftüberlegenheit ist. Die Mündung der Kanone befindet sich im Ansatz des rechten Flügels, weit genug hinter dem Turbineneinlaß, damit auf keinen Fall Abschußgase der Kanone angesaugt werden, die zu einem Brand im Triebwerk führen würden. Ein Trommelmagazin hinter dem Cockpit faßt 940 Schuß Munition, aber man sollte besser nur kurze Feuerstöße abgeben, weil die Menge gerade für eine Feuerdauer von 9,4 Sekunden ausreicht. (Die M-61 hat eine Feuergeschwindigkeit von über 6000 Schuß pro Minute!) Die letzten Neuigkeiten, die man über die Vulcan hören kann, lauten, daß für sie jetzt neue Munition zur Verfügung steht – die PGU-28 ist ein Geschoß mit panzerbrechender, Splitter- und Brandwirkung, und das alles in einer einzigen Ladung. Dieses neue Geschoß hat die Leistungfähigkeit der M-61, die nach wie vor eine der besten Flugzeugkanonen der Welt ist, stark verbessert. In der F-15 ist die Kanone in einem Winkel von 2° nach oben geneigt eingebaut, so daß die Kugeln in Richtung auf das Ziel »angehoben« werden, was einen besseren Blick auf das Ziel ermöglicht, bevor es unter der Nase der Maschine außer Sicht gerät. Außerdem gibt es noch ein neues Kanonenzielgerät – genauer gesagt ein Symbol für das Zielgerät der Kanone auf dem HUD –, welches das Zielen wesentlich vereinfacht. Wird der *GUN*-Modus gewählt (über einen Schalter am Leistungshebel), sieht es aus, als erscheine ein Tunnel auf dem HUD. Sobald man das gegnerische Flugzeug zwischen zwei Linien des Tunnels zentriert hat, jagt ein leichter Druck auf den Abzug am vorderen Ende des Steuerknüppels einen Strom von Granaten aus der Kanone auf das Ziel los. Nach Aussage der F-15-Piloten hat das neue Zielsichtgerät die Treffergenauigkeit radikal verbessert und die Kanone zu einer wesentlich gefährlicheren Waffe gemacht.

So gut die Kanone auch sein mag, die stärksten Waffen an Bord der Eagle sind die acht AAMs (Air-to-Air Missiles). Anfangs hatte die F-15 die Raytheon AIM-7 Sparrow AAM als Grundausrüstung. Vier davon konnten auf Trägergestellen, die säuberlich auf die Unterseite des Flugzeugrumpfs gesteckt wurden, mitgeführt werden. Sie wurden später durch die Hughes AIM-120 Advanced Medium Range Air-to-Air Missiles (AMRAAM) ersetzt, die bei den Piloten unter der Bezeichnung »Slammer« bekannt sind. Trägergestelle unter den Flügeln können auch bis zu vier AIM-9 Sidewinder AAMs oder AMRAAMs aufnehmen.

All diese Systeme und Waffen machen die Eagle hinsichtlich der Herstellung von Luftüberlegenheit zum weltweit schlagkräftigsten Fighter, und das inzwischen seit mehr als zwei Jahrzehnten. Das hat trotz des – im Vergleich zur F-16 Fighting Falcon, der Mirage F-1 und -200 und der MiG 29 – relativ hohen Preises der Eagle zu bescheidenen Erfolgen auf dem Exportmarkt geführt. Etliche Generationen russischer, französischer und britischer Kampfflugzeuge haben versucht, die Eagle zu übertreffen, aber dank ständiger Verbesserungen und eines hervorragenden Trainings der USAF-Piloten hat sich die F-15 an der Spitze der Kampfflugzeug-Hierarchie der Welt gehalten. Im Augenblick sind mehr als 1300 F-15 sämtlicher Modellvarianten bei der U.S. Air Force, den Luftstreitkräften Israels (F-15 A/B), den japanischen Selbstverteidigungs-Luftstreitkräften (F-15J) und der Royal Saudi-Arabian Air Force im Einsatz. Die japanische F-15J wird von Mitsubishi als Lizenznehmer von McDonnell Douglas gebaut.

Der ultimative Test für jedes militärisch verwendete Flugzeug sind Kampfeinsätze, und da hat es die Eagle auf einen ungeschlagenen Rekord gebracht. Die Israelis verbuchten den ersten Abschuß, eine syrische MiG-21, im Juni 1979. Im Februar 1981 gelang ihnen der endgültige Beweis für die Überlegenheit der Eagle durch den Abschuß einer syrischen MiG-25 Foxbat, also genau des Flugzeugs, das zu schlagen die F-15 entworfen worden war. Israelische F-15 eskortierten auch die Kampfgruppe F-16, die 1981 einen noch nicht fertiggestellten Kernreaktor außerhalb Bagdads zerstörten. Auch die Saudis konnten mit ihren Eagle-Staffeln Punkte machen, als sie 1988 zumindest eine iranische Phantom über dem Persischen Golf abschossen. Einem ihrer Piloten gelangen während Desert Storm sogar zwei Abschüsse von irakischen F-1Q, die mit AM-39-Exocet-Flugkörpern bestückt waren. Tatsächlich waren es die Eagle, die wenigsten 35 der 41 Maschinen abschossen, die der Irak während des Konflikts von 1991 im Kampf Flugzeug gegen Flugzeug verlor. Das Laufbahnprotokoll der F-15 verzeichnet zur Zeit eine Liste von insgesamt 96,5 bestätigten Abschüssen ohne eigene Verluste.

Aufgrund der bevorstehenden Ablösung der F-15 durch die Lockheed F-22 wird die weitere Produktion der Eagle für die USAF und einige wenige ausländische Regierungen auf die Strike-Version beschränkt werden. Die verbleibenden C- und E-Modelle der USAF werden allesamt mit GPS-Empfängern und der Nachfolgeversion der JTIDS-Datenverbund-Terminals nachgerüstet werden. Auch wird es ein Modernisierungsprogramm für Radaranlagen geben, das auf den Weg gebracht wurde, um einige der »Black-Box«-Komponenten des APG-63/70 Systems gegen solche aus dem APG-73-Radar austauschen zu können, das in den F/A-18 Hornet Fightern zu finden ist, die gegenwärtig an die U.S. Navy ausgeliefert werden. Diese Verbesserungen ermöglichen einen schnelleren Informationstransfer und beinhalten auch ein größeres Speichermodul. Wahrscheinlich wird überdies, bevor sie außer Dienst gestellt wird, noch eine neue Version der ehrwürdigen Sidewinder AAM, die AIM-9X und ein am Helm des Piloten angebrachtes Ziel-Sichtgerät, in die Eagle integriert. Was auch immer mit der Eagle-Flotte geschehen wird, die Steuerzahler der Vereinigten Staaten von Amerika können durchaus erfreut über den Gegenwert sein, den sie für ihre Investitionen in die Eagle erhalten haben. Dieses Flugzeug hat in den letzten Jahren des Kalten Krieges und auch am Anfang der neuen Weltordnung Maßstäbe gesetzt.

McDonnell Douglas F-15E Strike Eagle

> Nie zuvor hatte ich einen 81 000-Pound-Jet geflogen, und wir waren überrascht, als wir anrollten. Wir fühlten ein »poch, poch, poch« unter uns und wußten nicht, was wir davon halten sollten, bis wir feststellten, daß das gesamte Gewicht, das auf den drei Reifen gelastet hatte, vorübergehend abgeflachte Stellen im Gummi hervorgerufen hatte.
>
> Ein F-15E-Pilot, Desert Storm, am 17. Januar 1991

Die F-15E Strike Eagle ist hinsichtlich Bauweise, Triebwerken, Sensoren, Waffen und Avionic fast perfekt abgestimmt, und das alles wird aus dem tollsten Cockpitdesign heraus gesteuert, das es zur Zeit auf der Welt gibt. Jetzt werden Sie sich vielleicht wundern, weshalb ich diese Version getrennt von der Jägerversion der Eagle beschreibe. Die Wahrheit ist, daß beide Vögel gleichen Ursprungs, jedoch gänzlich verschiedene Flugzeuge sind, und zwar sowohl innen als auch außen. Tatsächlich behaupten die Besatzungen, die diese mächtige Bestie fliegen, daß es zwei Arten von Crews bei der USAF gebe: Die eine fliegt eine Strike Eagle, die andere träumt davon. Wenn ich bedenke, was ich über die Maschine erfahren habe, haben sie offenbar recht.

Es ist schon erstaunlich, daß ein Flugzeug, das ursprünglich als reiner Air Superiority Fighter konstruiert worden war, zu einem der besten Kampfbomber in der Geschichte der Luftfahrt wurde. Anfang der 80er Jahre war die F-111-Fighter-Flotte in die Jahre gekommen, die F-117A wurden gerade erst in den Dienst übernommen, und man erkannte den schwerwiegenden Mangel an Strike-Flugzeugen in den Einheiten der USAF, die bei praktisch jedem Wetter einsatzbereit wären. Also begann

Eine McDonnell-Douglas F-15E Strike Eagle der 391. Fighter-Staffel des 366. Geschwaders fliegt über der Wüste von Nevada während der Übung Green Flag 94-3. Sie ist mit den Trainingsversionen der Sidewinder und AMRAAM-Luft-Luft- und Maverick-Luft-Boden-Lenkwaffen bestückt. CRAIG E. KASTON

man auf der Führungsebene der USAF mit dem Gedanken an ein Strike-Flugzeug als Zwischenlösung zu spielen, das die Kluft zwischen den älteren F-111 und den neuen Stealth-Typen, die sich noch in der Planungsphase befanden, überbrücken könnte.

Die F-15E sah man bei der Air Force eigentlich nicht als ein Flugzeug an, das sich per se anbot. Das Ganze begann als reine Privatinitiative, die McDonnell Douglas selbst finanzierte. Das hat seinen Grund, denn die Vertragsbedingungen des Department of Defense (DoD = Verteidigungsministerium) untersagen es den Streitkräften, direkt bei potentiellen Vertragsnehmern »anzufragen«, ob die ihnen irgend etwas Bestimmtes herstellen können. Allerdings dürfen sie »anbieten«, daß ein Unternehmen ein »nicht angefordertes Angebot« über bestimmte Güter und Dienstleistungen zusammenstellt. Derartige Dialoge sind keineswegs ungewöhnlich und wurden damals allem Anschein nach von General Wilber Creech, USAF, der zu dieser Zeit Kommandeur des Tactical Air Command war, mit verschiedenen Flugzeugherstellern unter dem Motto geführt, sie möchten sich doch einmal mit Strike-Varianten bestehender Flugzeugkonstruktionen auseinandersetzen. Also kann man General Creech als den USAF-»Vater« der Strike Eagle bezeichnen. Die Versuche begannen damit, daß eine F-15B (als Schulmaschine ohnehin ein Zweisitzer) für den Bodenkampfeinsatz umgerüstet wurde, indem man zusätzliche Masten und Bombenträger unter den Flügeln auf die CFTs montierte. Die Vorführungen mit einem Prototyp auf der Edwards und der Eglin AFB in den

Jahren 1982 und 1983 waren beeindruckend genug, um die Air Force zu der Entscheidung zu bewegen, ein Vergleichsfliegen zwischen der F-15 und einer verbesserten Version der General Dynamics (jetzt Lockheed) F-16 mit verstellbaren Deltaflügeln, der F-16XL, zu veranstalten. Der Beitrag von McDonnell Douglas gewann, und 1984 wurde ein Vertrag über den Beginn einer Entwicklung im vollen Umfang unterzeichnet, der ursprünglich ein Produktionsziel von 392 Maschinen vorsah. Die Haushaltskürzungen führten nach dem Ende des Kalten Krieges jedoch dazu, daß diese Zahl auf zweihundert bis zum Jahr 1994 reduziert wurde. Allerdings sollten die während Desert Storm und bei Trainingsunfällen verlorenen Maschinen ersetzt werden.

Der erste Flug einer Strike Eagle fand am 11. Dezember 1986 statt, und die Auslieferung an die Air Force begann am 29. Dezember 1988. Im Oktober 1989 erreichte das 4. TFW (Tactical Fighter Wing) auf der Seymore Johnson AFB in North Carolina mit drei Staffeln als erste eine IOC (Initial Operational Capability) – hier erstmalig im Staffelverband.

Die Veränderungen waren keineswegs nur kosmetischer Natur. Obwohl die F-15E äußerlich der F-15D (das ist das zweisitzige Schulungsmodell der F-15C) sehr ähnlich ist, wurden mehr als 60 % der Struktur umgestaltet, um der neuen Rolle als Strike-Flugzeug gerecht zu werden. Die Abänderungen waren nötig, damit man den Rumpf verstärken, eine Lebensdauer von 16 000 Flugstunden ohne Materialermüdung garantieren konnte und damit die Maschine die gleichen 9-*g*-Manöver aushielt wie ihr kleinerer Partner, die F-16. Die besonderen Verstärkungen sind sehr wichtig, weil Tiefflüge mit der F-15 aufgrund ihrer riesigen starren Tragflügel sowohl für den Rumpf als auch für die Crew enorme Belastungen darstellen, selbst dann, wenn niemand sie abzuschießen versucht. Da man auch erkannt hatte, daß Tiefflüge mit sehr hohen Geschwindigkeiten durchaus gefährlich sein können, wurde die Windschutzscheibe der F-15E gegen »bird-strikes« – die wesentlich häufiger verkommen, als allgemein angenommen wird – besonders verstärkt. Die Basis-F-15 ist ein widerstandsfähiges Flugzeug – nach einer Kollision in der Luft konnte ein Pilot seine F-15 sicher landen, obwohl auf einer Seite nur noch 14 in./ 35,6 cm vom Tragflügel übrig geblieben waren.

Die Modifikationen, die für das E-Modell vorgenommen wurden, haben die Maschine noch stärker gemacht. Das maximale Startgewicht wuchs von 68 000 lb. / 30 838 kg auf beeindruckende 81 000 lb. / 36 733,5 kg! Davon kann ein Anteil von 24 500 lb. / 11 110,75 kg für die Waffenlast genutzt werden, wobei fast jede nur denkbare Kombination von Luft-Luft- und Luft-Boden-Waffen möglich ist.

Die größte Stärke der Strike Eagle ist ihr Zwei-Mann-Cockpit, das Tiefflug-, Tag-und-Nacht-Strike-Einsätze mit den damit verbundenen, wesentlich höheren Arbeitsbelastungen erst wirklich möglich macht. Geschichtlich gesehen sind zweisitzige Maschinen im Kampf gegen Einsitzer im Vorteil, weil das Situationsbewußtsein durch ein Gehirn mehr und ein zusätzliches Paar Augen wesentlich besser ist, was den Gewichtsnachteil (durch den zusätzlichen Schleudersitz) ausgleicht. Dieser Vorteil

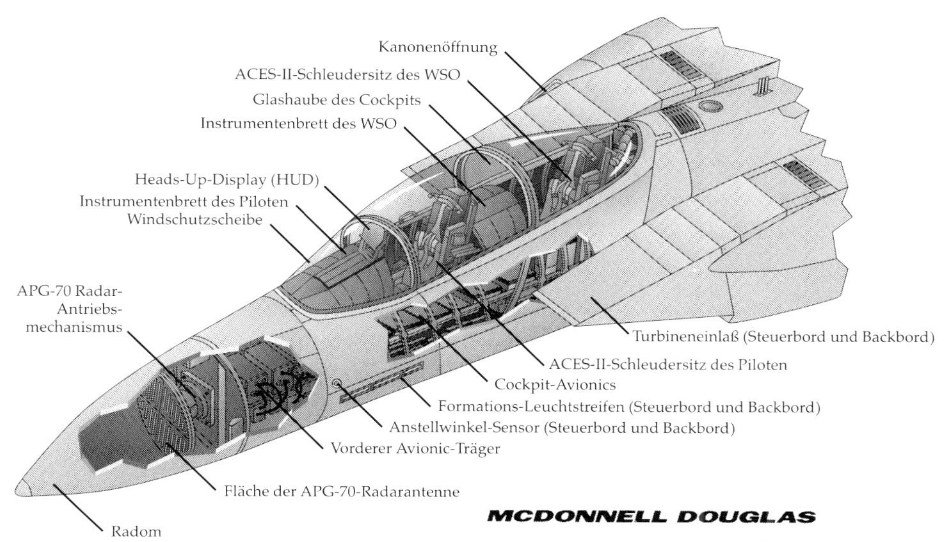

Oben: Schnittzeichnung des vorderen Rumpfteils der McDonnell Douglas F-15E Strike Eagle
Jack Ryan Enterprises, Ltd., von Laura Alpher

Links: Auf dem Foto ist das Zwei-Mann-Cockpit dieser McDonnell Douglas F-15E Strike Eagle vorteilhaft getroffen, weil man sehr gut das Weitwinkel-Heads-Up-Display (HUD) am unteren Bildende vor dem Piloten erkennen kann.
Craig E. Kaston

spielt auch bei Bodenkampfeinsätzen eine Rolle, da sich der Mann auf dem Rücksitz voll und ganz auf den präzisen Einsatz der Waffen und die Handhabung der Systeme für Defensiv-Gegenmaßnahmen (Störsender, Düppel und Infrarot-Scheinziele) konzentrieren kann, während sich der Pilot einzig dem Fliegen der Maschine widmet. Obwohl die Waffen-System-Offiziere (WSOs) nicht zu Piloten ausgebildet wurden, neigen sie dazu, im Laufe der Zeit das Fliegen zu lernen und den Piloten zu »unterstützen«; und beide Positionen verfügen über ein komplettes Steuerwerk.

Die Arbeitsteilung zwischen dem Piloten (auf dem Vordersitz) und dem WSO (oder »wizzo«, auf dem Rücksitz) einer Strike Eagle ist nahezu perfekt, und das verdankt man wieder einmal der hervorragenden Konstruktionsarbeit von Eugene Adam und seinem Team bei McDonnell Douglas.

Auf dem Vordersitz verfügt der Pilot über ein Weitwinkel-HUD und drei Multifunktions-Displays (MFDs), zwei in Monochrom-Grün und eins mehrfarbig. Zusätzlich gibt es die normalen Anzeigen, die man aus der F-15C kennt. Jedes dieser MFDs arbeitet wie ein Computermonitor und schafft selbst im hellsten Tageslicht noch eine klare Darstellung. An allen vier Kanten sind Tasten angebracht, mit denen unterschiedliche Funktionen angewählt werden können. Die HOTAS-Kontrollen sind verbessert worden, um den erweiterten Möglichkeiten des APG-70-Radars in der F-15E

Das Instrumentenbrett, wie es der Pilot einer F-15E Strike Eagle vor sich sieht. Die drei Multi-Funktions-Displays im Computerstil sind ebenso wie das Eingabepanel (Mitte oben) deutlich zu erkennen. *McDonnell Douglas Aeronautical Systems*

gerecht zu werden. Das gleiche gilt für die LANTIRN-Behälter (Low Altitude Navigation and Targeting for Night), mit denen wir uns später noch beschäftigen werden. Rechts vom HUD ist das Display des IDM (Improved Data Modem) angebracht worden. Dabei handelt es sich um eine Art Datennetzgerät langsamer Geschwindigkeit, das mit den Have-Quick-II-Funkgeräten und den Waffenabschußsystemen verbunden ist. Es wurde entworfen, um eine Teilnahme am ATHS (Automatic Target Hand-Off System), dem automatischen Zielsystem der vereinten Streitkräfte, zu ermöglichen. Dadurch wird die F-15E in die Lage versetzt, automatisch Zielkoordinaten mit anderen Systemen bei U.S. Air Force, Army und Marinetruppen auszutauschen, darunter auch die Daten, die von Systemen der F-16C, OH-58D Kiowa Warrior, AV-8V Harrier II, AH-64A Apache und dem Artillerie-Feuerleitsystem der Army (TACFIRE) geliefert werden. Dieses kleine, durchaus leistungsfähige Gerät wurde anstelle des JTIDS (dessen spätere Installation geplant ist) eingebaut, um Zielinformationen von verschiedenen Quellen abfragen zu können. Im hinteren Cockpit besteht die Hauptaufgabe des WSO in der Start-/Abwurfkontrolle der Luft-Boden-Waffen, wobei er die beste Unterstützung von dem Hughes-APG-70-Radar bekommt, das sich auch in der F-15C befindet, allerdings um einige Charakteristika erweitert, die nur der Strike Eagle zur Verfügung stehen. Sowohl die Radardaten als auch die Informationen aus den LANTIRN-Behältern an Bord werden auf vier MFDs – zwei Farb- und zwei Monochrom-Grün-Monitoren – im hinteren Cockpit angezeigt. Ein Videorecorder ist ebenfalls an Bord. Er dient als »Gun Camera« und zeichnet alles auf, was auf dem HUD und jedem MFD, das ausgewählt wurde, angezeigt wird.

Zusammen mit dem Radar überwacht der WSO die gleichen ALE-45/47-Störmittel-Auswurfvorrichtungen, Systeme der Typen ALR-56M RWR und APX-101 IFF, die auch schon beim C-Modell der Eagle zu finden waren. Gleiches gilt für andere Teile der Avionic. Allerdings sind bei der F-15E im Bereich der Flugsoftware und beim Datenbus schon einige Vor-

Frontansicht einer McDonnell Douglas F-15E Strike Eagle der 391. Fighter-Staffel des 366. Geschwaders. Die beiden Behälter des Low Altitude-Navigation-and-Targeting-for-Night-(LANTIRN-) Systems sind unter den Einflußöffnungen der Triebwerke auf Masten montiert. Des weiteren wurde ein Paar Allzweck-Bomben an Befestigungspunkten unter den beiden CFTs (Conformal Fuel Tanks) eingehängt. Auch die Sidewinder-Bestückung mit Übungsköpfen kann man an den Rändern des Bildes erkennen. *John D. Gresham*

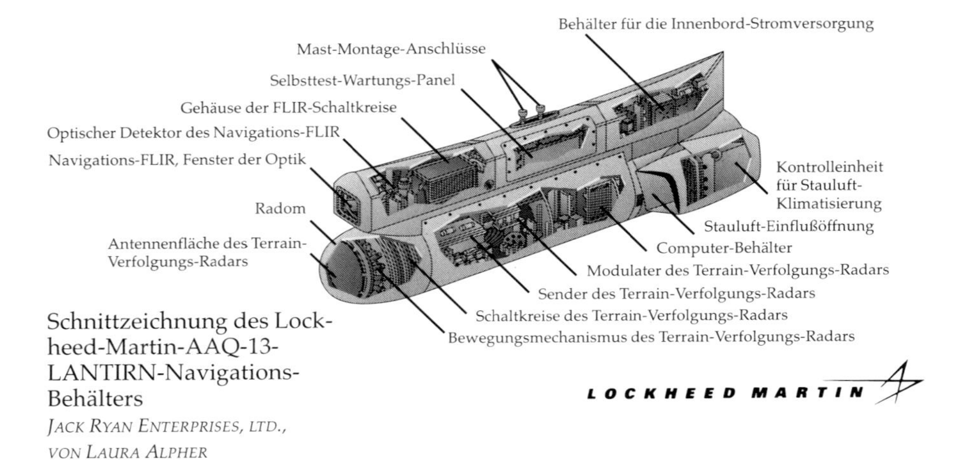

Schnittzeichnung des Lockheed-Martin-AAQ-13-LANTIRN-Navigations-Behälters
Jack Ryan Enterprises, Ltd., von Laura Alpher

kehrungen für den Einbau eines GPS-Empfängers und des JTIDS für einen abgesicherten Datentransfer getroffen worden, der später in den 90er Jahren erfolgen soll. Weiterhin ist der Einbau von Satelliten-Kommunikationsgeräten geplant, die es Befehlshabern ermöglichen, vom Boden aus mit Maschinen in Kontakt zu bleiben, die sich auf sehr weit entfernten Einsätzen befinden.

Die Triebwerksträger sind so konzipiert, daß sie sowohl das Standard-Mantelstromtriebwerk Pratt & Whitney F100-PW-220 als auch das stärkere F100-PW-229 aufnehmen können, das einen Schub bis zu 29 000 lb./ 13 151,5 kp produzieren kann. Bei vollem Schub kann die F-15E in einer »sauberen«[55] Konfiguration eine Spitzengeschwindigkeit von Mach 2,5 im Höhenflug erreichen. Im Tiefflug und mit maximaler Bombenlast reduzieren die Waffen allerdings die erreichbare Höchstgeschwindigkeit auf lediglich 490 Knoten / 564 mph / 907,5 km / h. Die maximale Kampfeinsatz-Reichweite einer F-15E hängt sehr stark vom Flugprofil ab. Normalerweise geht man jedoch von 790 nautischen Meilen / 1463 km aus. Bei der Berechnung dieses Wertes wurden sowohl die eingebauten Tanks mit einer Kapazität von 3475 Gallonen / 13 135 Liter (einschließlich der CFTs) als auch drei Zusatztanks von je 610 Gallonen / 2305 Liter berücksichtigt. Für Missionen, die über wirklich weite Entfernungen gehen, ist eine Tankerunterstützung für die Strike Eagle allerdings unabdingbar, obwohl die F-15E seltener darauf zurückgreifen muß als andere Flugzeuge.

55 »Saubere Konfiguration« bedeutet, daß keine Bomben, Behälter und Masten am Rumpf befestigt sind.

Das Lockheed Martin AAQ-13/14 LANTIRN System

> Als ich anmerkte, daß unsere Flügelspitzen ziemlich nah an den Bäumen seien, antwortete er [der Pilot]: »Tagsüber ist es noch schlimmer. Da sehen Sie jedes Eichhörnchen ...«
> ›Aviation Week‹, Piloten-Bericht, F-16/LANTIRN, 25. April 1988

Das LANTIRN-System (Low Altitude Navigation and Targeting for Night) von Lockheed Martin (früher Martin Marietta) besteht aus einem Paar zylindrischer Behälter, die auf Stummelmasten unter dem vorderen Rumpfteil der F-15E und ausgewählten F-16 montiert sind. Der AAQ-13-Navigationsbehälter wiegt 430 lb./195 kg, der AAQ-14-Zielbehälter 540 lb./244,9 kg, und die Software, die sie in das Steuerwerk und die Waffenkontrollen integriert, wiegt überhaupt nichts. LANTIRN vereinigt eine ganze Menge elektro-optischer und Computertechnologie in sich, um etwas ziemlich Simples zu erreichen: für die Besatzung eines Strike-Fighters die Nacht zum Tage zu machen. Im Rahmen eines 2,9 Milliarden US-Dollar schweren Vertrages, der Martin Marietta 1985 zugesprochen wurde, lieferte das Unternehmen 561 Navigations- und 506 Zielbehälter an die U.S. Air Force aus. Dazu kamen die Ausrüstungen für die technische Versorgung. Es gab einmal eine Zeit, in der Pläne bestanden, dieses System auch bei A-10 und B-1B einzubauen, was jedoch aufgrund der Haushaltskürzungen inzwischen unwahrscheinlich geworden ist. Das komplette LANTIRN-System erhöht die Kosten eines Flugzeugs um etwa vier Millionen US-Dollar; nicht gerade teuer dafür, daß die Nacht zum Tag gemacht wird.

Im AAQ-13-Navigationsbehälter befinden sich auch ein Ku-Band[56]-Terrain-Verfolgungs-Radar (TFR) und ein FLIR-Sensor (Forward-Looking-InfraRed), der die von Objekten abgestrahlte Hitze in sichtbare Bilder umwandelt. Der Behälter erzeugt in einem Sichtwinkel von 21° bis 28° Videobilder und Symbole für das HUD des Piloten. Das Bild ist zwar grobkörnig, besitzt jedoch soviel Schärfentiefe, daß man damit in der Dunkelheit oder im Rauch eines Schlachtfeldes fliegen kann. Regen, Nebel oder Schnee beeinträchtigen allerdings die Leistungsfähigkeit des Systems, da Infrarotenergie durch Aerosole und Wasserdampf gedämpft wird. Das TFR im AAQ-13-Behälter kann direkt mit dem Autopiloten der Maschine verbunden werden und hält dann eine vorgegebene Flughöhe von bis hinab zu 100 ft./30,5 m stabil, wobei es keinerlei Rolle spielt, wie das gerade überflogene Gelände beschaffen ist. Für einen manuellen Eingriff des Piloten projiziert das System eine »fly-to box« auf das HUD, woraufhin er nur noch die Mittellinie seiner Maschine auf die »fly-to box« ausrichten muß, um sicher an Hindernissen vorbeizufliegen. Es ist sogar

56 Ku-Band = Bereich bestimmter Wellenlänge im MHZ-Bereich des Radarbandes. Die verschiedenen Unterteilungen der Bänder, die für die Radarerfassung zur Verfügung stehen, werden mit Buchstaben gekennzeichnet, damit man nicht die genaue Hertzzahl angeben muß.

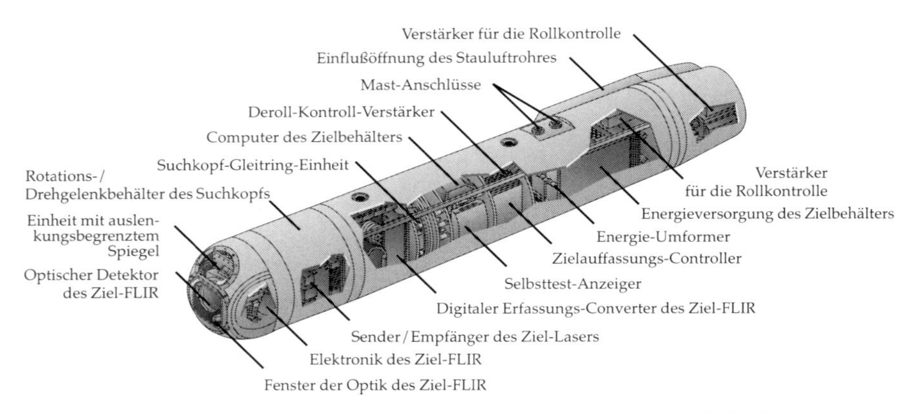

Schnittzeichnung des Lockheed-Martin-AAQ-14-LANTIRN-Zielbehälters
Jack Ryan Enterprises, Ltd., von Laura Alpher

möglich, die Maschine nachts sicher zu landen, ohne daß eine Bahnbefeuerung eingeschaltet ist, indem einfach die unterschiedlichen Infrarot-Signaturen von Farbstreifen auf der Oberfläche der Landebahn erfaßt werden! Durch Betätigung eines HOTAS-Schalters auf dem Steuerhebel kann der Pilot einen »snap look«[57] nach links, rechts, oben oder unten werfen, gleichgültig, ob er sich im Horizontalflug oder in einem überhöhten Kurvenmanöver befindet. Ein weiterer Schalter läßt die Auswahl zwischen »Black-Hot«- oder »White-Hot«-Darstellungen[58] zu, damit der Pilot sich das Bild mit höchstem Kontrast darstellen lassen kann.

Der AAQ-14-Zielbehälter enthält ein weiteres FLIR, bei dem zwischen schmalem und weitem Sichtfeld gewählt werden kann, und einen Laser-Designator / Entfernungsmesser in einem zweiachsigen Türmchen. Das Ziel-FLIR produziert seine Bilder auf einen kleinen Videoschirm im Cockpit. Es kann unabhängig vom Navigations-FLIR ausgerichtet und auch über ziemlich große Entfernungen, ähnlich wie ein Fernglas, zur Identifizierung von Geländebeschaffenheit oder Zielen verwendet werden. Der Laser-Designator des Zielbehälters kann Ziele für lasergelenkte Bomben – wie die der Paveway-II-Serien, auf die ich später noch zu sprechen komme – »beleuchten«. Darüber hinaus bestehen die Möglichkeiten einer Aufschaltung auf bewegliche Ziele und deren automatischer Verfolgung sowie der Kennzeichnung von Bodenzielen für die AGM-65-Maverick-Flugkörper (die ebenfalls über ein eigenes TV- oder Infrarot-Lenksystem verfügen). Designationen von Zielen sind für mehrere Maverick-Starts bei einem einzigen Überflug möglich. Der Laser kann auch zur Bestimmung von genauen Entfernungen zu Landmarken verwendet werden, um das Trägheitsnavigationssystem des Flugzeugs auf den neuesten Stand zu

---

57 »Schnappblick«, Wortschöpfung in Analogie zum fotografischen Schnappschuß
58 Darstellungsmöglichkeiten der Infrarotstrahlung, bei der quasi eine Positiv- oder Negativdarstellung der Infrarotenergie gewählt werden kann. »White Hot« würde die Infrarotenergie hell darstellen.

bringen, was entscheidend für exakte Abwürfe aller Waffenarten (gleich, ob gelenkt oder ungelenkt) ohne optische Bezugspunkte ist. Bei Übungen wird der Laser mit einem speziellen »Augenschutz«-Modus mit niedriger Energie eingesetzt, was sich deshalb empfiehlt, weil ein auf voller Leistung arbeitender AAQ-14-Laser durchaus in der Lage ist, Bodentruppen zu blenden. Obwohl das LANTIRN-Zielsystem eigentlich für die Genauigkeit beim Abwurf von Luft-Boden-Waffen konzipiert wurde, steht der Crew nichts im Wege, dessen Fähigkeiten auch im Luftkampf einzusetzen. Die modernen russischen Kampfflugzeuge vom Typ MiG-29 und Su-27 haben ein Infrarot-Such- und Kurs-System (IRST), das unter einer kleinen, halbkugelförmigen Verkleidung vor dem Cockpit eingebaut wurde. Mit ihm können feindliche Flugzeuge erfaßt und verfolgt werden, ohne daß Radaremissionen den potentiellen Gegner warnen. Man kann davon ausgehen, daß das AAQ-14 über das gleiche Potential verfügt, obwohl nicht bekannt ist, inwieweit so etwas von der verwendeten Software unterstützt wird.

Ungeachtet der Verzögerungen im LANTIRN-Programm wurde ein Geschwader von 72 F-16 (von insgesamt etwa 249 eingesetzten), die für das LANTIRN-System vorgerüstet waren, während der Operation Desert Storm mit den AAQ-13-Navigationsbehältern ausgerüstet. Sämtliche 48 zum Persischen Golf entsandten F-15E verfügten über den Navigationsbehälter; ein gutes Dutzend davon erhielt zusätzlich die Zielbehälter, die in größter Eile direkt vom Hersteller ins Einsatzgebiet geliefert wurden. LANTIRN machte es endlich möglich, sicher zu fliegen, ob nun im Tiefflug, bei Nacht oder über einem Wüstengebiet ohne charakteristische Landmarken. Der Einsatz von Hochleistungs-Navigationshilfen wie dem APG-70-Bodenerfassungsradar, das unter Umständen feindliche Sensoren gewarnt hätte, war somit überflüssig geworden. Viele der Kampfeinsätze von mit LANTIRN ausgestatteten F-15E und F-16 waren für die »große SCUD-Jagd« im westlichen Teil der irakischen Wüste bestimmt.

Ein Flug mit der F-15E Strike Eagle

Viele Jungen und Mädchen, die zum ersten Mal eine Flugschau besuchen, bei der die USAF Thunderbirds, die Blue Angels der U.S. Navy oder vielleicht sogar die Red Arrows der Royal Air Force zu sehen sind, träumen davon, selbst einmal eines dieser Hochleistungsflugzeuge zu fliegen. Als wir loszogen, um das 366. Geschwader auf der Mountain Home AFB zu besuchen, lag uns die Einladung zu solch einem Flug in einer Maschine unserer Wahl – F-15 Eagle, F-15E Strike Eagle oder F-16 Fighting Falcon – vor. Nun ist es kein Geheimnis, daß ich selbst nicht unbedingt ein Fan von Power-Flügen bin. Noch weniger reizvoll ist für mich die Vorstellung, auf einem explosiven Schleudersitz Platz zu nehmen, der mich jederzeit aus dem Flugzeug befördern kann! Ich habe im Laufe der Jahre etliche dieser Angebote abgelehnt, wobei das verführerischste sicherlich ein Flug in einer F-16 mit meinem alten Freund Brigadier General »Tony« Tolin war, der damals das F-117-Geschwader in Nevada kommandierte. Glücklicherweise waren meinem Rechercheur John Gresham solche Vorbehalte fremd, weshalb wir gerade noch seine Fußabdrücke sehen konnten, nachdem er über diese Möglichkeit informiert worden war.

Seine erste Wahl eines Flugzeugs hatte für mich etwas »Hirnloses« an sich: Er suchte sich ausgerechnet eine der mächtigen F-15E Strike Eagle aus, die von der 391. Fighter-Staffel, den »Bold Tigers«, geflogen wird. Dennoch fanden wir uns alle – einige Tage bevor wir zur Nellis AFB in Nevada fliegen sollten, um Green Flag 94-3 zu beobachten – in dem Gebäude ein, in dem das Hauptquartier der 391. FS untergebracht ist, um zuzusehen, wie er eingekleidet wurde und sich zu seinem Flug begab. Die erste Station war Lieutenant Colonel W. »Claw« Clawson, der kommandierende Offizier der 391. Er gab John die Möglichkeit, selbst auszuwählen, wer ihn am Himmel herumchauffieren sollte. John ist kein Narr, er entschied sich für einen der erfahrenen Piloten der Staffel und bekam einen der besten, Lieutenant Colonel Roger »Boom-Boom« Turcott, den Einsatzoffizier der Staffel. Nachdem das entschieden war, wurden wir hinausgeführt, um uns auf dieses Abenteuer vorzubereiten.

Als erstes erfolgte eine schnelle Untersuchung durch den Mediziner der Staffel. Nach einem Blick auf das Blutdruckmeßgerät und Abhören mit dem Stethoskop wurde er für fit befunden, einen »eingeschränkten Flug auf niedriger Höhe« zu unternehmen. Das war notwendig, weil John weder über eine »Kammer-Karte« (sie wird nach jährlichen Tests in einer Druckkammer ausgegeben, bei denen überprüft wird, ob die Flieger belastbar genug sind, um die niedrigen Druckverhältnisse ab der Höhe von 15000 ft./4575 m auszuhalten) noch über ein Zentrifugen-Zertifikat (ähnlich der Kammer-Karte) verfügte, die es ihm erlaubt hätten, sich den maximalen *g*-Kräften auszusetzen, die ein modernes Flugzeug der USAF beim Ziehen entwickeln kann. All das war aber keine Einschränkung für die Art von Flug, die er vorhatte: eine Tiefflugübung, bei der Bombenabwürfe und Lenkwaffenstarts im Gebiet des 366. bei Saylor Creek trainiert werden. Als der Sanitätsoffizier fertig war, lächelte er und meinte, daß er John gerne noch einmal nach dem Flug sehen würde, nur für den Fall, daß er dann etwas gegen Übelkeit oder so brauchen würde.

Der nächste Halt war der Cockpit-Simulator, der in einem kleinen Raum im Gebäude des Hauptquartiers untergebracht ist. Hier wurden wir von Captain Rob Evans empfangen, der uns zeigte, was John auf dem Rücksitz von Boom-Booms Maschine zu tun hatte. Dann demonstrierte er, was auf keinen Fall angefaßt werden durfte – es sei denn, auf besondere Anweisung des Piloten (Steuer- und Leistungshebel und die Griffe des Schleudersitzes spielten dabei die Schlüsselrolle!) – und wie der ACES-II-Schleudersitz im Notfall gehandhabt wird. Eigentlich ist es unglaublich einfach. Man muß sich nur im Sitz aufrichten und einen der gelben Griffe am Schleudersitz ziehen. Das Glasdach der Kabine wird abgesprengt, die Sitze werden ausgestoßen, erst der des WSO, dem der Sitz des Piloten folgt. Von diesem Zeitpunkt an läuft so ziemlich alles vollautomatisch ab, einschließlich der Abtrennung des Sitzes und der Öffnung des Fallschirms.

Jetzt wurde es Zeit für das Preflight Briefing (Instruktionen vor dem Start). Nachdem wir zum Briefing-Raum der Staffel hinübergegangen waren, nahm John dort mit Boom-Boom, Claw und fünf weiteren Besatzungsmitgliedern Platz, die diesen Flug mitmachen sollten. Unmißverständlich wurde uns klargemacht, daß die Dollars, die für Übungsflüge zur Verfügung stünden, im Augenblick so rar seien wie Zähne bei einem Huhn und die Mission daher genau wie alle anderen Übungsflüge ausgeführt würde. Jeder einzelne Punkt des Fluges wurde besprochen und anschließend von einem Planungscomputer auf DTM-Kassetten (Data-Transfer-Modul) überspielt. Danach mußte Boom-Boom das DTM nur noch in einen kleinen Schacht vorn im Cockpit der F-15E einschieben, woraufhin der Vogel genau wußte, wohin er zu fliegen, was er zu tun und wie er es anzustellen hatte. Anschließend wurden die Sicherheitsbestimmungen für Flug und Ausrüstung noch einmal dargelegt und bekräftigt. Schließlich war die Besprechung zu Ende, herzlich wünschten die anderen Besatzungen John »viel Glück«, und wir machten uns auf den Weg hinunter zum Life Support Shop[59] der 391. Staffel.

Der Life Support Shop hat seinen Namen daher, daß die dort vorhandene Ausrüstung unverzichtbar ist für das Überleben von Kampfpiloten, die sich einer großen Bandbreite von Widrigkeiten ausgesetzt sehen können. Das reicht von Temperaturen im Bereich des Gefrierpunkts und Sauerstoffmangel in großen Höhen bis hin zum Aufenthalt im Wasser nach einem Ausstieg mit dem Schleudersitz. Die Techniker im Life Support Shop neigen dazu, das Anpassen der Ausrüstung auf eine Einzelperson sehr umfassend anzugehen, und während wir beobachteten, wie sie John die Ausrüstung anpaßten, gewannen wir den Eindruck, daß hier gleichsam einer Schildkröte ein neuer maßgeschneiderter Panzer angemessen wurde. Man fängt mit der Unterwäsche an; das kann ohne weiteres auch die sein, die man normalerweise trägt. Einige Piloten tragen lange Nomex-Unterwäsche (feuerfestes Gewebe, das von Dupont hergestellt wird), die meisten von ihnen bevorzugen jedoch normale Slips und Unterhemden im »Jockey-Stil«. Allerdings trägt die neu hinzugekommene Gruppe weiblicher Flieger taktischer Flugzeuge normalerweise zusätzlich Sport-BHs, um so ein wenig die Auswirkungen der *g*-Kräfte auf diese empfindlichen Körperzonen abzuschwächen. Flugzeugbesatzungen tragen gern auch dicke Socken, damit die Stiefel gut am Fuß sitzen und warmhalten, falls einmal die Cockpitheizung nicht funktioniert. Als nächstes steigt man in den olivgrauen CWU-27-P-Fliegerkombi, der sehr bequem ist und außerdem todschick aussieht, wobei man berücksichtigen muß, daß er entworfen wurde, um für eine bestimmte Zeit Feuer widerstehen zu können. Er scheint über zahllose Taschen zu verfügen, die sogar über Ärmel und Beine verteilt sind, um alles mögliche »Zeug« unterzubringen, das man für einen Flug braucht, und John begann prompt damit, sie vollzustopfen. Das wichtigste schien für ihn die Unterbringung einiger kleiner brauner

59 Werkstatt für lebenserhaltende Apparate

Briefumschläge zu sein, die Plastikbeutel für den Fall einer Übelkeit oder einen Anfall von Luftkrankheit während des Fluges enthalten. Die Luftkrankheit ist unter den Flugzeugbesatzungen wesentlich stärker verbreitet, als man allgemein annehmen würde. In eine der Beintaschen wird ein anderes lebenswichtiges Teil der Überlebensausrüstung gestopft, ein »Pinkel-Päckchen«. Die Ausführung dieses Dings für Männer ist im Grunde nichts anderes als ein Plastiksack mit Reißverschluß, in dem sich ein trockener Schwamm befindet, der nötigenfalls den Urin aufnehmen soll. Die Version für Frauen besteht im wesentlichen aus einer Windel, die vor Antritt des Fluges angelegt wird. Im Augenblick wird bei der USAF mit Hochdruck an der Verbesserung beider Modelle gearbeitet, denn sie sind wirklich von vitaler Bedeutung auf langen oder Übersee-Einsätzen. Als nächstes kommen die Fliegerstiefel, deren individuelle Auswahl jedoch den Crews überlassen bleibt. Um sich zusätzlich warmzuhalten, kann man noch eine Sommer-Fliegerjacke Nomex CWU-36/P oder sogar einen gummierten »Poopy suit« überziehen (der Name leitet sich von der Tatsache ab, daß Feuchtigkeit und Gerüche, wenn man in so einem Ding schwitzt, nicht entweichen können!), wenn der Flug beispielsweise unter arktischen Bedingungen über Wasser führt. Zum Kombi gehören auch ein Paar GS/FRP-Nomex-Flieger-Handschuhe mit ledernen Handflächen, die wundervoll bequem sind.

Auf den Kopf gehört ein Scheitelkäppchen, das helfen soll, den Schweiß zu binden und für einen kühlen Kopf zu sorgen, gefolgt von einem der neuen, leichten HGU-55-Helme der USAF. Mit einem Gewicht von nurmehr 30 oz./850 g sind sie leichter und kleiner als die alten HGU-33 und entlasten so die Nackenmuskulatur bei Manövern unter hoher *g*-Belastung. Der HGU-55 ist mit der neuen MBU-12/P-Sauerstoffmaske ausgerüstet, die sehr gut sitzt; allerdings sagte John später, er hätte sich besser vorher den Bart abrasiert, um einen dichteren Sitz der Maske zu erreichen. Nachdem Johns Helm saß, mußte er die *g*-suits anlegen. Diese Gürtel zum Schutz des Unterleibs und der Beine sind aus einem System von Luftdruckblasen zusammengesetzt, die aufgepumpt werden, um den unteren Teil des Körpers zusammenzudrücken, damit sich das Blut dort nicht sammelt. Das erleichtert es den Crews, mit den *g*-Kräften von Hochleistungsflugzeugen fertigzuwerden, die durchaus zur Ohnmacht führen können.

Um 13:20 Uhr bestiegen Boom-Boom, John und der Rest der Crew dieses Trainingsfluges, angezogen mit Bergen von Kleidung und bestückt mit Ausrüstung, einen Bus, der sie zu den Abstellplätzen der Maschinen brachte. John watschelte mit seinem Helm und einem Schreibbrett für das Knie in einem grünen Sack aus dem Bus und wurde mit einem nachdrücklichen Schubs in das hintere Cockpit befördert. In der Zwischenzeit hatte Boom-Boom seinen Inspektionsgang um das Flugzeug beendet. Die Maschine stammte aus einer der frühen Serien mit den F100-PW-220-Triebwerken und war wahrscheinlich mit dem 4. Geschwader auch im Golfkrieg im Einsatz. Während Boom-Boom seine Checks abschloß, wurde John von ein paar Technikern angeschnallt, die auch sicherstellten, daß die verschiedenen Sauerstoff- und Kommunikationsstränge richtig

Der Rechercheur der Buchserie, John D. Gresham, unmittelbar vor dem Start zu seinem Flug mit einer F-15E Strike Eagle der 391. Fighter-Staffel des 366. Geschwaders. Er trägt die Standardausrüstung der USAF, einen HGU-55 Leichtgewicht-Flughelm mit einer MBU-12 / P-Sauerstoffmaske und einen CWU-27 / U-Nomex-Fliegerkombi. *Offizielles Foto der U.S. Air Force*

angeschlossen waren. Beide Cockpits der Strike Eagle sind sehr geräumig und bieten selbst Leuten von Johns Größe (er ist über 1,90 m groß) genügend Bewegungsfreiheit. In einem kleinen Fach auf der linken Seite direkt hinter dem Sitz gibt es genug Raum, um persönliche Gegenstände, Karten und andere Sachen zu verstauen. Auf beiden Seiten des Sitzes befinden sich die Handsteuerungen für die Sensor- und Waffensysteme, und die Säule des Steuer- und Leistungshebels ist an genau der gleichen Stelle wie im vorderen Cockpit. Das Instrumentenbrett wird von den vier MFDs beherrscht. Die beiden kleineren an den Außenseiten sind Farbdisplays, die beiden inneren größer und Monochrom-Grün-Bildschirme. Was diese MFDs so einzigartig macht, ist die Tatsache, daß sie im Gegensatz zu normalen Computer-Monitoren selbst bei hellstem Tageslicht noch hervorragend abzulesen sind. Das gesamte Cockpit ist unglaublich rationell gestaltet, und es wirkt absolut logisch, Bedienungsvorgänge ebenso rationell zu erledigen.

Etwa gegen 13:40 Uhr waren Boom-Boom, John und die anderen Crews angeschnallt und fertig zum Start. Boom-Boom schrie John zu, er solle sich für das Anlassen der Triebwerke bereitmachen, als der Leiter der Bodencrew eine spezielle Mikrofon- / Kopfhörer-Kombination anschloß, die besonders für den Einsatz in Bereichen mit hohem Lärmpegel entworfen wurde. Als er damit fertig war, startete Boom-Boom die Triebwerke, die sofort aufheulten und zu brüllen begannen, während er an den Kontrollen der Avionic drehte und sie einstellte. Es dauerte einige Minuten, bis sich das Navigationssystem selbst justiert hatte und der Rest warmgelaufen war. Im Cockpit wird der ohrenbetäubende Lärm durch Helme, Kopfhörer und die Rumpfstruktur gedämpft, doch man kann die Kraftentwicklung fast unmittelbar durch den Hintern spüren. Es ist schon etwas mehr als das Gefühl, das ein Auto mit einem starken V-8-Motor einem vermittelt ... eher wie ein Motorrad bei Vollgas. John und Boom-Boom rasteten die Bajonettverschlüsse ihrer Sauerstoffmasken ein, und Boom-Boom drehte die Klimaanlage auf, um einen Strom kühler Luft in den hinteren Teil des Cockpits zu lenken, damit John sich auch weiterhin wohlfühlen würde.

Im gesamten Cockpit standen jetzt die verschiedenartigsten Balkenanzeigen und Warnmelder auf »Grün«, und Boom-Boom bat über Sprechfunk die Bodenkontrolle um Rollfreigabe Richtung Ostende des Abstellplatzes. Als er sie erhalten hatte, folgte er gegen 13:55 Uhr den drei anderen F-15E zur Waffengrube, wo Waffentechniker die letzten Sicherungsstifte aus den BDU-33-Übungsbomben-Abwurfvorrichtungen nahmen, und dann war der »Claw«-Schwarm endlich soweit, zur Startbahn zu rollen. Sie mußten sich den Platz mit F-16 von der 389. FS teilen, die selbst gerade zu einem Übungsflug aufbrachen. Mountain Home ist das ganze Jahr über ein außerordentlich verkehrsreicher Ort, und dieser Tag machte keine Ausnahme. Nach einer Wartezeit von etwa zehn Minuten kam schließlich die endgültige Startfreigabe vom Tower, und um 14:15 Uhr rollte Lieutenant Colonel Clawson seine Claw-1 auf die Startposition. Nachdem er die Triebwerke in der Nachbrennerstellung auf höchste Leistung gebracht hatte, war er ein paar tausend Fuß weiter bereits in der Luft und nahm Kurs auf die Südseite des Stützpunktes, wo er auf die anderen Maschinen wartete, um dort mit ihnen in Formation weiterzufliegen.

Als sie an der Reihe waren, rollten Boom-Boom und John mit ihrer Maschine Claw-2 zur Startposition, und Boom-Boom brachte die Klappen auf Startstellung, wobei er John anwies, nach der Haltestange oberhalb des Instrumentenbretts zu greifen und abzuwarten. Als Boom-Boom die Leistungshebel bis zum Anschlag nach vorne schob, brüllten die beiden F100-Triebwerke auf. Boom-Boom löste die Bremsen, die Nachbrenner spuckten Flammen, und die Strike Eagle sprang förmlich die Startbahn hinunter. Im Gegensatz zu Passagierflugzeugen, die scheinbar endlos lange beschleunigen müssen, bis sie die zum Abheben notwendige Geschwindigkeit erreicht haben, scheint sich eine Strike Eagle wie von selbst vom Erdboden hochzuschleudern. Bei 130 Knoten/240,7 km/h stellte Boom-Boom die Nase der Maschine an, und als sie 166 Knoten/307,4 km/h überschritten hatten, hoben sie ab. Sobald sie sich vom Boden gelöst hatten, fuhr Boom-Boom die Fahrwerke und Klappen ein und machte die Strike Eagle für den Flug zum Bomben-Übungsgelände in Saylor Creek klar. Dann nahm er die Einstellung der Leistungshebel auf eine zivilere »trockene« Einstellung zurück, um sowohl Kraftstoff zu sparen als auch Belastung und Abnutzung der wertvollen Triebwerke zu reduzieren.

Das Gefühl, in einem Hochleistungs-Fighter zu fliegen, ist völlig anders als in einem Passagierflugzeug, ja noch nicht einmal mit dem Flug in einer Concorde zu vergleichen. Es ist eine rohe, ja wilde Erfahrung, noch am ehesten mit einer Fahrt auf einer Harley-Davidson vergleichbar. Der Blick aus der Glaskuppel ist einfach überwältigend. Man fühlt sich irgendwie entblößt, denn man befindet sich mit den Schultern bereits oberhalb der Haubenschienen, was einem den Eindruck vermittelt, oben auf dem Jet zu sitzen. Da der Tiefflug das ist, womit die Strike Eagle ihr Geld verdient, rast die Welt unter einem vorbei, als säße man in einem superschnellen Hubschrauber. Selbst im schnellsten Verkehrsflugzeug, mit dem Sie jemals geflogen sind, werden Sie niemals ein solches Gefühl erleben.

Allerdings muß auch gesagt werden, daß der Flug mit einer Strike Eagle schon etwas vom Ritt auf einem wilden Pferd an sich hat: Das etwas ältere Steuerwerk der F-15E ist »rupfig« und erfordert eine empfindsame, fast »zärtliche« Berührung des Steuerhebels, damit sich der riesige Vogel nicht am Himmel herumwälzt.

Boom-Boom Turcott hat diese leichte Hand, und er brauchte sie an diesem Tag auch, denn die Luft über der Wüste von Idaho war entschieden ungemütlich. Während auf der Basis noch die Sonne schien und ein starker, aber beständiger Wind wehte, lag das Übungsgebiet unter einer dicken Wolkendecke, aus der es abwechselnd schneite und regnete. Eine sehr rauhe Kombination, und Boom-Boom mußte schwer arbeiten, damit John nicht von den Kotztüten aus einer der Taschen seines Flugkombis Gebrauch machen mußte. Wie sich herausstellte, hatten auf diesem Flug einige der anderen WSOs auch Probleme mit der Bewegungskrankheit und schielten nach den Tüten in den kleinen braunen Umschlägen. Entgegen der landläufigen Meinung, daß Flugzeugbesatzungen über stahlbeschichtete Mägen verfügten, schlägt sich fast jeder Flieger von Zeit zu Zeit mit Anfällen von Luftkrankheit und Schwindelgefühl herum. Tatsächlich wird sogar die Geschwindigkeit, mit der man sich von solchen Beschwerden erholt, bei den Flugzeugbesatzung mit Hochachtung quittiert.

In der Zwischenzeit hatte man auf dem Flug das Gebiet von Saylor Creek erreicht, und Boom-Boom nahm die Gelegenheit wahr, einiges über das Revier und die F-15E zu erzählen. Als sie nur ein paar tausend Fuß über dem Snake River Canyon flogen, wies er John an, das FLIR-Türmchen auf dem AAQ-14-Zielbehälter unter dem Bauch der Maschine einzuschalten und auszufahren. Die Crews, die mit dem LANTIRN-System ausgerüstete Maschinen fliegen, neigen dazu, die FLIR-Türmchen in eingefahrenem Zustand zu belassen, da Staub und Sand die Optiken abtragen und zerkratzen können. Das Ziel-FLIR wird normalerweise über die Steuerung auf der rechten Seite bedient, und ein kleiner, schalenförmiger Schalter, der auf die Fingerbewegung des WSO anspricht und eine gewisse Ähnlichkeit mit der Computer-Maus hat, dient zum Zielen. In dieser Gruppe gibt es noch zwei weitere Kontrollschalter, der eine »Kuli-Hut« und der andere »Felsen« oder »Burg« genannt wegen ihrer Form bzw. des Gefühls, das sie beim Ertasten hervorrufen. Diese beiden Schalter beeinflussen die beiden Displays auf der rechten Seite, auf denen das FLIR-Video, die Radaranzeigen sowie weitere Sensoren und Daten angezeigt werden, die mit den Waffen zu tun haben. Auf der linken Seite des Cockpits befindet sich eine identische Steuerung, die in erster Linie das INS des auf Ringlaser-Basis arbeitenden Kreiselkompaß-Systems überwacht. Das INS beschickt das bemerkenswerteste und dynamischste Display, das Farb-MFD auf der linken Seite, das auch als »bewegliche Karte« bezeichnet wird. Dieses MFD erzeugt eine Navigationskarte mit voller Farbpalette, auf der man ablesen kann, wo man sich gerade befindet, wohin man fliegt und wie die Maschine ausgerichtet ist.

Kehrt man zur Steuerung auf der rechten Seite zurück, so stellt man nach ein wenig Übung fest, daß das Ziel-FLIR ganz einfach zu bedienen ist und über einen Sichtbereich verfügt, in dem man fast alles erkennen kann, was sich unterhalb der Strike Eagle befindet. Es gibt auch verschiedene Vergrößerungseinstellungen, durch die man mühelos festlegen kann, was man über eine beträchtliche Entfernung hinweg näher betrachten will. Sobald man ein Objekt im Rahmen zentriert hat, kann man das FLIR darauf aufschalten und es verfolgt das Ziel, gleichgültig, zu welchen Manövern sich der Pilot mit dem Vogel entschließt. Das erwies sich als ganz nützlich, wie John fand, als Boom-Boom meinte, ihm eine kleine Demonstration der Manövrierfähigkeiten der Strike Eagle geben zu müssen, und einige scharfe Turns um einen der Navigations-Wegpunkte flog: Das FLIR behielt unbeeindruckt einen Telefonmast unten in der Wüste im Visier.

Bei diesen Manövern wurde nur eine Belastung von $3^1/_2$ *g* aufgebaut, dennoch war es eine Erfahrung mit durchschlagender Wirkung auf John, obwohl er mehr zu der großen und phlegmatischen Sorte von Männern gehört. Er hatte das Gefühl, als würde alles an seinem Körper anfangen, sich auf seine Füße zuzubewegen, und er fand die Bewegungen, die seine Lippen und Wangen zum unteren Teil seines Gesichts hin vollführten, ziemlich schaurig. Sobald Boom-Boom damit anfing und sich die *g*-Kräfte aufbauten, bliesen sich die *g*-Suits um seine Hüfte und die Beine auf, um zu verhindern, daß sich das Blut in seinem Unterleib ansammelte, was zu einer Ohnmacht geführt hätte. Trotz dieser Belastungen stellte John fest, daß er immer noch die Steuerungen bedienen und mit den Arbeiten fortfahren konnte, die Boom-Boom ihm aufgetragen hatte. Tatsächlich bestand eine der großen Überraschungen darin, daß er trotz seines ziemlichen Mangels an Erfahrung mit dem LANTIRN-System (und beginnender Übelkeit) ziemlich leicht die Abläufe an den Steuerungen erlernen, sogar das APG-70 »abfeuern« und eine Aufschaltung auf Colonel Clawson und seinen WSO (Rufzeichen »Fuzz«) in Claw-1 zuwegebringen konnte. Außerdem gelang es ihm, etliche SAR-Radarkarten mit dem APG-70 zu erstellen.

Inzwischen hatten sie das Bomben-Übungsgelände von Saylor Creek erreicht und konnten dort einige Erfahrungen mit sich abwechselnden Schnee-, Hagel- und Regenschauern sammeln. Das machte die Luft ziemlich rauh für die nun folgenden Anflüge. Boom-Boom folgte wieder Claw-1 und stellte das Waffenpanel so ein, daß jeweils eine BDU-33-Übungsbombe pro Anflug abgeworfen würde. Johns Aufgabe bestand nun darin, jedesmal den Zielpunkt aufzuschalten, damit über den Videorecorder die Genauigkeit des Anflugs ermittelt werden konnte. Dazu gehörte auch, daß er das FLIR-Türmchen so lange sehr schnell herumschwenken mußte, bis das anvisierte Ziel auf dem Bildschirm zentriert war, um dann den richtigen Knopf auszuwählen, den er drücken mußte, um die automatische Zielverfolgung zu starten. Gleichzeitig wurde jeder Bombenabwurf von einem Television Optical Scoring System (TOSS) registriert. Was dann folgte, war eine Art Windrad aus F-15, mit einem Abstand von dreißig Sekunden pro anfliegender Maschine. Boom-Boom und John begannen jeden Anflug mit der Aufstellung der Zielauswahl vor dem Bug der Claw-2 und brachten die Maschine auf einen flachen Sinkflug von 15°. Sobald John sein Ziel-FLIR (oder das APG-70-Radar) auf ein Ziel aufgeschaltet hatte, begann das Waffenstart-System den genauen Kurs zum Ziel zu berechnen, der sodann bei Boom-Boom als Steuerzeichen auf dem HUD angezeigt wurde. Der Pilot mußte nun nur noch die »fly-to box« auf das Steuerzeichen ausrichten, und die Computer erledigten den Rest. Trotz des starken Seitenwindes im Zielgebiet schafften die Crews aller vier Strike Eagles »shacks« (direkte Treffer) bei den von ihnen ausgewählten Zielen. Der Grundgedanke dieser Übung besteht darin festzustellen, wie genau jede Crew eine »stumme« Bombe auf dem Ziel plazieren kann. Entgegen der verbreiteten Ansicht, daß Desert Storm durch den Einsatz »smarten« Kriegsmaterials gewonnen worden sei, war tatsächlich der größte Teil der abgeworfenen Bomben ungelenkt, und das wird für geraume Zeit auch noch so bleiben. Daher besteht nach wie vor die Notwendigkeit, mit den althergebrachten Waffen zu üben. Nach jedem Anflug zog Boom-Boom die Maschine in eine Rechtskurve und stieg auf etliche tausend Fuß AGL, um sich auf den nächsten Anflug vorzubereiten. Jedesmal, wenn sich die Nase ihrer Maschine nach vorn senkte, konnten Boom-Boom und John etwas nach rechts versetzt die Anflüge von Claw-3 und -4 beobachten und sahen, wie sie Bomben auf den Ring aus Zielen des TOSS-Geländes warfen.

Als ihr Vorrat an BDU-33 aufgebraucht war, flog der Claw-Schwarm zum Zielgebiet für die Maverick-Flugkörper hinüber, das einige Meilen entfernt liegt. Das erste Ziel war eine kreisförmige Anordnung von Ölfässern (»Ziel 101« genannt). Das sah auf dem Ziel-FLIR ganz nett aus, nachdem die Fässer ein wenig von der Sonne, die jetzt ab und zu durch die Wolken brach, aufgewärmt worden waren. Die 391. ist als einzige Strike-Eagle-Einheit in der USAF mit den IIR-Maverick-Lenkwaffen ausgestattet, und die Crews können recht gut damit umgehen. Ihre Taktik besteht darin, Seite an Seite, jeweils zu zweit, das Ziel anzufliegen. Das geht bei einem Abstand zum Ziel von 11 nautischen Meilen (nm.)/20,37 km mit einer Spreizung von 30° und einem Steigflug von 10° zum Abstiegspunkt bei etwa 8 nm./14,8 km los. Wenn der erreicht ist, erfolgt ein Heranschließen von 30° bei 5° Sinkwinkel auf den Startpunkt für die Waffen und von dort aus zum »Ausgang« (die Piloten nennen das »Abschied«) bei etwa 2 nm./3,7 km. Dann machen sie einen Rechtsturn, wobei sich das zweite Flugzeug hinter der führenden Maschine einordnet. Diese Vorgehensweise verschafft ihnen die Möglichkeit, mehrere Ziele aufzufassen und erforderlichenfalls alle zusammen in nur einem Durchgang zu beschießen. Boom-Boom und John in ihrer Claw-2 begannen ihren ersten Anflug auf der linken Seite der Kreisfläche, wobei sie drei Fässer aufschalteten und drei simulierte Flugkörper recht erfolgreich ins Ziel brachten. Dabei durchfuhr es John, daß er kaum eine Stunde zuvor eine F-15E noch nicht einmal berührt hatte. Jetzt ging er schon so gut mit Waffen um, daß er tatsächlich damit traf.

Sobald Claw-3 und -4 ihren Anflug auf Target 101 beendet hatten, flog der Schwarm hinüber zum Owyhee-Pumpwerk, das ebenfalls als Ziel für simulierte Flugkörper (die Suchköpfe sind echt, aber sie zünden nicht) dient. Diesmal arbeiteten die WSOs von Claw-1 und -2 – John und Fuzz – daran, ganz bestimmte Punkte des Pumpenhauses aufzuschalten, die von den Lenkwaffen getroffen werden sollten, wodurch sie trotz der turbulenten Luftverhältnisse über der Wüste von Idaho einen wirklichen Präzisionsschlag zustandebrachten.

Als die Waffenübungen beendet waren, nahm der Schwarm Kurs zurück zur Mountain Home AFB, die einige Meilen im Westen liegt. Auf dem Rückflug versuchte Boom-Boom John noch einiges von der Radarbedienung beizubringen, aber zu dieser Zeit fing die turbulente Luft gerade an, ihren Tribut zu fordern, und John tastete nach den leichten braunen Umschlägen mit den Plastiksäckchen darin. Boom-Boom war so nett, die Strike Eagle im Horizontalflug zu halten, während John sich erleichterte – und sofort besser fühlte. Nur wenige Minuten später waren sie im Verkehrsbereich der Mountain Home AFB und bereiteten sich auf die Landung vor. Zu dieser Tageszeit befand sich nur eine Handvoll Maschinen in der Platzrunde, und deshalb dauerte es nur wenige Minuten, bis der Tower angerufen, von dort die Landefreigabe gegeben worden, man im Sinkflug heruntergekommen war und zur Landung ansetzte.

Die Landebahn eines modernen Militärflugplatzes erscheint einfach riesig, wenn man sich dem Runway in einer Maschine von der Größenordnung eines Fighters nähert, und der ganze Asphalt vor einem scheint verschwendet zu sein. Als Passagier finden Sie allerdings immer jeden Quadratmeter, der zur Landung verfügbar ist, sehr begrüßenswert. Boom-Boom machte aus dem Landeanflug einen Gnadenakt, trotz des steifen Seitenwindes, der die Strike Eagle immer wieder zur Seite zu drücken versuchte. Als er die F-15 für das Aufsetzen abfing, fuhr er die große Luft-Bremse aus, die wie ein Bremsfallschirm wirkt und die Maschine sehr rasch auf Rollgeschwindigkeit bringt. Wenn man mit einer Maschine aus der Eagle-Familie rollt, hat man das Gefühl, auf Stelzen zu laufen, und wundert sich die ganze Zeit, warum man nicht hinfällt. Darum lassen Sie sich zu Ihrer Beruhigung versichern, daß die Fahrwerksstreben und Bremsen der Strike Eagle das stärkste sind, was jemals in ein taktisches Flugzeug der USAF eingebaut wurde, und sie arbeiten ganz hervorragend!

Nachdem sie ihre Maschinen auf dem Abstellplatz der 391. abgestellt hatten, stiegen die Crews aus den Flugzeugen – einschließlich eines zittrigen John D. Gresham, der etwas grün um die Nasenspitze war. Sie begaben sich sofort zum Life Support Shop und lieferten ihre Ausrüstung ab, damit sie repariert und gewartet werden konnte. Obwohl immer noch ein wenig unwohl, grinste John von einem Ohr bis zum anderen und verkündete: »Jetzt kann Gott von mir aus ein Bein oder einen Arm von mir haben, wenn er will. Ich habe endlich gemacht, was ich schon immer tun wollte!« Wie auf ein Stichwort hin kam der Flugarzt herein und fragte ihn, ob er etwas gegen seine Übelkeit haben wolle. Als John das Angebot dankend annahm, händigte ihm der Arzt ein Tablettenröhrchen mit Phenergan aus, das den Magen und den Innenohrbereich beruhigt. Etwas später an diesem Tag, nach einem Nickerchen und einer Dusche, war John wieder voll da und beschrieb begeistert sein Abenteuer.

Als wir ihn fragten, was er jetzt davon halte, in dem großen Vogel zu fliegen, lautete seine Antwort: »Wenn ich einmal in den Krieg ziehen müßte und nicht wüßte, wo oder gegen wen, würde ich mir wünschen, es genau in diesem Flugzeug tun zu können und mit Boom-Boom als Pilot!«

Lockheed Martin F-16C Fighting Falcon

> Die F-16 war das Arbeitspferd dieses Krieges. Sie bombardierte die Grundlinien und teilte die Köpertreffer aus. Sie schleppte das Eisen.
>
> General Chuck Horner, USAF (i. R.)

Offiziell lautet die Bezeichnung »Fighting Falcon«, aber für ihre Piloten ist sie die Viper (wie die Fighter in der Fernsehserie ›Kampfstern Galactica‹) oder der »Electric Jet« (wegen ihres digitalen Steuersystems). Für Millionen von Amerikanern wiederum, die Flugshows besuchen, ist sie eine der Thunderbirds: sechs F-16C mit einigen der besten Luftakrobaten der Welt (eine Feststellung, die absolut sicher eine heiße Debatte auslösen wird, falls Marineflieger das lesen). Das ist die Lockheed (ehemals General Dynamics) F-16, die erfolgreichste Fighter-Konstruktion – zumindest was ihre Produktionszahlen angeht – der letzten 25 Jahre. Sie verdankt ihre Existenz der Tatsache, daß die Führungsspitze der USAF in den 70er Jahren feststellte, daß Amerika nicht länger über unbegrenzte Mittel für Flugzeuge verfügte, und erkannte, daß ein Kompromiß zwischen Kosten und Leistungsfähigkeit erforderlich war. Über lange Jahre hinweg gab es für die Planer beim Militär die Faustregel, daß die Kosten für ein Kampfflugzeug grob gerechnet ihrem Gewicht entsprächen. Wenn man mehr Flugzeug für dasselbe Geld haben wollte, schien die Lösung offensichtlich zu sein – man mußte einen leichtgewichtigen Fighter entwerfen. »Leicht« und »schwer« sind allerdings relative Begriffe; der typische Standard für die Gegenüberstellung von Flugzeugen ist ihr Brutto-Startgewicht.

Ein Leichtgewicht-Fighter mag vielleicht nicht all die »Glöckchen und Flöten« haben, die sich Ingenieure ausdenken können, aber ein rüschenloses Flugzeug ist immer noch besser als gar keins; und für die Kosten eines Schwergewicht-Fighters könnte man schon zwei dieser rüschenlosen Flugzeuge kaufen, die zusammen Flug- wie Kampfleistung des Schwergewichtlers übertreffen. Das wurde zum zentralen Dogma der »Leichtgewicht-Fighter-Mafia«, einer Gruppe von Offiziellen der Air Force und des Pentagon, die sich um den charismatischen John Boyd geschart hatte. Er war Colonel bei der Air Force und der Mann, der das ursprüngliche Konzept des Energy Maneuvering (der Verwendung von Leistung und Geschwindigkeit in der Senkrechten, um ein anderes Flugzeug auszumanövrieren) entwickelt hatte. Außerdem gehörte er zu den treibenden Kräften im Büro des F-15-Programms. Während des Vietnamkriegs gelang es feindlichen Leichtgewicht-Fightern wie MiG-17 und MiG-21 oftmals, die schweren amerikanischen Vielzweck-Fighter vom Typ F-4 Phantom

Oben: Eine Lockheed Martin Block 52 F-16C der 389. Staffel des 366. Geschwaders fliegt während Green Flag/94-3 über der Wüste von Nevada. Sie ist mit Simulations-Sidewinder-Luft-Luft-Flugkörpern bestückt. An den Flügelspitzen erkennt man den Behälter für die Entfernungmessung. Unter der Mittellinie der Maschine befindet sich ein ALQ-131-Behälter für elektronische Störmaßnahmen. Auf den Flügelträgern wurden innen die Zusatztanks und außen die Mk 82 Vielzweckbomben montiert. JOHN D. GRESHAM – *Unten:* Frontansicht einer Lockheed Martin Block 52 F-16C Fighting Falcon. Ausgezeichnet zu erkennen sind der riesige Lufteinlaß des Triebwerks und die Glashaube des Cockpits. Unter den Flügeln, etwas seitlich oberhalb des Fahrwerks, die Zusatztanks. JOHN D. GRESHAM

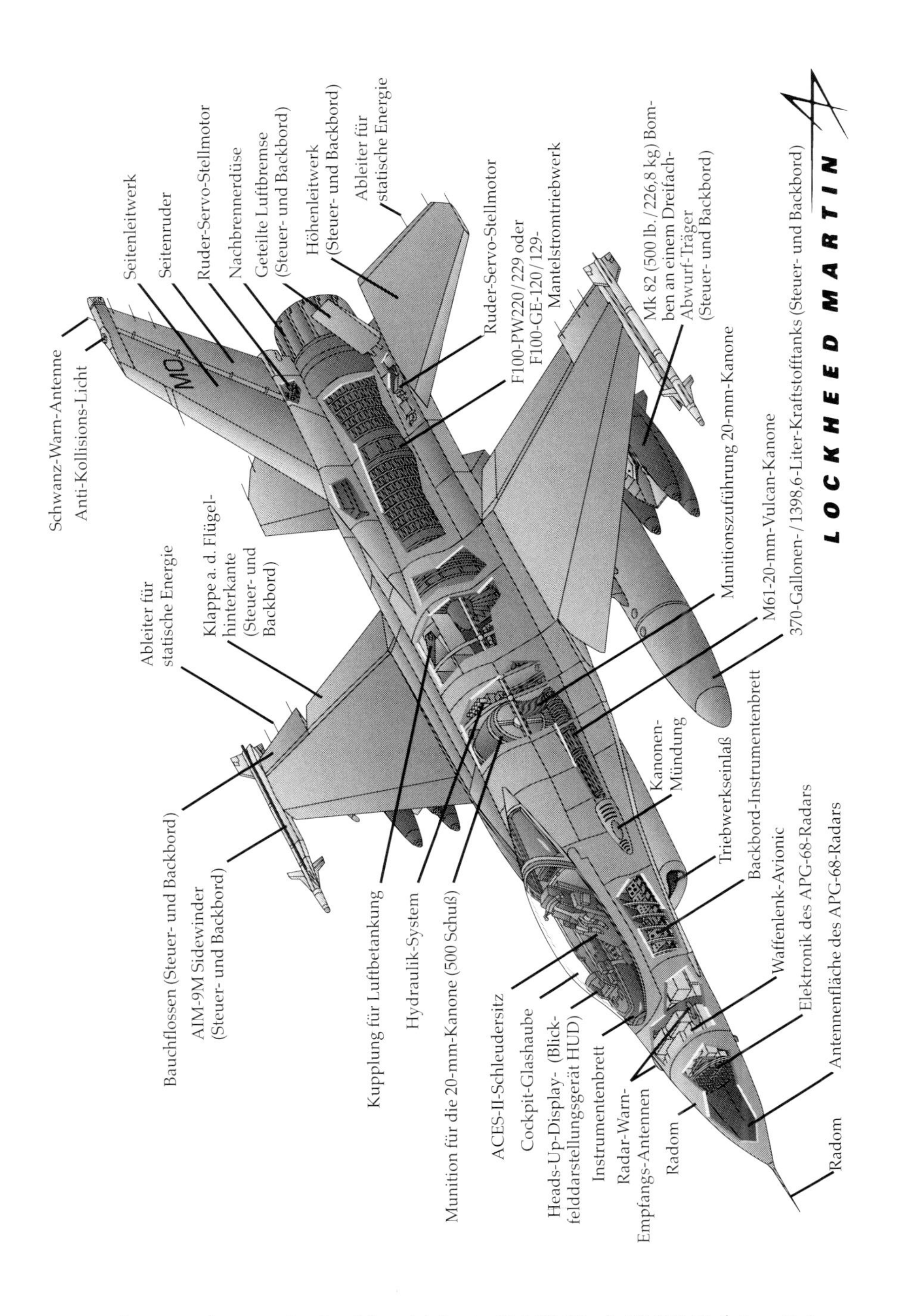

Eine Schnittzeichnung der Lockheed Martin F-16C Block 50/52 Fighting Falcon
Jack Ryan Enterprises, Ltd., von Laura Alpher

und F-105 auszumanövrieren und abzuschießen, obwohl die Amerikaner über Vorteile in punkto Geschwindigkeit, Sensorenausstattung und Bewaffnung verfügten. Zweifellos waren diese Verluste zu einem erheblichen Teil auch durch die einengenden ROE, die von Politkern aufgestellt worden waren, zustandegekommen. Aber die Air Force beschloß, daß sich so etwas, aus welchen Gründen auch immer, nicht wiederholen sollte. Wenn der Leichtgewicht-Fighter der USAF auch nicht über eine ultragroße Reichweite und über die höchstentwickelte Elektronik verfügte, sollte er doch auf jeden Fall beweglicher sein als jede MiG.

Der Wettbewerb um den Leichtgewicht-Fighter führte schließlich zu einem Ausscheidungfliegen zwischen zwei ausgezeichneten Konstruktionen, dem Modell 401 von General Dynamics (GD) und der Northrop YF-17. Im Februar 1974 war die Entscheidung gefallen: General Dynamics hatte mit seinem Auftritt gewonnen. Die Konstruktion war eigentlich eine leicht vergrößerte Version des Modells 401, und der Prototyp erhielt die Bezeichnung YF-16. Die konkurrierende YF-17 mit zwei Triebwerken wurde später zur Grundlage für die McDonnell Douglas F/A-18 Hornet.

Ein Schlüsselmoment bei der Konstruktion des Modells 401 bestand darin, daß man das Risiko eines einzelnen Triebwerks einging – man muß in einem solchen Fall schon sehr viel Vertrauen zu diesem Antrieb haben. Gleichzeitig gewann aber die YF-16 genau deshalb den Wettbewerb, weil sie mit einem Triebwerk auskam. GD traf schon sehr früh die Entscheidung, die gleichen Pratt & Whitney-Triebwerke aus der F100-Serie zu verwenden, die auch in die F-15 Eagle eingebaut werden, weil dadurch Risiko und Kosten für die Air Force erheblich reduziert werden konnten – das Risiko, da es sich um eine bewährte Triebwerks-Konstruktion handelte, die bereits in der Air Force eingesetzt wurde, und die Kosten aufgrund der größeren Wirtschaftlichkeit, die höhere Produktionszahlen mit sich brachten, und eines breiteren Anwendungsprofils.

Die erste F-16, jetzt mit dem offiziellen Namen »Fighting Falcon«, aus der Produktion wurde im August 1978 an die Air Force ausgeliefert, und im Oktober 1980 erreichte das 388. TFW auf der Hill AFB in Utah als erstes Geschwader vollzählige Einsatzstärke. In der Zwischenzeit war es General Dynamics gelungen, unter einer verlängerten Haube einen zweiten Sitz ins Cockpit zu zwängen, indem man die Kapazität der Innentanks um etwa 17% verringerte, und so das Einsatz-Schulflugzeug F-16B (das später durch die fortschrittlichere F-16D ersetzt wurde) zu schaffen. Die Air Force entschied sich schließlich dafür, etwa 121 F-16B und 206 F-16D zu bestellen.

Einer der Vorzüge eines kleinen Fighters liegt darin, daß er nur eine kleine Zielfläche bietet: optisch oder auf dem Radar schwer zu erkennen und genauso schwer zu treffen. Die Mischbauweise der Flügelkörper einer F-16 reduziert zwar den RCS, aber wegen des weit aufgerissenen Mauls des Triebwerkseinlasses, des großen Seitenleitwerks und der Notwendigkeit, Waffen und Behälter außen anzubringen, kann die Maschine kein echtes Stealth-Flugzeug sein. Etwa 95% der Struktur wird aus normalen Flugzeug-Aluminiumlegierungen hergestellt, um die Produktion zu vereinfachen und die Kosten niedrig zu halten. Die Produktion der

Modelle F-16A und -B für die Air Force wurde 1985 eingestellt, als die F-16C/D-Versionen von den meilenlangen Fließbändern in Fort Worth, Texas, zu rollen begannen. Zusätzlich zu den Buchstaben, welche die Hauptvarianten der F-16 bezeichnen (wie z.B. F-16C), wurden »Block«-Nummern vergeben, die als Hinweis auf bestimmte Produktionsserien zu verstehen sind. Die augenblickliche Version (seit Oktober 1991) ist die Block (Serie) 50/52. 1994 verkaufte General Dynamcis seine Flugzeugfabrik in Fort Worth, Texas, an Lockheed, die mit der Produktion der F-16 bis wenigstens 1999 weitermachen werden. Wenn die Produktion einmal eingestellt wird, werden mehr als viertausend F-16 ausgeliefert worden sein.

Ein Grund, weshalb die F-16 derart erfolgreich sein konnte, dürfte in ihrer Ausrüstung mit dem Fly-by-wire-System zu finden sein. Bei den meisten Flugzeugen löst die Betätigung des Steuerknüppels oder der Seitenruder-Pedale eine Bewegung mechanischer Verbindungen aus, die mit einer ganzen Reihe hydraulischer Stellmotoren verbunden sind, die ihrerseits die Steuerflächen am Schwanz und an den Flügeln bewegen. Das funktioniert ähnlich wie die Bremsen eines Autos: Wenn Sie auf das Bremspedal treten, lösen Sie damit keinen direkten Druck auf die Räder aus, sondern öffnen ein Hydraulikventil (den Hauptbremszylinder). In diesem

Das Cockpit einer Lockheed Martin Block 50/52 F-16C Fighting Falcon. Gerade oberhalb der Knie des Piloten befinden sich die beiden Multi-Funktions-Displays (MFDs). Auf der Oberkante des Dateneingabe-Panels ist die Frontsicht-Anzeige (Heads-Up Display = HUD) montiert. LOCKHEED MARTIN

befindet sich ein vorgegebener Druck (mechanische Energie), der eine wesentlich höhere Kraft auf die Bremsbeläge übertragen kann, als Ihr Fuß es je könnte. Eigentlich ist es also nur die Wahrnehmung der Bremswirkung (oder deren Ausbleiben), die beim Tritt auf das Bremspedal übermittelt wird, und das Gefühl, das der Steuerknüppel zurückmeldet, ist für einen Piloten von ähnlich vitaler Bedeutung.

Die mechanischen Verbindungen in der Flugsteuerung sind beim Fly-by-wire-System durch eine Reihe elektromechanischer Kraftsensoren ersetzt worden, die unmittelbar integriert und mit einer Computersoftware verknüpft sind, welche die Bewegungen des Piloten am Steuerknüppel in präzise angepaßte elektronische Befehle umsetzt. Diese werden über einen vierfach (z.B. über vier Kanäle) abgesicherten Datenbus an hydraulische Stellmotoren übermittelt, die dann die Steuerflächen bedienen und dadurch das Flugzeug veranlassen, zu ziehen, zu rollen oder zu gieren, wie es soll. Die Software des Flugcomputers ermöglicht fast alles, bis auf gefährliche oder übertriebene Steuerbefehle, die das Flugzeug veranlassen würden, »den kontrollierten Flug zu verlassen«. Sämtliche Maschinen der F-16-A/B-Modelle und die F-16 C/D vor Serie 40 hatten eine analoge Flugsteuerung; nachfolgende Flugzeuge verfügen über ein verbessertes Digitalsystem.

Einer der großen Vorteile des Fly-by-wire-Systems ist die Gewichtseinsparung, weil mechanische Seile und Züge hier durch dünne elektrische Signalübertragungskabel oder bei den neuesten Systemen sogar – »fly-by-light« – durch Glasfiberkabel, sogenannte Fiber Optical Cable (FOC), ersetzt wurden. Mit einer weiteren Neuerung ging ein Traum in Erfüllung, den Flugzeugkonstrukteure hegten, seit die Gebrüder Wright ihre ersten Maschinen in die Luft brachten – ein aerodynamisch instabiles Flugzeug zu schaffen. Bevor es das Fly-by-wire-System gab, mußten alle Flugzeuge so konstruiert sein, daß sie in der Luft eine stabil-neutrale bis ausbalancierte Fluglage behielten, damit nur geringe Trimmung erforderlich war, um sie in der Luft zu halten. Das mag richtig und für eine Verkehrsmaschine oder einen Transporter durchaus gut sein, bedeutet aber nicht unbedingt, daß es auch für ein Kampfflugzeug wie einen Fighter wünschenswert erscheint. Die Idealvorstellung ist, daß ein Fighter schnell und beweglich sein soll – bis an die Grenze zur Katastrophe –, damit er schneller reagieren kann als ein anderes Flugzeug. Seit es die Fly-by-wire-Flugsteuerung gibt, sind die Konstrukteure tatsächlich in der Lage, ein Flugzeug derart dynamisch instabil zu bauen, daß kein Mensch es mehr fliegen könnte. Die Software der Flugsteuerung dieses Systems kann bei einer instabilen Maschine etliche Male pro Sekunde Fluglage und Trimm einstellen und sie so durch bloße Computergeschwindigkeit stabil halten.

Die einzigartigen Charakteristika des Fly-by-wire-Flugsteuerungssystems ermöglichten es den Ingenieuren von General Dynamics, etliche Neuerungen im Cockpit der F-16 unterzubringen. Der Schleudersitz ACES II zum Beispiel ist in einem Winkel von 30° nach hinten geneigt, weil diese Neigung dazu beiträgt, den frontalen Querschnitt des Flugzeugs herabzusetzen, was nicht nur den aerodynamischen Widerstand reduziert, sondern für den Piloten auch bequemer ist, besonders bei Manövern mit hoher *g*-Belastung. Die Kabinenhaube aus einem Stück verschafft einem einen besseren Rundumblick als in jedem anderen modernen Kampfflugzeug. Denken Sie daran, daß die Piloten der meisten Maschinen, die im Kampf abgeschossen wurden, niemals ihren Gegner zu Gesicht bekamen, wenn der sich von hinten oder unten angeschlichen hatte. Die Reduzierung der normalen hydraulischen Leitungen führte dazu, daß der Steuerhebel auf die rechte Seite des Cockpits verlegt werden konnte und nicht mehr wie früher zwischen den Beinen des Piloten plaziert war; das setzt die Belastung des Piloten bei Manövern herab. Auf der rechten Armlehne montiert, ist der »side stick« ein sensibles Gerät, das schon auf leichten Druck umfangreiche und schnelle Manöver auslöst.

Der Leistungshebel befindet sich auf der linken Armlehne, und sowohl er als auch der »Seiten-Knüppel« sind wie in der F-15 mit Schaltern des HOTAS für Radar, Waffen und Kommunikation übersät, die alle für eine Bedienung auch unter hoher *g*-Belastung optimiert wurden. Direkt vor dem Piloten hat man eine kleine, aber außerordentlich betriebsame Steuerkonsole untergebracht, auf die das HUD montiert wurde. Das RWR-Display ist links davon und das IDM-Display (Dateneingabe- oder Data Entry Display genannt) rechts. Darunter befindet sich eine Mittelkonsole, die zwischen den Beinen des Piloten verläuft. In ihr sind die meisten analogen Fluginstrumente (künstlicher Horizont, Staudruckanzeige usw.), die Eingabetastatur (Integrated Control Panel) sowie zwei MFDs eingebaut, je eins an den Seiten der Mittelkonsole.

Wenn man bereit ist, die Kosten zu tragen, kann man ein Menge Waffen – bis zu zehn Tonnen – an eine F-16 hängen. Der Preis ist ein erhöhter Strömungswiderstand, der seinerseits Reichweite, Strapazierfähigkeit des Materials, Geschwindigkeit und Beweglichkeit herabsetzt. Doch selbst wenn die F-16 schwer beladen ist, bleibt sie ein gefährlicher Gegner, wie etliche Piloten des Irak und Serbiens auf die harte Tour feststellen mußten. An den Flügelenden befinden sich Startschienen für die AIM-9 Sidewinder oder AIM-120 AMRAAM. Etwa 270 F-16, die den Luftverteidigungseinheiten der Nationalgarde unterstellt sind, verfügen auch über die Software- und Radar-Modifikationen, die nötig sind, um AIM-7 Sparrows starten zu können; allerdings wird dieser ältere AAM im Augenblick sehr zügig zugunsten des neueren AIM-120 ausgemustert. Unter jedem Flügel befinden sich drei Montagepunkte, an denen Trägergestelle befestigt werden können, um zusätzliche Flugkörper, Bomben, Behälter oder Tanks aufzunehmen.

Eine weitere Montagestelle befindet sich unter der Rumpf-Mittellinie, an der normalerweise ein Kraftstofftank befestigt wird. Allerdings kann hier auch ein Behälter für Elektronische Störmaßnahmen (ALQ-131 oder ALQ-184) oder (in Zukunft) ein Behälter mit Aufklärungsgeräten montiert werden. Sämtliche F-16 haben eine Kanone vom Typ M61 Vulcan 20 mm, die auf der Innenseite des linken Strake[60] befestigt ist und über mehr als

60 Erweiterung der Flügelvorderkante

fünfhundert Schuß Munition – in einem Trommelmagazin direkt hinter dem Cockpit – verfügt. Die Mündung der Kanone ist ein gutes Stück von der Lufteinflußöffnung des Triebwerks entfernt, damit keine Abschußgase der Kanone angesaugt werden.

Die scharf ausgeprägte Nase der F-16 läßt nur wenig Raum für eine Radarantenne. Daher waren die Konstrukteure des Westinghouse-APG-66-Radars gezwungen, mehr mit Pfiffigkeit als mit roher Gewalt zu arbeiten, um die erforderliche Radarleistung zu erzielen. Dabei mußten zugleich die Möglichkeiten für einen ungehinderten Start von Luft-Luft-Flugkörpern, das Zielen mit der Kanone, für den Bombenabwurf und den Start von Luft-Boden-Waffen berücksichtigt werden. Als alles fertig war, wog das vollständig installierte APG-66 nur noch 260 lb./117,9 kg und war eines der ersten Radare für den Flugzeugeinsatz, die mit digitalen Signalrechnern arbeiteten, welche den Datenfluß von den analogen X-Band-Doppler-Impuls-Empfängern umrechneten, Störflecke ausfilterten und vereinfachte Symbole auf dem HUD oder einem der anderen Displays vor dem Piloten anzeigten. Im *LOOK-DOWN*-Modus konnte das neue Radar den Boden auf eine Entfernung von 23 bis 35 nm./42,6 bis 64,8 km voraus abtasten, während der Luftraum im *LOOK-UP*-Modus in einem Bereich von 29 bis 46 nm/50,7 bis 85,2 km abgesucht werden konnte. Die jeweils höheren Zahlen stellen die Ergebnisse unter idealen Bedingungen, die niedrigen Zahlen die Maximalleistungen im schlechtesten Fall dar. Die solide Zuverlässigkeit und die kombinierte Bauweise dieses Radars schufen die Möglichkeit, es auf breiter Ebene auch in anderen Flugzeugen oder Anwendungsgebieten einzusetzen, einschließlich des Rockwell-B-1B-Bombers und der »Aerostat«-Fesselballons, die den Himmel über den Südgrenzen der USA nach Drogenschmuggel-Flugzeugen abscannen.

Schon als die ersten Ausgaben der Fighting Falcon allgemein in Dienst gestellt wurden, dachte man über Verbesserungen für die F-16 nach. Aus diesen Überlegungen entstanden die F-16C und -D (das zweisitzige Schulflugzeug), die ihrerseits eine Anzahl Unterserien (oder Blocks) hatten, welche ab 1985 in Serienproduktion gingen. Das erste wichtige Paket von Neuerungen wurde bei den Block 25 F-16C eingebaut und bestand aus einem verbesserten Cockpit, neuem Weitwinkel-HUD und dem ebenfalls neuen APG-68-Radarsystem. Schon ein Jahr später kamen die Vögel aus der 30/32er-Serie mit größerem Computerspeicher, neuen Kraftstofftanks und einem Triebwerksträger heraus, der dem einer F-15E entspricht. Das bedeutet, daß sowohl das Triebwerk General Electric F110-GE-100 (Block 30) als auch das Pratt & Whitney F100-PW-220 (Block 32) mit nur minimalen Abänderungen bei den beiden Varianten eingebaut werden kann. Die umfangreichste der notwendigen Modifikationen ist der größere Triebwerkseinlaß, der für die vom F110 angetriebene Ausführung erforderlich ist. Aber auch dieser Austausch ist sehr einfach zu bewerkstelligen. Zusätzlich wurde bei beiden Varianten die Einflußöffnung, die schon immer den Hauptanteil zum RCS der F-16 beisteuerte, besonders mit Radarstrahlen absorbierenden Materialien (RAM) behandelt, und diese Beschichtungen senkten nachdrücklich die Erfaßbarkeit. Die nächste

Hauptvariante (sie kam 1989 heraus) war die Ausführung Block 40 (F110)/42 (F100), die mit einem neuen, der verstärkten Leistung angepaßten Zielgerät für die Kanone (wie bei der F-15C/E), dem APG-85V5-Radar, ALE-47-Störmittel-Auswurfgerät, einem GPS-Empfänger und Vorrichtungen für das höhere Gesamtgewicht (42 300 lb./19 187 kg) ausgestattet war. Darauf folgte 1991 die Ausführung Block 50/52, die sich eines Pärchens mit neuer Technologie bediente, der beiden Triebwerke mit höherer Schubleistung (29 000 lb./13 157 kp), wobei das General Electric F110-GE-129 in die Vögel des Blocks 50 und das Pratt & Whitney F110-PW-229 in die Block-52-Maschinen eingebaut wurden. Zusätzlich erhielten die neuen F-16 der Serie 50/52 den neuen ALR-56M RWR und einen MIL-STD-1760-Datenbus zur Programmierung der neuesten Generation von PGMs. Die modernste und wahrscheinlich auch letzte Produktionsvariante ist die Block-50D/52D-Version, die mit dem neuen 128-KB-DLD-Datenträger, einem Ringlaser-Kreisel-INS, verbessertem Datenmodem (Improved Data Modem – IDM) wie in der F-15 und der Möglichkeit ausgestattet wurde, die neuesten Versionen von Lenkwaffen der Typen AGM-65 Maverick und AGM-88 HARM zu starten.

Bei Block 15 und späteren Modellen der F-16 wurden zwei spezielle Montagepunkte auf jeder »Wange« der Lufteinflußöffnung des Triebwerks eingerichtet, die Sensoren wie die LANTIRN-Behälter (Ziel- auf der einen, Navigationsbehälter auf der anderen Seite), den Behälter für das ASQ-213 HARM Targeting System (HTS), den Atlis-II-Zielbehälter, den Pave-Penny-Laser-Zielverfolgungs-Behälter oder zukünftige Präzisions-Zielgeräte aufnehmen können. Der HTS-Behälter hat der Viper die Möglichkeit einer völlige neuen Mission eröffnet. Mit einem Durchmesser von nur 8 in./20,3 cm, einer Länge von 56 in./142,2 cm und einem Gewicht von 85 lb./38,5 kg paßt es auf den rechten »Wangen-Befestigungspunkt« (»Station 5« genannt), an dem normalerweise der AAQ-14-LANTIRN-Behälter hängt. HTS wurde von Texas Instruments ursprünglich im Rahmen eines Programms zur Schaffung neuer Zielsysteme in Baukasten-Produktionsweise für Flugzeuge der USAF entwickelt. Es stellt den Schlüssel bei den Bemühungen der USAF dar, die Fähigkeit zu behalten, auch im 21. Jahrhundert SAMs zu jagen. Das ist allein schon deshalb lebenswichtig geworden, weil die Flotte von F-4G Wild Weasel aufgrund ihres Alters inzwischen recht zügig ausgemustert wird. Der HTS-Behälter versetzt den Piloten einer einsitzigen F-16C in die Lage, absolut alles genauso gut erledigen zu können wie eine zweisitzige F-4G mit ihrem APR-47-RWR-System. Die wichtigste dieser Möglichkeiten besteht darin, sehr schnell die gemessenen Entfernungsdaten in das Zielradar zu übernehmen und gleichzeitig über bessere Möglichkeiten zur Differenzierung zwischen feindlichen Radaren zu verfügen. Lockheed ist im Augenblick sogar dabei, eine neue Flugsoftware für die F-16 zu entwickeln, die es zwei oder mehr F-16 mit HTS-Behältern, GPS-Empfängern und IDMs (die als Datennetzwerke fungieren) ermöglicht, zu kooperieren, auf diese Weise genauere Ziellösungen zu erarbeiten und diese sogar in andere IDMs von Flugzeugen einzuspeisen, die mit HARM ausgerüstet sind. Die Übernahme von Entfernungsdaten in ein Zielradar ist von lebenswichtiger Bedeutung, seit die Entfernung zwischen Start- und Aufschlagpunkt eines AGM-88 fast verdoppelt werden kann, wenn man vor dessen Start bereits über die notwendigen Entfernungsangaben verfügt und diese in die HARM einspeist. Darüber hinaus verringert so etwas die Flugzeit für eine HARM, weil die Lenkwaffe einen direkteren Kurs zum Ziel nehmen kann. Etwa hundert HTS-Behälter wurden inzwischen bei Texas Instruments hergestellt und ausgeliefert (die auch die AGM-HARM produzieren). Sie wurden verschiedenen F-16-Einheiten im Befehlsbereich des ACC und Einheiten in Übersee zugewiesen.

Beginnend mit den C- und D-Modellen der F-16, wurde ein neues Radar, das Westinghouse APG-68, installiert. Es ist zuverlässiger (sehr geringe Fehlalarm-Rate und bis zu 250 Stunden Zeit zwischen Fehlermeldungen), verfügt über einen wesentlich leistungsfähigeren Computer, vergrößerte Reichweite von 80 nm. / 148,2 km, verbesserte Gegenmaßnahmen bei feindlichen Störangriffen und einen besonderen Suchmodus für gegen Seeziele gerichtete Einsätze über dem Meer. Das Radar kann horizontal einen Kreisbogen von 120° Grad und vertikal 2, 4 oder 6 »bars« (wobei jeder bar etwa 1,5° Höhenwinkel beträgt) scannen. Diese Steigerungen gingen zu Lasten des Gewichts, das auf 116 lb. / 52,6 kg stieg. Das APG-68 bietet eine Vielzahl von Auswahlmöglichkeiten für einen einzelnen und zudem hart arbeitenden Piloten, besonders wenn er unter Kampfbelastung steht. Zum Glück für den Piloten kann er seine bevorzugten Radarmodi vorher (zusammen mit etlichen anderen Systemeinstellungen) auf einem Computer für die Missionsplanung einstellen und auf einem DTU-Datenträger speichern (Data Transfer Unit, die etwa den DTDs der F-15E Strike Eagle entspricht), der in einen Sockel im Cockpit eingerastet wird. Da das APG-68 so konstruiert wurde, daß es ständig modernisiert werden kann, wird es im Laufe der Zeit wahrscheinlich eine automatische Terrainverfolgung, die in das Flugsteuerungssystem integriert sein wird, einen hochauflösenden Synthetic Aperture Radar Modus (SAR) wie beim APG-70 in der F-15E und vielleicht sogar auch NCTR-Fähigkeiten erhalten. Eine Alternative wäre der Austausch gegen ein Radar mit elektronisch scannender Antenne in der Art des APG-77, wie es für die F-22 geplant ist (die augenblickliche Antenne scannt mechanisch in senkrechter und waagerechter Richtung, indem sie von Elektromotoren angetrieben wird). All das wird dann in einem Radar vereinigt sein, das leistungsfähiger ist als alles, was sich zur Zeit in der Luft befindet, und das bei relativ geringen Kosten, Abmessungen und niedrigem Gewicht.

Da hohe Stückzahlen der Fighting Falcon nach Übersee verkauft wurden, war schon bald mit einer Bewährungsprobe des kleinen Jets in Kampfsituationen zu rechnen. Im Juli 1980 wurden die ersten F-16 an die israelischen Luftstreitkräfte (Hel Avir) ausgeliefert. Sie hatten bei ihrer Ankunft einen Überführungsflug von New Hampshire hinter sich, der über elf Stunden und 9700 Kilometer gegangen war. Die Höhepunkte der ersten Einsätze waren der Luftangriff auf den Osiris-Kernreaktor-Komplex in der Nähe von Bagdad im Jahr 1981 und der überwältigende Luftkampf-Sieg über die syrischen Luftstreitkräfte über dem Libanon, der unter dem Namen »Bekka Valley Turkey Shoot«[61] bekannt wurde. Auch die pakistanischen Luftstreitkräfte verzeichneten mehr als ein Dutzend Abschüsse im Luftkampf gegen sowjetische und afghanische Maschinen während des Afghanistan-Kriegs.

Und dann war da »der Sturm«. Während Desert Storm waren die Leistungen der F-16 schon etwas enttäuschend, obwohl sie in etwa 13 500 Kampfeinsätzen über 20000 Tonnen Kriegmaterial zum Einsatz brachten. Ein Teil des Problems war das scheußliche Wetter, denn die F-16 wurde als Tageslicht-Fighter für gutes Wetter optimiert. Ein weiteres Problem bestand darin, daß die irakischen Luftstreitkräfte einen Widerwillen dagegen entwickelt hatten, aufzusteigen und sich in Luftduellen abschießen zu lassen (die F-16 ist ein außerordentlich fähiger Kämpfer in Sachen Luftüberlegenheit). Den größten Teil des Problems stellte allerdings der Mangel an LANTIRN-Ziel-Behältern dar. Nur 72 der insgesamt 249 F-16 am Kriegsschauplatz verfügten über dieses lebenswichtige System, und auch sie hatten nur den AAQ-13-Navigations- und nicht den AAQ-14-Ziel-Behälter. Die Bombenabwurf-Software und die Ausbildung der Piloten der F-16 waren auf Tiefflugangriffe hin optimiert worden, bei denen auch die dämlichsten Bomben mit einiger Genauigkeit ins Ziel gebracht werden können. Der Umfang des irakischen Abwehrfeuers vom Boden aus veranlaßte die Befehlshaber der Luftstreitkräfte der Koalition aber, Bombenangriffe aus mittleren Höhen (12000 bis 15000 ft./3660 bis 4575 m) zu befehlen, Verhältnisse also, für die eine F-16 zu dieser Zeit ganz sicher *nicht* optimiert war. (Dem Vernehmen nach konnten aber Veränderungen an der Software für den Bombenabwurf diese Unzulänglichkeiten fast völlig beseitigen.) Dennoch hatte die F-16 anschließend noch Gelegenheit zu glänzen, indem sie sechs Luftkampfsiege über irakische und serbische Flugzeuge für sich beanspruchen konnte, als sie im Rahmen der Mandate der Vereinten Nationen zur Durchsetzung von Flugverbotszonen eingesetzt wurde, wobei sie vorteilhafterweise auch auf die dem LANTIRN-System und den ASQ-213 HTS-Behältern innewohnende Leistungsfähigkeit zurückgreifen konnte.

Ein Kritikpunkt bei der F-16 im Vergleich zu den Mitbewerbern ist ihre ohne Nachtanken relativ geringe Reichweite. Die Israelis verwenden Zusatztanks mit einem Fassungsvermögen von 600 Gallonen, was den Einsatzradius um 25 bis 30% vergrößert; die U.S. Air Force ist aber bei den Standardtanks von 370 Gallonen geblieben. Kürzlich hat Lockheed ein Paar Zusatztanks entwickelt, das praktisch den oberen Teil der Rumpfoberfläche umfaßt. Um mit dem zusätzlichen Gewicht fertigwerden zu können, wurden Fahrwerk und Bremsen verstärkt. Wie man hört, wird diese »verbesserte strategische« Version dann ähnlich wie die F-15E zu Langstreckeneinsätzen weit hinter die feindlichen Linien in der Lage sein.

---

61 »Truthahnschießen im Bekkatal«

Es gibt allerdings auch noch andere Gedanken, wie man die F-16 am Leben erhalten kann. Im Laufe eines jeden Kampfflugzeug-Programms ist ein Gewichtszuwachs fast unvermeidlich, der zu einem allmählichen Verlust an Beweglichkeit führt. Erhebliche Forschungs- und Entwicklungsarbeit wurde in die Überlegung gesteckt, wie sich das bei der F-16 kompensieren ließe. Was dabei herauskam, war die F-16XL, ein Experimentalflugzeug mit wesentlich vergrößerten, nach oben gebogenen (»cranked arrow«) Deltaflügeln. Eine andere Variante bei diesen Experimenten war eine Maschine mit MATV-Triebwerksdüse (mehrfach axial verstellbarer Schubvektorisierung oder »Multi-Axis Thrust Vectoring«), die mittels hydraulischer Stellmotoren die Abgase bis zu 17° in jede gewünschte Richtung lenkt. Eine sehr vielversprechende Verbesserung könnte in Zukunft eine Vergrößerung der Flügelfläche sein, die dann als Basis für die dritte Generation in der Viper-Produktion dienen würde.

Der ultimative Ersatz für die F-16 ist unter dem Akronym JAST bereits in der Entwicklungsphase. JAST steht für »Joint Advanced Strike Technology«[62]. Es wird wahrscheinlich ein einsitziges Flugzeug mit Monotriebwerk sein, das etwa um das Jahr 2010 in Dienst gestellt werden wird, falls Navy, Marines und Air Force soweit zusammenarbeiten, daß der Kongreß von diesem Bedarf an einer neuen Generation bemannter Kampfflugzeuge überzeugt werden kann. Ganz sicher wird es über eine Technologie zur erschwerten Überwachbarkeit verfügen, aber nicht die Super-Stealth-Eigenschaften der F-117, B-2 oder F-22 haben. Es könnte auch beschlossen werden, eine Schubvektorisierung zur Verwirklichung von Kurzstreckenstarts und Senkrechtlandungen in die Vorgaben zu integrieren.

Rockwell International B-1B Lancer

Es könnte sich etwas pervers anhören, wenn man einen Bomber als *sexy* bezeichnet, aber wenn man sich einer B-1B nähert, strahlen die sinnlichen Kurven und plastischen Formen des Rumpfes schon eine Art erotischer Energie aus. Alles sieht viel mehr nach einer weichen, unbehaarten Haut aus, die sich über warme, pulsierende Muskeln spannt, als nach Aluminium und Beplankungen aus Verbundmaterial auf Stahl- oder Aluminiumspanten. Piloten sagen immer, daß ein Flugzeug, das gut aussieht, auch gut fliegt, und die B-1B bestätigt diese Meinung. Die Maschine hält die meisten Weltrekorde in Steiggeschwindigkeit mit hoher Zuladung, und hinsichtlich ihres Flugverhaltens ähnelt sie mehr einem Fighter als einem Bomber, wobei sie doppelt so viel Gewicht tragen kann wie die klassische B-52 Stratofortress, die zu ersetzen sie entworfen wurde.

Nur sehr wenige Flugzeugprogramme sahen sich derart heftigen und anhaltenden politischen Gefechten – oder auch derart radikaler Umstrukturierung – ausgesetzt wie das der B-1B, und sie haben es dennoch ge-

---

62 Zusammenführung fortschrittlicher Strike-Technologien

schafft, in den Dienst der Staffeln übernommen zu werden. Die Geschichte der B-1B nahm 1964 mit der Absetzung des Programms für die American Rockwell XB-70 Valkyrie ihren Anfang. Diese riesige Maschine in der Form eines Dartpfeils war entworfen worden, um Atomschläge und Aufklärungsmissionen mit einer Geschwindigkeit von Mach 3 und in Höhen von 80 000 ft./24 400 m durchzuführen. Die wachsende Effektivität der amerikanischen Interkontinentalraketen, die sowjetischen Entwicklungen auf dem Gebiet der Boden-Luft-Lenkflugkörper (wie 1960 sehr anschaulich durch den Abschuß der von Francis Gary Powers geflogenen U-2 demonstriert) und die Bedrohung durch Hochgeschwindigkeits-Abfangjäger in der Art der MiG-25 ließen einen bemannten Bomber jedoch auf einmal ähnlich überholt aussehen wie die Kavallerie.

Aber es steckt dennoch eine Menge Leben in den Bombern. Wenn schon große Höhen und hohe Geschwindigkeiten keine Sicherheit mehr boten, konnte sich ein Eindringling doch immer noch im Tiefflug durch die starke Mauer des sowjetischen Luftabwehr-Netzwerks schlagen, allerdings nur dann, wenn vorher das Dickicht technischer Probleme durchdrungen werden konnte. Tiefflug bedeutet hier aber Höhen von 50 bis 500 ft./15,25 bis 152,5 Meter über Grund, wo die Luft sehr dicht ist und man eine Menge Kraft braucht, um sie beiseite zu schieben. Das mag vielleicht über der Salzwüste von Nevada noch funktionieren, aber in rauhem Gelände sind Berge und Hügel dicht gesät, und die kann man schwerlich zur Seite schieben. Man muß ziehen und sie überfliegen, ihre Konturen praktisch nachzeichnen, dabei aber heftige Achterbahn-Ausflüge vermeiden, die sowohl die Crew als auch das gesamte Flugwerk überlasten und erschöpfen.

Zudem ist es mit Blick auf den Kraftstoffverbrauch unmöglich, im Tiefflug mit Überschallgeschwindigkeit dahinzurasen und dabei noch brauchbare Lasten über strategisch sinnvolle Entfernungen von, sagen wir einmal, 7500 nm./13 890 km zu befördern. Um den Kraftstoff auf dem Weg zur feindlichen Grenze wirtschaftlich einzusetzen, müßte jeder neue Bomber mit hohen Unterschallgeschwindigkeiten auf Höhen um 25 000 ft./7625 m fliegen, bevor er zum Anflug auf das Ziel den Sinkflug beginnt. Eine Möglichkeit, dieses Ziel zu erreichen, besteht in der Verwendung von Flügeln mit »variabler Geometrie«. Das heißt, daß man den Schwenkwinkel der Flügel wechselt, um den Auftrieb zu optimieren und den aerodynamischen Widerstand unter den meisten Flugbedingungen zu minimieren. Diese variable Geometrie wurde bereits erfolgreich bei Flugzeugen in Fightergröße wie MiG-23 Flogger, F-111, F-14 Tomcat und Panavia Tornado verwirklicht, aber ein großer Bomber erfordert Stellmotoren mit enormer Leistung und Drehgelenke, die immense Belastungen aushalten können.

1970 entschied sich die Air Force für die Entwicklung eines »fortschrittlichen, bemannten strategischen Flugzeugs« (»Advanced Manned Strategic Aircraft«) bei Rockwell International (ehemals North American Aviation). Es sollte von vier GE-F101-Mantelstromtriebwerken angetrieben werden, wovon jedes einen Schub von 30 000 lb./13 607,7 kp mit Nachbrenner entwickeln konnte. Die erste B-1A wurde am 26. Oktober 1974 vorgestellt, und das Strategic Air Command (SAC) hoffte auf die Beschaffung von 240 dieser neuen Bomber, um die B-52 ersetzen zu können, die sich über Vietnam völlig verausgabt hatten. In diesen Jahren einer galoppierenden Inflation eskalierten die Kosten pro Flugzeug enorm schnell, und zudem wurde das komplizierte softwaregetriebene Avionic-System von Entwicklungsproblemen geplagt, die typisch für die ersten Ausgaben dieses Systems waren. Schließlich setzte Präsident Carter 1977 dieses Programm ganz ab und unterstützte ein anderes, bei dem Langstrecken-Flugkörper von der bestehenden B-52-Flotte aus gestartet werden sollten. Die vier bereits fertiggestellten Prototypen blieben allerdings zu Testzwecken im Dienst; einer ging jedoch durch einen Irrtum der Besatzung bei der Einstellung der Kraftstoffzufuhr und der Trimmung verloren, ein zweiter durch Auswirkungen der Kollision mit einem Pelikan. Zusammenstöße mit Vögeln sind die Hauptgefahr für tieffliegende Flugzeuge. Wie die meisten taktischen Flugzeuge ist auch die B-1B so ausgelegt, daß sie Hochgeschwindigkeits-Kollisionen mit Vögeln, die ein Körpergewicht von 4 lb. / 1,8 kg haben, überstehen können, selbst wenn diese auf die Glashaube des Cockpits auftreffen. Unglücklicherweise wurde der 15 lb. / 6,8 kg schwere Pelikan, der die Test-B-1 bei einer Geschwindigkeit von 600 Knoten / 1111,2 km / h traf, zu einem tödlichen Geschoß, das einen erheblichen Teil des Hydrauliksystems lahmlegte und so den Verlust des Flugzeuges verursachte.

In der Zwischenzeit, gegen Ende der 70er Jahre, waren die B-52 nicht jünger geworden, und die Bomberstreitkräfte des SAC waren auf dem besten Weg, ohne Ersatzprogramm zu überaltern. Wie man sich vorstellen kann, versuchte die Führung des SAC allen Einfluß geltend zu machen, damit das B-1-Programm wiederaufgenommen wurde, wobei es natürlich jede Menge Rückendeckung von Rockwell und denen gab, die daran glaubten, daß lebensfähige bemannte strategische Bomber als Teil der amerikanischen Atomwaffen-Abschreckung (Bomber, ICBM und SLBM[63]) unverändert wichtig seien. 1981 gab Präsident Ronald Reagan die Entscheidung bekannt, daß hundert B-1B-Bomber gebaut werden sollten – die äußerlich der B-1A zwar stark ähnelten, jedoch in vielerlei Hinsicht von Grund auf umkonstruiert worden waren. Die Produktion dieser hundert Flugzeuge stellte das Herzstück seines Präsidentschaftswahlkampfs dar, in dem es um die Wiederherstellung militärischer Schlagkraft ging, um die Sowjetunion in den 80er Jahren »mit dem Gesicht nach unten« zu halten. Der erste Bomber aus der Produktion wurde »B-1B Lancer« (nach dem berühmten Abfangfänger aus der Zeit vor dem Zweiten Weltkrieg) getauft und am 4. September 1984 auf der Anlage von Rockwell in Palmdale, Kalifornien, vorgestellt. Die IOC auf Staffelniveau war für den 1. Oktober 1986 vorgesehen.

---

63 **S**ubmarine **L**aunched **B**allistic **M**issile: von einem U-Boot gestartete Atomrakete mit interkontinentaler Reichweite

Obwohl der offizielle Name des Bombers »Lancer« lautet, nennen ihn alle Crews »Knochen« (»The Bone«). Gegenwärtig sind B-1B-Staffeln auf der Dyess AFB in Texas, der Ellsworth AFB in South Dakota und der McConnell AFB in Kansas stationiert. Darüber hinaus hofft man, daß die sechs B-1B der 34. Bomberstaffel in Ellsworth, die jetzt dem 366. Geschwader unterstellt wurden, 1998 auf die Mountain Home AFB verlegt werden können, wenn bis dahin die erweiterten Einrichtungen fertiggestellt sind. Schließlich gibt es noch zwei ständig auf der Edwards AFB in Kalifornien stationierte Maschinen, welche die Testserien der für die B-1B bestimmten neuen Waffen und Systeme fortführen. Die B-1B-Einheiten wurden nicht im Golfkrieg eingesetzt, da ihre hauptsächliche Bestimmung in der Nuklear-Abschreckungsrolle bestand, das Crewtraining und die Software-Modifikationen für den Abwurf konventioneller Bomben unvollständig waren und sie am Golf nicht wirklich gebraucht wurden.

Der Ort, wo man eine B-1B näher kennenlernen kann, sind die Flugzeughallen auf der Ellsworth AFB in der Nähe von Rapid City in South Dakota. Hier sind das 28. Bombergeschwader und die 34. Bomberstaffel stationiert, die beide dem 366. Geschwader auf der Mountain Home AFB in Idaho unterstellt sind. Wenn man eine B-1B auf dem Abstellplatz in Ellsworth stehen sieht, beschleicht einen als erstes ein Gefühl von Geschwindigkeit. Der »Knochen« scheint sich zu bewegen – und das schnell –, obwohl er ganz still auf seinem Platz steht. Dann diese sinnlichen Rundungen. Sobald man näher herantritt, zeigen sich Einzelheiten, die Aufschluß über die handwerkliche Qualität der B-1B geben, und man stellt fest, daß die Übergänge zwischen der Beplankung und den Einstiegen absolut unsichtbar sind, wenn man nicht genau weiß, wo man hinsehen muß. Das ist teilweise darauf zurückzuführen, daß Air Force und Rockwell die B-1B für ein feindliches Radar so klein wie möglich werden lassen wollten. Obwohl technisch gesehen keine Stealth-Maschine, wird sie dennoch als »schwer zu verfolgendes« Flugwerk bezeichnet, das über einige Eindring-Fähigkeiten verfügt, die selbst kleineren Maschinen wie der F-16 fehlen. Die vier F101-Triebwerke mit Nachbrenner wurden in Gondeln unter den Flügeln montiert, und die beiden Bombenschächte befinden sich hinter der Kabine der Besatzung. Mit Ausnahme eines Musters aus weißen Markierungen um die Luft-Betankungs-Kupplung sind alle derzeitigen B-1B in dem gleichen eintönigen Dunkelgrau wie die F-111- und F-15E-Flotten lackiert und haben nur kleine, schwer erkennbare Nationalitätskennzeichen. In Friedenszeiten haben die B-1-Crews oft die kreativsten Kunstwerke in der Air Force auf die Nasen ihrer Maschinen gemalt. Diese tobenden Bestien und wohlausgestatteten jungen Damen werden allerdings ganz sicher vor Kampfeinsätzen übermalt, um die sichtbare Signatur zu verringern. Zudem hat die Zunahme weiblicher Mitglieder bei den Kampfflugzeug-Besatzungen der USAF bestimmte Grenzen des guten Geschmacks bei derartigen Dekorationen gezogen, vielleicht zum Vorteil all derer, die deswegen besorgt waren, aber zum Nachteil einer außerordentlich geliebten Tradition bei allen Fliegern rund um den Globus.

Schnittzeichnung der Rockwell International B-1B Lancer
Jack Ryan Enterprises, Ltd., von Laura Alpher

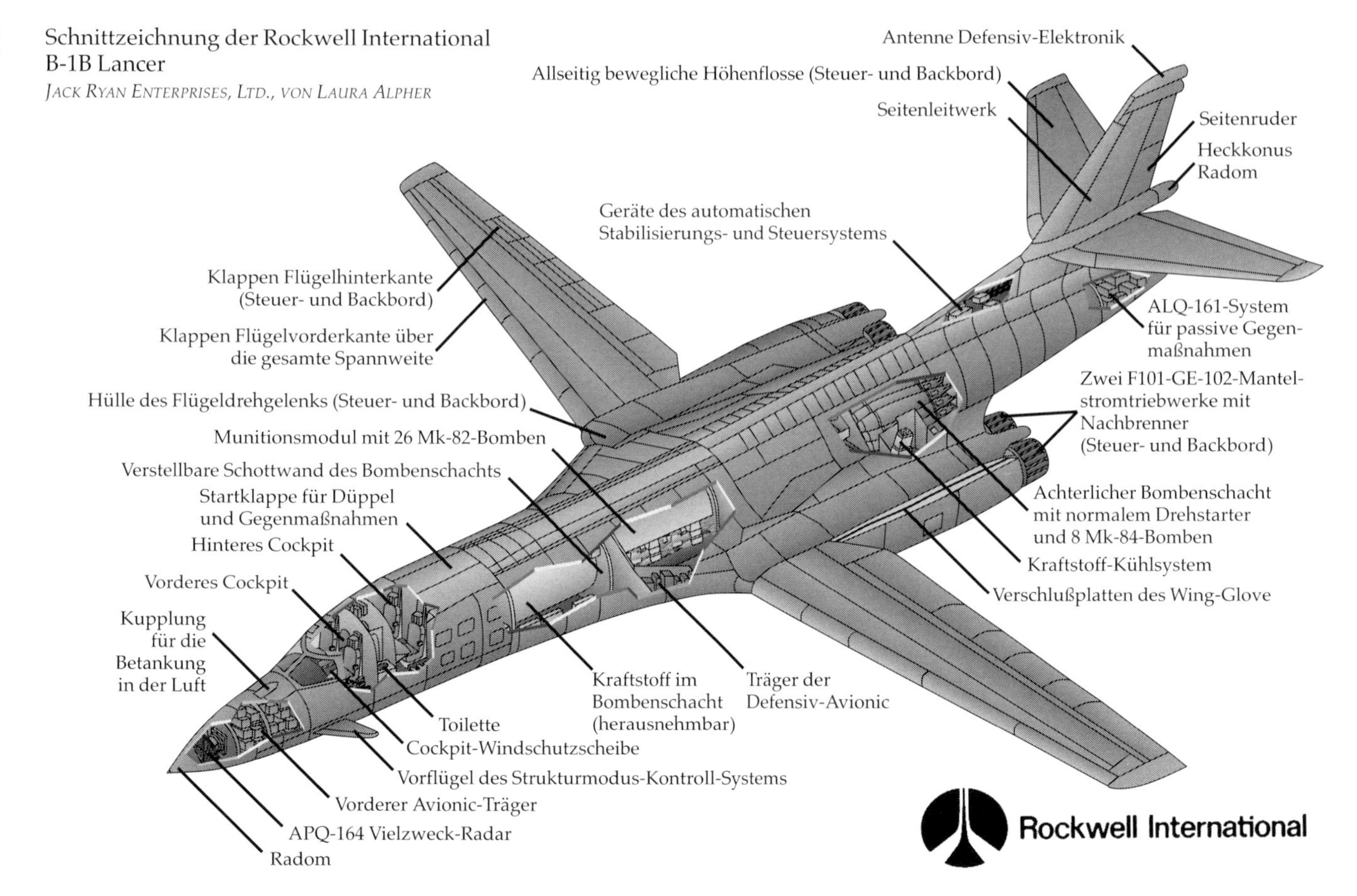

Die Crew klettert über eine einziehbare, in den Schacht des Bugfahrwerks eingebaute Leiter in den »Knochen«. Eine sehr interessante Besonderheit ist hier der »Alarmstart«-Knopf. Weil das SAC ursprünglich damit gerechnet hatte, daß ein Start bei unmittelbarer Bedrohung durch einen Atomangriff nötig sein könnte, wurde ein einzelner, großer roter »Knall«-Knopf in der Nase an der Strebe des Bugfahrwerks montiert, der alle vier Triebwerke startet und mit der Justierung des Trägheitsnavigationssystems beginnt, damit die Crew bereits anrollen kann, sobald sie die Gurte angelegt hat. Da die B-1B aber in der nuklearen Abschreckung keine Rolle mehr spielt, benutzt auch niemand mehr den Alarmstart-Knopf, weil genügend Zeit zur Verfügung steht, um die Checklisten vor dem Start methodisch durchzugehen. Man muß ein bißchen vorsichtig sein, wenn man die Leiter hinaufsteigt, denn der Gang ist eng und der Kopfraum eingeschränkt. Die Flugzeugbesatzung besteht aus einem Piloten und seinem Copiloten, die Seite an Seite im vorderen Cockpit sitzen. Dahinter, in einem separaten Abteil, haben der Operator für die Offensiv-Avionic (der die Rolle des Bombenschützen / Navigators übernimmt) und der Operator für die Defensiv-Avionic ihre Sitze. Die beiden auf den Rücksitzen haben kleine Seitenfenster, aber ihre Aufmerksamkeit wird von riesigen Elektronikkonsolen in Anspruch genommen. In das ursprüngliche B-1A-Design war eine komplexe »Fluchtkapsel« (»escape capsule«) für die Besatzung integriert, die den gesamte Cockpitbereich von der Maschine trennte, Stabilisierungsflossen ausfuhr und den Fallschirm öffnete. Bei der B-1B wurde jedoch darauf verzichtet und statt dessen auf die einfacheren, leichteren und zuverlässigeren ACES-II-Schleudersitze zurückgegriffen. Abwerfbare Kabinensegmente über jeder Crewposition werden durch einen Auswurfmechanismus abgesprengt, der mit überraschend guten Ergebnissen aufwarten kann, was das Überleben in Notsituationen angeht. Die Kupplung für die Luft-Betankung wurde unmittelbar vor der Windschutzscheibe in den Bug der Maschine eingebaut; Flugzeugbesatzungen, die direkt von den B-52 kamen, fanden das anfangs etwas verwirrend.

Die Steuerung, obwohl nicht so fortschrittlich wie bei der F-15E und F-16C, ist leicht zu bedienen und sehr funktionell. Man sitzt im Pilotensessel und hat einen Steuerknüppel im Fighterstil vor sich, der allerdings in einer angenehm neutralen Stellung montiert wurde, um die Ermüdungserscheinungen der Crew zu verringern. Es gibt hier zwar kein HUD, aber die Missionsdaten können sehr einfach von verschiedenen MFDs abgelesen werden, die in den Instrumentenbrettern untergebracht wurden. Die vier Leistungshebel befinden sich alle auf einem Sockel zwischen Pilot und Copilot. Auf diesem Sockel wurden auch die gebräuchlichsten Steuerungen für die Navigation und die Flugmanagement-Systeme untergebracht, um von beiden Positionen aus einen leichten Zugriff zu gewährleisten. Die Triebwerks-, Kraftstoff- und anderen Anzeigen sind vom »Streifen«-Typ und erinnern stark an die Anzeigen alter Quecksilberthermometer. Diese optischen Instrumente erleichtern die Ablesbarkeit, und man kann schneller feststellen, ob sich ein Triebwerk oder irgendein anderes System im »grünen« (sicheren) oder »roten« (Gefahren-)Bereich befindet. Dann gibt es auch noch ein kleines Panel mit Anzeigen für den Systemstatus und Warnlämpchen für Vorfälle wie Triebwerksbrände oder zu niedrigen Druck in der Hydraulik.

Die B-1 ziehen es vor, als »einsame Wölfe« zu operieren. Jeder eskortierende Fighter, der nicht »stealthy« ist, kann das Risiko einer Entdeckung durch den Feind erhöhen. Beim Eindringen im Tiefflug, wenn der Autopilot mit der TFR-Betriebsart des APQ-164 zusammengeschaltet wurde, ist Geschwindigkeit gleichbedeutend mit Leben. In einer Flughöhe von 500 feet / 152,5 Metern liegt die Fluggeschwindigkeit der B-1 bei etwa 550 Knoten / 1018,6 km / h, die unter vollem Einsatz des Nachbrenners bis knapp über die Schallgeschwindigkeit hochgeschraubt werden kann. Ihr maximales Startgewicht beträgt 477 000 lb. / 216 363,3 kg bei einer maximalen Flughöhe von mehr als 50 000 feet / 15 250 Metern.

Kein Fighter der Welt kann die B-1B bei Operationen im Tiefflug übertreffen. Über unebenem Gelände wird sich jeder Fighter-Pilot, der versuchen sollte, sich an den Schwanz einer B-1 zu hängen, der Gefahr aussetzen, einen der Gesundheit sehr abträglichen Schnittpunkt mit dem Boden zu finden. Zusätzlich zum TFR-Modus des APQ-164-Radars, der das möglich macht, gibt es noch ein Paar kleiner, nach unten geneigter Flügel am Bug des Flugzeugs unmittelbar vor der Kabine. (Aus einigen Blickwinkeln lassen sie die Maschine ein bißchen wie einen Wels aussehen.) Nahezu alles an einem Flugzeug wird mit Akronymen bezeichnet, und daher sind diese kleinen Vorflügel Teil des SMCS: Structural Mode Control System[64]. In niedrigen Höhen zu fliegen bedeutet für eine Maschine, selbst bei schönem Wetter starken Turbulenzen ausgesetzt zu sein. Das führt dazu, daß das Flugzeug gefährlich schwer zu beherrschen ist, die Crew ermüdet und Verwindungen im Flugwerk entstehen, welche sein Einsatzleben drastisch verkürzen können. Um dieses Problem zu verringern, ist ein Satz Querbeschleunigungsmesser in das Flugzeug eingebaut worden, die Turbulenzen messen und die Ergebnisse an einen Computer weitergeben, der dann unmittelbar eine Kompensation durchführt, indem er die Steuerflächen sehr schnell auf die jeweiligen Gegebenheiten einstellt. Die Absicht besteht darin, die senkrechten Beschleunigungsmomente zu begrenzen, die ohne weiteres in Stärken von über 3 *g* auf die Crew einwirken können.

Direkt hinter dem Pilotencockpit befindet sich ein Raum, der etwa die Größe eines Umzugskartons hat und vorgibt, eine Toilette zu sein. Es handelt sich hierbei keineswegs um die Variante mit Spülung, sondern um eine ganz einfache Chemie-»Konservendose«, die es einer Besatzung von vier Personen auch bei Missionen von etwa zwanzig Stunden ermöglicht, ihre Funktionen zu erfüllen. Für die noch längeren »Global Power / Global Reach«-Missionen, die über mehr als dreißig Stunden gehen können, gibt es noch eine zweite Toiletten-»Dose«, die in einem Stauraum direkt hinter der Position des Copiloten untergebracht ist. Hier werden allerdings auch

---

64 Steuersystem für den Struktur-(Geländekontur-)Flug

andere Sachen wie Verpflegung, Wasser, Kaffee, persönliche Ausrüstungsgegenstände, die Abdeckhauben der Tiebwerkseinlässe und alles andere verstaut, was sich dort reinstopfen läßt. Auf Crews, die an die relative Geräumigkeit der alten B-52 gewöhnt sind, kann die B-1B schon etwas einengend und spartanisch wirken. Tatsächlich neigen die B-1-Crews dazu (während es in der B-52 noch richtige Ruheliegen gab), ein paar Triebwerks-Schutzhüllen im Gang zwischen den Kabinen übereinander zu stapeln und sich dort mit einem Nickerchen eine Ruhepause zu verschaffen, wenn Zeit und Umstände es zulassen. Die Einsatzdauer ist wirklich unbegrenzt. Mit Betankung in der Luft sind B-1 schon in einem dreißig Stunden dauernden Marathon rund um die Erde geflogen.

Die Positionen des Operators für die Offensiv-Avionic (Bombenschütze/Navigator) und des Operators für die Defensiv-Avionic (Offizier für elektronische Kampfführung) sind beidseits der Eingangsluke im hinteren Teil der Crewkabine. Sie sitzen auf eigenen Schleudersitzen und haben jeweils eine große, senkrechte Instrumententafel vor sich, von der aus die verschiedenen Sensoren und Steuerungen des Systems für die elektronische Kampfführung bedient werden können. Die elektronischen Systeme der B-1B sind über einen MIL-STD-1553-Datenbus mit vierfachem Backup verknüpft. Die Funktion oder der Status sämtlicher Systeme wird ständig überwacht und durch ein zentral integriertes Testsystem aufgezeichnet, was auch für die Wartungsmannschaften am Boden die Lösung von Problemen wesentlich vereinfacht. Es gibt auch noch einige IBM-AP-101F-Computer auf der Basis der Computer des Jahrgangs 1960, die bereits in den B-52 eingebaut waren. Zwei davon sind für Terrainverfolgung vorgesehen, je einer für Navigation, für Steuerung und Displays, für Waffensteuerung und als Reservesystem (Backup). Im Vergleich zu den modernen Standards sind diese Computer ziemlich leistungsschwach – sie teilen sich einen gesamten festen Arbeitsspeicher von nur 512 KB (das ist weniger als beim billigsten tragbaren Computer, den Sie heute kaufen können). Aber das hat seinen Grund: Diese Systeme sind unempfindlich gegenüber elektromagnetischen Effekten, wie sie zum Beispiel in der Nähe einer Kernexplosion entstehen können. Versuchen Sie den Trick mit der elektromagnetischen Beeinflussung einmal bei Ihrem PC oder Macintosh. Weiterführende Modernisierungen der Computer und Software sind aber nur dann wahrscheinlich, wenn die Politik der Regierung die hochspezialisierte Industrie nicht verstümmelt, die sich mit der Herstellung von strahlungsunempfindlichen Chips befaßt.

Auf der rechten Seite ist die Position des Operators für die Offensiv-Avionic, der das Radar, die Navigations- und Waffenabwurfsysteme der B-1B bedient. Das im Bug montierte Westinghouse-APQ-164-Radar des »Knochens« ist vom APG-66 abgeleitet, das bei den F-16A verwendet wird. Eigentlich eine Zusammenfügung von zwei Radaren (eines, um den terrainverfolgenden Autopiloten zu steuern, und eines, das als Angriffssensor fungiert), die übereinander gestapelt wurden, ist das APQ-164, seit es vor zehn Jahren eingeführt wurde, enorm ausgereift. Die modernisierte Software stellt nun 13 verschiedene Radarbetriebsarten für Bodenerfassung, Navigation, Waffenleitung und Terrainverfolgung bei jedem Wetter zur Verfügung. Das APQ-164 kann auch im SAR-Modus betrieben werden, um die gleiche Art von Zielkartenfotos zu machen, die auch mit dem APG-68 der F-16C und dem APG-70 der F-15E zu erzielen sind. Die augenblicklichen Verbesserungen in der Software des SAR-Modus sind geradezu dramatisch. »Vorher konnten Sie Zaunpfähle ausmachen, jetzt sehen Sie sogar die Drähte dazwischen«, erklärte ein leitender Angestellter von Rockwell im Rahmen eines kürzlich gegebenen Interviews für ein Wirtschaftsblatt, und die Besatzungen der 34. Bomberstaffel (BS) bestätigten diese Aussage. Einer von ihnen erzählte uns, daß er mit dem Angriffssystem eine Auflösung erreiche, die es erlaube, die Stützpfosten eines Hochspannungsmastes zu erkennen und 500 lb./266,8 kg Stahlbomben *zwischen* dessen Beine zu werfen. Und das ist auch der wesentliche Punkt, weshalb man die großen Bomber behalten muß: ihre Fähigkeit, riesige Mengen Kriegsmaterial mit einem einzigen Einsatzflug ins Ziel zu bringen.

Eine Sache, welche die B-1B-Crews ganz dringend benötigen, ist ein verbessertes Navigationssystem, vorzugsweise auf der Grundlage der NAVSTAR-GPS-Satelliten-Konstellation, die kürzlich vervollständigt wurde. Diese Anordnung von 24 Satelliten verschafft Anwendern, die mit einem relativ billigen, kleinen und leichtgewichtigen GPS-Empfänger ausgerüstet sind, extrem genaue Navigations- und Zeitabstimmungs-Informationen. Unglücklicherweise hat sich bei der B-1B-Bomberflotte – anders als bei Fightern wie der F-16C, die mit als erste mit dem Rockwell Collins MAGR ausgerüstet wurden – niemand darum gekümmert, sie mit dieser heißbegehrten Black Box auszurüsten. Obwohl schon Pläne bestehen, der Avionic-Ausrüstung des »Knochens« den MAGR hinzuzufügen, entschieden sich die Crews, die Sache selbst in die Hand zu nehmen, und so begann die Story. Etliche Jahre zuvor, als die Crews der U-2-Aufklärungsflugzeuge, deren Navigation selbstverständlich sehr genau sein muß, vor demselben Problem standen und wegen der fehlenden Ausrüstung mit GPS langsam ungeduldig wurden, beschlossen sie, sich nach Optionen umzuschauen, die auf dem Markt verfügbar waren. Das führte sie zu alten Freunden bei Trimble Navigation, dem Hersteller des berühmten Empfängers SLGR GPS, von dem während Desert Storm ausgiebig Gebrauch gemacht worden war. (Das SLGR habe ich in meinem Buch über die Panzertruppen beschrieben.) Als Hersteller der gesamten Bandbreite militärisch und kommerziell genutzter GPS-Empfänger haben sie Elemente der Basistechnologie des SLGR genommen, die in einem Gehäuse von der Größe eines Auto-Stereoradios untergebracht war, es in ein leichteres, kleineres und billigeres umgebaut und »Scout-M« getauft. Man kann sich auf der ganzen Welt mit einem Ding orientieren, das aussieht wie ein olivbrauner Phaser aus der Fernsehserie ›Star Trek: The Next Generation‹. Dabei ist der Scout-M genauso funktional wie der SLGR, bei nur einem Fünftel an Gewicht, Umfang und Kosten. Die kleine grüne Maschine ist bei Militärangehörigen und Sportlern auf der ganzen Welt sehr beliebt, obwohl ihr die große Genauigkeit der Militärversion mit PY-

Ein Rockwell-International-B-1B-Lancer-Bomber, der zur 34. Bomber-Staffel des 366. Geschwaders gehört, auf seinem Abstellplatz auf der Ellsworth AFB

John D. Gresham

Code fehlt, und genau hier fangen wir mit unserer Story an. Trimbles Fliegerversion des Scout-M beinhaltete einen zusätzlichen ROM- oder Read-Only-Memory-Chip, der alle Daten, die irgendwie mit dem Flug zusammenhängen, speichern kann. Unter der Bezeichnung »Flightmate Pro« bekannt, wurden auf diesem speziellen ROM die Positionen von etwa 12000 Flugplätzen, Stützpunkten und die Navigation von Fliegern betreffende Landmarken gespeichert. Eigentlich konzipiert, um Privatpiloten einen kostengünstigen Zugang zu den Vorteilen des GPS-Systems zu verschaffen, ist es tatsächlich ein höchst ausgeklügeltes, eigenständiges Navigationssystem, das man schon zu Preisen von unter 1000 US-Dollar kaufen und dann einfach auf das Steuerhorn seiner Cessna, Piper oder Beechcraft stecken kann. In ein attraktives graues Gehäuse eingebaut, ist es mit einem Anschluß für eine Außenantenne und einer Schnittstelle zum Anschluß an einen Personalcomputer für die Planung der Route und Ausarbeitung des gesamten Flugplans ausgestattet. Seit 1993 wurden Tausende von diesen Geräten weltweit an Piloten verkauft, und inzwischen ist es zu einer Art Bestseller in der zivilen Luftfahrt geworden.

Kommen wir jetzt zu den Crews des 9. Aufklärungs-Geschwaders, die, wie schon erwähnt, dringend ein Navigationssystem vom GPS-Typ brauchten. Kurz nachdem der Flightmate Pro vorgestellt worden war, setzten die U-2-Piloten ihre Beschaffungsstelle unter Druck, damit von dort eine Empfehlung für die Anschaffung der handelsüblichen kleinen GPS-Empfänger ausgesprochen wurde. Damit die maßgeblichen Stellen nicht herausbekämen, was sie da trieben, beantragten sie die Flightmates zur Unterstützung bei Search-And-Rescue (SAR), damit sie den SAR-Einheiten helfen könnten, sie zu finden, denn tatsächlich sind diese Geräte bei dieser Aufgabe ganz hilfreich. Hätten die Empfänger als Bestandteil der Navigationsausstattung gekauft werden sollen, wären sie bei den Herren über die Beschaffungsprogramme als Avionic-System behandelt und erst einmal jahrelang erprobt worden. Als kommerzielle Beschaffung konnte die Sache dagegen in ein paar Tagen über die Bühne gehen. Direkt danach banden sich die U-2-Piloten die kleinen Geräte an die Knie-Tafeln und verwendeten sie einfach ohne Anpassungen, da die Signale der GPS-Satelliten ganz leicht vom Empfänger direkt durch die Cockpithaube empfangen werden konnten. Die U-2-Flieger liebten den Flightmate Pro und behielten ihn auch noch, nachdem ihre Flugzeuge längst zum vorgesehenen Termin mit den MAGR-GPS-Empfängern ausgestattet worden waren. Das mit den schicken kleinen Empfängern sprach sich herum, und etliche andere Einheiten führten »kommerzielle Beschaffungen« für den Flightmate Pro als »SAR-Hilfe« durch. Viele kamen auch aus der B-1B-Gemeinschaft, einschließlich der 34. Bomberstaffel des 366. Geschwaders. Die Wartungstechniker der 34. BS haben eine GPS-Antenne oben auf den Rumpf montiert und dann Verbindungskabel zu jeder Crewposition verlegt, damit jeder seinen persönlichen Flightmate Pro anschließen kann, um sich von ihm bei seiner Arbeit unterstützen zu lassen. Für Pilot und Copilot heißt das gewöhnlich, daß sie ihn bei der Routenplanung, -durchführung und bei der zeitlichen Abstimmung einsetzen. Für die Leute auf den Rücksitzen kann er zur Unterstützung bei der Planung von Waffenabwürfen und außerhalb der Reichweiten bedrohender Systeme wie SAM-Abschußbasen bleiben zu können. Die jungen B-1-Crews finden immer wieder neue Wege, auf denen sie den Flightmate Pro über ihre Laptops programmieren können, und irgendwie drängt sich mir die Vorstellung auf, daß das auch in Zukunft so sein wird. Obwohl das Gerät lediglich mit einer Genauigkeit von 100 Yards/Metern über wahrem Grund arbeitet, ist das gewöhnlich genau genug und erzeugt vertretbare Abweichungen bei der Lösung spezieller Aufgaben. Obwohl der Flightmate nicht die Exaktheit des im PY-Code arbeitenden MAGR besitzt (der bringt es auf eine Genauigkeit von 10 Yards/Metern), stellt er doch eine enorme Verbesserung gegenüber den bestehenden Systemen dar, und das wird wahrscheinlich auch so bleiben, bis Ende der 90er Jahre mit der Installation der GPS-Geräte in den B-18 begonnen wird. Auf jeden Fall ist das wieder einmal ein Beispiel dafür, daß diese schnellebige Technologie fast unmöglich erscheinende Dinge zu schon bald absurd niedrigen Preisen bewerkstelligen und man diese Geräte auch noch für den persönlichen Gebrauch kaufen kann!

Auf der linken Seite der Kabine befindet sich die Position des Operators für die passive Avionic, der die defensiven Gegenmaßnahmen der Lancer verwaltet und bedient. Diese Systeme beinhalten verschiedene Sensoren, Störgeräte und Düppel-Systeme. Aber die beste Verteidigung der B-1B beruht immer noch darauf, daß sie über die Fähigkeit verfügt, sich nicht so einfach blicken und fangen zu lassen. Das ist ein Resultat, zu dem die Konstrukteure der B-1 gelangten, weshalb sie auf den Einbau der traditionellen Heckkanone verzichteten und sich auf die ausgefeilten elektronischen

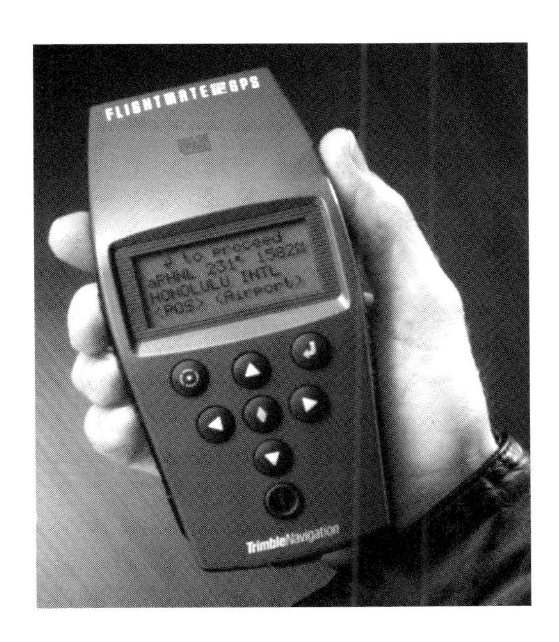

Der Trimble Flightmate, ein Hand-GPS-Empfänger, wie er von Crews der USAF verwendet wird, einschließlich derjenigen, die eine B-1B Lancer fliegen
TRIMBLE NAVIGATION

Gegenmaßnahmen einerseits und den für diese Maschine typisch kleinen RCS (Radarquerschnitt oder »Radar Cross Section«) verließen.

Sämtliche Offensivwaffen sind binnenbords untergebracht – und ich spreche hier von einer Menge Waffen. Die maximale Zuladung von Kriegsmaterial liegt bei 125 000 lb. / 56 699 kg – das ist doppelt soviel wie bei einer B-52. Allerdings wird die Zuladung bei Kampfeinsätzen auf etwa die Hälfte beschränkt. Es gibt zwei Bombenschächte, wobei der vordere etwa doppelt so lang ist als der hintere. Er verfügt außerdem über eine herausnehmbare Schottwand, deren Wegnahme Platz für ein bis zwei zusätzliche Kraftstofftanks anstelle der Bomben schafft. Bis zu 48 Mk-82-500-lb.-Bomben können in speziellen Abwurfgeräten – Conventional Munitions Modules (CMMs) – befördert werden. Sie sind in der Lage, die gesamte Bombenlast binnen zwei Sekunden abzuwerfen – in einer Flughöhe von etwa 3000 feet / 915 Metern bei Horizontalflug. Das entspricht der maximalen Kampf-Bombenlast von sieben F-15E, die hier von nur einem Flugzeug ins Ziel gebracht werden kann!

Kommen wir noch einmal zurück zur Zeit des Kalten Krieges, als die B-1B ihre atomare Abschreckungsrolle zu erfüllen hatte. In dieser Zeit führte sie bis zu drei herausnehmbare Drehstartgeräte achtfach mit, die mit schweren Atombomben oder mit AGM-69-Kurzstrecken-Angriffs-Lenkflugkörpern geladen waren. Die Startgeräte hat man behalten, und sie können heute nach dem Einbau von Adapterstücken mit bis zu acht Mk-84-2000-Pound-Bomben (907 kg), BLU-109 oder anderen Waffen bestückt werden, einschließlich der in der Luft gestarteten AGM-86 ALMC-C Cruise Missile mit konventionellem Sprengkopf (eine umfassendere Beschreibung dieser Waffe finden Sie im nachfolgenden Kapitel).

Ein Conventional Munitions Module (CMM) wird in den vorderen Bombenschacht eines B-1B-Lancer-Bombers geladen. Die B-1B kann bis zu drei CMMs aufnehmen, wovon jedes mit bis zu 26-Mk-82-Vielzweckbomben à 500 lb/226,7 kg geladen werden kann. *JOHN D. GRESHAM*

Seltsamerweise können die heutigen Bomberstreitkräfte, weil sie seit den SALT- und START-Verträgen nicht mehr als Nuklear-Plattformen gelten, keine Atombomben mehr abwerfen.

Mk-82-500-lb.-Bomben (226,7 kg) werden häufig in sog. »Ketten«- oder »Stangen«-Serien abgeworfen, normalerweise in durch sechs teilbaren Stückzahlen, wobei natürlich auch der Abwurf einzelner Bomben möglich ist. Bis in den späten 90er Jahren die Präzisionslenkgeschosse (»Precision Guided Munitions« oder PGMs) eingeführt werden, wird die B-1 in einem Anflug eine Kette von Bomben über oder entlang der Ziellinie legen, um sicherzustellen, daß wenigstens eines dieser tödlichen Projektile trifft. Präzise Zielansprache war in den Tagen atomarer Abschreckung kein großes Thema. Während des Kalten Krieges wurden Zielgebiete auf Jahre im voraus festgelegt, und die Crews wurden endlos auf bestimmte Missionen trainiert und gedrillt, bis ihnen das Zielgebiet genauso vertraut war wie ihre eigene Nachbarschaft. Wenn man eine 500 Kilotonnen schwere thermonukleare Waffe abwirft, sind ein paar Meter Abweichung in die eine oder andere Richtung ohne besondere Bedeutung. In der konventionellen Rolle allerdings, in der es noch an PGMs fehlt, leidet die B-1 unter einem lähmenden Handikap.

Sie werden sich vielleicht wundern, weshalb die USAF die B-1B-Flotte jetzt, da sie nur noch Bomben à 500 lb./226,7 kg abwerfen kann, nicht längst Startverbot erteilt oder ihre Außerdienststellung vorgesehen hat. Der Grund ist der, daß »der Knochen« trotz einiger Schwächen im Bereich der Waffen und den Kommunikationseinrichtungen immer noch über ein enormes Potential verfügt, große Mengen von Präzisions-Kriegsmaterial über interkontinentale Entfernungen ins Ziel zu bringen. Dadurch stellt »der Knochen« das Kernstück des neuen »Bomber-Roadmap«-Programms dar, das den Einbau neuer Kommunikations- und Waffensysteme vorsieht, um die derzeitigen und geplanten konventionellen Missionen des ACC zu unterstützen. Was die B-1B angeht, wird das alles in einem Modernisierungsprogramm im Laufe der kommenden etwa fünf Jahre stufenweise geschehen.

Ab 1996 werden die aktiven B-1B-Staffeln mit dem Conventional Munitions Upgrade Programm (CMUP) ausgerüstet, dem Programm zur Modernisierung konventioneller Waffen, das auch modifizierte Bombenträger (»Tactical Munitions Dispenser«[65]) für den Abwurf der CBU-87/89/97-Streubomben vorsieht. Um das Jahr 2001 wird eine noch ehrgeizigere Phase des CMUP beginnen, in der die Flotte mit dem neuen JDAM-System (»Joint Direct Attack Munition«) ausstattet werden soll. Das wird die Installation eines GPS-Empfängers, eines modernisierten Missions-Computers und eine Verkabelung der Bombenschächte für den MIL-STD-1760-Datenbus erforderlich machen, der GPS-Zeit-, -Positions- und -Geschwindigkeitsdaten des Flugzeugs an die »smarten« Bomben überträgt.

Nach vielen Verzögerungen und einigem Ärger mit der Konfiguration wird das NAVSTAR/GPS-System dann mit einer brauchbaren, flachprofilierten Antenne schließlich doch noch in den Datenbus der B-1 integriert worden sein. Das Rockwell-Collins-MAGR-Gerät wird das überholte Trägheitsnavigationssystem, das im Augenblick noch auf dem »Knochen« eingebaut ist, ergänzen oder ersetzen.

Der Modernisierung bedürfen auf jeden Fall die Kommunikationssysteme, die immer noch auf die Bedürfnisse der »Jüngstes-Gericht«-Mission aus dem Kalten Krieg ausgelegt sind (weitestgehend auf den Empfang und die Authentifizierung der »GO«-Codes beschränkt). Deshalb besteht eine Priorität für den Einbau der neuen Have-Quick-Funkgeräte und JTIDS-Terminals in die Kommunikationsträger der Bomber, damit sie mit den anderen Kampfflugzeugen in den Streitkräften des ACC zusammenarbeiten können. Daraus ergibt sich, daß im Rahmen des CMUP auch die neuen taktischen Funkgeräte vom Typ Rockwell Collins ARC-210 Have Quick II eingebaut werden, die gegen Funkstörungen resistent sind. Ebenfalls wahrscheinlich sind die Modernisierung der ALQ-161-Störsender etwa um die Mitte ihrer Lebensdauer und eine bessere Einbindung der fortgeschrittenen Lenkwaffen- und Radarwarnsysteme in die Garnitur der Defensiv-Avionic. Wegen des spürbaren Nachlassens subtiler Bedrohungen sind allerdings die Mittel für elektronische Gegenmaßnahmen gerade eben in den Haus-

65 Abwurfvorrichtung für taktisches Kriegsmaterial

halten gekürzt worden. Aber mit der für 1996 geplanten Außerdienststellung der EF-111A Raven wird der Störsender an Bord der B-1Bs wahrscheinlich eines der besten Luft-Funkstörgeräte im Inventar der USAF sein, und die B-1B kann diese Rolle durchaus für einige Zeit übernehmen.

Bei der B-1B befinden sich das Flugwerk wie auch die Gemeinschaft im Wandel. Sie verfügen über ein großes Potential, an das man sich erinnern wird, wenn es um die Leistung sinnvoller Arbeit im 21. Jahrhundert geht. Das wird allerdings nicht ganz billig sein, doch das ACC wird diese Bomber brauchen, wenn es sein Ziel erreichen will, ständig in zwei größeren regionalen Krisenherden gleichzeitig handlungsfähig zu sein.

Boeing KC-135R Stratotanker

> Es gab einmal Zeiten, in denen eine Reise nach Europa für ein Abenteuer gehalten wurde. Heute dagegen kann eine Reise in den Mittleren Osten nur noch Reisemüdigkeit hervorrufen. »Ich will nicht schon wieder nach Saudi-Arabien; ich war schon fünfmal da, ich habe genug Souvenirs«, sagte der Pilot einer KC-135.
>
> Zitat der ›Air Force Times‹ vom 6. Februar 1995

Es ist eine unumstößliche Tatsache, daß vieles vom »globalen Einsatzbereich« der U.S. Air Force auf der Existenz einer Flotte von Tankflugzeugen beruht, die mittlerweile in vielen Fällen älter sind als die Besatzungen, die sie fliegen. Die erste KC-135 absolvierte ihren Jungfernflug am 21. August 1956, und die Flugzeuge wurden im Januar 1957 in den Dienst der Air Force übernommen. Von 1956 bis 1966 wurden insgesamt 798 KC-135-Stratotanker gebaut. Ihre ursprüngliche und sehr gefährliche Aufgabe bestand in der Betankung der SAC-Flotte aus B-52-Atombombern auf ihrem Weg zum »Jüngsten Gericht« und zurück. Viele dieser Maschinen verbrachten Jahre im Dienst ständiger Alarmbereitschaft und kamen so in den Genuß einer schon fanatisch betriebenen Pedanterie bei den Wartungen seitens des SAC. Weil diese Flugzeuge so selten unter der Belastung durch Einsätze zu leiden haben, befindet sich die 135er-Flotte in erstaunlich gutem Zustand. Tatsächlich liegt die durchschnittliche Flugdauer pro Rumpf irgendwo um 15 000 Stunden, was schon verblüffend ist, wenn man bedenkt, daß die meisten von ihnen Anfang der 60er Jahre gebaut wurden und eine vergleichbare zivile Boeing 707 als Verkehrsflugzeug ohne weiteres über 120 000 Betriebsstunden aufweisen kann! Inzwischen mit neuen Triebwerken, neuer Tragflügelbespannung, verstärktem Fahrwerk und modernisierter Avionic ausgerüstet, werden die verbliebenen 552 KC-135 weiterhin eine gute Leistung im Dienst vieler kommender Jahre erbringen. Das müssen sie allerdings auch, denn zur Zeit findet sich nichts auf den Zeichenbrettern oder im Budget der Air Force, was ihre Ablösung ermöglichen würde.

Während der gesamten Geschichte der Kriegführung in der Luft war der einzige wirklich einschränkende Faktor die Tankkapazität – und daraus folgend die Reichweite – eines Flugzeugs im Kampfeinsatz. Das Fehlen eines Jagdschutzes mit großer Reichweite kostete Deutschland 1940 den Sieg in der »Luftschlacht um England«. Dagegen war die P-51 Mustang mit ihren »Siebenmeilenstiefeln« der entscheidende Faktor für den Erfolg der 8. Luftflotte bei ihren Einsätzen über Deutschland. Deshalb ist es eigentlich erstaunlich, daß es so lange dauerte, bis jemand auf eine im Grunde simple Idee wie das Betanken in der Luft zur Erweiterung der Reichweite von Flugzeugen kam.

Der erste bekannt gewordene Versuch, so etwas durchzuführen, stammt aus dem Jahr 1921, als ein Flieger namens Wesley May mit einem Benzinkanister von 5 Gallonen / 18,9 Liter, den er sich auf den Rücken geschnallt hatte, von einem Doppeldecker im Flug zu einem anderen überstieg. Später experimentierten waghalsige junge Offiziere wie Major Henry H. »Hap« Arnold und Major Carl A. Spatz (beide im Zweiten Weltkrieg zum General befördert) mit ganz normalen Schläuchen und allein mit der Schwerkraftzufuhr oder Pumpenanordnungen, um den Kraftstoff vom einen ins andere Flugzeug hinüberzuleiten. Zu jener Zeit konnte man das Ganze eher als Stunt ansehen, der nötig war, um neue Rekorde für Dauerflüge aufzustellen, denn als realistische Verfahrensweise. Aber es war auf jeden Fall ein erster Schritt auf dem Weg zur Betankung in der Luft. Der Zweite Weltkrieg ging vorüber, ohne daß – soweit bekannt – eine der kämpfenden Parteien irgendein System für die Betankung in der Luft verwendet hätte. Ganz sicher war es aber der letzte große Konflikt, bei dem diese Technik nicht zum Einsatz kam.

Nach dem Zweiten Weltkrieg wurden in Amerika zwei unterschiedliche Technologien zur Betankung von Flugzeug zu Flugzeug entwickelt. Das erste war eine Methode unter der Bezeichnung »Probe and Drogue«[66]. Dazu war ein Tankerflugzeug erforderlich, das einen Schlauch abspulen konnte, an dessen Spitze sich eine trichterförmige Kupplung befand, die von einem festen oder ausfahrbaren Betankungsausleger am Empfänger-Flugzeug »aufgespießt« wurde. Diese Methode wird bevorzugt bei der U.S. Navy, der Royal Air Force und einigen anderen NATO-Mitgliedsstaaten angewendet. Die andere Methode ist der »Fliegende Baum« (»Flying Boom«) von Boeing. Sie erforderte einen besonders ausgebildeten Boom-Operator, der Nerven aus Stahl mitbringen mußte, um den ausfahrenden Baum mit zwei Steuerflächen in ein einrastendes Kupplungsstück auf dem zu betankenden Flugzeug zu leiten, das währenddessen versuchte, in den Heckturbulenzen des Tankers möglichst genau Position in der Formation zu halten. Diese Technik sagte der USAF sehr zu, die der Ansicht war, daß der wirkliche Zusammenschluß zwischen den Maschinen durch einen Profi gesteuert werden sollte, der auf diese schwierige Aufgabe spezialisiert war. Die Tanker-»Boomer«, wie sie genannt werden, sind normalerweise Sergeants, die gleichzeitig auch die Funktion des Chief[67] an Bord des Flugzeug haben.

---

66 »Betankungsausleger und Trichter«

67 meist höchster Mannschaftsdienstgrad an Bord, in der Funktion des »Meisters« im technischen Bereich

Die ersten Tanker, die für den Einsatz konzipiert wurden, waren die KB-29, die KB-50 und die KC-97, die alle noch vom B-29-Bomber abgeleitet waren. Ihre Unzulänglichkeiten waren offensichtlich. Aufgrund ihrer vier Kolbenmotoren und der entsprechend geringen Geschwindigkeit konnten sie sehr bald nicht mehr mit der neuen Generation von Fightern und Bombern mithalten, die alle von Strahltriebwerken angetrieben wurden und somit schnell zur Hauptkundschaft dieser fliegenden Tankstellen wurden. Die Lösung – logisch – mußte ein Jet-Tanker sein, der über Fähigkeiten verfügte, die seine Integration in die neuen, von Strahltriebwerken angetriebenen Kampfflugzeug-Einheiten der USAF ermöglichten.

Das Problem war, daß die Idee nicht verwirklicht werden konnte, solange niemand einen strahlgetriebenen Tanker mit ausreichender Zuladungskapazität entwickelt hatte. Glücklicherweise fand in den frühen 50er Jahren ein internationales Wettrennen statt, wer den ersten wirtschaftlich realisierbaren Düsentransporter bauen würde, und die USAF brauchte nur noch zu warten, wer als erster durchs Ziel ging, um dann dort die neuen Tanker zu bestellen. Die britische Comet war zwar die erste, die in Betrieb genommen wurde, aber ein unvorhergesehenes Problem mit Ermüdungserscheinungen im Metall entlang der Scheibenrahmen führte zum Verlust einiger Maschinen durch explosiven Druckabfall. Die langjährige Erfahrung von Boeing bei der Konstruktion von druckfesten Flugzeugen für große Höhen – wie die B-29 – zahlte sich bei der Konstruktion eines ungeheuerlich starken Flugwerks aus, das schließlich zur Grundlage sowohl des C-135-Transporters für den militärischen Einsatz als auch des Passagierflugzeugs 707 wurde. 1954, kurz nach dem Jungfernflug des ersten Boeing Jet-Transporters, der unter der Modellbezeichnung 367-80 lief, orderte die U.S. Air Force eine Flotte von Boeing-Tankern zur Versorgung der Bomberstreitkräfte des inzwischen gebildeten Strategic Air Command.

Die Projektnummer für das, was dann unter der Bezeichnung Stratotanker bekannt wurde, war »Modell 717«. Die Maschine unterschied sich von der Basisversion des Verkehrsflugzeugs 707 durch geringere Abmessungen über alles, einen geringfügig flacheren Rumpf, das Fehlen von Kabinenfenstern und natürlich durch den ausziehbaren, mit Steuerflächen versehenen Tank-Boom sowie ein kleines Abteil für den Boom-Operator unter dem Schwanz. Die Tanker, da wegen der militärischen Vorgaben wesentlich einfacher gebaut als ihre zivilien Vettern, wurden in den Dienst übernommen, noch bevor die Boeing 707 die letzten zivilen Zulassungsverfahren hinter sich gebracht hatte.

Jetzt sollten Sie sich vergegenwärtigen, daß man nicht einfach den gesamten, röhrenförmigen Teil des Rumpfes mit Kraftstoff befüllen kann, weil das Flugzeug dann einfach zu schwer wäre, um vom Boden abzuheben. Deshalb beansprucht der tatsächlich mitgeführte Kraftstoff nur ein relativ geringes Volumen, so daß im Innern der Kabine noch genügend Platz für anderweitige Nutzung des übrigen Raums bleibt. Alles, was an Ausrüstung zum Betanken erforderlich ist, wurde unterhalb des Hauptdecks untergebracht, so daß noch ausreichend Platz zur Unterbringung von Passagieren oder ein vergleichbares Volumen an Zuladung von bis zu 83 000 lb./37 648 kg bleibt.

Im Laufe der Jahre wurden mehr als zwei Dutzend Varianten dieses vielseitig verwendbaren Rumpfes gebaut. Darunter befand sich auch eine verwirrende Kollektion von »tiefschwarzen«[68] Plattformen für die Aufklärung, die unter Namen wie »Rivet Joint« oder »Cobra Ball« geführt wurden. Eine kleinere Stückzahl wurde als Vielzweck-Transporter unter der Bezeichnung C-135 Stratolifter gebaut. Die C-135 konnte sich außerdem eines bescheidenen Erfolgs auf dem Exportmarkt erfreuen; ein Dutzend C-135 wurde 1964 als Version F an Frankreich verkauft, um die kleine, aber leistungsfähige Atomstreitmacht von Mirage-IV-Bombern zu versorgen. Kanada und Israel bestellten ebenfalls Tanker-/Frachtmaschinen aus der 707/KC-135-Familie und haben diese heute noch im Einsatz.

Wenn man um einen dieser mächtigen Tanker herumspaziert, fällt einem als erstes auf, wie sehr er der alten Boeing 707 ähnelt; allerdings hat er weniger Fenster. Aber gerade das Fehlen dieser Aussichtsöffnungen ist mit ein Grund für die Langlebigkeit des Stratotankers, weil jedes Loch in einem Druckausgleichskörper eine weitere Stelle ist, an der strukturelle Ermüdungserscheinungen anfangen können, wirksam zu werden.

Die ersten Maschinen der KC-135-Flotte waren noch mit den außerordentlich lauten und durstigen Strahltriebwerken des Typs J-57 von Pratt & Whitney ausgestattet, die außerdem beim Start Unmengen von Rauch produzierten. Glücklicherweise wurden diese Triebwerke bei den meisten noch im Dienst befindlichen Maschinen gegen die wirtschaftlicheren und stärkeren Mantelstromtriebwerke General Electric/SNECMA CFM-56 ausgetauscht, was den Flugzeugen dieser Variante die Typenbezeichnung KC-135R einbrachte. Der Austausch der Triebwerke führte zu einer Reduzierung des Geräuschpegels um 85% und der umweltschädlichen Emissionen um 90%, wobei die höhere Leistung auch noch eine wesentlich verkürzte Startstrecke mit sich brachte. Der eindeutig größte Vorteil liegt aber in einer wesentlich verbesserten Kapazität im Kraftstoff-Transportvolumen, das es der KC-135R ermöglicht, bis zu 50% mehr Sprit zu laden als die Vögel, die noch mit dem J-57 ausgestattet waren. Während die meisten Maschinen in der Luftflotte der USAF dazu ausgerüstet sind, Kraftstoff von Tankern zu übernehmen, sind die meisten der KC-135 selbst nicht mit Vorrichtungen zur Kraftstoffübernahme in der Luft ausgestattet. Die wenigen, welche über diese Möglichkeit verfügen, fliegen unter der Bezeichnung KC-135RT und sind höchst begehrte Besitztümer des neuen Air Mobility Commands (AMC), das über die meisten Einsätze, die gesamte Wartung und Verwendung dieser Maschinen bestimmt. Dennoch, im Gegensatz zu der kleinen Flotte von McDonnell Douglas KC-10 Extenders (der neueste Tanker der USAF, basierend auf der zivilen DC-10) kann der überwiegende Teil der KC-135 ausschließlich nur am Boden betankt wer-

68 Die Geheimhaltungsstufen werden im amerikanischen Sprachgebrauch manchmal – inoffiziell – als »schwarz« (geheim) und »tiefschwarz« (streng geheim) bezeichnet

den. Anders als die Extender können sie ihren Kraftstoff nur abgeben oder in überseeische Gebiete liefern, aber nicht beides zur selben Zeit.

Man besteigt die K-135 durch eine Einstiegsluke, die sich auf der linken Bugseite im Boden des Rumpfs befindet. Es erfordert schon ein wenig Gymnastik, um die Leiter hinauf und ins Cockpit zu gelangen, und erinnert ein bißchen an die Kletterei, die man absolvieren muß, um den Kommandoturm eines Unterseebootes zu erreichen. Ist man erst einmal angekommen, fällt einem als erstes auf, daß das Cockpit der 135 im Vergleich zum Standard heutiger ziviler Airliner geradezu antik wirkt. Die Flugzeugbesatzung besteht normalerweise aus drei Offizieren (Flugzeug-Kommandant, Pilot und Navigator / Radar Operator) und einem Unteroffizier (Mechaniker der Crew und zugleich Boom-Operator). Jeder hat seinen Sitz in diesem winzigen, engen Arbeitsraum, der sich im oberen Teil des Bugs befindet. Hier gibt es sehr wenig vom modernen Computerzeitalter zu sehen, außer vielleicht dem digitalen Flugleitsystem und den Leistungshebeln für die vier CFM-56-Triebwerke. Die Ausstattung mit Kommunikations- und Navigationsgeräten versetzt den Tanker in die Lage, genauestens seine Position zu beziehen und mit seinen Kunden zu kommunizieren, obwohl die Navigationsgeräte auch schon ein wenig überholt erscheinen. Bis es Ende der 90er Jahre endlich zur Nachrüstung mit einem GPS-Empfänger kommt, muß sich der Navigator auf die alten Positionsbestimmungen durch einen Sonnen- oder Sternen-»Schuß« mit einem Sextanten und die LORAN- und TACAN-Funkfeuer-Navigationssysteme verlassen. Das im Bug eingebaute Radar ist ein Texas Instruments APQ-122(V), ein Wetter- und Bodenerfassungs-Gerät, das durch seine Möglichkeiten dem Navigator bei seinen Aufgaben helfen kann. Sämtliche Tanker der USAF sind unbewaffnet; das geht so weit, daß sie noch nicht einmal mit den einfachsten Radar-Warnempfängern, einem Störmittel-Dispenser oder Störsenderbehälter ausgestattet sind. Daher können sie nur dann operieren und überleben, wenn sie unter der Voraussetzung einer völligen Luftüberlegenheit eingesetzt werden. Eigentlich ist das doch wieder gut zu verstehen, wenn man daran denkt, daß ein Tanker im Grunde nichts anderes ist als ein relativ langsamer, schwerfällig zu manövrierender fliegender Benzinkanister, der nur einen einzigen Granatsplitter oder ein »heißes« Fragment des Gefechtskopfs einer AAM abbekommen muß, um sich in einen *sehr* großen Feuerball zu verwandeln.

Wenn man sich in Richtung Heck bewegt, betritt man den Toilettenbereich, der sich auf der linken Seite direkt hinter dem Cockpit befindet. Wieder ist man verblüfft, wie spartanisch dieser für das Wohlbefinden in der Luft doch so wichtige Ort ist; es gibt noch nicht einmal eine Spülung. Statt dessen werden auch hier jene chemischen Toiletten in »Dosen« verwendet, wie wir sie auch auf den B-1B vorfanden. Für die männlichen Crewmitglieder gibt es auch noch ein »Zischrohr«-Pissoir (»whizz tube«). Obwohl ganz praktisch, können die Dinger auf rauhen Flügen »*tödlich*« sein, weil die von einer Feder gehaltenen Deckel zum Zuschnappen neigen, wenn sie »angebumst« werden. Direkt gegenüber der Toilette befindet sich die Bordküche – oder, präziser ausgedrückt, der Raum, wo die

Fertiggerichte und Thermoskannen für Kaffee und Wasser verstaut werden. Mikrowellengeräte oder Kühlschränke sucht man vergeblich, da steht nur ein nacktes Regal aus Aluminium, das wie einer der Speise- und Getränkewagen aussieht, die in den Passagierflugzeugen auf der ganzen Welt verwendet werden – hier allerding ohne Räder. Direkt hinter der Toilette ist eine große drucksichere Ladeluke, breit genug, daß man auch größere Stücke wie massige Güter, Seesäcke oder andere persönliche Ausrüstungsgegenstände einladen kann. Die Sachen kann man dann direkt auf dem Boden festlaschen oder in kistenartigen Kübeln verstauen, die auf dem Boden verankert sind. Die Orginalböden sind aus imprägniertem Sperrholz und werden von den Bodenmannschaften liebevoll saubergehalten und lackiert. Anders als bei der geplanten Nachrüstung mit GPS-Empfängern sind es aber gerade diese Böden, die als nächste größere Modernisierungsmaßnahme bei der 135er-Flotte auf dem Plan steht. Dieser sieht vor, die Böden, sobald wieder genügend Geld zur Verfügung steht, gegen solche aus unempfindlichem Metall zu ersetzen, die dem Roll-On/Roll-Off-Standard (RoRo) entsprechen, damit auch auf Paletten gepackte Fracht und kleinere Radfahrzeuge – wie Servicewagen für die Abstellplätze – geladen und zum Boden hin gesichert werden können. Hierdurch sollen einige der Lufttransport-Probleme, die das Air Mobility Command (AMC) mit seinen Schwertransportern hat, abgemildert werden.

Entlang der Seitenwände der KC-135 befinden sich Passagiersitze, die aus einem Gestell von Aluminiumrohren und Sitzflächen aus Synthetikgewebe bestehen. Die sind aber verblüffend bequem, wenn man nicht zu stark eingequetscht wird. Das heißt, daß acht Personen mit mildem Unbehagen reisen können, 160 aber im Zustand totaler Unerfreulichkeit verbringen! Nun, mit Ausnahme der Zeiten, in denen Einsätze geflogen werden, fliegen die meisten Tanker nur mit wenigen Passagieren und sind dann recht komfortabel. Während ich selbst grundsätzlich ungern fliege, gibt es andere Leute, die, wie ich weiß, ihre Zeit in einer KC-135 prinzipiell genießen und die Ansicht vertreten, daß die Gewebesitze sogar passable Kojen abgeben, wenn man sich nur ausreichend ausstrecken kann. Tatsächlich ist ja auch der Hauptladeraum groß und offen. Man fühlt sich wie in einem Großraum-Verkehrsflugzeug, allerdings ohne all die lästigen Staufächer über dem Kopf und den niedrigen Sessellehnen, an denen man sich so unangenehm stoßen kann.

Hinter der Kabine befindet sich die Steuerung für die Lebenserhaltungssysteme. Hier sind die großen grünen Sauerstoffflaschen an die Heck-Schottwand montiert. Direkt darüber befinden sich einige sehr bequeme Ruhebetten; allerdings machen ein paar nachdrücklich beschriftete Tafeln klar, daß sie ausschließlich von der Crew zur Entspannung benutzt werden dürfen und nicht für gewöhnliche Passagiere zur Verfügung stehen. Alles in allem ist die Druckkabine der KC-135 ganz komfortabel, wenn man davon absieht, daß das Heizungssystem, das viel Platz im hinteren Teil der Kabine beansprucht, eigentlich nicht ausreicht, um den gesamten Innenraum zu erwärmen. Deshalb ist es sehr zu empfehlen, sich auf längeren Flügen etwas Warmes anzuziehen, vorzugsweise eine lederne Fliegerjacke, die auch noch den Vorteil hat, daß sie in den Offiziersclubs richtig etwas hermacht!

Am äußersten Ende der Frachtkabine, zu beiden Seiten der Steuerung für das Lebenserhaltungssystem, befinden sich die Zugänge zu den Tankbehältern. Um in den »Geschäftsbereich« der KC-135 zu gelangen, entscheidet man sich zunächst einmal für die eine oder andere Seite, tritt dann auf etwas hinunter, das wie ein sehr bequemes Sofakissen aussieht, und legt sich dort auf den Bauch. Nun befindet man sich auf der einen oder der anderen Seite der »Boomerstation« (das sind übrigens auch die Positionen der Beobachter), die so heißt, weil von hier aus der Tankbaum zu einem anderen Flugzeug »geflogen« und dann mit diesem verkuppelt wird. Der Boomer liegt dabei auf einem ähnlichen Sofa zwischen den beiden Beobachterstationen, mit dem Gesicht direkt vor einem dicken Glasfenster (und zwei kleineren Seitenfenstern), worunter sich ein kleines Steuerpult befindet. Dieser Platz erfreut sich außerordentlicher Beliebtheit bei den Fotografen, die von hier aus wirklich spektakuläre Bilder machen können; diesen Ausblick vergißt man sein Leben lang nicht mehr. Direkt unter der Couch des Boomers ist ein Steuerhebel, über den der Baum »geflogen« wird. Der Hebel steuert das Flügelpaar am ausfahrbaren Tankbaum direkt vor dem Fenster des Boomers, und die kleinen Flügel reagieren unmittelbar auf die Eingaben des Bedieners. Der Steuerhebel läßt sich überraschend einfach handhaben. Um eine Betankung durchzuführen, legt der Boomer einen Schalter um, der den Baum aus seinem Stauraum in Höhe des Schwanzkonus der KC-135 bis auf seine »Flugposition« hinunter ausfahren läßt. Dann bringt der Boomer den Teleskopbaum auf eine »neutrale« Länge und warnt die Flugbesatzung, daß er jetzt bereit ist, ein Flugzeug für die Betankung anzunehmen. Was dann passiert, erscheint einem als bizarr, wenn man nicht daran gewöhnt ist.

Von hinten nähert sich eine kleine Flugzeugformation, die sich in totaler Funk- und Emissionsstille (welche die Möglichkeiten eines Feindes einschränkt, festzustellen, ob sich ihm etwas nähert) auf der Spur des Tankers angeschlichen hat. Sogar in Friedenszeiten gehört das mit zum Training, wann immer die Wetter- und Übungsbedingungen es erlauben. Sobald eineFormation mit dem Tanker zustandegebracht wurde (entweder in Höhe der Flügel oder unterhalb) manövriert sich der erste Empfänger hinauf und hinter die KC-135, richtet seine Maschine anhand einer Serie farbiger Positionierungslampen, die sich unter dem Heck des Tankers befinden, selbst aus und öffnet dann die Klappe über seinem Betankungsausleger. Bei den meisten Maschinen befindet der sich hinter der Position der Flugzeugbesatzung, oberhalb ihrer Schultern auf der linken Seite. Sobald der Boomer festgestellt hat, daß sich die Empfängermaschine stabilisiert hat und in der richtigen Betankungsposition befindet (die zwischen den einzelnen Flugzeugtypen variiert), beginnt der eigentliche Betankungsvorgang.

Durch Betätigung des Steuerhebels fliegt der Boomer den Teleskopbaum zur Betankung in eine Position oberhalb der Einfüllkupplung des zu betankenden Flugzeugs. Dann legt er einen Schalter um, der den Betankungsausleger des Baums in die Einfüllkupplung sticht und so eine »feste Verriegelung« (»hard latch«) herstellt. Dieser letzte Teil der Aktion kann ziemlich heikel sein und besonders bei Turbulenzen mehrere Versuche erforderlich machen, bis alles klappt. Die beiden Maschinen sind nun im Abstand von nur wenigen Metern miteinander verbunden, und der Boomer übermittelt diese Tatsache an das Flugdeck, denn tatsächlich sind es die Männer dort, die das Umpumpen des Kraftstoffs hinunter in den Baum und über ihn in das empfangende Flugzeug steuern. Obwohl das Umpumpen außerordentlich schnell vonstatten geht, benötigt man etwa zum Volltanken einer F-15E Strike Eagle oder F-16 Fighting Falcon dennoch einige Minuten. In dieser Zeit fliegen beide Maschinen mit einer Geschwindigkeit von 300 Knoten / 555,6 km / h und einer Höhe von 20 000 bis 25 000 feet / 6100 bis 7625 Meter einen ovalen »Rennbahnkurs«. Bei diesem Lufttanz besteht, sobald die beiden Flugzeuge sich gegenseitig am Haken haben, interessanterweise die Möglichkeit, direkt von Maschine zu Maschine über eine spezielle Gegensprechverbindung miteinander zu reden. Dabei können die Piloten der gerade betankten Maschine Kampfschäden oder andere Probleme melden und selbst Informationen über die neuesten Ziel- und Zeitvorgaben erhalten. Für viele Piloten war während der ersten Stunden der Operation Desert Storm das letzte, was sie hörten, bevor sie sich in den Kampf stürzten, die beruhigende Stimme des Boomers, der ihnen über das Intercom alles Gute und eine sichere Heimkehr wünschte. Weil die beiden Maschinen gerade nur etwa 35 feet / 10,7 Meter voneinander entfernt sind, kann das Empfängerflugzeug von den Heckturbulenzen des Tankers massiv durchgebeutelt werden. Es ist selbst für einen erfahrenen Piloten ein harter Job, besonders bei Nacht und bei schlechten Witterungsbedingungen, Position zu halten, wenn ihm der Sprit ausgeht.

Für die Aircrews, die sich auf dem Rückflug aus einem Kampf befinden, den Flugzeugrumpf von Geschossen durchlöchert und ihren Kraftstoff aus Lecks über den ganzen Himmel sprühend, ist jeder Tropfen Sprit, den sie von einem Tanker bekommen können, unermeßlich wertvoll für die Rückkehr zur Basis. Glücklicherweise kann ein KC-135R-Tanker eine Menge Kraftstoff mit sich führen – etwa 203 288 lb. / 92 209,8 kg, was einer Menge von etwa 25 411 Gallonen / 96 051 Litern entspricht. Da die Lufttanker zweierlei mit dem Kraftstoff veranstalten können – ihn selbst verbrauchen, oder an andere Maschinen abgeben –, besteht eine Art Tauschgeschäft zwischen Reichweite und Verweildauer in der Luft auf der einen Seite und der Kraftstoffmenge, die abgegeben werden kann, auf der anderen. Zum Beispiel: Mit einer Menge von 120 000 lb. / 54 710,4 kg Transfer-Kraftstoff liegt die Reichweite der KC-135R bei 1150 nm. / 2129,8 km. Wird andererseits mit einer Menge von nur 24 000 lb. / 10 886 kg Kraftstoff für die Betankung anderer Maschinen gerechnet, erhöht sich die Reichweite auf 3450 nm. / 6389,4 km.

So, und wie sieht das alles nun in der realen Welt von Kampfeinsätzen aus? In einem Eingreif-Szenario kann ein KC-135R-Tanker entweder zu einer Basis in Übersee geschickt werden (und dabei Personal und Fracht höchster Prioritätsstufe befördern) oder die Entsendung anderer Flugzeuge unterstützen, indem diese von ihm betankt werden – beides zugleich kann er aber nicht. Daher müssen die Planungsstäbe außerordentlich sorgfältig vorgehen, um sicherzustellen, daß genügend Tanker für beide Aufgaben zur Verfügung stehen. Im Laufe des Jahres 1994 mußten die Tankereinheiten einen Personalabbau von 25% hinnehmen, und fast drei Viertel der in den USA stationierten Tanker nebst dazugehörigem Personal wurden von den ehemaligen SAC-Stützpunkten auf die drei Hauptbasen des AMC verlegt, wobei auch noch viele Maschinen den Reserveeinheiten der USAF und den Einheiten der Air National Guard zugewiesen wurden. In steigendem Umfang werden Tanker auch als Frachter eingesetzt, da Metallermüdung und andere Probleme bei der C-141B-Starlifter-Flotte die Planer gezwungen haben, immer mehr Frachteinsätze auf die sowieso schon schwerbeschäftigten Tanker zu verlagern.

Solange ein Kampfflugzeug Kraftstoff verbrennen muß, wird es einen Bedarf an Tankflugzeugen geben. Möglicherweise müssen die KC-135 und die Flotte von sechzig Großraum-KC-10-Extendern ersetzt werden. Um das etwas hinauszuzögern, können Betankungseinsätze auch von taktischen Flugzeugen übernommen werden, die man mit Zusatztanks und Betankungsgeräten ausrüstet, welche in abnehmbaren »Buddy packs« untergebracht sind. Aber bei wirklichen Langstreckeneinsätzen gibt es keinen Ersatz der für diese spezielle Aufgabe bestimmten Lufttanker, die auf der Basis von wirtschaflichen, standardisierten Rümpfen entwickelt wurden. Wie der Ersatz genau aussehen wird, bleibt der Vorstellungskraft jedes einzelnen überlassen, aber abschließend kann ich Ihnen versichern, daß in dem Augenblick, da der Kraftstoff zur Neige geht und die Spannung steigt, die Tankerbesatzungen die beliebtesten Leute am Himmel sind.

Boeing E-3C Sentry Airborne Warning and Control System

Schon seit der Zeit unserer affenähnlichen Vorfahren haben wir instinktiv gewußt, daß man stets weiter sehen kann, je höher man klettert. Später widmeten die antiken Kulturen eine Menge ihrer Arbeitskraft der Errichtung von Wachttürmen auf Gipfeln von Bodenerhebungen. Einen sich nähernden Feind ein paar Minuten früher oder später zu entdecken, konnte den entscheidenden Unterschied zwischen Sieg und Niederlage ausmachen. Die Entwicklung des Radars in den 30er Jahren erbrachte einen weiteren Beweis für die Übereinstimmung mit dieser Theorie. Allgemein gesprochen funktioniert Radar so ähnlich wie das Licht – es breitet sich in geraden Linien aus und kann normalerweise nicht über den sichtbaren Horizont hinaus gebeugt werden. Obwohl die Spitze eines Berges sicherlich ein guter Ort für die Aufstellung eines Radars ist, befinden sich Berge leider nur sehr selten genau dort, wo man sie braucht, und sind auch leider nicht zu bewegen. Wenn man allerdings eine riesige Radarantenne auf ein hoch fliegendes Flugzeug montiert, kann sich der Horizont theoretisch auf zwei- bis dreihundert Meilen erweitern. Wenn man dann noch einen Stab von Befehlhabern für einen Luftkrieg in dieses Flugzeug packt und ihn mit leistungsfähigen Computern, Situationsanzeigen und abgesicherten Kommunikationsgeräten ausstattet, hat man das geschaffen, was bereits unter der Bezeichnung »Airborne Warning and Control System« (AWACS) existiert – der König auf dem Schachbrett eines modernen Luftkrieges. Ihre Bedeutung macht diese Maschine aber auch zu einem der lohnendsten Ziele am Himmel und die Sentry zu der Sorte fliegendem Vermögenswert, der normalerweise durch enorm starke Fighter-Eskorten geschützt wird.

Die AWACS-Maschinen hatten ihre Geburtsstunde irgendwann gegen Ende des Zweiten Weltkriegs, als sich die Navy verzweifelt bemühte, die Horden japanischer Kamikaze-Selbstmord-Flugzeuge zurückzuschlagen, die immer wieder versuchten, Invasions- und Schlachtflotten der Amerikaner aufzuhalten. Die Lösung der Navy, mit der sie ihre relativ verwundbaren Überwasserfahrzeuge schützen wollte, bestand im Umbau von TBM-Avenger-Torpedobombern in primitive AWACS-Flugzeuge. Diese frühen AWACS-Maschinen wären gegen Ende des Jahres 1945 für die Invasion Japans verfügbar gewesen, wenn diese stattgefunden hätte. Spätere, nur zu diesem Zweck gebaute AWACS-Flugzeuge wurden sowohl für die Air Force als auch für die Navy auf deren spezielle Bedürfnisse abgestimmt und aus den Rümpfen normaler Transporter oder Linienflugzeuge der zivilen Luftfahrt entwickelt. Über viele Jahre hinweg waren die Vögel bei der Air Force Umbauten des Klassikers Lockheed C-121 Super Constellation, die es als Cargo- wie auch als Airliner in der zivilen Luftfahrt gab. Sie bekam den Namen EC-121 Warning Star und erfüllte die AWACS-Mission mehr als zwanzig Jahre lang, bis sie Ende der 70er Jahre von der derzeit eingesetzten E-3 Sentry abgelöst wurde.

Die Boeing E3-Sentry-AWACS sieht wie ein großes Verkehrsflugzeug aus, das gerade von einer kleinen fliegenden Untertasse angegriffen wird. Dieser Airliner ist das alte, zuverlässige Boeing-707-320B-Flugwerk mit einer Besatzung von vier Personen in der Flugzeugführerkabine (Pilot, Copilot, Navigator und Flugingenieur) und einer »Einsatz-Besatzung« (»Mission Crew«) von 13 bis 18 Lotsen, Bereichsleitern und Technikern hinten in der Hauptkabine. Die Verwendung eines Rumpfes, der dem der ehrwürdigen KC-135 und allen anderen von Boeings Modell 320 abgeleiteten Maschinen sehr ähnlich sieht, ist beim amerikanischen Militär sehr beliebt und hat sich für die Steuerzahler als akzeptabel erwiesen. Die Untertasse oder das »Rotodome« hat einen Durchmesser von 30 feet/9,15 Metern, ist in der Mitte 6 feet/1,8 Meter stark und in einer Höhe von 11 feet/3,35 Metern oberhalb des Rumpfes auf zwei stromlinienförmigen Stelzen direkt hinter den Flügelhinterkanten montiert.

Sie wurde so konstruiert, daß sie für sich selbst ausreichenden Auftrieb und keine zusätzlichen Belastungen erzeugt, außer einem größeren Luft-

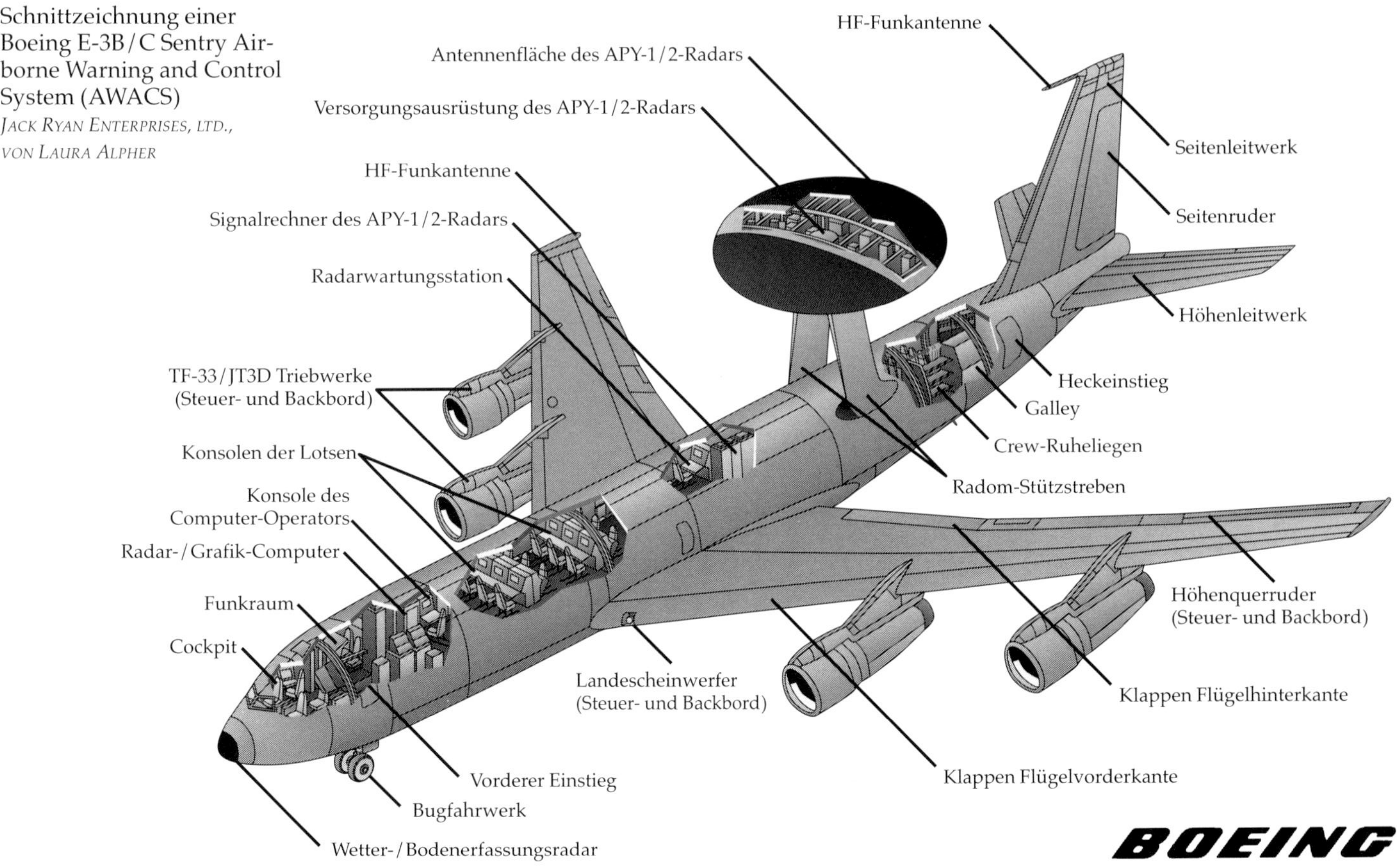

Schnittzeichnung einer Boeing E-3B/C Sentry Airborne Warning and Control System (AWACS)
Jack Ryan Enterprises, Ltd., von Laura Alpher

Eine Boeing E-3 Sentry Airborne Warning and Control System (AWACS) der USAF bei der Landung in Saudi-Arabien während der Operation Desert Shield. 14 dieser wertvollen Flugzeuge und zusätzliche E-3 der Royal Saudi Air Force und der NATO stellten die Radarüberwachung während der Operationen Desert Shield und Desert Storm sicher. *Offizielles Foto der U.S. Air Force von Jim Curtis*

widerstand, der auf Flügel und Rumpf wirkt. Rücken an Rücken mit der Hauptantenne des APY-2-Radars (die modernisierte Version des ursprünglich eingebauten APY-1) wurde im Inneren des Rotodomes die Antennenfläche für das System APX-133 IFF/Tactical Digital Data Link (IFF/TADIL-C) installiert. Hierbei handelt es sich um ein äußerst ausgeklügeltes IFF-System, das praktisch jeden IFF-Transponder auf der Welt vernehmen kann, wenn er sich in einer Entfernung von 200 nm/370,4 km befindet. (Angeblich verfügt es auch über einige NCTR-Fähigkeiten.) Im Sendebetrieb macht das von hydraulischen Motoren angetriebene Rotodome alle zehn Sekunden eine Umdrehung. Wenn es nicht sendet, dreht es sich alle vier Minuten einmal, um die Lager zu schmieren. Bedenkt man die hohen Belastungen, die sie im Flugbetrieb aushalten muß, und all die Signalübertragungskabel, die durch sie hindurchführen, so stellt die Verbindung am Rotationsgleitlager der Untertasse schon ein Wunderwerk des Maschinenbaus dar. Die Radarsender, ihre komplizierten Stromversorgungssysteme und die Kühlgeräte sind unter dem Boden der hinteren Kabine untergebracht, wo bei der 707, in der Ausführung als Verkehrsmaschine, das Gepäck der Passagiere verstaut wird.

Das alles konnte im Rumpf eines Standardmodells der Boeing 707-320B/VC-137 untergebracht werden, der von vier Pratt & Whitney-Mantelstromtriebwerken des Typs JT3D/TF33 angetrieben wird. Der Vogel ist auch ziemlich teuer. Die ursprünglichen Kosten beliefen sich auf etwa 270 Millionen US-Dollar pro Stück.

Das Einsteigen in eine E-3 geht im großen und ganzen ähnlich wie bei einer KC-135 vor sich, also durch eine normale Passagierluke auf der linken Seite der Maschine, wo sich beim Tanker die Frachtluke befindet. Das erste, was einem auffällt, ist die Innenausstattung, die hier wesentlich komfortabler ist als in der KC-135. Der Innenraum ist mit den gleichen geräuschdämmenden Materialien bezogen, die auch bei einer Passagiermaschine Verwendung finden, hier mit dem Hauptanliegen, die Behaglichkeit für die Einsatzcrew zu gewährleisten. Die Besatzung ist zusammen mit den ganzen Display-Konsolen und anderen elektronischen Geräten in der Kabine eingepfercht und muß dort Missionen durchstehen, die sich über den größten Teil des Tages (allerdings gelten selbst zwölf bis 16 Stunden schon als normal) hinziehen können. Die Oberflächen aller Konsolen in der Hauptkabine sind mit einem blauen Teppich überzogen, der in jedem Wohnraum verlegt werden könnte und gegen den sich zu lehnen richtig schön ist! Das Flugdeck ist im großen und ganzen ähnlich dem des Stratotankers, obwohl einige der Steuerungen und Displays etwas moderner sind als die ehrwürdigen Instrumente aus den 60er Jahren, die wir auf einer KC-135 vorfinden.

Wenn man durch die Hauptkabine Richtung Heck geht, stellt man fest, daß hier verstreut jede Menge großer Gehäuse und Konsolen herumstehen, die die Bewegungsfreiheit merklich einengen. Dazu gehören unter anderem die Hauptcomputer für das Radarsystem und die Symbol-/Display-Generator-Systeme für die Lotsenkonsolen. Insgesamt gibt es 14 dieser Reihen, die Rücken an Rücken angeordnet sind und bei denen vor jeder Konsole ein kompletter Fliegersitz (einschließlich Schultergeschirr und Sitzgurten) montiert wurde. Jede Konsole kann individuell vom jeweiligen Anwender konfiguriert und bei Bedarf auf die Anforderungen für einen Lotsen, Bereichsleiter oder den Mission Commander umgestellt werden. Jeder ist hier an ein dreizehnkanaliges Intercomsystem angeschlossen, das seinerseits die Informationen an eine Reihe abgesicherter Have-Quick-II-Funkgeräte oder eine Serie von sehr leistungsfähigen UHF-, VHF- und HF-Sprechfunkgeräten weiterleitet. Zusätzlich wurde die E-3 mit dem JTIDS-Datenverbundterminal ausgerüstet, das viel dazu beiträgt, die Belastung der Funkfrequenzen zu reduzieren.

Der Hauptgrund für die Existenz dieses Flugzeugs ist offensichtlich das Radarsystem, das es mit sich führt. Das ursprüngliche AWACS-Radarsystem mit der Bezeichnung APY-1 wurde von Westinghouse hergestellt, nachdem das Unternehmen 1972 den Ausschreibungswettbewerb gegen Hughes gewonnen hatte. Das AWACS-Radar arbeitet im E/F-Band, was bedeutet, daß es Radarwellen im Bereich von 2 bis 4 Gigahertz (GHz) in einer Wellenlänge von 7,5 bis 15 cm/2,59 bis 5,9 in. erzeugt.

Das Radar arbeitet nach dem Puls-Doppler-Prinzip, auf der Basis äußerst genauer Messung einer winzigen Frequenzverschiebung, die bei der Reflexion von Rardarstrahlen von einem sich bewegenden Ziel entsteht und es somit ermöglicht, ein Flugzeug in der Luft vor einem Hinter-

Der Innenraum einer Boeing E-3 Sentry Airborne Warning and Control System (AWACS) der USAF mit Blickrichtung zum Heck. Im Sichtbereich befinden sich die Konsolen, an denen die Lotsen die Luftkontakte sortieren und die Flugmanöver leiten. *Boeing Aerospace*

grund von Bodenstörflecken zu erkennen. Das heißt also, daß man mit diesem Radar auch »nach unten sehen« kann und tieffliegende Ziele erfaßt, solange sie schneller als 80 Knoten / 148 km / h fliegen.

Eine normale Mission-Crew besteht aus einer Lotsen- und einer Überwachungsabteilung und wird normalerweise von einem dienstälteren Captain kommandiert. Im Überwachungsbereich kontrollieren zwischen drei und fünf Techniker den Flugverkehr in einem riesigen Luftraum und leiten die gewonnenen Informationen an den Lotsenbereich weiter. Dieser setzt sich aus zwei bis fünf Waffen-Leitoffizieren zusammen, die an Vielzweckkonsolen sitzen, eigene Maschinen leiten und feindliche oder nicht identifizierte Kontakte abfangen. Aufgrund ihres besonderen Einsatzprofils befinden sich gegebenenfalls auch noch hochrangige Stabsoffiziere, Radartechniker, Funker, ein Kommunikationstechniker und ein Computertechniker an Bord einer AWACS-Maschine.

Die Displays der E-3 stellen eine wesentliche Verbesserung gegenüber den alten »bogey-dope«-Bildschirmen der EC-121 dar, bei denen man schon fast magischer Fähigkeiten bedurfte, um aus ihnen etwas herauslesen zu können; allerdings sind auch die jetzt verwendeten Displays sehr schnell veraltet. Die Symbole sind recht schwer zu interpretieren, und die Bildschirme können schnell Störflecke produzieren. Als positiv kann man jedoch vermerken, daß Trackball oder Maus, die verwendet werden, um Ziele auf dem Bildschirm auszuwählen oder »abzuhaken«, sehr leicht zu handhaben sind. Man muß sich zuvor allerdings an die Vorstellung gewöhnt haben, daß ein kleines Symbol mit einer Identifizierungsnummer ein Flugzeug darstellt. Dann kann man ganz gut damit umgehen.

Hinter dem Bereich der Konsolen befinden sich weitere Schränke mit Elektronik und ein Abschnitt für Passagiere und Personal auf Freiwache. Obwohl die Sitze hier nicht gerade umwerfend bequem sind, stellen sie doch eine eindeutige Verbesserung gegenüber der Situation »on the scope«[69] dar, bei der man unter maximaler Belastung steht. Es gibt auch eine winzige Bordküche und einige schmale Ruheliegen, die normalerweise für zusätzliches Flugpersonal (Piloten, Navigatoren etc.) vorgesehen sind. Kampfeinsätze der AWACS, die sich über mehr als 18 Stunden hinzogen, waren während des Golfkriegs keineswegs ungewöhnlich, und daher war sehr oft Reservepersonal erforderlich. Am äußersten Ende der Kabine befindet sich ein Regal mit Fallschirmen, und es gibt auch einen Notausstieg im Boden der vorderen Kabine. Der allerdings wurde glücklicherweise noch nie benutzt, weil bis heute nicht eine E-3 Sentry verlorenging.

Der Schlüssel dafür, daß ein AWACS-System überhaupt funktionieren kann, liegt in einer stabilen und gleichbleibenden Fluglage. Sentry-Piloten werden darauf trainiert, einen weiten, ovalen Rennbahnkurs in Richtung und Höhe präzise abzufliegen, wobei alle scharfen Wende- und Querneigungsbewegungen der Maschine vermieden werden müssen, die den normalen Scan-Durchgang (»Sweep«) der Radarkeule unterbrechen könnten. Die übliche Flughöhe für einen Einsatz liegt bei 29000 feet/8845 Metern (das entspricht in etwa der Höhe des Mount Everest) und einer maximalen Fluggeschwindigkeit von 443 Knoten/820,4 km/h. Ohne auftanken zu müssen, kann die E-3 mehr als elf Stunden in der Luft bleiben, doch verfügt die Maschine über eine Einfüllkupplung für Betankung in der Luft, wodurch die Einsatzdauer auf 22 Stunden verdoppelt werden kann. Das allerdings ist die äußerste Grenze, denn dann geht die Versorgung der vier JT3D/TF33-Triebwerke mit Schmieröl zu Ende. Auf solchen Marathon-Luftraum-Überwachungseinsätzen wird die Belastung des fliegenden wie auch des Einsatzpersonals bis an die Grenzen des Vertretbaren getrieben. Dadurch wurde einer der Schwachpunkte bei der »AWACS-Gesellschaft« offenkundig. In der Vergangenheit gab es häufig Schwierigkeiten mit dem fliegenden Personal, weil es zwischen den Einsätzen einfach nicht zu ausreichenden Ruhepausen kam. So waren über einen Zeitraum von fast zwanzig Jahren übermäßig viele Tage »on-the-road« ein typisches Kennzeichen des AWACS-Lebensstils. Unglücklicherweise sind die AWACS-Flugzeuge zu einem der beliebtesten Instrumente für Politiker geworden, die herauszufinden versuchen, was an Krisenherden vor sich geht, und das dürfte kaum dazu führen, daß sich die Lebensbedingungen der AWACS-Crews in Zukunft wesentlich verbessern werden.

Die meisten der 34 E-3, die im Dienst der USAF fliegen, sind den drei Airborne Air Control Squadrons (der 963., 964. und 965.) unterstellt, die

---

69 Aus der Marinesprache übernommen: Im Unterseeboot ist man »on the scope«, am Periskop

mit einer Schulstaffel (966.) zum 552. Luftraumüberwachungs-Geschwader (Air Control Wing) mit Stützpunkt auf der Tinker AFB in Oklahoma gehören. Eine Maschine ist mit der Aufgabe betraut, kontinuierliche Forschungs- und Entwicklungsarbeit für das Boeing-Werk in Seattle zu leisten, und ein paar Flugzeuge sind auf Dauer in Alaska stationiert und dort dem Kommandeur der Pacific Air Force (PACAF) unterstellt. Abkommandierungen zu Krisenherden in der ganzen Welt hat es immer gegeben, und das wird auch so bleiben. Begonnen hatten die Entsendungen mit einem Einsatzbefehl in der Amtszeit von Präsident Jimmy Carter, der drei E-3 nach Saudi-Arabien schickte, um dort ein Auge auf den Krieg zwischen Iran und Irak zu werfen. Die ganze Sache lief unter der Bezeichnung ELF-1, war für einen Zeitraum von einigen Monaten geplant und dauerte schließlich über elf Jahre. Es scheint das Los der AWACS-Leute zu sein, einen großen Teil ihres Lebens in der Luft zu verbringen und damit beschäftigt zu sein, die Krisenherde dieser Welt zu überwachen.

Obwohl einige der E-3-Systeme gerade jetzt anfangen, ein wenig überholt zu sein, sind die E-3 der AWACS-Flotte immer noch die Kronjuwelen der USAF und die wertvollsten Flugzeuge, die dem kommandierenden General einer Luftflotte unterstellt werden können. Ihre Anwesenheit in einem Luftkampfgebiet verbessert den Wirkungsgrad jeder Streitkraft, die von ihnen unterstützt wird, enorm, weshalb die AWACS-Flotte in der Führungsebene der Air Force als »Kraft-Multiplikator« (»Force Multiplier«) bezeichnet wird. Das mag auch erklären, weshalb man sich so duldsam gegenüber den hohen Kosten für Entwicklung, Einsatz und Instandhaltung einer solchen Einheit zeigt. Die technologischen Probleme bei der Entwicklung eines zuverlässigen und effektiven Luft-Frühwarn- und Überwachungs-Systems sind derart immens, daß nur eine einzige andere Nation jemals in der Lage war, so etwas wirklich auf die Beine zu stellen – Rußland mit seinen A-50 Mainstay AWACS auf der Basis des IL-76-Schwergut-Transporter-Rumpfes. In der Zwischenzeit haben die NATO, Saudi-Arabien und einige andere befreundete Nationen Versionen der E-3 gekauft.

Da sich die E-3-Flotte langsam dem zwanzigsten Einsatzjahr nähert, bestehen bereits starke Bestrebungen, Pläne zur Modernisierung des Systems in die Tat umzusetzen, damit dieses bis ins 21. Jahrhundert hinein seinen wertvollen Dienst versehen kann. Die Hauptpunkte dieses Programms für die geplante Modernisierung der E-3 sind unter anderem folgende:

- **GPS** – es hat einige Zeit gedauert, aber jetzt bekommt die E-3-Familie doch noch GPS-Empfänger, um die navigatorische Genauigkeit der AWACS-Maschinen selbst zu verbessern und damit auch die Qualität der Informationen, die von ihnen abgegeben werden.
- **Radar System Improvement Program (RSIP)** – die Modernisierungen im Rahmen des RSIP-Programms sind längst überfällige Verbesserungen am APY-1/2-Radarsystem, die einen verbesserten Radarcomputer, einen moderneren Graphikrechner für die Konsolen der Operatoren

und auch Modernisierungen am Radar selbst einschließen. Das alles sollte die AWACS-Lotsen in die Lage versetzen, mehr Ziele gleichzeitig mit weniger Störflecken auf den Bildschirmen verfolgen zu können. Darüber hinaus wird eine im Rahmen des RSIP-Programms überarbeitete Software auch Möglichkeiten wie »Windowing« (Display im Display) einschließen und so die Möglichkeit eröffnen, selbst Maschinen der ersten Stealth-Generation zu erfassen. Die letztgenannte Technologie unterliegt höchsten Geheimhaltungsstufen; allerdings wird sie wahrscheinlich auf etwa die gleichen Arbeitsweisen zugreifen, die unter der Bezeichnung »Breitband-Datenverarbeitung« bei den Unterseebooten im Einsatz sind. Westinghouse ist Erst-Vertragspartner für die Modernisierungen im Rahmen des RSIP und wird mit dem Einbau voraussichtlich Ende der 90er Jahre beginnen.

Da die E-3 derzeit das zweite Jahrzehnt im Dienst vollendet, wird es Zeit für die Air Force, sich über einen Nachfolger für die Sentry Gedanken zu machen. Das Problem liegt natürlich darin, zum einen das Geld dafür aufzutreiben und zum anderen zu entscheiden, welche Art von Flugzeug die USAF sich als Basis für den Nachfolgetyp vorstellt. Genau wie andere Modelle der ersten amerikanischen Jet-Transporter wurde die 707 im Rahmen der Maschinenbaustandards der 50er Jahre sehr konservativ konstruiert. Jetzt, nach vierzig Jahren kontinuierlicher technologischer Weiterentwicklung, ist sie einfach zu schwer, ein Spritfresser, und es ist letzten Endes zu aufwendig geworden, sie mit den modernen digitalen Flugsteuerungssystemen nachzurüsten. Als sich die Japaner entschossen, dem AWACS-Club beizutreten, bestellten sie das original E-3-Missionspaket, aber in einem modernen Flugwerk, nämlich der Großraumversion der Boeing 767 mit zwei Mantelstromtriebwerken. Da in Zukunft nur zwei Mann im Cockpit sitzen werden und eine bessere Kraftstoffausbeute gewährleistet ist, werden die Kosten wohl gesenkt werden können, dennoch wird es immer noch ein sehr kostspieliges Flugzeug sein.

Auch sollte es künftig (um 2010 bis 2020) möglich sein, auf das Radar-Rotodome zu verzichten und sich statt dessen schon soweit auf »conformal phased« und Kunstbild-Antennenflächen zu verlassen, daß die AWACS-Luftraumüberwachungs-Mission und die Joint-Stars-Bodenüberwachungsaufgabe, integriert auf einer einzigen Plattform, ausgeführt werden können. Das könnte durchaus eine in großen Höhen operierende Stealth-Maschine sein, bei der die Besatzung weitestgehend durch weiterentwickelte Computer ersetzt werden könnte. Die AWACS von heute, die lediglich über eine Höchstgeschwindigkeit von Mach 0,78 verfügen und einen RCS haben, der größer ist als die Front eines Bürogebäudes, können sich glücklich schätzen, daß sie in ihrer langen Laufbahn mit keinem Feind konfrontiert wurden, der über Langstrecken-Hochgeschwindigkeits-Antistrahlungs-Flugkörper verfügte. Allerdings ist auch jetzt, da sich die E-3 auf dem Höhepunkt ihres Einsatzlebens befindet, eine solche Lösung noch Jahrzehnte von ihrer Verwirklichung entfernt, und die Sentry bleibt der unangefochtene König auf dem Schachbrett des Himmels.

Waffen: wie man Bomben »smart« macht

Wenn Sie Analysen der militärischen Luftfahrt – besonders in den Massenmedien – verfolgen, könnten Sie ohne weiteres den Eindruck gewinnen, daß sich alles, was die Air Force betrifft, in erster Linie um Flugzeuge und nicht um Waffen dreht. Der Typ, der eine Maschine in die Wildnis des Himmels fliegt, ist dann ein heroischer Offizier mit stahlblauen Augen und überdies ein Gentleman. Der Typ dagegen, der mit den Lenkwaffensystemen an einer Werkbank herumbastelt, ist ein wehrpflichtiger Depp. Flugzeuge sind nun einmal glanzvoller als Waffen. Aber ohne Waffen, die sie ins Ziel bringen können, besteht die einzige Tätigkeit von Flugzeugen in der reinen Beobachtung. Obwohl wir festgestellt haben, daß die Aufklärung eine wertvolle und wichtige Aufgabe für ein Flugzeug ist, macht erst der Einsatz von Waffen über einem feindlichen Ziel eine Luftmacht zum glaubwürdigen Faktor in einer kriegerischen Auseinandersetzung.

Die Geschichte des heutigen Kriegsmaterials ist die Story, wie Bomben und Flugkörper »smart«, also clever oder intelligent, gemacht wurden. Seit dem Ende des Zweiten Weltkriegs flossen die meisten Entwicklungsgelder für neue konventionelle (z. B. nicht-atomare, chemische oder biologische) Waffen in Lenksysteme, die das Versprechen »ein Schuß, ein Treffer« halten konnten. Einige dieser Systeme, wie der Luft-Luft-Flugkörper Sidewinder oder die lasergeführten Paveway-Bomben, konnten dieses Versprechen bereits erfüllen. Bei anderen ging es nicht ganz so gut. Wie auch immer, nach dem Krieg, der 1991 am Persischen Golf stattfand, in dem nur 10 % der Waffen, die abgeworfen wurden, clever waren und 90 % der Beschädigung strategisch wichtiger Ziele für sich verbuchen konnten, können Sie sicher sein, daß man versuchen wird, sämtliche Waffen »intelligenter« zu machen. Die Zeiten der Verwendung ungelenkter Raketen oder »dämlicher« Bomben sind bestimmt noch nicht vorüber, doch deren Tage sind eindeutig gezählt.

Inzwischen hat die Bandbreite von Waffen, die von einem modernen Kampfflugzeug zum Einsatz gebracht werden können, derart zugenommen, daß man davon völlig verwirrt werden kann. Kürzlich nahm ein anderer Schriftsteller, der über Verteidigungsmaßnahmen schreibt, Kontakt mit mir auf und fragte nach Waffenprogrammen bei der Air Force. Die Vielfalt der Programme, über die wir sprachen, war so verwirrend, daß wir uns veranlaßt sahen, mit diesem Buch einen Versuch zu machen, so viele unterschiedliche Dinge wie nur möglich zu erklären, die von der U.S. Air Force auf unsere Feinde abgeschossen, gestartet oder geworfen werden können.

Luft-Luft-Flugkörper

Schnellfeuerkanonen sind ein lebenswichtiger Bestandteil des Waffenarsenals, das einen Fighter sowohl gefährlich als auch effektiv macht. Sie haben jedoch den Nachteil, daß Kugeln nun einmal nicht smart sind. In dem Augenblick, da sie die Mündung der Kanone verlassen, können sie nur noch der ballistischen Kurve folgen, die durch die Gesetze der Physik vorgegeben ist, und ihnen ist es völlig »egal«, was das Ziel in der Zwischenzeit macht. Dagegen kann ein *gelenkter* Flugkörper, nachdem er gestartet wurde, seine Flugbahn verändern, was natürlich die Wahrscheinlichkeit eines Treffers enorm steigert. Wenn Sie ins Buch der Weltrekorde schauen, werden Sie dort die Information finden, daß seit Ende des Koreakrieges die überwiegende Mehrheit von Abschüssen bei Luftkämpfen durch gelenkte Luft-Luft-Flugkörper (AAM, Air-to-Air Missiles) erzielt wurde. Vielleicht kommt Ihnen das nicht so gerecht vor wie ein Abschuß durch das Feuer einer Bordkanone, aber jeder Fighter-Jockey wird Ihnen erkären: »Ein Abschuß bleibt ein Abschuß!«

AIM-9 Sidewinder

Die ersten Experimente mit gelenkten AAMs wurden während der Nazizeit im Deutschland des Zweiten Weltkriegs durchgeführt. In der Absicht, ihre Jäger außerhalb der Reichweite von Abwehrkanonen großer Bomber- und Fighter-Luftflotten zu halten, die ihr Heimatland angriffen, entwickelten die Deutschen ganze Serien von Luft-Luft-Flugkörpern. Sehr zum Glück der alliierten Luftstreitkräfte kam die Ruhrstahl X-4 zu spät, um noch etwas ausrichten zu können. Dieser sehr kompakte, drahtgelenkte Flugkörper war so konstruiert, daß er vom Piloten des Flugzeugs, von dem er gestartet wurde, über einen kleinen Joystick »geflogen« werden konnte. Es war eigentlich ein hemmender Schritt auf dem Weg zu den heutigen AAMs, aber immerhin war es ein erster Schritt.

Nach dem Krieg begannen etliche Nationen mit der Entwicklung von SAM und AAM, wobei sie hofften, die Flotten von Atombombern ausschalten zu können, die – wie man befürchtete – den nächsten größeren Konflikt beherrschen würden. Die meisten wurden so entworfen, daß sie auf die neue Radartechnologie zurückgreifen konnten, die im Laufe des Zweiten Weltkriegs gereift war. Das Problem mit den radargelenkten Flugkörpern war aber, daß sie relativ schwer und enorm kompliziert waren und auf jeden Fall Flugzeug oder Abschußbasis benötigten, um das Ziel mit ihren Radargeräten nach dem Start des Flugkörpers zu verfolgen. Damit der Flugkörper in eine Vernichtungsentfernung zum Zielflugzeug gelangen konnte, mußten sie das Ziel mit einer Radarkeule »anleuchten« (»Feuerleitradar« genannt) oder den bereits gestarteten Flugkörper während des Flugs durch Funkfernsteuerung leiten (»Steuerung per Funkbefehl« oder »Funkstrahl-Reiten« genannt). Die ersten Fighter, die mit diesen sperrigen Systemen bestückt wurden, mußten groß sein und setzten so die Flugzeugkonstrukteure der damaligen Zeit unter den starken Druck, Flugzeuge zu bauen, die über eine vergleichbare Leistung verfügten wie ihre kleineren, nur mit Kanonen bewaffneten Konkurrenten. Geraume Zeit sah es so aus, als bliebe den Konstrukteuren von mit Raketen bewaffneten Fightern nichts anderes übrig, als mit den Zähnen zu knirschen und auf Fortschritte in der Entwicklung von Antrieben, Rümpfen, Computern und Elektronik zu warten, damit das Versprechen der Luft-Luft-Flugkörper umgesetzt werden konnte.

Doch plötzlich kam aus dem »Garagenlabor« eines brillanten und unorthodoxen Wissenschaftlers, das in den einsamen Bergen Kaliforniens lag, eine ebenso elegante wie einfache Lösung für das Problem mit der Flugkörperlenkung. Der Wissenschaftler war Dr. William B. McLean von der Naval Ordnance Test Station (NOTS), dem Artillerie-Testgelände der Marine in Inyokern, Kalifornien (heute das Michaelson Laboratory of the U.S. Naval Weapons Center in China Lake, Kalifornien). Ende der 40er Jahre baute er in der Werkstatt, die er sich in der Garage seines Hauses eingerichtet hatte, ein einfaches Gerät, das ein Flugzeug aufgrund der Hitzestrahlung seiner Triebwerke verfolgen konnte. Das bedeutete, daß nun ein Suchkopf für einen Flugkörper entwickelt werden konnte, der ein Ziel zu verfolgen vermochte, ohne auf die Radarlenkung der Startrampe oder der Flugzeuge, die ihn starteten, angewiesen zu sein.

Der Schlüssel dazu war ein kleiner elektronischer Detektor, »fotoelektrische Zelle« genannt, der imstande war, Hitze – oder infrarote Strahlung im Bereich des kurzwelligen elektromagnetischen Spektrums – wahrzunehmen. Die ersten Infrarotsucher verwendeten Detektoren auf der Basis von Bleisulfiden, einem Material, dessen elektronische Eigenschaften sich jedoch mit dem Grad der Sättigung mit Infrarotstrahlung änderten. Diese Suchköpfe konnten *nicht* auf Hitze reagieren, die von den heißen Abgasen eines Strahltriebwerks abgegeben wurde (wie es fälschlicherweise jahrzehntelang immer wieder berichtet wurde). Ganz im Gegenteil, die zielverfolgenden Bestandteile der hitzesuchenden Flugkörper der ersten Generation reagierten auf heißes Metall oder, genauer gesagt, auf die infrarote Energie, die vom heißen Metall der Auspuffrohre von Kolbenmotoren und Abgasdüsen von Jets abgestrahlt wurde. Der technische Hauptvorteil der Infrarotsucher ist, daß sie wesentlich kompakter, leichter und billiger sind als die Radar-Zielsuchköpfe von Flugkörpern. Das erlaubte es Dr. McLean und den Ingenieuren bei NOTS, einen Flugkörper zu entwickeln, der anfangs unter dem Namen Local Project (LP) 612 bekannt war, lediglich ein Gewicht von 155 lb. / 70,3 kg hatte und in einem röhrenförmigen Gehäuse mit einem Durchmesser von gerade 5 in. / 12,7 cm Platz fand. Um Geld zu sparen (das man sowieso nicht hatte), verwendete McLean die Flugwerke von ungelenkten Hochgeschwindigkeits-Artillerie-Raketen (HVARs – High Velocity Artillery Rockets), in die er Antriebe, Gefechtsköpfe und Elektronik packte. Hinter jeder starren Schwanzflosse befindet sich ein kleines Gerät, das wie ein Windrädchen aussieht. Man nennt das einen Rolldämpfer (»Rolleron«), und er hat die Aufgabe, die Waffe während ihres Fluges zu stabilisieren. Das ist nur einer der Tricks, die sich Dr. McLean und sein Team ausdachten, um die Sidewinder auf einem stabilen Kurs zu halten, wobei der Rolleron den eigenen Luftstrahl des Flugkörpers verwendet, um eine gyroskopische[70] Bewegung zu erzeugen und so die Schwingungen zu dämpfen, die das Lenksystem hervorruft. Diesen Rolldämpfer gab es schon bei den ersten Lenkwaffen, und er wird heute noch verwendet. Der LP612 hatte außerdem den Vorteil, die erste »Starte-und-vergiß-sie«-Waffe zu sein – der Pilot brauchte den Flugkörper nach dem Startvorgang nicht mehr zu lenken. Taktisch gesehen bedeutet das, daß die Maschine nach dem Start der Waffe völlig frei manövrieren oder sich davonmachen kann.

Als 1953 die ersten Teststarts der Waffe, die später unter der Bezeichnung Aerial Intercept Missile Nine (AIM-9, »Luft-Abfang-Flugkörper Neun«) bekannt werden sollte, durchgeführt wurden, erhielt sie durch ihre schlangenähnlich gewundene Flugbahn in Richtung auf die Testziele auch gleich den Namen, den sie für das nächste halbe Jahrhundert ihrer Verwendung behalten sollte: Sidewinder[71]. Seit den ersten Tests gegen Ziel-Drohnen[72] war die Sidewinder wegen ihrer hohen Zuverlässigkeit und tödlichen Genauigkeit der erklärte Liebling aller Piloten am China Lake. Außerdem stellte sich heraus, daß auch ältere Maschinen einfach und kostengünstig nachgerüstet werden konnten und so eine ganze Generation im Dienst stehender Fighter in den Genuß der AAMs kam, ohne den Nachteil eines schweres Air-Intercept-Radars (AJ) für deren Lenkung in Kauf nehmen zu müssen. Der Sidewinder AAM wurde von diesem Tag an sehr schnell von Navy und U.S. Marine Corps als Standard bei den Kurzstrecken-AAMs übernommen.

Die Wirksamkeit der kleinen AIM-9-Flugkörper wurde 1958 demonstriert, als die Regierung Eisenhower Taiwan mit Sidewindern und Startgeräten versorgte, damit das Land seine Sabre-Jets nachrüsten konnte. Die Luftstreitkräfte Taiwans fochten täglich Luftkämpfe mit den MiG 17 der Volksrepublik China über den kleinen Inseln Quemoy und Matsu in der Straße von Formosa aus. Obwohl die AIM-9-Flugkörper nur für einen geringen Prozentsatz der Abschüsse von MiGs während der Kämpfe verantwortlich waren (die meisten Abschüsse kamen nach wie vor durch den Einsatz der Kaliber-.50-Kanonen zustande), war ihre Wirkung immens, und der Ruf dieses tödlichen kleinen AAM, den man nach einer Klapperschlangenart benannt hatte, breitete sich wie ein Lauffeuer in der Welt der Fighter aus.

Im Laufe der nächsten paar Jahre kamen die ersten Modelle des AIM-9 (gewöhnlich die AIM-9B-Variante) auf Kriegsschauplätzen in der ganzen Welt zum Einsatz. Am Himmel über dem indischen Subkontinent (im Krieg zwischen Indien und Pakistan 1965), Nordvietnam (1965 bis 1973)

---

70 Gyroskop = Meßgerät für den Nachweis der Achsendrehung der Erde

71 Wortspiel: »Sidewinder« bedeutet einerseits »Seitenwinder« (etwas bekommt Wind von der Seite bzw. windet sich seitlich) und bezeichnet andererseits eine amerikanische Klapperschlangenart

72 Unbemannte Ziel-Flugkörper für Schieß- und Lenkflugkörper-Übungen

und dem Mittleren Osten (während des Sechs-Tage-Krieges im Juni 1967) war die Sidewinder der wirkungsvollste Luft-Luft-Flugkörper im Einsatz. Durch ihn wurden mehr feindliche Flugzeuge abgeschossen als durch jeden anderen AAM in jener Zeit, und er beschämte die über weitere Entfernungen fliegenden, schwereren und wesentlich teureren radargelenkten AAMs wie die AIM-7 Sparrow. Diese ersten Modelle des AIM-9 waren so effektiv, daß die Sowjetunion sofort genaue Kopien davon herstellte, als ihr Ende der 50er und Anfang der 60er Jahre einige Sidewinder in die Hände fielen, die sie dann unter der Bezeichnung R-13/AA-2 Atoll zur Verwendung durch ihre eigenen Kampfflugzeuge produzierte.

Bei allem Erfolg hatte aber auch die Sidewinder einige bedeutende Schwächen und Mängel. Viele davon zeigten sich in Vietnam. Ein Beispiel: Die ersten Ausführungen der AIM-9B Sidewinder waren Flugkörper für relativ kurze Entfernungen (etwa 2,6 nm./4,81 km), und ihr Suchkopf konnte ein Ziel nur dann »annehmen« und sich darauf aufschalten, wenn die Maschine, von der sie gestartet wurde, hinter dem Ziel herflog (in einem Bogensegment von 90° zentriert auf die Verlängerung der Mittellinie in Flugrichtung des Zielflugzeugs). Außerdem waren sie durch Leucht-Scheinziele, Infrarot-Störmittel und sogar durch die Sonne zu beeinflussen. (Wenn man einen Start auf ein Ziel auslöste, das sich in einem Winkel von 20° zur Sonne befand, ignorierte der Flugkörper dieses Ziel und schaltete sich statt dessen auf die Sonne auf.) Das größte Problem bestand allerdings darin, daß seitens der Piloten ein tieferes Verständnis für die Leistungskriterien der Flugkörper fehlte. (Das Gebrabbel der Flieger hörte sich gewöhnlich so an: »Wie schnell ist er bei Wendemanövern und im Steig- und Sinkflug bei verschiedenen Höhen und Geschwindigkeiten?«) Dazu kam, daß es der Elektronik-Technologie, die sich in jener Zeit in ihrer Anfangsphase befand (Vakuumröhren), einfach an der nötigen Zuverlässigkeit mangelte, um die Stoßbelastungen bei der Landung auf Flugzeugträgern und die tropische Hitze und Feuchtigkeit in Südostasien zu überstehen. Das Resultat war, daß das amerikanische Militär Anstrengungen unternahm und Programme in die Wege leitete, um die Sidewinder und andere Luft-Luft-Flugkörper zu verbessern.

1968 zeigte eine Studie der U.S. Navy, der sogenannte »Ault Report«, die schwache Leistung der amerikanischen Fighter-, Radar- und Flugkörper-Systeme in Südostasien auf. Eines der ersten Ergebnisse dieser Studie lautete, daß eine bessere Schulung der US-Piloten nötig sei. Dabei sollte ihnen beigebracht werden, ihre Maschine in das »Herz« des tödlichen Leitungsprofils eines Flugkörpers zu manövrieren und so die Chancen für einen Abschuß zu maximieren. Die Schaffung von Dissimilar Air Combat Training[73] (DACT: Luftkampfanwendungen gegen Fighter, die über andere Flugcharakteristika als die eigene Maschine verfügten, wobei elektronische Instrumentierungssysteme verwendet wurden, welche die Leistung bestehender Flugkörper simulieren konnten), Kursen bei USAF und USN (United States Navy), und besonders die berühmte »Top Gun«-

73 »Andersartige Übungskurse für den Luftkampf«

Schule der Navy trugen erheblich zur Verbesserung der Leistungen amerikanischer Piloten im Kampf bei. Was die Sidewinder angeht, so gab es in den Herstellerwerken bereits eine Reihe von Programmen zur Produktverbesserung, um den kleinen AAM erneut zu überarbeiten.

Beim ersten dieser Programme kamen Versionen dieses Flugkörpers für USAF – der AIM-9E – und USN (United States Navy)/USMC (United States Marine Corps) – der AIM-9D – heraus. Beide Versionen, die Mitte der 60er Jahre in Serie gingen, hatten gekühlte Suchköpfe (thermo-elektrisch im Fall des AIM-9E und gasgekühlt beim AIM-9D). Die E-Modelle waren Umbauten der früheren AIM-9B Sidewinder und erbrachten gegenüber dem B-Modell verbesserte Leistungen im Tiefflug-Einsatz. Zusätzlich bekam die D-Version einen stärkeren Raketenmotor für eine größere Reichweite (bis zu 11 nm./20,37 km) und einen verbesserten Gefechtskopf. Später wurde bei der USAF das E-Modell der Sidewinder noch weiter modifiziert und hatte dann in der Ausführung als AIM-9J verbesserte aerodynamische Oberflächen sowie eine geänderte Steuerung, was beides zu gesteigerter Manövrierfähigkeit und Reichweite (etwa 9 nm./16,67 km) führte. Im Laufe dieser zweiten Generation wurden allmählich Startkapazität, Reichweite und Leistung der verschiedenen Versionen der Sidewinder gesteigert. Jetzt konnte der Pilot auch Starts auslösen, wenn er sich nur irgendwo hinter den Flügeln eines feindlichen Flugzeugs (in einem halbkugelförmigen Bereich von 180°) befand, sogar noch aus sehr großer Überhöhung (bezogen auf die Mittellinie des feindlichen Flugzeugrumpfes) und sowohl aus maximaler wie auch aus minimaler Entfernung. Die Sidewinder-Versionen halfen den Fighter-Streitkräften der USN und USAF 1972, die MiGs aus Nordvietnam zu dezimieren, und sie waren für den Rest der 70er Jahre das Rückgrat im Waffenarsenal von Kurzstrecken-AAMs der westlichen Welt. Eine dritte Generation – der AIM-9L – trat ihren Dienst in den 80er Jahren an.

Die letzten und derzeit verwendeten Sidewinder der dritten Generation sind die Version AIM-9M. Wie schon die vorausgegangene Variante AIM-9L, wird das »Mike« (gesprochener Buchstabe »M« des Funksprechalphabets) genannte Modell bei den Fighter-Streitkräften der USN, USMC und USAF bei fast jedem Flugzeug verwendet, das sich in Luftkämpfe einlassen kann. Normalerweise setzt die USAF den »Mike« bei Fightern wie F-15 Eagle und F-16 Fighting Falcon ein. Sein hervorstechendstes Merkmal ist das röhrenförmige Flugwerk, 5 in./12,7 cm im Durchmesser, an das die vorderen (Lenkung) und hinteren Flossen kreuzweise montiert wurden. Vorn am Flugkörper ist ein sich verjüngendes Nasensegment mit einem halbkugelförmigen Sucherfenster an der Spitze. Die Abmessung von 5 in./12,7 cm war einer der ganz großen Vorzüge dieses kleinen Flugkörpers, allerdings auch sein größter Fehler. Auf der positiven Seite kann vermerkt werden, daß der ursprüngliche Flugkörper über einen Zeitraum von mehr als vierzig Jahren relativ unverändert geblieben ist. Das erlaubte es den Flugzeugkonstrukteuren, eine ganze Bandbreite einfallsreicher Lösungen zu finden, um die Sidewinder in die Waffengarnitur von Fightern zu integrieren. Im Fall der F-16 und F-18 sind die Hauptstartgeräte zum

Loral Aeronutronic AIM-9L / M-Sidewinder-Luft-Luft-Flugkörper in ihren Startgeräten. Der Sucher ist in der gerundeten Nase der Flugkörper untergebracht, und die Flossen wurden so konstruiert, daß sie möglichst gute Manövriereigenschaften gewährleisten und möglichst wenig aerodynamischen Widerstand aufbauen.

LORAL AERONUTRONIC

Beispiel an den Flügelspitzen montiert. Auf der negativen Seite muß man festhalten, daß es sehr schwierig sein kann, Verbesserungen in einem Rohr von nur 5 in. / 12,7 cm Durchmesser unterzubringen. Die AAM-Konstrukteure bei den Israelis und den Sowjets gaben schon geraume Zeit zuvor das Prinzip des Flugwerks mit geringem Durchmesser auf, um stärkere Motoren und größere Gefechtsköpfe unterbringen zu können.

Letzten Endes befindet sich aber das, was zählt, im Inneren des Flugwerks, und die Sidewinder kann mit dem begrenzten Raumangebot genausoviel veranstalten wie jeder andere Flugkörper auf der Welt. Die augenblicklich verwendete M-Version ist etwa 113 in. / 287 cm lang, und die vorderen Entenflügel (BSU-32 / B) haben eine Spannweite von 15 in. / 38,1 cm, die hinteren Leitwerke (Mk 1) dagegen 24,8 in. / 62,9 cm. Sie hat ein Gewicht von 194 lb. / 87,9 kg und wurde im Haushaltsjahr 1981 zum ersten Mal produziert. Am Vorderteil des Flugkörpers befindet sich die WGU-4A / B Guidance Control Section (GCS). Im Inneren der GCS ist der Sucher, das Exzellenteste, was es im Sortiment von Einzelelementen mit Infrarot-Empfindlichkeit gibt. Er besteht aus einem Detektorelement, einer Indium-Antimon-Verbindung (InSb), wird von einem Joule-Thompson-

Kryostat[74] mit offenem Kreislauf gekühlt und auf einem auslenkungsbegrenzten »Kopf« hinter einem Sucherfenster aus Magnesiumfluorid (MgF_2, ein zerbrechliches Material, aber selektiv für die Infrarotstrahlung in der speziellen Wellenlänge des Suchers durchlässig) in einer Sucherkuppel montiert. Das Sucherelement überträgt seine Daten in einen Signalrechner, der seinerseits die Steuerbefehle für die vier Entenflügel erzeugt, die an den Seiten des Sucher-Lenk-Abschnitts angebracht sind. Das wirklich Tolle am augenblicklichen System ist, daß es zwei unterschiedliche Wellenlängen bzw. »Farben« abtastet. Das bedeutet, daß es sowohl die kurzen und mittleren Wellenlängen (Infrarot) des Lichts als auch die langwellige Strahlung (Ultraviolett) des Spektrums erfaßt, und das ist eine tödliche Kombination.

Direkt vor dem Raketenmotor befindet sich der Abschnitt, in dem der Gefechtskopf WDU-17 Annular Blast Fragmentation (ABF) untergebracht ist. Bis dahin gab es immer umfangreiche Kritik an der relativ geringen Größe des Sidewinder-Gefechtskopfes. Daher beschlossen die Konstrukteure, als sie mit der Entwicklung der dritten AIM-9-Generation begannen, die Zerstörungskraft des 25 lb./11,34 kg schweren Spengkopfs zu verstärken. Die vorausgegangenen Versionen boten eine bunte Mischung von Waffenwirkungen an. Die Lösung kam mit einer neuen Art von Annäherungszünder, der erkennen kann, wann sich ein feindliches Flugzeug in eine tödliche Entfernung begibt, und dann die Detonation so auslöst, daß der Explosionsdruck (und die Splitter) des Gefechtskopfes auf die Zielmaschine direkt einwirkt. Der Zünder setzt sich aus Laserdetektoren und einem Ring zusammen, der aus vier Paar Dioden besteht, die Laserstrahlen aussenden (etwa so wie die Infrarot-Fernbedienung und das dazugehörige Empfängerfeld an Ihrem Fernsehgerät). Der DSU-15/B Acitve Optical Target Detector stellt mit Hilfe des Laserdetektoren-Rings fest, wann sich das Zielflugzeug in Reichweite befindet. Für den Fall, daß der Flugkörper einmal sein Ziel verfehlt (bei der Genauigkeit des Lenksystems ein seltenes Vorkommnis), ist der Gefechtskopf so konstruiert, daß er explodiert und seine Bruchstücke (Fragmentation Pattern) auf die feindliche Maschine spuckt. Das ist immer noch eine sehr effektive Abschußmethode, weil die russischen Fighter der zweiten und dritten Generation, die anzugreifen der AIM-9L/M entworfen wurde, keine selbstdichtenden oder Sack-Kraftstofftanks haben. Tatsächlich haben russische Designs wie die MiG-23/27 Flogger und die MiG-25 Foxbat normalerweise nur ein dünnes Blech aus Flugzeugaluminium oder rostfreiem Stahl zwischen Kraftstoffvorrat und freiem Himmel. Das bedeutete, daß selbst ein einziger heißer Splitter, der in einen Kraftstofftank vordrang, mit einiger Wahrscheinlichkeit genügte, um das sowjetische Flugzeug in einen abstürzenden Feuerball zu verwandeln.

Am hintersten Ende des Flugwerks ist der Raketenmotor. Im Laufe der Jahre haben USAF und USN unterschiedliche Vorstellungen davon entwickelt, was sie vom Antriebssystem der Sidewinder erwarteten. Tatsäch-

---

74 (Tief-)Temperaturregler

lich bestand diese Meinungsverschiedenheit zwischen USAF und USN schon seit den 60er Jahren, als die ersten verbesserten Sidewinder aus der Serienherstellung kamen,. Der Mk-36-Raketenmotor im AIM-9M begünstigt den Standpunkt der USAF. Mit dem Mk 36 kann das M-Modell der Sidewinder theoretisch eine Reichweite von 11 nm./20,37 km bei einer maximalen Flugzeit von einer Minute erreichen.

Was hat das alles eigentlich für eine Bedeutung, wenn es zu einem wirklichen Kampf kommt? Nun, führen Sie sich bitte einmal die Leistungen der AIM-9L/M-AAM-Serien vor Augen, die sich in der Zeit von 1981 bis 1991 im Einsatz befanden. In dieser Zeit wurden etwa zwanzig Flugkörper gestartet, bei 16 Treffern, aus denen 13 Abschüsse wurden. Im gleichen Zeitraum konnten einige ausländische Kunden auf noch bessere Ergebnisse verweisen. Die saudi-arabischen Piloten schossen zwei, die Sea Harrier der Royal Navy während des Falklandkrieges 25, pakistanische Flugzeugbesatzungen 16 und die Israelis wahrscheinlich noch einige Dutzend mehr ab. Diese Erfolgsbilanz wird mit einiger Sicherheit von einem nachfolgenden AAM-Modell nicht wiederholt werden können.

Trotz aller High-Tech- und althergebrachten Genialität, die dazu beigetragen hat, die Sidewinder so erfolgreich zu machen, ist diese doch einer der am einfachsten zu handhabenden Flugkörper geblieben. Wenn der Pilot einer F-16 einen AIM-9M auf ein Ziel starten will, muß er nur *AAM* auf dem Waffenkontroll-Panel anwählen. Im selben Augenblick fängt der Sucher in der Nase des Flugkörpers an, nach einem Ziel vor dem Fighter Ausschau zu halten. Sollte sich das Radar des Flugzeugs zu diesem Zeitpunkt bereits auf das Ziel aufgeschaltet haben, kann der Suchkopf vom Radar »versklavt« (*Slave*-Mode) werden und seinerseits mit diesen Radardaten auf das Ziel aufschalten. Ein Pilot wird anschließend von der Aufschaltung durch ein Tonsignal in seinem/ihrem Kopfhörer informiert. Wenn der Ton zu einem kräftigen »Knurren« wird, ist der Flugkörper zum Start bereit. Zu diesem Zeitpunkt braucht der Pilot nur noch ganz leicht den Abzug zu drücken, und der Flugkörper ist auf dem Weg. Im selben Augenblick steht es dem F-16-Piloten frei, einen weiteren Flugkörper zu starten, ein anderes Ziel zu suchen oder »verdammt noch mal aus Dodge City zu verschwinden«, falls das nötig sein sollte.

AIM-120 AMRAAM

Die Piloten nennen ihn »Slammer«, und er ist der schnellste, cleverste und tödlichste AAM der heutigen Welt. Er funktioniert so gut, daß ein F-15-Pilot einmal das Abschießen von feindlichen Maschinen mit dem »Wegwerfen von Babywindeln« verglich, eine nach der anderen ... wumm! ... wumm! ... WUMM!« Ein schlagendes Argument, sogar noch bedeutungsvoller, wenn man bedenkt, daß das Progamm namens »AIM-120 Advanced Medium Range Air-to-Air Missile«[75] durch Entwicklungsschwierigkeiten und die

75 »Weiterentwickelter Mittelstrecken-Luft-Luft-Flugkörper«

Opposition im Kongreß beinahe zu einer Totgeburt geworden wäre. Die langwährende und schmerzhafte Schwangerschaft, besonders bei der Software und der Herstellungstechnik, brachte das Programm, wie man hört, in den 80er Jahren fast zur Strecke. Seit gerade mal vier Jahren im Einsatz, ist das Anfangsmodell AIM-120A (»Scorpion«) bereits der am meisten gefürchtete Flugkörper in der Geschichte der Luftkriegführung. Trotz allem, der AMRAAM wäre niemals nötig gewesen, wenn sein Vorgänger, die AIM-7 Sparrow III, nicht eine derart herbe Enttäuschung gewesen wäre.

Die AIM-7 Sparrow ging 1946 als Sperry XAAM-N-2 Sparrow I aus dem Projekt »Hot Shot« der Navy hervor. Hot Shot suchte nach einer Lösung, um bereits in der Luft mit den Jets und Kamikaze-Maschinen fertigzuwerden, die gegen Ende des Zweiten Weltkriegs aufkamen. Obwohl er schon 1951 in Produktion ging, schaffte es der erste Sparrow AAM nicht, die Testziele abzufangen. Das gelang erstmals 1953 bei Inyokern in Kalifornien, und 1956 wurde er schließlich bei der USN in den Dienst der Flotte übernommen. Dieser erste radargelenkte AAM verwendete das »beam riding« genannte Radarlenksystem, das wirklich nur groß bemessene Bomber treffen konnte, wenn diese auch noch geradeaus und auf gleichbleibender Höhe flogen. Als man sich bei der Navy der Einschränkungen des Sparrow-I-Flugkörpers bewußt wurde, startete man in den späten 50er Jahren ein Programm, um ihn zu verbessern und zu einer Waffe mit größeren taktischen Fähigkeiten zu machen. Aus diesen Anstrengungen entstand die AIM-7C Sparrow III, produziert bei Raytheon in Massachusetts. In dieser neuen Version wurden das ursprüngliche Flugwerk und der Antrieb beibehalten, aber ein neues Lenkschema verwendet, das unter der Bezeichnung »semi-aktiv« bekannt ist. Beim semi-aktiven Lenksystem »beleuchtete« das Flugzeug, von dem der AIM gestartet wurde, die Zielmaschine mit seinem Radar, und der Sucher orientierte sich an den reflektierten Radarstrahlen. Das verlagerte die Last der Abfangprobleme auf das Radarsystem des Flugzeugs, machte es aber möglich, daß der Flugkörper kleiner, leichter und angeblich auch einfacher gebaut werden konnte. Wenn es nur so einfach gewesen wäre!

Als das Sparrow-System direkt nach dem Zweiten Weltkrieg vorgestellt wurde, gab es einfach noch nicht die Elektroniktechnologien, die Lenkflugkörper wirksam und zuverlässig machen konnten. Die Radar-/Flugkörper-Konstrukteure der Anfangszeit mußten noch mit Elektronenröhren, den ersten, analog rechnenden Computern und komplizierten, massigen logischen Schaltkreisen arbeiten. Deshalb mußte die Sparrow ein langes Einsatzleben mit der Achillesferse einer primitiven Technologie absolvieren. Nur ein Beispiel: Um das Ziel während des gesamten Fluges der Sparrow zu beleuchten, mußte das Startflugzeug ständig in einer taktisch nachteiligen Position bleiben – im Geradeausflug bei gleichbleibender Höhe, statt aggressiv manövrieren zu können. Diese Order wurde in Vietnam als ROE erlassen, die aus Sicht der obersten Regierungsebene (Präsident) politisch zwar begründet sein mochte, aber unrealistisch war. Diese ROE unterbanden den Einsatz der Sparrow auf mittlere Entfernungen oder außerhalb der Sichtweite (Beyond-Visual-Range, BVR). Aber gerade auf diese Distanzen war die Sparrow in der Lage, ein feindliches Ziel mit dem geringstmöglichen Risiko für das Flugzeug zu zerstören, das den Flugkörper startete. (BVR bedeutet eine Entfernung von mehr als 20 nm./37 km. Piloten ziehen es vor, diesen Bereich mit dem Fachbegriff »no escape zone« zu belegen, ein ständig wechselndes, tropfenförmiges Raumvolumen von Ausmaßen, die der Geheimhaltung unterliegen.) Das zwang die Crews der schweren F-4 Phantom, die Sparrow zu nahe am sichtbaren Bereich gegen die beweglicheren MiGs der Nordvietnamesen zu starten, und machte es ihnen fast unmöglich, das Radar des massigen Fighters auf den beweglichen Abfangjägern des Feindes zu halten.

Die Startreihenfolge war nun ein völliger Alptraum. Die AIM-7E2-Version der Sparrow III, die während des ganzen Vietnamkriegs verwendet wurde, hatte über neunzig elektrische, pyrotechnische und druckluftbetriebene Funktionen, die in der absolut richtigen Reihenfolge gestartet werden mußten, und es dauerte über drei Sekunden, den AIM aus seiner Startvorrichtung heraus und auf den Flug zum Ziel zu bringen. Als ob das nicht schon schlimm genug wäre, war das AWG-10-Radarsystem, das bei den F-4J der U.S. Navy verwendet wurde, im großen und ganzen hinsichtlich der Zahl der Einzelteile wie auch der Kompliziertheit der Gesamtkonstruktion mit den unbemannten Sonden der Surveyor-Serie vergleichbar, die 1966 zum Mond gestartet worden waren. Die Mondsonde brauchte allerdings nur unter den Vakuum-Umweltbedingungen des Mondes, die als relativ günstig angesehen werden können, und über eine Zeit von ein bis zwei Monaten zu funktionieren. Das AWG-10 hingegen mußte auch dann noch funktionieren, wenn es wiederholt unter tropischen Witterungsbedingungen durch Katapultstarts und Landungen auf den Flugzeugträgern durchgeprügelt worden war. War es da ein Wunder, daß die Sparrow III wie auch die Radarsysteme auf den verschiedenen F-4-Modellen schwere Probleme hatten, was ihre Zuverlässigkeit anging? Die Ingenieure des Projekts Hot Shot hätten es niemals für möglich gehalten, daß ihre zusammengeschalteten Black Boxen einmal von Flugzeugträgern katapultiert und den Belastungen von drei Fanghakenlandungen pro Tag ausgesetzt sein würden – und das alles auch noch in der dampfenden Hitze Südostasiens und über endlose Wochen hinweg. Auf den Punkt gebracht: Niemand hatte die Eigenart eines Luftkriegs in der realen Welt vorausgesehen, und der Sparrow-AAM war eines der Opfer dieser mangelnden Voraussicht.

Es wäre schön, wenn man behaupten könnte, die radargelenkte AIM-7 Sparrow sei ähnlich erfolgreich gewesen wie ihre hitzesuchende Nichte AIM-9 Sidewinder. Aber das wäre gelogen. Sie war eine Enttäuschung, ungeachtet etlicher zehn Milliarden US-Dollar, die für sie und ihr Feuerleitradar ausgegeben wurden. Wenn der AIM-7 korrekt bedient wird und die Leistungsschalter richtig arbeiten, kann er durchaus der tödlichste aller AAMs sein. Die Konstrukteure versprachen aber eine »silberne Kugel« und konnten dieses Versprechen nie halten, womit sie den Beweis antraten, daß es keine Rolle spielt, wieviel Geld man mit einem Programm zum Fenster hinauswirft: Die grundlegenden Grenzen einer Konstruktion können dadurch nicht überwunden werden. Einige der Technologien, auf denen der AIM-7 aufgebaut wurde, waren von fundamentaler Mangelhaftigkeit. Trotzdem brachte es die Sparrow auf fünf Jahrzehnte im Einsatz, und sie ist es immer noch, hin und wieder verbessert und modernisiert. Sie wurde zur Hauptwaffe der F-15 Eagle, und auch die meisten anderen US- und NATO-Fighter, die für Luftkämpfe gerüstet sind (wie F-14 Tomcat und F-18 Hornet), tragen sie. Langsam und schmerzvoll hat man die Unzulänglichkeiten und Mängel auf Kosten von etlichen Milliarden US-Dollar zu Lasten der Steuerzahler überwunden. Schließlich erlebte die Sparrow III rund 45 Jahre nach ihrer Geburt doch noch – während der Operation Desert Storm – einen Sonnentag. Die gute Neuigkeit lautete, daß mit der letzten Hauptversion, dem AIM-7M, mehr irakische Flugzeuge (42) abgeschossen wurden als mit allen anderen Waffen zusammen und daß er fast viermal so wirksam wie zu seiner Zeit in Vietnam war. (In Vietnam kam der AIM-7 auf eine Erfolgsquote von etwa 9 %, während er im Golfkrieg, je nachdem, wie man die Daten interpretiert, etwa 36 % schaffte.) Die schlechten Nachrichten bestanden zum einen darin, daß fast die Hälfte aller gestarteten AIM-7 nicht einwandfrei funktionierte und nur eine von drei Sparrows überhaupt irgend etwas traf oder abschoß. Von 71 AIM-7M, die während Desert Storm gestartet wurden, trafen nur 26 ihr Ziel – 23 davon mit Abschüssen. Es war die beste Leistung, die der Sparrow-Lenkflugkörper jemals erbrachte, und sie stank zum Himmel. Glücklicherweise war damals schon ein Ersatz unterwegs.

Vietnam war ein Wecksignal für die Fighter-Gemeinschaft. Sie hatten nicht die richtigen Waffen für den Job; und das ging einigen von ihnen gewaltig gegen den Strich. Es vergingen allerdings nochmals einige Jahre, noch mehr Sparrow-Varianten kamen und gingen und bekamen schließlich doch den »Heimatschuß«, bevor ein BVR-Flugkörper zur Verfügung stand. Das Argument für einen von Grund auf neuen Flugkörper war einfach. Wenn eine feindliche Luftstreitmacht mit einem IR-Flugkörper für alle Bedingungen gegen die US-Fighter anträte, die nur mit Sparrows ausgerüstet wären, könnten diese nicht einmal bei dem heiklen Abschuß-/Verlust-Verhältnis mithalten, das als Scheidegrenze zwischen Sieg und Niederlage angesehen werden kann.

Deshalb kam es schließlich doch zur Spezifikation für einen neuen BVR-Flugkörper: Er sollte die gleichen »Starte-und-vergiß-ihn«-Kapazitäten haben wie die Sidewinder, aber eine wesentlich höhere Zuverlässigkeit und Geschwindigkeit. Er sollte von erheblich kleineren Fightern getragen werden können als die Sparrow, und das Konzept »Maximale Reichweite« sollte zugunsten einer praktischeren und tödlicheren Dimension verbannt werden – der »no-escape zone«. No-escape ist dabei so zu verstehen, daß es für jedes Zielflugzeug innerhalb des Leistungs-»envelope« des neuen Flugkörpers unmöglich sein sollte zu entkommen, ganz gleich, wie stark und schnell der Nachbrenner eingesetzt würde und wie wild die geflogenen Ausweichmanöver wären. Da die AIM-7-Serien weder das Gehirn noch die nötige Kraft für derart ausgeklügelte Manöver besaßen, war es für einen gut ausgebildeten Piloten relativ leicht, ihnen zu entkommen, besonders dann, wenn er vorgewarnt wurde, und sei es auch durch einen primitiven RWR.

Fünf verschiedene Hersteller wetteiferten um den Produktionsauftrag für Advanced Medium Range Air-to-Air Missile oder AMRAAM. 1979 waren noch zwei Vertrags-Wettbewerber im Rennen: die Raytheon Corporation und Hughes Missile Systems. Nach Entwicklungen und Ausscheidungskämpfen über einen Zeitraum von zwei Jahren errang Hughes 1981 den größten AAM-Vertrag des Jahrhunderts. Dieser Vertrag lief über 24 Entwicklungsmodelle mit der Option auf die Produktion von weiteren 924 und einer geplanten Aufstockung auf 24000. Der Flugkörper, als AIM-120 bezeichnet, sollte fast ein Jahrzehnt brauchen, bis er zum Einsatz kommen konnte.

Für eine erfolgversprechende Lösung der Probleme, die mit der Entwicklung des AMRAAM verbunden sind, brachten Hughes hervorragende Referenzen und eine Fülle von Erfahrungen ein. Sie waren schon die Hersteller der AIM-4-Falcon-AAM-Serien, die seit geraumer Zeit verwendet werden, und der stärksten AAM der Geschichte, der mächtigen AIM-54 Phoenix. Phoenix wurde 1974 für die F-14 Tomcat in den Dienst übernommen, der erste wirkliche »Fire-and-forget«-AAM-Lenkflugkörper mit Radarsuchkopf und für mehr als zwei Jahrzehnte der Luftschild der Flotte. Wegen ihrer imposanten Größe und ihres beeindruckenden Gewichts bekam sie von den Aircrews der Flotte den Namen »The Buffalo«. Die Reichweite des »Büffels« liegt bei 100 nm./185,2 km, und er kann mehrere Ziele gleichzeitig mit Mehrfach-Flugkörpern angreifen. Eine der Schlüsselforderungen im Lastenheft des AMRAAM-Programms lautete, daß die Piloten von einsitzigen Maschinen wie F-15 und F-16 aus die gleiche Feuerkraft und die gleichen taktischen Möglichkeiten haben sollten wie die Zwei-Mann-Crew der F-14 Tomcat mit ihrem starken AWG-9-Radar-/Feuerleitsystem. Es könnte schon eine technische Herausforderung sein, so viel Leistung in ein wesentlich kleineres Flugwerk zu packen.

Unglücklicherweise litt das AMRAAM-Programm unter fürchterlichen technischen Problemen. Jahrelang schienen Entwicklung und Testserien des AMRAAM einfach nicht glatt ablaufen zu wollen, was sicherlich in der Hauptsache darauf zurückzuführen war, daß alles, was den AIM-120 anging, den besten Technologien der Sparrow schon um Generationen voraus war. Die fortgeschrittene Elektronik, die Bauweise und der Raketenmotor waren schwierig zu entwerfen, zu bewerten und herzustellen. Die eigentliche Macke war aber die Software. Die Scorpion wird von einem Mikroprozessor gesteuert, der hunderttausende »lines of computer code« verarbeitet, mehr als bei irgendeinem anderen AAM in der Geschichte. Nachdem jede einzelne Zeile des Codes geschrieben ist, muß sie durch strenge Prüfungen bestätigt werden. Jeder Fehler und jedes Problem muß eingegrenzt und beseitigt werden, und anschließend beginnt der ganze Prozeß von vorn. Dieser Kreislauf wiederholt sich so lange, bis der Code auf Tonbandkassetten geladen werden kann, um dann die Einheiten, die mit den AMRAAMs ausgestattet sind, zu versorgen. Wenn

Ihnen das als frustrierend erscheint, versuchen Sie sich daran zu erinnern, wie Ihnen beim letzten Mal ein handelsübliches Softwareprogramm den Computer »bombardiert« hat. Sie werden wahrscheinlich ein bis zwei Arbeitsstunden verloren, Ihren Rechner immer wieder neu hochgefahren und weitergemacht haben, dabei die die Progammier-»Gecken« verfluchend, die den Fehler im Code nicht beseitigt hatten. In einem System von der Art eines AAM muß die Software aber absolut *perfekt* sein. Ist sie das nicht, hat man wieder einmal 300 000 US-Dollar vom Geld der Steuerzahler durch den Lokus gespült und möglicherweise ein Flugzeug und seine Besatzung Risiken ausgesetzt. So in etwa sah das Problem aus, dem sich das AMRAAM-Programm gegenübergestellt sah, während die 80er Jahre dahinrannen. Die Terminpläne kamen ins Rutschen, und das gesamte Projekt begann die Kostenvorgaben zu übersteigen. Es wird berichtet, daß ablehnend eingestellte Kongreßmitglieder versuchten, das Programm völlig zu Fall zu bringen; und etliche kritische Berichte des General Accounting Office[76] schürten Zweifel, ob dieses Programm jemals »gesunden« würde. Schließlich warf der Kongreß den Fehdehandschuh und ordnete an, daß eine ganze Serie von Tests unter Realbedingungen erfolgreich abgeschlossen sein müßten, bevor eine Produktionsfreigabe erfolgen würde. Nun nahm die Sache furchterrregende Dimensionen an.

Aber dann begann sich das Blatt zu wenden. Bänder mit vollständig bestätigter Software trafen bei den Testeinrichtungen ein, und schon begannen die Flugkörper gerade und unbeirrt auf die Ziel-Drohnen zuzufliegen. Einigen Kritikern dieses Flugkörpers erschien es fast wie ein Wun-

76 US-Finanzkontrollbehörde, vergleichbar dem deutschen Bundesrechnungshof

Start eines Hughes AIM-120 Advanced Medium Range Air-to-Missile (AMRAM) während eines Tests von einer F-16C aus. Der Fighter trägt außerdem AIM-9-Sidewinder-Flugkörper an seinen Flügelspitzen. HUGHES MISSILE SYSTEMS

der. Tatsächlich war es aber nichts anderes als ein normaler Weg, den die AMRAAM gehen mußte wie so viele andere Systeme auch, die von Computern und Software gesteuert werden. Es ist nun einmal ein Alptraum bei allen softwareabhängigen Systemen, daß sie buchstäblich nicht zu gebrauchen sind, bis eine bestätigte Softwareversion verfügbar ist. Wenn dann aber der Tag gekommen ist, an dem ein Techniker die letzte Ausgabe einer Software einspielt, arbeiten die Systeme normalerweise exakt so, wie es vorher versprochen worden war. Wie schon die Patriot SAMs der Army und das Aegis Combat System der Navy, war auch der AIM-120 bereits in die Jahre gekommen, bevor seine Software endgültig fertiggestellt war. Die letzte Bestätigung der AMRAAM erfolgte auf dem Testgelände White Sands Missile Range, als eine F-15 vier Test-AIM-120 als Welle gegen vier Ziel-Drohnen startete, die allesamt mit QF-100 Störgeräten ausgestattet waren, aggressive Manöver flogen und dauernd Düppel und Infrarot-Scheinziele ausstießen. Von den Testleitern als »Szene aus dem Dritten Weltkrieg« kommentiert, stürzten alle vier Drohnen brennend ab. Sämtliche vom Kongreß auferlegten Tests waren absolviert.

Nachdem nun alle Testprobleme überstanden waren, wurden Ende 1988 die ersten Flugkörper der Produktion ausgeliefert, und 1991 wurde ihre Einsatzstärke erreicht, als 52 AIM-120A zusammen mit den F-15C der 58. Tactical Fighter Squadron (TFS) des 33. Tactical Fighter Wing (TFW) an den Persischen Golf entsandt wurden – gerade rechtzeitig, um noch das Ende des Golfkrieges zu erleben. Wie sich herausstellte, bekam der Flugkörper keine Gelegenheit mehr, auf irgend etwas gestartet zu werden, bevor die Kampfhandlungen eingestellt wurden, hatte jedoch reichlich Gelegenheit, »captive carry«[77]-Flugstunden zu absolvieren. Captive Carry trägt entscheidend dazu bei, die Probleme jedes Waffensystems für den Luftkampfeinsatz »auszuwringen«.

Die Chance für den neuen Flugkörper, sich im Kampf zu bewähren, kam dann doch noch am Morgen des 27. Dezember 1992, als eine F-16 der USAF, die zur 33. TFS des 363. TFW gehörte, in einer Flugverbotszone über dem Nordirak patrouillierte und dabei eine Mig-25 Foxbat der irakischen Luftstreitkräfte mit einer einzigen AIM-120A abschoß – direkt von vorn und »mitten ins Gesicht«. Das war der erste Abschuß für eine F-16 der USAF. Drei Wochen später, am 17. Januar 1993 punktete die AMRAAM/Viper-Kombination noch einmal, als eine F-16C des 50. TFW, die eine F-4G »Wild Weasel« eskortierte, in einer der Flugverbotszonen auf eine irakische MiG-23 Flogger traf. Nachdem sie sich einige Minuten mit der MiG herumgezankt hatte, startete die F-16 einen einzigen AIM-120A vom äußersten Ende der »No-escape«-Zone. Der Flugkörper steuerte zielgenau und schoß die MiG ab, als diese gerade zu entkommen versuchte. Später, als der AIM-120A schon überall unter dem Spitznamen »Slammer« bei den Flugzeugbesatzungen bekannt geworden war, hatte er

77 »Mitnahme in Gefangenschaft«: Die Flugkörper waren einsatzbereit, wurden aber festgehalten, also nicht gestartet

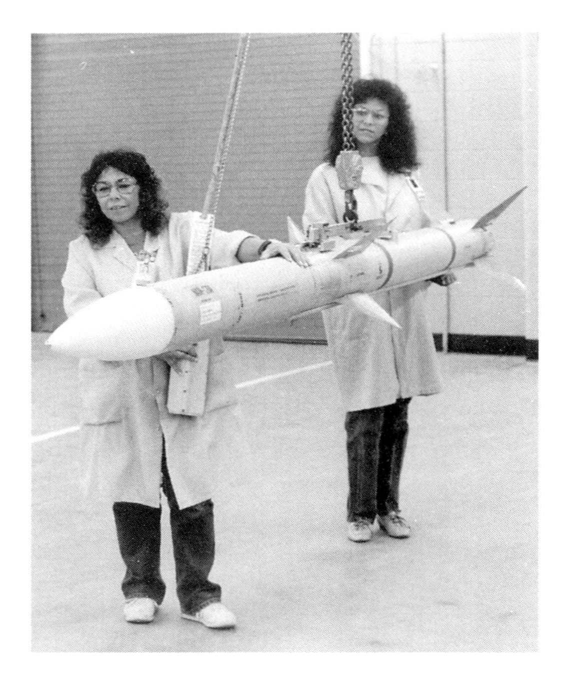

Zwei Technikerinnen von Hughes Missile Systems transportieren einen AIM-120A-Advanced-Medium-Range-Luft-Luft-Flugkörper vom Fließband zum Versandbereich.
Hughes Missile Systems

noch einmal Gelegenheit, in der Kombination mit einer F-16 über Bosnien einen Punkt zu machen. Eine einzige AMRAAM erzielte einen Abschuß gegen eine serbische Angriffsmaschine, die zu diesem Zeitpunkt dicht über dem Boden zwischen den Bergen durchzuschlüpfen versuchte (drei weitere Abschüsse konnten bei dieser Kampfhandlung mit AIM-9M Sidewinder verzeichnet werden). Die Slammer hat ihre Kritiker zum Schweigen gebracht, indem sie mit drei Starts drei feindliche Flugzeuge vom Himmel holte – ein perfektes Kampfergebnis. Kein anderer Flugkörper in der Geschichte machte seine Sache während der Einführungszeit im Kampf so gut, noch nicht einmal die legendären AIM-9 Sidewinder oder die AGM-84 Harpoon. Diese erstaunliche Leistung verdient eine genauere Betrachtung.

Wenn man in einer Fabrikhalle auf eine AMRAAM zugeht, bemerkt man als erstes, daß sie sehr stark an die alte AIM-7 Sparrow erinnert: herausstehender Nasenkonus auf einem zylindrischen Flugwerk mit zwei Sätzen kreuzförmig angeordneter Lenk-/Stabilisierungsflossen. An der Oberfläche – nichts Besonderes. Aber aus der Nähe betrachtet, fallen einem dann doch feine Unterschiede auf. Der AIM-120 ist beträchtlich kleiner als eine Sparrow, weil das Rumpfrohr nur einen Durchmesser von 7 in./17,8 cm hat, im Gegensatz zum Querschnitt von 8 in./20,3 cm im tonnenförmigen Bereich des AIM-7. Er ist mit einer Länge von 12 ft./3,66 m auch kürzer. Die Spannweite seiner Zentralflossen (Stabilisatoren) beträgt 21 in./53,3 cm und die der hinteren (Lenkung) Flossen 25 in./63,5 cm. Sein Gewicht von 335 lb./151,9 kg nimmt sich gegen die kräftigen 500 lb./

226,7 kg des AIM-7 bescheiden aus. Dieser Gewichtsunterschied ermöglicht es, den AIM-120 auf den Startgeräten unterzubringen, die für die kleine AIM-9 Sidewinder entwickelt wurden. Tatsächlich werden die F-16 häufig mit zwei AIM-120 an den Flügelspitzen-Startgeräten bewaffnet. Die glatt abgelaufene Integration von F-16 und AIM-120 macht den Flugkörper zum Favoriten bei den Viper-Piloten, die jetzt für sich beanspruchen, genau das Gleiche abschießen zu können wie die größere F-15.

Am vorderen Ende des Flugkörpers befinden sich der Sucherbereich mit seiner Elektronik, Antenne und Batterien. Unter dem Bug-Radom ist die auslenkungsbegrenzte Radarantenne untergebracht. Im Gegensatz zur Sparrow kann die AMRAAM auf das AI-Radar des Startflugzeugs zur Beleuchtung des Ziels und damit zur Lenkung verzichten. Statt dessen haben die Ingenieure von Hughes ein komplettes AI-Radarsystem in der Nase des AIM-120 untergebracht. Der Flugkörper kann also völlig selbständig ein sich schnell bewegendes Luftziel treffen. Das Radar des Startflugzeugs muß nur noch die dreidimensionalen Positionsdaten, Kurs, Geschwindigkeit und Peilung zum Ziel in den Flugkörper überspielen. Nach dem Start fliegt der Flugkörper bis zu einem bestimmten Punkt, an dem er sein eigenes Radar einschaltet, voraus. Befindet sich das Ziel irgendwo im Bereich des Suchkopf-Radarkegels eines AMRAAM, schaltet er sich auf die feindliche Maschine auf, »verhört« deren IFF, um sicherzustellen, daß sie eindeutig nicht »befreundet« ist, löst anschließend die Endphase aus und jagt wie ein geölter Blitz zum Abschuß.

Da er Dinge veranstaltet, die vorher nur dreimal so großen und schweren Flugkörpern möglich waren, muß wohl der Suchkopf des AIM-120 für die ganze Zauberei verantwortlich zeichnen. Die Radarantenne des Suchers (hergestellt bei Microwave Associates) sieht ein wenig wie die Verkleinerung der Parabolantenne des APG-63 aus und funktioniert auch auf exakt dieselbe Weise. Direkt hinter der auslenkungsbegrenzten Befestigung des Radars ist das Paket mit der Sucher-/Lenkelektronik untergebracht. Dort sind die Schaltkreiskarten für den Watkins-Johnson-Signalrechner, für Sender, Empfänger, digitalen Autopilot und Batterieanordnungen eingebaut. Das alles wurde in einer Reihe von Modulen untergebracht, von denen jedes etwa 24 in./60,9 cm lang ist und einen Durchmesser von ca. 6 in./15,2 cm hat – ein Wunder der Verpackungstechnik und Miniaturisierung. Hinter diesem Paket findet man die Northrop Inertial Reference Unit[78] (IRU), das eigentliche Herz des Lenksystems. Sie enthält drei kleine Kreiselsysteme (je eines für Roll-, Längsneigungs- und Gierachse) und nimmt die Bewegungen des Flugkörpers auf seiner Flugbahn wahr. Diese Daten ermöglichen es der Steuerelektronik eines AMRAAM, jede Abweichung von der programmierten Flugbahn zu berechnen und Kurskorrekturen durchzuführen.

Seit die gesamte Elektronik des AIM-120 aus von Mikroprozessoren gesteuerten Modulen besteht, ist es einfach geworden, sie durch Einspie-

78 Bezugseinheit für das Trägheitsnavigationssystem

len neuer Software (über die Datenschnittstelle des Flugzeugs oder durch Einsetzen neuer PROM – Programmable Read Only Memory Chips) zu modernisieren. Darüber hinaus wird man, wenn die aus dem Pave-Pillar- und anderen Programmen hervorgegangenen Schaltkreise in den 90er Jahren und danach herauskommen, den Flugkörper immer auf dem neuesten Stand halten und selbst in Kriegszeiten mit schnell produzierten Software-Updates versorgen können. Es bestehen bereits Pläne, die mechanischen Kreiselsysteme in den IRUs der AMRAAMs durch die genaueren Ringlaser-Gyro-Systeme zu ersetzen. Es sind sogar Studien darüber erstellt worden, wie man den Einbau eines GPS-Empfängers in einen AIM-120 bewerkstelligen könnte, um die Navigationsgenauigkeit zu verbessern.

Direkt hinter dem Sucher-/Lenkbereich befindet sich der Waffensektor des AMRAAM, der den Gefechtskopf und das Zielerfassungsgerät enthält. Der Gefechtskopf ist ein ABF-Typ, der bei Chamberlain Manufacturing hergestellt wird und kräftige 50,6 lb./22,9 kg auf die Waage bringt. Er ist mit einem Ring von Kontakt- und Laser-Annäherungszündern ausgestattet, die auch beim AIM-9M verwendet werden. Obwohl nicht so stark wie der große Gefechtskopf des AIM-7M, kann er doch absolut jedes heutige Flugzeug vom Himmel holen.

Direkt hinter dem Waffenpaket fängt schon der Einstufen-Festbrennstoff- (Single Grain Ducted) Raketenmotor an, der bei Hercules gebaut wird. Er nimmt fast die Hälfte der gesamten Länge eines AIM-120 ein und stellt einen ausgezeichneten Kompromiß zwischen schnellbrennenden Hochimpuls- und solchen Motoren dar, die mit niedrigerem Schub länger brennen. Das ist durch die geringe Größe und den niedrigen aerodynamischen Widerstand des AIM-120-Flugwerks möglich geworden. Der Flugkörper beschleunigt nach dem Start sehr schnell auf Mach 4 (zuzüglich der Geschwindigkeit des Startflugzeugs) und kann diese Geschwindigkeit mit Hilfe eines intelligenten Autopiloten beibehalten, der so konstruiert wurde, daß er die »Smash«- oder Aufprall-Energie bewahrt, die für die Wirksamkeit einer »no-escape«-Zone unbedingt notwendig ist. Das Resultat ist ein Flugkörper, der über die Fähigkeit verfügt, den Abschuß eines Ziels praktisch zu garantieren, das sich frontal aus einer Entfernung von etwa 40 nm./74 km nähert. Bei einem »Tail-chase«[79]-Angriff, der es erforderlich macht, daß der Flugkörper das Ziel einholt, sinkt die Reichweite allerdings auf ungefähr 12 nm./22,2 km. Diese Zahlen sind jedoch nur als Näherungswerte zu verstehen, da das Verteidigungsministerium außerordentlich empfindlich ist, was die Preisgabe von genauen Reichweiten des AMRAAM bei unterschiedlichen Vorgaben im Leistungsprofil angeht. Am hinteren Teil des Flugkörpers wurden die Steuerflossen angebracht. Bei Hughes war man der Ansicht, daß die heckseitig montierten Steuerflossen die Fähigkeit, schnelle Wenden in der Endphase des Angriffs auszuführen, wesentlich verbessern.

---

79 »Schwanzjagd«: Angriff auf ein Ziel hinter der Maschine

Aber wie läuft nun eigentlich der Start eines Flugkörpers in der Realität ab? Wenn man zum Beispiel eine F-16C fliegt, wählt man einen Luft-Luft-Modus für das Radar, etwa *BORE* (Boresight – d. h., daß das Radar genau entlang der Verlängerung der Mittellachse des Flugzeugs »sieht«), *TWS* oder *DOGFIGHT* (wobei sich das Radar in einer Betriebsart befindet, die bei Luftkämpfen auf kurze Entfernungen recht hilfreich ist). Dann drückt man auf den Schalter *AIM-120* für die Flugkörperauswahl, der sich auf dem Steuerhebel befindet, und entscheidet sich für *SLAVE* oder *BORE*, um das Radar des Flugkörpers so zu programmieren, daß es Kommandos vom APG-68 an Bord der F-16 übernehmen kann. Die *SLAVE*-Option schaltet den Sucher des Flugkörpers auf jedes Ziel auf, das vom Radar des Flugzeugs im Moment verfolgt wird, während der *BORE*-Modus das Radar einfach geradeaus entlang der Flugrichtung ausrichtet – das erste erfaßte Ziel wird dann aufgeschaltet. Sobald ein Radarkontakt hergestellt ist, erstellt der eingebaute Waffencomputer eine Startlösung, einschließlich der Zeit, die zwischen Start und Aktivierung der AMRAAM vergehen soll. An diesem Punkt zeigt das Heads-up-Display der F-16 Steuerbalken an, mit denen man die Maschine in die beste Startentfernung für den Flugkörper bringen kann. Sobald das HUD signalisiert, daß man sich *IN RANGE* befindet, drückt man auf die Waffenfreigabe (den »Pickle«-Schalter) auf dem Steuerknüppel. Jetzt wird der Flugkörper gestartet und nimmt Korrekturen vom Radar an (wenn man einen *FIRE-AND-UPDATE*-Modus gewählt hat), bis man entweder durch Manöver den Radarkontakt abbricht oder der Flugkörper das Ziel getroffen hat. An diesem Punkt kann man ein neues Ziel wählen oder entkommen. Gesamtzeit für den Angriff? Nun, bei meinem ersten Versuch in einem F-16-Simulator auf Lockheed-Einrichtungen in Fort Worth schaffte ich es in 18 Sekunden. Es ist so einfach, als würden Sie zu Hause das Computerspiel *Falcon* spielen.

Also, wie sieht die Zukunft des AMRAAM aus? Zunächst einmal sind da die Exporte. Großbritannien, Norwegen, Schweden und Deutschland sind schon AIM-120-Kunden. Einige weitere Nationen werden dieser Liste sicherlich noch hinzugefügt werden. Neue Versionen dieses Flugkörpers gibt es im Augenblick auf den Zeichenbrettern, und sie stehen kurz vor den Testphasen und dem Produktionsbeginn. Die wichtigste dürfte der AIM-120C sein, der so entworfen wurde, daß er im Innenraum des Lockheed F-22A Stealth-Fighters untergebracht werden kann. Diese neue Version des AIM-120 mit seinen kleineren Steuerflächen und wesentlich geringerem Platzbedarf wird der F-22 eine tödliche Luft-Luft-Feuerkraft verleihen, ohne das ultraglatte, schwer erfaßbare Profil der Maschine zu beeinträchtigen.

Der AMRAAM ist eigentlich ein fliegender Computer, an dem man einen dicken Knallkörper befestigt hat. Bei kontinuierlich fortgeführten Software-Verbesserungen wird er bis in die Mitte des 21. Jahrhunderts ein Eckpfeiler im Arsenal der US-AAMs sein.

Zukünftige Entwicklungen: der AIM-9X

Es war einmal in den 80er Jahren, als es einen Gesamtplan für künftige Entwicklungen bei den US-AMRAAMs gab. Dieser Plan sah die Einführung der AMRAAM bei gleichzeitiger Ablösung von AIM-9L / M und AIM-54 Phoenix vor. Unglücklicherweise traten verschiedene Umstände ein – Beschränkungen seitens des Kongresses, Budetkürzungen, das Ende des Kalten Krieges und einige schlecht geleitete Programme –, die dazu führten, daß der Gesamtplan zusammenbrach, bevor er erfüllt werden konnte. Der Ersatz für den AIM-54, bekannt als Advanced Air-to-Air Missile (AAAM), wurde zu einer Totgeburt, weil er durch den Zusammenbruch der Sowjetunion Ende der 80er Jahre überholt war. Der mit Sicherheit schmerzlichste Verlust für die Flugzeugbesatzungen war aber die Ablösung der Sidewinder.

Ursprünglich sollte der Nachfolger für den AIM-9 aus Europa kommen. Dieser Kurzstrecken-Luftlenkkörper wird unter der Bezeichnung »AIM-132 Advanced Short Range Air-to-Air Missile« (ASRAAM) von einem Konsortium aus British Aerospace und der deutschen Bodenseewerk-Geräte-Technik (BGT) gebaut. Durch ein 1981 von den USA und einigen anderen NATO-Staaten unterzeichnetes multinationales Memorandum Of Understanding[80] (MOU) verständigten sich die Unterzeichnerstaaten darauf, AMRAAM und ASRAAM als Standard für ihre AAMs zu übernehmen. Leider stiegen die Vereinigten Staaten und Deutschland aus diesem Programm aus. Da der AIM-132 weiterentwickelt wurde und voraussichtlich in den späten 90er Jahren bei der Royal Air Force eingeführt wird, sieht es jetzt so aus, daß wir letzten Endes wieder ein Wirrwarr in den westlichen Beschaffungsmaßnahmen für AAMs haben.

Heute wird in den Hallen des Pentagon wie auch in den Entwicklungslabors von Hughes und Raytheon über die nächste Generation amerikanischer Kurzstrecken-AAMs nachgedacht. Der Flugkörper firmiert vorläufig als AIM-9X, und wenn er in Produktion geht, sollte er in der Lage sein, die Vereinigten Staaten von Amerika beim Kurzstrecken-Luftkampf des 21. Jahrhunderts wieder ins Spiel zu bringen. Im Januar 1995 gewannen Raytheon und Hughes eine Ausscheidung, bei der es um unabhängig voneinander zu erstellende Vorschläge für ein neues Sidewinder-Modell ging. Die endgültige Entscheidung für einen der beiden als Hauptvertragsnehmer wird 1996 gefällt, wobei die Einführung bei den Einheiten für die ersten Jahre des 21. Jahrhunderts geplant ist. Die genauen Konzeptionen, die von beiden Teams für den AIM-9X JPO vorgestellt werden, liegen noch ganz bei den Wettbewerbern, aber sie werden wahrscheinlich viele gemeinsame Komponenten haben, die folgende Faktoren beinhalten:

- **Sucher** – er wird wahrscheinlich eine starre (ständig auf das Ziel ausgerichtete) IIR-Antenne mit vielen Flächen von Detektorenelementen besitzen, jedes einzelne empfindlich genug, um ein Ziel unter allen Vor-

80 Rechtskräftiges Dokument über eine Verständigung

aussetzungen zu verfolgen. Es wird ein unterstützendes System mit einem fortschrittlichen Signalrechner geben, der so konzipiert sein wird, daß er unmittelbar nach der Signatur von bestimmten Flugzeugen (wie zum Beispiel einer Mirage 2000 oder einer MiG 29) Ausschau halten kann, und das unter Zuhilfenahme von grundlegenden NCTR-Funktionen. Er wird auch in der Lage sein, Ziele aus einer »high-off-boresight«-Betriebsart (die Fähigkeit, sich auf ein Ziel aufzuschalten, das sich deutlich außerhalb der Mittelinie des Flugzeugs befindet – möglicherweise mehr als 60° – und dennoch direkt vom Startgerät zum Treffer fliegt) zu verfolgen.

- **Helmsichtgerät** (Helmet Mounted Sight, HMS) – Navy und Air Force haben schließlich doch noch akzeptiert, daß ein HMS als visuelles Sichtgerät für die bemannten Kampfflugzeuge der Zukunft unverzichtbar ist. Der große Vorteil des geplanten US-HMS ist der, daß die Symbole des HUD auf das Sichtglas direkt vor dem rechten Auge des Anwenders übertragen werden. Studien sind zu dem Ergebnis gelangt, daß das zu einer Verbesserung der Gesamtreaktionszeit um zwei bis vier Sekunden beim Start eines AIM-9X führt und auch die AMRAAM-Starts erheblich schneller und präziser macht.
- **Gefechtskopf** – die augenblicklich verwendeten ABF-Gefechtsköpfe, obwohl für den Abschuß einer MiG-23 Flogger oder MiG-25 Foxbat absolut ausreichend, werden unter Umständen im Einsatz gegen die neuen russischen und westlichen Konstruktionen nicht mehr leistungsfähig genug sein. Die Streusprengköpfe wurden entwickelt, um die Kraftstofftanks eines Ziel zu durchlöchern und so einen katastrophalen Brand bei jedem Flugzeug auszulösen, das nicht mit selbstdichtenden Tanks und Feuerlöschsystemen ausgerüstet ist. Es wurden bereits Pläne auf den Weg gebracht, neue Gefechtsköpfe zu entwerfen, die andere Flugzeugkomponenten – wie Triebwerke oder Crew – aufs Korn nehmen. Das wird den AIM-9X zu einem äußerst tödlichen Bewerber im endlosen Wettstreit zwischen »Gefechtskopf-Ingenieuren« und »Angreifbarkeits-Ingenieuren« machen, die Schutzsysteme für die Maschinen entwickeln, welche noch bis weit ins 21. Jahrhundert hinein verwendbar bleiben sollen.
- **Antrieb/Lenkung** – zum ersten Mal bei westlichen AAMs wird beim AIM-9X ein aktives, schubvektorisiertes Antriebssystem verwendet, das die Manövriereigenschaften radikal verbessert. Es kristallisiert sich heraus, daß der Gewinner, gleich welches Konstruktionsteam beim Wettbewerb um diesen Vertrag siegt, ein Steuersystem einsetzen wird, das bei Raytheon konstruiert und entwickelt wurde. Es ist unter der Bezeichnung »Box Office« bekannt geworden. Mit vier am Schwanz angebrachten Lenkflossen (es gibt keine Lenkflossen mehr in der Mitte wie beim AMRAAM) wird Box Office zum ersten Mal in der Geschichte der amerikanischen AAMs 60-*g*-Manöver möglich machen.

Falls all diese Komponenten integriert werden und die unvermeidlichen Softwarefehler eingegrenzt und ausgemerzt werden können, wird der AIM-9X die stolze Sidewinder-Tradition ins neue Jahrhundert tragen.

Mit Willen, Geld und einem wirkungsvollen Leiter-Team wird sich Dr. McLeans Vision von einem agilen, leichtgewichtigen, intelligenten und tödlichen Flugkörper auf Flügeln in den Himmel erheben, die er sich damals in seinem Garagenlabor niemals erträumt hätte. Lassen Sie uns hoffen, daß alles klappt; denn anderenfalls werden die amerikanischen Fighter-Piloten von morgen sowohl an Feuerkraft als auch zahlenmäßig den Systemen unterlegen sein, die anderswo hergestellt werden.

Luft-Boden Waffen

Am dritten Tag des Golfkriegs im Jahr 1991 hielt General Charles A. Horner eine Pressekonferenz in Riad, Saudi-Arabien, ab, um darzulegen, wie sich die Dinge entwickelten. Unter dem Namen »Vier-Uhr-Revue« bekannt, waren diese Briefings außerordentlich langweilig, bis General Horner Filme (tatsächlich waren es Videobänder) der Kanonenkameras von den verschiedenen Angriffen aus der ersten Nacht der Operation Desert Storm vorzuführen begann. Ein fassungsloses Staunen, von Zeit zu Zeit von einem grimmigen Lachen oder einem Fluch unterbrochen, erfaßte die »Neuigkeiten-Jäger«, als sie zum ersten Mal eine Vorstellung von der Revolution betreffend Genauigkeit, Reichweite und Präzision moderner Waffen erhielten, die aus der Luft zum Einsatz gebracht werden. Eine Aufnahme nach der anderen folgte auf dem Filmmaterial, und es war deutlich zu erkennen, wie irakische Befehls- und Führungszentralen, Bunker, Flugzeughangars und andere Ziele in einem Hagel von Lenkbomben und anderem Kriegsmaterial in die Luft gesprengt wurden. Die vielleicht eindruckvollste Demonstration moderner Precision Guided Munitions (PGMs) waren aber zwei Aufnahmen, die zwei F-117 A Nighthawks gemacht hatten. Das Ziel war die Haupt-Kommunikations- und Schaltzentrale in der Altstadt Bagdads, das bei den Planungsstäben unter der Bezeichnung »AT&T-Gebäude« lief. In seiner Panzerung stark überdimensioniert, verfügte es über ein Betondach, das Durchschlag und Detonationszerstörung durch normale Vielzweckbomben (General Purpose Bombs, GP) widerstehen können sollte. Es hat allerdings nicht lange gehalten. Die erste F-117 A kam über dem Ziel an und warf eine 2000 lb./ 907 kg schwere lasergelenkte Bombe (Laser-Guided-Bomb LGB) mit einem Gefechtskopf ab, der über eine speziell panzerbrechende Wirkung verfügte, und blies damit ein riesiges Loch in das Stahlbetondach des Gebäudes. Einige Minuten später – damit sich der ganze Staub und die Trümmer senken konnten (und die Wärme-Ziel-Systeme der Nighthawk nicht mehr behinderten) – kam die zweite F-117, »sah« die Kanten der Öffnung im Dach und warf zwei LGBs direkt durch das Loch, das die erste Bombe gesprengt hatte, in das Gebäude. Diese Bomben waren mit GP-Gefechtsköpfen (Druck- und Streuwirkung) bestückt, bliesen die vier Seitenwände des Gebäudes auseinander und ließen es in einem Zustand zurück, der eine weitere Verwendung für den Rest des Krieges unmöglich machte. Die Merkmale der unterschiedlichen Waffentypen sind so spezialisiert worden, daß man jetzt die eine Art einsetzen kann, um ein Loch zu machen, und einen anderen Typ, um genau durch dieses Loch zu fliegen und im Inneren exakt das zu vernichten, von dem man *wirklich* will, daß es anschließend tot ist.

Fighter-Piloten machen Filme. Bomber-Piloten machen Geschichte!
Alter Bar-Sprechchor von Bomberpiloten

Diese Aussage beinhaltet viel Wahrheit über eine Luftmacht. Niemand hat jemals einen Krieg gewonnen – und wird jemals einen gewinnen –, indem er nur MiGs und Mirages abschießt – oder was ein Feind an Flugzeugen sonst gegen ihn einsetzen mag. Luftmacht verhilft einem im Krieg nur dann zum Sieg, wenn man Dinge zerstört, die für den Feind am Boden von entscheidender Bedeutung sind. Die der Luftmacht innewohnende Begrenzung ist die der Präsenz dieser Macht selbst. Tödliche Maschinen wie F-16 und B-1B können einfach nicht andauernd über einem Schlachtfeld bleiben. Deshalb ist es in dem Moment, da ein Joint Forces Air Component Commander (JFACC) seine teuren und begrenzten Luftmittel einsetzt, von lebenswichtiger Bedeutung, daß er sie in die Lage versetzt, wie »ein Blitz aus heiterem Himmel« zuzuschlagen. Der Schlag muß nicht unbedingt tödlich sein, aber die Schock- und Angstwirkung bei den Überlebenden beginnt deren Moral zu brechen und ihre Kampffähigkeit nachhaltig zu zerstören. Es gibt da eine Geschichte aus dem Golfkrieg, bei der es um den Kommandeur einer irakischen Bodeneinheit geht, der nach einigen Wochen der Bombardierung aus der Luft mit seiner ganzen Einheit kapitulierte. Als er von Verhör-Offizieren befragt wurde, warum er kapituliert habe, antwortete er: »Daran waren die B-52 schuld.« Als der verhörende Offizier ihn darauf hinwies, daß seine Einheit zu keinem Zeitpunkt den Angriffen von B-52 ausgesetzt war, gab der irakische Offizier zurück: »Ich weiß. Aber wir haben Einheiten kennengelernt, bei denen das der Fall war.« Das also ist das ultimative Ziel eines jeden, der Luftmacht einsetzt: die Überlebenden von Bombenangriffen derart zu demoralisieren, daß sie nicht mehr kämpfen wollen. Sie geben einfach auf. So macht man Geschichte.

Jetzt muß allerdings noch etwas zur Effektivität der Bombenangriffe während der Operation Desert Storm gesagt werden. Diese Effektivität kam nicht allein durch den Abwurf überwältigender Mengen von Waffen auf Ziele in Irak und Kuwait zustande, sondern auch dadurch, daß man sich sicher war, die *richtigen* Ziele von den *richtigen* Flugzeugen aus mit den für *diese* Ziele *richtigen* Waffen treffen zu können. Ein Beispiel: Es hätte das genaue Gegenteil dessen bewirkt, was man vorhatte, wenn man die riesigen B-52 mit »dämlichen«, ungelenkten Bomben losgeschickt hätte, um die Altstadt von Bagdad zu bombardieren. Ganze Häuserblocks in der Innenstadt wären dem Erdboden gleichgemacht worden, wobei tausende Opfer bei der Zivilbevölkerung zu beklagen gewesen wären, und die wirklichen Ziele, nämlich Saddam Husseins gepanzerte Befehlsbunker, hätten es vielleicht ganz ohne Blessuren überstanden. Damit nicht genug, hätten wir wahrscheinlich in Anbetracht der starken Luftabwehr über Bagdad bei einem solchen Versuch viele Maschinen verloren. Colonel John Warden vom Air Command and Staff College formuliert es so: »Jede Bombe ist eine politische Bombe, mit politischen Kosten, politischen Vorteilen und politischen Auswirkungen.« Daher ist es zweifelhaft, ob ein derartiger Feldzug [B-52] – wegen der politischen Erwägungen bei der Führung eines Krieges in einer Koalition und der Empfindlichkeit der einheimischen Medien – von der Regierung Bush auch nur in Betracht gezogen wurde.

Statt dessen arbeiteten Major General »Buster« Glosson und sein »Black Hole«-Team einen Plan aus, in dem es nur solchen Flugzeugen erlaubt war, Ziele im Bereich der Hauptstadt Bagdad zu bombardieren, die über die Möglichkeiten zum Einsatz von Precision Guided Munition (PGMs) verfügten. Also durfte die Altstadt nur von F-117A- und BGM-109-Tomahawk-Marschflugkörpern angegriffen werden. Das Resultat sah so aus, daß das Stadtgebiet von Bagdad durch diesen Kampfeinsatz nur unwesentlich beeinträchtigt wurde, während ausgewählte Gebäude und Systeme beschädigt wurden, und das hat dabei geholfen, die Iraker aus Kuwait hinauszuwerfen. Das ist das neue Gesicht einer Luftmacht, bei der die richtigen Waffen zur richtigen Zeit auf die richtigen Ziele abgeworfen werden, was zuvor eine akkurate Planung der Waffenwirkung bedingt.

Vielzweckbomben

In Geschichtsbüchern können wir nachlesen, daß im Januar 1912 zum ersten Mal Bodenstreitkräfte von einem Flugzeug angegriffen wurden. Dieser Angriff wurde von einem italienischen Unterleutnant namens Giulio Gavotti ausgeführt, der zur *Squadriglia di Tripoli* gehörte und in einem primitiven Doppeldecker saß, der mit vier kleinen, improvisierten Bomben bewaffnet war. Damit ging er auf Beduinenstämme in den Städten Taguira und Ain Zara in Libyen los. Seit dieser Zeit hat sich der zerstörerische Mechanismus einer Vielzweckbombe nur geringfügig gewandelt: ein röhrenförmiges Metallgehäuse, gefüllt mit Sprengstoff und mit Zündern, die reagieren, sobald sie auf ein festes Hindernis treffen, sowie mit verschiedenartigen Stabilisierungsflossen versehen, damit der Fall in Richtung auf das Ziel einigermaßen gerade abläuft. Heute werden bei der USAF GP-Bomben verwendet, die dem ursprünglichen Entwurf genau entsprechen, obwohl es kürzlich einige bemerkenswerte Änderungen gegeben hat.

Die Stammfamilie der GP-Bomben, die vom amerikanischen Militär (einschließlich der U.S. Navy und des U.S. Marine Corps) verwendet wird, ist unter der Bezeichnung Mark-(Mk-)80-Serie bekannt. Obwohl immer noch einige der ehrwürdigen Mk-117- (eine 750 lb./340,1 kg schwere Waffe) und Mk-118-Bomben (3000 lb./1360,5 kg) aus dem Zweiten Weltkrieg auf Plattformen wie der B-52 verwendet werden, ist die Standard-Waffenfamilie bei den US-Flugzeugen heute die 80er Serie der

GP-Bomben. In den 50er Jahren vom berühmten Ed Heinemann entworfen, ist die Mk-80-Serie das, was man allgemein als LDGP-Bomben (Low-Drag General Purpose oder Bomben mit geringem aerodynamischem Widerstand) bezeichnet. Früher gaben die Konstrukteure von GP-Bomben, die in Unterschallgeschwindigkeits-Maschinen befördert wurden, nicht allzuviel auf den parasitären Luftwiderstand, der beim Transport der Bomben entstand. Der wurde allerdings schnell zu einem Hauptthema, als Heinemanns klassischer Angriffsbomber A-4 Skyhawk konstruiert wurde, der die gesamte Bewaffnung außen auf Trägern transportierte. Deshalb nahmen er und sein Konstruktionsteam ein leeres Blatt Papier und arbeiteteten die LDGP-Form aus, die heute allen Militärbegeisterten auf der Welt vertraut ist. Die LDGP-Hüllen sind aus Gußstahl, mit relativ dünnen Wandungen (weniger als 1 in. / 2,54 cm), die der Bombe zu einem ihrer Hauptzerstörungsmechanismen verhelfen: Splitterwirkung. Da relativ spröde, zerplatzt der Stahlkörper in einem Regen von Bruchstücken, die in einem bestimmten Umkreis tödlich sind. Von den verfügbaren Sprengstoffen wird bei der augenblicklichen Generation von Waffen der Mk-80-Serien eine Substanz namens Tritonal 80 / 20 verwendet. Tritonal setzt sich zu 80 % aus TNT und zu 20 % aus einem Aluminium-Material zusammen, das als Binder und zugleich als Hemmstoff wirkt. Das Resultat ist ein Sprengstoff, der nur wenig unter der Sprengkraft reinen TNTs liegt, jedoch extrem robust ist und sich daher auch unter ungünstigen Bedingungen, wie auf Schiffen und in tropischem Klima, leicht lagern läßt. Außerdem liegt die »Siedetemperatur« relativ hoch, weshalb die Bomben der 80er Serien für eine bestimmte Zeit selbst Brände, zum Beispiel bei einem Feuer an Bord, überstehen können. Um noch größere Sicherheit gegenüber dieser Siedetemperatur zu gewinnen, überzieht man die Bomben bei der Navy mit einer entfernbaren Beschichtung, damit man zusätzlich Zeit gewinnt, um einen Brand unter Kontrolle zu bekommen und die Bomben zu »retten«.

Etwa 50 % des Gewichtsanteils einer LDGP-Bombe der 80er-Serie besteht aus Sprengstoff. Den Rest teilen sich Bombenhülle, Befestigungs- / Montageösen, Flossen und der oder die Zünder.

Die Zünder haben übrigens eine größere Bedeutung, als man allgemein annimmt, seit die meisten modernen Sprengstoffe eine Abfolge wohlerwogener Vorgänge zur Detonation benötigen. Seit den Zeiten der emp-

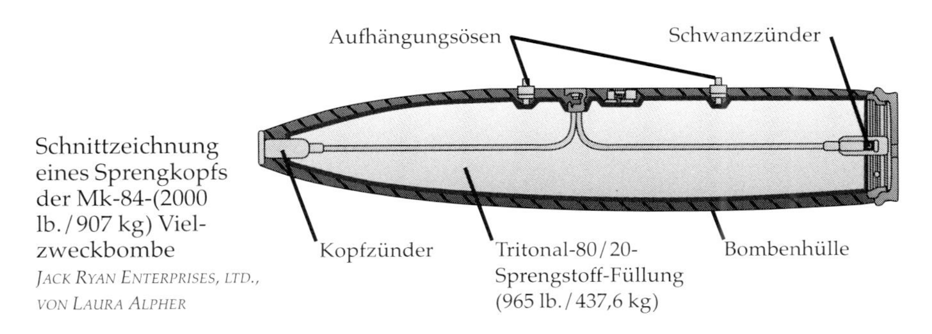

Schnittzeichnung eines Sprengkopfs der Mk-84-(2000 lb. / 907 kg) Vielzweckbombe
JACK RYAN ENTERPRISES, LTD., VON LAURA ALPHER

findlichen Quecksilber/Glaszylinder-Geräte, die im Amerikanischen Bürgerkrieg verwendet wurden, um Boden- und Seeminen zu zünden, haben sich die Zünder gehörig weiterentwickelt. Heute sucht man sich Zünder aus, die speziell darauf ausgelegt sind, zu bestimmten Zeiten und unter definierten Voraussetzungen eine Detonation auszulösen.

Die momentane Zündergeneration ist schon aufgrund der Vielzahl von Funktionen, auf die sie eingestellt werden können, und ihrer immer weiter steigenden Zuverlässigkeit bemerkenswert. Der Faktor Zuverlässigkeit spielt nun einmal eine entscheidende Rolle. Wenn man schon eine Bombe in feindlichen Luftraum bringt, mit punktgenauer Präzision auf ein feindliches Ziel abwirft und das Ding dann nicht explodiert, weil der Zünder versagt, hat man für nichts und wieder nichts Kraftstoff und Zeit verschwendet und vielleicht auch noch ein Multi-Millionen-Dollar-Flugzeug aufs Spiel gesetzt (vom eigenen Leben ganz zu schweigen).

Einige der gebräuchlichsten Zünder haben folgende Eigenschaften:

Zündertyp	**Aktivierungs-Modus**	**Funktions-Modus**	**Befestigung**	**Verwendete Gefechtsköpfe**
FMU-81	Aufschlag	sofort/kurze Verzögerung	Kopf/Schwanz	Paveway LGBs
FMU-113	Radar-Nähe	Nähe	Kopf	Mk-80-Serien
FMU-124A/B	Aufschlag	sofort/Verzögerung	Schwanz	Mk-80-Serien/BLU-109
FMU-139	Aufschlag	sofort/kurze Verzögerung	Kopf/Schwanz	Mk-80-Serien
FMU-143	Aufschlag	sofort/kurze Verzögerung	Schwanz	BLU-109/113

Ein weiterer wichtiger Faktor beim erfolgreichen Einsatz von Bomben ist der, daß sichergestellt wird, daß deren Fragmente nicht das angreifende Flugzeug selbst treffen können. So etwas könnte einer Maschine passieren, die im Tiefflug LDGP-Bomben in einer »Slick«- oder Teppich-Konfiguration abwirft. Speziell zur Vermeidung solcher Ereignisse wurden »High-Drag-Kits«[81] entwickelt, um den Fall der Bombe zu verlangsamen und genügend Platz zu schaffen, damit sich das abwerfende Flugzeug vor den Wirkungen der Waffen in Sicherheit bringen kann, die es gerade abgeliefert hat. Während des Zweiten Weltkriegs verwendete man kleine, an den Bomben befestigte Fallschirme, um diesen Effekt zu erzielen. Während des Vietnamkriegs wurden die mit Sprungfedern bestückten Flossen-Sätze der Mk 15 »Snakeye« bei der Mk 82 verwendet. Heute besteht die Ausrüstung zur Fallverzögerung – auch Retard-Kit genannt –

81 Bausätze mit hohem Luftwiderstandswert

aus einem luftgefüllten Sack (»Ballute-Kit«), der in einer besonderen Anordnung bei der Flossengruppe am Ende der Bombe eingebaut wurde. Davon gibt es zwei Ausführungen: die BSU-49/B für die Mk 82 und die BSU-50/B für die Mk 84. Nach dem Abwurf leiten die Ballute-Kits den Luftstrom, der die Bombe umfließt, in das Ballönchen und blasen es so durch die eingeleitete Luft auf. Ihr großer Vorteil liegt in der – verglichen mit dem System, das bei der Mk 15 verwendet wird – wesentlich größeren Zuverlässigkeit, da die Luft dabei auf Strömungsgeschwindigkeiten von einigen hundert Knoten/Stundenkilometern kommt und in diesem Zustand ein wesentlich festeres mechanisches Medium als gefältelte Federn darstellt.

Panzerbrechende Bomben

Die Ausgleichswirkung von Beton zwischen kämpfenden Parteien wurden bei den kriegerischen Auseinandersetzungen des 20. Jahrhunderts zu einer Konstanten in der Kriegführung. Billig, verfügbar und relativ einfach zu verarbeiten, kann er in großer Vielfalt bei Bauten verwendet wer-

Links: Das Innere eines gepanzerten Flugzeughangars der Iraker, bei dem die Auswirkungen des panzerbrechenden Sprengkopfs einer lasergeführten BLU-109/B zu sehen sind, die das Dach während der Operation Desert Storm durchschlug. Der Haufen auf dem Boden ist Beton und Füllmaterial des Daches, und das, was wie Spaghetti aussieht, sind die Stahlträger zur Verstärkung, die durch die Kraft des Sprengkopfs weggebogen wurden.
OFFIZIELLES FOTO DER U.S. AIR FORCE

Unten. Schnittzeichnung eines panzerbrechenden Sprengkopfs einer BLU-109/B
JACK RYAN ENTERPRISES, LTD., VON LAURA ALPHER

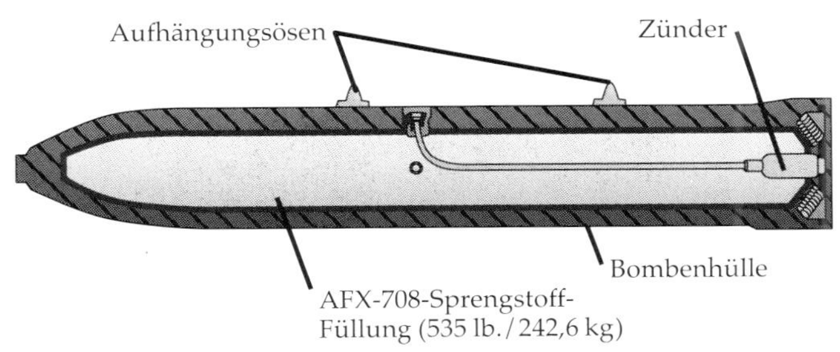

den, die dem Schutz empfindlicher wie auch hochwertiger Dinge dienen sollen. Dazu gehören Flugzeuge ebenso wie Diktatoren, die der Heimsuchung durch die Elemente und Gewalten moderner Kriegführung entzogen werden sollen.

Bereits seit dem Ende des Vietnamkriegs wünschte sich die Air Force eine nichtnukleare Bombe, die bei einem Gewicht von weniger als 3000 bis 4000 lb./1360,7 bis 1814 kg Start-/Landebahnen und andere mit Beton verstärkte Bauwerke durchschlagen kann. 1984 startete die Abteilung für Bewaffnung in der USAF, die Air Force Armament Division, das Projekt »Have Void« und schrieb einen Wettbewerb zwischen Lockheed Missile und Spaces Austin Division (Texas) aus, bei dem es um die Entwicklung dieser neuen Bombe ging, die unter der Bezeichnung BLU-109/B bekannt werden sollte. Aus gehärtetem 4340er-Stahl geschmiedet, ist die BLU-109/B im Grunde ein großer »Maurernagel«, so geformt, daß er durch Beton, Erdreich und Panzerplatten schlagen kann und auf der anderen Seite des Schutzes zur Explosion kommt. Bei einem Gewicht von 1925,5 lb./873,3 kg verfügt sie über eine besonders geformte Spitze, die so konstruiert ist, daß sie das »Eingraben« in flachen Beton aus spitzen Winkeln unterstützt. Obwohl die BLU-109/B auch als »dumme« Bombe abgeworfen werden kann, wird sie erst im Verein mit der Paveway-II-Serie oder einem GBU-15-Lenksatz zu einer tödlichen Maschine von unglaublicher Stärke und Genauigkeit.

Aufgrund ihrer Fähigkeit, etwa 99 % sämtlicher verstärkten Ziele auf der Welt zerstören oder »zum Sicherheitsrisiko« machen zu können, hat die BLU-109/B den Luftkrieg verändert. 1991 hat Saddam Hussein das auf die harte Art erfahren müssen, als diese Bomben tatsächlich sämtliche betongepanzerten Ziele seines Landes in die Luft jagten. Als die irakischen Luftstreitkräfte versuchten, in den von Jugoslawen und anderen Europäern gebauten Flugzeug-Bunkerhangars Schutz zu finden, die sogar den Auswirkungen in der Nähe einschlagender Atombomben Widerstand bieten sollten, mußten sie feststellen, daß diese Bunker von der panzerbrechenden Kraft der BLU-109/B wie Konservendosen geöffnet wurden. Nach einigen Tagen unter derart schwerem Beschuß flüchteten die restlichen irakischen Luftstreitkräfte in den Iran.

Streubomben

Zu Beginn des Vietnamkriegs trafen amerikanische Flieger in zunehmendem Maße auf weit verstreute Ziele – sogenannte »Flächenziele«, die sich aus »weichen«, ungepanzerten Fahrzeugen, Versorgungsdepots und Gebäuden in Leichtbauweise zusammensetzten. Daher brauchte man eine Waffe, die ihre Wirkung über einen definierten Bereich streuen konnte, und das mit gut nachvollziehbaren Folgen des Waffeneinsatzes. Weil man nicht einfach das verdammte Napalm auf all diese Sachen schmieren wollte, brauchte man etwas Moderneres. Dieses Etwas waren die Streuwaffen.

Splitterbomben waren an sich nicht neu. Der Gedanke ist schon auf die Zeit des Zweiten Weltkriegs zurückzuführen, als Splitter- wie auch Aufschlag-Streubomben bei vielen Gelegenheiten eingesetzt wurden. Sie hatten aber unter sehr eingeschränkten Abwurfprofilen und dem Fehlen vorhersagbarer Streumuster der kleinen Bomben (»Bomblets« oder »Submunition« genannt) in den Clustern (Trauben) zu leiden. Um dieses Einschränkungen auszuräumen, entwickelte die U.S. Navy ein neues Konzept – den Munitions-Dispenser (-Spender).

Der Dispenser sollte praktisch der »Lastwagen« für eine Ladung Submunition sein und wie eine normale GP-Bombe über einem Zielgebiet abgeworfen werden. Auf einer vorgegebenen Höhe sollte der Zünder (Näherungs- oder Zeitzünder vom Abwurf an gerechnet) aktiviert werden und die Außenflächen des Dispensers losbrechen. Dann sollte eine weitere Ladung (normalerweise Preßluft oder eine kleine pyrotechnische Ladung) in einem vorgeplanten Muster alle Bomblets ausstreuen, damit diese auf das Ziel herabregneten.

Die Bemühungen der Navy begannen 1963 und konzentrierten sich auf einen Dispenser namens Mk 7. Wenn er durch einen Mk-339-Verzögerungszünder aktiviert wurde, bewirkte der Streuzünder, daß die Submunition in einem gestreckten, doughnutförmigen Muster ausgeschüttet wurde, dessen Größe durch die Abwurfhöhe beeinflußt werden konnte. Nachdem man das alles zusammengebaut hatte, wurde das Ergebnis unter dem Namen Mk 20 Rockeye II Mod. 2 bekannt. Die Rockeye enthielt eine Ladung von 247 M118-Antipanzer-Geschossen, die für die ganze Welt wie sadistische Injektionsspritzen aussahen und rund 490 lb./222,2 kg wogen. Sie wurden, als sie 1967 in Vietnam eintrafen, bei den amerikanischen Aircrews praktisch sofort zu einem Erfolg. Von der Navy wie von der Air Force übernommen, wurden die Rockeyes besonders von Flugzeugbesatzungen willkommen geheißen, die mit der Aufgabe betraut waren, SAM-Abschußrampen und AAA-Geschützstellungen anzugreifen, welche durch den tödlichen Regen der Streubomben besonders verwundbar waren. Dieser Klassiker unter den Flugzeugwaffen war derart wirksam, daß im Laufe des Golfkriegs rund 37 987 Rockeye II auf Ziele abgeworfen wurden; mehr, als von jeder anderen Streumunition jemals verwendet worden war. Bei einem Preis von nur 3449 US-Dollar (Stand 1991) ist das bei den gegebenen Standards schon ein Sonderangebot.

Schon bei den ersten Erfolgen der Rockeye sprang die Air Force rasch auf den fahrenden Zug auf und begann mit der Entwicklung eines eigenen Bombendispensers, der Suspension Underwing Unit[82] (SUU-30H/B). Von der USAF wurde im Laufe der Operation Desert Storm eine Gesamtmenge von 17 831 Waffen der SUU-30-Serie abgeworfen. Dieses Gerät wurde zur Basis aller CBU-Familien bei der USAF. Einige der derzeit verwendeten Version haben folgende Eigenschaften:

---

82 Einheit zur Aufhängung unter den Flügeln

Bezeichnung	Gewicht	Ladung	Waffenfunktion
CBU-52B	790 lb./358,3 kg	217 BLU-61 Bomblets	Anti-Truppen/ Streuwirkung
CBU-58	810 lb./367,4 kg	650 BLU-63 Bomblets	Anti-Truppen/ Streuwirkung
CBU-58A	820 lb./371,9 kg	650 BLU-63A Bomblets	Anti-Truppen/ Brandwirkung
CBU-71	810 lb./367,4 kg	650 BLU-86 Bomblets	Anti-Truppen (Zeitzünder)
CBU-71A	820 lb./371,9 kg	350 BLU-68 Bomblets	Anti-Truppen/ Brandwirkung (Zeitzünder)

Wie man sieht, ist die Auswahl an Submunition und Waffenwirkungen groß. Noch einmal: Zünder sind für den erfolgreichen Einsatz der SUU-30-Familie genauso entscheidend wie für die 80er Serie der GP-Bomben. Wenn sich der Dispenser zu früh öffnet, ist die Streudichte der Submunition nicht hoch genug, um eine Zerstörung des Ziels zu gewährleisten. Umgekehrt werden die Bomblets, wenn sich die Dose zu spät öffnet, nicht weit genug verstreut, um das gesamte Zielgebiet abzudecken. Wie man sich vorstellen kann, ist das Herausfinden der richtigen Dispenser-/Submunition-/Zünderkombination eine Herausforderung für Planer, Waffentechniker und Lader.

So gut die ersten CBUs auch waren, erlegten sie den Fliegern, die sie ins Ziel zu bringen versuchten, doch eine Reihe von Beschränkungen auf. Anfang der 80er Jahre stellte die Air Force erstmals fest, daß die frühen Modelle der CBU in Zielgebieten höchster Bedrohung an etliche Einschränkungen gekettet waren. Ganz besonders galt das für die Flugzeuge, die sie abwerfen sollten. Diese mußten das Ziel nämlich in »laydown«-Profilen[83] überfliegen, die sie außerordentlich stark dem Beschuß vom Boden her aussetzten. Deshalb entwickelte die Air Force eine neue Serie von Submunitionstypen, die einen größeren Dispenser erhielten, der ausreichende Mengen über einem geeigneten Zielgebiet ausstreuen konnte. Auf diese Weise wurde der SUU-64/65 Tactical Munitions Dispenser (TMD) geschaffen.

Der TMD ist eine 1000 lb./453,5 kg schwere Waffe und wird derzeit von der USAF in drei verschiedenen Versionen eingesetzt. Alle drei haben die gleichen Komponenten wie die Basisversion des TMD-Dispensers und unterscheiden sich nur hinsichtlich der geladenen Submunition und anderer, jedoch unwesentlicher Details voneinander. Wenn wir an der Spitze anfangen, steht zunächst der FZU-39/B-Näherungs-Zünder zur Auswahl, der so konstruiert wurde, daß er den TMD jederzeit bezüglich seiner Höhe

83 Hin- bzw. Ablege-Profile

über Grund informiert. Altenativ gibt es einen Zeitzünder, der allein oder in Kombination mit dem FZU-39/B verwendet werden kann. Direkt hinter der Spitze-/Zünder-Abteilung befindet sich der Lastenbereich, in dem die Submunition untergebracht ist. Das ist ein röhrenförmiger Abschnitt der Hülle, ausgestattet mit Vorrichtungen, die so entworfen wurden, daß sie die Hülle in drei Teile trennen, wenn die Submunition zur Ausstreuung bereit ist. Das Ganze wird von einem Aufbau namens »Strongback« (»Rückenverstärkung«) gekrönt, in dem die Montageösen befestigt sind. Am rückwärtigen Teil ist die Flossenanordnung mit Lenkflossen, die »spring loaded«, also von Federn ausgeklappt werden, um die gesamte TMD-Einheit zu stabilisieren.

Die drei verschiedenen Varianten des TMD können Sie der nachfolgenden Tabelle entnehmen:

Bezeichnung	**Gewicht**	**Ladung**	**Waffenfunktion**
CBU-87B	960 lb./435,4 kg	214 BLU-97/B CEMs	Anti-Panzer-, -Truppen-/ Brandwirkung
CBU-89/B	700 lb./317,5 kg	72 BLU-91/ 24 BLU-92-Minen	Anti-Truppen-/ -Panzerwirkung
CBU-97/B	920 lb./417,3 kg	BLU-108/B »Skeet«-Submunition	»Smarte« Anti-Panzerungs-/ -Fahrzeug-wirkung

Bei der CBU-87/B wird der SUU-65 Dispenser mit 214 BLU-97/B Combined Effects Munitions[84] (CEMs) geladen, und es ist geplant, daß er fast alle derzeitigen CBUs ablösen soll. Von der Form und Größe einer Bierdose, verfügt jede einzelne CEM über einen eigenen Ballute, wodurch sie praktisch zu einer einzelnen Bombe mit hohem Luftwiderstand gemacht wird. Die CEM wurde so konstruiert, daß sie eine außerordentlich gute Waffenwirkung gegen gepanzerte Fahrzeuge und nicht in Deckung befindliche Infanterie hat. Zusätzlich verfügt sie über hervorragende Brandwirkung bei Zielen in der Art von Kraftstoff- und Munitionslagern. Die BLU-97/B schafft das durch Verwendung eines einzigartigen pyrotechnischen Pakets mit Dreifachwirkung. Die panzerbrechende Fähigkeit kommt durch eine besonders geformte Ladung zustande, die das Dach fast jedes Panzers oder gepanzerten Fahrzeugs der Welt durchdringen kann. Diese geformte Ladung ist von einem gezackten Stahlbehälter umgeben, der in hunderte Fragmente à 30 Grain (etwa $^1/_4$ in./6 mm) zerplatzt. Am Ende der CEM ist ein Ring aus Zirkonium. Wenn er durch die Explosion der geformten Ladung fragmentiert und bis zum Flammpunkt aufgeheizt

84 **C**ombined **E**ffects **M**unitions = Kriegsmaterial mit kombinierten Wirkungen

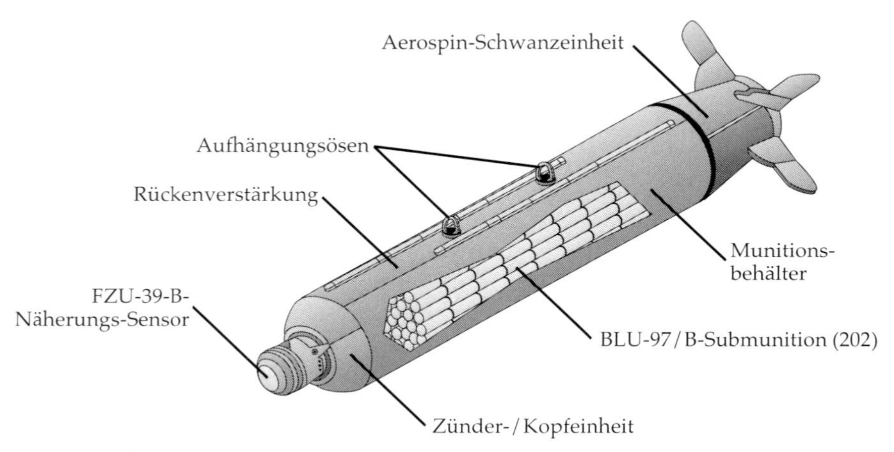

Schnittzeichnung der CBU-87/B-Version eines Tactical Munitions Dispensers (TMD) *Jack Ryan Enterprises, Ltd., von Laura Alpher*

wird, entzündet er sich in dem Augenblick außerordentlich heftig, da er mit Luftsauerstoff in Berührung kommt.

Die Abwurfresultate der CBU-87/B, die mit der besten Vielzweckmunition der Welt bewaffnet ist, sind genauer als bei jedem anderen Dispenser im Arsenal. Die CBU-87/B kann aus geringen Höhen von nur 400 feet/122 Metern wie auch aus großen Höhen von etwa 40 000 feet/12 200 Metern abgeworfen werden. Das bedeutet, daß ein taktisches Flugzeug in Zonen höchster Bedrohung nicht nur überlebensfähiger wurde, sondern die CBU-97/B jetzt auch von Bombern wie B-52, B-1B und B-2 verwendet werden kann. Während der Operation Desert Storm wurden etwa 10 035 CBU-87/B abgeworfen, und schon bald wird sie die Haupt-CBU im Arsenal der USAF sein.

Der zweite TMD-Abkömmling, der in die Schlacht geschickt wird, ist die CBU-89/B, die die bisherigen CBU-78/B als Luftminen ablösen soll. Sie setzt sich aus einem SUU-64/B TMD und einer Ladung von 72 BLU-91/B Anti-Truppen-(Splitter-)Minen und 24 BLU-92B »Gator« Anti-Panzer-Minen zusammen. Die BLU-92/B Gator ist eine Anti-Fahrzeug-Mine mit einem höchst ausgeklügelten Zündsystem, das auch die Draht-»Fühler« einsetzt, um den Gefechtskopf zu zünden. Einmal aktiviert, zündet die Gator ein Self-Forging Projectile (Treibspiegel-Ladung oder »Löffel«), jagt ihn mit einer Geschwindigkeit von über Mach 3 in den Bauch des Zielfahrzeugs und zerstört es. Während des Golfkrieges wurden 1105 CBU-89 mit großem Erfolg eingesetzt.

Die neueste zum Eingreifen bereite TMD-Variante ist die CBU-97/B, ausgestattet mit der neuen panzerbrechenden BLU-108/B-Submunition. Sie kam erstmalig 1992 zum Einsatz. CBU-97/Bs setzen sich aus einem SUU-64/B TMD und einer Ladung von zehn BLU-108 zusammen. Als »sensorgezündete Waffe« bekannt, sieht die BLU-108/B wie eine überdimensionierte Kaffeekanne aus, wenn sie vom TMD ausgestoßen wird. Sobald sie vom Dispenser freigekommen ist, stößt jede BLU-108/B vier kleine Geräte aus, die als »Skeets« bezeichnet werden. Diese »Tontauben«, die wie Eishockey-Pucks in Jumbogröße aussehen, werden kreiselnd von der BLU-108/B in vier verschiedene Richtungen geschleudert, um die flächendeckende Wirkung zu optimieren. Sobald sie scharf sind, sucht jede Tontaube den Boden mit einem für infrarote Strahlung empfindlichen Sensor nach Hitze-Emissionen von eingebauten Kolbenmotoren ab. Sollte der Tontaubensensor die Hitze eines Fahrzeugs unter sich feststellen, feuert sie ein Self-Forging Projectile oder »Spoon« mit einer Geschwindigkeit von ungefähr Mach 5 in den Motorraum des Fahrzeugs! Das Geschoß hat eine derart große Energie, daß es das Fahrzeug glatt durchschlägt – sogar einen Panzer – und normalerweise alles zerstört, was es trifft.

Mit dem Aufkommen der SUU-64/65 Dispenser konnten die meisten taktischen Einschränkungen der bestehenden CBU-Typen ausgeschlossen werden. Es gibt bereits ein Programm, das unter der Bezeichnung »Wind Corrected Munition« (WCM) läuft und darauf abzielt, einerseits ein kleines, billiges INS-Lenksystem auf den Rücken des TMD aufschnallbar zu machen, andererseits den TMD auch mit Lenkflossen auszustatten. Der Gedanke ist der, daß das Trägheitsnavigationssystem jede Kursabweichung durch Einwirkung von Querwind feststellen und die Winddrift korrigieren soll. Durch die bereits vorhandenen hypergenauen Waffenabwurfsysteme der verschiedenen amerikanischen Flugzeuge, speziell der von Bombern wie der B-1B und B-2, würde so auch der punktgenaue Abwurf von CBUs aus großer Höhe Wirklichkeit.

Elektro-Optische Bomben: die GBU-15/AGM-130-Serien

Luftmachtbegeisterte haben immer schon von Kriegsmaterial geträumt, mit dem man bei nur einem Anflug eine Brücke zerstören oder ein Gebäude zum Einsturz bringen könnte. Das ist das Versprechen der Luftmacht über einen Zeitraum von mehr als 75 Jahren gewesen, und es hat lange gedauert, bis man der Einlösung dieses Versprechens auch nur nahekam. Wie schon bei den AAM konnte der erste wirkliche Erfolg im Bereich der Präzisions-Lenkwaffen im Nazideutschland des Zweiten Weltkriegs erzielt werden. 1943 setzte die Luftwaffe[85] zwei Typen von gelenkten Bomben als Präzisionsschlag-Waffen ein, die in ausreichender Entfernung vom abwerfenden Flugzeug wirksam wurden: die FRITZ-X und die HS-293. Obwohl sie noch ziemlich primitiv waren, terrorisierten diese Bomben dennoch die alliierte Schiffahrt und versenkten sogar das italienische Schlachtschiff *Roma,* als es gerade dabei war, sich den alliierten Streitkräften zu ergeben. Nach dem Zweiten Weltkrieg wurde die Entwicklung derartiger Waffen zugunsten der Kernwaffen zurückgestellt. Als dann aber der Vietnamkrieg anfing, mußte die Air Force feststellen, daß es eine ganze Reihe internationaler Situationen gab, bei denen der Einsatz von Kernwaffen nicht gerade ratsam schien. Deshalb ging die

---

85 im Original deutsch, da dieser Begriff für Luftstreitkräfte Deutschlands weltweit reserviert ist

USAF völlig ungerüstet für diesen Krieg, den sie während des folgenden Jahrzehnts zu gewinnen versuchte, nach Vietnam.

Vom ersten Augenblick an, da die Lufteinheiten einbezogen wurden, mußten sie feststellen, daß sie zu Opfern eines unerwarteten Paradigmenwechsels geworden waren. War es in der Vergangenheit noch eine politisch akzeptable Möglichkeit gewesen, eine Stadt durch Teppiche von GP-Bomben dem Erdboden gleichzumachen, stellte es nun in Vietnam ein Verbrechen dar. Die politische Einstellung der 60er Jahre war überholt, und daher forderten die Politiker »chirurgische« Luftangriffe, die von Luftmachtbesessenen seit Jahrzehnten versprochen worden waren. Unglücklicherweise waren diese Versprechen von Phantasten gemacht worden, die Luftmacht als eine Waffe dargestellt und nie damit gerechnet hatten, in ein Integriertes Luftabwehrsystem (Integrated Air Defense System, IADS) aus Fightern, SAMs und AAA-Kanonen fliegen zu müssen, das auf der ganzen Linie mit computerisierten Radarsensoren und Beobachtungs-Außenposten vernetzt war. Keiner von ihnen hatte erwartet, das Crews von taktischen Maschinen einmal versuchen müßten, ihre Ladung abzuwerfen, während sie gegen die vielschichtigen Bedrohungen, denen sie als amerikanische Piloten und Besatzungen am Himmel über Vietnam ausgesetzt waren, »hexten« und um ihr Leben kämpften. Noch schlimmer war aber, wohin einige dieser Bomben fielen, nachdem sie abgeworfen worden waren. Kollateralschäden sind in jedem Krieg Gegenstand von Besorgnis, um so mehr, wenn der Feind amerikanischen Reportern Zerstörungen vorführt, die durch Bomben-Fehlabwürfe zustande gekommen sind und in krassem Gegensatz zu den Geschichten über »Präzisionsschläge« stehen, die aus den offiziellen Kanälen in Washington D.C. kommen.

In dem Bemühen, die politischen Probleme kollateraler Schäden ebenso wie die taktischen Probleme mit einem Kampf in einem IADS-Gefechtsfeld zu lösen und die Waffen präzise auf ein Ziel zu bringen, starteten USN und USAF eine Reihe von Programmen unter der Bezeichnung »Precision Avionics Vectoring Equipment« (PAVE). Sie sollten dazu führen, daß die Flieger mit Waffen ausgestattet wurden, die hochwertige Ziele treffen konnten – bereits aus größerem Abstand zum Ziel und trotzdem mit größerer Treffergenauigkeit. Als vielversprechende Technologie bot sich die Television Electro-Optic (TV E/O) an. Diese Technik arbeitet nach dem Prinzip, daß die Lenkelektronik auf das Zielbild einer Fernsehkamera »schaut« und auf die Kontrast-»Kante« aufschaltet, die sich zwischen der dunklen und der hellen Zone auf diesem Bild befindet. Zu diesem Zeitpunkt war man noch Jahre von integrierten Schaltkreisen und Mikroprozessoren entfernt, und entsprechend war das Resultat. Die Anfangsgeschichte dessen, was wir heute elektro-optisch (E/O-) gelenkte Bomben nennen, wurde von rätselhaften Problemen heimgesucht.

Das E/O-Lenkbombenprogramm der Air Force, das unter der Projektbezeichnung GBU-8 (»Glide Bomb Unit«) lief – auch bekannt unter dem Programm-Spitznamen HOBOS[86], der für »Homing Bomb System« stand –, sollte so etwas wie eine »Baukasten«-Bombe hervorbringen. Das heißt, daß der Lenkbausatz (Sucher und Lenkflossenbereich) praktisch auf jede Standardbombe der 80er Serie geschraubt werden konnte, die dann als Gefechtskopf agieren würde. Das wiederum bedeutete, daß der Gefechtskopf selbst, den Erfordernissen entsprechend, auf jede Art von Ziel zugeschnitten werden konnte, ob nun schwerste Beschädigungen (für die sich der Einsatz einer 2000 lb. / 907 kg Mk 84 anbietet) oder Gebietsneutralisierungen (bei denen Streubomben am besten geeignet sind) gewünscht waren. Die GBU-8 wurde bei Rockwell International in Columbus entwickelt und gebaut. Unglücklicherweise machten die HOBOS in Vietnam eine schlechte Karriere: Es gab sehr viele Einzel-Fehlfunktionen in den verschiedenen Untersystemen, die eine vernünftige Entwicklung von Abwurftaktiken für E/O-Bomben fast unmöglich machten. Die größten Probleme betrafen allerdings den Sucher der GBU-8 selbst. Da die E/O-Bomben jener Zeit ihr Ziel tatsächlich »sehen« mußten, konnten sie nicht in der Dunkelheit oder bei schlechter Sicht eingesetzt werden. Sofern nicht »perfekte« Bedingungen herrschten, mußten die WSOs die HOBOS manuell via Datenverbund steuern und versuchen, die Bomben zu ihren Zielen zu fliegen. Sehr häufig hatten sie nicht einmal genügend Zeit, die notwendigsten Korrekturen durchzuführen, bevor die Bombe aufschlug.

Um 1972 herum waren die Unzulänglichkeiten der ersten HOBOS bei der Air Force wohlbekannt, und man setzte ein Programm in Marsch, das eine verbesserte Familie von E/O-Lenkbomben entwickeln sollte. Jetzt unter dem offiziellen Namen »Modular Glide Bomb System« geführt, war das neue Programm darauf ausgerichtet, alle Probleme zu lösen, welche die ersten HOBOS geplagt hatte. Im Anschluß an einen Konstruktionswettbewerb im Rahmen des Pave-Strike-Programms erklärte die USAF Rockwell International zum Sieger und beauftragte das Unternehmen, das zu bauen, was dann unter der Bezeichnung GBU-15 lief. Beim Entwurf der GBU-15 kamen gegenüber der früheren GBU-8 folgende Verbesserungen heraus:

- eine größere Entfernung zwischen Abwurf und Zielpunkt (Standoff-Range), die es dem abwerfenden Flugzeug ermöglichte, außerhalb der Reichweite von SAMs und Luftabwehrkanonen zu bleiben;
- bessere Manövrierfähigkeit und Querentfernungs-Reichweite, um höhere taktische Flexibilität zu erzielen und die Genauigkeit des Endanfluges bei der Annäherung an ein Ziel zu verbessern;
- ein verbessertes Datenverbundsystem, um eine präzisere Lenkung der Waffe in der Endphase, also bei der unmittelbaren Annäherung an den Aufschlagspunkt, zu erreichen;
- ein wesentlich verbessertes Suchersystem mit besserer Auflösung und Zielunterscheidungsfähigkeiten;
- Optionen für verbesserte Sucher, einschließlich einer Infrarotbild-Variante (Imaging InfraRed, IIR).

---

86 Wortspiel: Abkürzung für »Zielsuchendes Bomben-System«; »Hobos« sind zugleich Schwarzfahrer

Mit diesen Ideen im Hinterkopf begannen die Ingenieure von Rockwell mit der Arbeit. Obwohl sie mit ihrer Konstruktion ganz von vorn anfingen, behielt Rockwell doch die meisten guten Dinge bei, die schon bei der GBU-8 vorhanden gewesen waren, beginnend bei der Mk-84-Standard-Bombe von 2000 lb. / 907 kg als Gefechtskopf. Allerdings war Rockwell zu dieser Zeit durch das inzwischen eingetretene Wunder der integrierten Schaltkreise und Mikroprozessoren in der Lage, wesentlich bessere Arbeitsergebnisse zu erzielen. Dann nahm Rockwell Hughes Missile Systems ins Team auf; die produzierten nämlich TV-Sucher auf der Basis der Technologie ihrer äußerst erfolgreichen Luft-Boden-Flugkörper AGM-65 Maverick. Als zusätzlichen Bonus konnte man gegebenenfalls auch eine Sucherversion ins Spiel bringen, die auf der Basis der Imaging-InfraRed-Version (IIR) der Maverick gebaut wurde. Das Grundmodell der GBU-15 setzte sich aus folgenden Komponenten zusammen: einem Lenk- / Flossenbereich, einer Bombe als Gefechtskopf und kreuzweiser Anordnung von Flügeln (mit Steuerflossen) am Ende der Waffe. Die folgende Tabelle gibt einen Überblick über die verschiedenen Varianten der GBU-15:

Bezeichnung	**Lenkgruppe**	**Gefechtskopf**	**Flossen-gruppe**	**Gewicht**
GBU-15(V)-1	DSU-27 E/O	Mk 84	MXU-724	2510 lb./ 1138,5 kg
GBU-15(V)-2	WGU-10 IIR	Mk 84	MXU-724	2560 lb./ 1161 kg
GBU-15(V)-32	DSU-27 E/O	BLU-109/B	MXU-787	2450 lb./ 1111,3 kg
GBU-15(V)-31	WGU-10 IIR	BLU-109/B	MXU-787	2500 lb./ 1133,9 kg
AGM-103A	DSU-27 E/O oder WGU-10IIR	Mk 84	MXU-787	2980 lb./ 1351,7 kg
AGM-130C	DSU-27 E/O oder WGU-10IIR	BLU-109/B	MXU-787	3026 lb./ 1372,5 kg

Die Ausgangs-E/O-Version war die GBU-15(V)-1. Sie wurde erstmals 1977 von den Luftstreitkräften Israels eingesetzt (bei der USAF vergingen noch weitere fünf Jahre für Tests und Weiterentwicklungen) und steht im Augenblick kurz davor, bei den F-111F und F-15E Strike Eagle eingesetzt zu werden. Ihr folgte die IIR-Version mit der Bezeichnung GBU-15(V)-2, der Liebling der Planer und Crews. Etwa siebzig dieser GBU-15(V)-2 wurden 1991 am Persischen Golf im Laufe der Operation Desert Storm verbraucht. Wie schon die früheren HOBOS, ist auch sie mit einem Zweiwege-Datenverbundsystem ausgerüstet, bei dem die Befehls- und Videodaten vom Sucher in einem Behälter mit der Bezeichnung AN/AXQ-14 übertragen werden. Dieses System erlaubt es dem WSO des abwerfenden

Flugzeugs oder sogar einem anderen Lenkflugzeug, die Bombe mit atemberaubender Genauigkeit auf ein Ziel zu fliegen. Zusätzlich verfügt man über die Möglichkeit, von der Sucherkamera aufgenommene Bilder auf einem Videoband in einem Recorder zu speichern; das ist eine gute Hilfe beim Bomb Damage Assessment (BDA) und verschafft außerdem CNN aufregende Videos!

Sämtliche Grundvarianten der GBU-15 können aus einer Maximalentfernung von 8 Meilen / 14,8 km im Tiefflug und bei größeren Höhen aus bis zu 20 Meilen / 37,4 km Distanz abgeworfen werden. Der Schlüssel zu diesen relativ großen Reichweiten liegt in der Auftriebsfähigkeit der kreuzförmigen Flügel am vorderen und am hinteren Ende der GBU-15; sie machen die Bombe zu einem nicht angetriebenen Gleiter, der über eine weit bessere Manövrierbarkeit verfügt als die früheren HOBOS.

Nach Desert Storm wurde noch eine Reihe neuer Varianten in den Dienst der Air Force übernommen. Allerdings kostet beispielsweise eine FY-1991 pro Stück 227 000 US-Dollar, womit eine GBU-15 alles andere als billig ist, und das macht eine weitere Entwicklung wenig wahrscheinlich. Es gibt jedoch eine GBU-15I-Variante, einen Luft-Boden-Flugkörper, der als AGM-130 (Air-to-Ground Missile) im Augenblick ganz schön in Schwung kommt. Diese AGM-130 ist im Grunde eine GBU-15I mit einem kleinen Raketenmotor, der ihr auf den Bauch gebunden wurde. Das führt dazu, daß die Reichweite einer AGM-130 in niedrigen Höhen auf 16 nm. / 29,6 km und beim Ausklinken in größeren Höhen sogar auf 40 nm. / 74 km erweitert werden konnte. Es ist schon eine beeindruckende Liste von Fähigkeiten für eine Waffenfamilie, die allerdings denen, die sie verwenden, eine große Verantwortung auferlegt. WSOs, die mit den GBU-15 / AGM-130-Serien umzugehen haben, müssen außerordentlich sorgfältig ausgebildet werden und ein feines Gespür dafür haben, wie sie das meiste aus diesen extrem genauen PGMs herausholen können.

Lasergeführte Bomben: die Paveway-Serien

Es gab einmal zwei Brücken, die zum Stoff für Alpträume amerikanischer Piloten wurden, die über Nordvietnam flogen. Die Paul-Doumer-Brücke über den Roten Fluß in Hanoi und die Drachenmaul-Brücke (»Ham Rung« auf vietnamesisch) in der Nähe von Thanh Hoa waren die zähesten Ziele in einem Krieg, der voll widerstandsfähiger Ziele war. Anfang 1972 konnte die Paul Doumer immer nur für einige Wochen in Folge ausgeschaltet werden – trotz tausender Angriffseinsätze der U.S. Air Force, Navy und des Marine Corps, bei denen Millionen von Kilogramm Bomben abgeworfen wurden, Dutzende von Flugzeugen verloren gingen, Piloten starben oder in Gefangenschaft gerieten. Danach wurde sie schnell wieder instandgesetzt, um weiterhin den Schienenverkehr Richtung Süden zu ermöglichen, der den Bodenkrieg in Südvietnam versorgte. Noch schlimmer war, daß die Tanh-Hoa-Brücke trotz aller Anstrengungen, die in den 60er Jahren im Verteidigungsministerium (DoD) unternommen wurden, *zu keinem Zeitpunkt* einstürzte.

Dann, binnen nur vier Tagen im Mai 1972, konnten beide Ziele Gott sei Dank doch noch ausgeschaltet werden, als bestens sichtbares Zeichen für eine neue Waffentechnologie, die erstmals 1967 ausprobiert worden war – die lasergeführte Bombe (LGB). Am 10. Mai 1972 donnerten 16 F-4D vom 8. Tactical Fighter Wing (TFW) der RTAFB[87] in Ubon, Thailand, hinunter zur Paul-Doumer-Brücke. Zwölf von ihnen waren mit je einem Paar der neuen, 2000 lb./907 kg schweren LGBs bewaffnet. Als sich Staub und Dunst der Bombendetonation gelegt hatten, war die Brücke schwer beschädigt und für jeglichen Verkehr unbrauchbar. Erstaunlicherweise hatte nicht ein einziges angreifendes Flugzeug etwas abbekommen.

Am nächsten Tag griffen vier weitere F-4D des 8. TFW die Doumer-Brücke erneut mit LGBs an, wobei diesmal mehrere Überflüge für die Abwürfe durchgeführt wurden. Nachdem noch weitere Bomben ins Ziel gebracht worden waren, schafften es die Nordvietnamesen bis zum Waffenstillstand von 1973 nicht mehr, diese Brücke wiederaufzubauen. Als zusätzlicher Bonus konnten vier mit LGBs bewaffneten F-4D, die auch aus Ubon kamen, einen Befehlsbunker für das gesamte nordvietnamesische Luftabwehrsystem auf dem Gia-Lam-Flugplatz zerstören.

Die eigentlich krönende Leistung folgte zwei Tage später, als die Laserbomber des 8.TFW auf das Hauptziel losgingen: die Drachenmaul-Brücke. Es kostete fast alles, was sich im Munitionsdepot von Ubon befand, und auch alles, was die Techniker der Hersteller vor Ort zusammenbauen konnten, darunter einige speziell für diesen Einsatz hergestellte, 3000 lb./1360,7 kg schwere LBGs; als sich aber Rauch und Lehmstaub verzogen hatten, konnte man sehen, daß das gesamte eine Ende der Brücke aus seinen Fundamenten gehoben und in den Fluß gekippt worden war.

Die Waffen, die das geschafft hatten, waren sicherlich nicht die fortschrittlichsten und ausgeklügeltsten, die jemals von den Vereinigten Staaten nach Südostasien gebracht worden waren. Ganz im Gegenteil, die erste Generation von LGBs war extrem einfach in Konzept und Ausführung, aber dennoch der erfolgreichste Typus in der Geschichte der PGM-Waffen. Ähnlich wie bei der AIM-9 Sidewinder brachte das einfache Konzept, das hinter der LGB stand, riesige Dividenden ein, als es im Krieg erprobt wurde.

Wenn Sie über vierzig Jahre alt sind, werden Sie sich vielleicht noch erinnern, wie von seinen Erfindern in den Bell-Laboratorien für die Magie des ersten Laserstrahls geworben wurde. »Laser« steht für »Light Amplification by Stimulated Emission of Radiation«. Das bedeutet, daß ein kohärenter (aus nur einer Hauptwellenlänge zusammengesetzter) Lichtstrahl mit einer sehr hohen Amplitude (extrem hell) produziert und manipuliert werden kann. Die ersten Laser waren auf feste Materialien wie synthetische Rubine als Medium angewiesen, über die das Laserlicht erzeugt werden konnte. Heute arbeiten die meisten Laser auf der Basis von Gasen

---

87 **R**emote **T**actical **A**ir **F**orce **B**ase: »entlegener taktischer Stützpunkt der Air Force«

wie Kohlendioxid (CO_2) oder Argon (Ar). Zur Zeit ihrer Vorstellung versprach man sich von Laserstrahlen, daß sie »Todesstrahlen« jener Art sein würden, die von Science-fiction-Autoren wie Jules Verne oder H. G. Wells vorausgesagt worden waren. Die Wirklichkeit sah dann aber etwas bescheidener aus, weil die Laser der 60er Jahre auf keinen Fall über die notwendige Stärke verfügten, um sich durch das feste Metall von Raketen oder Flugzeugen in taktischen Angriffsbereichen zu brennen.

1965 kam ein kleines Ingenieursteam bei Texas Instruments (TI) auf einen eigentlich ganz einfachen Gedanken, wie man Laser für ein Waffensystem verwenden könnte. Weldon Word, der brillante Leiter dieses Teams, entschied, daß man den Laser selbst nicht *als Waffe*, sondern lieber als Methode einsetzen sollte, um *eine Waffe zu lenken*. Da Laserlicht aufgrund seiner Kohärenz dazu neigt, in einem sehr dichten Strahl gebündelt zu bleiben, verfügt es über die Fähigkeit, selbst ein sehr kleines Ziel sogar über weite Entfernungen hinweg zu markieren. Das bedeutet, daß ein Sucher so eingestellt werden kann, daß er nur eine ganz spezielle (kohärente) Frequenz eines Laserlichts »sieht« und durch dieses dann geführt wird, ähnlich wie der Suchkopf eines AIM-9M nach spezifischen »Farben« des Lichts Ausschau hält, an denen er sich dann orientiert. Das Ganze ist noch am besten mit dem Auslösen eines Blitzlichts in einem völlig dunklen Raum vergleichbar. Für einen Menschen ist alles, was er in diesem Augenblick sehen kann, das vom Blitzlicht beleuchtete Ziel.

So einfach sich das auch anhören mag, stellte es Weldon Word und sein TI-Team doch vor entmutigende technische und finanzielle Probleme. Zunächst einmal gab es kaum Mittel für die Entwicklung dieser neuen Angriffstechnologie. In den 60er Jahren bot das DoD 100 000 US-Dollar für Ideen, die dazu beitragen könnten, den Vietnamkrieg zu gewinnen. Diese 100 000 US-Dollar kämen jedoch nur dann zur Auszahlung, hieß es, wenn die Ideen bereits getestet seien und sich bewährt hätten. Für Word und sein Team galt es also, das gesamte System – das Sucher/Leit-Paket, den Laser-»Blitzlicht«-Designator und den Gefechtskopf – für genau 100 000 US-Dollar und nicht einen Cent mehr auf die Beine zu stellen. Sogar 1965 deckte das lediglich die Kosten von ein paar tausend Arbeitsstunden für die Konstruktions- und technischen Talente des TI-Teams und eines Bruchteils der technische Geräte, die zur Austestung des Konzepts erforderlich waren. Da für die Entwicklungsarbeit nur kurze Zeit zur Verfügung stand, traf das Team einige wichtige Entscheidungen. Eine der ersten bestand darin, daß man für Gefechtskopfbereiche bei den neuen gelenkten Bomben, die jetzt den Namen Paveway hatten, auf die normalen 80er Serien der LDGP-Bomben zurückgreifen würde. Die Sucher- und Lenkbereiche sollten buchstäblich auf diese LDGP-Bomben »aufgeschraubt« werden und so ein solides Flugwerk für das ganze Paket abgeben. Das brachte den Vorteil, daß Sprengköpfe, Zünder und die anderen Ausrüstungsteile dem TI-Team kostenlos als Government Furnished Equipment[88] (GFE) zur

88 von der Regierung subventionierte Ausrüstungsgegenstände

Verfügung standen. Um den Laser-Designator nicht von Grund auf neu bauen zu müssen, übernahm das Team die Konstruktion eines Wissenschaftlers aus Alabama. Schließlich bekam es von einer westdeutschen Bergungsfirma noch die Teile für den Lasersucher. Man fand, daß es einfach zu teuer wäre, das geplante Bombenpaket auch noch im Windkanal zu testen, und so führten Weldon und seine Mannschaft diese Tests für die Bombenform mit Modellen in verkleinertem Maßstab einfach in einem Schwimmbecken durch.

Obwohl man das Problem »im Tiefflug« angegangen war, übertraf das Resultat die kühnsten Träume bei TI und der Air Force. Dabei hatte der erste Paveway Laser Designator (Paveway I genannt) noch etwa die Größe einer alten Schmalfilmkamera, die an die Schienen des Kabinendachs der F-4 Phantom geschraubt und vom Mann auf dem Rücksitz manuell über eine Teleskoplinse bedient wurde. Sobald das geschehen war, mußte eine andere Maschine über das Ziel fliegen und die Bombe abwerfen. Wie Sie sich vielleicht vorstellen können, machte so etwas die 1. markierende Maschine äußerst verwundbar für SAMs und Luftabwehrkanonen. Die Ergebnisse erster Kampfeinsatz-Tests, die 1967 in Vietnam vorgenommen wurden, reichten der Air Force dennoch aus, um eine begrenze Produktion der Paveway-Lenkbausätze zu bestellen. Schließlich wurde diese »begrenzte« Produktion aber auf eine Gesamtstückzahl von mehr als 25 000 Einheiten (tatsächlich jede noch von Hand gebaut) heraufgeschraubt, die während des Vietnamkrieges abgeworfen wurden. Erstaunlicherweise wurden etwa 17 000 Treffer verzeichnet, was zu einem Gesamterfolg im Kampf von etwa 68 % führte.

Fast noch erstaunlicher war, daß die Paveway-Bomben den Begriff *Treffer* neu definierten. Mit den LGBs konnte man einen »Wahrscheinlichen Fehlerkreis« (Circular Error Probability, CEP) mit Entfernungsabweichungen von weniger als 10 feet / 3,05 Metern schaffen (die für die Vietnamzeit typischen F-4D CEPs mit »dummen« LDGPs lag gewöhnlich bei 150 feet / 45,7 Metern). Meistens war auch nur noch eine von einem Flugzeug abgeworfene Bombe erforderlich, um ein Ziel zu zerstören, während vorher für die gleiche Aufgabe eine ganze Jagdbomber-Staffel eingesetzt werden mußte. Sehr schnell wurde der Ruf »eine Bombe, ein Ziel« zu einem Kennzeichen für die LGB-Leistungen in ganz Südostasien. Um noch einen weiteren Punkt herauszuheben, der neben der Wirkung der LGB erwähnenswert ist, sollte man auch die Kosten des Paveway-I-Lenksatzes betrachten, die mit nur 2700 US-Dollar (Stand 1972) direkt billig waren, verglichen mit den mehr als 20 000 US-Dollar für einen GBU-8-E / O-Lenksatz.

Paveway löste eine Revolution in der Luftkampfführung aus, wie sich bei den letzen Großangriffen dieses Krieges, Linebacker I und II, herausstellte. Während dieser Unternehmen, die von Mai 1972 bis Januar 1973 liefen, wurden die Paveway-LGBs zu den »magischen Kugeln« im Waffenarsenal der Amerikaner. Sie waren überall und machten alles. Im Süden halfen die LGBs des 8. TFW (die einzige Einheit, die zu dieser Zeit mit ihnen ausgerüstet war) dabei, den gepanzerten Vormarsch der Nordvietnamesen bei An Loc mit einer ersten Demonstration dessen aufzuhalten, was später im Persischen Golfkrieg von 1991 unter der Bezeichnung »Panzerknacken« bekannt werden sollte. Im Norden warfen sie Bomben auf jede lebenswichtige Brücke zwischen der chinesischen Grenze und Vietnam und auf eine Vielzahl anderer vitaler Ziele.

Nun kamen aber bei allem Erfolg auch die Probleme. Während der Sucher eine LGB fast immer ins »Ochsenauge« lenken konnte, mußte die Bombe dazu in einem ziemlich engen »Korb« des Himmels (innerhalb eines »perfekten« ballistischen Abwurfbereichs von nur wenigen tausend Fuß) abgeworfen werden, damit sie die notwendige Flugenergie oder den erforderlichen »Smash« entwickeln konnte, um das Ziel zu erreichen. Im Fall von Vietnam hieß das, die Bomben der Paveway-I-Serien aus einer mittleren Höhe (oberhalb 10000 feet/3050 Metern) abzuwerfen; Abwürfe im Tiefflug (weniger als 10000 feet/3050 Meter) kamen keinesfalls in Frage. Darüber hinaus war klare Sicht bei Tageslicht ein Muß, weil die ersten Paveway-I-Designatoren noch nicht über Restlicht- oder Wärmebildsysteme verfügten. So stellten die damaligen Designatoren bis zur Einführung der Ziel- und Bezeichnungsbehälter AAQ-26 Pave Tack in den späten 70er Jahren die Hauptbeschränkung für die LGBs dar.

Das erste Markierungssystem, das den Abwurf von LGBs auch in Zonen höchster Gefahr realisierbar machte, war Pave Knife, das bei Ford Aeronutronic (jetzt Loral Aeronutronic) hergestellt wurde. Jedes einzelne war von Hand gebaut und von einem Team einsatzfähig gemacht worden, das unter der Leitung des legendären Optik-Ingenieurs Reno Perotti stand. Die sechs Prototypen der Pave-Knife-Behälter, die noch fertiggestellt werden konnten, wurden zu einem der wichtigsten Faktoren bei der erfolgreichen Fortführung der Linebacker-Großangriffe von 1972.

In den späten 70er Jahren begann das DoD, eine neue Version des Bombenlenkssatzes, den Paveway II, einzuführen. Im Grunde war es nur die serien-, also maschinenproduzierte Version der handgemachten Paveway-I-Serie, die nun USAF, USN und das USMC mit ihren PGM-Kapazitäten gut in die 80er Jahre bringen sollte. Dieser Version war auch ein ordentlicher Exporterfolg beschieden, wozu mit beitrug, daß die Briten sie im Golfkrieg so erfolgreich einsetzten. Tatsächlich befinden sich die Paveway-II-Bausätze auch heute noch in den Waffenkammern der Vereinigten Staaten von Amerika und der NATO, und sie werden wohl auch noch bis weit ins 21. Jahrhundert hinein verwendet werden.

Die Paveway-II-Sätze gibt es in drei Ausführungen, die in den folgenden Bombenkombinationen wiederzufinden sind:

Bezeichnung	**Lenkgruppe**	**Gefechtskopf**	**Tragflügelgruppe**
GBU-10E/B	MAU-169E/B	Mk 84	MXU-651/B
GBU-12D/B	MAU-169E/B	Mk 82	MXU-650/B
GBU-16B/B	MAU-169E/B	Mk 83	MXU-667/B

Die Bomben der Paveway-II-Serien waren außerordentlich erfolgreich und weisen schon heute eine lange und nutzbringende Laufbahn auf. Die erste Gelegenheit für einen Kampfeinsatz der Paveway II ergab sich im Oktober 1983, als eine A-6E des Flugzeugträgers *John F. Kennedy* (CV-67) einige LGBs auf Ziele im Gebiet von Beirut abwarf. Unglücklicherweise führten Probleme mit den Laser-Designatoren am Boden dazu, daß die Bomben ihre vorbestimmten Ziele verfehlten. So kamen sie erst im Rahmen der »Operation Steppenbrand« (»Prairie Fire«), die 1986 bei verschiedenen Konfrontationen zwischen der U.S. Navy und Libyen im Golf von Sidra durchgeführt wurde, zu ihrer wirklichen Bewährung im Kampf. Während der berühmten »Todeslinien«-Konfrontationen waren Bomben der Paveway-II-Serien, die von A-6E der USN eingesetzt wurden, für Zerstörung / Außer-Gefecht-Setzen verschiedener libyscher Patrouillenboote mitverantwortlich. Später kamen sie auch bei der Operation Eldorado Canyon, dem zusammengeführten Luftangriff von USAF / USN / USMC auf Bengasi und Tripolis, zum Einsatz.

Eine der Paveway-II-Konfigurationen, die winzige, nur 500 lb. / 226,7 kg schwere GBU-12, erwies sich 1991 als eine der wichtigsten Waffen des Golfkrieges. In den letzten Tagen des Januar und den ersten des Februar 1991 wiesen BDA-Teams des CENTAF nach, daß bei der »Schlachtfeldvorbereitung« im KTO (Kuwaiti Theater of Operations[89]) nicht genügend gepanzerte Fahrzeuge und Artilleriestellungen mit den Standard-LDGP-Bomben zerstört worden waren, um eine Zermürbung von 50 % der ausgewählten Ziele noch vor Beginn des Bodenkriegs zu erreichen.

Um dieses Problem zu lösen, kam Major General Buster Glosson, der Planungsdirektor für CENTAF-Operationen, auf eine Idee, die unter dem Namen »Panzerknacken« (»Tank Plinking«) bekannt wurde. General Charles A. Horner, kommandierender General des CENTAF während des Golfkrieges, wurde von General H. Norman Schwarzkopf, dem CENTCOM-Oberkommandierenden, angewiesen, diese Taktik *niemals* als »Panzerknacken« zu bezeichnen. General Horner, der allzeit gehorsame Fighter-Pilot, befahl seinem Stab, umgehend sicherzustellen, daß jeder es *jederzeit* als »Tank Plinking« bezeichne.

Nach diesem Muster würde das Tank Plinking ablaufen: Ein Schwarm von F-111F oder F-15E überfliegt irakische Artillerie- oder gepanzerte Einheiten kurz nach Sonnenuntergang. Da der Wüstensand schneller abkühlt als die zwischen den Dünen eingegrabenen militärischen Ausrüstungsgegenstände, tendieren Fahrzeuge und Artillerie dazu, auf den FLIR-Zielsystemen der Flugzeuge als »heiße Punkte« aufzutauchen. Die Crews werfen dann eine der »alten« GBU-12 auf das ausgewählte Ziel ab, und das Resultat ist, mit einem Wort, spektakulär. Was immer Sie auch annehmen mögen, sogar ein schwerer Kampfpanzer kann nicht überall gepanzert sein, besonders nicht oben. Wenn also eine »kleine« LGB ihn trifft, geht das Ziel in Flammen auf, und die BDA-Beurteilung ist ganz positiv. Die Tatsache, daß eine F-111F bis zu vier GBU-12 und eine F-15E sogar bis zu elf mitnehmen konnte, machte das Panzerknacken zu einem überraschend wirt-

89 Kriegsschauplatz für Operationen in Kuwait

schaftlichen Weg, Ziele im KTO auszuschalten. Nacht für Nacht schickten das 4. und das 48. TFW Paare von F-15E und vier Einsatzgruppen (Ship Flights) F-111 ins KTO, um Artillerie- und gepanzerte Ziele zu jagen. Die Resultate waren, wie gesagt, spektakulär. Sehr oft kamen die kleinen Formationen nach Hause und hatten zwischen zwölf und 16 Ziele pro Einsatz ausgeschaltet.

In Kombination mit den Fähigkeiten eines integrierten Wärmebild-/ Designations-/Waffenabwurfsystems waren die LGBs der Paveway-II-Serie hervorragende Waffen, wenn sie sauber abgeworfen werden konnten. Hervorragend, aber leider auch nur sehr begrenzt einsetzbar. Die Paveway II hat immer noch einen sehr kleinen »Abwurfkorb«, der die Verwendbarkeit in Zonen hoher Bedrohung verringert. Insbesondere die Fähigkeiten in niedrigen Höhen sind stark begrenzt, was die Einsatzwahrscheinlichkeit in diesem Modus ineffektiv macht. Selbst Abwürfe aus Höhen von 20000 feet/6100 Metern, die für den Abwurf der Paveway bevorzugt werden, sind Herausforderungen für die Crews.

Schon bevor die Paveway II in den Kampf geschickt wurde, begannen Air Force und TI unter der Programmbezeichnung »Low-Level Laser Guided Bomb« (LLLGB) mit der Entwicklung eines Ersatzes für die Paveway II. Das Programm wurde 1981 auf den Weg gebracht und so ausgelegt, daß es die Mängel ausräumen, die den damaligen Paveway-II-Bomben innewohnten, und gleichzeitig alle Vorteile der neuen Serien von Laser-Designatoren aufgreifen sollte, die weltweit entwickelt wurden. Das Ergebnis waren die Bomben der Paveway-III-Serie, die etwa Mitte der 80er Jahre in Dienst gestellt wurden.

Der Schlüssel zu einem derartigen Vorhaben mußte eine gänzliche neue Lenkgruppe sein. Sie sollte mit einem Autopiloten ausgestattet werden, der von einem Mikroprozessor gesteuert würde, welcher sich den Flug- und Ausklinkbedingungen anpassen konnte. Beim Flugzeug, das die Bomben ins Ziel bringen sollte, standen verschiedene Auswahlmöglichkeiten zur Verfügung: Flugmodus, Gefechtskopf-Konfiguration, Lasercodierung und Abwurfprofil. Weit wichtiger war aber die Austauschbarkeit der PROM-Chips (Programmable Read Only Memory Chips), in denen die Software für den Autopiloten bereits gespeichert war, wodurch das Grundpaket für die Lenkung an eine Vielzahl von Bomben unterschiedlicher Konfigurationen und Fähigkeiten angepaßt werden konnte. Die Veränderungen an der Paveway II begannen am vorderen Ende des Suchers mit der Sucherkuppel, die aus Lexan-Plastik mit integriertem feinen Drahtgewebe hergestellt wird. In der Kuppel befinden sich ein Optik-Gehäuse für einen Vier-Quadranten-Lasersensor und eine Optik, die den Lichtpunkt des Laser-Designators fokussiert. Der einfache Vier-Quadranten Detektor im Sucher ist der Angelpunkt für die Schlichtheit des Paveway-Programms und gleichzeitig einer seiner Schlüssel zum Erfolg. Die Empfindlichkeit des Suchers selbst wurde soweit verbessert, daß inzwischen sogar schwache Laser-Designatoren (oder Standard-Designatoren, die durch Witterungsbedingungen abgeschwächt werden) eingesetzt werden können. Das Suchergehäuse ist in zwei Achsen auslenkungsbegrenzt und kann in einem »bar«-Modus (horizontal, vor- und rückwärts), Box- (rechtwinklig) oder kegelförmigen Modus (kreisend) scannen. Hinter dem Sucher ist der Bereich der Lenkelektronik, die Autopilot, Laserdecodierung und die Schaltkreise für die Signalrechner enthält. Hier befinden sich auch die Drehschalter zur Programmierung der Bombe. Die Schalter für die Einstellung der Steuerung schließen bündig mit der Außenhülle des Flugwerks ab und können mit fast jedem flachen Werkzeug eingestellt werden; allerdings erzählten mir die »Ordies« (Waffentechniker) der 391. Fighter Staffel auf der Mountain Home AFB (die fliegen die F-15E Strike Eagle), daß es mit einer Vierteldollarmünze noch am besten gehe.

Lasersucher, Lenkelektronik und Steuerteile bilden eine Einheit – unter dem Fachbegriff »Lenk- und Steuereinheit« (»Guidance and Control Unit«, GCU) zusammengefaßt –, die auf das Vorderteil des ausgewählten Gefechtskopfs montiert wird. Die Paveway-LGBs hatten schon grundsätzlich von den Standardmaterialien der USAF für die Gefechtsköpfe Gebrauch gemacht, und Paveway III bildet keine Ausnahme. Sie kann auf jede Bombe der 80er-Serie wie auch auf die panzerbrechenden BLU-109/B-Gefechtsköpfe montiert werden. An das Ende des Gefechtskopfs werden noch die kreuzweise angeordneten Tragflügel montiert. Dieser Schwanzbereich ist mit vier herausspringenden Flügeln ausgestattet, die die Waffe auf ihrem Flug zu stabilisieren helfen. Mit den Befestigungsösen für die Bombenhalterung auf dem Rücken der Waffe ist das Make-up einer vollständigen Paveway III LGB dann komplett.

Bezeichnung	**Lenkgruppe**	**Gefechts-kopf**	**Flügel-gruppe**	**Gewicht**
GBU-24/B	WGU-12B oder -39/B	Mk 84	BSU-84/B	2315 lb./ 1050 kg
GGBU-24A/B	WGU-12/B oder -39/B	BLU-109/B	BSU-84/B	2350 lb./ 1065,9 kg
GBU-24B/B	WGU-12B oder -39/B	BLU-109/B	BSU-84/B	2350 lb./ 1065,7 kg
GBU-27/B	WGU-25/B oder -39/B	BLU-109/B	BSU-88/B	2170 lb./ 984 kg
GBU-28/B	WGU-36A/B	BLU-113/B	BSG-92/B	4700 lb./ 2131,8 kg

Die erste Serienversion der Paveway III war die GBU-24-Familie, die Mitte der 80er Jahre eingeführt wurde. Als Vielzweck-LGB entworfen, wurde die GBU-24 schnell zur Waffe erster Wahl für die F-111F des 48. TFW auf der RAF Lakenheath. Die Tragflügelgruppe mit ihren großen, durch Federn ausgeklappten planaren Flügeln sorgt für den erweiterten Leistungsbereich der GBU-24 bei Abwurf und Treffer. Wenn die Flächen etwa zwei Sekunden nach dem Ausklinken voll entfaltet sind, erzeugen sie

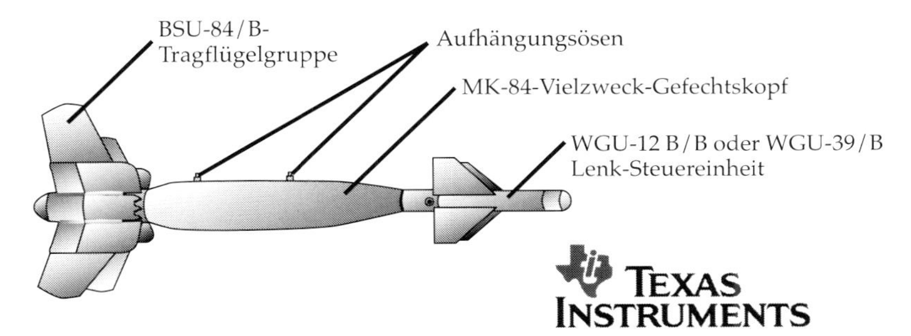

Zeichnung der GBU-24/B Paveway III Laser Guided Bomb
Jack Ryan Enterprises, Ltd., von Laura Alpher

sofort den doppelten Auftrieb einer Flügelgruppe der Paveway-II-Serie und verschaffen der GBU-24 eine Gleitzahl[90] von 5:1, was bedeutet, daß für jeden foot/0,3 m, der während des Flugs an Höhe verloren wird, die Bombe 5 feet/1,5 Meter weiter fliegt. Das wiederum bedeutet, daß der Abwurf-Leistungsbereich (Launch-Envelope) der GBU-24 weit größer ist als bei den Bomben der Paveway-II-Serie und in punkto Geschwindigkeit und Manövrierfähigkeit für eine Menge von Tricks verfügbar macht.

Die zweite Version der GBU-24-Familie, schon ein wenig verändert, wurde zu einem der Stars von Desert Storm. Diese Variante hat einen panzerbrechenden BLU-109/B-Gefechtskopf, der so konstruiert ist, daß er durch armierten Beton und Panzerungen schlagen kann. Die GBU-24/B wurde zu Saddam Husseins größtem Alptraum und die absolut größte Überraschung, als der »Wüstensturm« losbrach. Mit Ausnahme von vielleicht einer Handvoll Kommandobunkern außerhalb Bagdads konnte sie jedes gepanzerte Ziel im Irak zerstören. Das schloß auch die von den Jugoslawen gebauten gepanzerten Flugzeug-(Bunker-)Hangars (Hardened Aircraft Shelter, HAS) ein, die vorher als bombensicher gegolten hatten, sogar bei Fehleinschlägen von Atombomben in der Nähe! Die GBU-24/B setzt sich aus fast den gleichen Komponenten zusammen, die auch bei der Grundversion GBU-24 zu finden sind, mit dem Unterschied allerdings, daß hier die BLU-109 eine Mk 84 ersetzt. Zusätzlich wurde noch ein Spacer mit der Bezeichnung ADG-769/B Hardback am Bombenkörper angebracht. Er war mitverantwortlich dafür, daß die gleiche Schwanzstabilität zustandekam wie bei der Mk 84 mit ihrem größeren Durchmesser. Darüber hinaus wurde nur ein Zünder, die FMU-143/B-Einheit mit verzögerter Auslösung, im rückwärtigen Teil der BLU-109/B angebracht. Bis auf diese Details sind die beiden Modelle identisch. Die notwendige Software ist bei beiden Modellen die gleiche und war zudem schon in der normalen Lenk- und Steuereinheit zu finden. Eine dritte Variante, die GBU-24B/B, ist eine Weiterentwicklung der GBU-24A/B.

---

90 Die Gleitzahl ist das Verhältnis zwischen der bei einem Gleitflug zurückgelegten Strecke und der aufgegebenen Höhe

Die vierte Variante schließlich, die GBU-27/B, ist eine einzigartige Version der Paveway-III-Familie und ausschließlich für den Stealth-Fighter F-117A Nighthawk vorgesehen. Das erklärt sich damit, daß das Design der F-117A bereits feststand, bevor man auch nur mit der Konstruktion der neuen Bombe begonnen hatte, und die Konstrukteure bei Lockheed davon ausgegangen waren, daß sie lediglich die älteren Waffen der Paveway-II-Serien mit ihren kleineren Flügelgruppen in den Bombenschächten der F-117 unterbringen müßten. Mit Einführung der Waffen aus der Paveway-III-Serie hatte die USAF allerdings den Wunsch geäußert, daß diese neuen Bomben, besonders wenn sie mit BLU-109/B ausgerüstet waren, auch in die Stealth-Vögel passen sollten. Das Problem war, daß die Flügelgruppe der BSU-84/B zu groß war, um in die Bombenschächte der Nighthawk zu passen. Es löste sich dann aber fast von selbst, als die Konstrukteure von TI und Lockheed daraufkamen, daß die F-117A fast nie die gleiche Art von Abwurfprofilen im Tiefflug fliegen würde wie F-111F und F-15E. Tatsächlich fliegt die Nighthawk mit ihren Waffen im Horizontalflug und bei gleichbleibender Fluglage in verschiedenen Höhen und wirft ihre Präzisionswaffen unter der Kontrolle des Piloten ab. Deshalb brachten die TI-Konstrukteure eine leicht veränderte Flossengruppe heraus, die auch bei der Paveway-II-Serie verwendet wurde, und die paßte prima in die beengten Platzverhältnisse des Bombenschachtes einer F-117A. Der normale Gefechtskopf für eine GBU-27/B ist der BLU-109/B, obwohl man hier wegen des einzigartigen »Trapez«-Waffenträgergeräts der Nighthawk auf den Hardback-Adapter verzichtet hat.

Die vorläufig letzte Version der Paveway-III-Familie verdient besondere Aufmerksamkeit. Es ist die berühmte »Deep Throat«, die super-panzerbrechende Bombe, die in der letzten Nacht von Desert Storm zum Einsatz kam. Offiziell heißt sie GBU-28/B. Ihre Ursprünge datieren im August 1990, als die ersten Pläne für einen offensiven Luftkrieg gegen den Irak entstanden. Als die Planer dort – heute bekannt unter der Bezeichnung »Black Hole« – nach strategischen Zielen in der Nähe Bagdads suchten, bemerkten sie eine Reihe von superhart gepanzerten C^2-Bunkern (Command and Control), die so stark gebaut waren, daß man berechtigte Zweifel hatte, ob der BLU-109/B-Gefechtskopf sie durchschlagen, geschweige denn zerstören könnte. Mit dieser Situation im Hinterkopf wurde eine Bitte um eine Studie über dieses Problem an die Abteilung für Flugzeugbewaffnung (Air Armament Division) auf der Eglin AFB in Florida geschickt. Dort wurde dann in aller Stille mit einer Studie begonnen, in der man sich einen Überblick zu verschaffen versuchte, welche Probleme mit den Verbesserungen bei der panzerbrechenden Bombe verbunden waren. Ein Mitglied dieser Studiengruppe, der Major Richard White vorstand, war ein Ingenieur namens Al Weimorts, der erste Skizzen für das Konzept einer Bombe entwarf, die in der Lage sein könnte, die gestellten Aufgaben zu erfüllen. An diesem Punkt blieben die Überlegungen dann stehen, bis die ersten BDA-Resultate aus dem Golfkrieg eintrafen. Am 21. Januar 1991 war endgültig klar, daß die mit dem BLU-109/B ausgestatteten LGBs nicht in der Lage waren, diese Arbeit zu erledigen. Bei den dicken Bunkern hatten sie nur etwas Schorf an der Oberfläche hinterlassen können, mehr nicht. Noch schlimmer war, daß, je mehr andere irakische C²-Bunker zerstört wurden, ein immer größererer Prozentsatz der obersten irakischen Führung beschloß, Zuflucht in den starken Kommandobunkern zu suchen, um von dort aus weiter die Operationen zu leiten. Das brachte die Zerstörung dieser Bunker auf die höchste Prioritätsstufe, und dem Team unten Eglin wurde mitgeteilt, daß man jetzt bitte möglichst schnell einen Weg zum Erfolg finden möge.

Mit diesem Marschbefehl fingen sowohl TI als auch das BLU-109/B-Team bei Lockheed an, gleichzeitig an der Lösung verschiedener Probleme zu arbeiten. Da war zunächst einmal das Problem mit dem Gefechtskopf. Die Grundkonstruktion der BLU-109/B war solide, aber was wirklich gebraucht wurde, war etwas Größeres – länger, schwerer und mit einer stärkeren Spengstoffladung. Dabei durfte die neue Bombe wegen der notwendigen Montage eines modifizierten Paveway-III-Satzes und der unabdingbaren Vorgabe, daß es weiterhin möglich sein mußte, sie von einer F-111F oder F-15E abzuwerfen, *keinen* größeren Durchmesser haben als die BLU-109/B. Das war nur mit einem langen, schlanken Gefechtskopfbereich zu bewerkstelligen, der über einen entsprechend langgezogenen Hohlraum oder »Hals« (»Throat«) für die Füllung mit Sprengstoff verfügte. So kam die Bombe zu ihrem Spitznamen »Deep Throat«.

Als nächstes war das Problem mit der Herstellung zu lösen. Die maschinelle Produktion und Endfertigung einer Hülse aus geschmiedetem Stahl hätte Monate in Anspruch genommen, und dem Eglin-Team standen nur wenige Tage zur Verfügung. Glücklicherweise war einer der Ingenieure auf dem Gelände von Lockheed, wo die BLU-109/B hergestellt wurden, ein pensionierter Militärpolizist der U.S. Army, der sich an einen Vorrat alter Geschützrohre von 8 inch/203 mm für die Howitzer-Kanonen erinnerte, die im Letterkenny-Arsenal in Pennsylvania herumlagen (buchstäblich). Sie waren aus der gleichen Art von gehärtetem Stahl hergestellt wie der BLU-109/B und hatten eine gewisse Zeit glücklich vor sich hingerostet. Am 1. Februar 1991 wurden einige dieser alten Geschützrohre zum Watervliet Army Arsenal im nördlichen Teil des Staates New York versandt und dort maschinell bearbeitet, um sie in die Form zu bringen, die als BLU-113/B Super Penetrator bekannt werden sollte. Schließlich wurden rund 33 BLU-113/B für die Integration in die künftige GBU-28/B hergestellt. Verschiedene Passivtests (ohne Explosion) wiesen darauf hin, daß die Bombe die ihr gestellte Aufgabe lösen könnte. Zu diesen Tests zählte auch einer mit einem Raketenschlitten auf der Holloman AFB in New Mexico, bei dem die neue Bombe eine verstärkte Stahlbetonstruktur von 22 feet/6,7 Metern durchschlug und anschließend etwa eine Meile weiterraste, ohne daß irgendeine Beschädigung an der BLU-113/B zu erkennen gewesen wäre. Am Ende kam jeder Gefechtskopf auf ein Gesamtgewicht von 4700 lb./2131,8 kg und mußte von Hand mit etwa 1200 lb./544,3 kg Sprengstoff gefüllt und anschließend mit den Lenk-Bausätzen von TI ausgerüstet werden.

Diese Lenksätze sind allerdings eine Geschichte für sich. Zwischenzeitlich hatte man nämlich das ursprüngliche Paveway-II-Entwicklungsteam bei TI längst innerhalb des Hauses auf andere Aufgaben angesetzt, und jetzt mußte man zusehen, daß man die damaligen Mitglieder so schnell wie möglich wieder zusammenbrachte. Murl Culp von Lockheed nahm mit TI Kontakt auf und diskutierte die Durchführbarkeit einer Lenkung der neuen Penetrator-Bombe mit einem Abkömmling der Paveway III GCU. Zum Glück war Bob Peterson, einer der damaligen Paveway-III-Ingenieure, noch bei dem Unternehmen und auch in der Lage, genug Mitglieder des alten Teams zu versammeln, um den Stein ins Rollen zu bringen. Weitere ehemalige Mitglieder des Teams wurden von anderen wichtigen Aufgaben bei TI abgezogen, um die Bemühungen zu unterstützen. Am 12. Februar war das Lockheed/TI-Team unten auf der Eglin AFB, um ein Briefing über das Lenkkonzept mit der Air Force abzuhalten.

Sobald die neue Lenksoftware fertig war, mußten zumindest die Haupttests durchgeführt werden, die für die Entwicklung einer neuen Paveway GCU vorgeschrieben waren, diesmal allerdings nicht – wie sonst üblich – über Jahre hinweg, sondern binnen weniger Tage. Das Schlüsselproblem war der Zugang zum einzigen Windkanal in Dallas/Fort Worth in Texas, der die notwendigen Vorgaben für Tests bei der Erstellung und für die Funktionsbestätigung der neuen LGB-Software erfüllte. Er gehörte damals LTV/Vought, war mit laufenden Projekten völlig ausgebucht, und die Sicherheitsvorkehrungen um die GBU-28/B schlossen aus, daß man irgend etwas Besonderes unternahm, um die Besitzer »gewaltsam« zu bewegen, TI den Zugang zu ermöglichen. Deshalb mußte TI das einzige noch offene »Fenster« im Terminkalender, das Wochenende des 16./17. Februar, wahrnehmen, und das war nur noch vier Tage entfernt. Nun sollte man sich auch noch daran erinnern, daß während der ganzen Zeit, in der das alles ablief, weder TI noch Lockheed, noch die Air Force über irgendeine Art von Vertrag für dieses Projekt verfügten. Was sie da veranstalteten, geschah mit Handschlag und in gutem Glauben, und TI beschloß, darauf zu vertrauen, als man die Zeit im Windkanal buchte. Sie bauten ein Modell im Maßstab 1:4, um die Ballistik der neuen BLU-113/B/Paveway-III-Kombination, die als GBU-28/B bezeichnet wurde, auswerten zu können.

Am Montag, dem 18. Februar, waren die Windkanal-Tests dann in den frühen Morgenstunden abgeschlossen, und die Anstrengungen lasteten jetzt gänzlich auf den Schultern des TI-Teams. Im Laufe etwa der folgenden Woche arbeiteten sie rund um die Uhr, um die Software zu schreiben, die eine erfolgreiche Lenkung der Bombe ins Ziel gewährleisten. Es wirkte fast wie ein nachträglicher Einfall, als die Air Force am 19. anrief, die ersten beiden Lenksätze bestellte und so die GBU-28/B endlich doch noch zu einem offiziellen Projekt machte, sowohl finanziell als auch vertragsmäßig. Zwei Tage später, am 21., hob ein von TI gechartertes Flugzeug mit vier großen Flügelgruppen an Bord vom Love Field in Dallas mit Kurs auf die Eglin AFB ab. Diese Gruppen sollten Bestandteil des gesamten Bausatzes sein, der zur Taif RSAFB (Royal Saudi Air Force Base) geschickt werden sollte, auf der das 48. TFW stationiert war. Es wurde entschieden, daß der Abwurf der neuen Bomben von der F-111F durchgeführt werden sollte, wohl in der Hauptsache deshalb, weil das Flugwerk ausgereifter war als das der F-15E.

Am 22. Februar wurde TI gebeten, zwei weitere GBU-28/B-Lenksätze zu bauen und mit höchster Priorität zur Nellis AFB in Nevada zu schicken. Die Air Force wollte abschließende Tests mit der neuen Bombe durchführen, bei denen sie von einer F-111F abgeworfen werden sollte, bevor sie in den Kampf über dem Irak geschickt würde. Der Bodenkrieg in Irak und Kuwait stand nur Stunden vor seinem Anfang, und die Air Force wollte ganz sichergehen, daß das System funktionierte.

Am Morgen des 24. Februar fand der letzte Test der neuen Bombe statt. Eine voll integrierte Bombe (mit einem passiven Gefechtskopf; ohne Sprengstoffladung) wurde von einer F-111F auf ein Ziel im Gebiet der Nellis AFB abgeworfen. Die Resultate waren sensationell. Die GBU-28/B traf nicht nur wie vorgesehen das Ziel, sondern bohrte auch noch ein Loch von 100 feet/30,5 Meter Tiefe in den Caliche (harter Lehmboden mit fast der gleichen Konsistenz wie Beton!) der Wüste. Die mit der BLU-113/B ausgestattete LGB hatte sich so tief eingegraben, daß man sie nicht mehr bergen konnte. Sie steckt noch heute dort.

Nach diesem einzigen »Ereignis« (so werden Tests manchmal bezeichnet) programmierte TI zwei GBU-28 GCUs (WSU-36A/B genannt) und ließ sie am Montag, dem 25. Februar, per Flugzeug hinaus zur Eglin AFB transportieren. Dort wurden sie an zwei vorausgeschickte Tragflügelgruppen angepaßt, zusammen mit einem Paar BLU-113/B-Gefechtsköpfen auf eine Palette gebunden, an Bord einer C-141B Starlifter der USAF gebracht und am 27. Februar zur Taif RSAFB geflogen. Weil das normale BSU-84/B-Planar-Wing[91]-Teil zu groß war, um ausreichende Bodenfreiheit und genügenden Abstand von den Tragflügeln einer F-111F zu ermöglichen, und eine Bombe mit Gleitfähigkeit auch nicht wirklich notwendig war (die GBU-28/B wurde aus großen Höhen abgeworfen), entwickelte man eine Baugruppe für das Heckleitwerk, indem man die der GBU-27/B zur Anbringung an der neuen Bombe modifizierte. Über und über mit Unterschriften und Botschaften derer bedeckt, die an ihr während des Programms gearbeitet hatten, waren sie wohl die Waffen mit dem merkwürdigsten Aussehen, die je gebaut wurden.

Nur fünf Stunden nach der Landung in Taif waren die beiden Bomben an zwei F-111F des 48. TFW montiert und die Crews instruiert, daß sie ein spezielles Ziel genau in dieser Nacht zu treffen hätten. Über einen gewissen Zeitraum war ein Bunker, der als Taji Nr. 2 bezeichnet wurde, von Mitgliedern der US-Geheimdienstgemeinschaft streng überwacht worden. Er befand sich auf der al-Taji Airbase, etwa 15 nm./27,8 km nordwestlich von Bagdad, und war zu Beginn des Krieges nicht weniger als dreimal von GBU-27/Bs, die F-117A abgeworfen hatten, getroffen worden. Nach den Worten von General Horner hatten sie aber nichts anderes bewirkt, als den

91 Planar Wing: langgestreckte Flügelfläche

Die beiden super-panzerbrechenden Bomben GBU-28/B »Deep Throat« auf der Royal Saudi Air Force Base in Taif, kurz bevor sie an die F-111F-Kampfbomber des (provisorischen) 48. Tactical Fighter Wing montiert wurden. Bei den BLU-113/B-Gefechtsköpfen wurden bereits die Flossengruppen angebracht, und das Lenkteil wurde montiert, sobald die Bomben an den Maschinen hingen. CAPTAIN ROB EVANS

»Rosengarten umzugraben«. Seit dieser Zeit hatte es verschiedene Einschätzungen gegeben, in denen vermutet wurde, daß die obersten nationalen Befehlsgewalten des Irak, möglicherweise sogar Saddam Hussein persönlich, den Krieg von diesem Bunker aus führten. Es blieben weniger als zwölf Stunden vor dem geplanten Waffenstillstand, der für 08:00 Ortszeit (05:00 Zulu) des nächsten Morgens (28. Februar) vorgesehen war, als CENTAF den Befehl erhielt, diesen Bunker mit den Bomben anzugreifen. Jede der beiden F-111F wurde mit einer GBU-28/B unter dem einen Flügel bewaffnet und mit einer einzelnen 2000 lb./907 kg schweren GBU-24/A unter dem anderen Flügel zum Gewichtsausgleich. Trotzdem hatten die beiden F-111 wegen des Gewichtsunterschiedes etwas »Schlagseite«, als sie zur Startposition rollten.

In dieser Nacht des 27. auf den 28. Februar 1991 hoben die beiden F-111F von der Startbahn ab und nahmen Kurs Nord auf das Flugfeld im Nordwesten Bagdads. Die beiden Maschinen machten ihre Überflüge und klinkten die Bomben aus. Sie zielten dabei auf einen Lüfterschacht oben auf dem Bunker, und zumindest eine der beiden Bomben traf das Ziel. Nachdem sie den dicken Stahlbeton durchschlagen hatte, drang sie bis ins Herz des Bunkers vor und detonierte dort. Alle sechs explosionssicheren Türen des Bunkers wurden aus ihren Scharnieren gehoben; danach quoll eine riesige Flammen- und Trümmerwelle heraus. Jedermann im Inneren des Bunkers war unzweifelhaft tot, obwohl man an diesem Tag nicht sicher wußte, wer sich darin aufgehalten hatte. Es wurde zwar niemals bestätigt, aber man konnte in Gerüchten nach dem Krieg immer wieder hören, daß etliche hochrangige zivile und militärische Persönlichkeiten bei der Zerstörung von Taji Nr. 2 umgekommen seien. Eines ist aber auf jeden Fall sicher: Die GBU-28/B erledigte ihre Aufgabe genau so, wie man es von ihr erwartet hatte; es war ein voller Erfolg.

Nachdem der Krieg gewonnen war, wurde das Schnellreaktions-Programm in eine wesentlich normalere Vorgehensweise, die im Rahmen von USAF-Programmen üblich ist, überführt. Etwa 28 zusätzliche BLU-113/B-Sätze und GBU-38/B-Bausätze wurden noch hergestellt, damit man die korrekten Testprogramme nachträglich durchführen konnte. Einige zusätzliche Einheiten hielt man noch für eine mögliche Verwendung in Kampfsituationen zurück, falls ihr Einsatz kurzfristig erforderlich werden sollte. Darüber hinaus schloß die Air Force einen Vertrag mit TI ab, der die Lieferung von weiteren hundert GBU-28/B-Lenksätzen vorsah, und ein Unternehmen in Pennsylvania schmiedet die dazugehörigen BLU-113/B-Gefechtsköpfe als Neuproduktion. Der Grundgedanke ist der, die amerikanischen Befehlsinstitutionen mit einer nicht-atomaren Möglichkeit zu versehen, gepanzerte Ziele wie Kommandobunker und Silos von Marschflugkörpern mit Präzisionswaffen zu treffen, die nicht automatisch auch große Kollateralschäden bewirken.

Das ist ein folgenschwerer Gedanke, und letzten Endes ist all das ein Resultat der ursprünglichen Vision von Leuten wie Weldon Word und seiner Idee einer Bombe, die von einem Lichtstrahl gelenkt wird. Was die Zukunft der Waffen aus den Paveway-Serien angeht, so dürfte ihr Ende doch langsam in Sicht kommen. Obwohl immer noch Paveway-III-Bausätze bei TI für die Vereinigten Staaten von Amerika als auch für andere Kunden aus Übersee produziert werden, sind doch keine neuen Versionen mehr geplant. Die taktischen Einschränkungen der LGBs machen, zusammen mit der schnellen Ausreifung der GPS-Technologie, die Satellitennavigation zum Lenksystem der Wahl für die nächste Generation der amerikanischen Präzisionswaffen. Dennoch werden die Paveway-LGBs bis weit ins nächste Jahrhundert das Rückgrat der PGM-Kapazitäten der USAF sein.

Die Zukunft: JSOW und JDAM

Jetzt dürften Sie leichte Kopfschmerzen haben bezüglich der Bandbreite an Luft-Boden-Kriegsmaterial, das auf den letzten Seiten besprochen wurde. Da geht es Ihnen nicht anders als den Angriffsplanern bei der USAF, die ähnliche Probleme haben, wenn sie an Ziele, die getroffen werden müssen, an Beschädigungen, die erforderlich sind, um diese Ziele zu zerstören, und an Waffen denken, die man braucht, um diese Aufgabe zu lösen.

Die Leute auf der Eglin AFB in Florida, die sich mit den Beschaffungsprogrammen für konventionelle Bewaffnung der Air Force befassen, greifen das Problem immer wieder neu an, welche Art von Bomben entwickelt und gekauft werden soll. Sie sind ganz besonders daran interessiert, nur wenige Arten von Waffen zu kaufen, die aber mehr unterschiedliche Aufgaben bewältigen können. Das war die Basis für die TMD-Serien von

CBUs wie die CBU-87/B, ebenso für die Lenksätze der Paveway-III-Serie; und das ist auch die Grundlage für die Entwicklung neuer Waffen.

Etliche neue und aufregende Arten von Luft-Boden-Waffen stehen bereit, bei der Air Force zum Einsatz gebracht zu werden. Wie Sie vielleicht schon erwartet haben, sind in diesen Tagen beschränkter Dollar-Haushalte Waffen meist gemeinschaftliche Unternehmungen, wie beispielsweise der AIM-9X. Darüber hinaus werden sie im Hinblick auf die Realisierung der vielen folgenden Kriterien konstruiert:

- Verwendung von Komponenten »aus den Regalen« und bewährter Technologien, wo immer möglich, um Risiken und Kosten zu senken;
- sicherer Transport und Einsatz in größtmöglicher Reichweite der Flugzeuge aller Teilstreitkräfte unter Einbeziehung von Fightern, Bombern und sogar der Angriffshubschrauber;
- verbesserte Genauigkeit gegenüber bestehenden Waffentypen, ohne daß Designations- und Datenverbund-Lenkausrüstungen erforderlich sind;
- gesteigerte Optionen für den Waffeneinsatz, einschließlich eines größeren Abstands zur Waffenwirksamkeit des Gegners und Verringerung der Zeit, in der die Maschinen, welche die Waffen einsetzen, feindlichen Luftabwehrmaßnahmen ausgesetzt sind.

Mit diesen Anforderungen im Hinterkopf lassen Sie uns einmal zwei neue Programme erkunden, die bei der Air Force kurz davor stehen, innerhalb der nächsten beiden Jahre in den Dienst übernommen zu werden.

Das erste ist die ultimative Antwort auf das Problem des Waffeneinsatzes von Cluster-Munition in einem unglaublich starken Umfeld von Luftabwehrmaßnahmen, die AGM-154 Joint Standoff Weapon (JSOW). Die JSOW ist das Ergebnis gemeinsamer Bemühungen von Air Force, Navy und Marines, einen neuen Munitionsdispenser zu schaffen, der bereits aus weiter

Ein Texas-Instruments-AGM-154-Joint-Standoff-Weapon-(JSOW-)Munitionsdispenser. Die Lenkung erfolgt über einen an Bord befindlichen GPS-Empfänger, und die Waffe wird über die Fähigkeit verfügen, Flächenziele zu treffen, wobei sie aus weiter Entfernung zu Abwehrmaßnahmen gestartet werden kann.
ROCKWELL INTERNATIONAL

Entfernung zum Ziel gestartet werden kann, und zwar gänzlich außerhalb der Reichweite feindlicher Abwehrmaßnahmen. Es begann als gemeinsames Programm von USN und USMC unter dem Titel »Fortgeschrittenes Abriegelungswaffensystem« (»Advanced Interdiction Weapons System«, AIWS), das die Forderung nach einem völlig in sich geschlossenen (»man-in-the-loop«) Datenverbund-Steuersystem wie bei der GBU-15 erfüllen sollte. 1991 gewann Texas Instruments den Wettbewerb, und 1992 wurden die AIWS-Anforderungen und dieses Programm mit dem Air-Force-eigenen Programm für Standoff-Cluster-Munition zu JSOW zusammengelegt. Ähnlich wie der TMD ist sie so konstruiert, daß sie praktisch als »Lastwagen« für die Submunition fungiert, wobei sie eine große Bandbreite an Nutzlast transportieren und auch von fast jedem taktischen Flugzeug oder Bomber und bei fast allen Streitkräften eingesetzt werden kann. Der Schlüssel für JSOW ist eine Technologie, die ich schon oft gepriesen habe, das NAVSTAR Global Positioning System (GPS), das die Haupt- und Grundlinie für die Lenksysteme aller AGM-154-Varianten ziehen wird. Zum ersten Mal in der Geschichte wird ein Satelliten-Navigationssystem eine Waffe während ihres gesamten Fluges vom Start bis zum Aufschlag lenken.

Der AGM-154 setzt sich aus einem Bugteil, in dem das Flugsteuerungssystem auf GPS-Basis eingebaut ist, einem Waffencontainer, auf dem sich ein ausfaltbares Planar-Flügelsystem befindet, um den Auftrieb während des Fluges zu gewährleisten, und einer Leitwerksgruppe am Heck zusammen. Die JSOW ist mit einer Länge von 13,3 feet/4,05 Metern vom Entwurf her nicht absolut »stealthy«, aber auf jeden Fall sehr schwer zu erfassen und zu verfolgen. So wie sie konstruiert wurde, ist sie in der Lage, im Gleitflug Entfernungen bis zu 40 nm./74 km zurückzulegen, bevor sie ihre Submunition auf ein Ziel freigibt. Die Lenkgenauigkeit wird durch das Steuersystem auf GPS-Basis voraussichtlich dreidimensional innerhalb von 32,8 feet/10 Metern liegen, und das ist mehr als gut genug für den Einsatz von Streuwaffen. Die Lenksysteme der neuen Generation von Präzisionslenkwaffen haben Hybridsysteme auf GPS-Basis. Das bedeutet, daß ein GPS-Empfänger seine Positionsdaten in ein kleines angeschlossenes Trägheits-Lenksystem einspeist, das dann die eigentliche Flugsteuerung besorgt. Auf diese Art kann die Waffe ihren Flug zum Ziel auch dann noch mit einiger Genauigkeit fortsetzen, wenn das GPS-System einmal einen Fehler hat oder gestört wird.

Derzeit sind zwei Versionen des AGM-154 für die Produktion genehmigt, eine mit einer Ladung von 145 BLU-97/B CEMs und eine weitere mit sechs der BLU-108/B SFWs. Man nimmt an, daß sie Ende der 90er Jahre in den Dienst übernommen werden. Es bestehen auch Pläne für die Produktion von Versionen mit einem großen (1000 lb./453,5 kg) einheitlichen Gefechtskopf und Terminal-Lenk-System. Unter Berücksichtigung der jüngst erfolgten Einstellung der AGM-137 Tri-Service Standoff Attack Missile (TSSAM) kann man in dieser Idee schon eine Alternative sehen. Die neue BAT-Waffe (Brilliant Anti-Tank) von Northrop, die auf der Basis der Geräuschentwicklung feindlicher Fahrzeuge sucht, und die Gator Mine sind gleichfalls für die JSOW-Verwendung in Betracht gezogen worden. Es ist auch ein ausreichendes Wachstumspotential vorhanden, um sowohl einen Raketenmotor oder ein Strahltriebwerk zur Vergrößerung der Reichweite einzubauen als auch den Waffentransport-Container zu erweitern. Es sind überdies Vorschläge unterbreitet worden, eine »nicht-tödliche« Version der JSOW herzustellen, um mit ihr logistische Unterstützung für Truppen in Vorauspositionen – wie etwa der Special Operation Forces – zu ermöglichen. Bevor Sie in Gelächter ausbrechen, bedenken Sie, wie viele Fertigmahlzeiten in einem 5,7 feet/1,7 Meter langen Schacht eines AGM-154 untergebracht werden können. Vielleicht ist das sogar die ultimative Bedeutung, die hinter der Aussage »Jede Bombe ist eine politische Bombe« steckt.

Das andere Rüstungsprogramm, auf das die Air Force ihre Hoffnungen gesetzt hat, ist das Joint Direct Attack Munitions System oder JDAM. Glauben Sie mir, wenn ich das jetzt sage: JDAM ist das Programm, das funktionieren *muß*, wenn die Air Force auch im 21. Jahrhundert noch als lebensfähige Streitmacht existieren will. Es hängt *so* viel davon ab. Die JDAM-Rüstungsfamilie ist entworfen worden, um die alten Waffen der Paveway-II-Serien zu ersetzen, die allmählich Spuren der Überalterung zeigen. Wie bei JSOW begann das JDAM-Programm als gemeinsame Entwicklung von USN und USMC, in die später Programme der Air Force zu einem einzigen, kombinierten Bedarfsprogramm einbezogen wurden. Im Augenblick läuft ein Wettbewerb für dieses Programm zwischen zwei Gruppen von Vertragsanwärtern: Auf der einen Seite steht das Team von McDonnell Douglas und Rockwell International, auf der anderen Lockheed-Martin zusammen mit Trimble Navigation. Rockwell und Trimble haben bei den beiden Teams jeweils die Expertenfunktion für die Versorgung mit einem GPS/Trägheits-Lenksystem, weil das, wie schon bei JSOW, auch bei der JDAM-Familie das Haupt-Lenksystem sein wird. Die Wahl des endgültigen Siegers wird für 1996 erwartet, wobei die Waffen Ende der 90er Jahre in den Dienst übernommen werden sollen.

Der Gedanke ist der, eine Waffenfamilie zu schaffen, deren Genauigkeit etwa jener entspricht, die auch schon bei den ersten LGB vorhanden war, die aber durch den Einsatz eines GPS mit angeschlossenem Trägheitsnavigationssystem die Fähigkeit besitzen soll, ihr Ziel auch wirklich selbst zu finden. Und das ist die entscheidende Forderung. Zum ersten Mal werden Flugzeuge ohne Laser-Designator oder Datenverbundbehälter in der Lage sein, Präzisionswaffen auf bekannte Ziele abzuwerfen. Das wäre dann sogar möglich, ohne das Startflugzeug dem direkten feindlichen Abwehrfeuer auszusetzen. Dadurch werden Stealth-Maschinen wie F-117A, F-22A und B-2A in die Lage versetzt, JDAM zu verwenden, ohne verräterische Datenverbund- oder Laseremissionen zu erzeugen, die von einem Feind erfaßt werden könnten.

Die Standardeigenschaften in der Grundausstattung der JDAM-Waffenfamilie (Phase I genannt) schließen folgendes ein:

- dreidimensionale 32,8-feet-/10-Meter-Genauigkeit am Aufschlagspunkt;
- einen gemeinsamen Lenksatz für jede Waffenversion, unabhängig vom verwendeten Gefechtskopf;

- Schnittstellen zu den gebräuchlichsten Bomben-Gefechtsköpfen (Mk 83, Mk 84 und BLU-109/B);
- Zieleingabe und Waffeneinsatz während des Fluges, unabhängig von Wetter- und/oder Lichtverhältnissen;
- eine gute Standoff-Entfernung (mehr als 8,5 nm./15,7 km voraus und 2 nm./3,7 km seitwärts) und die Fähigkeit, unabhängig voneinander mehr als ein Ziel/eine Waffe zur gleichen Zeit zu programmieren.

Obwohl sich das so anhört, als sei das eine ganze Menge Forderungen an ein Kriegsmaterial, das noch nicht einmal die ersten technischen Abwurftests absolviert hat, sind doch die Prinzipien, die hinter dem JDAM-System stehen, ebenso gesund wie ausgereift. Die Kombination aus GPS und Trägheitsnavigationssystemen hat ihren Wert während Desert Storm bewiesen und ist mehr als nur fähig, die Aufgaben bei einer Verwendung im JDAM zu lösen. Und wie wir schon vorher erwähnt haben, wäre JDAM keineswegs die erste GPS-gelenkte Bombe, die man bei Rockwell auf den Weg gebracht hat.

Die Planungen laufen im Augenblick auf fünf unterschiedliche Versionen der Phase-I-JDAM-Familie hinaus. Das wären:

Bezeichnung	**Gefechtskopf**	**Gewicht**	**geplanter Einsatz bei:**
GBU-29(V)-1	Mk 84	2250 lb./ 1020,5 kg	U.S. Air Force
GBU-29(V)-1	Mk 84	2250 lb./ 1020,5 kg	U.S. Navy/ U.S. Marine Corps
GBU-29(V)-1	BLU-109/B	2250 lb./ 1020,5 kg	U.S. Air Force
GBU-29(V)-1	BLU-109/B	2250 lb./ 1020,5 kg	U.S. Navy/ U.S. Marine Corps
GBU-30(V)-1	Mk 83	1145 lb./ 519,3 kg	U.S. Air Force

Jeder JDAM-Satz wird aus einer auf den Kopfbeschlag des Bombengefechtskopfs geschraubten, aerodynamisch geformten »Nasenkappe« und einer Lenk-/Flügelgruppe bestehen, die an den hinteren Teil geschraubt wird. Innerhalb der Flossengruppe hinter der Bombe wird sich mit einiger Wahrscheinlichkeit ein kleines System aus GPS und einer Empfangsantenne befinden, über die Signale von den Satelliten empfangen und in das Trägheitsnavigations-/Steuersystem eingespeist werden, um die Navigationsdaten zu aktualisieren. Von diesen Dingen einmal abgesehen, werden sämtliche Befestigungen, Zünder und die Waffenhardware mit denen der anderen PGMs identisch sein.

Um sie zum Einsatz zu bringen, braucht der Pilot eines angreifenden Flugzeugs nur noch die bekannte Position des Ziels (vorzugsweise sollten die Koordinaten der Genauigkeit des GPS entsprechen) und ein Waffen-

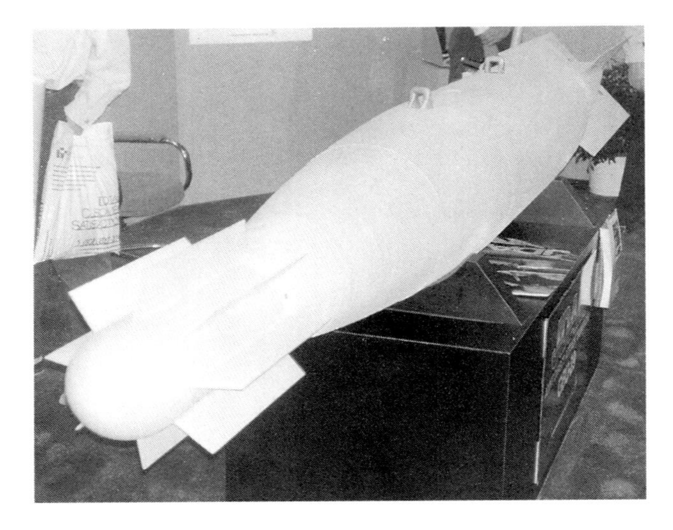

Ein Modell des Lockheed-Martin-Beitrags zum Wettbewerb um die Joint Direct Attack Munition (JDAM). Um einen konventionellen Bombengefechtskopf herum aufgebaut, wird er von einem eingebauten GPS-Satellitenempfänger zum Ziel gelenkt. McDonnell Douglas ist ein Mitbewerber um den JDAM-Vertrag.
John D. Gresham

einsatzsystem, das die Fähigkeit besitzt, den ballistischen Kurs zum Ziel zu plotten.

Obwohl der eingebaute GPS-Empfänger sicherlich eine große Hilfe sein wird, ist er für den Einsatz der JDAM nicht unbedingt erforderlich. Sobald die Zielposition in die Bombe eingegeben ist und diese ausgeklinkt wurde, wird sie ihr Bestes tun, um innerhalb der Grenzen ihrer Fluggeschwindigkeit, die ihr vom Startflugzeug vorgegeben wurde, Kurs auf die dreidimensionale Position des Ziels zu halten. Dort angekommen, verhält sie sich wie jede andere Bombe auch und explodiert – kurz gesagt, eine sehr einfache, vielleicht sogar als elegant zu bezeichnende Lösung, PGMs ins Ziel zu bringen. Die ersten Tests der JDAM-Hardware auf Testgeländen haben bereits eine Genauigkeit von 3,3 bis 9,8 feet/1 bis 2,98 Meter ergeben, ohne daß irgendein zusätzliches Lenksystem eingesetzt wurde. Das ist die wirkliche Zukunft der PGMs, bei denen das angreifende Flugzeug nur noch die Position des Ziels zu kennen braucht, um es auszuschalten.

Luft-Boden-Flugkörper

Schon seit der Zeit, als David einen Stein nahm, mit einer Schleuder auf den gigantischen Kämpfer Goliath zielte und ihn so aus sicherer Distanz bezwang, haben Krieger von Waffen geträumt, die ihnen die Möglichkeit verschafften, aus einer Entfernung anzugreifen, die einen Gegenangriff vereitelt. Der Begriff, der hierfür verwendet wird, lautet »Standoff«. Das war der Gedanke, der schon immer hinter fast jeder Waffenmodernisierung stand – vom Katapult zur Kanone und schließlich zur Intercontinental Ballastic Missile (ICBM). Während der 40er und 50er Jahre hat eine ganze Generation von Konstrukteuren an der Schaffung von Langstreckenwaffen gearbeitet. In Deutschland war es während der Nazizeit die fliegende Bombe Fi-103 – besser bekannt unter dem Begriff »Vergeltungswaffe-1«[92] oder V-1. Von denen, die unter ihr zu leiden hatten, »Doodlebug« oder »Buzz Bomb«[93] genannt, war sie das erste praktische Beispiel für das, was wir heute Marschflugkörper nennen. Später, in den 50er Jahren, wurden Standoff-Marschflugkörper hergestellt, um die Reichweite von Atombombern und von See gestarteten Angriffsflugzeugen zu erweitern.

Keine dieser frühen Standoff-Waffen verfügte wirklich über irgendeine Präzision; der Waffeneinsatz bestand eigentlich nur darin, einen riesigen Gefechtskopf in ein allgemein definiertes Zielgebiet zu bringen. Die wirklichen Standoff-Präzisionswaffen mußten noch bis zur Entwicklung der Technologie für elektronische Sucher in den 60er Jahren warten. Vorhin haben wir uns angesehen, wie die ersten Präzisionssucher für Lenkbomben – die LGBs der Paveway-Serien und die GBU-15 – entwickelt wurden, damit sie Punktziele wie Brücken und Bunker zerstören konnten. Nun, ein präzisionsgelenkter Marschflugkörper kombiniert nur die Suchertechnologie mit einem Antriebssystem, um die Reichweite zu vergrößern.

Während wir uns dem 21. Jahrhundert nähern, verfügt die USAF über ein ständig wachsendes Sortiment von Air-to-Ground Missiles (bekannt unter ihrer Abkürzung AGM) zum Einsatz gegen heftig verteidigte Ziele. Diese Waffen sind sehr stark darauf spezialisiert, genau die Ziele zu zerstören, zu deren Vernichtung sie entworfen wurden. Sie neigen auch dazu, sehr teuer zu sein, wobei man normalerweise davon ausgehen kann, daß die Preise sich in sechsstelligen Größenordnungen bewegen. Wenn man diese Kosten allerdings den Preisen für ein verlorenes Flugzeug (20 Millionen US-Dollar und mehr) gegenüberstellt, zu denen noch die menschlichen und politischen Kosten gerechnet werden müssen, wenn die Crew getötet wird oder in Gefangenschaft gerät, können diese Waffen eigentlich noch als wirklich preiswert angesehen werden.

AGM-65 Maverick

Wir wollen unsere Betrachtungen mit dem beginnen, was die Piloten als »Rattenkiller« (»Gopher Zapper«) bezeichnen, dem ältesten Luft-Boden-Flugköper im Inventar der USAF, der AGM-65 Maverick. Die Maverick hat ihre Wurzeln in zwei verschiedenen Programmen, den frühen Projekten für elektro-optisch gelenkte Bomben und dem AGM-12-Projekt von Martin unter der Bezeichnung Bullpup (ursprünglich vom ersten Anwender, der U.S. Navy, als ASM-N-7 Bullpup A bezeichnet). Dieses »Bullenkalb« war ein Versuch, die Reichweite der Grundversion der Hochgeschwindigkeits-Artillerie-Rakete (High Velocity Artillery Rocket, HVAR) zu erweitern, die von amerikanischen Flugzeugen seit dem Zweiten Weltkrieg verwendet wurde. Bullpup verfügte über einen großen Gefechts-

---

92 im Original deutsch
93 »Ameisenlöwe« oder »Brumm-Bombe«

kopf (250 lb./113,4 kg), einen Raketenmotor und ein Lenkpaket, um das ganze Ding auf Kurs zu halten. Aus sicherer Entfernung (8,8 nm./16,3 km) konnte eine einzige Bullpup Ziele ausschalten, für die man vorher jede Menge Flugzeuge mit Bomben oder ungelenkten Raketen gebraucht hatte. Die Lenkung wurde hier durch ein Steuersystem unter der Bezeichnung »Sichtlinie« (»Line-of-Sight«) vollzogen, das dem Flugkörper einen »Bleistiftstrahl« sandte, an dem er sich auf seinem Flug hinunter orientierte. Der Operator mußte »nur« die Nase seiner Maschine auf das Ziel richten, und der Flugkörper folgte dem ausgesandten Funkstrahl und schlug im Ziel auf. Als 1959 die Übernahme in den Dienst erfolgte, stellte Bullpup so etwas wie ein Wunder für seine Operatoren dar, die in ihm eine Art »silberner Kugel« sahen. Das Problem mit dem Lenksystem des AGM-12 war, daß die Besatzungen von Kampfflugzeugen gezwungen waren, die ganze Zeit in gleichbleibender Höhe und geradeaus auf das Ziel zuzufliegen, solange der Flugkörper unterwegs war.

1965 startete die Air Force ein Programm zur Entwicklung eines Nachfolgers für Bullpup. Nach einem dreijährigen Wettbewerb zwischen Hughes Missile Systems und Rockwell gewann Hughes 1968 den Vertrag für sich. Die Entwicklung des neuen Flugkörpers verlief glatt, und er wurde 1972 bei den Streitkräften unter der Bezeichnung AGM-65A Maverick eingeführt. Aircrews, welche die neue Waffe zum ersten Mal sahen, glaubten zunächst, es handle sich um den großen Bruder der AIM-4/GAR-8 Falcon, was gar nicht so überraschend war, weil Hughes diesen Luft-Luft-Flugköper ebenfalls entwickelt hatte und immer noch baute. Die Maverick zeigte ihre Familienherkunft auch insofern, als sie über die gleiche Grundkonfiguration verfügte wie die wesentlich größere AIM-54 Phoenix der Navy. Rein äußerlich hat sich die Maverick in den letzten beiden Jahrzehnten, die sie im Dienst steht, nur sehr geringfügig verändert. Das Flugwerk mißt 12 in./30,5 cm im Durchmesser und ist 98 in./248,9 cm lang. Die Spannweite der kreuzförmig angeordneten Leit- und Steuerflossen liegt bei 28,3 in./71,8 cm. Diese Abmessungen machen sie zum kleinsten und kompaktesten AGM im Waffenlager der USAF, und das dürfte auch einer der Hauptgründe für ihre Beliebtheit sein.

Aber was zählt, ist das »Innenleben« und das, was die verschiedenen Versionen des AGM-65 voneinander absetzt. Das A-Modell der Maverick, das zum ersten Mal während des Weihnachts-Bombardements von 1972 in Nordvietnam zum Einsatz kam, war eine E/O-gelenkte Waffe, ähnlich der Art einer GBU-8 oder GBU-15. Ihre Hauptmerkmale waren ein DSU-27/B-Sucher mit einem Sichtfeldbereich (Field-of-View, FOW) von 5° und ein riesiger, 125 lb./56,7 kg schwerer Gefechtskopf (das ist wirklich riesig für diese Dinger!) mit einer Shaped-Charge-Ladung, der praktisch jede Panzerung oder jeden Bunker der damaligen Zeit durchschlagen konnte.

Bei einem Gewicht von 463 lb./210 kg wurde sie von einem Zweistufen-(Startbooster- und Dauerantriebs-)Feststoff-Raketenmotor des Typs Thiokol SR109-TC-1-481/TX-481 angetrieben, der ihr eine Maximal-Reichweite von rund 13,2 nm./24,4 km verlieh. Um sie zu starten, wählte der

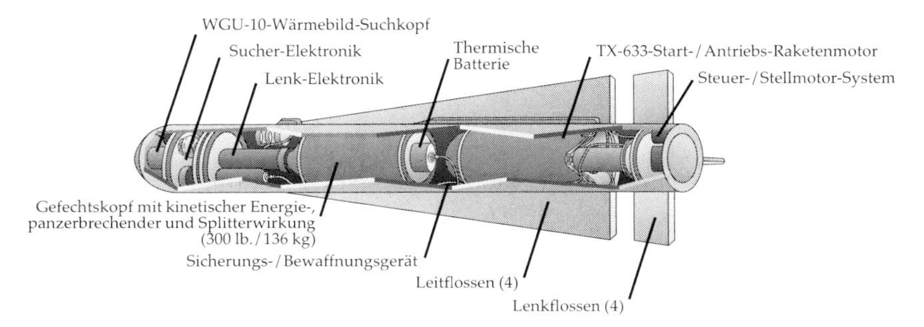

Schnittzeichnung des Hughes-AGM-65G-Maverick-Luft-Boden-Flugkörpers
Jack Ryan Enterprises, Ltd., von Laura Alpher

Operator (Mann auf dem Rücksitz eines F-4D Phantom II Fighters) einen Flugkörper und fuhr ihn hoch. Sobald er »warm« war und sich das eingebaute Kreiselsystem stabilisiert hatte, bekam der Operator ein Schwarzweißbild vom eingebauten TV-Sucher des Flugkörpers und konnte ein Ziel über einen Satz von Crosshairs[94] wählen. Wie schon die vorausgegangenen E/O-Waffen, erfaßte auch das A-Modell der Maverick seine Ziele, indem es nach Kontrastzonen zwischen hellen und dunklen Bereichen suchte. Ein Bunker oder Panzer konnte zum Beispiel als dunklere Form vor einem helleren Hintergrund auftauchen, und der TV-Sucher der frühen Maverick-Modelle war darauf ausgelegt, hierauf zu reagieren. Sobald der Operator das Ziel zwischen den Crosshairs hatte, drückte er auf einen Schalter, um das Ziel aufzuschalten, und der Sucher begann dieses Ziel zu verfolgen, und zwar unabhängig von den Bewegungen des Startflugzeugs oder des Ziels selbst. Nachdem die Aufschaltung bestätigt war, brauchte der Operator nur noch auf den Startknopf zu drücken, um den Flugkörper auf den Weg zu schicken, und im gleichen Augenblick war das Startflugzeug frei für Manöver oder zur Flucht. Alle Modelle der Maverick waren sehr genau. Wenn der Flugkörper einwandfrei funktionierte, war er in der Lage, innerhalb eines Bereichs von 5 feet/1,5 Metern den Zielpunkt zu treffen, was ihn zu einer tödlichen Anti-Panzer-Waffe machte.

Die ersten Starts der Maverick in einer Kampfsituation liefen ausgezeichnet, wobei allerdings auch die günstigen Umweltbedingungen eine hilfreiche Rolle spielten. Etwa sechzig wurden im Dezember 1972 in Nordvietnam gestartet (angenehm kühle, klare Luft) und einige hundert mehr durch die Israelis im Yom-Kippur-Krieg von 1973 (gut kontrastierter Hintergrund im Zusammenspiel mit trockener, klarer Luft). Beide Situationen begünstigten den TV-Sucher der Maverick-A-Modelle. Im diesigen und schwülen Sommerwetter Zentraleuropas dagegen wurde ihre effektive Reichweite oft herabgesetzt; der E/O-TV-Zielverfolger hatte es

94 feine, sich kreuzende Linien auf dem Display eines Zielgeräts, die zur Zielfixierung verwendet werden

schwer, die getarnten Panzer des Warschauer Pakts in Mitteleuropa auszumachen. Die Kombination von unterschiedlichen Lichtverhältnissen und Luftverschmutzung schränkte die Wirksamkeit des AGM-65A ein. Aus der Sicht eines Piloten bedeutete das, unter diesen Bedingungen wesentlich näher an das Ziel heranfliegen zu müssen, als wünschenswert war. Dieses Problem wurde jedoch bei der nachfolgenden Version, dem AGM-65B, teilweise gelöst, indem man den FOV auf nurmehr 2,5° reduzierte, wodurch der Zielbereich durch die Flugkörper-Optiken auf das Doppelte vergrößert werden konnte. Bei den Ende 1981 und später produzierten AGM-65-Versionen wurde auch noch der Raketenmotor durch ein verbessertes Modell mit geringerer Rauchentwicklung ersetzt. Die TV-Serien der Maverick blieben dennoch schwierig zu handhaben, speziell wenn es diesig war oder Bodennebel herrschte und ganz besonders für einsitzige Maschinen wie die A-10 (das »Warzenschwein«) und die F-16.

Ende der 70er Jahre waren bereits neue Versionen der Maverick unterwegs. In der Zwischenzeit war auch der Gedanke aufgekommen, sie zu einer lasergeführten Waffe in der Art einer LGB zu machen. Rockwell baute ein Entwicklungsmodell mit einem Lasersucher unter der Bezeichnung AGM-65C. Aber die Air Force entschied sich nicht dafür, diese Version für ihre Einheiten in Produktion gehen zu lassen (was allerdings nicht für das USMC galt, dort wurde sie unter der Bezeichnung AGM-65E übernommen). Mit dieser Version wurde auch ein 300 lb./136 kg schwerer Blast-Fragmentation- oder Druck-Splitter-Gefechtskopf vorgestellt, der hervorragende panzerbrechende Wirkung gegen alles, vom Kriegsschiff über Bunker bis hin zu gepanzerten Fahrzeugen, besaß.

Was jedermann wirklich wollte – einschließlich der Navy und diversen ausländischen Luftstreitkräften – war ein Flugkörper mit einem Sucher, der gegen die Probleme eines TV-Zielverfolgungssystems immun war. Die Antwort war dann etwas gänzlich Neues – ein Wärmebildsucher (Imaging InfraRed, IIR). Ähnlich wie der Sucher einer Sidewinder, konnte er die Infrarot-Energie »sehen«, die von einem Motor oder einem menschlichen Körper abgegeben wurde. Dennoch beschloß man, daß der Hughes-Sucher statt eines einzigen Detektorelements – wie beim Sidewinder-Sucher – mehrere Elemente in einem Schema bündeln sollte, das man dann als »Bildfläche« bezeichnete. Diese Fläche entspricht etwa den fotoelektrischen Pickups, die in Ihrem Heim-Video-Camcorder verwendet werden. Das führte dann zum Sucherkopf mit der Bezeichnung WGU-10/B, der im Grunde ein FLIR »des armen Mannes« ist. Hughes entwarf den WGU-10/B als »universell verwendbaren« Sucher, der gegebenenfalls auch bei den IIR-Versionen der GBU-15, der AGM-130 und dem AGM-84E Standoff Land Attack Missile (SLAM) eingesetzt werden konnte.

Die Integrierung des IIR-Suchers in das Maverick-Flugwerk erwies sich als erfolgversprechend. Dieser Sucher war empfindlich genug, um durch Rauch, Dunst und Nebel sein Ziel finden zu können. Anfangs installierte die Air Force den neuen Sucher einfach auf das bestehende AGM-65B-Flugwerk mit seinem 125 lb./56,7 kg Shape-Charge-Gefechtskopf. Mit einem Gesamtgewicht von 485 lb./220 kg kam der AGM-65D, wie er jetzt bezeichnet wurde, 1983 zum ersten Mal zu den Einheiten und war sehr beliebt, besonders in der A-10-Gemeinschaft. Die fand während Desert Storm sogar heraus, daß man ihn sehr gut als Sensor verwenden konnte. Sie fuhren einfach einen Flugkörper in seinem Startgerät hoch und verwendeten seinen IR-Sucherkopf als Videokamera, um sich bei der Navigation während Nachteinsätzen helfen zu lassen! Auch Navy und Marine Corps erkannten schnell die Vorteile, die mit einem IIR-Sucher zu erzielen waren, und sobald die Produktion des lasergelenkten E-Modells im Jahr 1985 abgeschlossen war, begann Hughes mit der Herstellung der Navy-Variante AGM-65F. Bei diesem Modell wurde der große, 300 lb./136 kg schwere, panzerbrechende Blast-Fragmentation-Gefechtskopf des AGM-65E verwendet, und es war so konzipiert, daß Navy und Marine Corps nun über eine ernstzunehmende Schlagkraft gegen starke Landziele oder schwerere Schiffe wie Patrouillenboote und amphibische Fahrzeuge verfügten. Es erwies sich auch als großer Erfolg während des Golfkriegs. Die IIR-Mavericks kann man von ihren älteren TV-E/O-Brüdern durch ihre gelblich-grüne Lackierung (gegenüber den weißen TV-Mavericks) unterscheiden, und sie haben auch entweder milchig-silberne oder durchscheinend-bernsteinfarbene Fenster für den optischen Sucher (die TV-Sucher brauchen klare, farblose Fenster für ihre Optiken).

Die letzte IIR-Maverick-Variante, AGM-65G, wird nach wie vor für die Air Force produziert. Bei einem Gesamtgewicht von 670 lb./303,9 kg besitzt diese Version alle Vorteile, die aus den Erfahrungen beim Bau der Mavericks bis zum heutigen Tag gewonnen werden konnten. Zu den Charakteristika des AGM-65G gehören der WGU-10/B-IIR-Suchkopf, der 300 lb./136 kg schwere Gefechtskopf, wesentlich zuverlässigere und genauere Druckluft-Stellmotoren für die Steuerflächen, ein digitaler Autopilot und der TX-633-Raketenmotor mit reduzierter Rauchentwicklung. Zusätzlich verfügt das G-Modell der Maverick über einen »Schiffsverfolgungs-Zielpunkt-Beeinflussungs-Modus« (»Ship-Track-Aimpoint Biasing-Mode«), der es dem Operator ermöglicht, auf einem Ziel einen ganz bestimmten Punkt festzulegen, den der Flugkörper treffen soll. Das wiederum versetzt den Piloten in die Lage, den Flugkörper beispielsweise so zu designieren, daß er ein Zielschiff genau in Höhe der Wasserlinie trifft, was die Chance eines gefährlichen Wassereinbruchs wesentlich erhöht. Wenn er in ein Zielsystem auf FLIR-Basis wie beispielsweise das LANTIRN eingebunden werden kann, ist der AGM-65G eine Waffe mit tödlicher Kapazität. (Der Preis für einen Flugkörper lag bei 50000 US-Dollar pro Einheit auf dem Stand bis 1991.)

So, und wie starten Sie eine Maverick? Stellen Sie sich vor, Sie sitzen auf dem Rücksitz einer F-15E Strike Eagle, die mit LANTIRN-Behältern ausgerüstet ist und vier AGM-65G-IIR-Mavericks trägt. Ihnen wurde befohlen, eine Kolonne von feindlichen Panzerfahrzeugen anzugreifen und aufzuhalten, damit nachfolgende Maschinen ihnen den Rest geben können. Sie betreten (Pilotenausdruck für »Anflug« oder »Approach«) das Zielgebiet und machen die Panzerkolonne auf einer Straße ausfindig. Jetzt zielen

Sie mit der LANTIRN-Handsteuerung auf das Führungsfahrzeug der Kolonne und »übergeben« es automatisch an den Sucher des ersten Flugkörpers. Dann wiederholen Sie das beim letzten Fahrzeug der Kolonne (und schließen damit sehr wirksam die Fahrzeuge in der Mitte der Kolonne ein). Wenn Sie sich jetzt zum Angriff selbst fertig machen, vergewissern Sie sich, daß beide Flugkörper bereits die ihnen zugewiesenen Ziele verfolgen, stellen den *MASTER-ARM*- oder Waffen-Hauptschalter auf *ON*, warten, bis die Flugkörper in Reichweite (bis zu 14 nm./25,9 km bei größeren Starthöhen) sind, und starten dann die Flugkörper, so schnell Sie ihren Finger auf den Startknopf bekommen. Jetzt sollten die Flugkörper auch schon auf ihrem Weg zu den Zielen sein. Wenn beide aufgeschlagen sind, zeichnet der AN/AAQ-14 das Resultat auf (als Filmmaterial von dem Vorfall für die BDA-Auswertung). Bevor Sie jetzt sagen, daß sich das wie eine Werbesendung für Hughes und Raytheon (der erste beziehungsweise zweite Haupt-Vertragsnehmer) anhört, denken Sie doch einmal daran, daß mehr als 90% der Mavericks, die während der Operation Desert Storm gestartet wurden, erfolgreich ihre Ziele trafen, und die meisten davon waren TV-E/O- und erste IIR-Versionen dieses Flugkörpers.

Heute geht es dem Maverick-Flugkörper-Programm gut, mit ausgezeichneten Zukunftaussichten, die durch das augenblicklich weltweit vorherrschende Klima bei den Verteidigungshaushalten zustandekommen. Auch etliche andere Nationen haben ihre Beschaffungsprogramme für die Maverick weitergeführt, weshalb auch von dort weitere Bestellungen eingehen werden. Was neue Entwicklungen bei der Maverick angeht, so spielt man in den technischen Werkstätten auf dem Gelände von Hughes in Tucson, Arizona, schon mit etlichen Ideen herum. Zur Zeit befindet sich eine Variante in der Auswertung, die mit einem neuen Sucher ausgerüstet wurde, der ein Aktivradar im Millimeterwellenbereich (MMW) verwendet, um die genaue Form eines Ziels festzustellen, und das bei absolut allen Witterungsbedingungen. Die Millimeterwellen-Lenkung verwendet Radarwellen, die klein genug (weniger als 0,4 in./1 cm) sind, um auch noch die feinsten Details eines Ziels aufzulösen. Der MMW-Sucher der Maverick hat einen Durchmesser von nur 9,45 in./24 cm und paßt deshalb ausgezeichnet in die Abmessungen des augenblicklich verwendeten AGM-65. Eine weitere Option, über die man sich Gedanken macht, ist die, den Raketenmotor, der bei allen vorherigen Versionen der Maverick verwendet wurde, durch ein Strahltriebwerk zu ersetzen. Diese Sache läuft unter der Bezeichnung »Longhorn-Project« und könnte die Reichweite des AGM-65 verdreifachen, ohne Gewicht oder Sprengstoff-Nutzlast nachdrücklich zu beeinträchtigen. Keine dieser Modifikationen ist jedoch momentan zur Produktion vorgesehen. Aber wie immer man es auch betrachtet, bei mehr als 30000 bis heute gebauten Mavericks kann man schon davon sprechen, daß die Waffe ein Erfolg ist und sicherlich auch noch eine lange Laufbahn vor sich hat.

AGM-88 HARM

Am 1. Mai 1960 fand über den Äckern Zentralrußlands ein kleiner Luftkampf statt, der für immer die Wesensart der Kriegführung in der Luft verändern sollte. Die PVO-Strany versuchte verzweifelt einen der meistgehaßten Feinde, ein Lockheed-U-2-Spionageflugzeug der CIA, in fast 13 Meilen/ 20,9 km Höhe am Himmel abzuschießen. Es war ein kostspieliger Kampf. Etliche der eigenen Fighter gingen in »befreundetem Feuer« verloren, und der amerikanische Eindringling wäre beinahe entkommen. Was den Tag dann doch noch zu einem Gewinn für die PVO machte, war der erste Erfolg einer neuen taktischen Waffe, des Boden-Luft-Flugkörpers (Surface-to-Air-Missile (-SAM). Als Francis Gary Powers' U-2 durch die in unmittelbarer Nähe detonierende S-75 Dvina / SA-2 SAM (NATO-Codename »Guideline«, »Richtlinie«) vom Himmel geholt worden war, löste das eine Rangelei um die Maßnahmen gegen diese neue und tödliche Waffentechnologie aus.

Ein israelischer General drückte es einmal treffend aus: »Die beste ECM[95] der Welt ist eine 500 lb. / 226,7 kg schwere Bombe direkt auf das Feedhorn[96] eines Radars für Flugkörperverfolgung.« Er hatte recht. Aber wie viele Flugzeuge würde man wohl verlieren, bevor eines in die Position kommen könnte, ein SAM-Radar zu treffen? Feste SAM-Startbasen sind meist von tiefgestaffelten, optisch geleiteten AAA-Stellungen umgeben. Deshalb hätten erste Pläne der USAF, derartige Startbasen auf Kuba (während der Raketenkrise von 1962) mit ungelenkten Raketen und Napalmkanistern anzugreifen, zweifellos einen unverhältnismäßig hohen Preis gefordert.

In der Zwischenzeit hatte man bei der U.S. Navy, die lange Zeit eine Führungsrolle in der SAM-Technologie innehatte, über das Problem der Unterdrückung von SAM-Stellungen nachzudenken begonnen. 1961 war im selben Labor der Naval Ordnance Test Station, wo auch schon die Sidewinder- und Sparrow-AAMs entwickelt worden waren, eine Idee geboren worden, die vielleicht zu einem Gegenmittel werden konnte. Man nannte sie die Anti-Radiation Missiles (ARM, Anti-Strahlen-Flugkörper), und das waren einfach Flugkörper, die so konstruiert waren, daß sie die Emissionen von SAM-Lenkradaren als Leitstrahl nahmen und sich von ihnen führen ließen, um durch ihre Detonation das Radar selbst auszuschalten. Durch die Ausschaltung des Radars und mit ein wenig Glück – auch seines geschulten Personals – würde die SAM-Stellung auf diese Weise wirksam »geblendet« werden und damit funktionsunfähig sein. Die ersten dieser Flugkörper hießen noch ASM-N-10, bekamen aber später die Bezeichnung AGM-45 Shrike, benannt nach einem Raubvogel, der seine Beutetiere tötet, indem er sie auf Dornen oder Stacheln von Pflanzen oder Zäunen aufspießt. Obwohl vom Konzept her einfach, brauchte die Shrike doch einige Zeit bis zur Perfektionierung; die ersten Shrike-Flugkörper wurden erst 1963 in den Dienst übernommen.

---

95 Electronic Counter Measure = elektronische Gegenmaßnahme

96 füllhornförmige Radarantenne

Zusammen mit der Entwicklung des ARM entstand ein lebenswichtiges Ausrüstungsteil, das erforderlich war, damit ein ARM überhaupt funktionieren konnte: der RHAW-Empfänger (Radar Homing And Warning Receiver) bzw., wie er heute genannt wird, der Radar Warning Receiver (RWR). Es hört sich erstaunlich an, aber tatsächlich wurde 1965 kein einziges taktisches Flugzeug der Amerikaner nach Südostasien geschickt, das irgendeine Art von Warnsystem an Bord gehabt hätte, um die Besatzungen auf die Tatsache aufmerksam zu machen, daß sie von einem Feind verfolgt wurden. Daher gingen, als Präsident Lyndon Johnson mit den systematischen Bombardierungs-Operationen »Flaming Dart« (»Brennender Pfeil«) und »Rolling Thunder« (»Rollender Donner«) in Nordvietnam begann, zahlreiche Maschinen bei USAF, USN und USMC verloren, und das war mehr als nur besorgniserregend.

Interessanterweise näherte sich die USAF der Lösung des Problems der Unterdrückung von SAMs auf einem völlig anderen Weg als die Navy oder das Marine Corps. Die Navy-/Marine-Corps-Politik war einfach die: eben lange genug verfolgen, damit die Angriffswellen von taktischen Flugzeugen ihre Ziele treffen konnten, und dann nichts wie zurück in die Sicherheit ihrer Flugzeugträger oder Stützpunkte an Land. Tatsächlich ist die Politik, Duelle mit Luftabwehrstellungen möglichst zu vermeiden, auch heute noch eine der Grundlagen in der Strike-Kampfführungs-Doktrin von USN und USMC. Deshalb konzentrierten sich ab Anfang 1966 die Bemühungen der USN zur Unterdrückung von feindlicher Luftabwehr auf die A-4-Skyhawk-Angriffsflugzeuge, die mit den ersten RWRs und einem Paar der neuen ARMs ausgestattet waren.

Die Lehrmeinung bei der USAF sah ganz anders aus. Für die Air Force war es nicht genug, die Bedienungsmannschaften von SAM- und AAA-Radaren in Angst und Schrecken zu versetzen. Aus dem Blickwinkel der Führungsspitze der Air Force sah es so aus, daß diese Individuen und ihre Kriegsmaschinen da waren, um ausgeschaltet zu werden. Deshalb stellte die Air Force eine kleine Truppe aus speziell ausgerüsteten Flugzeugen und handverlesenen, hochtrainierten Aircrews auf, welche die gefährliche Aufgabe der Radarjagd übernehmen sollten. Das waren die berühmten »Wild Weasels«, die anfangs die Zweisitzer-Version der berühmten F-100 Super Sabre flogen, ausgerüstet mit RWR-Geräten, Raketenbehältern und Napalmkanistern. Sie verringerten zwar die Verluste durch SAMs bei den Strike Forces, die »rauf nach Norden« mußten, doch die eigenen Verluste waren unermeßlich hoch. Deshalb wurde die Integration der neuen AGM-45 Shrike bei der USAF zur »Crash«-Priorität erhoben. Als es schließlich soweit war, begannen die Verluste bei den F-100Fs der Wild-Weasel-Truppe zu sinken, und die Crews hatten zum ersten Mal eine wirkliche Zukunft – trotz allem keine besonders tolle, muß man allerdings sagen. Einer Weasel-Besatzung anzugehören, war in den ersten Jahren des Vietnamkriegs statistisch gesehen Selbstmord.

Dennoch hatte auch die Shrike taktische Beschränkungen und Mängel. Ein gravierendes Manko war die Reichweite. Aus großer Höhe konnte die Shrike aus Entfernungen von etwa 21,7 nm./40,2 km ein Radar treffen. In niedrigeren Höhen sank die Reichweite auf maximal 15,6 nm./28,9 km. In der Praxis betrugen die Startreichweiten jedoch gewöhnlich weniger als die Hälfte der Maximalreichweite, weil bestimmte Funktionen, die für die Zieleingaben beim Flugkörper notwendig waren, ausgeführt werden mußten. Die gefährlichste davon war wohl das sogenannte »Shrike-Hochziehen« (»Shrike-pull-up«). Das Startflugzeug mußte erst in einen Steigflug von 15° gehen, bevor der ARM gestartet werden konnte, sonst konnte er nicht erfolgreich die Rardarstellung treffen, die als Ziel ausgewählt wurde. Es war auch möglich, daß der ARM sein Ziel verfehlte, wenn das feindliche Radar abgeschaltet wurde, während der Flugkörper nach unten auf das Ziel zuflitzte, weil ihm dann die Radaremission fehlte, an der er sich orientieren mußte. Es war, wie man so schön sagt, ein *sehr* harter Job.

Ganz am Anfang ihrer Verwendung waren weder Navy noch Air Force sehr glücklich über die Leistungen der Shrike. 1969 führte die U.S. Navy eine Tactical Armament Study durch, die sich mit den Mängeln der Shrike und der gesamten Bandbreite von in der Luft gestarteten Waffen bei USN und USMC befaßte. Aufgrund dieser Studie wurde ein ganzer Katalog von Anforderungen aufgestellt, der zum Start eines Entwicklungsprogramms für ein neues ARM-Programm führte. Der neue Flugkörper sollte kleiner sein, dennoch dasselbe Gesamtgewicht wie die Shrike haben und trotzdem über größere Reichweite, Geschwindigkeit, Genauigkeit und Tödlichkeit verfügen. Darüber hinaus sollte er von der gesamten Bandbreite taktischer Flugzeuge der USN und des USMC aus – also der bereits im Dienst stehenden wie auch der geplanten – einsetzbar sein. Damit nicht genug, sollte er sämtliche SAMs und Radaroperatoren jedes sowjetischen oder sonstigen potentiell feindlichen SAM-Systems überlisten wie auch ihnen entkommen können, selbst solchen, die sich im Augenblick noch in der Entwicklungsphase befanden. Das war schon eine gigantische Lastenvorgabe, mit dem sich die Ingenieure am NWC China Lake in Kalifornien auseinandersetzen mußten, als sie 1972 mit dem neuen Programm begannen. So brauchte der High Speed Anti-Radiation Missile, kurz HARM genannt, unter der Bezeichnung AGM-88 auch mehr als zehn Jahre, bis er in den Dienst übernommen werden konnte. Dabei wurde er vielen der gleichen Testserien wie die anderen fortschrittlichen Flugkörpersysteme in der Art der AIM-120 AMRAAM unterworfen und hatte auch ähnliche Probleme zu überstehen.

HARM war der erste wirklich »smarte« Luft-Boden-Flugkörper, der von den Vereinigten Staaten von Amerika entwickelt wurde. Bei ihm wurden erstmals die neuen Mikroprozessor- und Computersoftware-Technologien verwendet. Mit anderen Worten, HARM war ein technischer »Spagat«, bei dem man auf eine Reihe nicht ausgereifter Technologien setzte, vom Hochimpuls-Raketenmotor bis hin zu einer neuen Generation von RWRs, die allesamt erst einige Jahre später wirklich zusammenarbeiten sollten. Dennoch durfte das Projekt überdies einen vorgegebenen Maximalkosten-Rahmen nicht überschreiten. Nicht alles lief so, wie man es geplant hatte. Im Laufe des Jahres 1974 wurde aber Texas Instruments endgültig als Hauptvertragsnehmer für HARM ausgewählt, und nun war doch noch eine fortschrittliche Entwicklung auf den Weg gebracht worden. Schließlich wurden 1978 auch die ersten Teststarts auf dem Gelände des NWC in China Lake durchgeführt. Ende 1981 waren die ersten acht Flugköper soweit, daß der Übernahme in den Dienst im Jahre 1982 nichts mehr im Wege stand.

Der neue Flugkörper wurde AGM-88A genannt, und die AGM-88C1-Variante von Texas Instruments ist heute die verbreitetste in Produktion befindliche Version. Das Grundmodell des C-Flugkörpers hat ein Gewicht von 798 lb./361,9 kg, ist 164,2 in./417 cm lang und wird auf der Basis eines Flugwerks von 10,5 in./26,7 cm Durchmesser gebaut, bei dem die Spannweite der vorderen Flossen (Lenkung) 44 in./111,7 cm beträgt. Ganz vorn am Flugkörper befindet sich der Radom für den Texas-Instruments-Block-IV-Sucher, der sogar über eine noch weitaus größere Kapazität verfügt als der, welcher ein paar Jahre zuvor in die Vögel der B-Serie eingebaut worden war. Direkt hinter der gewehrkugelförmigen Sucherkuppel befindet sich eine ganze Serie von Breitbandantennen, die so konstruiert sind, daß ihre sämtlichen Funktionen nicht nur für ein RWR-System, sondern auch für die passive Zielverfolgung des Lenksystems im Flugkörper zur Verfügung stehen. Wenn wir den Begriff »Breitband« verwenden, sprechen wir wirklich von allem zwischen 0,5 und 20 GHz; das deckt schlichtweg alles zwischen UHF-Funkverkehr und den kurzen Wellenlängen ab, die bei Feuerleit- und Bodenabtastradaren verwendet werden. Diese Antennen beschicken einen digitalen Signalrechner, der seinerseits von Mikroprozessoren gesteuert wird und die Fähigkeit besitzt, sämtliche aufgefangenen Signale aufzuschlüsseln und in Ziellisten umzuformen, die nach Vordringlichkeit geordnet sind. Die Erstellung dieser Liste wird erst durch eine an Bord befindliche, reprogrammierbare Bibliothek von Bedrohungen möglich, die von einer Flugzeugbesatzung entweder »wie vorgefunden« verwendet oder auf spezielle Bedrohungen oder Situationen abgestimmt werden kann. Mit dem neuen Sucher können sogar die rotierenden Luftverkehrs- und Phased-Array-Radare (wie die, welche bei den Aegis- oder Patriot-SAM-Systemen verwendet werden) wirksam verfolgt und angegriffen werden.

Direkt hinter dem Sucherteil ist der Abschnitt für den Gefechtskopf. Das ist eine 145 lb./65,77 kg schwere Einheit vom Blast-Fragmentation-Typ. Er hat einen Näherungszünder mit Laserentfernungsmessung, der etwa dem entspricht, der auch bei der Sidewinder und Scorpion verwendet wird. Bei der Explosion werden 12 000 Wolframwürfel in das Herz des Ziels (Radars) gespuckt. Hinter dem Gefechtskopf ist der Lenk-/Steuerbereich, der den Flugkörper fliegt, während dieser in der Luft ist. Das wird durch einen digitalen Autopiloten ermöglicht, dem ein Trägheitsnavigations-Lenksystem aufgeschnallt wurde, das seinerseits eine Reihe von elektromechanischen Stellmotoren ansteuert, die dann die großen Leitflossen etwa in der Flugwerkmitte des AGM-88 bewegen. Wie bei den Paveway III erreicht der Flugkörper mit Hilfe des Autopiloten das für die Geschwindigkeit rationellste Flugprofil und holt so den größten »Smash« aus der Leistung heraus, die der Raketenmotor für den HARM zur Verfügung stellt. Der Motor selbst befindet sich direkt hinter dem Lenkteil und

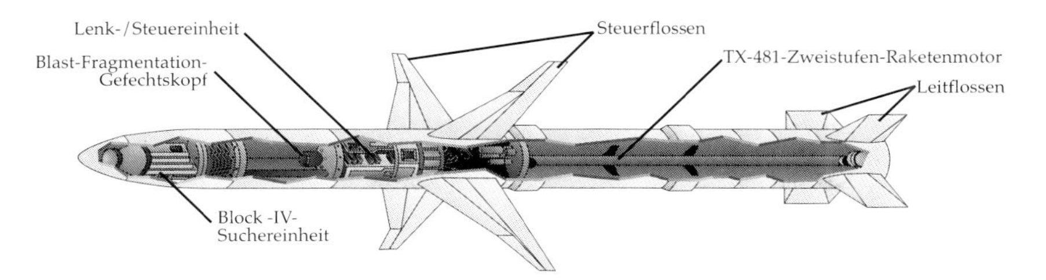

Schnittzeichnung eines Texas Instruments AGM-88C1 High Speed Anti-Radiation Missile (HARM) *Jack Ryan Enterprises, Ltd., von Laura Alpher*

ist ein TX-481-Zweistufenmotor mit geringer Rauchentwicklung (schlecht zu erfassen) und Festbrennstoff (Thiokol oder Hercules). Dieser Motor ermöglicht die unglaubliche Geschwindigkeit, für die der erste Buchstabe in der Bezeichnung des Flugkörpers steht.

Die Höchstgeschwindigkeit liegt – sie ist der Geheimhaltung unterworfen – mit einiger Wahrscheinlichkeit über Mach 3, möglicherweise sogar eher bei Mach 4 oder 5. Das reicht, um fast jedem SAM-System bei einem »Quick-Draw«[97]-Wettkampf davonlaufen zu können, sollte er sich einmal ergeben. Des weiteren verschafft er dem HARM im Vergleich zur Shrike eine wesentlich größere Reichweite, wahrscheinlich bis zu einem Maximum von etwa 80 nm./148 km aus großer Höhe (von beispielsweise 30 000 feet/9150 Metern) und immer noch 40 nm./74 km, wenn er aus einer Höhe von nur 500 feet/152,5 Metern gestartet wird. Normalerweise müßte man diese Reichweiten halbieren, um den Leistungsvorteil gegenüber jedem SAM zu behalten, der gegen das Startflugzeug als Abwehr gestartet werden könnte. Der AGM-88 wird normalerweise in einem Standard-LAU-118-Startgerät getragen.

Schon von den ersten Augenblicken des HARM-Programms an beobachtete die Air Force interessiert den neuen ARM. Da sie auch in den Genuß der Vergünstigungen kommen wollte, trat sie bei der ersten passenden Gelegenheit in das Programm ein. Zu Anfang schloß ihre Beteiligung auch Entwicklung und Integration der (später auf den APR-47-Standard verbesserten) APR-38-RWR-Garnitur ein, die bei den F-4G-Wild-Weasel-Varianten der Phantom verwendet wurde. Diese Ausführung war damals die Maschine erster Wahl für die USAF, wenn es um die SEAD-Mission (»Suppression of Enemy Air Defenses« oder »Unterdrückung feindlicher Luftabwehr«) ging. APR-38/47 ist eine Gruppe von RWR-Systemen, die zusammengeführt wurden, damit der WSO (technisch als Electronic Warfare Officer oder EWO bezeichnet, aber traditionell heißt er »Bär«) einer F-4G genauestens die Positionen und Merkmale von hunderten feindlicher Sender verfolgen konnte, die eine Bedrohung darstellten. In dem Augenblick, als man HARM in dieses System integrierte, wurde

97 »Schnellziehen« (ursprünglich des Revolvers beim Wildwest-Duell)

die F-4D zu einem Radarjäger von atemberaubender Tödlichkeit und mußte während der gesamten Operation Desert Storm nur einen einzigen Verlust hinnehmen – der kam zustande, weil eine irakische AAA-Ladung ein Loch in den Kraftstofftank des Flugzeugs geschlagen hatte, weshalb die Maschine nicht mehr landen konnte, bevor ihr der Sprit ausging. Die Crew überstand das Mißgeschick ohne Verletzungen.

Zusätzlich zu den ohnehin dafür vorgesehenen Wild-Weasel-Maschinen rüstete die Air Force einige andere ihrer moderneren Flugzeugkonstruktionen um, damit sie die neuen ARM tragen und abfeuern konnten. Die neuen Varianten der F-15 wie der F-16 waren dazu in der Lage, nachdem man sie mit den passenden RWR-Systemen und der Start-Hardware und -Software ausgerüstet hatte. Die F-16C wurde nachdrücklich eingesetzt, zunächst als Verstärkung und jetzt auch als Ersatz für die gealterten F-4G, die sich im letzten Abschnitt ihres Einsatzlebens befinden. Wenn die letzten dieser lieb und teuer gewordenen F-4G in den wohlverdienten Ruhestand gegangen sind, wird die F-16 sämtliche SEAD-/HARM-Aufgaben übernehmen, was sie unter anderem der Einführung des ASQ-213-HARM-Targeting-System-Behälters (HTS) zu verdanken hat. Wenn die HTS-Behälter verfügbar sind, die zum Datenaustausch mit anderen F-16 über das IDM der Falcon fähig sind, können im großen und ganzen die SEAD-Kapazitäten der F-4G wieder eingerichtet werden; dann allerdings ohne Lücke bei diesen dringend benötigten Ressourcen.

Wie also würde ein Pilot eine derartige Waffe starten? Nun, stellen wir uns einmal vor, Sie säßen in einer Block 50/52 F-16C, die mit einem ALR-56-RWR- und einem ASQ-213-HTS-Behälter ausgerüstet ist, der an Station 5 (rechts) der Behälter-Befestigungspunkte hängt. Sie und Ihr Flügelmann hätten jeder zwei HARMs in LAU-118-Startgeräten an den Stationen 3 und 7. Sie beide fliegen – sagen wir – in einer losen Jagdformation als Vorhut für eine Strike Force in einem seitlichen Abstand von etwa 5 nm./9,3 km. Sie sind dahingehend gebrieft worden, daß Sie ein paar Buk-1M/SA-11-Gadfly-SAM-Stellungen angreifen sollen, die auf der Anflugroute der Strike Force liegen. Dabei sollen Sie auch nach mobilen SAM-Startbasen Ausschau halten, die vielleicht in dieses Gebiet gebracht wurden. Sie haben beide ihre IDMs so eingestellt, daß Sie HTS-Daten austauschen können, und fliegen mit einer Unterschallgeschwindigkeit von etwa 350 kt./648 km/h ins Zielgebiet. Unten auf dem Multifunktions-Display an Ihrem rechten Knie ist die Ausgabe für die Daten des HTS-Behälters, und der zeigt ein rotierendes Erfassungsradar des Typs an, der zur Weitergabe von Zielinformationen an TELAR-Fahrzeuge (SAM-Transporter Erector Launcher And Radar[98]) verwendet wird. In einer Entfernung von etwa 30 nm./55,6 km zum Zielgebiet fliegen Sie beide ein paar diagonale, rennbahnförmige Platzrunden und warten, bis die Dinge ihren Lauf nehmen.

Sobald die Strike Force aufschließt, sehen Sie einige Symbole mit der Bezeichnung *STA 11* auf dem MFD auftauchen, die aber keine genauen

---

98 »Transport-Aufricht-Start- und Radarfahrzeug«, mobile SAM-Stellung

Entfernungsangaben beinhalten. Sie senden eine Warnung an die Strike Force, damit man dort »die Augen aufhält«, weil eine mögliche Bedrohung durch SA-11 besteht, und gehen an die Arbeit. Es ist eine Sache von Sekunden, bis Ihre HTS-Behälter und die Ihres Flügelmanns annähernd Entfernung und Peilung zu den beiden Stellungen errechnet haben. Sobald das geschehen ist, schalten Sie beide einen HARM auf *RK MODE* (»Range Known« – »Entfernung bekannt«) und bereiten sich auf dessen Start vor. Innerhalb weniger Sekunden hat sich die Entfernung zu den beiden SA-1-TELARs eingependelt und wird automatisch in den HARM übernommen. Dabei sehen Sie, daß die beiden Fahrzeuge gerade damit beschäftigt sind, sich mit dem Radar auf ihren RWR aufzuschalten. Jetzt wählen Sie *MASTER ARM ON* und betätigen einmal kurz den Abzug, um Ihren Flugkörper von Station 3 zu starten. Sobald der auf und davon ist, machen Sie einen Turn, um außerhalb der Maximalreichweite der TELARs zu bleiben. Dreißig Sekunden später sehen Sie, wie die Symbole der beiden TELARs verschwinden, weil sie von den zwei AGM-88 getroffen wurden. Sie setzen sich mit Ihrem Flügelmann wieder vor die Strike Force, um sie weiter auf ihrem Weg ins Zielgebiet zu begleiten. Etwa 10 nm. / 18,5 km vor dem Ziel erhalten Sie urplötzlich eine Alarmmeldung von Ihrem RWR, die besagt, daß sich gerade das Verfolgungsradar eines Flugkörpers auf Ihre Viper aufgeschaltet hat. Ein schneller Blick auf den RWR zeigt Ihnen das *STA-8*-Symbol für einen SA-8-Gecko-TELAR irgendwo rechts vorn, von Ihrer Position aus gesehen. Jetzt müssen Sie ganz schnell die *SP*-Betriebsart bei den HARM-Optionen wählen, welche die Azimutvorgaben automatisch an die verbliebene HARM auf Station 7 weitergibt. Dann drücken Sie den Abzug noch einmal, setzen die Warnmeldung an die Strike Force ab, beginnen sofort mit den Fluchtmanövern und stoßen, so schnell Sie können, Scheinziele aus. Abermals innerhalb weniger Sekunden stellt der SA-8 TELAR seine Sendung ein, weil er zu einem weiteren Opfer der überlegenen Geschwindigkeit eines AGM-88 geworden ist. In der Zwischenzeit ist die eine Rakete, die gegen Sie gestartet wurde, »dumm« geworden und fliegt davon, um sich irgendwo anders selbst zu zerstören. Jetzt sind die nachfolgenden Einheiten in Sicherheit, und Sie begeben sich in eine Sicherungsposition, um zu vermeiden, daß eine herumstreunende MiG versuchen könnte, Ihren Flügelmann oder dem Rest der Strike Force Ärger zu machen. Ein ganz normaler Tagesablauf also.

Heute läuft die AGM-88-Produktionslinie von Texas Instruments ausgezeichnet. Im Augenblick ist man dabei, die 2018 Ersatz-HARMs zu bauen, die vertragsgemäß die Arsenale wieder auffüllen sollen, weil genau diese Menge im Golfkrieg verbraucht wurde. Außerdem sind etliche ausländische Auftraggeber zu beliefern. Zur Zeit sind keine Pläne für eine Ablösung des AGM-88 bekannt; mit großer Wahrscheinlichkeit werden auch in absehbarer Zukunft keine auftauchen. Es besteht eigentlich auch keine Notwendigkeit dafür, weil der weltweite SAM-Entwicklungs-Markt allgemein stagniert und noch genügend Wachstumspotential im HARM-Flugwerk steckt. Was den AGM-88 HARM angeht, so wird er für die nächsten zehn Jahre wohl der führende ARM der Welt bleiben.

Die Zukunft: TSSAM und darüber hinaus

Die Zukunft der aus der Luft gestarteten amerikanischen Langstrecken-Standoff-Waffen ist, milde ausgedrückt, ein einziges Wirrwarr. Das ist das unglückliche Ergebnis der Einstellung eines Waffenprogramms, auf das USAF und USN Haus und Hof gesetzt hätten – der Northrop Grumman AGM-137 Tri-Service Standoff Attack Missile. TSSAM sollte ein supergenauer »stealthy« Langstrecken-Lenkflugkörper (180 nm./333,4 km) mit Versionen für Navy und Air Force werden, und es sollte sogar eine vom Boden aus startbare Version für die Army geben. Fatalerweise trieben Probleme bei der Entwicklung und im Management des Programms die Kosten in die Höhe. Den schwersten Schlag erhielt das Programm aber, als die Army vor einigen Jahren ausstieg.

Seit das TSSAM-Programm gestoppt wurde, versucht die Air Force herauszufinden, wie sie ihre Kampfflugzeuge mit realisierbaren Präzisions-Standoff-Flugkörpern versehen kann. Der augenblickliche Plan sieht vor, daß die USAF noch mehr von dem anschafft, was sie ohnehin schon hat: ALMCs. Es gibt verschiedene Möglichkeiten, die in Betracht gezogen werden, um die Lücke zu schließen, die durch Absetzung des TSSAM-Programms entstanden ist. Einige davon sind die folgenden:

- die AGM-142 Have-Nap-Version mit aufgesteckten Flügelflächen (»Clipped Wings«) anzuschaffen und für die Verwendung bei B-1B, F-15E Strike Eagle und F-16C anzupassen. Dadurch würde ein großer Teil der Kapazitäten geschaffen, die das Original-TSSAM-Programm versprach;
- den IIR-Sucher, der für TSSAM entwickelt wurde, an bestehende Flugwerke wie AGM-86C/ALCM-C oder AGM-84E SLAM/SLAM-ER anzupassen, wobei letzterer eine Weiterentwicklung aus dem Harpoon Anti-Schiff-Flugkörper der Navy ist;
- eine Billigversion des AGM-137 TSSAM zu produzieren, mit Stealth-Eigenschaften, die nur auf den Frontflächen des Flugwerks installiert werden. Das ist wahrscheinlich die am wenigsten glaubwürdige Option, wenn man das Haushaltsklima und den gegenwärtigen Mangel an Subventionen für neue Waffensysteme berücksichtigt.

Wie auch immer die Entscheidungen ausfallen werden, die in den Hallen des Kongresses, im Pentagon und im Beschaffungsamt der USAF getroffen werden, es muß auf jeden Fall einen neuen Rattenfänger geben, der unzweifelhaft aus zusammengeführten Programmen von Air Force, Navy und vielleicht sogar ausländischen Partnern bestehen wird. Das wäre wahrscheinlich der größte Einschlag im weltweiten Waffenmarkt der neuen Weltordnung – nur durch Kooperation hat diese Industrie noch eine Überlebenschance.

Air Combat Command: Nicht mehr die Air Force unserer Väter

Es war einmal in Amerika, da gab es eine Air Force. Sie wurde 1947 als eigenständige Teilstreitkraft (nach Abtrennung von der Army) mit einigen ganz einfachen Zielen ins Leben gerufen: unseren Hauptfeind im Kalten Krieg, die Sowjetunion, davon abzuhalten, sich über ihre Grenzen auszudehnen, und falls die Abschreckung nicht funktionieren würde, erfolgreich gegen die Sowjets zu kämpfen und zusammen mit den anderen Teilstreitkräften den Sieg zu erringen. Mehr als 45 Jahre lang hat die United States Air Force dieser Herausforderung standgehalten und ihren Widersacher letzten Endes überdauert. Das soll nicht heißen, daß sie das in wirkungsvollster, wirtschaftlichster oder auch nur akzeptabler Weise geschafft hätte. Ihre heftigen »Rasenschlachten« mit der U.S. Navy sind in der Umgebung von Washington D.C. schon zu Legenden geworden. Wie so viele große Organisationen, war auch die USAF immer anfällig für innere Konflikte. Während der gesamten Zeit des Kalten Kriegs gab es Zankereien zwischen den Haupt-Befehlskommandos der USAF. Die Bomberpiloten und die ICBM-Raketenleute, die praktisch die Führungsspitze des SAC bildeten, waren für die Fighterpiloten, die das Tactical Air Command leiteten, immer nur so etwas wie Gelegenheitsarbeiter. Wenn das noch nicht spalterisch genug war, straften die »Kampf«-Flieger beim SAC und TAC diejenigen mit Verachtung, die Transporte für das Military Airlift Command (MAC) flogen, indem sie die als »Müllmänner« bezeichneten.

Dann passierte der U.S. Air Force das Schlimmste (außer in einer Schlacht besiegt zu werden), was militärischen Streitkräften widerfahren kann: Ihr Hauptfeind, die Sowjetunion brach durch das Scheitern des August-Putsches zusammen. Es steht außer Frage, daß sich nur ein wirklich kranker und zynischer Beobachter der Vorgänge auf unserer Welt gewünscht hätte, daß der Kalte Krieg auf unbestimmte Zeit weitergegangen wäre. Allerdings konnte doch fast niemand das Ende des Konflikts zwischen den Vereinigten Staaten und der UdSSR und damit das Ende der bipolaren Welt, wie wir sie fast ein halbes Jahrhundert kannten, schon absehen. Nun, wenn Sie glauben, daß es *Sie* überrascht hat, dann hätten Sie erst einmal den Schock in der Führungsmannschaft der Streitkräfte erleben sollen!

Im Pentagon mußte die Führungsebene der Air Force sehr schnell feststellen, daß ihr Hauptfeind verschwunden war und man sich bei den schwerwiegenden Haushaltskürzungen, die schon unter der Regierung von Präsident George Bush in die Wege geleitet worden waren, zu völlig neuen Einstellungen würde durchringen müssen, wenn man die kommenden mageren 90er Jahre überstehen wollte. Deshalb befahl der Stabschef der USAF, General Merrill McPeak, der USAF 1992 eine umfassende Reorganisation. Nennen Sie es ruhig eine Revolution. Es hat die Angehörigen der Air Force derart betäubt, daß sie immer noch damit beschäftigt sind, es gänzlich zu verarbeiten.

Die drei traditionellen fliegenden Commands, SAC, TAC und MAC, wurden abgeschafft, wobei die Kampfflugzeuge (Fighter, Bomber, Maschinen für elektronische Kampfführung, Transport- und Luftlandeflugzeuge) an das neu gegründete Air Combat Command (ACC) überstellt wurden, das sein Hauptquartier auf der Langley Air Force Base einrichtete. Sämtliche Airlifter (C-141, C-5 und C-17) und die Lufttankflugzeuge (KC-135 und KC-10) wurden dem ebenfalls neu gebildeten Air Mobility Command (AMC) mit Stützpunkt auf der Scott AFB in Illinois zugewiesen. Die strategische Nuklearwaffen-Mission wurde an vereinheitliche Oberbefehlsinstitutionen (z.B. Zusammenführungen von USAF und USN) übergeben, die unter der Bezeichnung Strategic Command (STRATCOM) vereinigt wurden. Nebenbei sei bemerkt, daß STRATCOM selbst weder Bomber oder Unterseeboote noch die Marschflugkörper direkt »gehören«, über die es die Operationsgewalt hat.

Als diese Reorganisation am 1. Juni 1992 durchgeführt wurde, war das etwa so, als wenn sich sämtliche größeren Luftverkehrsgesellschaften Amerikas (und auch noch einige größere Servicegesellschaften dazu) quasi über Nacht zusammengeschlossen und ihre typischen und individuellen Eigenheiten einfach über Bord geworfen hätten. Wie man sich leicht vorstellen kann, führte das zu enormen Belastungen und persönlicher Verwirrung. Auf diese Weise wurde allerdings auch eine der größten, stärksten und vielseitigsten Streitkräfte der Welt ins Leben gerufen. Ja, ganz bestimmt eine Revolution! Werfen wir einen Blick darauf.

TAC zu ACC: die große Vereinigung

Als das ACC im Juni 1992 gebildet wurde, hatte der Mann, der sein erster kommandierender General wurde, den großen Vorteil, gleichzeitig der letzte Kommandeur des TAC gewesen zu sein. General Michael Loh, USAF, erhielt dadurch die einzigartige Auszeichnung, den Oberbefehl über die bedeutendsten Militärstrukturen auf beiden Seiten des großen Zusammenschlusses innerhalb der USAF übertragen zu bekommen. Selbst Fighter-Karrierepilot, fand er sich plötzlich als Leiter einer Streitkraft wieder, die nur fünf Jahre vorher noch unvorstellbar gewesen wäre.

General Loh macht kein Geheimnis aus seiner taktischen Voreingenommenheit bei den ewigen Auseinandersetzungen zwischen den Fighterpiloten des TAC und den Bomberpiloten des SAC. Man könnte sich sogar vorstellen, daß er in der Nacht des 31. Mai 1992 ein Bier oder zwei darauf getrunken hat, um das Ende des »wirklichen« TAC-Feindes zu feiern, der

General M. »Mike« Loh, USAF, war der erste kommandierende General des USAF Air Combat Command (ACC).
OFFIZIELLES FOTO DER U.S. AIR FORCE

Armageddon-orientierten Bomberkultur des SAC, die ab Mitternacht verschwunden sein würde.

Aber wenn man ihm heute zuhört, versteht man die Wandlung von der Air Force, in der er groß wurde, zu der neuen, die er mitgeschaffen hat, erst richtig. Verschwunden ist der anmaßende, triumphierende Fighterpilot. Als er das Kommando über das ACC an General Joe Ralston übergab, bestand schon ein intensiver (Sie können sehr gut lernen, den Begriff »Intensität« zu definieren, wenn Sie eine Stunde mit General Loh verbringen!), ja fast verzweifelter Wille, die vorher so unterschiedlichen Elemente seines damals neuen Kommandos zu einer einzigen, wirklichen Streitmacht zusammenzuschweißen. Nicht erst in zehn Jahren oder auch in fünf, sondern genau jetzt – *bevor* sie zu irgendwelchen weit entfernten gefährlichen Einsätzen abkommandiert wird! So sah die Wirklichkeit aus, als er sein letztes Jahr als kommandierender General des ACC vollendet hatte (er ging im Sommer 1995 in den Ruhestand). Die Herausforderungen, mit denen er konfrontiert wurde, waren einfach, aber gewaltig:

- Zusammenschluß von Personal, Stützpunkten und Flugzeugen aller drei Hauptbereiche, die früher bestanden hatten (Bomber vom SAC, mittlere Transporter vom MAC und taktische Flugzeuge vom TAC) zu einer vereinten fliegenden Streitmacht;
- die Modernisierung von Flugzeugen, Waffen und Ausrüstung des ACC trotz der Haushaltskürzungen der 90er Jahre weiterzuführen;
- Aufrechterhaltung der operativen und taktischen Fähigkeiten in einer Zeit der Operationen außerhalb der Staatsgrenzen der USA. (out-of-

area, z. B. Übersee) mit Einsatzzahlen, die für unsere Streitkräfte nie höher waren, und das bei Budgets (pro Pilot und Flugzeug), die niemals niedriger waren;
- Regierungspläne durch Kampfeinsätze in zwei fast gleichzeitig ablaufenden größeren Regionalkonflikten (Major Regional Conflicts, MRC) zu unterstützen, die Größenordnungen angenommen hatten, welche der Korea- oder vielleicht der Iran-Krise entsprachen;
- all das in einer Zeit geplanter Abbaumaßnahmen und Haushaltskürzungen, die sogar für diejenigen eine Herausforderung darstellten, welche die finanzpolitisch düsteren Zeiten in den 70er Jahren überstanden hatten.

Im Augenblick sind Einheiten des ACC über den ganzen Erdball verteilt und führen Missionen in globaler Größenordnung durch. In der Türkei, in Saudi-Arabien und Italien helfen Maschinen des ACC, den Flugverbotszonen über dem Irak und Bosnien Geltung zu verschaffen. In Korea lassen ACC-Flugzeuge und -Truppen die Muskeln bei den diplomatischen Bemühungen spielen, Frieden und Stabilität in dieser unruhigen Gegend zu erhalten. In den Vereinigten Staaten stationierte Maschinen des ACC sind im Augenblick der Schlüssel bei den Anstrengungen, ein demokratisches System in Haiti aufzubauen und zu stützen. All das geschieht, während das normale Engagement in der NATO, in Lateinamerika und im Fernen Osten ebenso weitergeht wie die Sicherung der nordamerikanischen Luftverteidigung.

Die ACC-Mission

Alles, was bisher erwähnt wurde, bringt uns automatisch zu der Frage, was für das ACC eigentlich normale Operationen sind. Um sie richtig beantworten zu können, ist eine kurze Geschichtsstunde notwendig. Wenn man in die Mitte der 80er Jahre zurückblickt, als die Aufrüstung unter Reagan lief, so wurden damals Fragen nach der Effektivität des Militärs gestellt, das man durch die Verstärkungen einkaufte. Alles andere denn perfekte Operationen in Grenada (1983) und Libyen (1986), zusammen mit der Katastrophe unseres Eingreifens im Libanon (1982 bis 1984), waren mehr als besorgniserregende Zeichen dafür, daß man nicht nur Geld benötigt, um möglichst viel aus den amerikanischen Streitkräften herauszuholen. Die Antwort des Kongresses bestand im Military Reform Act von 1986, der besser unter den Namen der Sponsoren Goldwater-Nichols bekannt ist. Goldwater-Nichols reformierte die unterschiedlichen Befehlsketten und konzentrierte die Befehlsgewalt über Streitkräfte im Einsatz in den Händen regionaler Oberbefehlshaber, der CinCs (Commanders in Chief), wie sie nun genannt wurden. Diese CinCs – im Moment gibt es acht davon – haben die Befehlsgewalt über sämtliche Streitkräfte (unabhängig davon, zu welcher Teilstreitkraft sie gehören), die ihrem geographischen Verantwortungsbereich (Area Of Responsibility, AOR) irgendwo auf der Welt unterstellt sind. Diese zusammengesetzten Kommandos reichen vom Mittleren Osten (U.S. Central Command, CENTCOM) bis zu in Europa stationierten Streitkräften (U.S. European Command, EUCOM). Dazu ein Beispiel: Jeder, der den Befehl erhält, in Lateinamerika zu operieren, wird automatisch dem Kommando von General Barry McCaffrey, USA, unterstellt, der (zu der Zeit, in der ich das hier schreibe) CinC der U.S. Southern Command (SOUTHCOM) mit Stützpunkt in Panama ist. Darüber hinaus verstärkte das Goldwater-Nichols-Papier die Position des Vorsitzenden der Vereinigten Stabschefs (Joint Chiefs of Staff, JCS), wodurch er eine Position auf Kabinettsebene einnimmt und automatisch zum höchsten militärischen Berater des Präsidenten wird. All dem lag der Gedanke zugrunde, die Befehlsstruktur zwischen der zivilen Führungsspitze nationaler Befehlsinstitutionen in Washington D.C. und den vorgeschobenen Befehlshabern von Streitkräften im Einsatz zu klären.

Soweit erkennbar, scheint Goldwater-Nichols zu funktionieren, wenn man die vereinten Operationen von Panama und im Mittleren Osten betrachtet, die wesentlich glatter abliefen als die in der Zeit unmittelbar nach dem Vietnamkrieg. Das soll aber nicht heißen, daß schlechte politische Zielsetzungen nicht immer noch in der Lage wären, derartige Operationen zu einem Fehlschlag werden zu lassen, wie sich 1992 in Somalia herausgestellt hat. Auf der anderen Seite hat Goldwater-Nichols der zivilen Führungsspitze der Vereinigten Staaten von Amerika eine wesentlich größere Verantwortung aufgebürdet, was künftige Präsidentschaftskandidaten klugerweise bedenken sollten, bevor sie sich auf die Suche nach einem Weg ins Oval Office machen.

Jetzt werden Sie sich wahrscheinlich fragen, was das alles damit zu tun hat, wie man ein Geschwader von Kampfflugzeugen zu irgendeinem Einsatz auf der Welt bekommt. Mehr, als Sie sich im Augenblick wohl vorstellen können. Nach dem Ende des Kalten Krieges ist das amerikanische Militär in steigendem Maße zu einer in der Heimat – zumindest aber auf dem eigenen Kontinent – stationierten Streitmacht geworden. Gerade in den letzten fünf Jahren haben wir den überwiegenden Teil unserer überseeischen Stützpunkte auf den Philippinen, in Deutschland, Spanien und vielen anderen Ländern geschlossen. Das bedeutet, daß immer mehr Interventionen von amerikanischen Streitkräften durch Nachfrage befreundeter Nationen oder als Mitstreiter in einer Koalition von Streitkräften zustandekommen. Das ist der Grund, weshalb die augenblickliche Grundstrategie des amerikanischen Militärs nur sehr wenige Einheiten in ausländischen Stützpunkten vorsieht, wobei die CinCs nur im Bedarfsfall über einige oder über gar keine eigenen Streitkräfte verfügen.

Dazu ein Beispiel: Als der Irak im August 1990 seine Invasion nach Kuwait vortrug, verfügte General H. Norman Schwarzkopf über absolut *nichts* in der Art von Streitkräften. Er hatte lediglich einen Stab und ein Hauptquartier. Also, woher hatte er auf einmal die fast 500 000 Soldaten, Marines und Flieger, die in der Operation Desert Storm kämpften? Nun, diese Streitkräfte wurden »zusammengepackt«, irgendwo »abgetrennt«

und seinem Oberbefehl (CENTCOM) für die Dauer der Krise am Persischen Golf unterstellt, und da waren Einheiten von so gut wie jedem Befehlsbereich der amerikanischen Teilstreitkräfte dabei. Zur damaligen Zeit wurde das noch als eine Art von Anomalie angesehen, doch heute ist es bereits zu einem fundamentalen Prinzip der nationalen Verteidigungsstrategie geworden. Etwa um das Jahr 2001 werden fast 90 % sämtlicher US-Streitkräfte auf dem amerikanischen Kontinent im Hoheitsgebiet der USA stationiert sein, was bedeutet, daß wir, wenn wir irgendwo eingreifen wollen, die Sache als »Tournee« werden angehen müssen.

Um diesen Wechsel bei den US-Verteidigungsvorgaben durchführbar zu machen, wurde eine neue zusammengeführte Oberbefehlsinstitution geschaffen, das United States Atlantic Command (USACOM). Im wesentlichen sieht es so aus, daß diesem gewaltigen Command absolut jede militärische Einheit »gehört«, die auf US-amerikanischem Boden stationiert ist. Die Rolle des USACOM ist die eines »Packers« für zusammengesetzte Task Forces und deren Entsendung zu den verschiedenen zusammengeführten Oberbefehlsstellen auf der ganzen Welt. Die Lieferung dieser Pakete wird von den Leuten des Transportation Command (TRANSCOM) auf der Scott AFB in Illinois erledigt. TRANSCOM führt sämtliche Schiffe, schweren Lufttransporter, Lkws und schienengebundenen Mittel, die erforderlich sind, um die »gepackten« Streitkräfte dorthin zu bewegen, wo sie gebraucht werden.

Und an diesem Punkt betritt das ACC die Bühne – als einziger Lieferant von Kampfflugzeugen der USAF. Sollten Sie einmal ein Geschwader von F-15 komplett mit AWACS-Unterstützung brauchen, um eine Flugverbotszone zu überwachen, werden die Einheiten, die das ermöglichen, vom ACC bereitgestellt. Zusätzlich kann es Bautrupps für Stützpunkte von Luftstreitkräften (die »Red-Horse«-Bataillone), Tactical Air Control Center (TACC), Sanitätseinheiten und sogar Feldküchen für den Einsatz auf unausgebauten Flugplätzen zur Verfügung stellen. Es kann ebensogut, wie kürzlich in Haiti bewiesen, Streitkräfte direkt von ihren Heimatstützpunkten in Amerika aus in Krisengebiete entsenden.

ACC: die Streitmacht

Woraus setzt sich das ACC nun eigentlich zusammen? Die Dias des »ACC-Today«-Command-Briefings (September 1994) waren voller Zahlen, einige davon geradezu betäubend in ihrer Größenordnung: mehr als 250 000 Soldaten, einschließlich der 117 000 bei der Air National Guard (ANG) und Air Force Reserve (AFRES), 25 dem ACC unterstellte Stützpunkte und weitere ACC-Einheiten, die bei elf anderen USAF-Anlagen »eingebettet« wurden. Das ACC kann sich einer Streitmacht von etwa 3230 Flugzeugen (1640 aktiv im Dienst, 1590 bei ANG und AFRES) rühmen, die in etwa 160 verschiedenen »Battle Management Units«, wie sie genannt werden, zusammengefaßt sind. Diese sind auf die vier numerierten Luftflotten verteilt, die quer über den US-amerikanischen Kontinent verstreut sind:

- **1st Air Force** – stellt Fighter, Radare und andere Einheiten als grundlegenden Bestandteil für den Bereich Luftfahrt des North American Air Defense Command (NORAD) bereit;
- **8th Air Force** – stellt dem ACC Bomber zur Verfügung und ist gleichzeitig Haupt-Luftfahrtkomponente für STRATCOM und USACOM;
- **9th Air Force** – in erster Linie mit Fightern und Transportern ausgerüstet, die Haupt-Luftfahrtkomponente für das CENTCOM;
- **12th Air Force** – die Haupt-Luftfahrtkomponente für das SOUTHCOM und gleichzeitig die Schlacht-Leitungs-Komponente für das STRATCOM.

Kurz gesagt, wenn es sich um ein Kampfflugzeug der USAF handelt, gehört es zum ACC.

Das Hauptquartier ist auf der Langley AFB in Virginia in der Nähe von Hampton Roads, und dort, vom alten Hauptquartiersgebäude des TAC aus, wird das ACC geführt. Von hier aus hat General Joe Ralston (der derzeit kommandierende General des ACC) den Überblick über eine der größten Luftkampfeinheiten der heutigen Welt. Aber es ist eine Einheit, die seit 1980 – ihrem Höhepunkt mit fast vierzig Kampfgeschwadern – ständig schrumpft. Ende des Jahres 1994 konnte sich das ACC noch auf eine Streitmacht von 22 $^{1}/_{2}$ Kampfgeschwadern stützen. Die Berechnung militärischer Stärke ist eine geheimnisvolle Wissenschaft, aber für unsere Zwecke wollen wir einmal davon ausgehen, daß sich ein Fighter Wing Equivalent[99] (FWE) aus grob gerechnet 72 Maschinen in drei Staffeln zu je 24 Flugzeugen ergibt. Die schlechte Nachricht ist die, daß die vorgeplanten Kürzungen bis 1996 dazu geführt haben werden, daß es dann nur noch 20 $^{1}/_{2}$ Geschwader sind. Dessen ungeachtet haben sowohl General Loh als auch General Ralston hart gearbeitet, damit diese Streitmacht sich so ausbreiten kann, daß die Anforderungen der augenblicklichen Regierung mit ihren beiden fast-gleichen MRC-Strategien erfüllbar sind.

Das gelingt unter anderem durch Ausrüstung älterer Flugwerke mit den neuen Serien von Präzisionswaffen. Eine andere Möglichkeit: die eingeschränkte Anzahl neuer Flugwerke (B-2A und F-22A) so leistungsfähig wie möglich zu machen, damit jedes allein schon mehr leisten kann als die Maschinen, die sie ersetzen werden. Aus der Sicht von General Loh begeht jede Air Force, die neue Flugzeuge anschafft, welche weder »stealthy« noch mit der neuen Generation von Präzisions- und »Fire-and Forget«-Waffen ausgerüstet sind, ein Verbrechen. Das ist keineswegs eine extreme Ansicht; sie ist aus den Resultaten des Kriegs am Persischen Golf von 1991 geboren. Die Effektivität von Flugzeugen wie der F-117A und F-15E zeigt sehr deutlich, was man mit modernen Systemen und fortschrittlicher Flugzeugtechnik erreichen kann.

Wenn man heute über das ACC nachdenkt, stellt man fest, daß die Schnittkante seiner Fähigkeiten von den Fightern gebildet wird. Der Begriff »Fighter« ist sehr weitläufig definiert. Bei der USAF wird jedes tak-

---

99 Gegenwert eines Fighter-Geschwaders

tische Kampfflugzeug als Fighter bezeichnet. Dabei spielt es keine Rolle, ob die Maschine über Luftkampf-Fähigkeiten verfügt oder nicht. Wie Sie unten aus Tabelle 1 entnehmen können, bestehen die Fighterstreitkräfte des ACC zur Zeit aus sechs verschiedenen Flugzeugtypen (F-15, F-16, F-15E, F-111, F-117 und A-10), die mit die wichtigste Rolle bei der Fähigkeit des ACC zu direkten und Abriegelungsangriffen spielen. Blickt man sich weiter um, so stellt man fest, daß etwa 25% der ACC-Streitkräfte in Übersee bei der United States Air Force Europe (USAFE) und der Pacific Air Force (PACAF) stationiert sind. Mit einiger Wahrscheinlichkeit werden sie demnächst auf das Hoheitsgebiet der Vereinigten Staaten von Amerika zurückverlegt. Im Pazifik hat man bereits damit angefangen, wobei Einheiten, die bislang ihre Basen auf den Philippinen hatten, derzeit auf Stützpunkte in Alaska, Okinawa und auf Hawaii verlegt werden. Vergleichbare Kürzungen und Verlegungen stehen in Europa an, wobei der überwiegende Teil der Streitkräfte, die in Europa verbleiben, in Großbritannien und Italien stationiert sein wird, und auch eine ständige Anwesenheit in der Türkei ist vorgesehen.

Tabelle 1 – Kampfflugzeug-Streitkräfte des ACC

	ACC AKTIV	USAFE/ PACAF	ANG/ AFRES	ANG air defense	Gesamt
F-15	186 (8 Staffeln)	168 (7 Staffeln)	54 (3 Staffeln)	36 (2 Staffeln)	444 (20 Staffeln)
F-16	234 (10 Staff.)	240 (10 Staff.)	504 (28 Staff.)	144 (8 Staffeln)	1122 (56 Staffeln)
F-15E	90 (4 Staffeln)	72 (3 Staffeln)	nicht verfügbar	nicht verfügbar	162 (7 Staffeln)
F-111	58 (3 Staffeln)	nicht verfügbar	nicht verfügbar	nicht verfügbar	58 (3 Staffeln)
F-117	36 (2 Staffeln)	nicht verfügbar	nicht verfügbar	nicht verfügbar	36 (2 Staffeln)
A-10	72 (4 Staffeln)	54 (3 Staffeln)	126 (7 Staffeln)	nicht verfügbar	252 (14 Staffeln)
Gesamt	676 (31 Staffeln)	534 (23 Staffeln)	684 (38 Staffeln)	180 (10 Staffeln)	2074 (102 Staffeln)

Berücksichtigen muß man auch die zwar geringe, aber dennoch nicht zu unterschätzende Bedeutung von Fightern für die Luftraumverteidigung, die dem North American Air Defense Command (NORAD) zur Luftraumüberwachung oder zum Zweck kontinentaler Luftabwehrmaßnahmen unterstellt werden. Es ist schon ein Zeichen der Zeit, daß diese Maschinen nicht mehr von aktivem Personal der USAF, sondern von Einheiten der ANG geflogen werden. Tatsächlich werden Sie feststellen,

Eine F-15E Strike Eagle der 391. Staffel des 366. Geschwaders rollt von ihrem Abstellplatz auf der Mountain Home AFB zum Start bei einem Übungseinsatz. Die mit LANTIRN-Behältern ausgestatteten F-15E und F-16 stellen den Hauptteil der Präzisions-Lenkwaffen-Kapazität der USAF bereit, bis zu Beginn des 21. Jahrhunderts JDAM und JSOW eingeführt werden. *John D. Gresham*

wenn Sie einmal genauer hinsehen, daß sich mehr als 40% der Fighter-Streitkräfte des ACC aus Einheiten der AFRES und der ANG zusammensetzen, was bedeutet, daß sie von Wochenendkämpfern geflogen werden, die an einem normalen Wochentag durchaus am Steuerhorn der Verkehrsmaschine sitzen könnten, mit der Sie gerade von Washington nach Boston fliegen. Das gehört zum Gesamtkonzept, das man nach dem Ende des Vietnamkriegs immer weiter vorangetrieben hat. Dabei werden Einheiten der Reserve und der Nationalgarde mit der gleichen Ausrüstung auf dem technisch neuesten Stand ausgestattet wie die aktiven Bestandteile der Air Force. Sie halten auch mit ihnen zusammen Übungen ab, damit sie jederzeit in der Lage sind, in einer Krisensituation zusammenzuarbeiten. Während der Operationen Desert Shield und Desert Storm leisteten Einheiten der AFRES und der ANG den Hauptteil der verbliebenen Abschreckungsaufgaben in Korea und übernahmen tatsächlich auch die gesamte Luftraumverteidigung der Vereinigten Staaten von Amerika, während der Großteil der aktiven Air Force im Krieg gegen den Irak kämpfte. Dieser Prozeß, »Auffüllen« (»Backfilling«) genannt, ist ein lebenswichtiger Bestandteil der MRC-Strategie, wenn es einmal darauf ankommt.

Für die Zukunft gibt es eine gute Neuigkeit: Ein neues Flugwerk ist unterwegs, das die F-15 Eagle, das Rückgrat der Fighter- und Abfangstreitkräfte über mehr als zwei Jahrzehnte, ablösen soll. Wenn im ersten Teil des kommenden Jahrzehnts endlich die F-22 bei den Einheiten eintrifft, wird sie das Basisflugwerk eines »schweren« Fighters der USAF darstellen. Die schlechte Nachricht kommt aber gleich hinterher: Das F-22-Programm ist auf eine Produktion von lediglich 442 Exemplaren der Fighter-Version begrenzt, was gerade ausreicht, um vier und ein halbes Geschwader im strukturellen Schema des ACC auszurüsten. Damit nicht genug, wird es weitere Kürzungen in kritischen Bereichen bei den Flugzeugen geben, wie Sie der Tabelle 1 entnehmen konnten. Am wahrscheinlichsten

Ein Rockwell-B-1B-Lancer-Bomber überfliegt während der Operation Bright Star 93 die ägyptischen Pyramiden. Das ACC hofft, die B-1, B-2 und B-52 auf der Basis bekannter und erprobter Fähigkeiten mit einer Vielzahl von Präzisions-Lenkwaffen ausrüsten zu können, um sein weltweites Einsatzgebiet zu versorgen.
Offizielles Foto der U.S. Air Force

werden die Kürzungen bei den F-111 sein, die vom 27. Geschwader auf der Cannon AFB in New Mexico geflogen werden. Die Aardvarks des 27. gehören zugegebenermaßen zu den ältesten und teuersten Flugzeugen, die vom ACC eingesetzt und gewartet (O&M[100]) werden, verfügen allerdings auch über die größte Reichweite und das beste Waffensystem in der gesamten USAF. Am wichtigsten dürfte dabei sein, daß auf die augenblickliche Streitmacht von F-111 mit ihrem unschätzbar wertvollen Pave-Tack-Abwurfsystem zu verzichten bedeuten würde, fast 25% der PGM-Abwurf-Kapazität der Air Force zu verlieren.

Je nachdem, wie die augenblicklichen Pläne des ACC aussehen, wird die B-1B-Streitmacht diese Rolle übernehmen, wenn die Joint-Direct-Munition-(JDAM-) und Joint-Standoff-Weapon-(JSOW-)Programme Ende der 90er Jahre soweit sind. Das Problem ist, daß keine einzige Waffe aus diesen entscheidenden Programmen im Moment überhaupt verfügbar ist, und das bedeutet, daß wir, wenn wir vorzeitig Flugzeuge mit Präzisionsschlag-Kapazitäten außer Dienst stellen, ein Fenster der Verwundbarkeit öffnen, das sich in Krisenzeiten als gefährlich erweisen könnte.

Dazu kommt die Knappheit an F-15E-Strike-Eagle-Flugwerken. Um die momentane Stärke von grob gerechnet zweihundert F-15E aufrechterhalten zu können, wird das ACC etwa vierzig zusätzliche Maschinen benötigen, damit Verluste durch Unfälle und kampfbedingte Zermürbung künftig ersetzt werden können. Trotz des eingefrorenen Preises im Angebot

100 Operation and Maintainance: Betrieb und Wartung

von McDonnell Douglas (50 Millionen US-Dollar pro Stück) steht im Augenblick einfach kein Geld für diese zweifellos vernünftigen Einkäufe zur Verfügung. Ähnlich sieht es bei den anderen Lieferanten aus: Lockheed hat für seine F-16 Block 50/52 Fighting Falcon ein Angebot von 20 Millionen US-Dollar pro Maschine und Northrop für die B-2 Spirit eines in Höhe von 595 Millionen US-Dollar pro Stück unterbreitet. Geld ist im Augenblick nun einmal knapp.

»Was, zum Teufel, sollen wir denn mit Bombern?« Diese Frage stellten 1992 einige ehemalige TAC-Typen, als das ACC geschaffen wurde. Die Antwort, die sie nur zu gern gehört hätten, wäre gewesen: »Wie brauchen sie gar nicht. Schmeißt sie, verdammt noch mal, einfach weg!« Diese TAC-Typen lagen falsch. Wir brauchen die Bomber, und zwar dringend.

Ohne die Bomber, das würde Ihnen General Loh heute bestätigen, kann das ACC absolut nicht mehr darauf hoffen, die ihm zugewiesenen Missionen erfüllen zu können. Obwohl sie den Fighterpiloten als riesig und schwerfällig erscheinen mögen, repräsentieren die gewaltigen Vögel eine bekannte und bereits bestehende Kapazität, um enorme Mengen an Feuerkraft über große Entfernungen tragen und schnell reagieren zu können. Im Rahmen der augenblicklichen Pläne des ACC sollen die Bomber mit einer großen Bandbreite an Präzisionswaffen (JDAMS und JSOW), konventionellen Bomben (Mk 82/83/42 und CBU-87/89/97) und Standoff-Flugkörpern (ALCM-C/CALCM und AGM-142 Have Nap) ausgerüstet werden, damit sie über die nötige Feuerkraft verfügen, um auch in künftigen Konflikten die Oberhand gewinnen zu können. In Zeiten internationaler Krisensituationen würden dann Teile der B-52H- und B-2-Streitkräfte der Befehlsgewalt von STRATCOM unterstellt werden, um auf diese Weise dem Arm nuklearer Abschreckung einen weiteren Muskel hinzuzufügen. Der Kalte Krieg mag vorbei sein, aber die Notwendigkeit, eine atomare Abschreckungsmacht glaubwürdig zu dokumentieren, besteht immer noch. Überlegen Sie einmal: Die Beilegung unserer Probleme mit Rußland hat dazu geführt, daß wir uns dennoch mit etlichen hundert potentiellen Gegnern (Ländern, Terroristengruppen usw.) auf der ganzen Welt auseinandersetzen müssen. Viele davon versuchen immer wieder in den Besitz von Massenvernichtungswaffen zu kommen, und die Drohung, von einer überlegenen und unzweifelhaften amerikanischen Nuklearabschreckung am Boden zerstört zu werden, ist eine Möglichkeit, unkontrollierte Wucherungen derartiger Waffen unter Kontrolle zu halten.

Tabelle 2 – Bomber-Streitkräfte des ACC

	Aktive	ANG/AFRES	Gesamt
B-52H	84 (6 Staffeln)	14 (1 Staffel)	98 (7 Staffeln)
B-1B	75 (6 Staffeln)	16 (1 Staffel)	91 (7 Staffeln)
B-2A	8 (1 Staffel)	nicht verfügbar	8 (1 Staffel)
Gesamt	167 (13 Staffeln)	30 (2 Staffeln)	197 (15 Staffeln)

Ähnlich wie bei den Fighter-Streitkräften besteht auch für die Bomber-Gemeinschaft die gute Nachricht darin, daß ein enorm leistungsfähiges Flugwerk bereits unterwegs ist. Mit der B-2A wird das ACC über einen Penetrating-Bomber verfügen, der mit einer erheblichen Nutzlast in wirklich jedes Gebiet der Erde eindringen kann, in dem Luftverteidigungseinrichtungen bestehen. Die schlechte Nachricht ist jedoch, daß die USAF lediglich zwanzig B-2 aus der Produktion kaufen wird und die weitere Herstellung äußerst zweifelhaft ist. General Loh hat seinen Standpunkt zur Versorgung und Erhaltung von Produktionskapazitäten bei den schweren Bombern eindeutig klargestellt und erreicht, daß Mittel in Höhe von etwa 125 Millionen US-Dollar zur Verfügung gestellt wurden, um die Produktionslinie von Northrop und deren Subunternehmern am Leben zu erhalten, während die Frage einer zukünftigen Produktion untersucht wird. Das Langzeitproblem des ACC ist es, die Bomberstreitkräfte angesichts des Drucks lebensfähig zu halten, der von den Kürzungen in den verschiedenen Streitkraftebenen beim ACC ausgeht.

Das ist der Punkt, an dem die endlosen Streitigkeiten zwischen der »Fighter-Mafia« und den »Bomber-Baronen« mehr als offensichtlich werden. Die Befürworter der Fighter bezweifeln, daß Bomber in einem modernen Krieg überhaupt noch eingesetzt werden können, und betonen die relativ hohen O&M-Kosten. Die Befürworter der Bomber werden Ihnen erzählen, daß die Fighter weder über die notwendige Reichweite noch über die Kapazitäten verfügen, die für einen künftigen Konflikt erforderlichen großen Mengen von Präzisionswaffen zu befördern. Wer hat nun recht? Beide – mehr oder weniger. Die Generäle Loh und Ralston und mit ihnen die gesamte Führungsspitze des ACC tendierten dazu, auf die »Vogel-in-der-Hand«-Theorie zu setzen: Wenn die Bomber nun einmal da und auch schon bezahlt sind, sollte man auch von ihnen Gebrauch machen. Dennoch wird es zu Kürzungen bei den Bomber-Streitkräften kommen. Obwohl es General Loh lieber wäre, eine Streitmacht von 180 Bomberflugwerken im Dienst zu behalten, wird diese Zahl mit Sicherheit beschnitten werden müssen, wobei dann eine Mischung aus B-52H und B-1B eingemottet wird.

Um eine Streitmacht von hundert Bombern aufrechterhalten zu können, benötigt man insgesamt etwa 180 Flugwerke, damit diese hundert ständig – trotz Tests, Übungen, Überholungen und Wartungen – rein zahlenmäßig verfügbar sind. Haben Sie bemerkt, daß ich »eingemottet« gesagt habe und nicht »ausgemustert« oder »verschrottet«? Das ACC wünscht, daß die Bomberflugwerke, die außer Dienst gestellt werden, geschützt werden sollen, damit sie »zurückgekauft« werden können, wenn sich ein Krisenherd entzündet oder Zermürbungserscheinungen durch Kampfeinsätze einen kritischen Wert erreichen. Zudem hat die ACC-Führung ihr Bestes getan, um verlorene Kapazitäten zurückzugewinnen, als 1993 die letzten B-52G ausgemustert wurden. Als er kürzlich das Hauptquartier des ACC auf der Langley AFB besuchte, war General Loh geradezu begeistert, als er erfuhr, daß sechs B-52H des 2. Bombergeschwaders umgerüstet worden waren, um jetzt auch den AGM-142-Have-Nap-Standoff-

Flugkörper starten zu können, und außerdem bald ihre AGM-84-Harpoon-Anti-Schiff-Flugkörper-Start- und Minenleger-Fähigkeiten zurückerhalten würden. Das ist im amerikanischen Militär der Stand der Dinge, wo eine hochrangige militärische Führungspersönlichkeit über eine wiederhergestellte Fähigkeit bei eben mal sechs schon vierzig Jahre alten Bomberkonstruktionen in helle Aufregung geraten kann. Das ist etwas, das man im Gedächtnis behalten sollte.

Das Problem der sehr eingeschränkten Flotte von Flugzeugen für die Elektronische Kampfführung (Electronic Warfare, EW) betrifft die ACC-Führungsmannschaft in ähnlichem Maß. Diese EW-Maschinen bezeichnet man gern als »Kraft-Multiplikatoren«, und kein Luftkrieg in den vergangenen beiden Jahrzehnten konnte ohne sie zum Erfolg geführt werden. Unglücklicherweise ist das Kernstück der EW-Flotte der USAF die SAMs jagende Wild-Weasel-Version der ehrwürdigen F-4G Phantom II, und die ist – nun – antik. Die Flugwerke stehen kurz vor dem Erreichen ihres fünfundzwanzigsten Dienstjahres, und es ist von lebenswichtiger Bedeutung, ein Flugwerk zu finden, das sie bei der Aufgabe, feindliche Luftabwehrmaßnahmen zu unterdrücken, ablösen kann. Weil im Moment noch nicht einmal genug Geld da ist, um über die Produktion eines würdigen Nachfolgers der Wild-Weasel-Maschine auch nur nachzudenken, werden die beiden verbliebenen F-4G-Staffeln dennoch weitermachen müssen, wobei sie von den hundert Block 50/52 F-16C, die mit den neuen Behältern vom Typ AN/ASQ-213 HARM Targeting System (HTS) ausgestattet sind, und anderen EW-Überwachungs-Flugzeugen des ACC unterstützt werden.

Tabelle 3 – Flugzeuge für die elektronische Kampfführung des ACC

	Aktive Einheiten	ANG/AFRES Einheiten	Gesamt
F-4G*	18 (1 Staffel)	18 (1 Staffel)	36 (2 Staffeln)
EF-111	24 (1 Staffel)	nicht verfügbar	24 (1 Staffel)
EC-130H	10 (2 Staffeln)	nicht verfügbar	10 (2 Staffeln)
Gesamt	52 (4 Staffeln)	18 (1 Staffel)	70 (5 Staffeln)

* Beachten Sie, daß die F-4G weiterhin ihre Luftkampf-Fähigkeit behält.

Die anderen EW-Flugwerke des ACC sind in leidlich besserer Form, obwohl ihre Anzahl wesentlich geringer ist, als die Führungsebene des ACC es sich wünscht. Die EF-111A Raven (von ihren Crews »Spark'Vark« – »Funkenferkel« – genannt) beispielsweise ist gut in Form. Leider steht auch sie zur Ausmusterung innerhalb der nächsten paar Jahre auf dem Terminplan. Die EC-130H-Compass-Call-Vögel sind recht fähig, wobei hier die Schwierigkeit in den geringen Stückzahlen liegt.

Sicherlich fällt der umfassendste Teil der Flugzeuge in der ACC-Flotte unter die allgemeine Kategorie »Versorgung/Unterstützung«. Ganz oben

Eine EF-111A Raven des 27. Fighter-Geschwaders in der Version als Jamming-Aircraft an ihrem Abstellplatz auf der Nellis AFB während Green Flag 94-3. Diese Maschinen für elektronische Störmaßnahmen sind von unschätzbarem Wert, sollen aber laut Terminplan wegen Haushaltskürzungen innerhalb der kommenden Jahre außer Dienst gestellt werden. CRAIG E. KASTON

auf der Liste steht die E-3 Sentry, die AWACS-Maschine. Nur wenigen Einheiten der USAF wurden mehr TDY-Tage (»Zeitweilige Dienstverpflichtung«, »Temporary Duty«) zugeteilt als dem 552. Geschwader auf der Tinker AFB in Oklahoma. Wie die anderen Force Multiplier ist die E-3-Gemeinschaft durch die relativ geringe Anzahl von Flugwerken stark eingeschränkt. Darüber hinaus leidet sie unter ihrer veralteten Computer-Technologie aus den 60er Jahren und den alles andere als rationellen Turbojet-Triebwerken. Die guten Nachrichten lauten hier, daß das AWACS Radar System Improvement Program (RSIP) in der Lage sein sollte, die schlimmsten Probleme bei den Sentrys zu lösen, und man bei der USAF erwägt, bei dieser Gelegenheit auch gleich neue Triebwerke einzubauen. Längerfristig betrachtet wird die nächste Generation von Überwachungsflugzeugen noch einige Zeit zu warten haben, wahrscheinlich bis weit ins 21. Jahrhundert hinein.

Tabelle 4 – Support-Flugzeug-Kapazitäten des ACC

	ACC aktiv	USAFE/PACAF	ANG/AFRES	Gesamt
E-3	19 (4 Staffeln)	10 (2 Staffeln)	nicht verfügbar	29 (6 Staffeln)
E-4	3 (1 Staffel)	nicht verfügbar	nicht verfügbar	3 (1 Staffel)
EC-135	6 (1 Staffel)	nicht verfügbar	nicht verfügbar	6 (1 Staffel)
EC-130E	6 (1 Staffel)	nicht verfügbar	nicht verfügbar	6 (1 Staffel)
OA-10	32 (4 Staffeln)	24 (3 Staffeln)	56 (7 Staffeln)	112 (14 Staffeln)
Gesamt	66 (11 Staffeln)	34 (5 Staffeln)	56 (7 Staffeln)	156 (23 Staffeln)

Das Problem mit den Stückzahlen betrifft genauso die EC-135-Looking-Glass- und die EC-130-ABCCC-(Airborne Control and Control Center) -Gemeinschaften. Diese fliegenden Befehlszentralen stellen Befehls- und Führungseinrichtungen für eine große Variationsbreite von Operationen der USAF bereit. Beide sind zwar von unschätzbarem nationalen Wert, aber für diese Aufgaben inzwischen doch ein bißchen zu alt. Achten Sie darauf, ob es in den nächsten Jahren zum Ersatz dieser Flugwerke kommt oder ob sie von anderen Maschinen bei ihrer Aufgabe unterstützt werden. Wesentlich positivere Gedanken ranken sich um die OA-10-Gemeinschaft, deren Leistung als vorgeschobene Luftraum-Überwacher während der jüngsten Ereignisse am Persischen Golf man nur als hervorragend bezeichnen kann. Obwohl nicht eben üppig mit Allwetter-/Tag-und-Nacht-Systemen ausgerüstet, haben ihre Crews und Wartungsleute die »Warthog«[101]-Art für ihre Operationen übernommen und so bereits in Limonade verwandelt, was andere noch für saure Limonen halten. Im Moment denken sie darüber nach, ob sie auch Nachtsichtbrillen verwenden sollen, um aus ihren ohnehin schon vielbeschäftigten Vögeln noch mehr herauszuholen. Schließlich übernahm das ACC, als eine der Ironien der Zusammenführung von 1992, auch noch die E-4-Flotte, beherbergt sie seitdem und übt die Befehlsgewalt über sie aus. Ehemals unter dem Namen »Weltuntergangs-Flugzeuge« (»Doomsday Planes«) bekannt, sind diese modifizierten 747 nach wie vor in Alarmbereitschaft, um den nationalen Befehlsinstitutionen im Falle einer Krise oder nationalen Notstandes eine sichere Zuflucht zu bieten.

Was also wird der amerikanischen Flotte von Support-Flugzeugen als nächstes hinzugefügt werden? Mit einiger Wahrscheinlichkeit die neue Maschine E-8 Joint Surveillance Tactical Reconnaissance Systems (JSTAR), die gegen Ende der 90er Jahre zur Verfügung stehen wird. Die E-8 (eine weitere Modifikation des 707-Flugwerks) wird dann etwa auf die gleiche Art Informationen für Bodentruppen liefern, so wie die E-3 AWACS ein Auge auf den Luftraum hat. Da sie enorm teuer ist, wird die E-8 zweifellos zu einer der Kronjuwelen der USAF-Flotte werden.

Kaum sonstwo im ACC gibt es größere Defizite oder Frustrationen als bei der Gemeinschaft der Luftaufklärer. Ganz oben auf der Problemliste steht die Flotte von RF-4C-Phantom-Foto-Aufklärern. Die Vögel sind einfach überaltert – Antiquitäten. Sie leiden unter Materialermüdung bei den Rümpfen, zu geringer Reichweite (wegen ihrer durstigen J-79-Turbojet-Triebwerke), dem Fehlen moderner Radar-Warn-Empfänger (RWR), außerdem haben sie keine Geräte für elektronische Gegenmaßnahmen (ECM) und überalterte Sensoren. Lediglich die liebevolle Pflege ihrer Nutzer bei den Einheiten der Air National Guard in Nevada und Alabama hält die RF-4C als System am Leben. Es bestanden schon einmal Pläne, die RF-4C durch eine Aufklärerversion der F-16C zu ersetzen, die mit einer Behälterversion des Advanced Tactical Reconnaissance System (ATARS) ausgestattet werden sollte. Nachdem dieses System allerdings in technische Schwierigkeiten geriet, setzte die USAF das Programm ab. Das löste einen Schock

101 »Warzenschwein«, Spitzname der A-10 Thunderbolt

bei den anderen aus, die als ATARS-Anwender vorgesehen waren, nämlich USN und USMC. Als Folge des Fiaskos, das durch dieses Programm offensichtlich geworden war, und der sich häufenden Beschwerden, daß es bei der Luftaufklärung keine einheitliche Marschroute gäbe, wurde 1993 das Büro für Luftaufklärung des Verteidigungsministeriums (Defense Airborne Reconnaissance Office, DARO) geschaffen, um sämtliche Luftaufklärungssysteme aller Teilstreitkräfte zu koordinieren. Im Augenblick ist der Beitrag der Air Force zur taktischen Fotoaufklärung allerdings auf dem besten Weg, sich nur noch auf die Satelliten des National Reconnaissance Office (NRO) und die in die Jahre gekommene Flotte von RF-4C zu stützen.

Tabelle 5 – Luftaufklärungs-Flugzeuge des ACC

	Altive Einheiten	**ANG/AFRES Einheiten**	**Gesamt**
RC-135	6 (2 Staffeln)	nicht verfügbar	6 (2 Staffeln)
U-2	24* (2 Staffeln)	nicht verfügbar	24* (2 Staffeln)
RF-4C	nicht verfügbar	36 (2 Staffeln)	36 (2 Staffeln)
Gesamt	30 (4 Staffeln)	36 (2 Staffeln)	66 (6 Staffeln)

* Anmerkung: Geschätzt; die tatsächlichen Zahlen unterliegen der Geheimhaltung.

Die wirklich operationsfähigen Aufklärer sind allerdings eine völlig andere Sache. Die Flotte von U-2-Aufklärungsmaschinen der USAF steht kurz davor, ihr fünftes Jahrzehnt im Dienst zu vollenden, und es geht ihr gut. Manchmal kann man kaum glauben, daß diese Ikone des Kalten Krieges sogar das Flugzeug überlebt hat, das sie eigentlich ersetzen sollte, die SR-71 Blackbird. Heute ist die U-2 auf Einsatzebene immer noch das beste Aufklärungsflugzeug der Welt, vorausgesetzt, sie hat genügend freien (nicht bedrohenden) Luftraum, in dem sie operieren kann. Die Erinnerung an das, was Francis Gary Powers am 1. Mai 1960 passierte, ist im Bewußtsein der USAF immer noch lebendig, und man weigert sich, die U-2 irgendwo einzusetzen, wo eine eindeutige Bedrohung durch SAMs besteht. Wie lange wird die U-2 wohl noch weitermachen? Im Moment weiß das keiner so genau. Sie macht ihren Job, und bislang gibt es nichts, was diese Aufgaben besser und billiger erledigen könnte.

Mit dem vielleicht wertvollsten Flugwerk im ganzen ACC, der RC-135 Rivet Joint, kommen wir zum Abschluß unserer Betrachtungen über Aufklärungsflugzeuge. Diese tiefgreifend modifizierten Flugwerke sind von vorn bis hinten mit elektronischem Überwachungsgerät vollgestopft worden, um feindliche Radareinrichtungen, Kommunikationszentren und Befehls- und Führungsinstitutionen zu lokalisieren. Die »RJs«, wie sie genannt werden, sind im Grunde so etwas wie elektronische Staubsauger für Electronic Intelligence (ELINT)/Signal Intelligence (SIGINT) und damit fast unersetzliche nationale Vermögenswerte. Auch hier ist die Stückzahl das Hauptproblem. Als wir im Frühjahr 1994 auf der Nellis AFB zu Besuch waren, sahen wir zwei RJs im Rahmen der Green-Flag-Übung, die gerade dort abgehalten wurde, bei der Arbeit. Diese beiden stellten bereits ein volles Drittel der gesamten Flotte dar. In der Zwischenzeit sind die Rivet Joints für die ACC-Missionen sogar noch wichtiger geworden, weil sie über die Fähigkeit verfügen, SAM-Radare aufzuspüren und zu verfolgen, und daher den F-16C, die der Wild-Weasel-Aufgabe zugeordnet sind, helfen können, ihre Ziele zu finden und ihre High Speed Radiation Missiles (HARM) zu starten.

Von allen Herausforderungen, mit denen sich General Loh beim Zusammenschluß von 1992 konfrontiert sah, dürfte ihm keine fremder gewesen sein als die Übernahme, Versorgung und Befehlsgewalt über die große Flotte von C-130-Transportern der USAF. Da sie nun einmal die Aufgabe haben, Transporte in Kampfgebiete durchzuführen, sind die C-130 praktisch das Rückgrat der Kampflogistik für vorgeschobene Luftstreitkräfte. Daher war es völlig logisch, sie dem ACC zu unterstellen. Darüber hinaus wird mit ihrer Hilfe der Hauptteil des Transports von Fallschirmjägern der 82. Airborne Division des XVIII. Airborne Corps bewältigt. Die C-130 gehört auch zu den Konstruktionen, die schon rund vier Einsatzjahrzehnte auf dem Buckel haben, und auch für sie ist noch kein Ende in Sicht. Das Modell C-130H wird nach wie vor für die USAF und etliche andere Nationen gebaut, und eine neue Version, die C-130J, wird zur Zeit gebaut und getestet. Sie wird dann wahrscheinlich am Anfang des 21. Jahrhunderts in den Dienst der USAF übernommen.

Es bestehen keinerlei Pläne, die Basis-C-130 zu ersetzen, denn es gibt keinerlei wahrnehmbare Mängel in ihrer Konstruktion. Das Flugzeug ist strukturell gesund, und niemand, der es fliegt, hat sich je über irgendwelche Untugenden dieser Maschine beklagt. Tatsächlich werden Sie nach einem Blick auf Tabelle 6 feststellen, daß die überwiegende Mehrheit der C-130-Flotte von Streitkräften der ANG und AFRES betrieben wird. Die Transporteinsätze zu und von einem Kampfgebiet sind eine maßgeschneiderte Aufgabe für Einheiten der Reserve und der Garde, und das wird auch in den kommenden Jahrzehnten einer ihrer wertvollsten Beiträge bleiben. Also wird die C-130 wohl das erste Kampfflugzeug der Geschichte sein, das mehr als fünf Jahrzehnte und in zwei Jahrhunderten in Produktion und Einsatz bleibt.

Tabelle 6 – Transport-/Tank-Flugzeuge des ACC

	Aktive Einheiten	**ANG/AFRES Einheiten**	**Gesamt**
C-130	102 (8 Staffeln)	280 (28 Staffeln)	382 (36 Staffeln)
C-21	13 (3 Staffeln)	nicht verfügbar	13 (3 Staffeln)
C-27	9 (1 Staffel)	nicht verfügbar	9 (1 Staffel)
KC-135	6 (1 Staffel)	nicht verfügbar	6 (1 Staffel)
KC-10*	19 (2 Staffeln)	nicht verfügbar	19 (2 Staffeln)
Gesamt	149 (15 Staffeln)	280 (28 Staffeln)	429 (43 Staffeln)

* Anmerkung: Diese Einheiten können u. U. ans AMC zurückgegeben werden.

Zusätzlich zu den C-130 übernahm das ACC eine kleine Flotte von C-21-Learjets, die für den VIP-Transport eingesetzt werden, und die zweimotorigen C-27-Transporter für örtliche Logistik in der Kanalzone in Panama.

Dem ACC wurde auch eine kleine, aber beeindruckende Streitmacht von KC-135-Stratotankern und KC-10-Extender-Flugzeugen für die Betankung in der Luft unterstellt. Diese wurden verschiedenen Einheiten zugewiesen, wie zum Beispiel dem 4. und dem 366. Geschwader, um deren Kapazitäten für schnelle Eingreifeinsätze zu gewährleisten.

Schließlich wäre da noch der lebenswichtige Bereich des Such- und Rettungsdienstes im Kampf (Combat Search and Rescue, CSAR). Vor dem Golfkrieg von 1991 war die CSAR-Mission eine Domäne des USAF Special Operation Command (USAFSOCOM). Es versprach, wenn die Zeit gekommen wäre, würde seine MH-53J-Pave-Low-Hubschrauberflotte zur Stelle sein, um jeden Flieger herauszuholen, der das Pech hätte, über feindlichem Territorium abgeschossen worden zu sein. Mit diesem Versprechen gab es nur ein winziges Problem: Es war eine Lüge. Bestimmt ist es keine Übertreibung, wenn man sagt, daß die Oberbefehlshaber des amerikanischen Central Command Special Operations Command (SOCCENT) mehr auf die Unterstützung der verschiedenen Bodeneinheiten der Special-Operations-Einheiten fixiert waren, die in Kuwait und Irak im Einsatz waren, und sich weniger darum gekümmert haben, Flieger herauszuholen, die unglücklicherweise abgeschossen wurden. Als Begründung gab SOCCENT an, daß eine unglaubliche Menge Kriterien erfüllt sein müßten, bevor ein Rettungsversuch unternommen werden könnte. Deshalb mußte die Aircrew einer F-15E Strike Eagle, die im westlichen Irak abgeschossen worden war, tagelang auf eine Rettungsaktion warten, die von SOCCENT nicht genehmigt wurde und daher nie stattfand. Irgendwann wurden sie dann gefangengenommen, und sie, wie auch andere Kameraden, fluchten wie verrückt auf die »Schlangenfresser« bei den Special Operations, die mit einer Übereinkunft gebrochen hatten, auf die man sich seit den Tagen des Koreakriegs verlassen zu können glaubte. Vierzig Jahre lang vertrauten amerikanische Kampfflugzeugbesatzungen darauf, daß, sobald sie abgeschossen würden, den Ausstieg aus der Maschine überlebt hätten und sich frei auf feindlichem Gelände bewegten, ihre Kampfgefährten den Krieg praktisch anhalten, Himmel und Erde in Bewegung setzen und ihr eigenes Leben aufs Spiel setzen würden, um sie zu erreichen, bevor der Feind dazu in der Lage wäre. Als das nun nicht geschah, fühlten sie sich betrogen. Und damit hatten sich recht.

Weil das ACC verpflichtet ist, die ursprüngliche Übereinkunft wiederherzustellen, wurde CSAR der einzige Bereich in der Struktur des ACC, der Zuwächse verzeichnen kann. Seit Ende des Golfkrieges hat die USAF einige Kampf-SAR-Staffeln aufgestellt, die für die CSAR-Missionen zuständig sind. Sie wurden mit den neuesten Versionen des HH-60-Pave-Hawk-Helikopter und von HC-130-Hercules-Maschinen ausgestattet, um die Betankung während des Fluges wie auch Befehls- und Führungseinrichtungen für die Rettungseinheiten zur Verfügung zu stellen. Darüber hinaus hat das ACC auf der Nellis AFB eine Ausbildungsstätte speziell für CSAR eingerichtet, damit sichergestellt wird, daß die Kunst des CSAR nicht noch einmal unter die Räder gerät.

Die CSAR-Helikopter-Streitkräfte sind allerdings nicht auf SAR-Einsätze beschränkt. Sie werden ebenfalls für die Versorgung bei Übungen, CSAR-Training, Katastropheneinsätzen und sogar zur Unterstützung bei Starts von Space Shuttles eingesetzt. So oder so werden die Streitkräfte, die in Tabelle 7 aufgeführt sind, immer unter einem alles übergreifenden Gebot stehen, nämlich *Kampf*-Flieger der USAF und ihrer Verbündeten zu unterstützen. Als erstes, als letztes und immer!

Tabelle 7 – Such- und Rettungs-Flugzeuge des ACC

	Aktive Einheiten	ANG/AFRES Einheiten	Gesamt
UH-1	3 (1 Staffel)	nicht verfügbar	3 (1 Staffel)
HH-60	20 (4 Staffeln)	28 (5 Staffeln)	48 (9 Staffeln)
HC-130	5 (1 Staffel)	19 (4 Staffeln)	24 (5 Staffeln)
Gesamt	28 (6 Staffeln)	47 (9 Staffeln)	75 (15 Staffeln)

Einsatzfähigkeit: der Kampfstil des ACC

Aber, könnten Sie fragen, wie wird das ACC denn seine Aktivposten in künftigen Konflikten einsetzen? Also, noch einmal: Die Aufgabe des ACC besteht darin, Einheiten der USAF für das USACOM »zusammenzupacken«, die dann als kombinierte Streitkräfte, also Joint Tactical Forces (JTFs), fungieren. Ist das nicht ein schicke Umschreibung der Tatsache, daß das ACC-Hauptquartier seinen Leuten sagt, wo und auf welche Weise sie sich wohin zu begeben haben? Außerdem trägt das ACC so auch die Verantwortung dafür, seine Leute nicht nur auf die Verwendung der ganzen Bandbreite von Waffen und Ausrüstung des Inventars zu trainieren, sondern auch auf den gemeinsamen Einsatz mit anderen JTF-Komponenten aus anderen Teilstreitkräften des amerikanischen Militärs (Marine und Armee) oder solchen von Nationen, mit denen man befreundet oder in einer Koalition ist. Nationale Bombenabwurf-, Schieß- und Luftkampf-Trainingsgelände werden verwendet, um diese Grundfähigkeiten zu schärfen. Momentan verfügt die USAF über etwa 38 Bombenabwurf-Übungsgelände und Schießplatze-Übungsgebiete für das Training mit scharfer Munition, sechs elektronisch auswertende Bombenabwurf-Trainingsgelände, fünf Gebiete für elektronische Gefechtsübungen, 775 Luftkampf-Trainingszonen und zehn instrumentenüberwachte Luftkampf-

Übungsgelände (ACMI/TACTS). Um ausgeklügeltere Kenntnisse in kombinierter Kampfführung zu vermitteln, braucht es allerdings schon etwas mehr. Hierfür veranstaltet die USAF die verschiedenen Flag-Übungen auf der ganzen Welt. Dabei lernen Mitglieder der USAF genauso wie Angehörige anderer Streitkräfte und Nationen, wie man die Art von Krieg führt, die wir 1991 am Persischen Golf kennengelernt haben. Dazu gehören:

- **Red Flag** – eine Serie von jährlich fünf Übungen für zusammengeführte Streitkräfte, die auf dem riesigen Übungsgelände-Komplex für westliche Nationen – im Norden der Nellis AFB in Nevada – stattfinden. Das sind schon detailgetreue Kriegsspiele, die gegen simulierte Aggressor-Flugzeuge, Bedrohungen vom Boden und Zielflächen geführt werden, um Einheiten beizubringen, wie man in einem Umfeld kombinierter Aufgabenstellungen eingesetzt wird und operiert.
  Seit der Einführung im Jahr 1975 haben Lufteinheiten aus allen Bereichen des amerikanischen Militärs und 21 ausländische Luftstreitkräfte an Red Flag teilgenommen.
- **Green Flag** – im Grunde eine Red-Flag-Übung, allerdings werden hierbei auch Fähigkeiten zur elektronischen Kampfführung unter wirklichkeitsgetreuen Bedingungen trainiert. Da die Durchführung dieser Übungen extrem teuer ist, werden sie nur einmal im Jahr auf der Nellis AFB in Nevada veranstaltet.
- **Blue Flag** – eine umfangreiche Übung für Befehlszentralen, die ins Leben gerufen wurde, um amerikanischen Befehlsstäben beizubringen, wie Operationen auf der Ebene von Kriegsschauplätzen und Kampfeinsätzen durchgeführt werden.
- **Checkered Flag** – eine umfangreiche Kampftrainings-Übung auf Kriegsschauplatz-Niveau, die mehrmals im Jahr stattfindet. Diese Übungen schließen die direkte Teilnahme von Koalitions-/befreundeten Nationen ein.
  Allein 1994 haben etwa 21 verschiedene Nationen von jedem Kontinent der Erde teilgenommen. Dabei waren einige wohlbekannte Alliierte wie Australien und Saudi-Arabien, aber auch weniger bekannte wie Chile, Kenia und Singapur.

Es gibt auch noch einige Flag-Übungen mit etwas niedriger angesetzten Zielvorstellungen. Wieder andere Übungen haben die Aufgabe, ganz spezielle Einheiten in ganz bestimmten Szenarien zu trainieren. Hierzu einige Beispiele aus den Jahren vor 1994:

- **Coronet Havoc** – F-117A des 49. Fighter-Geschwaders von der Holloman AFB in New Mexico wurden auf dem schnellsten Weg von ihrem Heimatstützpunkt auf einen Stützpunkt in den Niederlanden verlegt.
- **Bright Star** – Maschinen des 366. Geschwaders von der Mountain Home AFB in Idaho führten zusammen mit den ägyptischen Luftstreitkräften und anderen Verbündeten eine kombinierte Eingreif-Kampfeinsatz-Übung in Ägypten durch. Dazu gehörten auch der Einsatz von

Fightern und Tankern am Flughafen Kairo-West und die Entsendung von Bombern und Tankern zu den Azoren.

- **Global Power** – diese Demonstrationen der Bomber-Schlagkraft-Kapazität finden normalerweise achtmal pro Jahr statt. Ein Beispiel: 1994 flogen zum vierten Jahrestag der irakischen Invasion in Kuwait zwei B-52H des 2. Bombergeschwaders nonstop (mit Betankung in der Luft) von der Barksdale AFB in Louisiana aus nach Kuwait, wo sie ihre Last an konventionellen Bomben über einem kuwaitischen Bombentrainingsgelände abwarfen und dann rund um die Welt zu ihrem Stützpunkt zurückflogen. Bei einer anderen Global-Power-Demonstration flogen B-1B des 28. Bombergeschwaders von der Ellsworth AFB in South Dakota aus – ebenfalls nonstop – rund um die Welt (auch sie durch Betankung in der Luft versorgt).

Eine andere Möglichkeit, Fähigkeiten auszubilden und dabei auch Gemeinschaftsgeist zu schaffen, ist die Veranstaltung von Waffenübungen. Wie man sich leicht vorstellen kann, sind diese Geschicklichkeitsübungen genau das, was die Grundbegabung der ACC-Flieger besonders anspricht, denn sie sind in ihrem tiefsten Innern Liebhaber des Wettkampfs. Zu diesen Übungen gehören:

- **Gunsmoke** – das ist eine vom ACC weltweit veranstaltete Bomben- und Schießübung, die in jedem September mit ungerader Jahreszahl auf der Nellis AFB in Nevada stattfindet.
- **William Tell** – eine der ältesten Übungen in der Geschichte der USAF. Wilhelm Tell ist ein internationales Treffen zu Luft-Luft-Flugkörper- und Schießübungen, das auf der Tyndall AFB in Florida abgehalten wird. Ebenfalls ein halbjährlich stattfindendes Ereignis in gradzahligen Jahren.
- **Long Shot** – eine neue Übung des ACC. Bei Long Shot geht es um die Projektion weltweiter Schlagkraft. Dabei wird getestet, inwieweit Einheiten in der Lage sind, Einsatz und Kampfkraft auf ein Zielgebiet vorzutragen. Ebenfalls halbjährlich, wird diese Übung in gradzahligen Jahren auf der Nellis AFB in Nevada abgehalten.
- **Proud Shield** – ein neues Ereignis: Übung für Langstreckenbomber des ACC, die in Jahren mit ungerader Endziffer auf der Barksdale AFB in Louisiana abgehalten wird.

Wie zahlen sich denn nun all dieses Training, die Übungen und damit verbundenen Kosten eigentlich aus? Nun, zunächst einmal verschaffen sie uns die beste Air Force der Welt. Keine andere Luftstreitmacht trainiert so hart, um irgendwo hinzugelangen und dort ebenso hart zu kämpfen. Noch nicht einmal die vielgerühmten Air Forces von Großbritannien und Israel können sich auch nur von fern hinsichtlich Mobilität, Kapazität, Feuerkraft und Berufsethos mit der heutigen USAF messen.

Wie also würde das ACC auf einen MRC reagieren? Obwohl die nachfolgenden Kommentare durchaus die aktuelle Vorgehensweise des ACC so wiedergeben, wie sie im Command-Briefing vom September 1994 festgelegt wurde, heißt das noch lange nicht, daß man annehmen könnte, hier handele es sich um eine Art von »Die-paßt-auf-alles«-Lehrmeinung. Der Grundpfeiler von Reaktionen ist und bleibt die Flexibilität in der Einstellung auf die Besonderheiten der jeweils aktuellen Situation.

Der erste Schritt bei jeder Intervention heißt Eventual-Reaktion (»Contingency Response«). Damit wird ausgedrückt, wie schnell die verschiedenen ACC-Einheiten in ein Krisengebiet entsandt werden können. Betrachten wir einmal die folgenden Reaktionen von ACC-Einheiten:

- **In den USA stationierte Bomber** – innerhalb von drei Stunden nach jeder Art von Alarm kann jede Bombereinheit im ACC soweit sein, jedwede Bewaffnung aufzunehmen, die in der erforderlichen Organisations- und Ausrüstungsliste (Table of Organization and Equipment, TO&E) aufgeführt ist, und die ersten zwei bis drei Maschinen für den Einsatz in die Luft bringen. Danach müssen die Einheiten eine kontinuierliche Einsatzzahl (die variiert etwas bei den verschiedenen Arten von Bombereinheiten) während der Gesamtdauer einer Krisensituation aufrechterhalten. Innerhalb von 72 Stunden nach Auslösung des Alarms müssen sie imstande sein, ihre gesamte Ausrüstung, alle Flugzeuge und sämtliches Personal zu einem Einsatz in ein Krisengebiet zu schicken.
- **Aktive Fighter** – in aktivem Dienst stehende Fighter-Einheiten müssen ständig bereit sein, ihre erste komplette Staffel von Fightern innerhalb von 24 Stunden nach dem Alarm in der Luft zu haben, und sämtliche Staffeln müssen innerhalb von 72 Stunden bereit sein, sich auf den Weg ins Krisengebiet zu machen.
- **Fighter der Air Force Reserve und Air National Guard** – diese Einheiten haben seitens des ACC eine Zeitvorgabe von 24 Stunden, um ihr gesamtes Personal einzuberufen; danach müssen sie den gleichen Standard wie alle anderen Einheiten im aktiven Dienst erreichen. Die erste Staffel muß 24 Stunden nach Ablauf der Mobilmachungszeit bereits das Fahrwerk nach dem Start ihrer Maschinen einfahren.

Das ist ein durchaus beeindruckender Standard, der erreicht werden muß und auf den besonders die Bombercrews des ehemaligen SAC stolz sind, weil sie ihn ins ACC eingebracht haben. Jetzt muß allerdings gesagt werden, daß keinesfalls sämtliche Einheiten des ACC auf einmal in ein Krisengebiet entsandt werden.

Allein die Einschränkungen durch die begrenzten Luft-Schwertransport-Kapazitäten und die verfügbaren Abstellplätze reduzieren die Verlegung dieser Einheiten auf Größenordnungen, die für die Anfangsphase einer Krise unabdingbar sind. Gerade jetzt befindet sich die USAF, was ihre Lufttransportkapazitäten angeht, mitten in einer der schwersten Krisen ihrer Geschichte. Weil sich die Flotte von C-141 sehr rasch ihrem Lebensende nähert und das C-17-Programm nur sehr zäh in Gang kommt, schwebt ein großes Fragezeichen über der Fähigkeit des US-Militärs, schnelle Einsätze durchzuführen. Das ist einer der Gründe für eine neue

Art von Einheit, die im ACC geschaffen wurde: das Composite Wing. Es wurde so konzipiert, daß es auf schnellstem Wege Luftmacht mit sämtlichen Bestandteilen in ein Gebiet tragen kann, wo ein Luftkrieg mit Aussicht auf Erfolg begonnen werden soll. Drei dieser Einheiten wurden gebildet, um dazu beizutragen, daß bei jeder Reaktion auf eine Krise, die unter Umständen eine Unterstützung durch die USAF erforderlich macht, »der Ball in Bewegung bleibt«. Dazu gehören:

- **Das 23. Geschwader** – stationiert auf der Pope AFB in North Carolina. Es bildet ein Zweigespann mit der 82. Airborne Division in Fort Bragg, North Carolina. Ausgestattet mit A/OA-10-Thunderbolt-II-Angriffs-Fightern, F-16-Fighting-Falcon-Fightern und C-130-Hercules-Transportern, ist es in der Lage, die ersten Luftlandetruppen der 82. Division bereitzustellen – die Art von Unterstützung, die im Anfangsstadium einer Krise dringend gebraucht wird.
- **Das 347. Geschwader** – mit Stützpunkt auf der Moody AFB in Georgia. Es arbeitet im Team mit der 24. Motorisierten Infanteriedivision (Mechanized Infantry Division) aus Fort Stuart in Georgia zusammen, ist mit einer TO&E ausgestattet, die fast der des 23. Geschwaders entspricht, und soll die einzige mit schweren Waffen ausgerüstete Einheit des XVIII Airborne Corps unterstützen.
- **Das 366. Geschwader** – das Kronjuwel in der »Strategie der schnellen Reaktion« des ACC. Das 366. mit Basis auf der Mountain Home AFB in Idaho wurde so zusammengestellt, daß es in der Lage ist, den Kern der Lufteingreifkapazität am Tag eins einer Krise bereitzustellen. Es setzt sich aus fünf unterschiedlichen Staffeln von F-15C-Eagle-Fightern, F-15E-Strike-Eagle-Fighter-Bombern, F-16-Fighting-Falcon-Strike-Fightern, schweren B-1B-Lancer-Bombern und KC-135R-Stratotankern zusammen und ist damit so etwas wie eine Miniatur-Air-Force in der Größe einer Geschwaderpackung. Dazu gehört auch ein Befehls- und Führungselement, das Air Tasking Orders (ATOs) für bis zu fünfhundert Einsätze pro Tag erstellen kann.

Geschaffen, um mit weniger als der Hälfte schwerer Lufttransport-Einsätze eines normalen Kampfgeschwaders eingesetzt zu werden, sind diese Mehr-Rollen-Geschwader außerordentlich leichtfüßig und bereit, sich praktisch sofort in Bewegung zu setzen. Der Preis, den sie dafür zahlen müssen, ist der, daß sie nur etwa eine Woche lang eigenständig operieren können, bevor Verstärkung erforderlich wird. Jedoch findet so der Oberbefehlshaber über eine JTF, der sich auf dem Weg zu einem Unruheherd befindet, dort bereits jemanden vor, der auf ihn wartet und zu den charakteristisch schnellen Reaktionen dieser kombinierten Geschwader imstande ist; und das ist eine ganze Menge mehr als das, worauf General Horner zurückgreifen konnte, als er im August 1991 den Job als CENTCOM-Forward übernahm.

Ebenso sollte künftig jener Alptraum vermeidbar sein, den Lieutenant Colonel Howard Pope und sein Flügelmann erlebten, als sie als erste des 1. Fighter-Geschwaders in Dhahran in Saudi-Arabien ankamen. Als Pope auf dem absolut leeren Flugplatz aus seiner Maschine stieg und damit rechnete, von einigen Abgesandten saudi-arabischer Behörden willkommen geheißen zu werden, erhielt er statt dessen die Anweisung, sich zusammen mit seinem Flügelmann sofort zur Bewaffnungs- und Tankgrube zu begeben, verbunden mit dem Befehl, dort in Alarmbereitschaft zu bleiben. Während der folgenden zwanzig Minuten (bis das nächste Paar F-15 fällig war), waren sie die gesamte und *einzige* amerikanische Luftmacht in diesem Gebiet!

Nachdem wir all das abgehandelt haben, lassen Sie uns doch einmal die Anfangsphase einer Krise betrachten: Der Präsident hat beschlossen, als Reaktion auf Vorgänge in einer bedrohten Nation Streitkräfte einzusetzen. Als erste Einheiten wären die Bomber und die ihnen zugeordnete Tankerunterstützung in der Lage, auf eine solche Krise zu reagieren. Die Einsätze könnten ein ganzes Spektrum von Möglichkeiten umfassen. So könnten B-52H die Aufgabe erhalten, gepanzerte Befehls- und Führungseinrichtungen des Feindes mit panzerbrechenden Standoff-Lenkbomben vom Typ AGM-154 Have Nap anzugreifen. Eine andere, ebenfalls denkbare Möglichkeit bestünde darin, daß B-1B ihre ALCM-C/CALCM-Marschflugkörper auf entscheidende Knotenpunkte in der Stromversorgung einer Aggressor-Nation starten könnten. Gut vorstellbar wäre auch, daß B-2A in den feindlichen Luftraum eindringen und dort Präzisionsabwürfe von Seeminen vor einem feindlichen Hafen oder in einer Flußmündung durchführen würden. Aber wie auch immer die Art des Einsatzes sein mag, die schnelle Anwendung von Luftmacht und die Demonstration amerikanischen Willens werden mit Sicherheit nachdrückliche Auswirkungen auf das Verhalten der feindlichen Führungsspitze wie auch auf die Weltöffentlichkeit haben. Deshalb haben die obersten Befehlsbehörden von Amerika angeordnet, daß innerhalb von 24 Stunden bereits die ersten Bomber ihr Kriegsmaterial auf ein feindliches Ziel abladen. Anschließend können sie in das Hoheitsgebiet der Vereinigten Staaten von Amerika zurückkehren, um neu bewaffnet zu werden, oder zur Basis einer befreundeten Nation weiterfliegen, wodurch sie ihre Operationsgeschwindigkeit beschleunigen, weil sie so die Entfernung zu ihren Zielen verkürzen.

In der Zwischenzeit hat das AMC Schlüsselpositionen für Befehls- und Führungsinstitutionen eingerichtet und auch schon für eine Unterstützung durch Luftbetankung gesorgt, damit ein groß angelegtes Nachführen von Einheiten und Flugzeugen in Richtung auf den Krisenherd reibungslos ablaufen kann. Während all das geschieht, startet das erste der Mehr-Rollen-Geschwader, das 366., von seinem Stützpunkt auf der Mountain Home AFB in Idaho, um erste JFACC-Kapazitäten im vorgeschobenen Einsatzgebiet bereitzustellen. Darüber hinaus machen sich, falls die Entsendung von Bodentruppen unvorhergesehenerweise erforderlich werden sollte, das 23. (sofern die für den Einsatz bestimmte Einheit die 82. Luftlande-Division ist) und/oder das 347. (wenn man die 24. Mechanized Infantry braucht) bereit, ins Kampfgebiet verlegt zu werden und vor Ort zu sein, wenn ihre Kameraden von den anderen Bodeneinheiten dort eintreffen. Im Gegensatz zur Operation Desert Shield, wo diese Entsendungsabläufe noch Wochen beanspruchten, kann die ganze Aktion innerhalb weniger Tage über die Bühne gehen. Der Hintergedanke ist, daß man durch diese enorm schnelle Reaktion die Chance bekommt, eine Krise einzudämmen, bevor sie sich zu einem regelrechten Krieg ausweiten kann.

Ist die Anfangsphase erst einmal abgeschlossen, geht das Einsatztempo in eine mehr auf Durchhalten ausgelegte Geschwindigkeit über. Zusätzliche Fighter-Einheiten treffen ein, und die Bomber setzen ihre Angriffseinsätze fort. Im Laufe der Zeit wird auch eine ständige Tanker-Luftbrücke eingerichtet. In dieser Übergangsphase erstellt das 366. ATOs für alle bereits im Einsatz befindlichen Einheiten, auch für die Bomber/Tanker, die von den Vereinigten Staaten aus eintreffen sollen. Wenn befreundete Nationen oder solche aus einer Koalition teilzunehmen wünschen, können sie ihre eigenen Befehls- und Führungsinstitutionen mit dem Air Operations Center (AOC) des 366. zusammenschalten. Sollte die Krise sich dennoch ausweiten oder das Einsatztempo zunehmen, werden sie bald dafür sorgen, daß sich ein Tactical Air Control Center (TACC) des JFACC etabliert. Das TACC wird dann von einer der zahlreichen Air Forces gestellt, um das AOC des 366. abzulösen. An diesem Punkt angekommen, hat dann die Intensität der Einsätze soweit zugenommen, daß das Operationstempo etwa dem bei der Operation Desert Storm eingehaltenen entspricht.

Das ist das augenblickliche Schema, nach dem das ACC seine Einheiten in den Kampf schickt. Ob es in der Lage sein wird, die ersten Stunden einer Krise auf diese Art zu überstehen, bleibt abzuwarten. Aber diese Pläne wurden aufgrund von Erfahrungen ausgearbeitet und repräsentieren heute die besten Anwendungsmöglichkeiten für die Kapazitäten des ACC. Man kann allerdings mit Sicherheit davon ausgehen, daß die Pläne, sobald neue Flugzeuge, Waffen und Sensoren eingeführt werden, sofort den veränderten Gegebenheiten angepaßt werden.

Grundsätzlich läuft kein einziger militärischer Operationsplan so ab, wie man sich das bei der Planung vorgestellt hat. Als General Horner im August 1990 den Einsatzplan für die Operation Desert Shield entwarf, tat er das in seinem Büro im CENTCOM-Hauptquartier auf der MacDill AFB in der Nähe von Tampa; allein, auf einem Stück Papier und mit einem einfachen Bleistift. Kein künftiger JTF-Befehlshaber wird so etwas in Zukunft *je* wieder machen müssen. Das ist das Versprechen, daß Mike Loh, Joe Ralston und der ACC-Stab allen Befehlshabern mit der neuen Air Force gegeben haben, die sie schufen.

Das ACC von morgen: Countdown auf 2001

Und wie sieht die Zukunft aus? Die kommenden Jahre werden vielleicht gefährlicher und unsicherer sein als die eben vergangenen. Wenn wir an die wilde Flut von Ereignissen denken, welche die Machtübernahme Michail Gorbatschows 1985 auslöste, können wir eigentlich nur vermuten, was die letzten Jahre des 20. Jahrhunderts für uns bereithalten werden.

Wie wird das ACC wohl aussehen, während es sich auf das 21. Jahrhundert zubewegt? Vom Umfang her auf jeden Fall kleiner. Ältere Flugzeugtypen wie B-52 und F-111 werden verschwinden, und die kleine Flotte von B-2A-Spirit-Bombern wird sich in Szene setzen. Auch die ersten F-22A-Stealth-Luftüberlegenheits-Fighter werden im Dienst stehen und den Luftkrieg revolutionieren. Es wäre schön, wenn man davon ausgehen könnte, daß diese neuen Flugwerke in ausreichenden Stückzahlen eingekauft würden, um in künftigen Kampfsituationen von entscheidender Bedeutung zu sein. Wenn man allerdings sieht, daß die B-2A-Produktionsrate vom Kongreß auf gerade mal zwanzig Flugwerke und die geplante F-22-Produktion auf lediglich 442 Einheiten begrenzt wurden, werden solche Hoffnungen leider nur das bleiben, was sie im Augenblick sind, nämlich Hoffnungen. Jedoch ist es seit jeher eine Tradition der Air Force, ihre Besatzungen mit dem besten auszustatten, was das amerikanische Schatzamt kaufen konnte, ungeachtet der Stückzahlen. Die Führungsmannschaft der USAF ist auch die feste Verpflichtung eingegangen, entscheidende Konstruktions- und Herstellungskapazitäten vor dem Verfall zu schützen. Drei Bereiche, die General Loh als entscheidend darstellt, sind folgende:

- Konstruktion und Entwicklung, Tests und Produktion von Bomber- und Fighter-Flugwerken mit Stealth-Eigenschaften wie bei F-22, F-117 und B-2;
- Konstruktion und Entwicklung, Tests und Produktion von schweren Transportflugzeugen wie der C-17, die auch übergroße Ladung befördern können;
- Hochgeschwindigkeits-Computer und -Elektronik, um die verbesserten Avionic-Kapazitäten zu unterstützen und zugleich Zuverlässigkeit und Wartbarkeit neuer und bestehender Flugzeugtypen zu verbessern.

Ganz besonders gern würde er es sehen, wenn die B-2 zwar in geringen Stückzahlen (zwei bis drei jährlich), aber dennoch kontinuierlich gebaut würde, damit sich die Bomberstreitkräfte bis zur Jahrtausendwende bei etwa 120 Flugwerken stabilisieren könnten (sagen wir, 80 B-1B und 40 B-2). Dadurch würde diese Streitmacht weiterhin auch dann noch glaubwürdig und lebensfähig bleiben, wenn die B-52 endgültig komplett ausgemustert sind. Bei der F-22 stellt sich das Problem allerdings ganz anders dar. Kürzlich verkündeten hochrangige Regierungsmitglieder, das F-22-Programm solle »gestreckt« werden, was bedeuten würde, daß sich die Einführung der neuen Fighter bei den Einheiten bis etwa zum Jahr 2005 verzögert. Daraus würde ohne Zweifel eine rapide Kostensteigerung des Programms resultieren, wodurch das ACC gezwungen würde, die bereits eingeschränkte und alternde Flotte von F-15C noch einmal fünf Jahre länger als geplant im Dienst zu belassen. Es mag durchaus sein, daß das Programm gestreckt werden muß. Aber das wird sowohl zeitlich als auch für das Schatzamt zu einer kostspieligen Angelegenheit werden. Das alte Sprichwort: »Zahl jetzt oder zahl später mehr« war selten triftiger als heute im Spiel um die Beschaffungsmaßnahmen im Verteidigungshaushalt.

Was den Rest der Kampfstreitkräfte des ACC angeht, so wird es eine bescheidene Serie von Verbesserungen geben. Zusätzliche GPS-Empfänger (Global Positioning System) und neue Have-Quick-II-Funkgeräte werden sicherlich auf ganzer Breite eingebaut werden. Das sind Verbesserungen, die mit relativ geringen Kosten verbunden sind und die in der gesamten USAF zum Tragen kommen werden. Eine etwas subtilere Modernisierung wird bei der gesamten derzeitigen ACC-Flotte durch Ausrüstung mit verbesserten Sensoren für den Einsatz der weiterentwickelten Waffen vollzogen. Einige dieser Modernisierungen werden in einfachen Aktualisierungen der Software bestehen, damit ein höherer Prozentsatz der ACC-Fighter-Streitkräfte die AIM-120-AMRAAM-Flugkörper starten kann. Andere – wie die Nachrüstung der Block 50/52 F-16C mit den AN/ASQ-213-HTS-Behältern – kosten schon etwas mehr, stellen aber eine kostengünstige Zwischenlösung für eine bereits bestehende, wenn auch sterbende Kapazität dar. Wieder andere, wie die AIM-9X-Version des Klassikers der Luft-Luft-Flugkörper, der Sidewinder, und die neuen Serien von Luft-Boden-Flugkörpern, sind kostenintensiv, aber unverzichtbar, wenn die Glaubwürdigkeit der schrumpfenden Streitmacht gewahrt bleiben soll. Der Kongreß und die amerikanische Öffentlichkeit müssen unbedingt einsehen, daß das für diese Programme ausgegebene Geld nicht nur dazu verwendet wird, die Lagerbestände der Vertragsnehmer von Verteidigungsmaßnahmen abzubauen, sondern erforderlich ist, um die pure Glaubwürdigkeit unserer militärischen Streitkräfte zu erhalten. Heute ein wenig mehr Geld auszugeben, kann einen Aggressor vielleicht von der Entscheidung abhalten, daß morgen genau der richtige Tag sei, die Willensstärke Amerikas und seiner Verbündeten auf die Probe zu stellen. Ein Krieg, der nicht ausgefochten wurde, ist immer noch der billigste Krieg. Wir sollten uns also immer nach den *wirklichen* Angeboten umsehen.

Ein weiteres finanzielles Problem für das ACC und das gesamte US-Militär besteht darin, daß sie die Last einer unnötigen Infrastruktur tragen müssen, die im Grunde nur ein Programm für die Öffentlichkeitsarbeit von Kongreßmitgliedern ist. Lassen Sie mich das näher erläutern. Wenn Sie sich in den letzten paar Jahren nicht gerade auf der Venus aufgehalten haben, müßten Sie eigentlich von der BRAC-Kommission (»Base Reduction and Closing«) gehört haben, welche die Schließung oder Neuordnung (z.B. Reorganisation) der verschiedenen überflüssigen militärischen Einrichtungen in den ganzen USA empfahl. Die Kämpfe um die Frage, welche Stützpunkte bestehen bleiben und welche geschlossen werden sollten, gehörten zu den bösartigsten und unversöhnlichsten seit Menschengedenken. Da mit jeder Schließung einer Basis auch die untrennbar mit ihr verbundenen zivilen Arbeitsplätze wegfallen, haben einige Mitglieder des Repräsentantenhauses und des Senats die Kämpfe um die Erhaltung ihrer Lieblingseinrichtungen teilweise absurd in die Länge gezogen.

Das bedeutete für die USAF und damit auch für das ACC, daß sie gezwungen waren, Einrichtungen zu erhalten und für sie zu zahlen, die sie schlicht und ergreifend weder brauchten noch haben wollten. Die USAF unterhält zur Zeit beispielsweise fünf Luft-Logisitik-Zentralen (Air

Logistics Centers, ALC) überall in den Vereinigten Staaten von Amerika. Das sind gigantische Einrichtungen, in denen die Air Force Flugzeuge nahezu jeder Art modifizieren und reparieren kann. Die Notwendigkeit für die USAF, über fünf ALCs zu verfügen, war jedoch in der Zeit des Kalten Kriegs entstanden und besteht bei der zurückgestuften Streitmacht von heute einfach nicht mehr. Hochrangige Offizielle der USAF haben mir öffentlich bestätigt, daß lediglich zwei ALCs erforderlich sind, um den Service für die augenblickliche U.S.-Air-Force-Flotte aufrechtzuerhalten. Die ALCs auf der Tinker AFB in Oklahoma (in der Nähe von Oklahoma City) und auf der Hill AFB in Utah (in der Nähe von Ogden, Utah) haben für ihre Einrichtungen und ihr Personal schon Preise gewonnen und sind beide in der Lage, mit jedem Flugzeug der USAF umzugehen, ohne dabei all ihre Fähigkeiten und Möglichkeiten auszuschöpfen. Wohl in erster Linie wegen der Anstrengungen, von Kongreß-Delegationen aus Kalifornien, Texas und Georgia – wo die gefährdeten Einrichtungen angesiedelt sind – war es der Air Force bislang unmöglich, die überzähligen Einrichtungen zu schließen. Einschließlich Lohn- und O&M-Kosten belaufen sich die Aufwendungen, die von der USAF für jede dieser Einrichtungen erbracht werden müssen, auf fast eine Milliarde US-Dollar, und das nur, um sie geöffnet zu halten. Allein die durch Schließung dieser drei Einrichtungen erzielbaren Einsparungen würden ausreichen, um zwischen zehn und 15 Kampfflugzeug-Geschwader pro Jahr zu unterhalten!

Die Stützpunkte sind natürlich nicht der einzige Subventionspunkt im Militärhaushalt. Die USAF muß ebenso wie die anderen Teilstreitkräfte wirtschaftliche Belastungen hinnehmen, die entstehen, indem Waffen gekauft werden, die weder erwünscht noch erforderlich sind, nur damit ein Vertragsnehmer in einem bestimmten Heimatstaat oder Wahlkreis eines Angeordneten überlebt. Ich wundere mich manchmal wirklich, wieso diesen Gewählten oder Ernannten, die den Menschen dienen sollen, nicht die Schamröte ins Gesicht steigt. Es stellt sich also die berechtigte Frage, ob die Air Force oder die anderen Teilstreitkräfte unter solchen Umständen jemals die überflüssigen Kosten aus ihren Haushalten beseitigen können. Das ist zweifelhaft bis unwahrscheinlich. Schließungen kosten Stimmen, und die Kongreß-Mitglieder lassen viel lieber unsere Kampfstreitkräfte schrumpfen, als Verluste bei Wahlen hinzunehmen.

Es sollte allerdings auch gesagt werden, daß es sehr im Sinne der Führungsmannschaft der USAF wäre, ihre Versorgungseinrichtungen zu restrukturieren, um diese effektiver gestalten zu können. Eine der interessanteren Ideen, von denen ich gehört habe, bestand in dem Konzept, sämtliche militärischen Testflugeinrichtungen und Testpiloten-Schulen in einer kleinen Gruppe konsolidierter Einrichtungen in den weiten Gebieten im Westen der Vereinigten Staaten von Amerika zusammenzufassen. Das würde dem Verteidigungsministerium die Möglichkeit verschaffen, eine ganze Reihe von Einrichtungen, wie zum Beispiel die Naval Air Station (NAS) von Patuxent River in Maryland und die Eglin AFB in Florida, zu schließen, während solide Testmöglichkeiten wie auf der Edwards AFB und der NAS von Point Mugu in Kalifornien bewahrt werden könnten.

Einmal mehr könnten Hunderte von Millionen US-Dollar pro Jahr eingespart werden, wenn Kongreß und Regierung es erlauben würden. Also, wenn Sie das nächste Mal ein Kongreß-Mitglied über Unfähigkeit und Aufblähung des amerikanischen Militärs weinen hören, senden Sie ihm einen Brief, ein Fax oder E-Mail und fragen ihn, wann er zum letzten Mal einen Stützpunkt in seinem Heimatstaat oder Wahlbezirk geschlossen hat! Die Last ihrer einseitigen Betrachtungsweise muß dann von Leuten wie General Ralston und seinen Kampffliegern getragen werden.

Ungeachtet dieser Probleme bleibt das ACC die absolut stärkste Luftstreitmacht in der Welt. Trotz der Herausforderungen, mit denen es sich konfrontiert sieht, und der Belastungen, die es tragen muß, wird es immer das Bestmögliche aus dem machen, was wir Steuerzahler ihm zur Verfügung stellen. Lassen Sie uns nur hoffen, daß das genug ist und die Leute vom ACC nicht eines Tages zurückkommen und sagen: »Ihr hättet es besser machen können.«

Das offizielle Verbandsabzeichen des 366. Geschwaders »The Gunfighters«

U.S. Air Force

Das 366. Geschwader – eine Führung

Audentes Fortuna Juvat – das Glück ist mit den Kühnen.
Motto des 366. Geschwaders

Man muß schon wirklich dorthin wollen, und das ist nicht ganz einfach – etwa fünfzig Meilen außerhalb von Boise, Idaho, die Interstate Nr. 84 hinunter, bis man zu einer Abzweigung kommt, die auf eine Straße führt, welche eine Einbahnstraße ins Nirgendwo zu sein scheint. Nachdem man zehn der wohl schlimmsten Meilen hinter sich gebracht hat, die man jemals gefahren ist, erreicht man das Tor. Überrascht stellt man als nächstes fest, daß man mitten in der Wüste von Idaho etwas gefunden hat, das sich als Militäreinrichtung auf dem neuesten technischen Stand entpuppt: ein Platz mit dem ungewöhnlichen Namen »Mountain Home Air Force Base« (AFB). Die Gebäude sind modern und bestens in Schuß und die Start- und Landebahnen umfangreich und geräumig. Dann sieht man das Schild »Sitz der Gunfighter«[102].

Das also ist der erste Eindruck von der wohl aufregendsten Kampfeinheit der heutigen U.S. Air Force, dem 366. Wing. Beachten Sie bitte, daß ich »Wing« gesagt habe, nicht »Fighter Wing« oder »Bombardment Wing«, einfach nur Wing. Das 366. Geschwader setzt sich aus fünf verschiedenen fliegenden Staffeln zusammen, die eine Mischung aus Fightern, Bombern und Tankern darstellen, daher die inoffizielle Titulierung als »Composite Wing«. Als solches steht es in völligem Gegensatz zu den Flugzeuggeschwadern, die über nur einen speziellen Typ von Maschine verfügen und seit dem Zweiten Weltkrieg als eine Art Norm in der U.S. Air Force galten. Die Mischung verschiedener Arten von Kampfflugzeugen im selben Geschwader macht die zum harten Kern gehörenden Traditionalisten sehr nervös. Diese Traditionalisten liegen falsch ... zumindest in diesem Fall. Wenn die Air Force all ihren weltweiten Verpflichtungen nachkommen will, speziell unter dem Aspekt der enormen Budgetkürzungen seit dem Ende des Kalten Krieges, braucht sie bald eine scharfe Schneide. Das 366. und das Konzept des Composite Wing sind eine solche Schneide.

Das Composite-Wing-Konzept

Das 366. Geschwader ist ein Produkt der Erfahrungen aus der Operation Desert Storm ... und auch dessen, was während der Operation Desert Shield möglicherweise passiert wäre, wenn der Irak im August 1990 wei-

102 Gunfighter: Wildwest-Revolverhelden

ter nach Süden und damit – nach Abschluß der Invasion in Kuwait – nach Saudi-Arabien vorgedrungen wäre. In dieser Zeit banger Sorge war eine Luftmacht – wegen ihrer großen Reichweite und raschen Reaktionsmöglichkeit – zur Verteidigung der saudi-arabischen Ölfelder von entscheidender Bedeutung. Tatsächlich war es dann so, daß mit Ausnahme zweier Flugzeugträger-Luft-Kampfgeschwader (Carrier Air Wings, CVW) der United States Navy (USN) die amerikanische Luftmacht nur sehr langsam im Krisengebiet eintraf; und die beiden CVWs hätten es schwer gehabt, jedes weitere Vorgehen der Iraker gen Süden zu unterbinden. Es dauerte Wochen, genügend Flugzeugeinheiten zu entsenden, die einen Angriff der Iraker auf Saudi-Arabien oder die Emirate unterbinden konnten. Noch schlimmer waren die Verhältnisse, welche die schließlich eintreffenden Einheiten vorfanden. Für einen Luftkrieg dringend benötigte Kriegsmaterialien und Ausrüstungsgegenstände waren außerordentlich knapp.

Nachdem die Streitkräfte endlich entsandt worden waren, kamen doch Zweifel auf, wie schlagkräftig sie in diesem »Komm-wie-du-bist«-Krieg sein würden, da sie einfach nicht genug Zeit für all die detaillierten Planungen und peinlich genauen Vorbereitungen hatten, die von militärischen Organisationen so sehr geschätzt werden. Als es dann soweit war, hatte General Horner – glücklicherweise – sechs Monate (von August '90 bis Januar '91) Zeit, seine Truppen und Versorger an Ort und Stelle zu bringen, seine Angriffe zu planen und seine Streitkräfte zu schulen, bevor er mit den offensiven Luftoperationen begann. Der nächste Diktator mit Ambitionen, sein Hoheitsgebiet zu vergrößern, wird aber unter Umständen nicht so dumm sein, uns sechs Monate Zeit zu geben, damit wir unsere Vorbereitungen abschließen können.

Zeit ist der Hauptfeind, wenn man auf eine sich schnell aufschaukelnde Situation reagieren muß. Zeit scheint immer ein Verbündeter der gegnerischen Partei zu sein. Wenn er genug Zeit hat, könnte es so ein Diktator darauf anlegen, sie zu nutzen, um Anerkennung für seine Unternehmungen zu erringen und internationalen Organisationen wie den Vereinten Nationen (vorgebliche) Beschwerden vorzutragen. Er könnte die Zeit auch dazu verwenden, um seine Streitkräfte sich eingraben zu lassen, damit eine Rückeroberung dieser Positionen zu kostspielig würde. Der Zeitfaktor kann mörderisch sein. Die britischen Bemühungen, die Falkland-Inseln 1982 von Argentinien zurückzuerobern, waren letzten Endes von der Fähigkeit abhängig, auf dem schnellsten Weg eine Handvoll Harrier und Sea-Harrier-Senkrechtstarter in die Luft zu bekommen, um für die Truppen im Kampfgebiet eine Deckung aus der Luft zu gewährleisten. Dazu mußten die Flugzeuge eine Reise von 8000 Meilen auf dem Schiff zurücklegen, und der hart ausgetragene Luftkrieg endete mit einem nur knappen Sieg.

Zeit ... schnelle Reaktion durch eine integrierte, kampfbereite Luftmacht in einem »Komm-wie-du-bist«-Krieg ...

Diese Überlegungen spukten in sämtlichen Gehirnen des ACC herum. Bei Desert Shield hatten wir einfach Glück, das wußten sie. Aber ihnen war auch bewußt, daß wir etwas Besseres als nur Glück brauchten. Die Idee, die sie dann ausprobierten, kam aus der Vergangenheit der USAF –

Composite Wings. Diese Einheiten wurden unter verschiedenen Namen geführt. Im Zweiten Weltkrieg nannte man sie Air Commando Wings, in der Zeit des Kalten Kriegs Tactical Reconnaissance Wings. Aber welchen Namen sie auch immer hatten, sie waren dazu da, umgehend Probleme zu lösen.

Während des Golfkriegs gab es auf der Al Kharj Air Base in Saudi-Arabien das (provisorische) 4. Composite Wing, das sich aus einer Staffel F-15C des 36. Tactical Fighter Wing (TFW) von der Bitburg AFB in Deutschland, zwei Staffeln F-15E des 4. TFW von der Seymour Johnson AFB in South Carolina und zwei F-16-Staffeln der Air National Guard (ANG) aus New York und South Carolina zusammensetzte. Eine weitere, noch ungewöhnlicher zusammengesetzte Einheit hatte ihren Stützpunkt auf der Incirlik AB in der Türkei. Sie wurde als 7440. Composite Wing bezeichnet und bestand aus nicht weniger als einem Dutzend Staffeln und Abteilungen, die ganz unterschiedliche Maschinen flogen, eine Miniatur-Air-Force in sich. Das 7440. hatte die Aufgabe, während Desert Storm (bei der Operation mit dem Codenamen »Proven Force« – »Bewährte Streitmacht«) von der Türkei aus Lufteinsätze durchzuführen. Es verkörperte während des Krieges und danach die amerikanischen Bemühungen im Nordirak, als es zum Deckungselement für die »Operation Provide Comfort« wurde, bei der es um Unterstützung kurdischer Bemühungen im nördlichen Irak ging.

Nach dem Krieg wurden die Lektionen aus Desert Storm sorgfältig analysiert, um herauszufinden, was man hätte besser, schneller und effektiver machen können. Für die Führungsmannschaft der USAF kristallisierte sich, als man zurück im Pentagon war, eine offensichtliche Lektion heraus: Es bestand ein Bedarf an ausgewogener und kampfbereiter Luftmacht, die schnell in ein Krisengebiet verlegt werden kann, um dort dazu beizutragen, eine sich entwickelnde Krise zu entschärfen, oder sofort mit Kampfhandlungen beginnt, während nachfolgende Einheiten allmählich die Hauptanstrengungen übernehmen können.

Als Folge dieser Studien wurde das Konzept eines Composite Wing für spezielle Aufgaben und Zwecke wieder zum Leben erweckt. Viele verschiedene Menschen innerhalb der Air Force hatten ihre Hände im Spiel, um das zu ermöglichen. General Mike Dugan, vor Desert Shield und Desert Storm Stabschef der USAF, schlug dem Air Staff der USAF dieses Konzept vor. Im Anschluß an den Krieg erhielt die Idee Unterstützung von Offizieren wie Chuck Horner und Colonel John Warden, die eine weiterführenden Studie des Konzepts betrieben. Die endgültige Entscheidung wurde Ende 1991 vom damaligen Stabschef der USAF, General Merrill »Tony« McPeak, getroffen. Als Teil seiner Grund-Reorganisation der Air Force genehmigte McPeak 1992 die Schaffung des 23. Geschwaders auf der Pope AFB in North Carolina und des 366. Geschwaders auf der Mountain Home AFB in Idaho. Das 23. erhielt in erster Linie die Aufgabe, schnelle Eingreiftruppen des XVIII. Airborne Corps (die Haupt-Bodentruppen-Komponente des CENTCOM) und da speziell die 82. Airborne Division aus dem nahegelegenen Fort Bragg in North Carolina zu unterstützen, während das 366. Geschwader so konzipiert wurde, daß es schnell einsetzbare Luftabriegelungs-Streitkräfte bereitstellen konnte, um feindliche Truppen abzuschrecken oder zu besiegen und so den Grundstock für später im Gebiet eintreffende Luftstreitkräfte zu bilden. Beide Einheiten wurden im Januar 1992 aufgestellt und entstanden aus zwei Geschwadern, die bereits auf dem Weg zur Abmusterung gewesen waren.

Diese beiden Geschwader wieder zu aktivieren und zu unterhalten schuf große Herausforderungen, wobei die größte in den Kosten für den Betrieb einer Einheit zu finden gewesen sein dürfte, die sich aus fünf unterschiedlichen Flugzeugtypen mit einer Bandbreite von Fightern über Bomber bis hin zu Tankern zusammensetzt. Die ungünstige Publicity durch einen Zusammenstoß in der Luft über der Pope AFB war auch nicht gerade hilfreich. Das war im März 1994, als zwei Maschinen des 23. Geschwaders, eine F-16 und eine C-130, zusammenstießen. Die Wrackteile der F-16 trafen eine C-141, die Fallschirmjäger der 82. Airborne an Bord hatte, töteten 23 und verletzte einige Dutzend Soldaten.

Nach dem Crash erhielten die Composite Wings eine Menge Flakfeuer von Kritikern, die der Ansicht waren, daß die große Bandbreite von Flugzeugtypen, die sich in einer Platzrunde befinden könnten, etwas mit dem Unfall zu tun hätte. Diese Anklage war absurd, und die Kritiker wußten das auch: Die Nellis AFB in Nevada ist der größte und verkehrsreichste Air-Force-Stützpunkt der Welt. Wenn Übungen stattfinden, hat Nellis nicht selten mehr als ein Dutzend der unterschiedlichsten Flugzeugtypen gleichzeitig in der Platzrunde, und *niemand* kann sich entsinnen, daß es jemals zu einem Zusammenstoß in der Luft gekommen wäre. Die Gründe, über die sich die Kritiker aufregten, hatten also herzlich wenig mit dem tragischen Unglück zu tun. Sie haßten nur einfach die Idee der Composite Wings.

Trotz aller Schwierigkeiten scheinen die Composite Wings zu funktionieren – und zwar so gut, daß bereits eine dritte dieser Einheiten, das 347. Wing auf der Moody AFB in Georgia, geschaffen wurde, um mit dem XVIII. Airborne Corps zusammenzuarbeiten. In der Zwischenzeit hat das 23. Geschwader bereits einen äußerst erfolgreichen Einsatz in Kuwait absolviert, als sich dort gegen Ende 1994 eine Krise entwickelte, nachdem Einheiten von republikanischen Garde-Divisionen der Iraker in das Gebiet von Basra eingefallen waren. Dabei wurden zwei Staffeln des 23. jeweils mit F-16C und C-130 auf schnellstem Weg in das Gebiet entsandt und waren damit der erste Teil eines weit größeren Luftmachteinsatzes, zu dem absolut jede Art von Flugzeug der USAF beigesteuert wurde (insgesamt waren etliche hundert Maschinen in die Aktion verwickelt). Obwohl das 23. selbst keine Kampfeinsätze flog, kann man diesen ersten Einsatz eines Composite Wing in der Realität durchaus als Erfolg bewerten. Die Iraker zogen sich zurück, und das ist im eigentlichen Sinn das ultimative Ziel einer Luftmacht: so furchterregend zu sein, daß ein potentieller Feind beschließt, nicht zu kämpfen.

Die »Gunfighter«: Geschichte einer Einheit

Die Air Force neigte immer schon dazu, ohne Rücksicht auf die Feinheiten militärischer Traditionen neue Einheiten zu bilden und bestehende aufzulösen. Deshalb kann der Versuch, Abstammungen einzelner Einheiten der Air Force nachzuvollziehen, schon zu einer etwas frustrierenden Übung werden, da die Identifikationsnummern der Einheiten so häufig wechseln. Verfolgt man allerdings die Geschichte des 366., so ist diese alles andere als frustrierend; es ist eine Einheit mit einer langen und stolzen Dienstgeschichte.

Wenn man das Gebäude des Hauptquartiers am 366. Gunfighter Boulevard (ja, das ist wirklich die Adresse!) betritt, ist man sofort von Zeugnissen dieser Geschichte umgeben. Fotos, Gedenktafeln und Urkunden bedecken die Wände. Die Männer, die einen von diesen Fotos herab anschauen, scheinen jedem neuen Geschwadermitglied fast zurufen zu wollen: »Das ist es, dem du Ehre machen mußt.«

Das Geschwader begann als 366. Fighter Group auf der Richmond Army Air Base in Virginia. Sie flog noch die P-47 Thunderbolt Fighter, als sie im Januar 1944 nach Thruxton in England verlegt wurde. Im März jenes Jahres begann die Fighter Group, Einsätze über dem Kontinent zu fliegen. Im Laufe des Jahres 1944 wurde Luftunterstützung für die Invasion in der Normandie geflogen, und anschließend ging es direkt weiter zu Fronteinsätzen bis in den Dezember hinein. Ihren letzten Einsatz flog sie am 3. Mai 1945 und wurde direkt nach dem Krieg zu einem Teil der Besatzungsstreitkräfte, bis sie am 20. August 1946 abgemustert wurde.

Am 1. Januar 1953 wurde die 366. Fighter Group reaktiviert und als Teil einer weiteren Einheit, des 366. Fighter Bomber Wing, das die P/F-51 Mustang und F-86 Sabre flog, auf der Alexandria Air Force Base in Louisiana stationiert. Nach einer Reihe von Einsätzen in Europa wurde die Group 1956 auf die F-84F Thunderstreak und 1957 schließlich auf die F-100 Super Sabre umgestellt. In diesem Zeitabschnitt wurde die 366. Fighter Group erneut abgemustert, wobei ihre Flugzeugstaffeln dem 366. Fighter Bomber Wing eingegliedert wurden. Das Geschwader selbst wurde dann nach Übersee entsandt, wo es 1958 während der Libanon-Krise von der Türkei und Italien aus zum Einsatz kam. Kurz danach wurde es wieder in »366. Tactical Fighter Wing« (TFW) umbenannt, nur um innerhalb eines Jahres abermals deaktiviert zu werden. Die Spannungen des Kalten Krieges führten Anfang der 60er Jahre zu einer erneuten Reaktivierung des 366., das ab dem 30. April 1962 seinen Stützpunkt auf der Chaumont Air Base in Frankreich hatte. Sie flogen im Geschwader jetzt wieder die F-84F, und man blieb für 15 Monate in Chaumont, um im Juli 1963 auf die Holloman AFB nach New Mexico verlegt zu werden.

Im Februar 1965 wurde das 366. mit dem Flugzeugtyp ausgerüstet, mit dem es sich noch am stärksten identifizierte, der F-4C Phantom II. Nachdem man ein Jahr damit verbracht hatte, sich an die neue Maschine zu gewöhnen, wurde das 366. im März 1966 auf die Phan Rang Air Base in Südvietnam verlegt und startete von dort aus seine ersten Kampfeinsätze seit 1945. Im Oktober 1966 zogen sie auf die Danang Air Base um und begannen von dort aus mit Angriffen auf Ziele in Nordvietnam. Am 5. November konnten zwei Besatzungen der 480. Tactical Fighter Squadron (TFS) des Geschwaders ihre ersten Abschüsse von nordvietnamesischen MiGs verzeichnen. Die Abschüsse waren allerdings wegen der Probleme mit der Zuverlässigkeit von US-Luft-Luft-Flugkörpern hart verdient. Im April 1967 flogen die Crews des 366. dann erstmals mit den neuen 20-mm-Gatling-Kanonen-Behältern unter dem Bauch ihrer Phantoms und fingen endlich an, MiGs mit einer gewissen Regelmäßigkeit vom Himmel zu holen. Als im Mai 1967 das Gemetzel unter den MiGs zu Ende war (man hatte es in diesem Zeitraum auf insgesamt elf Abschüsse gebracht), hatten die automatischen Kanonen dem 366. seinen Spitznamen eingetragen, den es von da an behalten sollte: »Gunfighters«. Im Dezember 1967 wurde das 366. auf das D-Modell der Phantom umgestellt und flog weiterhin seine Einsätze von Danang aus. Wegen seiner Erfolge im Luftkampf des vorangegangenen Jahres erhielt das Geschwader im Dezember 1968 die Presidential Unit Citation[103]. Bedingt durch den Abzug anderer Einheiten der USAF in den Jahren 1969 und 1970, wurde das 366. zum einzigen Geschwader, das noch in Südvietnam stationiert war. Während der Osterinvasion von 1972 war es außerordentlich aktiv, was dazu führte, daß es im Juni jenes Jahres auf die Takhli Royal Thai Air Force Base verlegt wurde. Während dieser Periode schossen sie fünf weitere MiGs über Nordvietnam ab, was ihnen eine weitere Presidential Unit Citation einbrachte, die allerdings erst 1974 verliehen wurde.

Im Oktober 1972 überließ das Geschwader seine Flugzeuge und Ausrüstung anderen Einheiten auf der Takhli AB und machte sich auf den Rückweg in die Vereinigten Staaten von Amerika, und zwar dorthin, wo es seitdem seinen Heimatstützpunkt hat: auf die Mountain Home Air Force Base in Idaho. Dort übernahm es die F-111F und die Ausrüstung des deaktivierten 347. TFW und wurde 1975 die erste Einheit des Tactical Air Command (TAC), die einen Bombenabwurf-Wettbewerb – unter der Codebezeichnung »High Noon« – des Strategic Air Command (SAC) gewann. Im August 1976 entsandte das Geschwader eine Staffel F-111F nach Korea, um an einer »Machtdemonstration« teilzunehmen, nachdem es dort zu Grenzverletzungen gekommen war, bei denen etliche amerikanische Soldaten den Tod gefunden hatten. Nach der Rückkehr der Staffel im September jenes Jahres schickte das 366. seine Flotte von F-111F im Rahmen der Operation Ready Switch zum 48. TFW auf die RAF Lakenheat in England. Im Gegenzug wurden die Maschinen durch F-111A des 474. TFW von der Nellis AFB ersetzt. Als Folge dieses Flugzeugtauschs übernahm das Geschwader auch noch die Trainings- und Ersatzfunktion für die F-111-Gemeinschaft. Mit dieser Aufgabe machten sie während der 80er Jahre weiter und begannen auch noch mit einer neuen Mission als Hüter des neuesten Flugzeugs der Air Force für die elektronische Kampf-

---

103 vom Präsidenten verliehene Belobigungsurkunde für militärische Einheiten

führung, der EF-111A Raven. Von 1981 an übernahm das Geschwader die Auslieferung dieser Maschinen und schulte mit ihnen für den Kampfeinsatz. Schließlich waren es die Raven des 366., die zusammen mit der 390. Electronic Combat Squadron (ECS) bei der Invasion Panamas im Dezember 1989 unter der Bezeichnung »Operation Just Cause« in Aktion traten und Störhilfe bereitstellten. Zu dieser Zeit begannen jedoch die ersten geplanten Kürzungen der Ära nach dem Kalten Krieg auch beim 366. Wirkung zu zeigen: Das 391. ECS wurde deaktiviert. Im August 1990 wurden Teile der verbliebenen Raven-Staffel, das 390. ECS, auf die Taif Airbase in Saudi-Arabien verlegt. Dort waren sie während der ganzen Operation Desert Storm und auch noch unmittelbar danach im Einsatz. Etwa im März 1991 war der größte Teil der Maschinen und Besatzungen der Staffel zurück in Mountain Home, wo sie die scheinbar unabwendbare Abmusterung als Folge der Truppenreduzierungen erwartete, die sich die Regierung Bush vorgenommen hatte.

Dann wurde im April 1991 die Entscheidung General McPeaks bekanntgegeben, das 366. wieder zu einem Composite Wing zu machen, und die Menschen in Mountain Home durchliefen den Prozeß der Umwandlung eines EW-Geschwaders in eines der schlagkräftigsten Kampfgeschwader der Air Force. Im Juli 1991 übernahm Brigadier General William S. Hinton Jr. das Geschwader, um diese Umwandlung zu leiten. Bis zum Ende des Jahres 1991 war eine kleine Streitmacht von F-16 und F-15E eingetroffen, und die Staffeln nahmen langsam Konturen an. Gleichzeitig überwachte das 366. weiterhin mit den verbliebenen F-111A, die für die Operation Southern Watch nach Saudi-Arabien geschickt worden waren, die Flugverbotszone über dem Irak.

Im weiteren Verlauf des Jahres 1992 wurden die letzten EF-111A an die 429. ECS des 27. TFW auf der Cannon AFB in New Mexico übergeben, und im März 1992 wurden die neuen Staffeln des Composite Wing im Gerippe der alten 366er-Staffeln aktiviert. Die 389. wurde zur F-16-Staffel, und die 390. und 391. wurden mit F-15C beziehungsweise F-15E ausgerüstet. Gleichzeitig aktivierte man neue Einsatz- und Versorgungsgruppen (Operations and Logistic Groups, OLG), die den bestehenden Versorgungseinheiten des Geschwaders zugeordnet wurden. Im Juli übernahm das 366. den Befehl über die 34. Bombardment Squadron, die mit B-52G ausgerüstet und auf der Castle AFB in Kalifornien stationiert war. Obwohl geographisch von Mountain Home getrennt, ist die 34. dennoch dem 366. unterstellt und wird von ihm geführt. Im Oktober 1992 kam die letzte Staffel zu dieser neuen Organisation: Die 22. Luft-Betankungs-Staffel (Air Refueling Squadron, ARS) hatte ihre KC-135-Tanker nach Mountain Home gebracht. Endlich komplett, begann das 366. als kombinierte Einheit zu trainieren und seine neuen Kapazitäten und Ausrüstungen zu erkunden.

Während des folgenden Jahres reifte das Geschwader, allerdings nicht ohne Veränderungen und einige Herausforderungen. Im Juli 1993 übernahm Brigadier General David J. McCloud das Kommando von General Hinton und brachte die Erfahrungen von zwei vorausgegangenen

Maschinen des 366. Geschwaders flogen während der Operation Bright Star '93 unter Begleitschutz von Fightern der ägyptischen Luftstreitkräfte über die Pyramiden. Mit der Entsendung des Geschwaders zum Flugfeld Kairo-West bot sich eine erste Gelegenheit, Einsatzpläne unter »realen« Bedingungen zu testen.
OFFIZIELLES FOTO DER U.S. AIR FORCE

Geschwaderkommandos mit. Der Höhepunkt des Jahres war ein Übersee-Einsatz im Mittleren Osten, wo das 366. eine der Kerneinheiten der Operation Bright Star '94 war. Unglücklicherweise verlor das 366. gegen Ende des Jahres 1993 etwas an Boden, als Verteidigungsminister Les Aspin die sofortige Ausmusterung der gesamten B-52G-Streitmacht verfügte. Davon war als letzte dieser Einheiten (im November 1993) auch die 34. BS auf der Castle AFB betroffen. Trotz dieses Verlustes stand das Air Combat Command uneingeschränkt hinter dem Konzept des Composite Wing, und es wurden Vorkehrungen getroffen, die B-52 zu ersetzen.

Während das Jahr 1994 verging, kamen große Veränderungen auf das 366. zu. Alles begann mit dem Eintreffen einer brandneuen Serie von Block 52 F-16C (mit ihren starken F-100-PW-229-Triebwerken), die frisch von den Produktionsstraßen in Fort Worth kamen, bereits ausgerüstet mit den neuen Texas-Instruments-Behältern AN / ASQ-213 HARM Targeting System (HTS) sowie mit HARM-Flugkörpern für die Durchführung von Aufgaben zur Ausschaltung von (Luftraum-)Verteidigungsmaßnahmen. Dann, im April 1994, wurde die 34. BS auf der Ellsworth AFB in South Dakota wieder ins Leben gerufen und mit B-1B Lancern ausgerüstet. Zu weiteren Nachrüstungsmaßnahmen gehörten das Datenverbundsystem Joint Tactical Data System (JTIDS) bei den F-15C der 390. FS und AIM-120-AMRAAM-Flugkörper für jede Maschine der drei Fighter-Staffeln des Geschwaders.

Im Winter 1994 war man im Geschwader immer noch fleißig dabei, die Veränderungen zu verarbeiten, als ein Übungseinsatz (Operation Northern Edge) für arktische Operationen zusammen mit Einheiten der Pacific Air Forces (PACAF) angesetzt wurde, im Rahmen dessen das 366. auf die Elmendorf AFB in Alaska verlegt wurde. Danach flog das Geschwader im April zur Nellis AFB in Nevada, um als Kerneinheit bei einer der wichtigsten Trainings-Übungen des ACC zu fungieren: Green Flag 94-3. Zusammen mit anderen Einheiten aus dem gesamten ACC-Befehlsbereich verbrachte das 366. zwei Wochen damit, sein geplantes Concept Of Operations (CONOPS) in einem EW-Umfeld unter Realbedingungen über der Wüste von Nevada auszutesten. Es war zugleich die letzte Übung mit »Marshal« McCloud als Kommodore; er übergab im August das Kommando über das Geschwader an Brigadier General Lansford »Lanny« Trapp Jr.

In der Zwischenzeit blickte die 34. BS nervös über die Schulter und beobachtete, wie ihre gastgebende Einheit, das 28. Bombardement Wing (BW), bei einem vom Kongreß verfügten Bereitschaftstest (»Operation Dakota Challenge«) abschnitt, durch den überprüft werden sollte, ob die B-1B im Rahmen des ACC unverändert lebensfähig seien. Später im Jahr 1994 war die neue Staffel bereit für ihren eigenen Test, der im Rahmen eines Global-Power/Global-Reach-Einsatzes in Fernost stattfand. Zwei Bones der 34. BS nahmen am fünfzehnten Jahrestag der Rückeroberung der Philippinen teil, flogen nonstop, mit Betankungen in der Luft, zu einem Bombentestgelände auf Leyte, warfen dort eine volle Ladung von 500-lb.-/226,8-kg-Bomben ab und flogen dann zur Anderson AFB auf Guam. Nachdem sie noch Trainings- und »Präsenz«-Einsätze in Korea absolviert hatten, kehrten sie am 27. Oktober auf die Ellsworth AFB zurück, weniger als sechs Monate, nachdem die 34er aufgestanden waren, um das Abschneiden des 28. BW zu beobachten.

Das 366. Geschwader ist eine Einheit, die sich ständig in Bewegung befindet und bereits Kurs auf das sechste Jahrzehnt im Dienst genommen hat. Von den Aircrews, die in den Einsatz fliegen, bis hin zu Soldaten der Mannschaftsdienstgrade, die mit den Schraubenschlüsseln hantieren, auf Tastaturen herumhacken und die Waffen laden, spürt man überall ein Gefühl von Stolz, zu einem Eliteteam zu gehören: den Gunfightern.

Organisation des 366. Geschwaders

Das 366. Geschwader ist eine in der USAF einzigartige Organisation. Für schnelle Einsätze und die sofortige Aufnahme von Kampfhandlungen optimiert, ähnelt es mehr als jede andere Komponente des Air Combat Command (ACC) den Alarmeinsatz-Einheiten des ehemaligen Strategic Air Command (SAC). Das soll aber nicht besagen, daß die anderen Kampfgeschwader des ACC nicht zu schnellen Reaktionen in der Lage wären. Der beste Beweis dafür sind die Leistungen jeder einzelnen Einheit der USAF, die Ende 1994 nach Kuwait stürmten. Aber das 366. ist nun einmal dazu geschaffen und trainiert worden, damit es sofort eingesetzt werden kann. In der Zeit, die Sie brauchen, dieses Buch zu lesen, könnte das 366. bereits eine Task Force aus Flugzeugen zusammengestellt – oder »gepackt« – haben, die schon längst die Fahrwerke nach dem Start eingefahren hätte und sich auf dem Weg zu einem Krisengebiet befände, das praktisch überall auf der Welt sein könnte. Das Geschwader stellt an sich selbst die Forderung: »Ausgewogene Luftmacht, allzeit zum Einsatz bereit, und das vom Tag eins an!« So ähnelt das 366. tatsächlich einer kleinen, unabhängigen Air Force oder auch einem der U.S. Navy Carrier Air Wings. Betrachten Sie die folgende Tabelle:

Flugzeug-Kapazitäten in den Staffeln des 366. Geschwaders

Staffel	**Flugzeugtyp**	**PAA**	**Personal**	**Kapazitäten**
389.FS	F-16C Block 52	18	243	HTS / HARM
390.FS	F-15C MSIP	18	252	JTIDS
391.FS	F-15E	18	280	LANTIRN / PGM / Maverick
22.ARS	KC-135R	6	176	C³I / SATCOM
34.BS	B-1B	6	280	SATCOM / Störung
Gesamt		**66**	**1231**	

Darüber hinaus verfügt das 366. über einige Fähigkeiten, die bei keiner anderen Einheit in Geschwadergröße bei der Air Force zu finden sind:

- Es ist das einzige Kampfgeschwader, in dem Fighter, Fighter-Bomber, Bomber und Tankflugzeuge zu einer einzigen integrierten Kampfeinheit kombiniert wurden.
- Es ist das einzige Kampfgeschwader, das über ein eigenes, integriertes Befehls- und Führungs- sowie auch Kommunikations- und Aufklärungs- Element (C³I) verfügt, welches in der Lage ist, als Mini-JFACC zu arbeiten und seine eigenen Air Tasking Orders (ATOs) für bis zu fünfhundert Einsätze pro Tag zu erstellen.
- Es ist das einzige Kampfgeschwader, das Einsätze anderer U.S. Air Units (USAF, USN, USMC oder U.S. Army) und sogar Lufteinheiten anderer Nationen in seine C³I-Fähigkeiten einbinden kann.

Der Offizier, der den Oberbefehl über diese Ansammlung von Einheiten hat, ist grundsätzlich ein dienstälterer Brigadier-General, der mindestens eine komplette Dienstzeit als Geschwaderkommodore hinter sich haben muß, bevor er zum 366. kommen kann. Die Offiziere und Soldaten sind handverlesen – ausgewählt nach ihren Leistungen in der USAF, und bei den Flugzeugbesatzungen in den fliegenden Staffeln sind viele Veteranen aus Desert Storm und Just Cause. Viele von ihnen sind Absolventen von Militärhochschulen wie der Weapons School auf der Nellis AFB in Nevada und dem Air Command and Staff College. Sogar die ganz jungen Mitglieder der Flugbetriebs- und Wartungsmannschaften (Line and Maintainance Crews) wurden nach ihrer Fähigkeit ausgewählt, noch mehr aus noch weniger zustandezubringen, weil diese Philosophie der Kern dessen ist, was das 366. stets zu verwirklichen sucht.

Noch einmal eine schnelle Anmerkung zum Personal: Die normale Dienstzeit in einer USAF-Einheit dauert wie überall sonst zwei bis drei

Jahre. Militärische Einheiten sind in einem dauernden Wechsel, und das 366. macht da keine Ausnahme. Als ich Mountain Home im April 1994 zum ersten Mal besuchte, traf ich gerade zu der Zeit ein, als der turnusmäßige Wechsel und Austausch in großem Umfang für die Gründungsmitglieder dieser neuen Geschwaderstruktur begann. Was jetzt folgt, ist nur ein »Schnappschuß« des 366. aus der Zeit, als sich das Geschwader auf seine Reise zu Green Flag 94-3 auf der Nellis AFB vorbereitete. Wo immer möglich, werde ich Ihnen zu vermitteln versuchen, was mit den Leuten anschließend passierte und durch wen sie vielleicht abgelöst worden sind. Lassen Sie uns das also im Hinterkopf behalten, während wir einen Blick auf das 366. Geschwader werfen.

366. Headquarters Squadron

An der Spitze der Geschwaderorganisation des 366. steht die Geschwader-Verwaltungs-Staffel (Headquarters Squadron) mit Sitz im Gebäude des Stützpunkt-/Geschwader-Hauptquartiers auf dem Gunfighter Boulevard. Auf der zweiten Etage sind die Büros des Kommodore und »ganz oben« Brigadier General David J. »Marshal« McCloud zu finden. Wenn man ihn zum ersten Mal sieht, weiß man sofort, warum jeder ihn »Marshal« nennt. Zum Teil ist seine Erscheinung dafür verantwortlich – er ist gut über sechs Fuß (1,83 m) lang und schlank wie eine Gerte –, zum Teil sind es sein Ruf als Führungspersönlichkeit und seine Taten. Zwei vorausgegangene Dienstzeiten als Geschwaderkommodore, ziemlich ungewöhnlich in der USAF, vermittelten ihm reichhaltige Erfahrungen, um mit dieser Aufgabe umgehen zu können. Er hat nahezu jeden taktischen Flugzeugtyp im Arsenal der USAF – von den F-117A Night Hawks (in seiner Zeit beim 37. TFW) bis zur F-15C (in seiner Dienstzeit als Kommodore des 1. TFW auf der Langley AFB in Virginia) – schon selbst geflogen; und jetzt sind es die neuen F-16C Block 52 (in der 389. FS), die ihm das persönliche

Der Kommodore des 366. Geschwaders auf der Mountain Home AFB in Idaho, Brigadier General David »Marshal« McCloud, USAF
OFFIZIELLES FOTO DER U.S. AIR FORCE

Der Autor mit Brigadier General David »Marshal« McCloud, dem Kommodore des 366. Geschwaders *John D. Gresham*

Kennzeichen »Geschwaderkönig« im 366. eingebracht haben. Eigene fliegerische Leistungen sind sehr wichtig für den Befehlshaber einer Lufteinheit; sie verleihen ihm in den Augen der Flugzeugbesatzungen Glaubwürdigkeit und schaffen ein festes Band aus gemeinsamen Erfahrungen. Die Vertrautheit mit der großen Bandbreite von Flugzeugen ist für ihn nicht nur dann von Vorteil, wenn er das 366. Geschwader im Kampf führen, sondern auch dann, wenn er einmal völlig unabhängig als JFACC arbeiten muß. In Frühstadien von Krisen kann es ihm durchaus passieren, daß er auch das Kommando über weitere ihm unterstellte Einheiten der USAF oder anderer Teilstreitkräfte des US-Militärs hat, unter Umständen sogar über Streitkräfte befreundeter oder koalierender Nationen. Dave McCloud würde auch ohne weiteres selbst noch Kampfeinsätze fliegen. Ein Befehlshaber sollte, um seine eigenen Worte zu gebrauchen, »von der Front aus führen«.

Zu den weiteren Aufgaben der Headquarters Squadron zählt ein Public Affairs Office (PAO). Normalerweise ist das ein Büro, das Pressemitteilungen über den »Flieger des Monats« zu den Heimat-Tageszeitungen schickt und Besuche von VIPs, die auf Tour durch die Stützpunkte sind, organisiert. Beim 366. ist das PAO allerdings auch für die Leitung eines neuen Hauptprogramms verantwortlich, das ins Leben gerufen wurde, um die Zieleinrichtungen auf dem Bombentestgelände von Mountain Home bei Saylor Creek in der Nähe der Snake-River-Schlucht im Osten des Stützpunktes zu ergänzen und wiederaufzubereiten. Saylor Creek reicht für Übungen von Abwürfen der Basiswaffen aus, aber es mangelt dem Gelände an Gebieten und Zielflächen für Übungen im Rahmen eines Composite-Strike-Force-Trainings, und das ist nun einmal die Spezialität des 366. Dieser neue Bereich muß so nahe an der Mountain Home AFB sein, daß Strike-Force-Übungen durchgeführt werden können, wann immer es notwendig erscheint. So weit, so gut, jetzt hat dieser Plan aber die umwelt- und kulturorientierte Opposition von Bürokraten auf Bundes- wie auf kommunaler Ebene mobilisiert. Tatsächlich sieht der Vorschlag des 366. und anderer Einheiten der USAF aber vor, daß keine scharfen Waffen abgeworfen werden sollen, was das Gebiet sogar besser schützen würde als im Augenblick, da es sich in den Händen des Innenministeriums befindet.

Ein weiteres wichtiges Projekt, das von der Headquarters Squadron betrieben wird, ist das Zusammenlegungs- und Bauprogramm, das die 34. BS von ihrem momentanen Stützpunkt auf der Ellsworth AFB nach Mountain Home bringen soll. Das macht den Bau von zusätzlichem Abstellraum und Hangars notwendig, wo die großen B-1B des 34. untergebracht und gewartet werden können.

Der Rest des Geschwaders umfaßt eine Reihe von Gruppen mit verschiedenen Funktionen, deren spezielle Aufgaben das Geschwader einsatz- und kampfbereit halten sollen. Dazu gehören:

- **die 366. Operations Group** – führt die fliegenden Luftraumüberwachungsstaffeln für das Geschwader;
- **die 366. Logistic Group** – koordiniert die verschiedenen Logistik-, Wartungs-, Versorgungs- und Transporteinheiten des 366.;
- **die 366. Combat Support Group** – leitet Kampftechnik, Kommunikation und Dienstleistungen;
- **die 366. Medical Group** – stellt die ganze Bandbreite medizinischer und zahnmedizinischer Dienstleistungen für das Geschwader und von ihm abhängenden Personengruppen bereit.

Jede Gruppe muß in großer Autonomie handeln, wenn das Geschwader einwandfrei funktionieren soll. Lassen Sie uns einen Blick auf die Details werfen.

Die 366. Operations Group

Die Operations Group ist für die Flugstaffeln des Geschwaders verantwortlich. Im April 1994 hatte Colonel Robin E. Scott die Leitung dieser Gruppe inne, ein Mann mit breitem Gesicht und einem wunderbaren Sinn für Humor. Im Geschwader hatte er zuvor das Kommando über die 391. FS, die F-15E-Strike-Eagle-Staffel des 366. Hinter Scotts fröhlichem Lächeln verbirgt sich ein Geist, der ständig mit der Frage beschäftigt ist, wie man das Geschwader noch schneller kampfbereit machen kann. Jede militärische Einheit hält Mission-Briefings ab, an denen routinemäßig auch VIPs teilnehmen können, die gerade zu Besuch sind. Wenn Scott dieses Briefing über das Operations-Konzept des 366. Geschwaders abhält, tut er das mit Leidenschaft und gibt auf alle Fragen direkte Antworten.

Die große Frage ist, wie das Geschwader dorthin gelangt, wo es eventuell im Falle einer Krise auch kämpfen muß. Die Antwort bezieht eine Menge »Verpackung« und Planung mit ein.

Eine weitere Frage, die es für die Operations Group zu klären gilt, ist die, wie das Geschwader fliegen und voraussichtlich kämpfen wird, wenn es am Ort der Unruhen angekommen ist. Das 366. muß unter Umständen in der Lage sein, einen Kampf von der Dauer bis zu einer Woche ohne Verstärkung oder Unterstützung von außen durchzustehen. Das ist ein hoher Anspruch an nur eine Handvoll Flugzeuge und Crews, und es erfordert, daß die Führungsmannschaft des Geschwaders alle richtigen Entscheidungen zur richtigen Zeit und in der richtigen Reihenfolge trifft.

Die 366. Operations Support Squadron (OSS). Die 366. Operations-Versorgungsstaffel ist die Stabsorganisation, welche die fünf fliegenden Staffeln der Operations Group für Colonel Scott leitet. Unter dem Kommando von Lieutenant Colonel Gregg »Tank« Miller, ist sie der Schlüssel zum gesamten CONOPS-Plan des 366. Zusätzlich, in der Funktion als Schnittstelle zu den anderen Gruppen des Geschwaders, sorgt die 366. OSS für die Umsetzung der Fähigkeit des Geschwaders, täglich eigene Air Tasking Orders (ATOs) zu erstellen. Diese ATOs liefern Skripts für alles, was in der Luft geschieht, von Zeit- und Höhenvorgaben für Tanker und dem Kurs, auf dem sie andere Flugzeuge zu betanken haben, bis zu Anweisungen für die Armee, wo und wann sie in welchem Bereich eines speziellen Luftraums ihre Artillerie und Lenkwaffen abfeuern kann. Ein Grund für den Erfolg der Operation Desert Storm war die Qualität der ATOs, die General Horners CENTAF-Stab erstellte. Das 366. muß diesen Job allerdings mit wesentlich weniger Leuten (42 im Vergleich zu etlichen hundert beim CENTAF-Stab) und auch mit weniger umfangreicher Ausrüstung erledigen. Im Einsatz bildet die 366. OSS das, was als 366. Air Operations Center (AOC) bezeichnet wird, und bringt seine eigene Zeltstadt mit, um von einem »Skelett-Stützpunkt« aus zu operieren. Einige gute Hilfsmittel sind ganz hilfreich, um den Mangel an Personal auszugleichen. Das wichtigste davon ist das »Taktische Eventualfall-Luft-Kontroll- und integrierte automatische Planungssystem« (»Contingency Tactical Air Control System Automated Planning System«, TACS oder CTAPS). Dabei handelt es sich um ein Netzwerk von Computer-Workstations, die eine Reihe von Datenbanken zusammenschließen, welche auf Aufklärung, Gelände, bekannte Ziele und Flugzeugfähigkeiten zurückgreifen und den 366. AOC-Stab in die Lage versetzen, ATO-Pläne sehr schnell aufzustellen und an jeden weiterzuleiten, der zum Geschwader selbst gehört oder diesem zugeordnet wurde. Eine komplette Tages-ATO (sie kann ohne weiteres etliche hundert Seiten Text umfassen) kann fast umgehend über Landverbindungen, als Ausdruck, Diskette oder sogar über Satellit mit einem der beliebten Hammer-Rick-Systeme, die nur noch die Größe eines Koffers haben, übermittelt werden. Während der Operation Desert Storm mußten noch die ganzen Ausdrucke täglich als Handgepäck per Flugzeug hinaus zu den CFWs im Roten Meer und im Persischen Golf gebracht werden. Inzwischen verfügt fast jede militärische

Lufteinheit der Vereinigten Staaten von Amerika und verbündeter Nationen über CTAPS-kompatible Ausrüstung, die es ihnen ermöglicht, elektronische ATOs zu empfangen und zu verwenden.

Der Erstellungsprozeß für eine ATO beginnt schon einige Tage vor der Ausführung. Das Team im Air Operations Center teilt sich in zwei Zwölf-Stunden-Schichten, wobei jeweils ein Teil jeder Schicht an den ATOs arbeitet, die zwei bis drei Tage später ausgeführt werden sollen, während der Rest an der ATO arbeitet, die am nächsten Tag gültig ist. Sobald die ATO vom AOC-Chef und vom örtlichen JFACC (zum Beispiel General McCloud) abgesegnet ist, kann sie an die fliegenden Staffeln verteilt werden, um am nächsten Tag bei den Einsätzen ausgeführt zu werden.

Die Kapazitäten des 366. für die Erstellung von ATOs werden allerdings durch die Zahl des für diese Aufgabe verfügbaren Personals begrenzt. Man geht davon aus, daß der Stab des 366. AOC die Massenproduktion von rund fünfhundert Einsätzen pro Tag schaffen sollte – das ist mit einer der größeren Übungen wie Red/Green Flag vergleichbar (und etwa 10 bis 20% dessen, was der CENTAF-Stab 1991 während des Golfkriegs schaffte); und er ist durchaus in der Lage, diese Ausgabeleistung eine Woche lang durchzuhalten. Danach werden die 42 Mitglieder des Teams ohne Zweifel ausgepumpt sein und Verstärkung benötigen. Zu dieser Zeit wird dann aber schon – hoffentlich – ein großer, wohlausgerüsteter CinC-Stab wie die 9. Air Force/CENTAF von der Shaw AFB in South Carolina eingetroffen sein und das 366. ablösen.

Wir sollten uns unbedingt vergegenwärtigen, daß das 366. Geschwader als »Feuerwehr« konzipiert wurde, um mit einer Krise umzugehen, während weit umfangreichere Streitkräfte gemustert und dann zur Unterstützung geschickt werden. Das erweckt bei den Mitgliedern des Geschwaders eine Art von grimmigem Humor. Sie wissen genau, wie unberechenbar es in größeren Krisenherden wie Irak oder Iran zugehen kann, und die damit verbundenen Opfer könnten der Preis für diesen Job sein.

389. Fighter Squadron

Die 389. FS unter dem Befehl von Lieutenant Colonel Stephen Wood ist als F-16C-Staffel des 366. Geschwaders mit den brandneuen Block 52D F-16C Fighting Falcons ausgerüstet. Die Geschichte der 389. läßt sich bis Mai 1943 zurückverfolgen, als sie aufgestellt wurde, um Bestandteil der ursprünglichen 366. Fighter Group zu werden. Seit jener Zeit gehört eine 389. FS normalerweise zu den Komponenten von 366er-Einheiten. Die Besatzungen können auf ein Guthaben von 29 Abschüssen stolz sein (23 im Zweiten Weltkrieg und sechs in Vietnam).

Derzeit verfügt das 389. über 18 Primary Authorized Aircrafts[104] (PAAs), was einiges über die Stärke dieser Einheit aussagt. Die jeweils

104 »grundsätzlich genehmigte Flugzeuge«: Gesamtzahl ständig einsatzbereiter Maschinen

Das offizielle Verbandsabzeichen der 389. Fighter Squadron *U.S. Air Force*

aktuelle Gesamtzahl von Flugzeugen, die unter dem Befehl der 389. FS (oder irgendeiner anderen Einheit der USAF) steht, ist normalerweise um ein Drittel höher als die PAA-Zahl und schließt sowohl ein paar zweisitzige Schulflugzeuge (um Fertigkeiten und Leistungsscheine zu erhalten) als auch weitere F-16C ein, die sich im Depot/Lager befinden oder Reservemaschinen sind. Darüber hinaus rechnet man beim 366. etwa 1,25 Flugzeugbesatzungen pro Stellplatz und Flugzeug, was bedeutet, daß Kampfeinsätze unter Umständen vom Versorgungsstab des Geschwaders geflogen werden müssen, die als Aircrews berechnet wurden.

Die F-16 des 389. sind wesentlich »trickreicher« geworden durch den Einbau neuer Systeme, die entwickelt wurden, um die Kapazitäten der Maschinen gegenüber den ursprünglichen F-16 zu verbessern. Hierzu gehören:

- die neueste Block-50/52-Software, die ein volles Ausschöpfen der Potentiale des APG-68-Radars ermöglicht;
- die Fähigkeit, sowohl AIM-120-AMRAAM- als auch AGM-88-HARM-Flugkörper zu starten;
- Nachrüstung jedes Flugzeugs der Staffel mit den ASQ-213-HTS-Behältern.

Falls Sie wegen dieser Liste von Fähigkeiten vermuten, daß sich die 389. sehr stark bemüht, ins SEAD-Geschäft (Suppression of Enemy Air Defense) einzusteigen, liegen Sie damit genau richtig. Nach der Ausmusterung der F-4G-Streitmacht hat das ACC keine Möglichkeit mehr, dem Kommodore des 366. im Fall eines Alarmeinsatzes die Entsendung von Wild Weasels zu garantieren. Mit der APG-68/AIM-120-Kombination können aber die F-16 der 389. auch etwas von der Luftkampf-Belastung der F-15 der 390. übernehmen, wenn Barrier Combat Air Patrol (BARCAP) und Begleitschutz bei Angriffseinsätzen erforderlich ist. Natürlich kann die 389., wenn nötig, genausogut traditionelle Luft-Boden-Einsätze mit AGM-

Das offizielle Verbandsabzeichen der 390. Fighter Squadron, der »Wild Boars« U.S. AIR FORCE

65-Maverick-Flugkörpern oder Streubomben fliegen. Kurz gesagt, die 389. FS bietet genau die Art von SEAD-, Luftkampf- und Bombenfähigkeiten, die der Kommodore des 366. benötigt, um auf schnell wechselnde Krisensituationen reagieren zu können. Sie ist das Multitalent des Geschwaders.

390. Fighter Squadron

Zur gleichen Zeit (im Mai 1943) wie die 389. aufgestellt, ist die 390. die Luftüberlegenheitsstaffel des 366. Geschwaders. Ausgestattet mit F-15C Eagle, sind die 390er als die »Wildschweine« (»The Wild Boars«) bekannt (den Bereitschaftsraum / die Bar der 390. muß man einfach gesehen haben, um es glauben zu können), und sie blicken auf eine lange und farbige Geschichte zurück. Dazu gehören sowohl 35,5 Luftsiege (33,5 im Zweiten Weltkrieg und 2 in Vietnam), die von Aircrews der 390. erzielt wurden, als auch die Tatsache, daß sie die einzige Einheit des 366. war, die an den Operationen Desert Shield und Desert Storm teilnahm.

Die Einheit »entstand« im Juni 1992 unter dem Kommando von Lieutenant Colonel Larry D. New als F-15C-Staffel mit zwölf PAA-Maschinen. Auf New folgte am 28. März 1994 Lieutenant Colonel Peter J. Bunce, gerade rechtzeitig, um die Staffel zu Green Flag 94-3 zu führen. Zusammen mit dem neuen Staffelkapitän kam auch die Nachricht, daß die 39. FS mit ihrer Schwesterstaffel, der 391. FS, welche die F-15E Strike Eagle fliegt, auf 18 PAA-Maschinen erweitert werden sollte und somit die gleiche Stärke wie die 389. hätte. Diese Vergrößerung war das Resultat verschiedener Übungen wie Bright Star und Northern Edge, die deutlich gezeigt hatten, daß eine Staffel von nur zwölf Eagles eine Einsatzwoche ohne Verstärkung nicht überstehen konnte. Ende des Jahres 1995 sollten die ersten der zusätzlichen Maschinen und Besatzungen ankommen und sich den »Wildschweinen« anschließen.

Die Boars sind der Schutzschild des 366. Geschwaders, die klassische Luftüberlegenheits-Einheit mit der nötigen Reichweite und Feuerkraft, um den Himmel für die nachfolgenden Maschinen des Geschwaders zu säubern. Ihre ursprünglichen F-15C sind inzwischen modernisiert worden und verfügen nun unter anderen über folgende Fähigkeiten:

- die neuesten Modelle der AIM-9 Sidewinder und AIM-120-AMRAAM-Luft-Luft-Flugkörper sowie die verbesserte PGU-28-Munition für die 20-mm-Kanone;
- das komplette F-15C MSIP-Verbesserungspaket einschließlich des APG-70-Radarpakets;
- das Datenverbundsystem Joint Tactical Information Data System (JTIDS).

Die 390. ist als einzige Fighterstaffel in der USAF schon komplett mit den JTIDS-Terminals der ersten Generation ausgerüstet und kann deshalb mit Fug und Recht behaupten, die besten »Augen« aller Fighter-Einheiten auf der ganzen Welt zu haben. Mit JTIDS kann sie in taktischen Formationen und Situationen arbeiten, die bislang für die Befehlshaber von Fighter-Einheiten völlig unvorstellbar waren. So erlaubt das JTIDS-Datenverbundsystem jedem einzelnen Eagle-Flieger, nicht nur Daten über Ziele, die vom bordeigenen Radar der F-15 erfaßt wurden (Position, Höhe, Kurs, Peilung, etc.) an jedes andere Flugzeug weiterzugeben, das mit JTIDS ausgestattet ist (E-3 Sentry, F-14D Tomcat, Tornado F-2 usw.), sondern auch den Status der eigenen Maschine (Kraftstoffreserve, Flugkörper, Munition) und andere entscheidende Informationen zu übermitteln. Das bedeutet, daß eine Formation von nur zwei Maschinen ein riesiges Volumen an Luftraum abdecken kann. Diese Fähigkeit ist besonders für eine »Feuerwehreinheit« wie das 366. Geschwader von entscheidender Bedeutung, weil es sich schlecht irgendeine Art von Verlust leisten kann, während es in einem Zeitraum, der in einer Krise schon einmal eine Woche dauern kann, ohne Verstärkung dasteht.

391. Fighter Squadron

Die »kühnen Tiger« (»The Bold Tigers«) der 391. FS sind der Vorschlaghammer des 366. Geschwaders. Kein Strike-Flugzeug der Gegenwart stellt einem Air Commander eine derartige Schlagkraft zur Verfügung wie die F-15E Strike Eagle, und die 391. gibt General McCloud und dem 366. Geschwader so eine Waffe mit dem Tötungspotential Excaliburs an die Hand.

Von Lieutenant Colonel Robin Scott (heute Colonel und Befehlshaber der Operations Groups) im März 1992 gebildet, steht sie jetzt unter der Leitung von Lieutenant Colonel Frank W. »Claw« Clawson, USAF, der das Kommando im Juni 1993 übernahm. Ähnlich wie die 389. und die 390. FS wurde auch die 391. erstmals Mitte 1943 aufgestellt und hat die meiste Zeit ihrer Geschichte zusammen mit dem 366. gekämpft. Auf diesem Weg brachten es die Besatzungen der Bold Tigers auf eine Sammlung von etwa

Das offizielle Verbandsabzeichen der 391. Fighter Squadron, der »Bold Tigers«
U.S. Air Force

17 Abschüssen (alle im Zweiten Weltkrieg). Innerhalb der Strike-Eagle-Gemeinschaft ist die 391. die begehrteste Staffel der USAF.

Mit der Leitung der stärksten Einheit des 366. hat »Claw« eine große Aufgabe übernommen. Zu den Kapazitäten der Staffel gehören

- das AAQ-13 / 14-LANTIRN-FLIR- / Zielsystem;
- Abwurffähigkeit für Paveway LGBs und GBU-15-E / O-Lenkbomben;
- Startfähigkeit für die gesamte Familie der AGM-65-Maverick-Luft-Boden-Flugkörper;
- desgleichen für die AIM-9 Sidewinder, AIM-120 AMRAAM und außerdem eine Bewaffnung mit der M-61-Vulcan-Kanone für den Luftkampf, wie sie auch die F-15C der 391. FS haben.

Möglicherweise werden den Bold Tigers bald zusätzliche Waffen in Aussicht gestellt, was mit der Einstellung des AGM-137-TSSAM-Programms zusammenhängt. Das könnten ebensogut die AGM-130-Versionen der GBU-15 wie die Faltflügelversion des AGM-142 Have Nap sein. Die Strike Eagles der 391. sind auch für die Ausrüstung mit GPS-Empfängern, JTIDS und möglicherweise auch für das Satelliten-Kommunikationssystem vorgesehen, das den Befehlshabern die Möglichkeit verschafft, Blitzreaktions-Angriffe auf Ziele zu befehlen, die beim Pre-Flight-Briefing noch nicht bekannt waren und zu denen die Pläne erst erstellt wurden, als sich die Maschinen längst in der Luft befanden. Wenn all diese Verbesserungen in ein paar Jahren vollständig übernommen worden sind, werden die Reißzähne der Tiger noch um einiges schärfer geworden sein.

34. Bombardment Squadron (The Thunderbirds)

Als das 366. Geschwader 1992 zusammengestellt wurde, war eine von vielen umstrittenen Entscheidungen die Einbindung einer kleinen, aber

Das offizielle Verbandsabzeichen der 34. Bombardment Squadron, der »Thunderbirds« *U.S. AIR FORCE*

schlagkräftigen Bomberstaffel aus B-52G. Die großen Bomber gehörten traditionsgemäß zum Strategic Air Command und wurden für einen weltweiten thermonuklearen Krieg ausgebildet. Als aber die atomare Abschreckungsrolle für die Bomber im Laufe der Zeit immer weiter zurücktrat, übernahmen die B-52 immer mehr konventionelle Kapazitäten. Die »BUFFs« (der traditionelle Spitzname für die B-52, der in freundschaftlichem Sinne als Abkürzung für »Big Ugly Fat Fella«[105] steht) der 34. BS waren mit »Big-beam«-Waffenträgern für den Transport vom AGM-142 Have Nap ausgerüstet und ebenfalls in der Lage, AGM-84 Harpoons, Minen und sogar die AGM-86C-Marschflugkörper zu starten.

Ursprünglich 1917 als 34. Aero Squadron aufgestellt und erst später als »Thunderbirds« (»Donnervögel«) bekannt geworden, brachte die Staffel eine reichhaltige Geschichte mit ins 366. Sie war eine der Staffeln, die Maschinen wie Mannschaften für den berühmten Tokio-Flug von Jimmy Doolittle im Jahr 1942 stellte. Später wurde sie mit ihren B-26 im Koreakrieg eingesetzt. Sie wurde 1963 mit der Auslieferung der ersten B-52 in »34. Bombardment Squadron (Heavy)« umbenannt und bekam ihren Stützpunkt auf der Castle AFB in Kalifornien, wo sie bis zur Deaktivierung im Jahr 1976 ihren Dienst versah.

Die Staffel wurde im Juli 1992 als schwere Bomberstaffel für das 366. reaktiviert und nach Ausmusterung der B-52G-Flotte wenige Monate später, im April 1994, auf der Ellsworth AFB in South Dakota als B-1B-Lancer-Staffel neu aufgestellt.

Die 34. steht unter dem Befehl von Lieutenant Colonel Timothy Hopper, einem höchst routinierten, lebhaften Offizier Ende Dreißig. Als Pilot in der Bomberlaufbahn hat er die Neuaufstellung des 34. BS zu seiner persön-

105 »großer, häßlicher, fetter Kumpel«

lichen Leidenschaft gemacht, und das kann man auch sehen. Die Herausforderungen sind vielfältig (besonders im Lichte der wohlbekannten Systemprobleme der B-1B), und die 34. kann von Glück sagen, daß sie das 38. Bombardement Wing (BW) als Gastgeber-Einheit auf der Ellsworth AFB hat. Es ist den Führungsqualitäten von Brigadier J. C. Wilson Jr. zu verdanken, daß die Bones des 28. die vom Kongreß in der Dakota Challenge Operational Readiness Inspection verfügten Leistungsstandards noch übertreffen konnten. Als Einheit, die gerade die Umstellung auf die B-1B durchmachte, hatte die 34. BS den gewaltigen Vorteil eines sehr engen Verhältnisses zu den außerordentlich erfahrenen Leuten des 28. BW.

Nachdem sie ihren Anteil von sechs PAA-Flugzeugen erreicht hatte (die Staffel verfügt über insgesamt elf B-1B, um ein ständiges Gleichgewicht halten zu können), sah sie sich einigen schweren Herausforderungen gegenüber: Der Verlust der BUFFs Ende 1993 bedeutete für das Geschwader das Ende seiner Langstrecken-Standoff-Waffen-Kapazität (AGM-142 Have Nap usw.). Darüber hinaus hatte die B-1B einen denkbar schlechten Ruf als »Hangar-Queen« (ein Flugzeug, das die meiste Zeit in Hangars verbringt, wo es auf Reparaturen, Ersatzteile, Inspektion gemäß technischem Handbuch und Ausmerzung von Softwarefehlern wartet). Allerdings sah man im »Knochen« auch einige Möglichkeiten, die eine B-52 nicht bieten konnte. Dazu gehörten:

- erheblich bessere Leistungen speziell in den Bereichen Geschwindigkeit, Manövrierfähigkeit und Bombentragevermögen;
- hervorragende Durchstoßfähigkeiten im Tiefflug;
- wesentlich geringere Radar- und IR-Signatur (nur etwa ein Hundertstel der B-52);
- ausgezeichnete Avionic, einschließlich des Synthetic Aperture Radar, empfindlichere RWR und ein stärkeres Radar-Störsystem;
- die beste Kommunikationsgeräte-Garnitur im 366. Geschwader, darunter ein UHF-Satelliten-Kommunikationsterminal für den Zieldatenempfang während des Fluges;
- ein Waffen-Modernisierungs-Plan (CBU-87/89/97 mit Windkorrektursätzen, GBU-29/30 JDAMS, AGM-145 JSOW, GPS-Empfänger usw.), der Bestandteil der »Bomber Roadmap« des ACC ist.

Aufgrund dieser Fähigkeiten kann man leichter verstehen, weshalb Lieutenant Colonel Hopper und seine Staffel ihre B-1B gerne als »Mo Bones« oder »Mean Bones« (»gemeine/hinterhältige Knochen«) bezeichnen. Leider werden nicht alle diese Fähigkeiten innerhalb kürzester Zeit verfügbar sein. Trotz größter Anstrengungen von USAF Material Command und ACC werden insbesondere bis zur Einführung von JDAM und JSOW noch einige Jahre ins Land gehen. Dennoch hat Tim Hopper so seine eigenen Vorstellungen, wie das Geschwader im Kampf den besten Nutzen aus den B-1B ziehen kann. Einige davon sehen so aus:

- **C&C** – Command and Control. Durch Einsatz der SAR-Fähigkeiten (Synthetic Aperture Radar) der offensiven Avionic-Garnitur und der

Der Befehlshaber der 34. Bombardment Squadron des 366. Geschwaders, Lieutenant Colonel Tim Hopper (rechts), auf dem Abstellplatz mit einem seiner Gruppenoffiziere. Er setzte all seine Kraft dafür ein, die 34. innerhalb von nur sechs Monaten nach ihrer Wiederaufstellung kampfeinsatzbereit zu machen. *John D. Gresham*

hervorragenden Kommunikationseinrichtungen des Bone könnte das Geschwader die B-1B als C^3I-Plattform wie ein Mini-JSTARS verwenden.

- **Störmaßnahmen über weite Entfernungen** – mit der geplanten Ausmusterung der EF-111A-Raven-Streitmacht, die für Anfang 1997 vorgesehen ist, könnte die B-1B als Störplattform für das 366. Geschwader fungieren, indem die Garnitur von Defensiv-Gegenmaßnahmen des ALQ-161 zum Einsatz gebracht würde. Da die Vögel für die elektronische Kampfführung ziemlich knapp vertreten sind, könnte das RWR-System der B-1B durchaus in der Lage sein, die F-16C der 389. FS, die HARMs dabei haben, mit Radar-Zieldaten zu versorgen, falls geeignete Datenverbundsysteme wie JTIDS oder ein verbessertes Datenmodem eingebaut werden.
- **Composite Wing Strike** – bei der ganzen Konzentration auf Präzisions-Lenkwaffen, die man in diesen Tagen in den Vordergrund stellt, wird leicht vergessen, daß für eine Einheit wie das 366. viele potentielle Ziele – wie Truppenansammlungen, Bahnhöfe, Lkw-Frachthöfe, Fabriken etc. – vom »Areal«-Typ sind. »Arealziele« erfordern große Mengen relativ kleiner bzw. leichter Waffen, um bedeutende Schäden hervorzurufen, und der »Knochen« ist für eine solche Aufgabe einfach perfekt geeignet. Da die B-1B in der Lage ist, bis zu 84 Mk-82-Bomben (500 lb./226,8 kg) oder etliche Dutzend CBU-87/89/97-Streubomben zu tragen, kann der Rest des Geschwaders seine SEAD- und PGM-Kapazitäten verwenden, um SAMs und AAA auszuschalten, wonach die Bones hereinkommen und das Zielareal verwüsten können.

Lieutenant Colonel Hopper und seine 34. haben einen großen Schritt in Richtung auf die Global-Power/Global-Reach-Mission getan, die schon vorher angesprochen wurde. Jetzt warten sie nur noch auf die geplanten System-Modernisierungen, die sie noch gefährlicher machen werden. Wenn in ein paar Jahren endlich auch die Baumaßnahmen auf der Mountain Home AFB abgeschlossen sind, können sie mit dem Rest des Geschwaders in Idaho zusammenziehen.

Eine Brücke über die Kluft zwischen Fighter- und Bomber-Kultur zu schlagen, kann zu einem harten Kampf für beide Gemeinschaften werden. General McCloud erzählte uns von der ersten Composite-Strike-Übung, die das 366. mit den Bones durchführte. Verschiedene B-1B-Crews hörten zusammen mit einer Angriffseinheit von vier weiteren Staffeln die Einweisungen und nahmen dann Kurs auf die Gebiete der Nellis AFB, um ihre Aufgaben auszuführen. Später, als das Mission-Debriefing stattfand, gestand ein Mitglied der Bomberbesatzungen: »Wir haben nicht ein einziges Wort von dem verstanden, was ihr Typen da über Funk von euch gegeben habt.« Seit diesem unheilverkündenden Anfang hat man schon einen weiten Weg hinter sich gebracht. Wenn Sie berücksichtigen, was in nur sechs Monaten des Bestehens bereits erreicht wurde, können Sie verstehen, was Tim Hopper vollbracht hat.

22. Air Refueling Squadron

Die 22. Luft-Betankungs-Staffel (Air Refueling Squadron, ARS) ist die einzige Einheit im 366. Geschwader, die nicht mit irgend etwas schießt oder explosive Sachen abwirft. Dennoch ist sie der Schlüssel zur Fähigkeit des 366., schnell zu Einsätzen entsandt zu werden und Kampfaufgaben zu übernehmen. Dave McCloud und der Rest des Geschwaders schätzen die 22. ARS mehr als Diamanten ... oder vielleicht als neue 229-Triebwerke für alle Fighter. Nur noch zwei weitere Geschwader innerhalb des ACC verfügen über eigene Tankflugzeuge, und *nichts* ist in der Luftkriegführung wertvoller als die Betankung in der Luft!

Die 22. ARS war eine der vier ursprünglichen Staffeln, die auf der Mountain Home AFB flogen, als das Geschwader 1992 reorganisiert wurde. Sie hat immer noch ihren ersten Staffelkapitän Lieutenant Colonel John F. Gaughan II, dessen jungenhaft gutes Ausehen einen rasiermesserscharfen Verstand verbirgt.

Die 22. wurde ursprünglich 1939 als schwere Bomberstaffel aufgestellt und flog während des Zweiten Weltkriegs B-17, B-25 und A-26 im Pazifik und in Chian, bevor sie 1945 aufgeteilt wurde. Die Wiedergeburt fand 1952 als Lufttanker-Staffel statt. Sie flog jetzt die KC-97 und stand anschließend ununterbrochen im Dienst des SAC und des ACC. Im Laufe der Zeit flog die 22. auch noch die EC-135, bevor sie 1989, mit dem Ende des Kalten Krieges, erneut aufgeteilt wurde. Wie die anderen 366er Staffeln wurde auch sie 1992 reorganisiert.

Die Tankerstaffel war zunächst mit den lauten, rauchenden und spritfressenden Turbojets ausgerüstet. Inzwischen sind die Maschinen der 22.

Das offizielle Verbandsabzeichen der 22. Aerial Refueling Squadron
U.S. Air Force

auf die modernen CFM-56 Turbofans umgerüstet worden, um Wirtschaftlichkeit im Kraftstoffverbrauch und die Zuladungskapazität zu verbessern. Die Maschinen sind erstaunlich frisch und weisen pro Flugwerk im Durchschnitt nicht mehr als 13000 Flugstunden auf. Da die Tanker nur so wenige Flugstunden haben, wurden viele Belastungen vermieden, die durch ständige Starts, Druckveränderungen und Landezyklen unter Umständen ein Flugwerk erschöpfen können. Die Planung der USAF geht im Augenblick dahin, die KC-135 etwa bis zum Jahr 2020 fliegen zu lassen, was einer Laufbahn von fast sechzig Jahren entspräche!

Was die 22. ARS selbst angeht, so hat sie wegen ihres reichlichen Raumangebots in den KC-135, selbst wenn diese voll mit Kraftstoff sind, etliche Aufgaben mehr zu erledigen als nur den komplizierten Lufttanz, der notwendig ist, um Kraftstoff von einem Flugzeug in ein anderes zu pumpen. Dennoch ist die 22. ARS in ihrem Hauptjob außerordentlich leistungsfähig. Nur ein Beispiel: In den 14 Tagen, die Green Flag 94-3 dauerte, war die 22. mit ihren gerade mal vier Maschinen dabei und flog 97 Einsätze, bei denen sie etliche hundert taktische Einsatzflüge betankte. Gleichzeitig kann in den großen, nicht unterteilten Laderäumen der Tankerrümpfe eine Menge untergebracht werden. Dazu gehören:

- **Personen-Transport** – Mit ihrer Passagierausstattung kann jede KC-135 bis zu achtzig Personen befördern. Das reicht aus, um eine kleine Stützpunktbesatzung zu ihrem Bestimmungsort zu bringen oder mitzuhelfen, die Belastung eingeschränkter Ressourcen eines Air Mobility Commands (AMC) zu verringern.
- **Fracht-Transport** – Obwohl im Augenblick nur solche Fracht befördert werden kann, die unter Einsatz menschlicher Muskelkraft an Bord gebracht wird, können die Maschinen des 22. ARC Transport-Missionen unterstützen, indem sie Stückgut aufnehmen, das dann äußerst sorgfältig auf die bestehenden Sperrholzböden gezurrt wird.

- **Missions-Planung/C³I** – Während der Stunden, in denen sich der Geschwaderstab in der Luft auf dem Weg zu einem Kriseneinsatz befindet, müssen besonders diese Leute darauf vorbereitet sein, sofort mit den ersten Luftangriffen beginnen zu können. Speziell der Stab, der sich mit der Angriffsplanung befaßt, muß über einen engen Kontakt zu seinen CTAPS-Terminals verfügen, um über sie die letzten Aufklärungs- und Zieldaten zu bekommen und daraus die Air Tasking- und Fragmentary Orders erstellen zu können, die bereits fertig sein müssen, bevor die erste Maschine beladen und betankt werden kann. Das ist der Grund, weshalb Colonel Scott und die Operations Group den »FAST-CONOPS«-Plan herausbrachten. Vier Tanker der 22., beladen mit Personal und Ausrüstung, fliegen voraus, um in befreundetem Gebiet alles vorzubereiten, damit die Operationen im selben Augenblick beginnen können, in dem die Kampfflugzeuge ankommen. Nach Eintreffen eines Alarm-Einsatzbefehls startet die erste KC-135, als FAST-1 bezeichnet, so schnell wie möglich in Richtung Krisengebiet. Mit an Bord ist ein Beobachterteam samt seiner Ausrüstung, das die Aufgabe hat, detailliert festzustellen, was das Geschwader für den Einsatz benötigt. Kurz danach trifft FAST-2 mit einem Air Operations Center und dem Kommunikations-Erstausstattungspaket des Geschwaders (WICP oder Wing Initial Communications Package) an Bord ein. FAST-3 hat dann das C³I-Element mit seiner CTAPS-Ausrüstung an Bord, das schon während des Fluges mit seiner Arbeit beginnt. Schließlich hat FAST-4 einen Stab von Wartungs- und fliegendem Personal (Bereitschaftscrews) an Bord, das die Maschinen fertig macht und die ersten Einsätze fliegt, nachdem sie im Krisengebiet angekommen sind. Auf diese Weise kann das Geschwader bereits wenige Stunden nach seiner Ankunft auf einem befreundeten Flugfeld seine ersten Einsätze fliegen.

Diese Kapazitäten sind von vitaler Bedeutung für das geplante CONOPS-Konzept des Geschwaders und können große Auswirkungen auf den Verlauf einer Krise haben.

Die 22. ARS arbeitet sehr hart daran, ihre Fähigkeiten zur Unterstützung des Geschwaders zu verbessern. Obwohl das Geld für Modernisierungen der Versorgungsflugzeuge knapp ist, bemüht man sich unablässig, die Maschinen der 22. leistungsfähiger zu machen. Dazu gehören:

- **Kommunikation** – Es wurden Vorkehrungen getroffen, um UHF-Satelliten-Kommunikations-Terminals an Bord eines jeden Tankers einzubauen. Das ermöglicht die Übertragung von hochwertigen Aufklärungsdaten einschließlich Bildübertragung und Telekonferenzen vom und zum FAST-Flugzeug, während es in der Luft ist.
- **Fracht-Handhabung** – Eine der wirklich *großen* Verbesserungen besteht im Austausch der bisherigen Sperrholzböden der KC-135 gegen spezielle, fest eingebaute, sogenannte Roll-on/Roll-off-Böden (Ro/Ro) aus einer Aluminiumlegierung, die es endlich erlauben wird, auch auf Paletten geladene Fracht zu befördern. Hierdurch wird die Variations-

breite an Fracht, die dann von den Tankern der 22. befördert werden kann, enorm erweitert. Außerdem ist das eine hilfreiche Maßnahme gegen den Beförderungsstau, der immer dann entsteht, wenn das Geschwader mit seinem ganzen Kram in eine Kampfzone ziehen muß.

- **Navigationssysteme** – NAVSTAR-GPS-Empfänger werden zur Zeit eingebaut. Sie unterstützen Navigation und Planung und verbessern zugleich die Genauigkeit der Autopiloten. Das sollte unter dem Strich die Arbeitsbelastung der Aircrews etwas mindern und Ermüdungserscheinungen bei Transozeanflügen vorbeugen, wenn das 366. nach Übersee entsandt wird.

Diese Verbesserungen werden sicherlich die Kapazitäten der 22. erweitern, obwohl Lieutenant Colonel Gaughan und der Rest der Führungsmannschaft des Geschwaders auch dann noch eine ellenlange Wunschliste haben werden. Ganz oben auf dieser Liste steht der Wunsch, die KC-135 für die größeren und moderneren KC-10-Tanker in Zahlung zu geben, die während des Fluges Kraftstoff abgeben wie auch selbst aufnehmen und riesige Mengen Fracht auf Paletten und/oder Passagiere befördern können. Dadurch könnte die 22. endlich auf Überseeflügen betanken *und* auch betankt werden. Im Augenblick kann sie nur das eine *oder* das andere. Unglücklicherweise werden diese Flugzeuge vom Air Mobility Command auf der Scott AFB in Illinois eifersüchtig gehütet. Ein anderer Punkt auf dem Wunschzettel ist der Einbau eines Betankungs-Trichters bei den Maschinen der Staffel. Diese Modifikation ist unter der Bezeichnung »T-mod« bekannt und würde die K-135R zur KC-135R*T* machen. Das Geld setzt jedoch auch hier enge Grenzen, und das Geschwader muß mit einiger Wahrscheinlichkeit zumindest die nächsten paar Jahre sehen, wie es mit dem zurechtkommt, was es im Augenblick hat.

392. Electronic Combat Range Squadron

Die 392. Electronic Combat Range Squadron wurde 1985 aufgestellt, um wirklichkeitsnahes elektronisches Trainingsgelände (Electronic Combat Range) für die EF-111 und das 366. Geschwader bereitzustellen, nachdem diesem die Standoff Jamming Mission (elektronische Störung feindlicher Elektronik aus größerer Entfernung) innerhalb der USAF übertragen wurde. Heute betreibt es unter dem Kommando von Lieutenant Colonel Lynn B. Wheeless, USAF, die Einrichtungen auf dem Waffentrainingsgelände von Saylor Creek.

366. Logistic Group

Kampfeinheiten verschlingen *Unmengen* von Verbrauchsgütern. Ein einziger Einsatz von sechs B-1B der 34. BS verbraucht bis zu 117 Tonnen Bomben und mehr als 148 250 Gallonen/560370 Liter Turbinenkraftstoff. Das ist nur *ein* Einsatz *einer* Staffel, die unter dem Kommando des 366. Geschwaders steht, und schließt in keiner Weise Verpflegung, Wasser, Ersatzteile, Black Boxen und andere Verbrauchsgüter ein, die für den Betrieb einer modernen Kampfeinheit unverzichtbar sind. In höchst angespannten Kampfsituationen würde das gesamte 366. etliche tausend Tonnen an Verbrauchsgütern benötigen – und das Tag für Tag. Ohne einen angemessenen Fluß von Versorgungsmaterialien wären die Gunfighter nur noch Bodenziele für andere Luftstreitkräfte und zum Abschuß freigegeben.

Unter der Führung von Colonel Lee Hart setzt sich die 366. Logistic Support Group aus vier Staffeln zusammen, die für Versorgung, Wartung und Transport verantwortlich sind. Ohne das Bodenpersonal der Versorgungstruppe wäre niemand da, der die Bomben in die Maschinen lädt, diese betankt, die Schraubenschlüssel schwingt und die Fracht staut.

366. Logistic Support Squadron. Ursprünglich als 366. Sub Depot bekannt, als sie im November 1942 aufgestellt wurde, steht die 366. Versorgungs-Staffel heute unter dem Kommando von Major Louis M. Johnson Jr. Sie wurde 1992 wieder aktiviert und hat heute die Aufgabe, das Geschwader kontinuierlich mit Ersatzteilen, Werkzeugen und Ausrüstungsgegenständen zu versorgen und so dazu beizutragen, daß die Flugzeuge des 366. in die Luft gebracht werden können. Im Grunde kümmert sie sich auch um Bestellung, Lagerung und Verteilung von Tausenden von Gegenständen, die an oder in den Flugzeugen des Geschwaders gebraucht werden.

366. Maintainance and Support Squadron. Zum ersten Mal 1953 aktiviert, steht die 366. Wartungs- und Versorgungs-Staffel heute unter dem Befehl von Lieutenant Colonel Ward E. Tyler III. Seine Aufgaben sind, wie man sich denken kann, Reparaturen, Tests und Wartung sämtlicher Flugzeuge und sonstiger Ausrüstungsgegenstände, die in den Inventarlisten des Geschwaders aufgeführt sind. Das ist eine gewaltige Aufgabe, teilweise schon deswegen, weil das 366. fünf verschiedene Flugzeugtypen fliegt, ganz zu schweigen von den zahlreichen Computern, Generatoren, Servicewagen für Arbeiten an den Abstellplätzen, Testgeräten usw.

366. Supply Squadron. Zum ersten Mal 1953 zusammen mit anderen Einheiten der Logistic Group aufgestellt, steht die 366. Nachschub-Staffel derzeit unter dem Kommando von Major Jerry W. Pagett. Er und sein Team haben den Auftrag, die tausenderlei Dinge verfügbar zu halten, die von einer Einheit wie dem 366. benötigt werden, damit sie funktionsfähig bleiben kann. Wie bei jeder anderen Einheit bedeutet das die Abdeckung des Bedarfs einer Kleinstadt, von Verpflegung und Kraftstoff bis hin zu Seife und Toilettenpapier. Eine der größten Anstrengungen des Völkchens in dieser Einheit besteht darin, wann immer möglich Dinge auf den Nachschubbändern so zu kombinieren, daß das Geschwader weniger *unterschiedliche* Dinge mitnehmen muß, wenn es zu einem Einsatz geschickt wird.

366. Transportation Squadron. Unter der Leitung von Major William K. Bass ist die 366. Transport-Staffel eine Kombination aus Lkw-Dispositionsbüro, Passagier- und Frachtfluglinie sowie einer Warenhaus- und Speditionsgesellschaft. Die Transportation Squadron ist in einer kleinen Gruppe von Büros und Räumen eines Hangars in der Nähe der Landebahnen von Mountain Home untergebracht und dafür verantwortlich, das Geschwader und seinen ganzen »Kram« von einem Platz zum anderen zu schaffen. Das hat in kürzester Zeit und unter geringstmöglicher Beanspruchung der begrenzten Lufttransportkapazitäten des AMC zu geschehen. Schwere Lufttransporter gehören zu den raren Besitztümern der Nation und sind durch den ständigen Einsatz bei Reaktionen auf die unterschiedlichsten Krisen auf der ganzen Welt außerordentlich dünn gesät.

Major Bass und sein Stab sind in ihren kleinen Hangarbüros laufend damit beschäftigt, Eventualpläne zu entwerfen und zu verfeinern. An den Wänden ihres Konferenzraums hängen dreißig kleine »weiße« Tafeln, von denen jede für eine durchnumerierte Ladung von Ausrüstung, Fracht und Personal steht, die an Bord einer C-141B Starlifter geschafft werden muß, wenn ein »A«-Paket (die kleinste Streitmacht, die das Geschwader entsendet) aus Flugzeugen, Ausrüstung und Personal bereitzustellen ist. Nun, das ist allerdings der Idealfall, wenn das Geschwader einen Einsatzbefehl zu einer erstklassigen Gasteinrichtung (wie z. B. den saudi-arabischen Stützpunkten, die während Desert Shield und Desert Storm verwendet wurden) bekommt, wobei das AMC in Bereitschaft steht, drei Dutzend C-141 und einige KC-10 zu schicken, die dann die Einheit so schnell wie möglich ins Krisengebiet schaffen. Die Wirklichkeit sieht aber so aus, daß ein oder zwei Stunden nach der Anmeldung beim AMC auf der Scott AFB lediglich eine Mischung der unterschiedlichsten Luft-Schwertransporter ankommt. Diese Mixtur kann von C-17 und C-5, die *wesentlich* mehr als eine C-141 laden können, bis zu gecharterten zivilen 747- und MD-11-Frachtern reichen, die weniger Ladekapazität haben und nur Fracht auf Paletten und vielleicht noch kleine Wagen und Fahrzeuge aufnehmen können. Weil es von lebenswichtiger Bedeutung ist, daß spezielle Ladung und Truppen in genau festgelegter Reihenfolge ankommen, kann die Unberechenbarkeit des Lufttransports in einer Krisensituation das normalerweise »coole« Personal unter Major Bass an den Rand des Wahnsinns treiben, wenn sie ihre Laptop-Computer in Gang setzen und alle Spezifizierungen überprüfen und neu berechnen müssen, um festzulegen, wer wann an Bord eines ganz bestimmten Flugzeugs zu sein hat. Dann müssen sie in den Wohnungen und Staffeln anrufen, um dem Bereitschafts-Personal des 366. Geschwaders mitzuteilen, daß es sich samt persönlicher Ausrüstung zum Einsatzbüro zu bewegen habe, und zwar *sofort*! Obwohl seine Aufgabe darin besteht, das Geschwader in ein Krisengebiet zu schaffen, verläßt der überwiegende Teil von Major Bass' Personal selbst die Mountain Home AFB nicht. Ihr Los ist es, Menschen, Flugzeuge und Ausrüstung dorthin zu verschieben, wohin auch immer das 366. geschickt wird, selbst aber zu Hause in der Sorge und Leere zu bleiben, die während einer Krise auf einem Heimatstützpunkt herrschen.

366. Medical Group

Moral und Lebensqualität einer Air Force Base hängen in hohem Maß von einem wohlgeführten und gut ausgestatteten Sanitätscorps ab. Das gilt nicht nur, wenn es darum geht, Fliegerärzte für die Flugzeugbesatzungen und Feldärzte für das Bodenpersonal bereitzustellen, sondern auch für die allgemeine medizinische Versorgung der Familien, vom Geschwader abhängigen Personen und des Stützpunktpersonals. Die rein geographische Isolation der Mountain Home AFB macht das alles noch viel wichtiger – das nächste größere Großstadt-Krankenhaus ist mehr als fünf Meilen entfernt.

Unter der Leitung von Colonel C. Bruce Green, MD (Dr. med.), bietet die 366. Medical Group medizinische Dienstleistungen in der gesamten Aufgabenbreite an. Zusätzlich ist sie in der Lage, ein Feldlazarett zusammen mit dem Geschwader in den Einsatz zu schicken, um die medizinische Versorgung für das 366. und die diesem unterstellten Einheiten im Feld zu gewährleisten.

366. Combat Support Group

Die Kampf-Versorgungsgruppe des 366. deckt viele spezielle Aufgaben und Dienstleistungen ab. Dazu gehören Technik, Kommunikation, Stützpunktsicherheit und Durchsetzung von Gesetzen ebenso wie der Verpflegungs- und Kantinenservice. Unter dem Befehl von Colonel Robert G. Priest, ist die 366. Combat Support Group so etwas wie die letzte Scheibe im Kuchen des 366., und obwohl man ihre Funktion für die Kampffähigkeit des Geschwaders als zweitrangig ansehen könnte, ist das Thema Lebensqualität, mit dem sich Colonel Priest und seine Truppe konfrontiert sehen, für den Erfolg der Einsätze des 366. ebenso wichtig wie die Leistungsfähigkeit der Kampfflieger in den Flugstaffeln.

366. Civil Engineering Squadron. Diese Bau-(Ingenieur-)Staffel steht unter der Führung von Lieutenant Colonel Cornelius Carmody und versetzt das 366. in die Lage, zu unbekannten Gast-Flugfeldern zu fliegen, weil sie zuvor von seiner Gruppe voll funktionsfähig gemacht wurden. Deren Aufgabe reicht von der Versorgung mit trinkbarem Wasser und sauberem Jet-Kraftstoff bis hin zur Sicherstellung qualitativ hochwertiger Elektroenergie. Bei manchen Einsätzen (wie zum Beispiel dem nach Saudi-Arabien) kann das ganz einfach sein. An anderen Plätzen allerdings kann es passieren, daß die Ingenieure lediglich eine Rumpfbasis vermessen und ihre Konstruktionsanforderungen an ein »Red Horse« Airbase Construction Battalion[106] weiterleiten müssen. In erstaunlich kurzer Zeit kann eine derartige Einheit aus einem Flecken Dschungel oder Wüste durch Zugabe von Wasser und Zement einen der verkehrsreichsten Flugplätze der Welt machen. Die Ingenieure des 366. sind im Moment auch für

106 Pionier-Bataillon der USAF, das auf den Bau von Stützpunkten für die Air Force spezialisiert ist

die Qualitätsüberwachung bei den Bauprojekten auf der Mountain Home AFB zuständig.

366. Communications Squadron. Geleitet von Lieutenant Colonel Dennis J. Damiens, ist die 366. Kommunikations-Staffel mehr als nur eine Telefongesellschaft in Kleinformat – eine Organisation auf dem neuesten Stand der Technik und von absolut lebenswichtiger Bedeutung, wenn die Operations Squadron irgend etwas an ihre CTAPS-Systemterminals anschließen muß. Colonel Damiens' Männer können praktisch jede Art von Sprach-, Daten- oder Satellitensystem anschließen, und zwar von denen öffentlicher Telefongesellschaften bis zum neuen MILSTAR-System, das gerade erst herausgekommen ist. Darüber hinaus sorgen sie für die örtlichen Kommunikationseinrichtungen um die Mountain Home AFB und warten sämtliche Sicherheits-Kommunikationseinrichtungen des Geschwaders.

366. Security Police Squadron. Selbst die gesetzestreueste Gemeinde braucht Polizeikräfte. Die Mountain Home AFB ist eine kleine Stadt, in der es unersetzliche Vermögenswerte von etlichen Milliarden US-Dollar gibt, die einen enorm verläßlichen Schutz brauchen, und in der keinerlei Drogen- und Alkoholmißbrauch geduldet wird. Die Sicherheitspolizei-Staffel unter dem Kommando von Lieutenant Colonel James E. Leist erfüllt die Funktionen einer Ortspolizei. Zusätzliche Pflichten sind Anti-Terror-Aufklärung, während das Geschwader zu Hause ist, und die Verteidigung des Stützpunkts, wenn es sich zu einem Einsatz in Übersee befindet. Wenn das Geschwader kurz davor steht, in einen Bereich entsandt zu werden, in dem die Sicherheit ernsthaft bedroht ist, übernimmt die Security Police Squadron die Koordination der gesamten Verteidigung des Stützpunktes vor Ort, und alle Einheiten, die zur Verstärkung herangezogen werden, haben sich ihr anzuschließen. Das umfaßt beinahe alles, von Militärpolizei-Einheiten der gastgebenden / koalierenden Staaten bis hin zu den Special Forces für Anti-Terror-Einsätze.

366. Services Squadron. Die Dienstleistungs-Staffel unter dem Befehl von Major Timothy P. Fletcher betreibt Casinoräume, Offiziers- und Unteroffiziersclubs, die Läden auf dem Stützpunkt und eine Menge anderer Aktivitäten, die dem militärischem Personal das Leben erträglich machen. Eine gute Services Squadron kann selbst die trostloseste Basis in einen Stützpunkt verwandeln, an den man sich gern erinnert. Mit den Worten eines jungen Piloten: »Die machen Mountain Home zu einem großartigen Ort, an den man gern zurückkehrt.«

Hilfe von außen: andere angeschlossene Einheiten

Trotz aller Vielfalt und Kapazitäten der einzelnen Einheiten kann das 366. Geschwader nicht gänzlich auf sich allein gestellt in einen Krieg ziehen. Obwohl die Gunfighter auf etliche Dutzend interessanter und einfallsreicher Arten den Tod bringen können, sind sie ein wenig zu klein, wenn es darum geht, auszuschaltende Ziele zu finden und zu identifizieren. Das ist keineswegs ein Makel oder eine Schwäche in der Struktur des Geschwaders, denn die Air Force hütet die nachrichtendienstlichen Erkenntnisse und die Daten der Zielaufklärung prinzipiell sehr streng, fast wie ein persönliches Besitztum, und gibt Informationen nur sehr vorsichtig und häppchenweise weiter. Da das 366. in der Führungsmannschaft auf der höchsten Ebene des ACC einen guten Rückhalt hat, bewegt es sich nahe an der Spitze der Prioritätenliste für die Versorgung mit Geheimdienst- und Aufklärungsdaten aller Art.

552. Air Control Wing, Tinker AFB, Oklahoma

Als das ACC beschloß, das 366. als Composite Wing aufzustellen, wurde ernsthaft erwogen, dem Geschwader eine kleine Staffel (drei Maschinen) von E-3-Sentry-AWACS-Flugzeugen zu geben. Diese Maschinen sind jedoch sehr rar; lediglich 34 wurden für den Dienst in der USAF gebaut. Dennoch wird normalerweise keine ernst zu nehmende Streitmacht ohne AWACS-Unterstützung in einen Einsatz gehen, und das 366. steht ganz oben auf der Liste der Einheiten, die bevorzugt in Einsätze geschickt werden. Deshalb wurde eine ständige Übereinkunft zwischen dem 366. Geschwader und dem Hauptquartier des ACC getroffen, daß im Falle eines Einsatzes die Stammeinheit aller USAF-AWACS, das 552. Luftraum-Überwachungs-Geschwader (Air Control Wing, ACW), einige seiner wertvollen »Augen« zur Unterstützung in den Himmel schickt.

Mit Stützpunkt auf der Tinker AFB, die etwas östlich von Oklahoma City in Oklahoma liegt, ist das 552. der alleinige Betreiber dieser großen Radarflugzeuge in US-Diensten (gegliedert in vier Airborne Air Control Squadrons: der 463., 464., 465. und 466.). Das 552. erhält Abkommandierungen in die ganze Welt, von Alaska bis zur Türkei, und ist inzwischen zu einem wichtigen Luftwerkzeug der amerikanischen Diplomatie geworden. Dafür zahlen die überarbeiteten Besatzungen aber einen hohen Preis. Sie sind routinemäßig monatelang und ununterbrochen von ihrem Zuhause und ihren Familien getrennt. Die Operationsgeschwindigkeit war für die Crews des 552. Geschwaders immer sehr hoch, wahrscheinlich sogar zu hoch. Anfang 1994 verbrachte eine durchschnittliche AWACS-Besatzung mehr als 180 Tage pro Jahr bei TDY-Aufgaben (Temporary Duty oder zeitweilige Verpflichtung) in Übersee. Mitte 1994 traf Brigadier General Silas R. »Si« Johnson auf der Tinker AFB ein, um das Kommando über das Geschwader zu übernehmen. Si Johnson ist ein Multimaschinen-Laufbahn-Pilot mit Tausenden von Stunden auf KC-135 und B-52. Die Offiziere, Unteroffiziere und Soldaten des 552. beginnen bereits, seiner starken Hand an den Zügeln ihres Geschwaders und ihrer Gemeinschaft Vertrauen zu schenken. Das müssen sie auch, denn die Anforderungen an ihre einzigartigen Fähigkeiten bestehen unvermindert weiter.

Um zumindest ein AWACS-Flugzeug rund um die Uhr in der Luft zu haben, plant das 366., im Fall der Abkommandierung zu einer Krise mit drei AWACS-Maschinen loszufliegen. Der Trick besteht darin, die Sentry-Maschinen des 552. Geschwaders in die Operationen des 366. Geschwaders zu integrieren, eine Aufgabe, die von beiden Einheiten ausgiebig geprobt wurde. Das schloß auch Übungen zur Entwicklung taktischer Verfahren für die Einbindung von F-15C der 390. FS mit ihrem neuen JTIDS-Datenverbund ein, die dank des »alles sehenden Auges« der E-3-Radar- und anderer Sensoren noch tödlicher geworden sind.

27. Fighter Wing, Cannon AFB, New Mexico

Eine weitere Verstärkung, die für das 366. in einem Kriseneinsatz vorgesehen ist, besteht in der Entsendung von vier EF-111A-Raven-Standoff-Jamming-Flugzeugen, die derzeit beim 37. Fighter Wing auf der Cannon AFB in New Mexico untergebracht sind. Diese starken EW-Maschinen (sie verwenden Versionen des ALQ-99-Störsystems von Hughes) sind die fähigsten taktischen Störflugzeuge im Arsenal der USAF. Die USAF verwendet seit dem Zweiten Weltkrieg Standoff-Jamming-Maschinen in Luftangriffs-Gruppen (»Raid Packages«), und keine amerikanische Angriffstruppe, die einigermaßen bei Sinnen ist, würde es wagen, ohne sie in einen feindlichen Luftraum einzudringen. Leider hat die derzeitige Regierung beschlossen, die Spark'Varks (wie sie genannt werden) zusammen mit den verbliebenen F-111F-Fighter-Bombern zwischen Ende 1997 und 1998 auszumustern, ohne daß ein Ersatz eingeplant wurde. Das wird für das ACC wie für das 366. schmerzlich werden, denn sie brauchen nach wie vor irgendeine Art von Standoff-Jammer. Als Zwischenlösung – allerdings alles andere als eine perfekte Lösung – haben Colonel Hopper und seine schöpferischen Leute von der 34. BS Taktiken und Techniken für den Einsatz der B-1B als Standoff-Jammer ausgearbeitet. Bis es soweit ist, stehen die Raven des 27. FW für Einsätze zur Verfügung und unterstützen weiterhin die Übersee-Operationen im Irak, in Bosnien und auf Haiti.

355. Electronic Combat Wing, Davis-Monthan AFB, Arizona

In den Tiefen der Briefing-Charts von Colonel Scotts CONOPS-Plan für das 366. findet man eine Notiz über zwei Flugzeuge, die unter der Bezeichnung »EC-130H Compass Call« bekannt sind und die mit den Gunfightern in den Einsatz geschickt werden. Geschmückt mit ganzen Girlanden von Antennen, haben diese etwas merkwürdig aussehenden Varianten der Lockheed Hercules – Signal Intelligence (SIGINT) und Electronic Intelligence (ELINT) – außerordentlich leistungsfähige Störpakete an Bord. Eine Compass Call arbeitet im Grunde wie ein Staubsauger für Elektronik, der fast das gesamte elektronische Spektrum »aufsaugen« kann. Nachdem sie die aufgenommenen Daten analysiert hat, um Echtzeit-Zieldaten von feindlichen Befehls-Schaltstellen, SAM- und AAA-Radarstellungen und anderen elektronischen Sendeeinrichtungen zu erstellen, leitet sie diese über einen JTIDS-Datenverbund an andere Flugzeuge weiter. Die EC-130H können aber auch über größere Entfernungen hinweg sowohl SAM- und AAA-Radar- als auch Funkverkehr-Störungen durchführen. Obwohl es nur eine Handvoll dieser außerordentlich wertvollen Vögel gibt (in zwei Staffeln untergebracht: 41. ECS und 43. ECS des 355. Geschwaders auf der Davis-Monthan AFB in der Nähe von Tucson, Arizona) und ihre Verfügbarkeit immer sehr begrenzt sein wird, werden einige dieser Maschinen mit ihren geschickten Technikern immer dann dem 366. unterstellt, wenn dieses zu einem Übersee-Einsatz muß. Sollte in einem solchen Fall einmal die gesamte Flotte von Compass Call nicht zur Verfügung stehen, kann das ACC immer noch ein aufsteckbares System namens »Senior Scout« verwenden, das als Paket in jeden C-130-Transporter eingebaut werden kann.

Joint Surveillance and Targeting System (Joint STARS)

Derzeit fliegt keine einzige aktive Einheit die E-8C-Joint-STARS[107]-Radarflugzeuge. Jedoch wird in den kommenden Jahren ein Geschwader mit diesen Maschinen ausgehoben werden, dem laut Plan zwei Dutzend dieser Flugzeuge unterstellt werden sollen. Mit einiger Wahrscheinlichkeit wird diese neue Einheit auf der Tinker AFB stationiert werden, weil man dort bereits auf große Erfahrungen mit den zuverlässigen alten Flugwerken der 707-Serien zurückblicken kann. Auf der Basis von SAR-Radarsystemen aufgebaut und mit der Fähigkeit ausgestattet, feststehende wie auch bewegliche Bodenziele auszumachen, stellt Joint STARS unter den aktuellen Anschaffungen der USAF wahrscheinlich das bedeutendste neue Flugzeug dar. Nachdem die beiden E-8A-Joint-STARS-Prototypen während der Operation Desert Storm eine derart überzeugende Leistung beim Ausmachen und Verfolgen irakischer Bodentruppen gezeigt haben, ist es sehr unwahrscheinlich geworden, daß das 366. je wieder ohne diese weitblickenden Augen am Himmel in ein Krisengebiet geschickt wird. Sobald in den späten 90er Jahren genügend E-8C einsatzfähig sind, wird das ACC sicherlich eine losgelöste Einheit von drei Maschinen bereitstellen, damit das 366. Geschwader Gelände- wie auch Luftraumüberwachung durchführen kann.

Defense Airborne Reconnaissance Office (DARO)

Als die Army in den ersten Jahren des 20. Jahrhunderts endlich die ersten Flugzeuge in Dienst nahm, bestand die erste für die Kommandeure am Boden bedeutsame Mission darin, von den Fliegern Fotos der gegnerischen Stellungen zu bekommen. Aufklärerfotos sind für den Stab eines JFACC von lebenswichtiger Bedeutung, weil man nun einmal ein Ziel erkennen können muß, bevor man es angreifen kann. Danach braucht man noch mehr Fotos von den Zielen, um das Ausmaß der Zerstörung einzuschätzen. Wenn ein JFACC keine Foto-Aufklärungsmöglichkeiten unter seinem direkten Einflußbereich hat, gerät der gesamte Prozeß aus Pla-

---

107 »*Joint Surveillance and Targeting System*«: »zusammengeführtes Aufklärungs- und Zielsystem«

nung, Angriff und Bomb Damage Assessment (BDA) ins Wanken. Die schlechten Nachrichten sind heute leider die, daß die USAF nur über ein paar Dutzend angejahrter taktischer Foto-Aufklärer vom Typ RF-4C Phantom II in Staffeln der Air National Guard verfügt. Während Desert Storm sah sich der CENTAF-Stab wegen des Mangels an taktischen Foto-Aufklärern beim US-Militär zur Improvisation gezwungen. Ihre Notlösung bestand in der Kombination von Flugzeugen und Satellitensystemen, die alle von verschiedenen Organisationen kontrolliert wurden, was eine effektive Einschätzung von Bombenwirkungen (BDA) fast unmöglich machte. Nach dem Krieg nahm sich Verteidigungsminister William Perry diese Lehre zu Herzen und schuf das Defense Airborne Reconnaissance Office (DARO), das sämtliche Aufklärungsergebnisse innerhalb der Erdatmosphäre koordinieren sollte. DARO teilt sich im Pentagon den verfügbaren Raum mit dem National Reconnaissance Office (NRO – das ist die Organisation, welche die geostationären Aufklärungssatelliten kontrolliert) und steht unter dem Befehl von Major General Kenneth Israel. Das Vorrecht von DARO besteht darin, sämtliche Aufklärungsprogramme zu übernehmen, und seine Aufgabe ist es, so etwas wie Ordnung in das Chaos zu bringen.

Obwohl etliche der von DARO betriebenen Programme immer noch höchster Geheimhaltung unterliegen, wissen wir mittlerweile, daß der Stab im Pentagon eine Reihe von UAV-Programmen (Unmanned Aerial Vehicle oder pilotenlose Drohnen) ins Leben gerufen hat, die bestehende bemannte taktische Systeme ersetzen oder ergänzen sollen. Da die UAVs nicht durch lebenserhaltende Systemanforderungen einer Besatzung oder durch die Notwendigkeit belastet sind, im Falle feindlicher Reaktionen sicher zurückkehren zu müssen, werden sie bei der Beschaffung von foto-

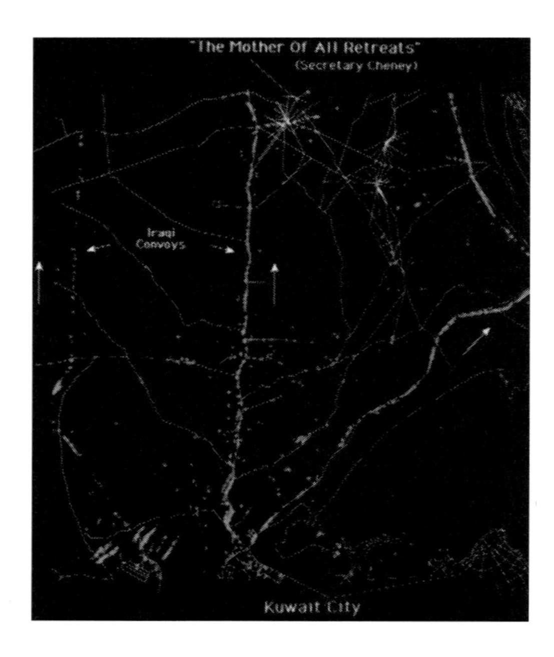

Das berühmte Radarbild »Mother of All Retreats« (Mutter aller Rückzüge), das von einem Prototypen der E-8A-Joint-STARS-Flugzeuge während der Operation Desert Storm aufgenommen wurde
Northrop Grumman

Ein Unmanned Aerial Vehicle (UAV) Predator von General Atomics auf dem Testflug. UAVs wie die Predator werden Bestandteil des Rückgrats der Luftaufklärungskapazitäten der USAF im 21. Jahrhundert sein. GENERAL ATOMICS

grafischen Aufklärungsdaten wesentlich effektiver sein als bemannte Flugzeuge. UAVs können außerdem über einem interessanten Gebiet herumlungern und es studieren, statt mal eben »in hitziger Geschwindigkeit« darüber hinwegzufliegen und ein einziges Foto zu schießen. Gleichzeitig müssen die Fotoauswerter aber einige neue Einstellungen und Techniken entwickeln. Dazu nur ein Beispiel: Statt Fotos von nur einem speziellen Ziel oder Direct Mean Point of Impact (DMPI oder »dimpi«, wie man das nennt) zu liefern, zeichnet ein UAV große Geländebereiche – wie ganz Kuwait oder Bosnien – auf und aktualisiert die Situationskarte mehrmals täglich (auch nachts). Das bedeutet, daß der Stab eines JFACC vielleicht nicht mehr spezifische Ziele unmittelbar bevor und direkt nach einem Angriff zu sehen bekommt, statt dessen aber umfangreichere und bessere Informationen über einen längeren Zeitraum hinweg. Auf lange Sicht wird dieses große Bild bessere Daten für Planungen auf Operationsebene liefern, besonders dann, wenn es mit qualitativ hochwertigen Videobändern kombiniert werden kann, die von FLIR-Systemen nach einem Angriff erstellt wurden. Während Desert Storm erwiesen sich diese kurzen Videoclips immer dann, wenn sie korrekt mit anderen Daten abgestimmt wurden, als unschätzbar wertvoll für die BDA.

Im Moment ist keines der UAV-Systeme einsatzbereit, und bislang wurden nur einige wenige Prototypen in Aktion beobachtet. Eines dieser Systeme sind die Predator-Serien von UAVs, die bei der General Atomics Corporation von San Diego in Kalifornien hergestellt werden. Man hört, daß Predators von der CIA gesponserte Aufklärungsmissionen von einem Stützpunkt in Albanien aus geflogen sind und ihre Sache gut gemacht haben. Diese neuen Systeme sollten eigentlich, zusammen mit dem Rest unserer alten Kapazitäten, die Angriffsplaner mit ausreichenden Zieldaten versorgen können, solange die Satellitensysteme noch durchhalten. Dennoch werden die Besitztümer im Bereich der Luftaufklärung für wenigstens ein Jahrzehnt ziemlich mager werden.

National Reconnaissance Office (NRO)

Obwohl es etliche Mangelerscheinungen bei der Sammlung von taktischen wie auch bei der Beschaffung von Aufklärungs-Informationen auf Kriegsschauplatz-Ebene gibt, haben die Vereinigten Staaten von Amerika glücklicherweise enorm starke Kapazitäten zur Sammlung von nachrichtendienstlichen Informationen aus dem Weltraum aufgebaut. Es ist kein Geheimnis, daß Amerika Satelliten zur Beschaffung von nachrichtendienstlichen Informationen auf strategischer Ebene verwendet, dennoch sind die Details über spezifische Programme bis zum heutigen Tag Verschlußsache und damit streng geheim. Die ersten Foto-Aufklärungs-Satelliten nahmen Anfang der 60er Jahre ihre Arbeit auf. Das geschah noch insgeheim und unter dem CIA-Programmnamen »Corona«. Nach außen hin wurde das ganze als orbitales Forschungsprogramm der NASA mit der Bezeichnung »Discoverer« dargestellt.

Zum Glück brachte das Ende des Kalten Krieges mehr Spielraum, um diese Besitztümer im Weltraum auf breiterer Ebene zu verwenden. Natür-

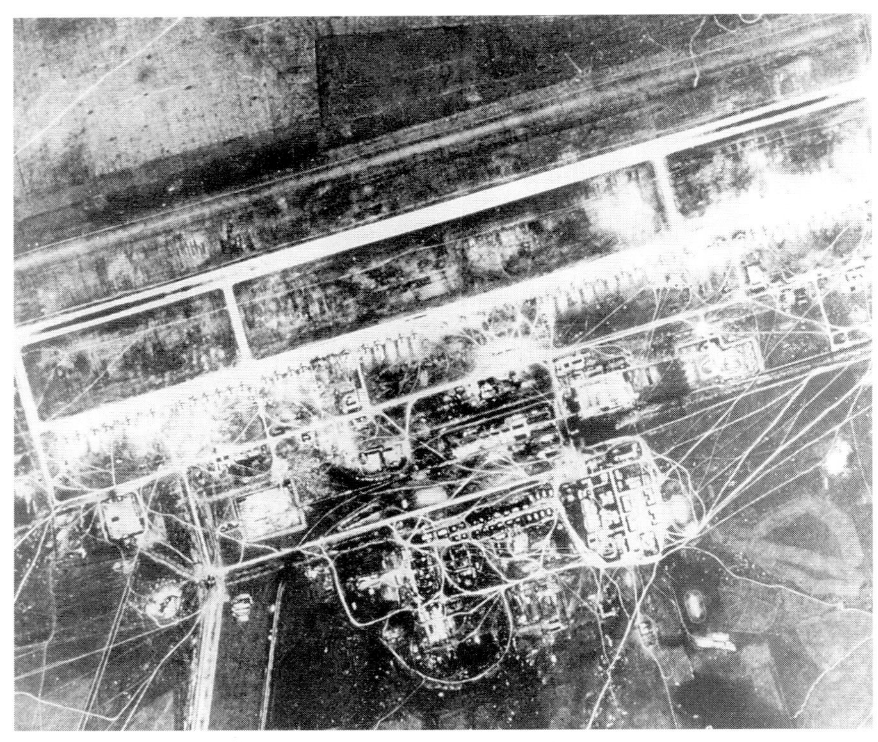

Eines der ersten großflächigen Fotos eines sowjetischen Bomberstützpunktes, 1966 von einem Foto-Aufklärungssatelliten vom Typ Corona aufgenommen. Große Teile der Zielinformationen für das 366. Geschwader würden in einer Kampfsituation von derartigen Raumsonden in erdnaher Umlaufbahn geliefert werden.

Offizielles Foto des U.S.-Amerikanischen Verteidigungsministeriums

lich wurden sie aber auch weiterhin zur Überwachung der ehemaligen Sowjetunion eingesetzt. Das NRO hat in den letzten Jahren außergewöhnliche Anstrengungen unternommen, um seine »Produkte« einer größeren Zahl von Anwendern innerhalb der Teilstreitkräfte des amerikanischen Militärs zugänglich zu machen. Heute sind die Leute beim Central Imagery Office (CIO) – das ist die Organisation, die das Bildmaterial von DARO und NRO auswertet – emsig bemüht, taktische Systeme zu entwickeln, mit denen sie ihren »Produkten« aus der Satellitenaufklärung Geltung verschaffen und diese richtig verteilen können.

50. Space Wing/U.S. Space Command (USSPACECOM)

Die Koordination der militärischen Weltraumaktivitäten Amerikas obliegt einer der großen zusammengeführten Befehlsinstitutionen. Diese läuft unter der Bezeichnung »U.S. Space Command«, steht unter der Leitung von General Joe Ashey und hat seinen Stützpunkt auf der Peterson AFB in Colorado Springs, Colorado.

Eine Defense-Support-Program-(DSP-)Raumsonde wird aus dem Frachtraum eines Space Shuttle gestartet. DSP-Raumsonden wie diese würden dem 366. Geschwader als Frühwarnsystem für den Start von ballistischen (Atom-) Raketen dienen und zugleich eine grobe Positionsangabe des Ortes liefern, von dem aus der Start der Rakete erfolgte. *Offizielles Foto der U.S. Air Force*

General Ashey hat auch die Befehlsgewalt über das USAF Space Command (USAFSC) und das North American Defense Command (NORAD) inne, die auf demselben Gelände in Colorado Springs, Colorado, stationiert sind. Die gemeinsamen Aktivitäten und ihre Produkte umfassen:

- **Ballistic Missile Warning** – Bekannt unter dem Programmnamen »Project 647 / Defense Support Program (DSP)«, haben verschiedene geostationäre Satelliten in einem erdnahen Orbit die Aufgabe, mit ihren IR-Teleskopen die nationalen Befehlsinstitutionen vor dem Start von ballistischen Marschflugkörpern zu warnen und deren wahrscheinlichste Ziele vorauszusagen. Ursprünglich fungierten sie als Frühwarnsystem gegen Angriffe durch sowjetische ICBMs und SLBMs. Die neuesten Modelle dieser DSP-Vögel warnten aber auch während der Operation Desert Storm vor SCUD-Starts aus dem Irak. Seitdem wurden sie im Rahmen des Programms Talon Shield so modifiziert, daß sie jetzt Warnungen und Zielinformationen für Befehlshaber im Kampfgebiet bereitstellen, um die Alarmierung von Luftabwehr-Warn- und Angriffssystemen (wie des Patriot-PAC-3 / ERINT-Flugkörper-Systems) zu ermöglichen.
- **Wetterdaten** – Piloten kümmern sich grundsätzlich sehr intensiv um das Wetter, durch das sie fliegen müssen, um ihr Ziel zu erreichen. Über einen Zeitraum von mehr als drei Jahrzehnten war das Schlüsselelement bei der militärischen Wettervorhersage das Defense Meteorological Satellite Program (DMSP), das geschaffen wurde, um alle Wetterdaten, die für militärische Planungsorganisationen von Interesse sein könnten, bereitzustellen.
- **Kommunikation** – Zweifellos sind die modernen Kommunikations-Relais-Satelliten zusammen mit der Mikroelektronik und den Computern eines der Wunder der heutigen Welt. Derzeit betreibt das Militär wenigstens vier verschiedene Arten von Kommunikationssatelliten; weitere fünf kommen demnächst hinzu. Die erstgenannten vier sind die DSCS-Relaisstationen (Defense Satellite Communications System) der Serien II und III, wozu auch die Kommunikationsvögel der NATO-III und FL-SAT-(Fleet-Satellite-)Serien gehören, die schon seit einiger Zeit im Einsatz sind.

1995 kommt das neue, abgesicherte Kommunikations-Relais-System des Verteidigungsministeriums unter der Bezeichnung MILSTAR heraus. Einer dieser Satelliten mit niedrigem Datendurchsatz befindet sich bereits im Orbit in der Testphase, und fünf weitere sind bestellt, wobei die letzten vier aufgrund mittlerer Datendurchsatzgeschwindigkeiten wesentlich bessere Leistungen aufweisen werden. Sie sind, außer gegen einen direkten Treffer, gegen alles gepanzert, was ein Feind auf sie abfeuern könnte, und wurden so konstruiert, daß sie gegen feindliche Abhör- und Störmaßnahmen außerordentlich widerstandsfähig sind. So etwas geht natürlich zu Lasten begrenzter (niedriger) Datentransferraten und verfügbarer Kanäle. Deshalb wurde eine Überarbeitung des Programms in Aussicht gestellt, um Anwendern auch über die Nationalen Befehlsorganisationen und Abschreckungsstreitkräfte hinaus wesentlich breitere Nutzungsmöglichkeiten zu bieten. Eine der interessanteren Ideen, mit denen man in diesen Tagen herumspielt, ist die, taktische Kampfflugzeuge wie die F-15E Strike Eagle oder F-16 Fighting Falcon mit MILSTAR-kompatiblen Kommunikations-Terminals auszurüsten, damit sie noch während des Fluges Zieldaten empfangen können.

- **Navigationshilfe** – Sooft ich konnte, habe ich Loblieder auf das NAVSTAR-GPS-Programm gesungen, und dafür hatte ich gute Gründe. Mehr als jedes andere im Weltraum stationierte System wird sich dieses bald schon auf jeden Menschen unserer Erde auswirken. Das System basiert auf etwa 24 Satelliten in sechs Umlaufbahnen. An Bord jedes dieser Vögel befinden sich äußerst genaue Atomuhren, die täglich von einer Kontrollstation am Erdboden geeicht werden. Jeder Satellit sendet synchronisierte Zeitimpulse dieser Uhren, und ein extrem genauer Empfänger mißt die Unterschiede zwischen den Ankunftzeiten der Signale der einzelnen Satelliten. Dann stellt der Empfänger einige raffinierte trigonometrische Berechnungen an und erstellt zusammen mit weiteren Daten eine Positionsangabe höchster Genauigkeit. Das wirklich Schöne an diesem System ist, daß es die Last der »Intelligenz« auf die Empfängereinheiten verlagert, die so gebaut werden können, daß sie einen schon erstaunlichen Grad an Kompaktheit und Funktionalität erreichen.

  GPS wurde geschaffen, um zwei verschiedene Präzisionsgrade bei den zur Verfügung gestellten Daten zu erreichen: supergenaue, nur mit einem speziellen Code zugängliche für die militärischen Anwender und weniger genaue für jedermann, einschließlich des Feindes. Das bedeutet, daß es die zivilen Empfänger auf eine Genauigkeit von etwa 300 feet/100 Metern bringen, während die militärischen Empfänger dreidimensionale Positionen in einer Größenordnung von 52,8 feet/16,1 Metern schaffen und zudem verfälschungs- und störsicher sind. Zusätzlich liefern diese Empfänger Zeitangaben innerhalb 100 ns und Geschwindigkeitsangaben mit einer Genauigkeit von 0,1 Meter/Sek./4 Inches/sec., was zu einer Abweichung von weniger als 0,2 Knoten/0,37 km/h führt! Die Konstrukteure von GPS-Empfängern haben für dieses System vielfältige Einsatzmöglichkeiten gefunden – von der Basis-Flugnavigation bis hin zu Lenkwaffen, wie Marschflugkörpern und Lenkbomben. All das ist bei absolut jedem Wetter, überall auf der Erde und sogar in Erdumlaufbahnen möglich. Die momentanen Pläne des DoD sehen die Anschaffung von mehr als achttausend GPS-Empfängern und den Bau beziehungsweise Umbau von mehr als zweitausend Flugzeugen vor, in denen das System dann angewendet werden kann.

Während die meisten der oben angeführten Systeme einer Reihe von Regierungs- und militärischen Organisationen gehören, unterliegt der Betrieb der Vögel zum größten Teil der Kontrolle einer einzigen Organisation, des 50. Weltraum-Geschwaders (Space Wing, SW) mit Stützpunkt auf der Falcon AFB in Colorado, ein Stück hinter dem NORAD- und US-

SPACECOM-Hauptquartier. Das 50. SW steht momentan unter dem Befehl von Colonel Gregory L. Gilles und ist etwas Neues in der Weltraum-Gemeinschaft: eine einsatzorientierte Einheit, die geschaffen wurde, um die Weltraumprodukte in die Hände von »realen« Anwendern zu bringen, die im Feld stehen. In Staffeln aufgeteilt, kontrolliert es Einsatz und Verwendung orbitaler Hardware, die buchstäblich Dutzende von Milliarden US-Dollar wert ist. Doch wenn man einen Blick auf die jungen Frauen und Männer des 50. SW wirft, sieht man in erster Linie dicke Brillen, Laptop-Computer und jede Menge Science-fiction-Romane. Lassen Sie sich dadurch nicht täuschen, denn diese jungen Raumkämpfer sind mit jeder Faser ihres Wesens ebenso professionell und hingebungsvoll mit ihren Aufgaben verwachsen, wie die Aircrews in ihren Schleudersitzen. Tatsächlich sagt ihr Motto »In your face from outer space«[108] eine Menge darüber aus, wie sie fühlen.

Jede der 50. Space Operations Squadrons (SOS) kontrolliert Satelliten mit speziellen Programmen oder Funktionen. Dazu gehören beim 50. SW unter anderen:

- **1. SOS** – unterstützt Start und Anfangsverlauf einer ganzen Reihe unterschiedlicher Satellitenprogramme. Im Augenblick sind sie beispielsweise sehr stark damit beschäftigt, die MILSTAR-Orbital-Sonden auf die Reise zu bringen.
- **2. SOS** – Diese Staffel ist für die täglichen Einsätze, Eichungen und Wartung der GPS-Satelliten-Konstellation verantwortlich. Tag für Tag testen und stimmen sie, falls erforderlich, Genauigkeit und Timing der Systeme an Bord eines jeden GPS-Satelliten ab.
- **3. SOS** – Sie ist für Einsatz und Instandhaltung der 22 im Betrieb befindlichen DSCS-II-, -III-, NATO-III- und FLTSAT-Kommunikations-Satelliten verantwortlich.
- **4. SOS** – Die 4. Raumstaffel wird alle Einsätze und die Instandhaltung der Konstellation von MILSTAR-Kommunikationssatelliten durchführen, sobald diese in Dienst gestellt sind.
- **6. SOS** – Diese Staffel ist auf der Offut AFB in Nebraska (direkt neben dem STRATCOM-Hauptquartier) stationiert und kontrolliert die DMSP-Serien von metereologischen Satelliten für das USSPACECOM.

Ohne Zweifel gibt es noch weitere Einheiten von SOS-Typ, die mit der Aufgabe betraut sind, »schwarze« Programme wie die nachrichtendienstlichen Bild- und ELINT / SIGINT-Programme zu kontrollieren. Aber deren Geschichte muß noch ein wenig warten, bis sie vielleicht irgendwann in der Zukunft einmal erzählt werden kann, wenn sie nicht mehr der Geheimhaltung unterliegt.

Im Weltraum stationierte Systeme können für eine Streitmacht, die in den Kampf zieht, von unschätzbarem Wert sein. Während viele dieser Systeme in der Zeit des Kalten Krieges unmittelbar mit strategischen Mis-

108 »Vom All aus direkt in Ihr Gesicht«

sionen verknüpft und deshalb sehr eng an die nationalen Befehlsinstitutionen gebunden waren, kann nach dem Ende dieses Konflikts fast jeder militärische Befehlshaber Nutzen aus Raumdaten ziehen. Für viele von ihnen war es von unschätzbarer Bedeutung, während der Operation Desert Storm mit den wunderbar einfach zu handhabenden portablen GPS-Empfängern arbeiten zu können. Für das 366. Geschwader dagegen ist es der lebenswichtige Datenfluß, der von den Satellitenschüsseln der 366. Communication Squadron aufgefangen wird und den Anwendern im Geschwader die Produkte der Raum-Infrastruktur liefert.

Katzen und Hunde – andere unterstellte Einheiten

Im Verlauf dieses Kapitels haben Sie erfahren, daß potentiell alles an die Struktur des 366. Geschwaders angeschlossen werden kann. Einige Spezialeinheiten, die dem Geschwader – auf der Basis »falls erforderlich« – gegebenenfalls von den National Command Authorities (NCA) unterstellt werden, sind:

- **Stealth-Bomber/Fighter** – Die B-2A und F-117A des 509. BW beziehungsweise des 49. FW sind unersetzliche nationale Vermögenswerte, die der sehr strengen Kontrolle der nationalen Befehlsinstitutionen unterliegen. Jedoch kann, abhängig von der Bedeutung eines Einsatzes, in den das 366. geschickt wird, eine Abteilung von F-117 dem Geschwader unterstellt werden, oder es kann ein Angriff von B-2 genehmigt werden, sobald die Notwendigkeit für den Einsatz von Präzisionslenkwaffen gegeben ist.
- **Marschflugkörper** – Das 366. kann derzeit keine AGM-86C an Bord ihrer B-1B unterbringen, so daß jeder Marschflugkörper, der in der Luft gestartet werden kann, von B-52-Einheiten wie dem 2. BW von der Barksdale AFB in Louisiana kommen muß, die für eine solche Aufgabe ausgerüstet sind. Die B-52H des 2. BW sind in der Lage, verschiedene Standoff-Waffentypen zu tragen. Dazu gehören auch die AGM-86C-ALCM- und AGM-142-Have-Nap-Standoff-Flugkörper. Mit ihren Präzisions-Lenksystemen können diese beeindruckenden Waffen schon weit außerhalb der Reichweite einer feindlichen Luftabwehr gestartet werden. Als zusätzlicher Bonus können B-52-Bomber direkt vom amerikanischen Kontinent aus zu ihren Einsätzen starten, wie es schon in der ersten Nacht der Operation Desert Storm praktiziert wurde. Über die B-52 hinaus kann das Geschwader auch ermächtigt werden, Schiffen und Unterseebooten der U.S. Navy zu befehlen, U / BGM-109 Tomahawk Land Attack Missiles (TLAM) zu starten. Das ist jetzt schon möglich, weil mittlerweile die neuen, mit GPS ausgestatten Block-III-Lenksysteme bei der Flotte eingetroffen sind. Die Verwendung der GPS-Lenkung hat den Vorgang der Einsatzplanung wesentlich vereinfacht, und das gilt für den TLAM wie für den ALCM-C, wobei nur noch auf ein

Minimum an Unterstützung durch Defense Mapping Agency und andere Organisationen zurückgegriffen werden muß.

- **Tanker** – Dave McCloud würde Ihnen sicherlich bestätigen, daß ein Aktivposten, von dem er *niemals* genug bekommen kann, ausreichende Kraftstoffmengen in der Luft sind. Es ist fast sicher, daß dem 366. im Fall eines Alarmeinsatzes zusätzliche Tankflugzeuge zur Verfügung gestellt werden. Dabei wünscht man sich natürlich am meisten die KC-10A Extender, weil diese auch selbst von anderen Tankern Kraftstoff übernehmen können, wirkliche riesige Abgabekapazitäten haben und außerdem Flugzeuge der USAF mit ihren Baum-Betankungsauslegern wie auch Maschinen der USN, des USMC und der NATO betanken können, die mit Sonde/Trichter-Einheiten ausgestattet sind. Aber aller Wahrscheinlichkeit nach werden die zur Verstärkung geschickten Tanker dann doch aus dem großen AMC-Bestand an KC-135R kommen, die noch einige Jahrzehnte Dienst vor sich haben.
- **Transport vom und zum Kriegsschauplatz** (Inter-Theater Transport) – Bei jeder Art von Einsatz benötigt man etliche Staffeln der mittelschweren Transporter vom Typ C-130 Hercules, um Personal und Fracht von weiter im Hinterland liegenden Bereichen zu den vorgeschobenen Flugfeldern zu bringen. Während der gesamten Operationen Desert Shield und Desert Storm hat die Presse nie etwas von der lebenswichtigen Aufgabe mitbekommen, die von den C-130-Einheiten ausgeführt wurde (viele davon gehörten zur Air National Guard und zu Staffeln der Reserve). Sie schleppten Bomben, Flugkörper, Ersatzteile, Black Boxen, Verpflegung und fast alles andere – mit Ausnahme von Kraftstoff – zu den verschiedenen Geschwader-Flugfeldern am Persischen Golf. (Die Saudis kümmerten sich um den Sprit.) Heute haben sich die Regeln der Logistik nicht im geringsten geändert, und dieser Job muß getan werden, sonst werden die Bemühungen des Geschwaders schnell und knirschend zum Stillstand kommen.

Natürlich kann auch jede andere Art von fliegender Einheit der USAF an die Struktur des 366. Geschwaders angeschlossen werden – von den F-16C des 388. FW der Hill AFB, die mit LANTIRN ausgestattet sind und so die PGM-Kapazität des Geschwaders verstärken können, bis zu U-2- oder RC-135-Rivet-Joint-Aufklärungsflugzeugen vom 9. Reconnaissance Wing (RW) beziehungsweise vom 55. RW. Tatsächlich wird das, was mit dem 366. Geschwader nach Übersee geht, nur durch die Vorstellungen der Planer und die Verfügbarkeit zum betreffenden Zeitpunkt begrenzt.

CONOPS: der Kampfstil des 366.

Eines der Schaubilder, die bei Colonel Scotts Briefing im Geschwader gezeigt wurden, besagte: »Das 366. Geschwader lebt, arbeitet, spielt, trainiert, geht in den Einsatz und kämpft *GEMEINSAM*«. Es ist leicht, Staffeln zu erklären, daß sie alle zusammen auf einem Heimatstützpunkt leben werden, aber können Sie sie auch dazu bringen, als ein Team zu kämpfen? Für das 366. ist Zusammengehörigkeit mehr als nur ein Lippenbekenntnis. Diese Zusammengehörigkeit kann man auf unterschiedliche Weise erleben, zum Beispiel an Freitagabenden, wenn sich, soweit möglich, sämtliche Offiziere des Geschwaders zu einer »Happy Hour« im Offiziersclub treffen. Da sehen Sie dann keine Grüppchen von F-16-Piloten, F-15-Piloten oder Tankercrews. Statt dessen bemerken Sie gemischte Gruppen, in denen mit rudernden Armen (Piloten können wirklich nicht ohne Zuhilfenahme ihrer Hände reden) Formationen, neue Taktiken und Ideen beschrieben werden. Diese Leute sind aufrichtig daran interessiert, was sich in den anderen Einheiten tut.

Mehr auf praktischer Ebene wurde beeindruckende Planungsarbeit geleistet, um Wege zu finden, wie man die Gunfighter schnellstmöglich kampfbereit machen kann. Diese Pläne werden laufend verbessert und verfeinert, wobei der Hauptschwerpunkt darauf liegt, wie das Geschwader unter geringerem Einsatz der knappen Lufttransportkapazitäten der USAF irgendwohin transportiert werden und man gleichzeitig mehr aus dem bestehenden Flugzeugpark und Waffenarsenal des 366. herausholen kann. Lassen Sie uns deshalb einmal genauer betrachten, wie die Gunfighter in eine Krise ziehen.

Das Hinkommen: Einsatzplan des 366. Geschwaders

Das Verzeichnis der Einsatz- und Operationspläne des 366. in den Diskettenlaufwerken der Computer und Notebooks im Hauptquartier am Gunfighter Boulevard wächst ständig. Wir werfen nun einen Blick auf nur eine einzige dieser Möglichkeiten – die Verlegung des Geschwaders auf einen gut ausgestatteten Stützpunkt bei einer befreundeten Nation. Mit »gut ausgestattet« meinen wir, daß der Stützpunkt über ausreichende Einrichtungen verfügt – genug Schutzhangars für die Flugzeuge, um das gesamte Geschwader unterzubringen, Kasernen oder Zeltlager für das Personal, Depots für Kraftstoff, Wasser und Waffenlager mit Munition, die mit den Maschinen der USAF kompatibel ist.

Die meisten unserer befreundeten Nationen verfügen über Kraftstoffdepots für Jets, und die Bombengefechtsköpfe der 80er Serien sind auf der ganzen Welt ziemlich verbreitet. Das 366. kann allerdings auch Güter von vorbeschickten Depots abziehen oder auf die in See befindlichen Depotschiffe zurückgreifen, die an Orten wie Diego Garcia oder Guam zu finden sind.

Das Einsatzschema des 366. ist so gestaltet, daß es sich um Streitkräfte gruppiert, die (hinsichtlich Größe und Zusammenstellung) bereits für die Reaktion auf eine speziell in Frage kommende Krise »gepackt« wurden. Es könnte schon genug sein, wenn man nur ein paar Fighter und Tanker in ein Krisengebiet schickt, damit sie dort die Vorgänge lediglich beobachten, bis Verstärkung zusammengestellt und in Marsch gesetzt ist. Zu einem anderen Zeitpunkt könnte es dann sein, daß man bei einer gegebenen Situation mitmischen will, um ein besonders rauhbeiniges Regime davon abzuhalten, Ärger zu machen. Um all das so einfach wie möglich zu gestalten, hat die Operations Group des 366. eine Reihe von Paketen geschnürt, die es den NCA erlauben, sehr schnell eine passende Streitmacht an den Brennpunkt einer Krise zu entsenden. Die folgende Tabelle schlüsselt die Zusammenstellungen (Pakete) auf:

Einsatzpaket-Optionen des 366. Geschwaders

	A	A+	B	B+	C	C+
F-15C	8	8	14	14	18	18
F-15E	8	8	14	14	18	18
F-16C	8	8	14	14	18	18
B-1B	0	4	0	6	0	6
KC-135R	4	4	5	5	6	6
E-3C*	3	3	3	3	3	3
EF-111A*	4	4	4	4	4	4
EC-130H*	2	2	2	2	2	2
Gesamt	**37**	**41**	**56**	**62**	**69**	**75**

* Einheiten, die nicht der Befehlsgewalt des 366. Geschwaders unterstellt sind

Wie man den sechs Optionen der Tabelle entnehmen kann, enthält das kleinste Einsatzpaket unter der Bezeichnung »Paket A« 24 Fighter und Fighter Bomber (je acht F-15C, F-15E und F-16C) mit vier KC-135R, die für einen FAST-Einsatz konfiguriert sind. Die B- und C-Pakete bauen auf dem Basis-Paket A so lange durch Hinzufügen weiterer Flugzeuge auf, bis alle Streitkräfte von Mountain Home eingebunden sind.

Zusätzlich verfügt jedes Paket über eine »Plus«-Option, durch die B-1B-Bomber der 34. BS von der Ellsworth AFB hinzugefügt werden können. Vielleicht sind Ihnen auch die unterstützenden Flugzeuge aufgefallen, die zu jeder Paket-Option hinzugerechnet werden. Dabei handelt es sich um E-3, EF-111 und EC-130, die das Geschwader bei jedem Einsatz begleiten.

Wahrscheinlich wäre es unmöglich, (in einem C+-Paket) das gesamte Geschwader in einer Welle auf den Weg zu bringen, da hierfür die verfügbare Lufttransportkapazität zu knapp bemessen ist. Deshalb wird für alles, was größer als ein Paket A ist, das Geschwader in einzelne Wellen aufgeteilt, so daß Tanker und Schwertransporter in Schichten verwendet werden können. Der Einsatzablauf für ein Paket B würde etwa folgendermaßen aussehen:

Ablaufplan für einen Paket-B-Einsatz

	1. Welle	2. Welle	Gesamt
F-15C	8	6	14
F-15E	8	6	14
F-16C	8	6	14
B-1B	4	2	6
KC-135R	4	1	5
E-3C	3	0	3
EF-111A	4	0	4
EC-130H	2	0	2
Gesamt	**41**	**21**	**62**

* weist auf die »Plus«-Bomber-Option hin

Das C+-Paket, welches die umfangreichste verfügbare Option darstellt, läuft so ab:

Ablaufplan für einen Paket-C+-Einsatz

	1. Welle	2. Welle	3. Welle	Gesamt
F-15C	8	6	4	18
F-15E	8	6	4	18
F-16C	8	6	4	18
B-1B*	4	2	0	6
KC-135R	4	1	1	6
E-3C	3	0	0	3
EF-111A	4	0	0	4
EC-130H	2	0	0	2
Gesamt	**41**	**21**	**13**	**75**

* weist auf das »Plus«-Bomber-Paket hin

Zwischen den einzelnen Wellen dürften Zeiträume von 24 bis 36 Stunden liegen, abhänging davon, wie schnell die Tanker und Transporter bestimmte Teile und Personal mit Schlüsselfunktionen zur richtigen Zeit und in der richtigen Reihenfolge in die Luft und wieder auf den Boden bekommen. Die Bedeutung der Lufttransportkapazität kann in diesen Tagen nicht genug betont werden, da die Flotte von Schwertransportern des AMC (C-141, C-5 und C-17) sehr schnell an bedenkliche Grenzen stößt, sobald es um die Verlegung wichtiger Dinge für Einheiten oberster Priorität – und dazu gehört auch das 366. – geht. Die Flotte von Schwertransportern des AMC setzte sich im Jahr 1995 aus folgenden Flugzeugen zusammen:

Flotte der Schwertransporter der USAF

	Gesamt	PAA
C-141	243	227
C-5	82	76
KC-10	59	57
C-17	17	12
Gesamt	**401**	**372**

Anmerkung: KC-10 sind auf Palettenfracht und Passagiere beschränkt.

Wie man sehen kann, ist die Flotte von Schwertransportern, die Einheiten im Bereich der USAF unterstellt sind, auf weniger als 375 PAA-Maschinen begrenzt. Diese Situation wird kontinuierlich schlechter, weil die C-141 schneller ausgemustert als die neuen C-17 geliefert werden. Wann immer die Möglichkeit besteht, wird das AMC versuchen, auf kommerzielle Frachtflugzeuge der Reserve-Flotte der zivilen Luftfahrt (Civil Air Reserve Fleet, CRAF) zurückzugreifen, einen Pool von Frachtflugzeugen, die von der US-Regierung subventioniert werden und sich dafür in Krisenzeiten zu Verfügung halten müssen. Außerdem kann das AMC Frachtflugzeuge von Luft-Transport-Unternehmen wie UPS, Emery Air Freight, Federal Express oder sogar einige der riesigen Antonov-124-Transporter chartern, die von der staatlich russischen Transportgesellschaft Aeroflot betrieben werden.

Was das 366. Geschwader angeht, so hat man dort sehr hart daran gearbeitet, den Bedarf an Schwertransport auf das blanke Minimum zu reduzieren, um mit geringstmöglichem Zeitaufwand zu einem Einsatz auf einen Gaststützpunkt gelangen zu können. Der Schlüssel liegt darin, wie viele C-141-Ladungen erforderlich sind, damit ein spezielles Paket zum Einsatz an seinen Bestimmungsort gelangt. Da C-5 und C-17 in der Lage sind, größere Lasten zu tragen (einschließlich übergroßer Frachtstücke), und die KC-10 auf den Transport von palettierter Fracht und Personal begrenzt ist, müssen die Transportplaner bei der 366. Transport Squadron in ihrem Frachtbüro das alles bereits berücksichtigt haben, wenn sie mit dem AMC-Hauptquartier auf der Scott AFB telefonieren. Sie planen jede Art von Möglichkeit ein. Betrachten Sie zum Beispiel folgende Tabelle, eine fiktive Liste von Flugzeugen, die zur Verlegung der unterschiedlichen Pakete erforderlich sein könnten:

Transportbedarf für Paket-Einsätze des 366.

	A	A+	B	B+	C	C+
Personal (eingesetzt)	955	1155	1133	1383	1231	1481
Gewicht (Short Tons[109])	549	732	824	1190	1098	1464
C-141-Ladungen	**30**	**40**	**45**	**65**	**60**	**80**

Anmerkung: Die Tabelle basiert auf der Voraussetzung eines komplett ausgestatteten Gaststützpunktes.

Man sollte allerdings bedenken, daß die Angaben in der Tabelle oben nur für ein spezielles Planungsszenario repräsentativ sein können (tatsächlich für das optimistischste) und nicht als allgemeingültig angesehen werden dürfen. Die Realität stellt sich bei Operationen von einer »nackten« Basis aus ganz anders dar. Dabei muß man mit einiger Wahrscheinlichkeit die Zahl der C-141-Ladungen verdoppeln und auch die Dienste eines Red-Horse-Bataillons der USAF mit in die Waagschale werfen.

Jetzt lassen Sie uns zu dem obigen Beispiel zurückkehren, bei dem ein Paket A zu einem Einsatz auf eine gut ausgestattete Gastbasis verlegt werden soll. Wie man sehen kann, sind etwa dreißig C-141 – zusammen mit den notwendigen Tankern – erforderlich, um die Streitmacht nach Übersee zum Gaststützpunkt zu bringen, von dem aus operiert werden soll. Sobald das Geschwader in der Luft ist, beginnen die Uhren und Zähler – hinsichtlich des Nachführens von Fracht und Versorgungsgütern an die Front – zu laufen. Die Tabelle oben zeigt also nur die Anzahlung auf einen glaubwürdigen Einsatz des 366. Kontinuierliche logistische Bemühungen sind lebenswichtig, um das Geschwader auf seinem vollen Flug- und Operationspotential zu halten. Am Boden ist das 366. lediglich eine Ansammlung von Zielen, die eine andere Luftstreitmacht zerstören kann.

Durchhalten bis zur Ablösung: der Operationsstil des 366.

Gehen wir einmal davon aus, daß General McCloud und die Führung des 366. Geschwaders das angegebene Geschwader-Paket zur Gastbasis transportiert haben. Was passiert als nächstes? Also, lange bevor das erste Kampfflugzeug eintrifft, werden bereits umfangreiche Aktivitäten auf dem Stützpunkt entwickelt, die mit der Ankunft des FAST-1-Tankers und seines Geländevermessungsteams beginnen. Rasch taxieren sie den Stützpunkt und schicken unter Einsatz ihrer eigenen SATCOM-Verbindung genaue Unterstützungs-Anforderungen für das Geschwader nach Mountain Home, damit dort beim AMC die richtige Luftbrücke erstellt, die notwendigen Paletten und Frachtstücke geladen und auf den Weg gebracht werden können. Direkt danach kommt FAST-2 mit dem AOC-Verstärkungsteam, um die WICP-Satellitenverbindungen nach Mountain Home

109 1 Short Ton = 907,14 kg

und zum Space Warfighting Center in Colorado Springs einzurichten. Danach kommen das C³I-Element und seine CTAPS-Ausrüstung mit FAST-3 an und werden sofort ins AOC verlegt, damit der Planungsprozeß in Fluß gehalten wird. Schließlich trifft FAST-4 ein, hoffentlich zusammen mit den ersten Elementen des Geschwaderpakets, den ersten Aircrews und Wartungspersonal, das man braucht, damit das 366. seine ersten Einsätze starten kann.

So, und wie könnten die Einsätze aussehen?

Die Gunfighter sind zu fast jeder Art von Kampfeinsatz in der Lage, mit Ausnahme von Langstrecken-Marschflugkörper-Starts oder Stealth-Eindringangriffen beim Vorhandensein feindlicher Luftabwehrmaßnahmen. Nachfolgend finden Sie eine Tabelle der Operationskapazitäten der verschiedenen Flugzeuge des 366. Geschwaders (und der ihm unterstellten Einheiten):

Einsatzkapazitäten des 366.

	Tag/ Nacht Luftkampf	**Tag Luft-Boden**	**Nacht Luft-Boden**	**Tag/ Nacht PGM**	**SEAD**	**Luftbetankung**	**C³I**	**Standoff Jamming**
F-15C	•							
F-15E	•	•	•	•				
F-16C	•	•		•	•			
B-1B		•	•	*			•	•
KC-135R						•	•	
E-3C							•	
EF-111A					•			•
EC-130H					•		•	•

* künftige Einsatzkapazitäten

Wie man sieht, können die Gunfighter Kernkapazitäten bereitstellen, um Luftoperationen als schnelle Reaktion auf Krisen durchzuführen, die von einer feindseligen Regierung oder Streitmacht ausgelöst worden sind. Das 366. ist eine Luft-Feuerwehr, widerwillig bereit, auch Verluste in Kauf zu nehmen, damit die Politiker zu Hause Zeit bekommen, sich eine Meinung zu bilden, eine politische Verfahrensweise festzulegen und Verstärkungs- und/oder Entsatzeinheiten an die Front zu schicken. Es wird vorausgesetzt, daß diese dann bei einer länger dauernden kriegerischen Auseinandersetzung, die dem Engagement einer Einheit wie dem 366. Geschwader folgen könnte, übernehmen. Die Entsendung eines Pakets durch die Gunfighter wird meist Teil einer kombinierten Operation mit Bodenstreitkräften vom Marine Corps oder dem XVIII. Airborne Corps der Army sein.

Wegen der Unberechenbarkeit aggressiver Staaten und anderer »böser Jungs« auf der ganzen Welt kann man nur sehr schwer voraussagen, wie sie in einer Krise kämpfen werden. Deshalb muß die Führung des 366. über Gespür und Phantasie für die richtige Verwendung ihrer begrenzten Kräfte an Flugzeugen und Besatzungen verfügen.

Die Versuchung, sich auf die Führung eines Luftkriegs in Guerilla-Manier einzulassen, muß mit den Prinzipien von Aufwand und Koordination in Übereinstimmung gebracht werden, die sich während der Operationen Desert Storm und Just Cause bewährt haben. Das bedeutet, daß Luftmacht in der Konzentration von verfügbaren Kräften liegt und nicht in der verschwenderischen und gefährlichen Aufteilung in kleine »Pfennigportionen«. Es bedeutet aber auch, daß man nach unkonventionellen Wegen suchen muß, um einem Gegner weh zu tun, damit er gerade in eine andere Richtung blickt, während das Geschwader das »wirkliche« Ziel angreift. Der Operationsstab der Gunfighter muß mehr nach Schwerpunktzielen Ausschau halten als die Kraft aus dem Feind herauszuprügeln versuchen. Das kann nur gelingen, wenn sie ihre Fighter-Klinge scharf halten, und das wiederum bedeutet: trainieren und üben. Wir werden im nächsten Kapitel betrachten, wie das Geschwader so etwas bewerkstelligt, wenn wir mit ihm zur größten Übung fliegen, an der es jedes Jahr teilnimmt, der Operation Green Flag auf der Nellis AFB in Nevada.

Kriegsvorbereitung: Green Flag 94-3

Luftstreitkräfte sind mehr als nur eine kostspielige Ansammlung von Flugzeugen und Personal. Eine Nation kann nicht einfach nur Geld und ihre jungen Generationen in den Aufbau einer Luftkampftruppe investieren und dann erwarten, daß mehr dabei herauskommt als ein glorifizierter Fliegerclub für Militärparaden. Luftstreitkräfte können nicht ganz allein einen Krieg gewinnen (obwohl das von einigen Besessenen immer wieder behauptet wird), allerdings hat sich seit dem Ersten Weltkrieg gezeigt, daß kein Land einen Krieg gewinnen kann, ohne über siegreiche Luftstreitkräfte am Himmel zu verfügen. Die Geschichte der letzten sechzig Jahre kennt viele Beispiele wie Frankreich (1940), Arabien im Mittleren Osten (1967) oder Irak (1991), in denen diese Länder große Summen für ihre Luftstreitkräfte ausgaben und diesen, wenn es dann zur Schlacht kam, alles überließen. Siegreiche Luftstreitkräfte aufzubauen hat relativ wenig damit zu tun, wieviel Geld ein Land dafür ausgibt.

Ja, Luftstreitkräfte sind scheußlich teuer. Man kann von etwa 20 Millionen US-Dollar für einen modernen, einsitzigen Fighter ausgehen; zwei Millionen US-Dollar sind für Auswahl und Training jedes einzelnen Piloten bis zur Kampfeinsatzfähigkeit erforderlich, und jedes Geschwader kostet ungefähr 100 Millionen US-Dollar pro Jahr, zuzüglich der Immobilienkosten für einen Luftstützpunkt ohne alle Extras. Um ihr Können aufrechtzuerhalten, müssen Flugzeugbesatzungen mindestens zwanzig Stunden pro Monat fliegen, was noch einmal etliche tausend Dollar pro Flugstunde ausmacht. Vergessen Sie auch nicht, ausreichende Budgets für Verwaltung, Sicherheit, medizinische Dienste, Ersatzteile, Übungsmunition, Bomben, Raketen, Ziele und tausende anderer Details einzuplanen. Allerdings ist, wie gesagt, nicht allein das Geld entscheidend. Zunächst einmal müssen Sie bedenken, daß der Aufbau einer Luftstreitmacht eine Aufgabe ist, die sich über Generationen hinzieht und Jahrzehnte an Investitionen erfordert, um jenes Können hervorzubringen, das verhältnismäßig rar und zerbrechlich ist. Bestes Beispiel dafür, wie man so etwas machen kann, ist die israelische Luftwaffe, die ein ganzes Netzwerk von »Talentsuchern« mit hochentwickeltem psychologischem Gespür einsetzt, um künftige Aircrews auf Fußballplätzen oder in Grundschulen aufzuspüren, während diese Kandidaten noch nicht einmal zehn Jahre alt sind.

Ein derartiges Auswahlsystem mag in kleinen Ländern mit einigen hundert Flugzeugen und starkem sozialen Zusammenhalt funktionieren; in Ländern mit der Ausdehnung und Vielfalt der Vereinigten Staaten von Amerika kann man es nicht anwenden. Amerika besitzt eine Air Force (tatsächlich sind es mehrere, wenn man Navy, Marine Corps, Army und

Küstenwache miteinrechnet) mit Tausenden von Flugzeugen. Wegen ihrer weltweiten Verantwortlichkeit und Interessen müssen die USA intensiv am Aufbau ihrer militärischen Kräfte arbeiten, besonders dann, wenn man über einen weit größeren Rahmen an Fertigkeiten und Kulturen verfügt als jedes andere Land der Welt. Die Auswahl der richtigen Menschen zu untermauern, ist eine enorme industrielle Verpflichtung, da nur Nationen mit einer lebensfähigen Luftfahrtindustrie hoffen können, daß es nicht zu einer Lähmung durch Abhängigkeit von ein oder zwei Hauptkräften kommt, die über Waffen, Ersatzteile und Training entscheiden.

Es gibt da so eine Redensart: »Wenn Sie Training für teuer halten, versuchen Sie es doch mit Unfähigkeit.« Dazu ein Beispiel aus dem Vietnamkrieg: Bevor 1968 die Bombardierungen über Nordvietnam eingestellt wurden, mußten Air Force und Navy schwere Verluste im Luftkampf gegen die raffinierten und agilen MiG-Abfangjäger der nordvietnamesischen Luftstreitkräfte hinnehmen. Tatsächlich begann sich das entscheidende Abschuß- / Verlust-Verhältnis mit nur 3:1 (drei abgeschossene MiGs gegenüber einem US-Verlust im Luftkampf) entschieden gegen die Amerikaner zu wenden. Nun, das hört sich zunächst gar nicht so schlecht an. Es sieht aber nicht mehr so gut aus, wenn man berücksichtigt, daß es die Nordvietnamesen so gut wie nichts kostete, die MiGs und ihre Piloten zu ersetzen, und ein MiG-Pilot außerdem über »freundlichem« Land kämpfte und deshalb, wenn er den Absprung überlebte, oft bereits am nächsten Tag wieder in den Kampf ziehen konnte, während die amerikanischen Besatzungen, die aussteigen mußten, die besten Aussichten hatten, in einem Kriegsgefangenenlager zu sterben. Im Gegensatz dazu sollte erwähnt werden, daß das durchschnittliche Abschluß- / Verlust-Verhältnis im Zweiten Weltkrieg bei etwa 8:1 und in Korea sogar bei 13:1 lag.

Um ihre Chancen zu verbessern, startete die Navy ein Programm für gegnerische Kampftaktiken, in dem Flugerfahrungen im Einsatz gegen Flugzeuge gesammelt wurden, die agiler als die F-4 waren. Dabei wurden auch einige echte MiG-Fighter eingesetzt, die zur Bewertung und zu Testzwecken nach Amerika gelangt waren. Die Navy eröffnete die berühmte Top-Gun-Schule in der NAS Miramar bei San Diego, Kalifornien, die seit 1972 dutzende Ausbildungskurse für Flugzeugbesatzungen veranstaltet hat. Jeder Navy-Pilot, der nach Südostasien ging, erhielt vorher gründliche geheimdienstliche Instruktionen über feindliche Flugzeuge und gegnerische Taktiken, mit denen er sich dort konfrontiert sehen würde.

Die Ergebnisse waren erstaunlich. Als der Luftkrieg über Nordvietnam 1972 wiederaufgenommen wurde, bezog die USAF weiterhin Prügel von den Nordvietnamesen, eine Zeitlag verlor sie sogar mehr Maschinen, als sie abschoß. Das Abschuß- / Verlust-Verhältnis fiel zeitweilig sogar auf 0,89:1! Nur die schnelle Einführung eines elektrischen Frühwarnsystems, das auf nachrichtendienstlichen Erkenntnissen in Echtzeit basierte, behütete die Air Force vor noch Schlimmerem und hob das Verhältnis wieder auf einen immer noch kaum akzeptablen Wert von 2:1. Bei der Navy lief die Geschichte allerdings etwas anders. Nach wenige Wochen hatten die Fighter der Navy ihre nordvietnamesischen Kontrahenten aus den Küstenregionen vertrieben; zeitweilig erreichten sie dabei ein Abschuß-/ Verlust-Verhältnis von unbeschreiblichen 31:1. Zur Zeit des Waffenstillstands, im Frühjahr 1973, hatte sich das Verhältnis auf etwas realistischere 13:1 eingependelt – ein bedeutender Erfolg im Vergleich zu der eher enttäuschenden Leistung der Air Force im selben Zeitraum. Ein unpopulärer Krieg, der unter unzumutbaren politischen Einschränkungen geführt werden mußte, war schon schlimm genug; aber in der Luft auch noch durch die Navy bloßgestellt zu werden, das war dann doch eine furchtbare Demütigung für die USAF.

Die heutige U.S. Air Force ist auf einem Fundament von Ausbildung und Training aufgebaut, das man erst unter dem Aspekt der bitteren Erfahrungen, die das USAF-Personal in den 60er und 70er Jahren am Himmel über Südostasien machte, richtig verstehen kann. Die Air Force, die Amerika 1990 und 1991 an den Persischen Golf schickte, war immer noch sehr stark ein Produkt der unannehmbaren Kosten des Vietnamkriegs und des zwanzigjährigen Kampfes einer Generation von Offizieren gegen die Geister ihrer gefallenen Kameraden. Im Laufe der beiden Jahrzehnte, die seit dem Ende dieses umstrittenen Konflikts vergangen sind, hat sich die USAF selbst erneuert, auch um sicherzustellen, daß sich ihre Vietnam-Erfahrungen nicht wiederholen werden.

Die Verwaltung der Air Force

Wie jede großen Organisation hat auch die United States Air Force eine eigenständige Kultur, das Ergebnis ihrer Entwicklung und der kollektiven Erfahrungen ihrer Leute. Wie in den meisten amerikanischen Behörden gab es auch hier Zusammenlegungen, Übernahmen, Reorganisationen und Säuberungsaktionen. Die Verwaltung der Air Force fing klein an, wuchs der Vision ihrer Gründerväter folgend und fand dann zu sich selbst, weil sie genau zu dem Zeitpunkt, als es benötigt wurde, ein einzigartiges Produkt anbieten konnte. Sie wuchs und schrumpfte mit ihrem sehr spezialisierten Angebot in ständiger Abhängigkeit vom Wettbewerb auf dem Streitkräfte-Markt, wo der US-Kongreß – letztlich also die Wähler, Steuerzahler, Lobbyisten und politischen Interessenvertretungen – als einzige Kunden Form und Umfang von Gesetzgebungs- und Haushaltsplänen bestimmt. Lassen Sie uns einen Blick auf einen Teil dieser Geschichte werfen.

Die Luftfahrttechnische Abteilung (Aeronautical Division) der Armee-Fernmeldetruppe (U.S. Army Signals Corps) wurde am 1. August 1907 erstmals aufgestellt, nur vier Jahre, nachdem den Brüdern Wright ihr erster motorisierter Flug gelungen war. Die Einheit stand unter dem Kommando eines Captains und verfügte über einen der Wright'schen Doppeldecker und einige Mechaniker. 1914 wurde sie zur Abteilung Luftfahrt (Aviation Section) des U.S. Army Signals Corps und kam unter die Befehlsgewalt eines Lieutenant Colonel; nachdem die Vereinigten Staaten von Amerika 1918 in den Ersten Weltkrieg eingetreten waren, wurde sie zur Luft-Truppe (Air Service) unter einem Major General aufgewertet, um 1926, während einer Abrüstungsperiode, wieder zum Heeresflieger-Korps (Army Air Corps) herabgestuft zu werden. Am 20. Juni 1941, als sich für die USA ein neuer Krieg abzeichnete, wurde sie zur Army Air Force unter dem Kommando eines Lieutenant General. Um 1944 hatte sie mit einer Truppenstärke von 2,3 Millionen und zehntausenden Flugzeugen ihren absoluten Höhepunkt erreicht. Schließlich, am 18. September 1947, nach vierzigjährigem Kampf um eine eigene Identität, schlug die Geburtsstunde der U.S. Air Force unter ihrem ersten kommandierenden General Carl »Tooey« Spaatz.

Während der folgenden fünf Jahrzehnte stieg und fiel ihr Stärkegrad jeweils in Abhängigkeit von den wahrnehmbaren Bedrohungen durch die Sowjets einerseits und den überseeischen Verpflichtungen (Korea, Vietnam, Persischer Golf usw.) andererseits. Ende 1994 bestand die Air Force aus 81000 Offizieren und 350000 Mannschaften; ein Verhältnis von einem Offizier pro 4,3 Mannschaften des sonstigen Personals. Dagegen liegen die Verhältnisse bei Army, Navy und Marine Corps bei 1:10 oder 1:12. Mehr als die Hälfte des Offizierskorps besteht aus Captains (OF-3) und Majoren (OF-4), also den Dienstgraden, die vom derzeitigen Personalabbau besonders stark betroffen sind. Bedingt durch die gegenwärtigen Sparpläne, wird sich die Personalstärke 1996 bei etwa 400000 Mann einpendeln. Es wird eine Reserve von 80000 Mann geben, des weiteren 115000 Mann in der Air National Guard sowie 195000 Air-Force-Angehörige, die im Dienst der zivilen Luftfahrt stehen und bei Bedarf für die Air Force verfügbar sind. Die Reserve besteht aus Veteranen, die ihre aktive Laufbahn beendet haben und im Fall einer nationalen Notsituation auf Befehl des Präsidenten einberufen werden können. Die Einheiten der Nationalgarde entwickelten sich aus Milizen der einzelnen Bundesstaaten, die in Zeiten der Kolonial- und Bürgerkriege aufgestellt wurden. Normalerweise stehen sie unter dem Kommando der jeweiligen Staatsgouverneure (oder des Commonwealth, wie im Fall von Puerto Rico), können aber auf ausdrücklichen Befehl des Präsidenten auch dem Oberbefehl auf Bundesebene unterstellt werden. Viele Flugzeugbesatzungen und Mitglieder des technischen Personals bei den zivilen Luftfahrtgesellschaften dienen in Reserve- und Nationalgarde-Einheiten, und eine Generalmobilmachung würde ein Chaos in allen Flugplänen auslösen, wie es 1990 während der Operation Desert Shield schon passiert ist.

Das Durchschnittsalter von Offizieren der USAF liegt bei 35 und von Mannschaftsdienstgraden bei 29 Jahren. Bei der Air Force tun 66000 Frauen Dienst, etwa 15% davon sind Offiziere und weitere 15% bei den Mannschaften, ein Wert, der sich seit 1975 verdoppelt hat. Es gibt etwa 300 Pilotinnen und 100 Navigatorinnen. Nur für den Fall, daß Sie sich diese Frage stellen sollten: Man bezeichnet eine zu den Mannschaften gehörende Frau als »Airman«. Nur 17% der Offiziere erhalten ihr Patent von der Air-Force-Akademie, während 42% Absolventen des Ausbildungskorps für Reserveoffiziere (Reserve Officer Training Corps, ROTC) sind. (Dieses ROTC-Programm wird von einer ständig sinkenden Zahl von US-Hochschulen und -Universitäten angeboten. Als Ausgleich für die Teilnahme an diesem Programm aus militärwissenschaftlichen Kursen, Sommertrainingslagern und einer vorher festgesetzten Anzahl von Dienstjahren erhalten die Absolventen ein kleines Stipendium und nach dem Hochschulabschluß den Grad eines Second Lieutenant). Der Rest kommt von der Ausbildungsstätte für Offiziersanwärter (Officer Candidate School, OCS) oder aus anderen speziellen Programmen wie etwa dem militärisch-medizinischen Rekrutierungsprogramm. Die heutige Air Force verfügt über ungefähr 16000 Piloten, 7000 Navigatoren und schätzungsweise 32000 Laufbahn-Offiziere in den Dienstgraden Lieutenant Colonel (OF-5) und darunter. Es gibt fast 300 Generäle (OF-7 bis OF-10) und etwa 4000 Colonels (OF-6). Einschließlich der Nationalgarde und der Reserveeinheiten unterhält die Air Force etwa 7000 Flugzeuge, eine Zahl, die rapide sinkt, da ganze Typenklassen außer Dienst gestellt werden.

Während des Zweiten Weltkriegs, als die U.S. Armed Forces noch rassistisch geprägt waren, weigerten sich die Generäle an der Spitze des Air Corps strikt, »farbige« Flugeinheiten aufzustellen. Man argumentierte: »Neger eignen sich nicht zum Fliegen«. Es bedurfte des persönlichen Eingreifens von Eleanor Roosevelt, damit die Aufstellung einer schwarzen Fighter-Staffel durchgesetzt werden konnte, die in Tuskeegee, Alabama, ausgebildet wurde und mit Auszeichnung in Italien im Einsatz war. Durch ihre Hauptstützpunkte und die Heimatorte höherer Offiziere, die sich schwerpunktmäßig auf die Südstaaten konzentrierten, hielt die Air Force einen Negativrekord, was die Integration betrifft, und viele Jahre lang mußten die wenigen farbigen Kadetten, die überhaupt zur Air-Force-Akademie und zu anderen Lehrgangsprogrammen zugelassen wurden, extreme Schikanen und Ächtungen ertragen, die stillschweigend geduldet wurden. Zwei der ersten schwarzen Generäle Amerikas, Benjamin O. Davis und der berühmte »Chappie« James, kamen allerdings aus der USAF, eine Huldigung an die Härte dieser Männer und das System, das sie schuf. Heute sieht das alles ein wenig besser aus, obwohl es in der Air Force – im Vergleich der Teilstreitkräfte – immer noch die geringsten ethnischen Unterschiede gibt. 1994 waren Luftwaffenoffiziere zu 89% Weiße, 6% Afroamerikaner, 2% spanischer und 3% anderer Abstammung, meist asiatisch-amerikanisch. Bei den Mannschaften stellten sich diese Zahlen geringfügig anders dar und schlüsselten sich folgendermaßen auf: 76% Weiße, 17% afro-amerikanischer, 4% spanischer und 3% anderer ethnischer Herkunft. Etwa 77% der Offiziere und 67% der Mannschaftsdienstgrade sind verheiratet und ernähren insgesamt 570000 von ihnen abhängige Familienmitglieder.

Laut Gesetz untersteht die Air Force der Autorität eines zivilien Air-Force-Staatssekretärs, der vom Präsidenten ernannt und durch den Senat bestätigt wird. Gegenwärtig ist dies die Ehrenwerte Sheila E. Widnall, die erste Frau, die jemals Kopf einer militärischen Regierungsstelle war. Der höchstrangige Offizier ist der Stabschef der Air Force, ein Viersterne-General, der vom Präsidenten für einen Zeitraum von drei Jahren ernannt wird und vom Senat bestätigt werden muß. Der derzeitige Stabschef ist General Ronald R. Fogleman, der vorher das Air Mobility Command befehligte.

Die Air Force unterteilt sich in acht Oberbefehls-Bereiche (Major Commands), von denen jeder über einzeln festgelegte Luftstreitkräfte verfügt. 1995 gab es folgende Major Commands:

- **Air Combat Command (ACC)** – 1992 durch Zusammenlegung von Tactical Air Command, Strategic Air Command und Teilen des Military Airlift Command gebildet, ist das ACC auf der Langley AFB in Virginia stationiert und befehligt die meisten Fighter- und Bomberstaffeln. Die wesentlichen Bestandteile sind die 1. Air Force (Tyndall AFB, Florida), die 8. Air Force (Barksdale AFB, Louisiana) und die 9. Air Force (Davis-Monthan AFB, Arizona). Es hat auch die Befehlsgewalt über das Weapons and Tactics Center auf der Nellis AFB in Nevada und das Air Warfare Center auf der Eglin AFB in Florida.
- **Air Education and Training Command (AETC)** – Stationiert auf der Randolph AFB in Texas, wurde es 1993 gebildet, um Leitung und Richtung der ausgedehnten Infrastruktur von Schulen, Trainingsstaffeln und fortschrittlichen technischen und professionellen Einrichtungen und Programmen zu vereinheitlichen, einschließlich der Air University auf der Maxwell AFB in Alabama. Es trägt die Verantwortung für die Musterungsstellen der U.S. Air Force. Ausgeklammert ist allerdings die Air-Force-Akademie in Colorado Springs, deren Dekan dem Stabschef der Air Force direkt unterstellt ist.
- **Air Force Material Command (AFMC)** – Am 1. Juli 1992 aus dem ehemaligen Air Force Systems Command hervorgegangen, hat es seine Basis auf der Wright-Patterson AFB in Ohio. Das AFMC ist für Forschung, Entwicklung, Test, Anschaffung und Erhaltung der Waffensysteme verantwortlich. Es unterhält vier Großlaboratorien, fünf Air-Logistik-Depots, die Sanitätsakademie für Luftfahrtmedizin (School of Aerospace Medicine), die Testpilotenschule und viele weitere Zentren und Stützpunkte.
- **Air Force Space Command (AFSPC)** – Am 1. September 1982 geschaffen, hat das AFSPC seinen Sitz auf der Peterson AFB in Colorado. Seine Hauptkomponenten bilden die 14. Air Force auf der Vandenberg AFB in Kalifornien (Flugkörpertests und gelegentliche Starts militärischer Satelliten), die 20. Air Force auf der Francis E. Warren AFB in Wyoming (Leitung der Minuteman- und Peacekeeper-ICBM-Staffeln, die im Alarmfall der operativen Kontrolle des U.S. Strategic Command unterstellt sind) und das Zentrum für Kampfführung im Weltraum (Air Force Space Warfare Center) auf der Falcon AFB in Colorado (Leitung und Verfolgung von verteidigungsrelevanten Satelliten und Weltraumobjekten). Das AFSPC ist ein Hauptbestandteil des U.S. Space Command, das gleichzeitig einem General der Air Force und einem Admiral der Navy untersteht.
- **Air Force Special Operations Command (AFSOC)** – Mit Stützpunkt auf Hurlbut Field in Florida wurde AFSOC am 22. Mai 1990 als Air-

Force-Abteilung des zusammengeführten U.S. Special Operations Command (SOCOM) gegründet. Vorrangige Aufgaben sind unkonventionelle Kriegführung, Sofortaktionen, spezielle Aufklärung, Anti-Terror und interne Unterstützung von Verteidigungsmaßnahmen im Ausland. Sekundäre Aufgaben beinhalten humanitäre Hilfeleistungen, Truppenauffindung und psychologische wie auch Anti-Drogen-Operationen. Die Haupteinsatzkräfte der AFSOC sind das 16. Special Operations Wing, das auf zwei Stützpunkte aufgeteilt wurde: Hurlbut Field und die Eglin AFB, des weiteren die 352. Special Operations Group auf der RAF Alconbury in Großbritannien und die 353. Special Operations Group auf der Kadena AB in Japan. Diese Einheiten verfügen über kleine Stückzahlen der AC-130 Gunships, MC-130-Transporter, EC-130 für elektronische Kriegführung und nachtflugtaugliche Hubschrauber wie den MH-53 Pave Low und den MH-60 Pave Hawk.

- **Air Mobility Command (AMC)** – Das AMC ist auf der Scott AFB in Illinois stationiert und wurde am 1. Juni 1992 aufgestellt. Es ersetzte das Military Air Transport Command und übernahm als Aktivposten die meisten Tanker des früheren Strategic Air Command. Hauptkomponenten sind die 15. Air Force auf der March AFB in Kalifornien (sechs Geschwader) und die 21. Air Force auf der McGuire AFB in New Jersey (acht Geschwader). Der Befehlshaber des AMC ist zugleich kommandierender General des U.S. Transportation Command (TRANSCOM), das als Vereinigtes Oberkommando Amerikas Luft-, See-, Lkw- und Schienentransporte in Einsatzgebiete organisiert.
- **Pacific Air Force (PACAF)** – Stationiert auf der Hickam AFB auf Hawaii in der Nähe von Pearl Harbor, ist das PACAF für Lufteinsätze im ausgedehnten Pazifikraum und auf asiatischen Kriegsschauplätzen verantwortlich. Dazu gehören die 5. Air Force auf der Yokota AFB in Japan, die 7. Air Force auf der Osan AB in Südkorea, die 11. Air Force auf der Elmendorf AFB in Alaska und die kleine 13. Air Force auf der Anderson AFB auf Guam. Die Clark Air Force Base auf den Philippinen wurde beim Ausbruch des Vulkans Monte Pinatubo beschädigt. Sie mußte anschließend aufgegeben werden, weil die Verhandlungen der US-Regierung über einen neuen Vertrag scheiterten, in dem das Pachtverhältnis mit der Regierung der Philippinen geregelt werden sollte. Es war der härteste Rückschlag für die vorgeschobene Präsenz der PACAF im westlichen Pazifik. Die PACAF führt die meisten ihrer Übungen mit Navy, Marines und verbündeten Streitkräften durch.
- **U.S. Air Force in Europe (USAFE)** – Hauptquartier ist die Ramstein AB in Deutschland. Die USAFE war eines der wesentlichen Elemente der NATO-Verteidigungsstruktur, die über vierzig Jahre lang den Frieden in Europa gesichert hat. Auch die USAFE leidet unter den Folgen des drastischen Truppenabbaus, der aus dem Ende des Kalten Kriegs resultiert. In diesem Fall besonders unverständlich, weil die operativen Anforderungen wie Friedenssicherung und humanitäre Operationen in Afrika, Irak und dem früheren Jugoslawien gestiegen sind. Die USAFE

umfaßt die 3. Air Force auf der RAF Mildenhall in Großbritannien, die 15. Air Force auf der Aviano AB in Italien und die 17. Air Force in Sembach, Deutschland.

Zusätzlich zu den Major Commands gibt es viele spezialisierte Geschäftsstellen, Dienststellen und Zentren wie beispielsweise Luft-Wetterdienst, Sicherheitsbüro und Sicherheitspolizei der Air Force, Luft-Aufklärung und medizinische Dienste.

Die Grund-Einheit für Operationen der Air Force ist das Geschwader, das normalerweise auf einem bestimmten Stützpunkt stationiert ist, der nur ihm zur Verfügung steht. Bis vor kurzem standen die meisten Geschwader unter dem Befehl eines Colonel, doch werden die bedeutenderen Geschwader in wachsendem Maße von Brigadier Generals befehligt. Ein Geschwader verfügt über eine Operationsgruppe, die aus Flugzeugen, Aircrews, kommandierenden und Stabsoffizieren besteht, eine Logistikgruppe, die sich um Instandhaltung und Versorgung kümmert, und eine Support Group, die Kommunikation, Sicherheit, Ingenieurwesen, Finanzen und andere Dienste umfaßt. Die meisten Offiziere und Flieger sind kleineren Einheiten zugeteilt, die man innerhalb einer Gruppe als Squadron (Staffel) bezeichnet. Ein Geschwader kann sich aus einer bis sieben (oder mehr) Staffeln zusammensetzen. Eine fliegende Staffel verfügt normalerweise über 18 bis 24 Fighter, acht bis 16 Bomber, sechs bis zwölf Tanker oder andere Flugzeugtypen in der Größenordnung von zwei bis 24 Stück. Eine große Staffel kann zeitweilig oder dauernd in verschiedene Einsatzgruppen (Flights) oder Abteilungen aufgeteilt werden. Umgekehrt können auch mehrere Staffeln oder Abteilungen von unterschiedlichen Geschwadern vorübergehend ein provisorisches Geschwader bilden, wie es während der Operationen Desert Shield und Desert Storm häufiger praktiziert wurde.

Die Gunfighter machen sich bereit: Auf dem Weg zu Green Flag 94-3

Wie macht ein Kommodore – etwa Brigadier General Dave McCloud – sein Geschwader für einen Krieg bereit? Es reicht nicht aus, mal eben einen Haufen Leute und Flugzeuge zusammenzustellen, ihnen eine Aufgabe zu übertragen und zu erwarten, daß sie diese unvorbereitet, ohne Training und Erfahrung, auch lösen. Die USAF, unzureichend trainiert und mit großen Erfahrungslücken, die ein vorausgegangener Krieg hätte füllen können, mußte genau diese Lektion am Himmel über Nordvietnam lernen. Nie wieder sollten amerikanische Piloten ins Gefecht ziehen, nur um die Überlebenden anschließend dem Vorwurf der Gespenster mit ihrem Sprechchor »Ihr habt uns nicht genug trainiert!« auszusetzen.

Als General McCloud das Geschwader von General Hinton übernahm, führte er sofort einen ständigen Jahres-Terminplan für Trainingsübungen ein, der das Konzept des Composite Wing erhärten und das Können des Personals verbessern sollte, das für die Funktionsfähigkeit des Konzeptes einzustehen hat. Einige Schwierigkeiten mußten überwunden werden, um ein effektives Training für das Geschwader zu gewährleisten; so beispielsweise die folgenden:

- der begrenzte Raum, den man bei den Einrichtungen auf der Mountain Home AFB vorfand, insbesondere wenn es um große Composite-Wing-Übungen ging;
- eine Struktur des 366. Geschwaders zu definieren, speziell bei den Bomber-, Eagle- und Strike Eagle- Staffeln;
- die Bedürfnisse des Geschwaders bezüglich der Lufttransporte und der Entsendung von Truppen in Kriegsgebiete zu reduzieren;
- der Verlust der Standoff- (AGM-142-Have-Nap-) und Seekampf- (AGM-84-Harpoon- und Minenleger-)Kapazitäten des Geschwaders, als die B-52G der 34. BS im November 1993 ausgemustert wurden;
- die Umstellung der F-16-Staffel auf die neuen Block-52-Modelle der Falcon mit den ASQ-213-HTS und AGM-88-HARM-Flugkörpern für SEAD-Missionen (Suppression of Enemy Air Defense).

»Marshal« McCloud und der Geschwader-Stab stürzten sich mit beinahe fanatischem Eifer auf ihre Arbeit, und schon sehr bald zeigten sich die ersten Resultate.

In den letzten Jahren ist das Geld für Flugstunden, bedingt durch Budget- und Truppenreduzierung, ständig knapper geworden. Die meisten Einheiten der USAF geben sich alle Mühe, den Standard von zwanzig Flugstunden pro Monat für Leistungserhalt und taktisches Training zu erhalten. Als wir das Geschwader in Mountain Home besuchten, hörten wir einen jungen Fighter-Captain klagen, er habe im vergangenen Monat mehr als fünfzig Stunden fliegen müssen, und jetzt sei er müde! Das 366. genießt eine klare Vorzugsstellung im Hauptquartier des ACC, die auch in zusätzlichen Mitteln für Flugstunden, Kraftstoff und Ersatzteile zum Ausdruck kommt. Ein weiteres Indiz für die hohe Prioritätsstufe des Geschwaders ist die Erweiterung der 309. (F-15C Eagle) und der 391. (F-15E Strike Eagle) FS auf jeweils 18 PAA-Maschinen. Diese Vögel sind heutzutage ihr Gewicht in Gold wert; mehr davon zu bekommen ist so gut wie unmöglich. Die vorrangige Priorität verhilft dem Geschwader außerdem zu wichtigen kleinen Extras wie JTIDS-Terminals für die F-15C und Ro/Ro-Böden aus gehärtetem Stahl sowie Satellitenterminals für die KC-135R-Tanker der 22. ARS.

Obwohl General McCloud bei der materiellen Versorgung des Geschwaders beinahe Wunder bewirkte, braucht man doch mehr als Geld und Hardware, um eine Kampfeinheit aufzubauen, insbesondere dann, wenn diese aus fünf Staffeln besteht, die alle aus verschiedenen Gemeinschaften innerhalb der USAF kommen und überdies auf zwei verschiedene Stützpunkte verteilt sind. Also begann General McCloud bei der Verbindung der fünf Staffeln des 366. sein »Programm des guten Willens und der Zusammenarbeit«. Während bis dahin das Personal einer Staffel seine Freizeit mit den Mitgliedern seines eigenen kleinen Kreises verbracht hatte, wurde es nun ermutigt, sich mit den anderen Gruppen zu vermischen und Ideen und Erfahrungen auszutauschen, um so die Art von Kameradschaft aufzubauen, die man braucht, wenn man gemeinsam in den Krieg ziehen soll. In den Befehls-Einweisungen (eine Präsentation, die VIP-Besucher erhalten) des 366. heißt es: »Wir leben zusammen. Wir trainieren zusammen. Wir spielen zusammen, und wir *kämpfen* zusammen!« Und das ist nicht nur rhetorisch gemeint. Das pure Überleben des gesamten Geschwaders hängt letztlich von der Zusammenarbeit ab.

Der erste echte Test der neuen Geschwader-Organisation und ihres Operationskonzeptes (CONOPS) begann im Herbst 1993, als das 366. Geschwader CENTCOM unterstellt wurde, um dort zur Kern-Luft-Einheit für die Operation Bright Star-93 zu werden, die jährlich stattfindende Übung im Mittleren Osten. General McCloud schickte ein A+-Paket mit Fightern, Tankern und Führungs-Elementen nach Nordafrika zur Cairo West Air Base in Ägypten und die Bomber zur Lajes Air Base auf die Azoren. Während der folgenden Wochen übte das Geschwader mit Teilen verschiedener anderer Streitkräfte, einschließlich denen Ägyptens, sowie einigen Einheiten der U.S. Navy. Die beiden wichtigsten Erkenntnisse, die daraus resultierten, waren einerseits der Bedarf an zusätzlichen F-15-Flugzeugen in der 390. und 391. FS, anderseits die Notwendigkeit, den Aufwand zu reduzieren, der bei schweren Lufttransporten erbracht werden muß, um das Geschwader zum Einsatzort zu bringen.

Gegen Ende 1993 kündigte Verteidigungsminister Les Aspin an, daß die gesamte B-52G-Flotte innerhalb der nächsten Monate ausgemustert werde. Im November 1993 war bereits das letzte G-Modell der BUFFs Geschichte, die 366. stand ohne Langstreckenbomber-Komponente da und hatte auch keinerlei Seekampf- und / oder Standoff-Waffenkapazitäten mehr. Das tat verdammt weh, und das ACC begab sich auf die Suche nach einer Lösungsmöglichkeit, nicht allein für die Gunfighter, sondern für die gesamte Air Force. Kurze Zeit später erhielt die 389. FS die ersten brandneuen Block 52 F-16C mit ihren kraftvollen neuen F100-PW-229-Triebwerken aus den Lockheed-Werken in Fort Worth.

Im Frühjahr 1994 kamen gute Nachrichten, als das ACC eine neue B-1B-Lancer-Staffel, die wiedererstandene 34. BS, ankündigte, die zusammen mit dem 28. BW auf der Ellsworth AFB in South Dakota untergebracht werden sollte. General McCloud beklagte noch immer den Verlust der Minen-, Seeangriffs- und Standoff-Waffenkapazitäten, der durch die Außerdienststellung der B-52G entstanden war, doch die B-1B-Staffel sollte dem Geschwader einige neue Fähigkeiten verleihen. Die Reduzierung der C-141-Ladungen, die für Entsendungen zu Einsätzen benötigt wurden, zeigte erste Resultate, als einige Sergeants auf Staffel-Ebene feststellten, daß es möglich war, mehr Ausrüstung zurückzulassen, wodurch man innerhalb der Einheiten die Ressourcen besser aufteilen konnte. Die Air Force mag wie ein Offiziersclub aussehen, aber ganz sicher würden keine Bombe geladen, kein Flugzeug betankt, kein Triebwerk gewechselt werden, wenn es keine Mannschaftdienstgrade gäbe.

Während des Winters flogen die Gunfighter einige Einsätze. Einer davon, eine Mobilitäts-Übung, führte sie nach Michigan, ein anderer nach

Alaska. Letztere Übung lief unter der Bezeichnung »Northern Edge«, und dabei wurde ein A-Paket in den Norden zur Elmendorf AFB entsandt, um die Rolle von Aggressor-Streitkräften im Rahmen des großen PACAF-Manövers zu übernehmen. Hierbei konnte das 366. seine Fähigkeiten zum Einsatz bei kaltem Wetter verbessern. Da es auf keinen speziellen Bereich, sondern ausschließlich auf eine schnelle Reaktionszeit festgelegt ist, muß es in der Lage sein, in der einen Woche unter Wüstenbedingungen zu fliegen und in der nächsten bereits über Dschungelgebieten zu operieren.

Sobald sie aus Alaska zurück waren, stellten sich die Gunfighter der größten Herausforderung des Jahres 1994, der Vorbereitung auf die Operation Green Flag, der größten, teuersten und realistischsten Übung der Air Force, die jährlich einmal stattfindet. Ausgehend von dem riesigen Komplex nördlich der Nellis AFB in Nevada, kommt Green Flag einem wirklichen Krieg, in den man hineingezogen werden könnte, noch am nächsten, ohne daß die anderen Jungs allerdings mit scharfer Munition zurückschießen. Das 366. Geschwader sollte bei diesem Green Flag die Kerneinheit unter Leitung von General McCloud sein, dem auch etliche andere Einheiten unterstellt waren. Es sollte der entscheidende Test für die Gunfighter und das Konzept des Composite Wing werden. Das gesamte Geschwader begann ab Mitte April 1994 mit seiner Verlegung zur Nellis AFB.

Nellis AFB: Der weite Himmel

In grauer Vorzeit war Las Vegas für die Eisenbahn nur ein staubiger Zwischenhalt auf der Strecke durch die Wüste nach Südkalifornien gewesen. Später, nachdem Bugsy Siegel den Spieler-Boom in den späten 40er Jahren ausgelöst hatte, wurde es zum Zufluchtsort für Leute, die sich absetzen wollten. Heute ist es dank des Baubooms, der durch den Zustrom von Ruheständlern und Touristen ausgelöst wurde, die am schnellsten wachsende Stadt Amerikas. Nördlich der Stadt, direkt an der Interstate 15, liegt die Nellis AFB, die größte und verkehrsreichste Basis der USAF. Begonnen hatte alles während des Zweiten Weltkriegs als Artillerie-Übungsgelände (Las Vegas Gunnery Range), später wurde das Gelände zu Ehren eines örtlichen P-47-Piloten, der im Krieg gefallen war, in »Nellis« umbenannt. Nach dem Zweiten Weltkrieg blieb es in erster Linie ein Trainingszentrum für das Artillerie-Geschützwesen, wegen der großen Ausdehnung nach Norden hin wurde es aber auch schwerpunktmäßig genutzt, um Piloten die Kunst beizubringen, wie man geradeaus und nicht daneben schießt. Außerdem war es der Heimatstandort für Kampfeinheiten wie das 47. TFW, das während des Kalten Krieges, bevor es abgemustert wurde, die F-111, F-4 und F-16 flog. Nellis ist ein einzigartiges Zentrum für Training, Testflüge und Übungsluftkämpfe, mit ausgedehnten, unberührten Wüstengebieten im Norden, die für die zivile Luftfahrt gesperrt sind, und es ist so weitläufig, daß man dort beinahe auf jede Art fliegen kann.

Nellis beheimatet das Zentrum für Waffen- und Taktikanwendung der Air Force (USAF Weapon and Tactics Center, W&TC, ehemals USAF Fighter Weapons Center), auf dem mehr als 45% der *weltweit* eingesetzten Übungsmunition der USAF verbraucht wird. Unter dem Befehl von Lieutenant General Tom Griffith unterhält das W&TC einen sehr weitläufigen Komplex, der einen Großteil von Süd-Nevada abdeckt. Fast immer sind im W&TC ungefähr 140 Flugzeuge stationiert, die etwa 37000 Flüge pro Jahr absolvieren. Den Kern des W&TC bildet das 52. Geschwader (früher 57. Fighter Weapons Wing), dessen Personal an seinen in Schachbrettmuster – gelb und schwarz – gewürfelten Schals, die es zur Uniform trägt, zu erkennen ist. Es steht unter dem Befehl von Colonel John Frisby und setzt sich folgendermaßen zusammen:

- **422. Test and Evaluation Squadron** (TES, Test- und Auswertungs-Staffel) – Sie fliegt eine Kombination von A-10A Thunderbolt II, F-15C/D/E Eagle und Strike Eagle sowie F-16C/D Fighting Falcons. Die 422. TES ist mit Operationsversuchen und der Entwicklung von Taktiken für die USAF-Fighter-Streitkräfte und deren Bewaffnung betraut.
- **USAF Weapons School (WS)** – Hier findet ein 5 1/2 Monate dauernder Lehrgang mit Abschluß in Fächern wie Waffenkunde, Taktik und Angriffsplanung statt. Nur 7% aller USAF-Besatzungen sind WS-Absolventen; dagegen haben mehr als 45% der Geschwaderkommodore diese Schule durchlaufen. Ein Maß für die Trainings-Effektivität der WS sind die Leistungen, die von den Besatzungen während Desert Storm erbracht wurden, denn nur 7% der Aircrews hatten die WS erfolgreich absolviert, aber 66% aller Luftkampferfolge wurden von WS-Absolventen erzielt. Der gegenwärtige Lehrplan beinhaltet Lehrgänge für beinahe jeden Kampfflugzeug-Typ, den man im Inventar der USAF finden kann, ebenso Speziallehrgänge für die E-3 Lotsen. 1994 wurde die Schule von Colonel Bentley Rayburn geleitet.
- **561. FS** – Sie fliegt die F-4G-Wild-Weasel-Version der Phantom und ist die letzte verbliebene aktive Staffel im Dienst, die der SEAD-Mission der USAF zugeordnet ist. In den vergangenen Jahren war die Staffel in der Türkei, um bei der Überwachung des Flugverbots gegen die irakische Armee im Norden des Landes zu helfen, aber auch in Italien, um vergleichbare Operationen über Bosnien durchzuführen. Dieser hochgeachtete und unter schweren Belastungen stehende Haufen nähert sich seinem Lebensabend. Die Staffel verfügt über 24 PAA-Maschinen und weitere acht F-4G als Ersatz- und Reservemaschinen.
- **414. Training Squadron** (Abteilung für gegnerische Taktiken, Adversary Tactics Division) – Nach Deaktivierung der 64. und 65. FS, die mit der Aufgabe betraut waren, die Rolle eines potentiellen Gegners zu spielen, hat eine Gruppe von F-16C/D-Maschinen beim W&TC als kleine Streitmacht den Part der feindlichen Aggressoren übernommen, um ein realistisches Training zu gewährleisten.
- **Detachment 1, Ellsworth AFB** – Dieses kleine Detachement von B-1B- und schweren B-52H-Bombern erfüllt bei den Bomber-Streitkräften die gleiche Mission wie die 422. TES für die Fighter-Streitkräfte. Es ist zusammen mit dem 28. BW auf der Ellsworth AFB stationiert, aber aus

dem 57. Geschwader hervorgegangen. Darüber hinaus liegt auch eine Abteilung B-2 auf der Whiteman AFB in Missouri.

- **Die Thunderbirds** – Diese renommierte Kunstflug-Staffel tritt mit ihrer Show in der ganzen Welt auf. Derzeit fliegen sie die Block 32 F-16C und -D Fighting Falcons. 1994 führte Lieutenant Colonel Steve Anderson die T-Birds durch ein anstrengendes Gesamtprogramm von rund 72 Flugschauen, und sie beeindruckten etliche Millionen Zuschauer. Die Einheit besteht seit Jahren aus acht Flugzeugen, elf Offizieren und zwischen 130 und 140 Mannschaften. Bei den Thunderbirds aufgenommen zu werden, ist eine große Ehre, die nur den Besten der Besten zuteil wird, da das Team – mehr als jede andere Einheit – die U.S. Air Force in der Öffentlichkeit repräsentiert.
- **549. Joint Tactics Squadron (JTS)** – sie ist besser unter ihrem Staffelnamen »Air Warrior«[110] bekannt. Die 549. stellt den Simulierten Gefechtsfeld-Unterstützungs- und Befragungsdienst (Simulated Close Air Support and Debriefing Service) für das U.S. Army National Training Center (NTC) in Fort Irwin, Kalifornien, das etwa 100 Meilen südwestlich liegt. Sie fliegt die F-16C/D und ist heute in der Lage, Besuchern die Ergebnisse der eigenen Angriffe in Echtzeit vorzuführen, da man über einen speziellen Datenverbund verfügt, der direkt (über komplizierte, dreidimensionale High-tech-Echtzeit-Displays) ins NTC-»Star-Wars«-Gebäude führt.
- **66. Air Rescue Squadron** (RQS[111], Luft-Rettungs-Staffel) – Sie ist eine von vier RQSs, die aktiviert wurden, nachdem das U.S. Special Operations Command während Desert Storm bei der CSAR-Mission (Combat Search and Rescue) eine mehr als schwache Leistung geboten hatte. Beim Combat Search and Rescue sollen sich die Flugbesatzungen darauf verlassen können, daß im Fall ihres Abschusses hinter den feindlichen Linien gut trainierte und bestens ausgerüstete Profis zur Stelle sind und sie nach Hause bringen. Wenn man die Liste der Träger der Ehrenmedaille (Medal of Honor) betrachtet, findet man dort eine ganze Reihe von CSAR-Fliegern, die ihr Leben opferten, um andere zu retten. Wann immer sich Piloten an einer Bar treffen – CSAR-Besatzungen brauchen nie selbst für ihre Getränke zu bezahlen. Zusammengestellt aus vier HH-60G-Pave-Hawk-Hubschraubern und einem HC-130-Hercules/C^3I-Tankflugzeug, stehen die RQS als sofort einsetzbare Einheit der CSAR-Kräfte bereit und unterstützen außerdem Notrettungsaktionen, Sicherungs- und Sicherheitsaufgaben auf der Nellis AFB.
- **USAF Combat Rescue School** – Diese Schule wurde geschaffen, um einen Studiengang mit Graduierung im Lehrplan für das Combat-Search-and-Rescue-Programm zu verwirklichen. Hier werden die gleichen HH-60G/HC-130-Maschinen geflogen wie in der 66. RQS. 1994 war Lieutenant Colonel Ed LaFountaine Leiter dieser Schule. Laut Plan

---

110 »Kämpfer der Luft«

111 Das Q in der Abkürzung bezieht sich nicht auf die Schreibweise, sondern auf die angloamerikanische Aussprache dieses Buchstabens (»rescue«, sprich: »reskju«).

sollen einerseits zwei Lehrgänge pro Jahr hier ihren Abschluß machen und andererseits weltweit Test- und Entwicklungsdienste für CSAR-Staffeln geleistet werden.

- **820. Red Horse Squadron** – Diese überaus geschätzte Hoch- und Tiefbau-Ingenieurstruppe ist jederzeit und sofort auf der ganzen Welt einsetzbar. Mit ausreichend Wasser und Zement versorgt, können diese Bauingenieure innerhalb weniger Tage einen voll funktionsfähigen Stützpunkt für Luftstreitkräfte errichten.
- **Federal Prison Camp (Area II)** – Auf dem Gelände der Nellis Basis gibt es ein Bundesgefängnis der mittleren Sicherheitsstufe. Ein prominenter Gefangener war unlängst der Navy-Unterstaatssekretär Melvin Paisley, der wegen Korruptionsvorwürfen in den späten 80er Jahren verurteilt worden ist.
- **554. Range Squadron** – 1994 stand sie unter dem Befehl von Oberst »Bud« Bennet. Diese Organisation überwacht die Bereichssicherheit und kontrolliert die Flugaktivitäten in Richtung Norden, die von der Nellis AFB und anderen Basen ausgehen. Außerdem hat die Staffel die lokale Luftverkehrskontrolle für die FAA übernommen und arbeitet dem LAX-Kontrollzentrum in Los Angeles zu.

Die 12000 Quadratmeilen/14164 km^2 große Fläche des Stützpunktkomplexes dehnt sich bis in den Norden von Las Vegas aus. Dies reicht, um ganz Kuwait darauf unterzubringen, und es bliebe danach sogar noch etwas Platz übrig. In verschiedene Bereiche oder »Areas« unterteilt, ist das gesamte Gelände mit einem elektronischen System ausgestattet, das als RFMDS-System (Red Flag Measurement and Debrief System oder Bewertungs- und Befragungssystem der Red-Flag-Übungen) bekannt ist. Ein über das Gelände fliegendes Flugzeug kann ununterbrochen überwacht, und es kann über alles Buch geführt werden, was oben am Himmel vor sich geht. Jedem Areal ist ein eigenes Aufgabengebiet zugewiesen. Einige sind Artillerie- und Bombenübungsgelände für scharfe Munition, andere verfügen über bemannte Radarsender, die so ausgelegt sind, daß sie ein feindliches Luftverteidigungssystem simulieren können. Dazu gehören:

- **60-Series Ranges** – Hier laufen die Tests und Entwicklungen, und auch das WS-Training findet auf diesem Geländer statt.
- **Ranges 71 and 76 –** Ziele vom Typ Deep-Strike[112], die beispielsweise wie eine strategisch wichtige Waffenfabrik, SCUD-Startrampen oder ein Flugfeld aussehen können.
- **Range 74** – In diesem Gebiet wird ein motorisiertes Bataillon sowjetischer Art simuliert.
- **Range 75** – simuliert einen nachfolgenden Versorgungskonvoi in den für die Iraker typischen Kolonnen, die während Desert Storm angegriffen wurden.

Diese Gebiete werden von Vertragspersonal des Unternehmens Loral and Arcatia Associates instandgehalten, das seine Zeit damit verbringt, die

---

112 Angriff (Durchbruch) in die Tiefe des feindlichen Hinterlandes

Zielflächen und Radarsender in Betrieb zu halten. Es gibt außerdem das sogenannte ACMI-System (Cubic Corp. Air Combat Maneuvering Instrumentation System), das jede Bewegung und jeden Übungsabschuß in einem Luftkampf, in den mehrere Flugzeuge verwickelt sind, aufzeichnen und wiedergeben kann. Diese Möglichkeit der sofortigen Betrachtung und Analyse der Videobänder wird schwerpunktmäßig genutzt, um den Piloten nach Abschluß von Schießübungen der Weapons School jeden Fehler in Zeitlupe und aus einer dreidimensionalen Perspektive vorzuführen. Auf dem Gelände befindet sich auch noch ein Relikt aus dem Kalten Krieg: das alte Nuklear-Testgelände des Departement of Energy (DOE).

Keine Aufzählung der Areale der Nellis AFB wäre vollständig, wenn man nicht die drei (offiziell anerkannten) Flugfelder innerhalb des Komplexes erwähnt. Das erste ist das Indian Springs Airfield, wo die Thunderbirds ihre Kunstflugfiguren trainieren. Indian Springs fungiert außerdem als Not-Umleitungs-Flugfeld bei Übungen und anderen Aktivitäten. Weiter im Norden liegt Tonopah Test Range (TTR), ein Flugfeld, das für die Bedürfnisse des 37. TFW gebaut wurde, als dieses mit den F-117A Nighthawk Stealth Fighters operierte. Infolge des Golfkriegs und des zunehmenden Bekanntheitsgrades der »Black Jets« wurden die Flugzeuge und das Personal des 37. von der USAF zum 49. Fighter Wing auf die Holloman AFB nach New Mexico verlegt. Heute wird Tonopah regelmäßig von Einheiten der Reserve und von Marinefliegern genutzt, um Operationen von einem Stützpunkt mit gerade ausreichenden Voraussetzungen aus unter feldmäßigen Gegebenheiten zu simulieren. Die letzte Basis, über die wir etwas wissen, sind die mysteriösen Groom-Lake-Test-Einrichtungen, die im Herzen des DOE-Gebietes der Nellis AFB liegen. An einem ausgetrockneten See gelegen, hat Groom Lake ähnliche Aufgaben wie Haupttesteinrichtungen der USAF auf der Edwards AFB. Der enorme Sicherheitsaufwand, der dort betrieben wird, kann den Betrachter glauben machen, die Russen würden *immer noch* kommen. Auch als Area 1 oder »Dreamland« bekannt, wurde die Basis in den 50er Jahren für Tests der Lockheed-U-2-Spionageflugzeuge genutzt. Seit jener Zeit werden dort Tests von »schwarzen« (geheimen) Flugzeugen – etwa der Lockheed SR-71 Blackbird, der D-21-Aufklärungsdrohne und der F-117A – durchgeführt. Des weiteren werden hier, wie man hört, technische Neuentwicklungen von ausländischen Flugzeugtypen (MiGs etc.) ausgewertet, aber auch geheime Prototypen und Flugzeuge, mit denen Technologien demonstriert werden, erprobt. Was immer da auch vor sich gehen mag, die USAF gibt sich alle Mühe, die Grenzen des Areals auf einige Höhenzüge in der Wüste auszudehnen, die höher als das Gelände sind, um so den direkten Einblick seitens ziviler Beobachter zu verhindern.

Aber unser Interesse an Nellis gilt im Augenblick nicht den »schwarzen« Aktivitäten in Groom Lake; wir wollen lieber erkunden, was sich am hellichten Tag abspielt. Mit einem Wort: Flags. In den Übungen der Flag-Serie werden echte Weltkriegs-Gefechtssituationen unter den Gegebenheiten einer relativ sicheren und abgesicherten Umgebung simuliert. Die bekannteste ist Red Flag, die seit 1975 läuft. Erdacht vom legendären Colonel »Moody« Suiter, entstand Red Flag aufgrund der alarmierenden Statistiken des Vietnamkrieges. Wenn es einem Piloten gelang, seine ersten zehn Feindflüge lebend zu überstehen, waren seine Chancen, eine echte Gefechtssituation durchzustehen, um 300% gestiegen. Solche Kampfübungen helfen bei der Entwicklung eines »situationbedingten Bewußtseins«. Das soll die Überlebenschancen der Aircrews im Umfeld tödlicher Luftabwehrradars und Flugkörper-Dickichte erhöhen, die sie auf Einsätzen der USAF durchdringen müssen. So kam Colonel Suiter auf seine hervorragende Idee: Konnte man erreichen, daß die ersten zehn Kampfeinsätze unter sicheren Trainingsbedingungen absolviert würden, so würde sich die Verlustrate bei Flugzeugen und Besatzungen reduzieren, wenn es einmal zu richtigen Kriegen kommen würde. Bei einem solchen Training konnten die Einheiten auch die komplizierte Kunst des Angriffskampfs in großen Formationen üben. Red Flag wurde also geschaffen, damit jede Flugzeugbesatzung die Gelegenheit zu diesen ersten zehn Einsätzen über dem Geländekomplex von Nellis erhielt und hierbei auf die talentierteste feindliche Luftmacht traf, der sie jemals gegenüberstehen konnte. Jede Aircrew soll zumindest alle zwei Jahre eine Red-Flag-Übung mitmachen, um ihre Flug- und Kampffähigkeiten auf dem Schärfegrad einer Rasierklinge zu halten. Ungefähr sechs Red Flags gibt es jedes Jahr, jede besteht aus einer sechswöchigen Trainingsübung, unterteilt in drei Segmente à zwei Wochen.

Die Kerneinheit ist gewöhnlich ein Geschwader. Jede Staffel dieses Geschwaders fliegt während dieser zweiwöchigen Trainingsperiode 15 bis 20 simulierte Kampfeinsätze. Detachements zur Luftunterstützung (AWACS, Tanker, Störer etc.) gestalten das Training noch realistischer. Seit zwanzig Jahren helfen die Red-Flags Fliegern der USA und ihrer Verbündeten bei der Vorbereitung auf einen Krieg. Der Wert dieses Trainings zeigte sich 1991, als die Flieger von Missionen im Irak zurückkehrten und berichteten: »Es war wie bei Red Flag, nur mit dem Unterschied, daß die Iraker nicht so gut waren.«

Green Flag ist eine Spezialübung, die jährlich auf der Nellis abgehalten wird. Man könnte Green Flag auch ein Red Flag mit »Zähnen und Klauen« nennen. Anstelle der Übungsmunition werden bei Green Flag echte Bomben abgeworfen. Statt simuliertem Jammer-Einsatz und elektronischen Gegenmaßnahmen werden die Mannschaften dem ganzen Spektrum elektronischer »Bosheiten« ausgesetzt, die ihnen über modernen Schlachtfeldern begegnen können. Der einzige Kompromiß mit der Wirklichkeit besteht darin, daß die Teilnehmer nicht mit scharfer Munition oder echten Flugkörpern auf ihre Kameraden feuern und kein Flugzeug abstürzen oder brennen darf.

Green Flags sind sehr teuer und schwierig zu organisieren. Große Mengen an Munition und »Lockvögeln« müssen während der vorgetäuschten Einsätze »hoch im Norden« aufgewendet werden. Es ist nicht leicht, eine Gruppe der raren Maschinen für elektronische Kampfführung (EW) wie die RC-135 Rivet Joint oder EC-130 Compass Calls zusammenzuführen, da diese stark damit beschäftigt sind, augenblickliche und künftige Krisengebiete rund um den Globus zu beobachten. Dennoch veranstaltet die USAF Green Flag jährlich, damit die Kampfpiloten lernen, wie sie in einem vollständigen Umfeld elektronischer Kampfführung operieren sollen. Green Flag ist außerdem eine Gelegenheit, neue Taktiken und Ausrüstungen in der Situation des »neuen Krieges« zu erproben.

Für 1994 beschloß das ACC, die dritte Rotationsperiode (bekannt als Green Flag 94-3) zu nutzen, um die Fähigkeiten des 366. Geschwaders und seines Mehr-Rollen-Geschwader-Konzepts zu testen. Diese Übung sollte eine komplette Entsendung im »Übersee-Stil« simulieren, einschließlich des Aufbaus eines feldmäßigen Air Operation Centers in einer Zeltstadt in der Nähe des Red-Flag-Hauptquartiers, am südlichen Ende der Basis. Konnte ein zusammengesetztes Geschwader tatsächlich bei einer Entsendung im Feld bestehen, wenn nur minimale Voraussetzungen gegeben waren? Konnten sich andere Einheiten in die einzigartige Befehls- und Führungsstruktur einfügen? Es würde ein entscheidender Test für das Konzept des Mehr-Rollen-Geschwaders sein, und wir wurden eingeladen, die Ergebnisse zu beobachten. Also machten wir uns Anfang April 1994 auf den Weg nach Westen, um uns dem 366. auf seinem Weg in einen Scheinkrieg anzuschließen, der ganz in der Nähe der Spielerhauptstadt des Landes stattfinden sollte.

Green Flag 94-3 – die unvergleichlichen Gunfighter

Als wir uns dem 366. Geschwader in der Mountain Home AFB anschlossen, war General McCloud bereits im Begriff, zur Nellis AFB aufzubrechen. Wir hatten noch einige Tage Zeit, um das Geschwader und seine Leute kennenzulernen, und konnten unschwer die kollektive Sorge wegen des kommenden Green-Flag-Tests spüren. In den folgenden Wochen verbrachten wir die meiste Zeit mit dem Geschwader, und was nun folgt, ist eine Art »Kriegstagebuch« der Höhepunkte. Es war ein beispielloser Blick hinter die Kulissen, der uns zeigte, wie eine Einheit in der Art der Gunfighter in den Krieg zieht.

Samstag, 9. April 1994

An einem kalten, regnerischen Morgen standen wir auf der Mountain Home AFB auf und gingen hinüber zum Mobility Office des 366., um uns anzumelden. Anstatt mit einer normalen Linienmaschine nach Nellis zu fliegen (was eigentlich die Standardprozedur ist, um Geld zu sparen und Heulen und Zähneknirschen bei den Transporteinheiten der Air Force zu vermeiden), würde sich das gesamte Geschwader kriegsmäßig und mit den FAST-Tankern der 22. ARS auf den Weg machen, ganz so, als zögen sie wirklich in einen Krieg, und wir waren mit dabei. Am Tag zuvor waren bereits die ersten zwei FAST-Maschinen nach Nellis aufgebrochen. Sie nahmen ein A-Paket von je acht F-15C Eagle, F-15E Strike Eagle und F-16C Fighting Falcon sowie vier KC-135R mit. Da sich die 34. BS mit ihren B-1B noch in der Organisationsphase befand, sollte dieser Trip nur von Fightern und Tankern bestritten werden. Wir sollten zusammen mit etwa sechzig Gunfightern an Bord der FAST-3 gehen, des ersten Flugzeugs, das an diesem kalten, nassen Morgen abheben würde.

Im Mobility-Büro verpackten wir unser Gepäck in einer großen Holzkiste, tranken noch eine Tasse Kaffee und hörten bei der Sicherheits- und Einsatzbesprechung für die Verlegung zu. Kurz danach war es Zeit, an Bord zu gehen und uns auf den Weg zu machen. Nachdem wir und unser Gepäck eingeladen waren, wurden die vier CFM-56-Triebwerke gestartet, und wir hoben ab. Auf dem Weg nach Süden wurden wir vom Crew-Chief / Boomer durch das Flugzeug geführt. Von seinem Platz aus konnten wir die schneebedeckten Bergspitzen der Rocky Mountains sehen, und wir durften auch einmal den Boom »fliegen«. Später gingen wir nach vorn, um von der attraktiven Navigatorin, Captain Christine Brinkman, etwas über die Navigation zu erfahren. »Brink«, wie sie genannt wird, mag vielleicht wie ein Highschool-Cheerleader aussehen, aber sie ist eine der beiden erfahrensten Navigatorinnen im 366. Geschwader. Kein Mitglied der Besatzung war an diesem Tag älter als unser Flugzeug, das Ende 1960 bei Boeing gebaut worden war!

Nachdem wir von Brink gelernt hatten, wie man navigiert, indem man die Sonne mit einem Sextanten »schießt«, der in das Dach des Flugzeugs eingelassen ist, lehnten wir uns zurück und genossen den relativ sanften, allerdings lauten Trip in unserem ehrwürdigen Flugzeug. Als Schutz gegen den Lärm verteilte der Crew-Chief gelbe Ohrstopfen aus Schaumstoff. Die Kälte im Passagierraum war eine andere Sache. Wir waren vor dem erbärmlichen Heizungssystem der KC-135 gewarnt worden, so daß jeder von uns eine Lederjacke trug, um sich der Kälte zu erwehren. Kaum zwei Stunden nach dem Start gingen wir über Nellis in die Platzrunde, um zu landen. Bereits einige Minuten später waren wir an der Transitrampe und öffneten die Ladeluke, um unser Gepäck auszuladen. Wir hatten das Regenwetter von Idaho gegen einen für die Jahreszeit ungewöhnlich warmen Frühling in Süd-Nevada eingetauscht.

Schwärme von Flugzeugen aus Einheiten, die aus dem ganzen Land kamen, waren bereits eingetroffen, und man konnte die Spannung in der Luft knistern spüren. Aber die erste Aufgabe war es, das Einsatzteam, uns eingeschlossen, für die Dauer von Green Flag unterzubringen. Obwohl Nellis, wie so manche andere Einrichtung in der USAF, ein riesiges Gelände ist, verfügt man dort über viel zu wenige Quartiere für eine kurzfristige Belegung. Ein großer Teil des dorthin entsandten Personals mußte in Hotelzimmern und Pensionen in der Nähe von Las Vegas Quartier beziehen. Dieses Arrangement wurde von den Aircrews nicht als Unannehmlichkeit angesehen, denn sie machten sich sofort auf den Weg, um auf dem McCarren-Flugplatz Mietwagen zu ergattern, mit denen sie zu ihren Zimmern kommen konnten. Wir blieben in einem kleinen Hotel, zusammen mit dem Personal von Lieutenant Colonel Clawsons 391. FS.

Bei Sonnenuntergang hatten die Strike-Eagle-Besatzungen die Swimmingpools mit Beschlag belegt, und man diskutierte, wo man am besten

Das Air Operations Center (AOC) des 366. Geschwaders lag in unmittelbarer Nähe des Red-Flag-Gebäudes auf der Nellis AFB. In diesem Zelt erstellte das Personal des Geschwaders die Air Tasking Orders, die von den »Blauen« Streitkräften ausgeführt wurden. *John D. Gresham*

essen oder spielen könne. Da Nellis nur eine Tagesreise von Mountain Home entfernt ist, waren viele Ehefrauen und Freundinnen der Aircrews hierhergekommen, um mit den Männern zwei Wochen Spaß und Sonne in Las Vegas zu genießen. Dieser Einsatz kam bei den Familienangehörigen sehr gut an, auch wenn es für die Truppe sehr anstrengende zwei Wochen zu werden versprachen.

Sonntag, 10. April 1994

Während die meisten von uns einen Tag frei hatten, den wir zum Ausruhen und Entspannen nutzten, war das Personal von Lieutenant Colonel »Tank« Millers Operational Support Squadron schwer damit beschäftigt, das AOC des Geschwaders in einer kleinen Zeltstadt auf einem Nebengelände des Red-Flag-Operationsgebäudes einzurichten, um die erste der Air Tasking Orders (ATOs) vorzubereiten. Die ersten Einsätze im Rahmen von Green Flag 94-3 sollten erst in zwei Tagen stattfinden, aber Niederschrift und Kontrolle der ATOs mußten mindestens 72 Stunden vor ihrer tatsächlichen Ausführung beginnen. Der Operationsstab arbeitete hart an den Computerterminals, um eine sogenannte Joint Integrated Prioritized Target List (JIPTL – die Hauptliste für die Bombenziele) zusammenzustellen. Auch der Hauptangriffsplan (Master Attack Plan) für die gesamte Übung mußte erstellt werden. Ein anderes wichtiges Dokument war die Air Coordination Order (ACO – Anweisung für die Luftraum-Koordination), die festlegt, inwieweit der Luftraum über Nellis freigegeben werden kann, um das Risiko einer Kollision in der Luft oder andere unangenehme

Vorfälle zu minimieren. Die gesamte Planung wurde unter Anleitung von Lieutenant Colonel Rick Tedesco durchgeführt, dem WSO einer F-15, der die Gabe besitzt, alle Details, die für die Erstellung einer ATO notwendig sind, zusammenzutragen.

Erstmals sollte während Green Flag 94-3 etwas Neues ausprobiert werden, nämlich die Nutzung aller Daten der Fotoaufklärung für das Geschwader, die vom neuen U.S. SPACECOM Space Warfighter Center (SWC) auf der Falcon AFB in Colorado abgerufen werden konnten. Das SWC sollte die von Überwachungssatelliten geschossenen Fotos ebenso wie die Informationen von anderen weltraumstationierten Aktivposten unmittelbar weiterleiten und über eine direkte Satelliten-Datenleitung an das Kommunikationszelt des 366. AOC übertragen. Das Geschwader würde während der Übung keine bemannten Aufklärungsflüge durchführen. Da es nur noch wenige im Dienst stehende Aufklärungsflugzeuge gibt, würde das Vertrauen, das man bei den Angriffsplanungen in die Satellitenaufklärung setzte, durchaus realistisch sein. Die AOC-Mannschaft sollte bis weit in die vor ihr liegenden Nächte hinein hart arbeiten, ohne je die nötige Ruhe zu finden, da sie immer und sofort auf die Veränderungen reagieren mußte, die unausweichlich zum Aufbau eines ATO-Prozesses gehören.

Montag, 11. April 1994

Während die letzten der angeschlossenen Einheiten eintrafen, waren die Flugzeugbesatzungen des Geschwaders mit der Planung für ihren ersten Angriff am folgenden Tag beschäftigt oder nahmen an Rundflügen über dem Gebiet von Nellis teil, um sich mit den Gegebenheiten des Geländes, über dem sie in den kommenden zwei Wochen fliegen sollten, vertraut zu machen.

Die »Startaufstellung« der Spieler für diese Green Flag war beeindruckend:

- **2-229. Attack Helicopter Regiment** – zwölf AH-64A-Apache- und sechs OH-58C-Kiowa-Hubschrauber vom 2-229. Angriffs-Hubschrauber-Regiment der U.S. Army aus Fort Rucker in Alabama;
- **27. FW** – acht F-111F Aardvarks, ausgestattet mit Pave-Tack-Behältern, und vier EF-111A Raven des 27. FW von der Cannon AFB in New Mexiko;
- **55. Geschwader** – zwei RC-135-Rivet-Joint-ELINT / SIGINT-Flugzeuge des 55. Geschwaders von der Offut AFB in der Nähe von Omaha, Nebraska;
- **57. Geschwader** – zwei Wild Weasel F-4G Phantom der Nellis-AFB-eigenen 561. FS und zwei F-16C von der 422. TES;
- **187. FG, 160. FS** – um die Aggressor-Flugzeuge der Adversary Tactics Division zu verstärken, wurden acht F-16C Fighting Falcons der Alabama ANG hinzugezogen. Sie hatte die Aufgabe, mit ihren Flugzeugen eine zusätzliche Bedrohung darzustellen;
- **193. Special Operations Group (SOG), 193. Special Operations Squadron (SOS)** – die ANG aus Pennsylvania steuerte eine EC-130 mit dem

»aufsteckbaren« Senior-Scout-EW-System von der 193. SOG aus Harrisburg IAP bei;
- **355. Geschwader** – zwei EC-130H Compass Call Jammer des 355. Geschwaders von der Davis-Monthan AFB in Arizona;
- **388. FW** – zehn F-16C Fighting Falcons, mit LANTIRN Behältern ausgerüstet, kamen vom 388. FW, das auf der Hill AFB in Utah stationiert ist;
- **414. FS** – vier F-16C Fighting Falcons von der Adversary Tactics Division der Nellis AFB sollten den Aggressor spielen;
- **522. ACW** – zwei E-3B Sentrys des 522. ACW von der Tinker AFB in Oklahoma.

Zu dem Zeitpunkt, als die letzten Green-Flag-Teilnehmer eingetroffen waren, befanden sich mehr als 200 Flugzeuge auf den Abstellplätzen der Nellis AFB, fast eine Air Force für sich. Nach ihren Flügen, die zum Kennenlernen der Gegebenheiten gedacht waren, absolvierten die Besatzungen eine Reihe von sicherheitstechnischen Einweisungen, die verhindern sollten, daß es zu dem kommen würde, was die Crews als »plötzliche Störung der Luft/Boden-Schnittstelle« (»sudden violation of the air/ground interface«) bezeichnen, mit anderen Worten: zum Crash. Es ist noch gar nicht so lange her, daß Unfälle zur unangenehmen Tagesordnung in Nellis gehörten. Im schlimmsten Jahr, 1981, gab es mehr als dreißig Tote bei über zwei Dutzend Unfällen. Damals waren die USAF-Besatzungen gerade dabei, den Tiefflug zu erlernen, und die hohe Zahl von Unfällen war der Preis, den man bezahlen mußte, um Einsätze »in 500 Fuß Höhe mit hitziger Geschwindigkeit« zu erlernen. Heutzutage nehmen die Range Controller diese Sicherheitsfragen sehr ernst, wobei so wenig wie möglich in geringer Höhe geflogen und die Einhaltung der Abstände zwischen den einzelnen Flugzeugen rigoros durchgesetzt wird. In den 80er Jahren war ein Geschwader-Kommodore entlassen worden, weil er seine Mannschaften aufgefordert hatte, die sogenannten Minima zu ignorieren.

Doch selbst die größte Sorgfalt kann nicht jedes schlimme Ereignis verhindern. Kurz bevor die Übung begann, war ein Angriffs-Hubschrauber der Army vom Typ AH-64A Apache auf seinem Flug von Fort Rucker, Alabama, in einen Schneesturm geraten und auf einem Berg abgestürzt. Die Mannschaft überlebte (dank der stoßabsorbierenden Bauweise des Apache) und wurde von einem HH-60G Pave Hawk der 66. RQS (ihre erste Rettungsaktion) aufgenommen. Trotzdem, es war kein gutes Omen.

Die morgendliche Einweisung war für 0630 (6:30 Uhr ziviler Zeit) angesetzt, und deswegen ging jedermann früh zu Bett.

Dienstag, 12. April 1994 – Tag 1: Einsatz Nr. 1

Die für die Einweisung in die erste Mission des Green Flag 94-3 vorgesehene Messe war bis an ihre Grenzen gefüllt. Das 366. würde die Rolle der Guten übernehmen, also die sogenannte Blaue Truppe sein. Die gegneri-

Der Planungsraum einer Staffel der Fighter-Einheiten des 366. Geschwaders, während Green Flag 94-3. Der CTAPS-Einsatz-Planungs-Computer steht oben auf dem Stapel-Behälter links. *John D. Gresham*

schen F-16 (die Bösen) wären die Rote Truppe. Das Ziel des Spiels für die Blauen war es, die zahlenmäßig überlegenen Roten Kräfte zu zerschlagen, indem deren Bodenziele und Flugzeuge zerstört bzw. abgeschossen, dabei aber gleichzeitig Verluste der Blauen verhindert werden sollten. Obwohl General McCloud offiziell die Leitung hatte, hielten in Wirklichkeit die Leute vom Red-Flag-Stab die Fäden in Händen und zogen die Show durch. Nach den allgemeinen Wetter- und Sicherheitseinweisungen kam der Stab des 366., um die Blauen für den Einsatz zu instruieren. Anschließend, um 0645, wurden die Piloten und das Bedienungspersonal der Maschinen und die Emitter vom Adversary Tactics Departement für die Besprechung ihrer eigenen Mission alleingelassen. In wenigen Stunden sollte in den nördlichen Regionen des Nellis-Komplexes der Krieg ausbrechen.

Für die Roten Streitkräfte war die Aufgabenstellung einfach: Haltet die Blauen auf. Heute würde das bei acht F-16C so ablaufen, daß man die Leistungsmöglichkeiten und Taktiken der russischen MiG-29 Fulcrum simulierte. Der erste Teil des Plans der Blauen sah folgendes vor: Zunächst sollte ein Schlag gegen vorgetäuschte feindliche Befehlszentren (Bunker) und gegen strategische Ziele (SCUD-Startrampen) durchgeführt werden. Das wäre die komplette Phase I. In Phase II würden die Blauen versuchen, die Luftüberlegenheit zu erlangen, indem sie die Flugfelder und die SAM/AAA-Stellungen bombardierten. Schließlich, in Phase III, würden die Blauen eine ganze Bandbreite von Zielen bombardieren, in erster Linie Lkw-Konvois oder Versorgungsdepots. Geplant war, daß diese Schlacht neun Tage dauern sollte, was aber von den Unterbrechungen durch die Schiedsrichter und davon abhing, wie gut es mit dem Bomb Damage Assessment (BDA) lief.

Die Führung des Angriffs würde das 366. Geschwader übernehmen, allerdings nicht General McCloud persönlich. Als relativer Neuling auf seiner F-16 schluckte er seinen Stolz hinunter und flog als Nummer sechs in einer Formation aus sechs F-16C der 389. FS, deren Aufgabe es war, die vorgetäuschten SCUD-Stellungen auf der Südseite des Übungsgeländes zu zerstören. Gleichzeitig hatte eine Vierergruppe von Strike Eagles der 391. FS den Auftrag, einen nahegelegenen Befehlsbunker zu treffen. Auf der Nordseite sollten die F-111F des 27. FW und die F-16 des 388. FW ähnliche Ziele angreifen. Die F-4G und EF-111A, eine RC-135 und eine EC-130 sollten die EW- und SEAD-Unterstützung gewährleisten, wobei die beiden KC-135R von der 22. ARS und die E-3C Sentry auf der östlichen Seite des Areals bleiben sollten, um die Blauen von dort aus zu unterstützen. Außerdem würde eine Gruppe von U.S.-Army-Angriffs-Hubschraubern des Typs AH-64A Apache verschiedene Radarstellungen der Roten angreifen. Genau so hatte es das kombinierte Army / Air Force- Hubschrauberteam (die Task Force Normandy) in der ersten Nacht von Desert Storm vorgemacht. Die große Überraschung bei der Operation der Blauen würde dann eine neue Taktik sein, die von den Eagle-Piloten des 366. entworfen worden war. Die Wild Boars der 390. FS würden scheinbar eine Mauer aus ihren Eagles bilden, welche die feindlichen Fighter praktisch aus dem Weg der beiden Angriffsgruppen fegen würde. Über ihre JTIDS-Datenverbundsysteme vernetzt und mit Übungs-AIM-120-Slammern bewaffnet, fühlten sie sich sicher und waren der Ansicht, daß sie den Himmel über den Blauen säubern könnten, ohne große Verluste hinnehmen zu müssen.

Start war um 0830, und als sich die sechzig Flugzeuge in den Himmel schwangen, dröhnte die Luft unterhalb des Sunrise Mountain. Als erste hoben die E-3 und Tanker ab, gefolgt von den relativ langsamen EW-Vögeln. Dann waren die Fighter an der Reihe. Jede der F-16 der 389. FS war mit AIM-9-Sidewinder-Übungsflugkörpern bewaffnet, hatte 370 Gallonen/1398,5 Liter Treibstoff in den Tanks und außerdem zwei Mk-84 Bomben (2000 lb./907 kg) und einen ALQ-131-Störbehälter dabei. Ihre Köder-Startgeräte waren vollständig mit Düppeln und Infrarot-Scheinzielen gefüllt, und wie alle Maschinen der Strike Force würden sie ihre störsicheren Have-Quick-II-Funkgeräte benutzen, die (hoffentlich) nicht von den Kommunikations-Störgeräten der gegnerischen Truppen am Boden lahmgelegt werden würden. Als letzte hoben die Aggressor-F-16 der 414. und der Alabama ANG ab, da sie nicht über Tankerunterstützung verfügten und der Sprit daher bei ihnen etwas knapp werden konnte. Im Norden bei Indian Springs starteten die Besatzungen der AH-64 aus ihren vorgeschobenen Operationsbasen (FOB). Die Blauen Maschinen tankten periodisch bei den Tankern auf, damit sie genügend Treibstoff in den Tanks behielten. Alle warteten nun auf die Freigabe durch den Gelände-Supervisor und auf den »Push«-Befehl des Luftkampf-Befehlshabers, um dann gegen die Ziele vorzugehen.

In vorderster Linie begannen die F-15Cs der 390. FS nach ihrem »Push« sofort mit einem Vorstoß gegen einen Pulk von acht gegnerischen F-16C, die den vorgelagerten Luftraum über dem Zielgebiet der Roten Truppen verteidigten. Unter sorgfältiger Verwendung der AWACS-Daten und ihrer APG-70-Radare wählten die F-15Cs ihre Ziele aus. Dabei benutzen sie die JTIDS- Verbindung untereinander, um jeder Eagle eine F-16 als Ziel zuzuordnen. Dann wurden auf Kommando acht simulierte AMRAAM-Starts auf die F-16 der Roten ausgelöst. Bevor die auch nur reagieren konnten, wurden sieben von ihnen von den Schiedsrichtern bereits für »tot« erklärt. Diese sieben flogen zurück zur sogenannten »Regeneration Box«, und die achte floh nach Westen. Die Regeration Box ist einerseits eine Art Strafbank, und andererseits eine Art sicherer Hafen in der nordwestlichen Ecke des Geländes. Nachdem ein »totes« gegnerisches Flugzeug einige Minuten in der Box verbracht hat, wird es von den Schiedsrichtern wieder »zum Leben erweckt« oder »regeneriert« und darf anschließend wieder in den Kampf ziehen. Das ist gar nicht so unrealistisch, wenn man davon ausgeht, daß die U.S. Air Force trainiert, in zahlenmäßiger Überlegenheit gegen einen Gegner anzutreten, der seine eigenen Verluste unverzüglich ersetzen kann.

Während die Roten in der Regeneration Box eintrafen, flogen die Blauen, sehr zum Pech der Roten, bereits ihre Ziele an, und die gegnerischen F-16 konnten nur allein oder zu zweit zurückschlagen. Die Rote Truppe sah der Niederlage in diesem Kampf bereits ins Auge, da die Eagles der 390. immer noch auf der Jagd waren und die Strike Eagles und Fighting Falcons der Blauen die anfliegenden Aggressoren mit wohlgezielten Slammer-Starts trafen. Zu dem Zeitpunkt, als die Roten schon zum vierten Mal in die Box mußten, waren die angreifenden Streitkräfte bereits über ihren Zielen und trafen diese so präzise wie geplant.

Für »Marshal« McCloud war dies so kriegsnah wie nichts zuvor, denn er hatte die Operationen Just Case und Desert Storm verpaßt. Und nun war er »tail end Charlie« am ersten Tag von Green Flag 94-3, und die Dinge entwickelten sich gut. Er hielt sich dicht bei seinem Rottenführer in der F-15 Nummer fünf, und ihr Eindringen in das Zielgebiet lief ab wie im Lehrbuch. Sechs Piloten programmierten ihre Bordwaffencomputer auf einen »Pop-Up«-Angriff[113], zogen dann hoch, rollten, gingen in den Rückenflug, rollten aus in normale Fluglage und stießen im Sturzflug auf das Ziel, eine vorgetäuschte SCUD-Startvorrichtung, hinunter. Nachdem er den Aufschlagpunkt (»death dot«) der Waffe auf das Ziel markiert hatte, drückte McCloud den Aulöseknopf, und sobald der Computer mit den Abwurfparametern zufrieden war, wurden die beiden Mk 84 aus ihren Startgestellen freigegeben. Als er hochzog, sah er die Explosionen von zwei direkten Zieltreffern und war mit seiner ersten »Kampf«-Leistung auf der Viper völlig zufrieden. Sein Rottenführer in Maschine fünf hatte wohl irgendwelche Probleme mit den Schaltern, und deshalb fielen seine Bomben nicht. Der Pilot der Viper Nummer 5 drehte daraufhin ab, um einen erneuten Anflug auf das Ziel zu unternehmen, während General McCloud, im nahen Luftraum kreisend, auf seine Rückkehr wartete.

---

113 Point of pull Up: Hochziehen zu einem bestimmten Zeitpunkt

McCloud blickte nach unten und sah plötzlich eine F-16 der Roten Einheiten, die Jagd auf einen AH-64A der Army machte, der seinerseits verzweifelt versuchte, aus dem Zielgebiet herauszukommen, nachdem er eine simulierte Radarstellung mit seinen AGM-114-Hellfire-Flugkörpern und Raketen getroffen hatte. McCloud schaltete auf »*BORE*«-Modus, stieß auf das Aggressor-Flugzeug hinab und programmierte blitzartig den simulierten Start einer AIM-120 AMRAAM. Innerhalb weniger Sekunden hatte er das Radar auf das Ziel aufgeschaltet und startete eine simulierte Slammer aus einem Abstand von 1 nm./1,8 km auf das Ziel; es war ein perfekter Schuß ins Schwarze. Die Schiedsrichter erklärten die Rote F-16 sofort für tot, und sobald die Nummer fünf zurück bei McCloud war, gingen beide mit hoher Geschwindigkeit und im Tiefflug aus dem Zielgebiet heraus (Pilotensprache für »verlassen« oder »weggehen«), wobei sie zu ihrem Schutz praktisch die Konturen der Berge nachzeichneten, um nicht von feindlichen SAMs oder Fightern erkannt zu werden.

Um 1130 hatten alle Flugzeuge die Basis wieder erreicht, und man begann zu zählen, welche Resultate verbucht werden konnten. Um 1330 hatten alle Schiedsrichter und die Bewertungsteams ihre Arbeit getan und waren bereit, ihre Ergebnisse bei der großen Abschlußbesprechnung vorzutragen. Die Resultate waren erstaunlich. Jedes Ziel war getroffen worden, und nur einige wenige würden eines weiteren Angriffs im Laufe der Übung bedürfen. Das Radar der Roten war mit Erfolg zerstört oder unterdrückt worden, und die Blauen EW-Flugzeuge hatten sich zu keinem Zeitpunkt in Gefahr befunden. Noch besser sahen die Luftkampfergebnisse aus: 30:4 für die Blaue Truppe, ein neuer Green-Flag-Rekord! Für General McCloud war dies ein Moment des persönlichen Triumphs. Obwohl noch acht Tage und 17 Einsätze vor ihnen lagen, hatten die Gunfighter bereits gewonnen. In den 70er und 80er Jahren hatten die Aggressoren und andere »Mitspieler« auf seiten der Roten regelmäßig die Blauen Flugzeuge niedergemacht; bei Green Flag 94-3 würde es Rot nicht mehr gelingen, auch nur aufzuschließen. Während wir noch in der Abschlußbesprechnung saßen, wurde der zweite Angriff dieses Tages durchgeführt, und die Ergebnisse waren beinahe identisch.

Mittwoch, 13. April 1994 – Tag 2: 4. Einsatz

Am folgenden Morgen fand der Übergang zu Phase II des Kriegsplans statt, in der die Blauen Flugfelder und SAM-Stellungen rund um die Zielgebiete angreifen sollten. An diesem Morgen hielten wir uns in den Bereitschaftsräumen im Red-Flag-Gebäude auf, um einmal den Ablauf von Planungen für den Angriff mitzuerleben. In jedem Staffel-Zimmer stand ein CTAPS-Terminal, das mit Rick Tedescos Air Operations Center draußen in der Zeltstadt, nur ein paar Yards entfernt, vernetzt war. Während wir die Offiziere des Stabes bei ihrer Arbeit beobachteten, wies mich mein Rechercheur John Gresham mit vor Schreck geweiteten Augen auf ein Foto hin, das auf einem Tisch lag. Als er gerade den Mund öffnete, um etwas zu sagen, erklärte einer der Piloten: »Macht euch keine Sorgen. Der Kram ist

Die Crew der Ruben-40, einer KC-135R der 22. ARS des 366. Geschwaders, fliegt einen Tankereinsatz während Green Flag 94-3. Brigadier McCloud, der Kommodore, sitzt zwischen Pilot und Copilot. Rechts, als Navigator, Captain Ruben Villa.
John D. Gresham

derzeit nicht geheim.« (Das Foto war mit dem gemäßigten Sicherheitshinweis *Nur für den Dienstgebrauch* gestempelt). Das Bild zeigte das Mount-Helen-Flugfeld; eindeutig eine Satellitenaufnahme und erstaunlich detailliert (mit einer Auflösung von etwa 3 feet/1 Meter). Solche Aufnahmen seien etwas ganz Normales, erklärte der Pilot weiter. Noch vor wenigen Jahren sei so etwas allerdings »Top Secret« gewesen, während diese Dinge heutzutage zur Planungsroutine für die Green-Flag-Übungen gehörten. Dieses spezielle Foto gehörte noch zu einer Serie, die bei den Vorbereitungen auf Green Flag 94-3 gemacht worden war, aber jetzt wurden andauernd neue Bomben-Wirkungs-(BDA-)Bilder vom Space Warfare Center in Colorado Springs übermittelt. Es ist wirklich eine neue Weltordnung!

An diesem Nachmittag lud uns General McCloud ein, ihn bei einem Einsatz an Bord eines KC-135-Tankers des 22. ARS zu begleiten. Da einem die Gelegenheit, als Zivilist bei einem echten Green-Flag-Einsatz mitzufliegen, außerordentlich selten geboten wird, nahmen wir das Angebot hocherfreut an. Wir machten uns auf, um zu Mittag zu essen und uns danach auf den Flug vorzubereiten.

Normalerweise hätte Green Flag 94-3 während der angenehmsten Jahreszeit in Las Vegas stattgefunden, aber das Frühlingswetter war zu einer untypischen Hitzewelle geworden und bescherte Nachmittagstemperaturen von 90° F/32° C. Die kühlenden Wasserspray-Düsen über den Sonnenschirmen der Flugbetriebsfläche waren dauernd in Betrieb, und schon waren für die Bodencrews keine Energy-Drinks mehr da. General Griffith hatte Hitzeschutzmaßnahmen für das gesamte Stützpunktpersonal befoh-

Staff Sergeant Shawn Hughes, der Crew-Chief und Boomer an Bord der Ruben-40, arbeitet schwer auf seiner Position im hinteren Teil der Maschine. Während er auf dem Bauch liegt, »fliegt« er den Tankbaum der KC-135 in den Tankausleger des zu betankenden Flugzeugs. *John D. Gresham*

len, und man stolperte überall über Kästen mit Wasserflaschen. Am Boden schwitzten wir enorm, denn wir trugen bereits unsere Lederjacken für den Flug am Nachmittag.

Kurz nach 1300 fuhren wir hinaus zum Nordende der Flugbetriebsfläche der Basis, wo die großen Flugzeuge abgestellt waren. Wir wurden zur KC-135R Nummer eins (Identifikationskennzeichen: 62-3572) der 22. ARS geführt und stiegen durch die Ladeluke unter dem Bug der Maschine in den heißen Innenraum. Drinnen lernten wir die Crew für den heutigen Einsatz kennen: Captain Ken Rogers (Pilot), Second Lieutenant J. R. Twiford (Copilot), Captain Ruben Villa (unser Navigator) und Staff Sergeant Shawn Hughes (der Crew-Chief und Boomer). Jeder Maschine wird im Einsatz ein Rufzeichen zugeordnet, das man für die Identifikation im Sprechfunkverkehr benötigt. Unser Rufzeichen heute war Ruben-40. Der Tanker war mit mehr als 80 000 lb./36 287 kg Treibstoff beladen, und es war geplant, davon mindestens 42 000 lb./19 050 kg und höchstens 62 000 lb./28 122 kg abzugeben. Zusammen mit General McCloud kam auch First Lieutenant Don Borchelt, einer der Offiziere für Öffentlichkeitsarbeit im 366. Geschwader. Sobald wir an Bord waren, wurden die Ladeluken luftdicht verschlossen und die Triebwerke gestartet.

Als wir zum Start rollten, erklärte uns Sergeant Hughes, daß unsere Aufgabe darin bestand, sechs F-15E Strike Eagle der 391. FS zu betanken, damit die Tanks der Bold Tigers bei Beginn ihres Angriffs randvoll wären. Der Einsatzplan für die Bold Tigers sah vor, sehr oft im Tiefflug mit voller

Geschwindigkeit zu fliegen, wobei übermäßig viel Kraftstoff verbraucht wird. Wir hoben direkt hinter einer E-3 AWACS ab, und nach uns kam ein weiterer Tanker der 22. ARS, der andere Flugzeuge des Angriffs betanken sollte.

Während wir zu unserem Tanktreffpunkt flogen, war Captain Villa so freundlich, uns einmal auf dem Platz des Navigators am Radarschirm sitzen zu lassen, von dem aus die Bergspitzen in der Umgebung als Navigations-Fixpunkte gepeilt wurden. Als wir unsere Betankungshöhe von fast 25 000 feet / 7625 Metern erreicht hatten, flogen wir in einem weiten, rennbahnförmigen Oval und warteten auf Lieutenant Colonel Clawson und den Rest der Bold Tigers, die zur Betankung heraufkommen sollten. Hinten, auf der Position des Boomers, machte Sergeant Hughes den Baum klar und bereitete alles für die Betankung der anfliegenden Strike Eagles vor.

Ganz plötzlich waren sie dann da, und Sergeant Hughes begann seine Arbeit, in aller Ruhe und ohne ein lautes Wort. Vorsichtig führte er das erste der großen Kampfflugzeuge auf die Position, in der es seine Zuteilung von 7000 lb. / 3175 kg Treibstoff übernehmen sollte. Eine Luft-Luft-Betankung ist wohl die ungewöhnlichste Aktivität, die sich unsereiner vorstellen kann. Ein riesengroßes Flugzeug, das mit einer Geschwindigkeit von etwa 350 Knoten / 648 km / h voll mit leicht entflammbarem Jet-Kraftstoff in direktem physischen Kontakt mit einem anderen Flugzeug fliegt? Allein schon die Vorstellung ist wahnwitzig. Ich werde mich dabei nie wohlfühlen. Wie dem auch sei, bei Sergeant Hughes und den F-15E-Crews sieht das Ganze kinderleicht aus, und eine nach der anderen wurden die Strike Eagles in Position gebracht, um ihren Treibstoff zu übernehmen.

Dann, mitten im Tankvorgang, bemerkte uns »Claw« Clawson unten in seiner führenden Strike Eagle, sah herauf, bemerkte, daß wir durch das Fenster fotografierten, und fragte uns ganz ruhig, wie es denn so laufe! Das sind Fähigkeiten, die man nur durch lebenslange Flugpraxis in Kampfflugzeugen erwirbt – man führt eine völlig normale Unterhaltung, während man sich fünf Meilen über der Erde aufhält und nur zehn Yards hinter einem Flugzeug herfliegt, das vollbeladen mit Treibstoff ist, während die eigene Maschine an einem Rohr festhängt und Kraftstoff aufnimmt.

Nachdem jeder einzelne Jet betankt war, gingen sie in eine enge Formation um den Tanker, wobei auf jeder Seite der Ruben-40 drei F-15 flogen. Später erzählte man mir, daß man so alle sieben Flugzeuge zu einem einzigen großen Radar-Kontakt verschmilzt, damit ihre wirkliche Zahl vor einer feindlichen Überwachung verschleiert wird. Dann drehten die F-15 plötzlich ab, hinunter in die Berge, und nahmen Kurs West in Richtung auf ihre Ziele. Ein weiteres Mal griffen die Blauen Streitkräfte ihre Ziele mit minimalen Verlusten an, und der Einsatzplan näherte sich seinem Abschluß. Nachdem wir unsere Mission erfüllt hatten, flogen wir zurück zur Nellis AFB und dachten an gutes Essen und ein bißchen Black Jack am Abend.

Eine F-15E Strike Eagle der 391. Fighter Squadron (»Bold Tigers«) des 366. Geschwaders übernimmt Kraftstoff von einem KC-135R-Tanker der 22. Air Refueling Squadron. Beachten Sie die Steuerflossen des Tankbaums, mit denen der Boomer ihn in den Betankungsausleger des empfangenden Flugzeugs steuert. CRAIG E. KASTON

Freitag, 15. April 1994 –
Im Offiziersclub der Nellis AFB

Am Ende der ersten Woche von Green Flag 94-3 hatten das 366. und die anderen, ihm unterstellten Einheiten der Blauen Truppe einen beachtlichen Rekord bei der Zerstörung von Zielen und SAM / AAA-Basen aufgestellt; desgleichen bei Abschüssen feindlicher F-16 in der Größenordnung einer kleinen Air Force. Die ersten vier Tage waren ein klarer Sieg für die Blauen. Das 366. und die ihm angeschlossenen Einheiten brachen wie entfesselt sämtliche Red / Green-Flag-Rekorde, und der Stab der Adversary Tactic Division war allmählich etwas entnervt.

Deshalb beschloß der Red-Flag-Stab, der die Übung leitete, daß etwas getan werden müsse, damit die Angelegenheit interessant blieb: Am kommenden Montag sollte es den Roten F-16C gestattet werden, die Taktiken der sehr agilen, starken russischen SU-27 / 35 Flanker[114] (die unseren F-15 Eagle sehr ähnlich sind) zu übernehmen. Auch bei den Bodentruppen der

114 Flanker: Außenstürmer beim Football

Ein fahrbares sowjetisches Flak-System vom Typ ZSU-23-4 auf dem Gelände für Fremdbedrohungstraining auf der Nellis AFB. Dieses radargelenkte System ist eine der bedeutendsten Bedrohungen für taktische Flugzeuge und kann von Aircrews besichtigt werden, wenn sie sich während der Red / Green-Flag-Übungen in der Waffenschule aufhalten. CRAIG E. KASTON

Roten sollten die Voraussetzungen für die Aufnahme von Kampfhandlungen (ROE) am Boden gelockert werden, so daß es leichter für sie würde, ihre vorgetäuschten Flugkörper auf die Flugzeuge der Blauen zu starten.

Wir verbrachten den Nachmittag damit, die Einrichtung für das Threat Training Facility (= Training mit Bedrohungen) gegenüber dem Red-Flag-Gebäude zu besichtigen. Hier findet man die beste Sammlung von Ausrüstungsgegenständen ausländischen Militärs in ganz Amerika (manchmal auch als Streichelzoo bezeichnet). Vom französischen Roland-SAM-Startgerät bis zu russischen MiGs kann man hier alles besichtigen. Noch vor zehn Jahren war das alles Hochsicherheitsbereich; heute aber führt die Air Force sogar Pfadfinder und sonstige zivile Gruppen über das Gelände. Was hat das Ende des Kalten Krieges doch für eine Veränderung bewirkt!

Während die Woche ihrem Ende entgegenging und der letzte Einsatz des Tages kam, drehten sich die Gedanken der Flieger und Stabsoffiziere bereits um die Aufrechterhaltung einer Red / Green-Flag-Tradition: die Freitagnacht im Nellis-Offizierclub. Nun muß allerdings erwähnt werden, daß unter dem Druck von moralischer, physischer und mentaler Perfektion derartige Feiern auf ein absolutes Minimum beschränkt werden. Den Kameradschafts-Freitagabend im Club gänzlich abzuschaffen hieße aber, eine der wichtigsten sozialen Institutionen im Leben der Piloten zu eliminieren. Deshalb brachen wir, nach Zuweisung der Fahrer und nachdem festgelegt worden war, wann wir ins Hotel zurückkehren sollten, zum

Colonel Robin Scott, der Befehlshaber der Operations Group des 366. Geschwaders (er hantiert links im Bild mit den Billardkugeln) fungiert als Schiedsrichter bei einem »Crud«-Spiel für Angehörige des Geschwaders, das Freitag abends im Offiziersclub der Nellis AFB veranstaltet wird. JOHN D. GRESHAM

Nellis AFB Officers Club auf, um dort einen langen »Happy-Hour«-Abend zu verbringen.

Der ursprüngliche O-Club aus den glorreichen 70er und 80er Jahren ist vor ein paar Jahren abgerissen und durch ein Gebäude ersetzt worden, das als offene Offiziersmesse und Club verwendet wird. Dem gegenwärtigen, auf seine Art auch imposanten Gebäude fehlt etwas vom historischen Charakter des alten Clubs. Damit zumindest ein wenig davon erhalten blieb, haben die Erbauer der neuen Einrichtungen die Tischplatten des alten Clubs (auf denen sich Generationen von Fighter-Piloten verewigt hatten, indem sie mit Brenneisen ihre Namen oder Botschaften ins Holz brannten) als Wandtäfelung verwendet. Wenn man daran vorbeigeht, findet man Namen von Assen und Wild Weasels, POWs und MIAs, Ehrenmedaillenträgern und MiG-Killern, und es ist schwierig, nicht auf die Namen all derer zu blicken, die man kennt, nie kennenlernen wird oder gerne kennengelernt hätte.

Während sich der Platz um die Bar füllt, wird der Abend langsam lebhafter. Die Musik ist eine Mischung aus Rock und Country und *laut*! Jede Flieger-Generation der USAF ist mit einer eigenen Musikrichtung in den Krieg gezogen. Während die Fighter des Zweiten Weltkriegs noch Glenn-Miller- und Tommy-Dorsey-Schallplatten mitnahmen und die Flieger der Vietnam-Ära Jimi Hendrix und Janis Joplin hörten, scheinen die heutigen Aircrews Country und Rock als Musik ihrer Zeit auserkoren zu haben. Damals in den 80ern, den alten Tagen des Red Flag, war die Freitagnacht noch die Zeit der Macho-Wettkämpfe oder sogar der Schlägereien auf dem Parkplatz; heute aber ist solches Verhalten in der Air Force nicht mehr gefragt. Um die Wettkampfenergien der Besatzungen abzubauen, gibt es glücklicherweise heute ein Spiel namens Crud. Das ist ein eigenartiges kleines Spiel, bei dem Elemente von Fußball, Schlagball und Billard vermischt wurden. Es wird auf einem Billardtisch mit zwei Billardkugeln gespielt und ist ein Vollkontakt-Sport mit Teams von zwei oder mehr Mitspielern. Mit einem Queue-Ball muß ein anderer getroffen werden (man benutzt die bloße Hand, um den Queue-Ball zu werfen), während er auf dem Tisch herumspringt. Man wechselt sich in festgelegter Reihenfolge beim Spiel ab, und gepunktet wird, wenn entweder die Reihenfolge nicht eingehalten oder ein Ball nicht getroffen wird. Das Spiel erfordert einen Schiedsrichter, und in der Regel ist dies der dienstälteste anwesende Offizier. Normalerweise wäre das General McCloud gewesen, aber da er an der alljährlichen Konferenz der Geschwader-Kommodore bei General Loh teilnahm, übernahm Colonel Robin Scott den Job. Der Nellis-O-Club verfügt über den besten Bereich zum Spielen (»Curd Pit« genannt) im ganzen Land. Die Wände sind mit Sandsäcken verkleidet, und man hat genug Platz, um seine langhalsigen Bierflaschen (die werden von den Piloten bevorzugt) abzustellen, um spielen zu können.

Während der Abend so dahinging und die Musik langsamer wurde, damit die Paare tanzen konnten, zogen sich einige von uns, Lieutenant Colonel Clawson und »Boom-Boom« Turcott eingeschlossen, in eine Ecke zurück, um uns zu unterhalten. Toasts wurden auf Freunde ausgebracht, die von uns gegangen waren, und dann machten sich alle auf den Weg ins Wochenende. Um Mitternacht war nur noch der AOC-Stab bei der Arbeit. Die Lichter in der Zeltstadt brannten noch, während er die Angriffe für Phase III in der zweiten Woche von Green Flag 94-3 plante.

Montag, 18. April 1994

An jedem 18. April gedenkt die USAF des Bombenangriffs auf Japan durch Jimmy Doolittle (der erst vor kurzem verstorben ist). Dennoch stand die Sicherheit auch heute für die Kontrolleure des Green Flag an erster Stelle: Die meisten schweren Unfälle bei Red / Green-Flag-Übungen passieren montags, nach der Wochenendpause. Den ganzen Tag lang, insbesondere während der Briefings, wurden den Mannschaften die Sicherheitsbestimmungen eingehämmert, und man ermahnte sie, es »langsam anzugehen«, wenn sie wieder in den »Trott« des Fliegens zurückkehrten.

Kurz bevor sie sich auf den Weg zu ihren Maschinen machten, wurde den Besatzungen noch ein spezielles Sicherheitsvideo vorgespielt. Mit der ohrenbetäubenden Begleitmusik von ZZ-Tops »Viva Las Vegas« (ganz angebracht, finden Sie nicht auch?) wurden fünf Minuten lang Beinahe-Zusammenstöße und Unfälle auf einem Video gezeigt, das der Öffentlichkeit *niemals* vorgeführt werden wird. Der Hintergedanke ist der, die Flieger ein wenig zu schockieren und nachdenklich zu stimmen. Wir befanden uns bei der nachmittäglichen Einweisung und verfolgten die

»Live action« auf den Bildschirmen des RFMDS (Red Flag Measurement and Debrief System), während die Nachmittagseinsätze Angriffe auf ihre Ziele flogen. Es gab heute auch neue Feinheiten im Gleichgewicht der Kräfte, weil die Roten Streitkräfte ihre neuen simulierten Flanker Fighter und die Roten Bodentruppen die neuen Rules of Engagement bekommen hatten. Außerdem hatte man sich darauf verlegt, keine echte Munition und Köder mehr zu verwenden, da die langsam knapp wurden. Heute morgen hatten wir uns die LANTIRN-Videobänder angesehen, die LGB-Abwürfe und Starts von IIR-Maverik-Flugkörpern zeigten. Es war unschwer zu erkennen, warum die Zielgebiete im oberen Bereich des Geländes vergangene Woche so hart getroffen worden waren. Im Prinzip besteht auf Nellis AFB ein ständiger Mangel an Zielen, und daher müssen die Geländemannschaften sehr kreativ sein, wenn es darum geht, die Übungsbereiche immer wieder mit neuen Zielflächen auszustatten.

Auch Mutter Natur hatte beschlossen, noch eine gewisse Würze hinzuzufügen. Das Wetter hatte gewechselt, und Schichten dicker Wolken hingen über den nördlichen Übungsgebieten. Besondere Vorsichtsmaßnahmen mußten ergriffen werden, um zu gewährleisten, daß es nicht zu Unfällen in der Luft kam. Außerdem startete man Wettererkundungsflüge, um festzustellen, ob die Bedingungen einen sicheren Ablauf der Einsätze erlaubten. Die morgendlichen Flüge waren problemlos verlaufen, aber acht Stunden Wüstensonne hatten die Luft beträchtlich durchmischt, wodurch das Wetter ein wenig riskant geworden war.

Gegen 1400 Uhr saßen wir in den komfortablen Sitzen des Kinos im Red-Flag-Gebäude und blickten auf eine Projektionswand, auf der die Situation in den nördlichen Bereichen des Areals gezeigt wurde. Wir hatten den Blick »vom Olymp« auf die Aktivitäten beider Seiten und konnten anhand der Farbkodierungen die verschiedenen Flugzeuge identifizieren. Die Funkkommunikation der Staffeln war zugeschaltet und vermittelte uns das Gefühl, ein bizarres Videospiel mit Tonspur zu verfolgen. Die heutigen Ziele der Blauen Streitkräfte waren erneute Einsätze gegen SCUD-Stellungen und Versorgungskonvois, die nochmals angegriffen werden mußten. Die Roten Truppen mit ihren »neuen« Flugzeugen und erweiterten ROE hatten eine neue Taktik. Sie wollten versuchen, den Angriff der Blauen zu zerschlagen, indem sie gegen die High Value Heavy Airframe Aircraft (HVHAA) wie E-3, Rivet Joint oder die Tanker vorgingen. Dabei sollte eine »Lockvogel-Gruppe« von Aggressor-F-16 weiter unten als Köder für die »Wand der Eagle« der 390. dienen; danach würden sie zwei weitere F-16 in einem ballistischen »Zoom«-Steigflug über die F-15 bringen, um so zu den HVHAAs zu gelangen. Dieses Manöver sollte die begleitenden Eagles von der Streitmacht abziehen und den »regenerierten« Aggressor-Flugzeugen einen größeren Bewegungsspielraum verschaffen. Die Roten hatten diese Taktik bereits mehrere Male erfolglos versucht, aber aufgrund der Wetterverhältnisse und der neuen ROE waren sie der Meinung, daß es diesmal funktionieren würde.

Die Wetterflugzeuge hätten den Einsatz fast abgesetzt, aber in letzter Minute wurde doch noch eine Freigabe erteilt; allerdings hatte die Übung in

Drei Block 52 F-16C der 389. Staffel des 366. Geschwaders drehen vom KC-135R-Tanker der 22. Aeria Refueling Squadron ab, um sich während Green Flag 94-3 auf den Weg zu den Übungsgeländen auf der Nellis AFB zu machen. *John D. Gresham*

Höhen zwischen 15 000 und 25 000 feet / 4575 und 7625 Metern stattzufinden. Die Wand der Eagles bewegte sich vorwärts, und mit dem »Push«-Befehl starteten die Angriffseinheiten der Blauen in Richtung auf ihre Ziele. Es war ein ziemliches Durcheinander. Die Wolkendecken hatten den Himmel in eine hohe und eine niedrige Zone unterteilt, wodurch die Eagles auf zwei verschiedenen Ebenen kämpfen mußten. Die zwei Aggressor-F-16 führten ihr Steilflugmanöver durch, blieben aber nicht unerkannt. Das AWACS-Flugzeug bekam mit, was da vor sich ging, und rief die F-15 zur Unterstützung. Die zwei Roten Falcons kamen nah heran, aber nicht nah genug, um einen Schuß auf das HVHAA abzugeben, da sie von den Eagles abgedrängt wurden. Ganz sicher würden sich die Eagle-Kutscher noch beim Abendessen darüber aufregen. Sie würden eine Möglichkeit finden müssen, ihre »Wand«-Taktik auch schlechten Witterungsbedingungen anzupassen.

Und dann geschah es. Alle waren bereits auf dem Weg hinaus, als ein Notruf von einem OH-58C-Hubschrauber der U.S. Army aufgefangen wurde, der abgestürzt war ... und es sah schlecht aus. Alle waren still. Die 66. RQS schickte sofort einen HH-60G Pave Hawk aus, um nach Überlebenden zu suchen. Aber es gab keine. Die beiden Besatzungsmitglieder, Offiziere des 2-229. Attack Helicopter Regiment aus Fort Rucker in Alabama, waren beim Absturz ums Leben gekommen. Das war der erste Unfall mit Todesfolge während eines Flags nach über drei Jahren, und er legte eine Art Leichentuch über den Rest des Tages.

Im Frühjahr 1995 forschte man immer noch nach den Unfallursachen, doch es scheint so, als sei der Hubschrauber auf dem Rückflug nach Indian Springs mit einer Felswand des Gebirges kollidiert. Der alte Montag-nach-dem-Wochenende-Teufel hatte wieder einmal zugeschlagen, und der Stab des Green Flag war dementsprechend unglücklich.

Dienstag, 19. April 1994 –
Operationszentrum für gegnerische Taktiken

Auf dem Programm für den heutigen Tag stand als erstes die Beobachtung des morgendlichen Einsatzes vom Adversary Control Center aus; anschließend sollten wir am Nachmittag bei einer Tanker-Mission der 22. ARS mitfliegen. Unser Gastgeber, Major Steve Cutshell, vermittelte uns ein Bild des Green Flag aus der Sicht der Roten. Er mußte zugeben, daß das 366. die Roten Streitkräfte mit einer bisher nicht gekannten Herausforderung konfrontiert hatte und nachfolgende Übungen unter Umständen einen verstärkten Einsatz von F-16 der Air National Guard erforderlich machen würden, um die Luftstreitkräfte der Roten zu verstärken. Andererseits hatten die Roten Bodentruppen ihre Sache gut gemacht, besonders dann, wenn man das Alter ihrer Ausrüstung berücksichtigte. Das pfiffige Vertragspersonal, das da oben auf dem Gelände jobt und die Emitter betreibt, verfügt schließlich über jahrelange Erfahrung. Die könnten den Russen mit Sicherheit das eine oder andere über den Gebrauch ihrer Systeme beibringen! Die Störung der Kommunikation mit den Have-Quick-II-Funkgeräten durch die Roten war ganz schön erfolgreich gewesen, obwohl sie dazu tendierte, auch ihre eigene Kommunikation unwirksam zu machen. Die Radarstörung der Roten funktionierte normalerweise auch, obwohl die neuesten luftgestützten US-Radaranlagen mit den weiterentwickelten Signalrechnern die meisten bodengestützten Störstellen austricksen oder mit roher Gewalt durchbrennen lassen können.

Nachmittags kehrten wir zurück und gingen hinaus zu den Abstellplätzen der HVHAAs. Es war eine angenehme Überraschung, daß wir mit derselben Maschine (62-3572) und derselben Besatzung wie in der vergangenen Woche fliegen würden. Diesmal waren wir der zweite Tanker der Gruppe, »Refit«[115] genannt, und unser Rufzeichen war »Ruben-50«. Unsere Aufgabe war es, sechs F-16 der 389. FS, die Ziele auf der Südseite des Geländes angreifen sollten, und zwei F-4G-Wild-Weasel-Flugzeuge, die zur 561. FS der Nellis AFB gehörten, zu betanken. Die Vipers würden jeweils 5000 lb./2267,9 kg Treibstoff erhalten und die Weasels jeweils 8000 lb./3628,7 kg. Da die F-4G die geringste Reichweite in der ganzen Streitmacht haben, würden sie als letzte tanken.

Der Start verlief sanft, obwohl die Wolkendecke an diesem Nachmittag noch dichter war – die Hinterlassenschaft des Gewitters vom Vortag. Es wurde ein ruppiger Flug, und damit wir den Zeitplan beim planmäßigen Betanken einhalten konnten, wurden Sergeants Hughes Fähigkeiten gehörig gefordert. Er hatte insbesondere Schwierigkeiten mit den alten Einfüllstutzen der Phantoms. Deren trickreicher (und mittlerweile veralteter) Tankausleger und der Verriegelungsmechanismus erschwerten Herstellung und Aufrechterhaltung einer stabilen Verbindung. Dennoch gelang es ihm, jede Maschine zu befüllen, und alle kamen rechtzeitig zu ihren Einsatzzielen.

Als wir gerade planmäßig nach Hause zurückkehren sollten, kam ein dringender Funkruf vom Einsatzbefehlshaber für den Luftkampf der

---

115 »Überholung, Neuausstattung«

Eine F-4G-Wild-Weasel-Maschine der 561. Fighter Squadron des 57. Geschwaders dreht während Green Flag 94-3 von einem KC-135R-Tanker der 22. Aerial Refueling Squadron ab. Diese Flugzeuge für die Unterdrückung von Abwehrmaßnahmen werden im Augenblick sehr zügig durch F-16C ersetzt, die mit den ASQ-213-HARM-Zielbehältern ausgestattet sind. *John D. Gresham*

Blauen herein. Mehrere Agressor-F-16 hatten es endlich geschafft, sich über die Blauen zu setzen, und jagten jetzt einige der HVHAAs, uns eingeschlossen! Glücklicherweise wurden sie von ein paar Eagles verjagt, aber jetzt war völlig klar geworden, daß es einfach zu riskant war, die großen Vögel während des Einsatzes ohne Begleitschutz zu lassen. Für den Rest der Woche würde es für die HVHAAs so lange Begleitschutz durch Fighter geben, bis alle Flugzeuge der Roten in der Luft abgeschossen wären.

Freitag, 22. April 1994

Als die letzten Einsätze vorbei waren, packten das 366. und die übrigen Einheiten zusammen und nahmen Kurs auf ihre Heimatbasen. Die Gunfighter hatten »gewonnen«, aber das war nicht das eigentliche Ziel oder die Absicht der Übung. Viel wichtiger war: Das Konzept des Mehr-Rollen-Geschwaders war aufgegangen, zumindest soweit, wie man dies auf dem begrenzten Raum von Nellis überhaupt feststellen konnte.

Das 366. Geschwader selbst hatte nach seiner Rückkehr auf die Mountain Home AFB eine Menge Daten zu analysieren, zu bewerten und aufzuarbeiten. Als die letzten Einsätze geflogen waren und das Bodenpersonal begann, seine Ausrüstung zu verladen, konnte jeder Mann und jede Frau auf seinen bzw. ihren Beitrag stolz sein. Der rohe Stahl, den General Hinton im Vorjahr an General McCloud übergeben hatte, war nun zu einem scharfen Schwert geworden, das allerdings noch ein wenig Politur vertragen konnte. Aber das konnte bis morgen warten. Heute würden die Gunfighter zu ihren Familien zurückkehren. Für uns gab es vieles, worüber wir nachdenken mußten, denn von den Kriegsvorbereitungen der USAF hatten wir mehr als je ein Zivilist vor uns gesehen.

Danach

Etwas später im Jahr 1994 kehrten wir noch einmal auf die Mountain Home AFB zurück, um uns vor Ort ein Bild davon zu machen, wie das Geschwader die Veränderungen umgesetzt hatte, die sich aus Green Flag 94-3 ergeben hatten. In den wenigen Monaten seit der Übung waren viele Jobs im Geschwader von anderen Leuten übernommen worden (das Personal hatte gewechselt). Als wir ankamen, hatte Dave McCloud nur noch weniger als eine Woche als Kommodore des 366. vor sich und sah seiner nächsten Abkommandierung zu einer Stabsaufgabe für General Joe Ralston (heute kommandierender General des ACC) im Operations Directorate of the Air Staff entgegen – ein gutes Omen für seine künftige Beförderung zum Lieutenant General (er kam im Frühjahr 1995 auf die »Anwärter«-Liste). McClouds Ablösung, Brigadegeneral »Lanny« Trapp, kam vom A-10-Geschwader, das auf der Davis-Monthan AFB in Arizona liegt, und suchte sich eine F-15E Strike Eagle aus, die er zum neuen »Wing King« machte. Colonel Robin Scott hatte die Einheit verlassen und war nun beim U.S. Army War College in den Carlisle Barracks in Pennsylvania. Lieutenant Colonel Clawson, inzwischen zum Colonel befördert, war zum Geschwaderstab versetzt worden. Roger »Boom-Boom« Turcott, mit dem John Gresham geflogen war, war zum Befehlshaber der »Bold Tigers« aufgestiegen, und die 34. BS hatte inzwischen mit ihren B-1Bs volle Einsatzstärke erreicht. Sie hat bereits eine erste Global-Power- / Global-Reach-Mission hinter sich, und das nur sechs Monate nach ihrer Aufstellung. Die kontinuierliche Personalfluktuation ist ein positives Anzeichen dafür, daß das Geschwader lebt und gesund ist.

Bleibt noch zu erwähnen, daß es im Herbst 1994 eine weitere große Übung für das 366. Geschwader gab – die sogenannte Joint Task Force-95. Für JTF-95 hatte man geplant, das Geschwader mit Elementen des neuen Atlantic Command (eine Flugzeugträger- und eine Expeditionseinheit der Marines) zusammenzubringen und beide in einer kombinierten Übung zu vereinen. Doch gerade als die Übung bevorstand, machten die Intervention der USA in Haiti und eine Notverlegung der Einheiten des Atlantic Command nach Kuwait das ganze Übungspaket für JTF-95 zunichte. In unserer »Neuen Weltordnung« scheinen weltweite Ereignisse die Militäreinheiten so sehr mit Beschlag zu belegen, daß diese keine Zeit finden, für die Zukunft zu trainieren. In Zeiten, in denen wir mit weiteren Truppenreduzierungen rechnen müssen, sollte über diesen Punkt gewiß einmal nachgedacht werden.

Operation Golden Gate
Südostasien

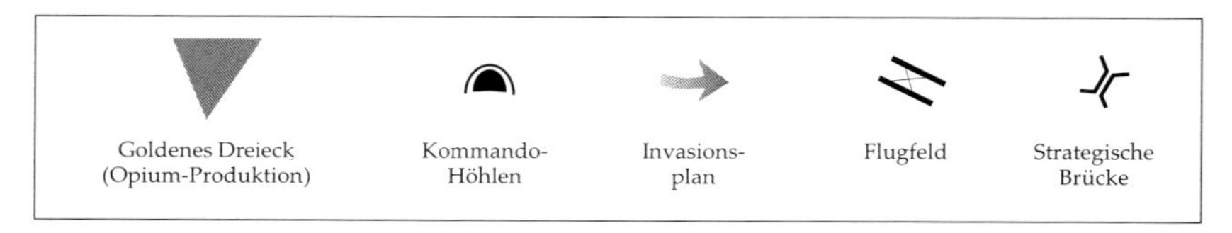

Operation Golden Gate — *Jack Ryan Enterprises Ltd., von Laura Alpher*

Rollen und Aufgaben: Das 366. Geschwader in der Realität

Wie wir schon festgestellt haben, ist die Kraft, die von einem zusammengesetzten Geschwader von der Art des 366. in Kriegszeiten ausgehen kann, beeindruckend, vielleicht sogar von entscheidender Bedeutung. Wie aber soll diese Macht tatsächlich in einer Krisensituation eingesetzt werden? Diese Frage geistert oft in den Köpfen vieler Leute vom JCS Tank im Pentagon bis zur Flugbetriebsfläche (Flightline) auf der Mountain Home AFB in Idaho herum. (Bis heute ist erst ein einziges der drei Composite Wings, das 23. von der Pope AFB in South Carolina, während einer Krise zum Einsatz gekommen.) Zu entscheiden, wann und wo das 366. mit seinen einzigartigen Kapazitäten verwendet wird, dürfte eine harte Forderung an das Urteilsvermögen der nationalen Befehls-Institutionen sein, die seinen Einsatz anordnen müssen, und ebenso an die regionalen CinCs, die es während einer Krise zu kommandieren haben.

Das folgende Szenario ist so gestaltet, daß es Ihnen einige der Möglichkeiten veranschaulicht. Ich hoffe, daß es Ihnen hilft, die Kapazitäten des 366. Geschwaders und zugleich die Grundsätze moderner Luftmacht zu verstehen. Die Composite Wings des ACC werden gemeinsam mit den Flugzeugträger-Geschwadern (Carrier Air Wings, CVWs) auf unseren Flugzeugträgern für etwa die nächste Generation unsere Feuerwehr der Luft sein. Wenn sich aus den letzten paar Jahren auch nur ein wenig folgern läßt, dann ist zu befürchten, daß die kommenden Jahrzehnte so gewalttätig sein werden, daß der Kalte Krieg dagegen weniger furchterregend aussieht als ein Wahlkampf in Chicago.

Operation Golden Gate – Vietnam im Mai 2000

Aus heutiger Sicht scheint die Unabwendbarkeit der Ereignisse klar auf der Hand zu liegen, was jedoch die damalige Überraschung kaum zu lindern vermag. Südvietnam, einmal unter den sintflutartigen Einfluß Amerikas und anderer westlichen Nationen geraten, hatte einfach nie die Absicht, den orthodoxen Marxismus-Leninismus des Nordens zu übernehmen. Während Hanoi die Ideologie über Generationen hinweg aufrechterhalten konnte, ermutigte das überall sonst auf der Welt zu beobachtende Hinscheiden dieser Regierungsphilosophie den Süden, seinen eigenen Weg zu gehen. Der Anführer war früher Hauptmann im Central Office for South Vietnam (COSVN – das ehemalige Hauptquartier des

Vietkong) und hatte ganz persönliche Gründe für die Rebellion. Gerade mal 5 feet/1,50 Meter groß und selbst für vietnamesische Verhältnisse mager, war Duc Oanh ein leidenschaftlicher und überzeugender Feind der RVN und von dessen amerikanischen Beschützern. Zweimal im Kampf verwundet und 1970 durch einen Arc-Light-Einsatz von B-52 fast lebendig begraben, hatte er auch weiterhin die Fahne seiner Überzeugung hochgehalten, nur um dann auf einen Büroposten bei der Post abgeschoben zu werden, als der Norden 1975 schließlich Saigon überrannte. Was als persönlicher Groll in Ducs Kopf begann, wuchs zu einem Traum heran, als er beobachtete, wie der Norden auf der Stelle trat, während sich der Süden langsam genügend von den ideologischen Zügeln befreite, um so etwas Ähnliches wie eine wirkliche nationale Entwicklung einzuleiten. Er sah den Mißbrauch der Revolution seiner Mitmenschen durch die Ratsversammlungen des Nordens als letzten Beweis für die Torheit des alten Mannes an, der diese Ecke der Welt regierte. Eines Tages setzte er seinen Traum in die Tat um.

Viele ehemalige Revolutionssoldaten teilten Ducs Gefühle.

Der Coup, der dann folgte, war alles andere als unblutig. Während der Feste im Anschluß an die Feierlichkeiten zum 25. Jubiläum des Befreiungstags vom 30. April meuchelten Kampfveteranen der vietnamesischen Armee binnen acht gewaltreicher Stunden in der Dunkelheit systematisch ihre eigenen höhergestellten Offiziere. Als der Tag anbrach, war fast die Hälfte der militärischen Strukturen in der südlichen Hälfte Vietnams ihrer Führung beraubt oder hatte bereits neue Kommandeure. Dann ging von Radio Saigon (niemand außer den Ausländern hat Saigon je als Ho-Tschih-Minh-Stadt bezeichnet) der Schrei einer wiedererweckten Unabhängigkeit des Südens aus, den sämtliche Nachrichten- und Geheimdienstagenturen der Welt mit totaler Überraschung aufnahmen.

Die erste Reaktion Hanois war erwartungsgemäß übertrieben.

Die Volksrepublik China hatte als einzige Nation den Schimmer einer Vorstellung dessen, was geschehen war – Duc hatte geheime Verbindungen zur rotchinesischen Regierung geknüpft, deren Haß auf Hanoi fast ebenso tief war wie sein eigener –, und schon gegen Mittag wurde die erste internationale Anerkennung der Revolutionsregierung angekündigt. Für die Amerikaner waren zu diesem Zeitpunkt die nächsten US-Wahlen gefährlich nahe. Der Präsident – selbst ein Veteran des Luftkriegs der 70er Jahre gegen Hanoi und einer Generation ehemaliger Kämpfer entstammend – hatte das Versprechen gegeben, den verlorenen Krieg zu rechtfertigen, und mußte reagieren.

Hauptquartier der kommunistischen Partei, Saigon,
1. Mai 2000, 0930 Uhr

Das Parteihauptquartier in Saigon war ursprünglich von den Franzosen als Rathaus für Saigon gebaut worden. Die weiten Korridore, Bodenfenster und hohen Decken mit den langsam rotierenden Ventilatoren verliehen dem Gebäude das Flair schwindender kolonialer Eleganz. Die Verkabelung war allerdings genauso schlecht wie die Rohrleitungen. Der Notstromdiesel im Keller war in den 70er Jahren von der DDR geliefert worden und funktionierte mangels Ersatzteilen nicht. Kurzschlüsse und völlige Zusammenbrüche der Stromversorgung im Stadtzentrum hatten in der letzten Zeit ständig zugenommen, da die arthritische vietnamesische Wirtschaft mit ihrer abbröckelnden Infrastruktur immer seltener ihre Zahlungsverpflichtungen für Öllieferungen erfüllen konnte. Inzwischen konnten nicht einmal mehr die subventionierten »Freundschaftspreise« ihrer chinesischen Genossen bezahlt werden, die auf diese Weise einen der drei verbliebenen kommunistischen Staaten zu unterstützen versuchten.

Vu Xuan Linh, Vorsitzender des Parteikomitees in der Stadt und kraftvoller Herrscher über ein Ballungsgebiet von mehr als fünf Millionen Menschen, war nicht sonderlich überrascht, als plötzlich die Lichter ausgingen. Das passierte schließlich oft genug. Er *war* allerdings überrascht, als er Schüsse aus automatischen Waffen draußen auf dem Flur hörte und dann ein Haufen von Männern in zerlumpter Kleidung, bewaffnet mit Stöcken, Schraubenschlüsseln und ein paar AKMs, die sie den noch warmen Körpern der toten Wachen draußen entrissen hatten, in sein Büro platzen, ihn packten und durch das Fenster seines Büros im dritten Stock warfen. Er hatte nur noch die Zeit, sich zu wundern, warum die Menschenmenge auf dem Platz vor dem Haus mit den zerfledderten, verbotenen gelben Flaggen mit horizontalen roten Streifen winkte.

Tho-Xuan-Flugfeld, Vietnam,
1. Mai 2000, 1445 Uhr

Die Telefonverbindungen in den Süden waren zusammengebrochen, und die wenigen Militärposten, die nicht ihre Waffen gestreckt hatten oder zu den Rebellen übergelaufen waren, erhielten nur bruchstückhafte Berichte. Die Rebellen schienen über eine Art elektronischer Störgeräte zu verfügen und auch zu wissen, wie man mit ihnen umging. Das Bild auf den Fernsehern im Bereitschaftsraum des 923. Fighter Regiments, auf dem Nachrichten von CNN liefen, war allerdings klar und deutlich. In Saigon, Danang, Hue und sogar in kleinen Provinzstädten wie Dalat und Ban Me Thuot schien ein verrückter Karneval von Meuterei, Vandalismus, Plünderungen und Morden an Mitgliedern von Regierung und Partei ausgebrochen zu sein. Colonel Nguyen Tri Loc, der oberste politische Offizier des Fighter-Oberkommandos der Luftstreitkräfte der Volksrepublik Vietnam (VNPAF, Vietnam Peoples Air Force Fighter Command), erkannte, daß er der größten Herausforderung seiner Laufbahn gegenüberstand. Er würde seine Piloten in einen Einsatz gegen die eigenen Leute schicken müssen.

»Flieger«, sagte er leise zu den zwei Dutzend Piloten im Bereitschaftsraum, »das ist die schwerwiegendste Krise, mit der sich Vietnam seit einer Generation konfrontiert sieht. Eure Großväter vergossen ihr Blut, um die französischen Imperialisten aus dem Land zu jagen. Eure Väter gaben ihr Blut, um die Amerikaner rauszuwerfen. Wenn diese kriminelle Konterrevolution nicht schnellstens niedergeschlagen wird, sind all ihre Opfer vergebens gewesen, und eure Kinder werden zu Sklaven des internationalen Monopolkapitalismus werden. Denkt an eure Ausbildung und daran, daß eure Ziele gerecht sind. Die Partei und die ganze Nation verlassen sich auf euch.«

Die Piloten starrten geradeaus, standen stramm und gingen dann hinaus zur Rollbahn. Es gab keine Seitenblicke oder gemurmelten Unterhaltungen. Der Colonel konnte sich absolut nicht vorstellen, was sie dachten, und das machte ihm Sorgen. Das 923. war zur Bekämpfung von Bodenzielen ausgebildet worden und flog etwa 24 Su-22M-3 Fitter. Zwanzig davon waren heute startfähig, eine ausgezeichnete Instandhaltungsleistung, wenn man bedenkt, wie schwierig es ist, die launischen Tumanski-Triebwerke ohne reguläre Werksüberholung am Laufen zu halten. Die Reichweite von mehr als 600 Meilen/966 Kilometern, die für diese Mission erreicht werden mußte, würde die Waffenmenge, die jede Maschine tragen konnte, um sie über der Altstadt von Saigon abzuwerfen, auf zwei Behälter mit 57-mm-Raketen oder zwei Napalm-Kanister beschränken. Das vordringlichste Ziel war das Hauptquartier der Geheimpolizei. Wenn es die Rebellen schaffen sollten, dieses Gebäude einzunehmen und die darin befindlichen umfangreichen Akten sicherzustellen, würde das einer Katastrophe gleichkommen. (Die Parteibonzen hatten sehr wohl ihre Lektion aus dem Sturz der Deutschen Demokratischen Republik gelernt.) Nachdem sie das Rathaus, das Caravelle-Hotel und weitere wahrscheinliche Zentren der Revolte angegriffen hätten, sollten die Flugzeuge nach Danang, falls das Flugfeld noch sicher wäre, oder alternativ zur Cam-Ranh-Bucht weiterfliegen, dort auftanken und dann nach Tho Xuan zur Neubewaffnung zurückkehren. Es gab keine Faltkarten mit den Zielen, aber jeder Pilot erhielt einen Stadtplan in großem Maßstab. Die letzten Bilder der Wettersatelliten zeigten, daß es nach einigen Schauern am Morgen über dem größten Teil des Südens klar sein würde. Über das hinaus, was jeder Pilot auf CNN gesehen hatte, gab es keine aktuellen Aufklärungsergebnisse. Die Flugkörper-Stellungen zur Luftverteidigung um Bien Hoa und den Tan-Son-Nhut-Flughafen waren von ihren loyalen Besatzungen gründlich sabotiert worden, bevor sie evakuiert wurden, aber es gab einfach keine Möglichkeit herausfinden, wie viele tragbare SAMs und mobile Flakkanonen in die Hände der Rebellen gefallen waren. Das Regiment hob im Abstand von wenigen Minuten in fünf Wellen zu je vier Maschinen ab.

Hauptquartier PACAF (U.S. Pacific Command Air Forces), Hickam AFB, Hawaii

»Sieht so aus, als würde die VNPAF alles mobilisieren«, bemerkte General Russ Dewey, der Kommandeur der U.S. Pacific Air Forces, als die letzten Neuigkeiten über den Bildschirm flackerten. »Ich glaube, wir haben solche Aktivitäten von denen – verdammt noch mal – seit '72 nicht mehr gesehen.«

»Und immer noch kein Wort aus dem Pentagon«, antwortete Admiral Roy Shapiro, der Commander in Chief, Pacific (CINCPAC). »Nicht, daß wir im Augenblick viel ausrichten könnten, selbst wenn wir grünes Licht bekämen.« Man brauchte gar nicht erst die goldenen Schwingen zu sehen, die der Admiral oberhalb einer Brust voller Ordensbändchen trug, um zu wissen, daß er Flieger war. Er war von Flugzeugträgerdecks im Golf von Tonking, aus der Bucht von Subic und vom Clark Field auf den Philippinen gestartet, von der Anderson AFB auf Guam, der Marinebasis in Kadena auf Okinawa und einem Dutzend anderer Plätze, die jetzt meist nur noch Erinnerung waren. Es war die Art von Situation, die für jeden CinC den schlimmsten aller Alpträume bedeutet. Ein weiterer Regionaler Großkonflikt war dabei, sich aufzuheizen, und die am nächsten liegende Luftmacht unter dem Befehl des U.S. Pacific Command bestand aus genau zwei Staffeln F-16 des 8. TFW in Korea, zweitausend endlose Meilen entfernt.

Altstadt von Saigon,
3. Mai 2000, 2035 Uhr

Mit dem letzten Tageslicht am westlichen Himmel kamen die Flugzeuge in Formation aus dem Norden, niedrig und schnell. Da diese Mission in völliger Hektik organisiert worden war und die Bodenmannschaft alles angeschleppt hatte, was an Waffen aus den nächstgelegenen Bunkern in Gia Lam und Hue sofort verfügbar gemacht werden konnte, trugen die Maschinen 250-kg-Brand- und Splitterbomben.

Das Massaker in den mit feiernden Menschenmassen überfüllten Straßen war entsetzlich. Monate später schätzte das Komitee des Internationalen Roten Kreuzes, daß mehr als 5000 Menschen auf der Stelle getötet worden waren und mehr als 15000 schwere Verbrennungen und andere Verletzungen erlitten hatten. Niemand würde je die genauen Zahlen erfahren – der provisorische Stadtverwaltungsrat mußte widerstrebend die Beisetzung der Toten in Massengräbern befehlen, um die Seuchengefahr für die Bevölkerung zu bannen. Einige der Brände wüteten tagelang, allerdings nicht so heiß wie die Flammen der Wut und des Abscheus, die in der normalerweise unterwürfigen und unpolitischen Bevölkerung Saigons aufloderten. Noch schlimmer war aus dem Blickwinkel der Weltpresse, was mit den Besuchern geschah, die Vietnams devisenträchtigste Industrie in Gang gebracht hatten – den Touristen. Mehr als zweihundert Ausländer, meist Geschäftsleute aus Europa und Japan, waren zu Gast im Caravelle-Hotel in Saigon. Die meisten von ihnen saßen gerade bei einem frühen Abendessen oder in der weltberühmten Bar. Auch etwa hundert ältere amerikanische Veteranen des Vietnamkriegs waren dort, auf Einladung der Hanoi-Regierung, um die alten Schlachtfelder zu besuchen und die Geister der Vergangenheit auszutreiben. Der eigentliche Zweck ihres Besuchs war es, die Beziehungen zwischen den USA und Vietnam zu normalisieren. Zum Unglück für sie und auch für Hanoi war den Piloten von vier MiG-27 gesagt worden, das Caravelle befinde sich in den Händen der Rebellen.

Es ist eine der Realitäten unserer Zeit, daß Satellite News Networks zu den besten nachrichtendienstlichen Agenturen der Welt gehören. Hanoi bestritt den Angriff, doch ein englisches Team von Sky News TV hatte ihn bereits auf Band, und die gelben Sterne auf den Rümpfen der MiGs waren deutlich zu erkennen. Diese Band wurde umgehend über das weltweite Satelliten-Netzwerk gesendet.

Sicherheitsrat der Vereinten Nationen,
New York City, 4. Mai 2000

Die erste Resolution des Weltsicherheitsrates gelangte innerhalb weniger Stunden nach Ausstrahlung des Videos zur Abstimmung; die Bilder aus Saigon hatten selbst die abgebrühtesten Diplomaten dieser zynischen Menschengruppe geschockt.

RESOLUTION 1397

Der Sicherheitsrat
Erkennt den kriegführenden Status der Provisorischen Regierung der Republik Vietnam,

Ist alarmiert über das Bombardement Saigons durch Flugzeuge der Demokratischen Republik Vietnam und fortwährende Angriffe auf zivile Ziele in Südvietnam durch Land-, See- und Luftstreitkräfte der DRV,

Stellt fest, daß ein Verstoß seitens der DRV gegen internationalen Frieden und Sicherheit besteht,

Handelt nach Artikel 39 und 40 der Charta der Vereinten Nationen:

1. *Verurteilt* die Angriffe seitens der DRV auf die Republik Vietnam;
2. *Fordert* den umgehenden und bedingungslosen Rückzug der Streitkräfte der DRV auf Positionen nördlich des 17. Breitengrades;
3. *Appelliert* an die provisorische Regierung der Republik Vietnam und die Regierung der Demokratischen Republik Vietnam, umgehend mit intensiven Verhandlungen zu beginnen, die zur Beilegung der Meinungsverschiedenheiten führen und alle erforderlichen Gegebenheiten einbeziehen, unter besonderer Berücksichtigung der Vereinigung der Südostasiatischen Nationen;
4. *Beschließt*, daß die DRV zum Gegenstand eines UN-sanktionierten Luft-, Boden- und See-Embargos für alle Produkte werden soll, die in der Lage sind, die militärischen Anstrengungen gegen die RVN zu unterstützen;
5. *Autorisiert* die Mitgliedsnationen zur Bereitstellung von Streitkräften für das Embargo und zum Einsatz militärischer Schlagkraft zur Wahrung der eigenen Sicherheit wie auch zur Durchsetzung der vorgenannten Aktion;
6. *Beschließt*, in Kürze wieder zusammenzutreten, um weiterführende Schritte in Erwägung zu ziehen, welche die Befolgung dieser Resolution sicherstellen.

Der Antrag wurde vom Botschafter Frankreichs, des ehemaligen Kolonialherrn dieser Region, eingebracht. Er forderte eine durch die UN durchgesetzte Isolation des Südens bis zu dem Zeitpunkt, da dort Wahlen unter Aufsicht der Vereinten Nationen durchgeführt werden könnten. Es wurde spekuliert, daß die Eingabe Frankreichs zustandegekommen war, weil dadurch alte Schuldgefühle, die drei Generationen zurückreichten, beschwichtigt werden sollten. Den anderen Mitgliedern des Sicherheitsrats blieb kaum genügend Zeit, ihre eigenen Abteilungen und Ministerien anzurufen, um von dort Anweisungen zu bekommen. Die Überraschung kam bei der Abstimmung der ständigen Mitglieder.

»Die Vereinigten Staaten von Amerika?«

»Ja.«

»Großbritannien?«

»Die Antwort ist ja.«

»Die Republik Frankreich?«

»*Oui.*«

»Die Russische Föderation?«

»*Da.*«

»Japan?«

»*Hai!*«

»Die Volksrepublik China?«

Es entstand eine lange, angespannte Pause, während alle auf die Simultanübersetzung warteten. »Frau Vorsitzende, China enthält sich der Stimme.« In sämtlichen Hauptstädten der Welt holten die Großen und Mächtigen tief Luft.

**Weißes Haus, Washington D.C.,
5. Mai 2000, 0015 Uhr**

»Wie zum Teufel kann der Sicherheitsrat der UN erwarten, daß wir hinter ihm stehen, wenn er uns noch nicht einmal mitzuteilen geruht, wie seine weiteren Vorstellungen aussehen?« tobte der Nationale Sicherheitsberater vor dem Präsidenten, dem Kabinett und den Vereinigten Stabschefs.

»Mitch«, sagte der Präsident mit seiner wohlklingenden Kampffliegerstimme, »wir haben hier eine einzigartige Möglichkeit hinsichtlich Südostasien, und ich beabsichtige, sämtliche Vorteile daraus zu ziehen.«

»Da stimme ich mit Ihnen überein, Mr. President, aber welche Basen und Einsatzunterstützungen sollen zum Zuge kommen? Wir haben unsere Streitkräfte aus dieser Region abgezogen und so gut wie keinen Einfluß in den Regierungen, die in dieser Gegend etwas zu sagen haben«, merkte der Nationale Sicherheitsberater zutreffend an. »Und um dem Ganzen die Krone aufzusetzen, sind wir mit den Flugzeugträger-Kampfgeschwadern im westlichen Pazifik nach dem kleinen Problem mit der *Eisenhower*-Battle-Group letzte Woche auf dem Nullpunkt angekommen.«

Ein zypriotischer Supertanker hatte, vom Persischen Golf kommend, die Seite der *USS Dwight D. Eisenhower* (CVN-68) auf die Hörner genommen, ein gigantisches Loch in den Mittschiffsbereich des Superträgers gerissen und dabei mehr als fünfzig amerikanische Seeleute getötet. Der Tanker war gesunken. Weil sich das riesige Schiff derzeit zu Reparaturarbeiten im Schlepp nach Newport News in Virginia – seiner Bauwerft – befand, würde es wenigstens drei Wochen dauern, bis ein neues Kampfgeschwader zusammengestellt und in den Westpazifik geschickt werden konnte.

Das führt doch alles zu nichts, dachte der Vorsitzende der Vereinigten Stabschefs und räusperte sich lautstark, um die Aufmerksamkeit der Anwesenden auf sich zu ziehen. Als er dann sprach, geschah es mit der beherrschten Autorität, die ihn zum ersten Marine gemacht hatte, der jemals diesen Posten innehatte. »Ich sollte vielleicht darauf hinweisen, daß Nationen keine Verbündeten haben, sondern gemeinsame Interessen. Ich glaube, die Dinge dort entwickeln sich ein bißchen verrückt. Das heißt, daß es dort eine Menge Leute gibt, die ganz versessen darauf sind, sich abzusetzen. Das wiederum bedeutet, glaube ich, daß wir uns darauf verlassen können, daß uns die Führungsspitzen in dieser Region Optionen unterbreiten werden, wenn wir nur bereit sind, darauf einzugehen. Lassen Sie mich einige Vorschläge machen.« Während er sprach und seine Ideen auf einer Tafel am Ende des Konferenzraums entwickelte, begann sich in den Gesichtern einiger Anwesender ein dünnes Lächeln abzuzeichnen. Der Nationale Sicherheitsberater war einer von denen, die lächelten.

Hauptquartier der Kommunistischen Partei, Hanoi
6. Mai 2000, 0345 Uhr

Für die Führungsspitze der Kommunistischen Partei Nordvietnams war es eine lange Nacht geworden, und die Zusammenkunft war immer noch im Gange. Eine Gruppe älterer Ex-Revolutionäre war der Ansicht, daß General Truong Le, der vietnamesische Verteidigungsminister, versuchen solle, die Erinnerungen an einen längst vergangenen Krieg und längst begrabene Ideale aufrechtzuerhalten. Der Premier selbst hätte gut ein Veteran von Dien Bien Phu und Hue sein können, doch selbst die in diesem Raum Versammelten brachten nicht die Courage auf, darauf aufmerksam zu machen, daß er seinen Dienst nur als politischer Offizier im Stabshauptquartier abgeleistet hatte. Jetzt waren diese alten Männer also dabei, über das Schicksal zweier Nationen zu entscheiden, und sie betrachteten die Situation ohne den geringsten Sinn für die Realität.

»Wir werden uns diese Einmischung in unsere inneren Angelegenheiten durch die kapitalistischen Kräfte nicht bieten lassen«, erklärte der Premier rundheraus.

»Was sollen wir denn Ihrer Ansicht nach Nationen wie Amerika und Rußland entgegensetzen?« fragte der Verteidigungsminister. »Wir sind eine drittklassige Macht und stehen gegen Gesellschaftsformen, die über die bestentwickelten Technologien der Welt verfügen.«

»Das ist genau die Art von Pessimismus, die unser Großer Führer Ho schon vor Jahrzehnten während der Befreiung bezwingen mußte. Wo wären wir denn heute, wenn man damals auf schwarzseherische Müßiggänger wie Sie gehört hätte?« bellte der Premier. »Ich sage Ihnen, was wir mit den willensschwachen Hunden machen werden, die sich als Führer ihrer Länder bezeichnen«, fuhr er fort. »Wir werden eine Blockade um die gesamte sogenannte RVN verhängen, und zwar genau so, wie sich die UN einbilden, es mit uns machen zu können. Dann wollen wir doch einmal sehen, wem zuerst die Luft ausgeht!« Er beendete seine Ausführungen, indem er seine fleischige Handfläche mit ohrenbetäubendem Knall auf den Konferenztisch vor den versammelten Ratsmitgliedern schlug.

»Aber das heißt doch, daß wir damit die RVN de facto anerkennen«, protestierte der Außenminister.

»Ich sollte vielleicht auch noch darauf hinweisen, daß diese Aktion unvermeidliche internationale Verpflichtungen mit sich bringt und unsere Streitkräfte fast unweigerlich in eine unmittelbare Auseinandersetzung mit den Streitkräften der UN geraten werden, die in dieses Gebiet entsandt werden«, sagte General Truong Le ruhig, »und auch darauf, daß ihre Rules of Engagement mit Sicherheit nicht mehr so blödsinnig sein werden wie jene, die sie sich während der Befreiungskriege selbst auferlegt hatten.«

»Ich spreche für den Rat«, sagte der Premier kalt. »Die Aktion wird so durchgezogen, wie ich sie befohlen habe!« Nicht ein einziges Ratsmitglied versuchte zu protestieren.

Mountain Home AFB, Idaho,
6. Mai 2000, 2300 Uhr

Seit Jahren hatte keiner der Vietnam-Veteranen mehr taktische Flugzeuge für die U.S. Air Force geflogen. Einige der älteren Offiziere erinnerten sich daran, wie es war, »downtown« zu gehen, aber das waren alles Generäle, und falls man ihnen überhaupt erlauben würde, in Fighter zu steigen, würden sie sich mit den Zweisitzern zufriedengeben müssen. Die Colonels und Majors waren allerdings Veteranen eines anderen Luftkrieges. Sie wußten, wie es war, wenn man kämpfen konnte, *ohne* daß die Ziele von den Politikern im Oval Office ausgesucht wurden.

Jetzt nahm der weibliche Logistik-Offizier des 366. seinen Platz vor der Karte ein. »Okay, Ladies und Gentlemen, wir stehen kurz davor, mit einer neuen Operation für die Durchsetzung einer Flugverbotszone zu beginnen, wobei eine anschließende Luftoffensive nicht gänzlich auszuschließen ist«, sagte sie, »Also, wo zum Teufel müssen wir hin? Für den Anfang werden die F-16 und Tanker etwa hundert Meilen nördlich von Bangkok auf der Takhli untergebracht. Scheint so, als wären die Thais ziemlich kooperativ geworden, seit Saigon vor ein paar Tagen bombardiert worden ist. Tatsächlich trifft das auf alle zu.« Sie grinste. »Gute Unterkünfte. Die Royal Thai Air Force hat von dort aus jahrelang ihre F-16 eingesetzt. Super Landebahn – lang genug, um auch mit F-105-Starts an ›heißen Tagen‹ fertigzuwerden. Der Rest des Geschwaders geht nach U-Tapao, direkt an der Küste, rund siebzig Meilen südöstlich von Bangkok. Die Einrichtungen da sind spitze. Dort können wir seegehende Tanker mit Jet-Kraftstoff und Munitionsfrachter direkt in den Hafen dirigieren. Wir werden die Jungs vom Combat SAR landaufwärts auf vorgeschobenen Basen unterbringen. Die eine heißt Sakon Nakhon und ist ein Flugfeld der thailändischen Armee, die andere ist Chiang Rai, eine kleine Start- und Landebahn von Opiumschmugglern mitten im Goldenen Dreieck. Da oben geht es ein bißchen haarig zu. Ich denke, wir brauchen da schon eine starke Sicherheitsmannschaft am Boden. Die Typen aus Fort Benning und vom JFK-Ausbildungszentrum schicken aber ein paar Berater und Freiwillige, die sich um das Problem kümmern werden. In der Zwischenzeit arbeiten wir daran, die alten Stützpunkte bei Udon und Korat, etwa zweihundert Meilen nordöstlich von Bangkok, wieder herzurichten, falls irgendwelche koalierten Staaten später noch Streitkräfte nachschicken. Tolle Orte, aber die Royal Thai Air Force hat sie schon vor Jahren aufgegeben, und es wird uns einige Pionierarbeit kosten, den Dschungel und die Kobras zu motivieren, sie wieder herauszurücken.«

Brigadier General Jack »the Knife« Perry, der Kommodore des 366. Geschwaders, blickte auf die Karte, und Erinnerungen drängten sich ihm auf. Zum ersten Mal seit Jahren hatte er ein Wahnsinnsverlangen nach einer Zigarette. »Danke, Colonel«, sagte er zu seinem weiblichen Logistik-Offizier, der viel zu jung für die silbernen Adler auf den Schulterklappen zu sein schien. »Also, Kurt, wie kommen wir da hin?« fragte er seinen Operations Officer.

»Die Jungs vom State Department veranstalten immer noch Armdrücken wegen einiger Überflug-Genehmigungen, aber es sieht so aus, als könnten wir den Großkreis nehmen.« Der Großkreis ist die kürzeste und damit ökonomischste Route zwischen zwei Punkten auf dem Globus. »Erster Akt: von Mountain Home nach Elmendorf in Alaska. Wenn es das Wetter erlaubt, können wir ein paar Tanker nach Shemya bringen, um dort aufzutanken, aber die Abstellplätze sind da ein bißchen eng. Zweiter Akt: von Elmendorf nach Yokota und Misawa in Japan. Die Russen haben zugesagt, daß wir eine Staffel Tanker von der ANG auf ihrem Stützpunkt Petropawlowsk unterbringen können, solange wir ihren Sprit kaufen und in harten Devisen bezahlen. Sie sagen, daß wir im Notfall auch auf jedes ihrer Flugfelder in der Kamtschatka oder in Sakhalin ausweichen können. Bislang gibt es auch mit Yokota und Misawa noch keine diplomatischen Probleme, allerding möchten die Japaner, daß wir genauso schnell wieder verschwinden, wie wir angekommen sind, und bitte *ohne* Aufsehen zu erregen. Der dritte Akt geht von Misawa nach Taiwan. Die ROC Air Force rollt bereits die roten Teppiche für uns aus. Wir können die zivilen Flughäfen Taipeh International, Tai Chung, Kao Hsiung und all ihre Militärflugplätze benutzen. Keine Chance, in so kurzer Zeit eine OPSEC[116] hinzubekommen, aber die ROCs wollen wenigstens versuchen die Kamerateams der Medien aus den Landebereichen rauszuhalten. Der letzte Akt wird allerdings etwas kompliziert werden. Wir hatten eigentlich geplant, Tanker da draußen auf dem Kai Tak Airport in Hongkong zu parken; aber die Chicoms sagten nicht einfach nein, sondern *verdammt noch mal: NEIN!*

---

116 Operation Security: Einsatz-Sicherung

Scheint so, als wollten sie nicht angeklagt werden, jemandem einen Dolch ins Kreuz gestoßen zu haben, wie es den Polen '39 mit den Russen passiert ist. Also haben wir nur die schon vorher in Stellung gebrachten Tanker auf Manila, Kota Kinbalu in Malaysia und Brunei. Die Filipinos betrügen uns bei den Landerechten, also können wir auch nicht auf Manila zählen. Wir können etwas Tankerunterstützung von den Australiern aus Singapur bekommen, aber wir sind noch nicht sicher, wieviel.«

Der General nickte. Gute Stabsarbeit in so kurzer Zeit. Sein narbiger Zeigefinger zog eine Linie über die Karte und fuhr entlang der Pufferzonen der Luftverteidigungslinien auf dem chinesischen Festland. »Wie wär's mit einer Abkürzung über Vietnam?« fragte er mit einem niederträchtigen Grinsen.

»Keine Chance, Sir. Das ist nicht im Sinn unseres Trainings für eine Entsendung«, antwortete der Ops-Offizier mit einem Lächeln. »Zu diesem Zeitpunkt sind unsere Crews bereits müde, und wir wollen nicht riskieren, uns in deren Luftverteidigung zu verheddern, bevor wir Gelegenheit hatten, ihnen eins auf die Nase zu geben. Wäre ein schlechter Start für die Mission, wenn wir eine Reihe von Maschinen verlieren würden, nur um ein paar Stunden Flugzeit einzusparen.«

Der General nickte widerstrebend. Es gab keinen Grund, noch einmal einen »Doolittle Raid« als Stunt durchzuziehen. Der Weg, wie man einen Luftkrieg gewinnen kann, ist vorgezeichnet.

Über dem Südchinesischen Meer,
7. Mai 2000, 1500 Uhr

Es war eine lange Reise, und die doppelte Menge »Piddle Packs« war nötig geworden. Für die Aircrews des A+-Pakets vom 366. war es ein Tag der Kontraste gewesen: aus der Wüste von Idaho zu den kalten Bergen Alaskas und jetzt hinunter in die Dschungel am Äquator. Sie mußten noch einmal auftanken und warteten nun darauf, daß die Tanker in Sicht kämen. Die acht F-15E der 391. TFS flogen in ihrer wirtschaftlichsten Geschwindigkeit von 470 Knoten / 870,4 km / h und einer Höhe von 20000 Fuß in zwei Vierer-Formationen im Abstand von einigen Meilen mit Kurs Südwest. Die Strike Eagle hatten Kampfbewaffnung, eine Mischung von GBU-24 LGBs, AGM-65 Mavericks, drei Kraftstofftanks à 630 Gallonen / 2380 Liter und außerdem die normale Bewaffnung von je zwei AIM-120- und AIM-9-Luft-Luft-Flugkörpern. Sie wurden von acht F-16C der 389. begleitet, die mit einem Paar AGM-88 HARM-Flugkörpern, einem AN / ASQ-213-HTS-Behälter, einem außen angebrachten ALG-131-Störbehälter, zwei AIM-9, zwei AIM-120 und einem Paar Kraftstofftanks à 370 Gallonen / 1397,8 Liter ausgerüstet waren. Diese beiden Gruppen hatten einen Begleitschutz aus acht F-15C der 390. FS, die mit voller Ladung von vier AIM-120 AMRAAM und vier AIM-9 Sidewinder-AAMs bestückt waren. Die letztgenannten waren gerade auf dem Weg »den Berg hinunter« auf 18000 feet / 5490 Meter, wo sie zwei KC-10A-Tanker treffen sollten, um zum letzten Mal für die Schlußetappe nach Thailand aufzutanken.

Im Augenblick waren die einzelnen Gruppen mit verschiedenen Dingen beschäftigt, um ihre Maschinen für die geplante Luftblockade des Nordens vorzubereiten. Gleichzeitig blieben sie aber wachsam, um sofort mitzubekommen, wenn sich irgendwelcher Ärger seitens der Vietnamesen aus dem Westen ankündigen sollte. Die ROE standen auf *Alarmstufe Gelb, Waffen gesichert (Warning Yellow – Weapons hold)*, die es den Fightern erlaubte, sich selbst zu verteidigen, sobald sie auf irgendeine Art bedroht würden. Die UN-Resolution gab ihnen eindeutig das Recht dazu; allerdings hoffte jeder in der Formation im stillen, daß ein solches unvorhergesehenes Ereignis keinen Waffeneinsatz erforderlich machen oder den Verlust von Leben mit sich bringen würde. Die F-15E waren gerade damit beschäftigt, ihre LANTIRN-Zielbehälter zu testen, und setzten ihre APG-70-Radare ein, um eine Reihe von Radarkarten aufzunehmen. Diese Karten würden die Planungen unterstützen, die bereits an Bord von FAST-3, der KC-135R des 22. ARS, liefen. FAST-3 war das Command-and-Control-Flugzeug; es flog gerade in der Höhe von U-Tapao wieder über festem Boden. Die F-15C testeten soeben ihre JTIDS-Datenverbindungen, um sich zu vergewissern, daß sie auch so funktionierten, wie man es ihnen angekündigt hatte. Und die F-16C der 398. eichten ihre HTS-Behälter und Improved Data Modems (IDMs) an den bekannten SAM-Stellungen entlang der vietnamesischen Küste auf ihrer rechten Seite. Die F-16 waren alle miteinander vernetzt, und der Anführer des zweiten Schwarms hatte gerade den Videorecorder seiner Kanonen-Kamera eingeschaltet, als sein Radar-Warn-Empfänger anfing zu piepsen. »Was zum ****«, sagte Captain Julio »Frito« Salazar, der Führer des zweiten F-16-Schwarms. »Irgend jemand da unten verfolgt uns!« Die Fregatten Dau Tranh (»Kampf«) und Giai Phong (»Befreiung«) waren der Stolz der vietnamesischen Marine. Ursprünglich als schwerbewaffnete Hochsee-Patrouillen-Schiffe der Krivak-III-Klasse für den KGB gebaut, waren sie von Hanoi für kaum mehr als ihren Materialwert angeschafft und sorgfältig auf französische Waffensysteme und japanische Elektronik umgerüstet worden. Die beiden doppelten ZIF-122/SA-N-4-Gecko-Flugkörper-Startrampen auf dem Vorschiff hatte man allerdings behalten. Die Kosten für die Unterhaltung dieser Schiffe waren hoch, aber die Parteiführer vertraten die Ansicht, daß die politischen Kosten noch wesentlich höher wären, wenn man die Kontrolle über den Golf von Tonking und das Südchinesische Meer verlieren würde. Ihre ständigen Befehle befolgend, fuhren die Schiffe ihre Turbinen hoch und jagten hinaus aufs offene Meer, weil sie sonst im Hafen von Haiphong durch Minen sehr leicht in die Falle geraten könnten. Konteradmiral Vu Hung Van hatte seine Flagge auf der Dau Tranh gesetzt. Er hatte den Befehl bekommen, die südvietnamesische Küste zu blockieren, damit die Rebellen abgeschnitten wären, wenn die Volksarmee sie zermalmte.

»Admiral, Flugzeuge, Peilung null-drei-null Grad, wenigstens zehn, vielleicht sogar mehr, in Angriffsformation. Definitiv nicht freundlich. Wenn sie Kurs und Geschwindigkeit beibehalten, werden sie in etwa fünf Minuten in Reichweite unserer Flugkörper sein.«

»Das werden unsere alten Freunde sein, die Amerikaner«, sagte der Admiral, während ein rätselhaftes Lächeln über sein wettergegerbtes Gesicht huschte. »Bereiten wir uns darauf vor, sie willkommenzuheißen.« CNN hatte einen Live-Bericht über die ersten Bewegungen der Flugzeuge gebracht, und er wußte genau, was kommen würde. Er kannte aber auch seine Pflicht und seine Befehle und schlug mit der Faust auf den »General Quarters«-Knopf der Konsole vor ihm.

Jetzt lief alles in elektronischer Geschwindigkeit ab, weit jenseits des Tempos menschlicher Reflexe. Als die Feuerleit-Computer der vietnamesischen Fregatte begannen, die Ziellösungen zu berechnen, leiteten sie einen Befehlsimpuls an die Zielverfolgungsradare, der eine Erhöhung der Impulsrate auslöste. Praktisch im selben Moment erfaßten die HTS-Behälter der F-16 diese ominöse Entwicklung und alarmierten die Piloten durch das Aufblitzen von zwei Punkten des Codes *STA 8* in einer Ecke des Digitaldisplays ihrer ALR-56M-Radar-Warn-Empfänger (RWR). Das Aufblitzen zeigte aber auch an, daß sich die Feuerleitradare der Popgruppe von zwei Schiffen da unten im Feuer-Modus befanden und die Schiffe zum Start der Lenkkörper bereit waren. Captain Salazar reagierte blitzschnell. Er gab sofort eine Warnung an die anderen Maschinen des Pakets weiter und beeilte sich, seine Finger zu den HOTAS-Kontrollen auf seinem Steuer- und Leistungshebel zu bewegen. Im selben Moment rief er seinen Flügelmann, First Lieutenant Jack »the Bear« Savage, und befahl ihm, das nördlichere Ziel mit seinen HARMS anzugreifen, er selbst werde sich das im Süden vornehmen. Die IDMs verknüpften die Daten von den HTS-Behältern, und es war eine Sache von Sekunden, bis beide Maschinen über Entfernung und Peilung zu ihren Zielen verfügten. Es kostete die Piloten nur ein paar Sekunden mehr, die HARM-Flugkörper hochzufahren und zu starten. Direkt danach schalteten die Piloten ihre Störbehälter ein, lösten ihre Dispenser für Gegenmaßnahmen aus und bereiteten sich darauf vor, den SAMs der beiden Fregatten entkommen zu müssen.

Zehn Sekunden, nachdem der Alarm gegeben worden war, hoben vier SA-N-4-Gecko/4K33-Flugkörper von den Schiffen ab, während gleichzeitig die HARM-Flugkörper von den Flugzeugen herunterkamen. Die Entfernung war auf weniger als 5 Meilen/9,26 Kilometer geschrumpft, als die 100-mm-Geschütztürme der Fregatten zu den schwarzen Flecken am tropischen Himmel herumschwangen. Die HARMS gewannen das Rennen mit einer Sinkgeschwindigkeit vom über 4500 ft./sec./1372 m/Sek. Die Annäherungszünder detonierten über den Schiffen und duschten diese mit Tausenden von Wolframsplittern und Brocken immer noch brennenden Festtreibstoffs der Raketenmotoren. Admiral Vu und seine Mannschaft auf der Brücke waren tot, bevor sie richtig mitbekommen hatten, was geschah. Die Splitter der HARM-Gefechtsköpfe zerfetzten praktisch die beiden Fregatten, lösten Brände der Waffenmagazine in den Vorschiffen aus und rissen die Treibstofftanks auf. Die SA-N-4 hatten jetzt nichts mehr, woher sie ihre Leitdaten beziehen konnten, und beschrieben einen eleganten ballistischen Bogen, bevor die Zeitzünder abliefen und sie sich selbst zerstörten.

Die führende Strike Eagle hatte die ganze Kampfhandlung mit dem Videorecorder ihres LANTIRN-Zielbehälters aufgenommen. Zwei Stunden später, nur wenige Minuten, nachdem sie in Thailand aufgesetzt hatten, wurden die Bilder von den ersten Schüssen im Rahmen dessen, was von jetzt an Operation Golden Gate genannt werden sollte, per Satellit nach Washington übertragen. Die guten Stellen wurden von einem sehr pfiffigen PAO des Pentagon so schnell durch die Freigabe gebracht, daß sie noch rechtzeitig in die Abendnachrichten aufgenommen werden konnten. Die Vietnamesen würden es bedauern, die ersten Schüsse auf das 366. abgegeben zu haben. Die Giai Phong taumelte in die Bucht von Cam Ranh, wo die Überlebenden der Mannschaft sofort meuterten und sich der Rebellion anschlossen. Die Dau Tranh explodierte und sank, als die Brände die vordere Waffenkammer mit den Flugkörpern erreichten. Ein chinesischer Frachter nahm einige Tage später noch ein paar Überlebende auf. Sie zeigten sich für ihre Rettung nicht gerade dankbar und wurden von ihren Rettern auch nicht besonders gut behandelt.

Hanoi, Vietnam,
7. Mai 2000, 1500 Uhr

Das Militärkomitee der Partei hatte allen höheren Diensträngen befohlen, die Lektionen aus dem Golfkrieg von 1991 eifrig zu studieren. Wenn die Amerikaner oder, noch schlimmer, die verdammten Chinesen wieder einmarschieren würden (schließlich hatten letztere ja 1979 schon einmal eine Invasion Vietnams versucht), würden die Männer in den Führungszentren *dieser* Nation ganz sicher nicht überrascht in der Hauptstadt herumsitzen und darauf warten, geköpft zu werden. Der streng geheime Verteilungs- und Evakuierungsplan war bis ins Detail ausgearbeitet, die Einzelheiten wurden aber in willkürlich gewählten Intervallen geändert, und es hatte bislang noch keine einzige Übung zur praktischen Ausführung gegeben. Man befürchtete nämlich, daß diese Desertation auf höchster Ebene ein zu großes Risiko darstellen und dem Plan auf fatale Weise schaden könnte.

Die erste Lektion aus dem Krieg am Persischen Golf von 1991 bestand für die Führungsmannschaften von verbrecherischen Nationen darin, daß unterirdische Bunker Fallen sind. Sie würden auf den Punkt genau von Aufklärungssatelliten identifiziert, als Ziele gekennzeichnet und von Präzisions-Lenkbomben zerschlagen werden. Also würde die Partei Zuflucht im Netzwerk natürlicher Tunnel und Höhlen suchen, die in Hülle und Fülle die Berge im Norden und Westen der Stadt durchzogen. Der Mist ganzer Generationen von Fledermäusen wurde beseitigt, und die sorgfältig getarnten Antennen für die Breitband-Zellular-Telefonsysteme französischer Herkunft wurden installiert. Andererseits beschränkte man die Vorbereitungen auf ein Minimum, und kein Straßenbau wurde in der näheren Umgebung der Höhleneingänge genehmigt.

Im Anschluß an den Vorfall zwischen den Fregatten und dem A+-Paket des 366. stimmte der Sicherheitsrat der Vereinten Nationen über eine weitere Resolution ab, in der das Regime in Hanoi geächtet und der Einsatz von Waffengewalt genehmigt wurden. Im selben Augenblick, als der Wortlaut der Resolution von der vietnamesischen Delegation in New York empfangen wurde, begann die Inkraftsetzung des Evakuierungsplans für den Parteivorsitz. Der Plan wurde derart glatt über die Bühne gebracht, daß kein ausländischer Diplomat oder Reporter in Hanoi zu irgendeinem Zeitpunkt einen Hinweis darauf erhielt, daß irgend etwas nicht stimmte, bis auf einmal die gesamte Partei- und Regierungsstruktur aus der Stadt verschwunden war. So kam es, daß sich die älteren Mitglieder des Zentralkomitees unter gebrechlichen alten Mi-8-Hubschraubern hängend wiederfanden, während sie durch das Blätterdach des Waldes auf kleine Lichtungen abgeseilt wurden. Dort nahmen Kräfte der nationalen Sicherheitstruppen sie in Empfang und geleiteten sie zu den unterirdischen Schlupfwinkeln, die durch Kabeltelefone miteinander verbunden und daher sehr schwer anzuzapfen und fast unmöglich zu stören waren.

Weißes Haus, Washington, D.C.,
7. Mai 2000, 1800 Uhr

»Mitch, ich werde einige rechtlichen Verpflichtungen eingehen müssen, damit dieses Durchsetzungs-Geschäft genau so abläuft, wie du und der UN-Sicherheitsrat es sich vorstellen«, sagte der JCS-Vorsitzende in seinem Büro zum National Sicherheitsberater.

»Wie könnten die aussehen, Jack?« fragte der Sicherheitsberater zurückhaltend.

»Ich spreche über ein Attentat, Mitch. Nicht, daß es ungesetzlich wäre; aber wir müssen einigen Papierkrieg erledigen, damit alles schön aussieht und in Ordnung geht. Besonders der Teil, der sich um ein vom Präsidenten unterzeichnetes National Security Finding[117] dreht, aus dem hervorgeht, daß der Fortbestand des Hanoi-Regimes eine klare Bedrohung der Sicherheit und des Friedens in dieser Region darstellt«, erwiderte der JCS-Vorsitzende ungehalten.

»Wird's das bringen?« fragte der Sicherheitsberater und reichte dem großen Marine einen Lederordner, der auf dem Deckel das Siegel des Präsidenten trug. Der JCS-Vorsitzende sah die Akte sorgfältig durch und ließ sich Zeit beim Umblättern der Seiten. Plötzlich stockte er, als er auf der letzten Seite mit den Unterschriften angekommen war.

»Netter Zug, daß der Sprecher des Weißen Hauses und der amtierende Präsident des Senats es gutheißen … macht das Ganze so hübsch überparteilich«, bemerkte der General.

»Wir dachten, es würde den Bemühungen eine gewisse moralische Überzeugungskraft verleihen, besonders deshalb, weil die meisten Veteranen, die im Caravelle umgekommen sind, aus dem Heimatstaat des Senators waren«, gab der Nationale Sicherheitsberater zurück. »Es hat schon einige Zeit gekostet, um das beim Justizministerium und beim UN-

117 Feststellung (Statement) zur nationalen Sicherheit

Sicherheitsrat durchzubekommen. Jeder versucht, diese häßlichste aller Aktionen so sauber wie möglich zu halten. Voraussetzung ist allerdings, daß deine Leute vom 366. es überhaupt realisieren können.«

Taktisches Operationszenrum des 366. Geschwaders RTAFB U-Tapao, Thailand, 8. Mai 2000, 2200 Uhr

»Also gut, Bob«, sagte Brigadier General Jack Perry, der Kommodore des 366. und kommandierende JFACC der von den UN geförderten Aktion, »berichten Sie uns jetzt vom Ablauf der Operationen bis zum augenblicklichen Stand.«

»Yes, Sir«, sagte der Colonel, der den Befehl über das Operationszentrum hatte. »Wir haben bis jetzt zwei Tage lang Flugverbots-Operationen über dem südlichen Teil Vietnams durchgeführt und scheinen die Sache soweit unter Kontrolle zu haben. Die ›Hellgrauen‹ (F-15C) von der 390. haben bisher ein glattes Dutzend MiGs abgeschossen, und die VNPAF hat ihre Luftaktivitäten außerhalb ihrer Grenzen gänzlich eingestellt. Auch die Bewegungen von vietnamesischen Einheiten und Versorgungsgütern aus dem Norden haben sich wesentlich verlangsamt, und es stehen ganze Schlangen von Zügen da, die darauf warten, von Hue über Tanh Hoa nach Hanoi zurückzufahren.«

»Was ist mit den Truppenbewegungen Richtung Süden?« fragte der Kommodore.

»Nun, Sir, da sieht es nicht so gut aus«, bemerkte der Colonel. »Satellitenfotos zeigten Massierungen leichter Truppen, die sich zu Fuß Richtung Süden bewegen, die meisten in Richtung auf den Mu-Gia-Paß und die alten Routen des Ho-Tschi-Minh-Pfades. Die staatlichen Schätzungen liegen bei Zahlen von annähernd fünfzigtausend in vier eindeutig erkennbaren Abteilungen. Es scheint so, als hätten sie nichts bei sich, was schwerer wäre als ihre persönlichen Waffen, und es gibt nur ganz wenige Fahrzeuge zu ihrer Versorgung. Sieht ein bißchen nach einer Neuauflage des ›Langen Marschs‹ aus. Sie werden in weniger als einer Woche über den Paß und auf dem Pfad sein. Danach werden wir da unten im Süden einen sehr häßlichen Bürgerkrieg haben.«

»Na, großartig!« bemerkte General Perry und wandte sich dann an den Chef der Logistik: »Und welche erfreulichen Nachrichten haben Sie für mich, Harry?«

Lieutenant Colonel Harry Carpenter blickte auf die Notizen, die er sich auf seinem Laptop gemacht hatte, und fing an zu sprechen. »Sir, die letzten Teile des C-Pakets sind heute nachmittag angekommen. Die Bones von der 34. werden heute nacht mit den Minenlegereinsätzen bei sämtlichen Häfen, Flüssen und Flußmündungen im Norden anfangen. Es wird etwa zwei Nächte dauern, bis sie alles dichtgemacht haben. Die UN haben diesbezügliche Warnungen, direkt nachdem die Blockade-Resolution durch war, per Post an alle Navigatoren geschickt, und Lloyds hat angedroht, die Versicherungen sämtlicher Schiffe zu kündigen, die sich heute nacht nach 0000 Uhr Ortszeit noch in einem Hafen befinden. Die B-1B werden morgen gegen 0400 Ortszeit anfangen, ihre Eier zu legen, die 48 Stunden später scharf sind.«

»Was ist mit den ROE und dem Begleitschutz?« erkundigte sich der General.

»In Ausführung Ihrer Befehle«, entgegnete der Lieutenant Colonel, »wird kein Bomber irgendeine Mine legen, deren Position er nicht mit einem PY-Code-GPS-Empfänger fixiert hat. Des weiteren wird jede B-1B von einer F-15C, die Waffen zur Erkämpfung von Luftüberlegenheit an Bord hat, und einer F-16C mit HARMs und HTS begleitet, die feindliche Abwehrmaßnahmen ausschalten können, wenn es erforderlich sein sollte. Heute nacht werden die ›Dunkelgrauen‹ drüben von der 391. den Flugverbots-Job für uns übernehmen, bis das erledigt ist.« Er holte tief Luft und fuhr dann fort: »Was den Support und die Verstärkungen angeht, kann ich gute Nachrichten ankündigen. Unsere alten Freunde von der 8. FS des 49. Geschwaders von der Holloman AFB sind heute abend mit zwölf F-117 angekommen, um uns bei der Jagd auf die Parteiführer zu unterstützen, wenn die Sache losgeht. Außerdem haben wir noch verschiedene Kleinigkeiten bekommen. Dabei waren auch zwei RC-135 Rivet Joint, die uns bei dem SIGINT-Problem behilflich sein werden. Dann sind noch zwei E-3C von der Tinker gekommen, als Unterstützung für die drei, die wir schon haben. Die ersten französischen und britischen Fighter erwarten wir in etwa sechs Tagen, sobald die ihre Tankerversorgung in den Griff bekommen haben. Was die Logistik angeht, werden die ersten vorausgeschickten Schiffe voraussichtlich morgen ankommen, und dann brauchen wir nicht mehr wegen der Waffen- und Kraftstoffversorgung zu schwitzen. Die Alert Brigade vom 82. Airborne und die 7. Marine-Expeditions-Brigade stehen Gewehr bei Fuß, um uns bei den friedenssichernden Maßnahmen zu helfen, sollte es jemals solche geben. Auch Abteilungen des MAW-3« – Marine Air Wing Three (Marine-Luftgeschwaders) – »und das 23. Geschwader von der Pope AFB werden dabei sein, wenn sie jemals ankommen.« Er sagte das mit einem reumütigen Lächeln, da er wußte, daß sich die Dinge in den Bereichen, die gerade diskutiert wurden, nicht so entwickelten, wie sie es eigentlich sollten.

»Okay, Ladies und Gentlemen«, verkündete General Perry, »befassen wir uns jetzt einmal mit einzelnen Vorfällen. Was zum Teufel ist mit der Führungsspitze des Feindes passiert, unserem vorgesehenen Aktionsschwerpunkt? Wo sind unsere verdammten Ziele? Ich will ein paar verfluchte DMPIs haben, und ich will sie *jetzt*! Ich höre. Ich warte auf eine Antwort.« Der junge Brigadegeneral hatte schon vorher unter Streß gestanden. Jetzt aber war er ernsthaft verärgert, weil er sich hier in diesem Höllenloch auch noch einen blöden tropischen Hautausschlag eingefangen hatte, die nordvietnamesische Führung abgehauen war und seine glänzenden jungen Nachrichtenoffiziere nur stumm vor sich hin starrten. Wäre er cholerischer veranlagt, hätte er sich wahrscheinlich sehr über einen spätabendlichen Imbiß gefreut, etwa den Hintern des Lieutenants auf Roggenbrot. So aber konzentrierte sich sein ganzes Wunschdenken auf Ziele, die er mit seinen Strike Eagles angreifen konnte.

Fünf Stunden später weckten der Operations Chief und Major Goldberg, ein – selbst für einen Geheimdienst-Heini – besonders unordentlich aussehender Offizier, den General in seinem Quartier. Nachdem dieser aufgestanden war und die ohnehin überlastete Klimaanlage auf Maximalleistung geschaltet hatte, setzte sich der General gegenüber den beiden Offizieren an einen kleinen Tisch und sagte: »Das ist schon besser.«

Goldberg schob ein französisches Buch über den Tisch. Der Einband war gelb und fleckig, die Kanten der Seiten waren ausgefranst:

LES CAVES DE TONKIN, INVESTIGATIONS PRELIMINAIRES GEOLOGIQUES, ARCHAEOLOGIQUES ET ZOOLOGIQUES[118]*, 1936*

»Was, zum Henker, ist das denn, Major? Ich spreche kein Frog[119]«, knurrte der General, dem bewußt wurde, daß er sich diesen Ausdruck ganz schnell abgewöhnen mußte, da in Kürze die französischen Koalitionspartner eintreffen würden.

»Die Höhlen von Tonking, Sir. In den 30er Jahren hat ein französischer Geograph namens DuBois die Höhlen im Karstgestein bei Hanoi gründlich erkundet. Ich habe herausgefunden, daß sie genau da ihre gesamte Befehls- und Führungs-Infrastruktur versteckt haben könnten, also rief ich eine ... alte Freundin in Paris an. Mit diesem Buch hier hat sie mich auf die Spur gebracht. Seien Sie bitte vorsichtig mit den alten Faltkarten im hinteren Teil, Sir. Das Papier ist schon etwas brüchig, aber sie sind besser als alles, womit NRO, DMA oder USGS aufwarten konnten.«

Der General nahm das Buch, blätterte es durch und entfaltete die erste Karte so vorsichtig, als halte er das Manuskript der Unabhängigkeitserklärung in Händen. Nach zweistündigem Studium – wobei Goldberg immer wieder übersetzen mußte –, als die ersten Strahlen der Sonne schon den Himmel im Osten zu erhellen begannen, gab er das Buch fast ehrfürchtig zurück. »Sehen Sie zu, daß das alles übersetzt wird, und lassen Sie die Karten digitalisieren und auf unsere Zeitmessung abstimmen. Dann treiben Sie einen Experten für geologische Eigenschaften von Kalkstein und Karst auf. Jetzt. Ich meine *sofort*, Major!«

Ein Seufzen der Erleichterung ging durch den Raum. »Wir haben sie«, murmelten die drei Offiziere fast im Chor. Als sich das Trio in Gang setzte, schoß Major Goldberg noch ein Gedanke über den Franzosen durch den Kopf, und er entschloß sich, noch einmal zu telefonieren.

U-Tapao Royal Thai AFB,
9. Mai 2000, 2300 Uhr

Die zwölf F-117 hoben von U-Tapao ab, füllten ihre Tanks bei zwei KC-135R der 22. ARS bis zum Rand und gingen anschließend auf Kurs Nordost. Da sie mit FLIR ausgerüstet waren, blickte kaum einer der Pilo-

---

118 ›Die Höhlen von Tonking, vorbereitende geologische, archäologische und zoologische Forschungen‹

119 »Frosch«, Spitzname für die Franzosen (abgeleitet von »Froschesser«)

ten nach unten auf Thud Ridge, den Karstfinger, der nach Südosten in Richtung Hanoi zeigte und ihren Vätern und Großvätern bei Tageslicht als Orientierung während ihrer Einsätze in die »downtown« gedient hatte. Aber das hier spielte sich in einer anderen Zeit ab, und die neue USAF zog es entschieden vor, nachts zu kämpfen, wenn die optisch geführten Flak-Batterien weitestgehend nutzlos waren. Eines ihrer Ziele war die Paul-Doumer-Brücke, was bewies, daß wenigstens einer der Colonels, dessen Erfahrungen aus dem Vietnamkrieg lediglich aus den *CBS Evening News* stammten, über Sinn für Humor verfügte. Der Einsatzbefehl lautete, Hanoi in eine dunkle, isolierte Stadt zu verwandeln, und zwar binnen einer einzigen Nacht. Der ganze Sinn des Einsatzes war Täuschung, allerdings eine Täuschung mit äußerst tiefgreifenden Auswirkungen. Die Flugkörper standen immer noch da, die SA-2 und -3 von 1970, und es gab auch einige neuere Systeme, die von Rußland oder von devisenknappen Kunden der ehemaligen Sowjetunion aufgestellt worden waren. Hanoi war immer noch der Ansicht, daß es ein hervorragendes Luftverteidigungs-System habe, weil man sich gerne daran erinnerte, wie viele amerikanische Flugzeuge in die vietnamesischen Reisfelder gefallen waren. Es gab tatsächlich so etwas wie ein großes Museum für derartige Trophäen. Man sagt oft, daß Länder sich darauf vorbereiten, ihren letzten Krieg noch einmal zu führen. Im Fall von Hanoi war es aber so, daß der Krieg, den man zu führen dachte, bereits *zwei* Kriege zurücklag.

Zwei Stunden später blickte der Lieutenant Colonel, der die führende Nighthawk flog, mit Genugtuung auf das Bild der Paul-Doumer-Brücke, als er seinen Anflug für den Angriff begann. Vor einer Generation, in der Morgendämmerung des Zeitalters der Präzisions-Lenkwaffen, hatte sein Vater hier einen Einsatz auf dieselbe Brücke angeführt, an dem vier F-4D mit Paveway-I-LGB-Waffen beteiligt gewesen waren. Jetzt flog er ganz gelassen über Hanoi, und keine einzige Granate war auf dem Weg zu ihm hinauf, während er Kurs auf das Bauwerk hielt, für das sein Vater vor fast genau 27 Jahren beinahe gefallen wäre. Sein Ziel war ein Brückenpfeiler, der das gesamte Zentrum der Konstruktion stützte und im tiefsten Flußbettbereich des Roten Flusses stand. Die beiden GBU-27/B mit ihren BLU-109/B-Gefechtsköpfen fielen genau, trafen das Ziel und lösten ein paar gigantische Explosionen aus. Als sich das Bild auf dem FLIR beruhigt hatte, lächelte er befriedigt über das Resultat. Auf beiden Seiten des Pfeilers war die Brücke eingestürzt und stand jetzt wie ein riesiges V in der Flußmitte. Der Pfeiler selbst sah aus, als sei er in einen Fleischwolf geraten, und der Stützturm war völlig zerstört. Es würde jetzt ganz schön dauern, bis die Schienenverbindung zwischen Hanoi und Hue wieder hergestellt wäre.

Zehn Sekunden nach seinen Bomben sah er einen Blitz zu seiner Rechten, wo zwei weitere LGBs gerade die Befehlszentrale für die Verteidigung des Gia-Lam-Flugfeldes ausgeschaltet hatten. Nur Sekunden später flog das Parteihauptquartier in die Luft. Auch andere Ziele gingen hoch. Das thermische Kraftwerk bekam zwei GBU-27/B in das Fundament des Turbinenraums ab, wo die empfindlichen Mechaniken aus ihren Lagern gehoben und auseinandergerissen wurden, als kämen wahnsinnig gewordene Feuerräder direkt aus der Hölle geflogen. Alles in allem wurden zehn Ziele im Gebiet von Hanoi in kaum drei Minuten in die Luft gejagt. In der Zwischenzeit hatten zwei weitere F-117 auch die Drachenmaul-Brücke bei Tanh Hoa und den gepanzerten Befehlsbunker des II. Vietnamesischen Corps ausgeschaltet. Als es in der Stadt dunkel wurde und erste Panik bei den jüngeren Offizieren und Bürokraten ausbrach, die zurückgelassen worden waren, um die Regierungsgeschäfte zu beaufsichtigen, begannen die wirklichen Ziele dieser Nacht den Preis für ihre Arroganz zu zahlen.

Die Höhlen von Tonking, nordwestlich von Hanoi, 10. Mai 2000, 0055 Uhr

Der Befehl besagte, daß nichts in die Höhlen gebracht werden durfte, was nicht von Hand durch den Eingang am Ende eines engen Fußpfades transportiert werden konnte. Sechs Spitzenathleten der Volksarmee hatten die Ehre, das 300 kg schwere Panzertor fast zehn Meilen von der nächstgelegenen Straße aus herüberbringen zu dürfen. Die Ingenieure hatten berechnet, daß es dem Überdruck jedes Fast-Treffers einer konventionellen Waffe widerstehen könnte. Außerdem wurde es so tief in einem gewundenen Durchgang eingebaut, daß eine Lenkwaffe schon die Beweglichkeit eines Habú haben müßte, um die beiden rechtwinkligen Kehren bewältigen zu können. Der Sergeant der Garde, der am Eingang zum sprengsicheren Tor stand, erschrak, als er sich umdrehte und sah, daß der Verteidigungsminister General Truong Le direkt vor ihm stand. »Genosse General, Sie können jetzt nicht nach draußen.«

»Genosse Sergeant, die sind nicht damit einverstanden, daß ich dort unten rauche. Ich appelliere an Ihren bruderschaftlichen revolutionären Geist, haben Sie Mitleid mit einem alten Mann, der nach einer Zigarette schmachtet.«

Der General war damals Rekrut in Giaps Armee bei Dien Bien Phu gewesen. Er hatte während der Tet-Offensive bei den harten Straßenkämpfen in Hue ein Bataillon angeführt und während der abschließenden Befreiung des Südens im Jahr 1975 eine Division kommandiert. 1979 hatte er während des Krieges gegen die verhaßten Nachbarn den Befehl über ein Corps an der chinesischen Grenze.

Jetzt war er zwar der Stabschef der Volksarmee von Nordvietnam, dennoch war er immer noch sehr eng in seiner bäuerlichen Herkunft verwurzelt. Für vietnamesische Verhältnisse ein großer Mann, lebte er einfach und hatte sich geweigert, seinen politischen Einfluß einzusetzen, damit seine Söhne bequeme Jobs in der Partei bekamen. Die Soldaten liebten und verehrten ihn. Seine Bitte stellte einen Bruch der Disziplin dar, aber der General und der Sergeant traten hinaus in die kühle Nachtluft, um zu rauchen, und schlossen das sprengsichere Tor sorgfältig hinter sich. Daher waren sie die einzigen Überlebenden dessen, was nun passieren sollte.

Die beiden RC-135-Rivet-Joint-Flugzeuge arbeiteten mit einer C-130 Hercules zusammen, die mit einem aufsteckbaren Senior-Scout-SIGINT-System ausgerüstet war, um die genaue Position des Ziels herauszufinden, das nun »Bonzenhöhlen« hieß. Dabei versuchten sie die Emissionen der Zellular-Telefone französischer Bauart aufzunehmen. Die Idee dazu kam von Major Goldberg, der sich einer kleinen Notiz entsonnen hatte, auf die er vor einigen Monaten in einer Internet Newsgroup gestoßen war. Das war gewesen, kurz bevor eine französische Firma in Toulon eine Satelliten-Zellular-Telefon-Ausrüstung für etliche Millionen Franc an die vietnamesische Regierung verkauft hatte. Er besprach die Situation mit einem kürzlich angekommenen französischen Verbindungsoffizier, der vorausgeschickt worden war, um zu erkunden, welche Situation die Staffel Rafael Fighter vorfinden würde, die in drei Tagen ankommen sollte. Sie telefonierten mit der Elektronik-Firma und der Gesellschaft, die für die Wartung der Satelliten-Kommunikationssysteme der Vietnamesen zuständig war. Nachdem sie herausgefunden hatten, daß der System-Service bis vor einigen Tagen fast ungenutzt geblieben war, und die genauen Frequenzen der Telefone übermittelt worden waren, war es ganz leicht, über die NSA-SIGINT-Satelliten eine grobe Positionsangabe der Telefonaktivitäten herauszubekommen.

Die drei Flugzeuge verfeinerten noch einmal ihre Positionsbestimmungen und übergaben sie dann über die eigenen Datenverbindungen via MILSTAR-Satelliten an eine mitvernetzte Einheit von Maschinen des 366. Geschwaders. Das Versteck der Führungsmannschaft der Vietnamesen war in Sicht gekommen, und die Abzugshähne waren gespannt.

Diesmal flog General Perry seine eigene F-15E Strike Eagle, die als »Wing King« bekannt war. Der Einsatz in dieser Nacht sah eine Flughöhe von 16000 feet/4880 Metern und eine Bewaffnung mit vier panzerbrechenden 2000 lb./907 kg schweren GBU-24/B-Bomben vor. Er hatte für diesen Abendeinsatz maximale Anstrengungen befohlen, und die Wartungs-Chiefs konnten stolz auf ihre Leistung sein, denn sie hatten 16 der komplizierten Vögel in die Luft bekommen. Aber die eigentliche Prestigeleistung war von den Mannschaften in den Bombenwerkstätten erbracht worden. Sie hatten die ganzen Pläne für den Abend über den Haufen geworfen, die LGBs so umgebaut, daß die »Dunkelgrauen« damit bewaffnet werden konnten, und zugleich die Minen, die für die letzte Nacht der Minenleger-Operation benötigt wurden, in die B-1Bs geschafft.

»Da kommen gerade die letzten Aktualisierungen über die MILSTAR-Verbindung herein, Sir«, gab Captain Asi »Ahab« Ontra, der persönliche WSO des Generals, über Intercom durch. Der General lächelte bei dieser Meldung in seine Sauerstoffmaske. Ontra gehörte zur ständig wachsenden Zahl von Moslems, die dabei waren im US-Militär Karriere zu machen. In der Gegend von Detroit geboren, wo es sehr viele Immigranten aus dem Libanon gab, mochte er für die Freitagabende im Offiziersclub vielleicht ein wenig zu »trocken« sein, aber es gab keinen besseren Operator am LANTIRN-System im 366. Jetzt befanden sie sich auf dem Weg, eine ganze Regierung umzubringen.

»Wie viele dieser Höhlen konnten identifiziert werden?« fragte der Geschwader-Kommodore.

»Bis jetzt 19, Sir. Major Goldberg scheint das Gefühl zu haben, das wären alle, Sir«, gab der junge WSO zurück.

»Haben die uns eigentlich gesagt, was heute nacht unser Ziel ist?« wollte der General wissen.

»Sie sind sich nicht ganz sicher, Sir ... vielleicht so eine Art von militärischem Führungszentrum«, spekulierte der junge Mann.

»Okay. Wie lange noch bis zum Ziel?« fragte der General.

»Zwei Minuten, Sir. Ihr Steuerkurs ist in Ordnung!« kam die knappe Antwort von hinten. Jetzt lief alles ganz geschäftsmäßig.

Der Verteidigungsminister rauchte zusammen mit dem jungen Sergeant eine Camel und sog den Rauch und die Nachtluft ein. Zu jeder anderen Zeit wäre es eine wunderschöne Nacht gewesen. Jetzt befand sich dieses Land aber wieder im Krieg, kämpfte um seinen Stolz ... seine Selbstachtung ... seine Identität ... obwohl er in seinem Inneren begann, all das in Frage zu stellen. Er blickte auf den jungen Soldaten, der gerade eine Zigarette mit ihm rauchte, und fragte sich, welche Art von Staat er und die anderen Führer des Parteirats demnächst in die Hände dieses tapferen jungen Mannes übergehen lassen würden.

»Ziel in Sicht, Sir. Zehn Sekunden bis zum Abwurf«, rief Ahab General Perry zu. Das grüne Licht des FLIR-Bildes auf dem Multifunktions-Display warf einen Schimmer auf sein Gesicht, während er die beiden Handsteuerungen bediente, um das Ausklinken des LGBs einzustellen.

»Roger, Master Arm ein. Ihr Gemüse ist scharf. Halten Sie sich bereit!« rief der General über das Intercom. Dabei gab er mit dem AAQ-14-LANTIRN-Zielbehälter eine kurze Lasersalve auf das Karstgestein ab, um die Entfernung zum Ziel festzustellen. Nachdem das erledigt war, begann die »Time-to-Drop« (Zeit bis zum Abwurf)-Uhr rückwärts bis Null zu zählen. Danach fielen die vier GBU-24/B in rascher Folge. Sie fielen schnell und hatten schon bald eine Geschwindigkeit von mehr als 900 feet/sec./274,5 Meter/Sek. erreicht. 15 Sekunden vor dem Aufschlag schoß Captain Ontra noch einmal den Laser auf die Spitze des Kalksteinhügels ab und überflutete ihn mit Laserlicht. Erneut zählte eine Countdown-Uhr auf seinem FLIR-MFD zurück bis Null.

Es waren die Erinnerungen an seine Jugend, die ihm für den Augenblick das Leben retteten. General Truong Le hatte gerade noch Zeit, *»Deckung!«* in Richtung des Sergeants zu brüllen, da schlugen auch schon die vier Bomben in die Kuppe des Kalksteinhügels ein. Für einen Moment dachte der alte Mann, daß die Waffen Blindgänger seien. Diese Illusion wurde jedoch sehr schnell zunichte gemacht, als die zeitverzögerten Zünder die Ladungen der BLU-109/B-Gefechtsköpfe hochgehen ließen. Die Waffen konnten die Gesteinsschichten des Kalksteins allerdings nicht gänzlich durchschlagen und in die Höhlen darunter vordringen. Das brauchten sie indes auch nicht. Die Zünder am Schwanz der Waffen waren so eingestellt, daß sie im gleichen Augenblick hochgingen und damit eine Art kleines Erdbeben im weichen Gestein auslösten. Sofort bildete sich eine Scherwelle, die sich ins Innere des Kalksteins fortpflanzte. Sie brachte die Tunnelgänge darunter zum Einsturz, als hätte ein Elefant auf eine Eierschale getreten. Alle in den Höhlen fanden sofort den Tod. In der Zwischenzeit hatte sich durch den plötzlichen Einbruch der Höhlen ein riesiger Luftüberdruck gebildet, der nun auf den Tunneleingang zuraste und das explosionsfeste Tor mit einem »Rumms« und »Whuusch« aus den Angeln blies. Das verbogene Tor wurde wie ein Stück Papier aus dem gewundenen Höhlengang geschleudert. Es verfehlte den Verteidigungsminister und seinen jungen Genossen nur um Zentimeter und verschwand anschließend im Dschungel. Als die Stille der Nacht zurückkehrte, hörte der alte General noch etliche dumpfe Explosionen, als zwölf weitere Ziele auf die gleiche Art getroffen wurden. Er wußte instinktiv, was geschehen war, und stand wie erstarrt, als die fernen Blitze das Ende der Kommunistischen Partei in Vietnam ankündigten.

Er stand noch immer so da, als ihn der junge Sergeant fragte: »Sollten wir das nicht irgend jemandem mitteilen, Genosse General?«

Der alte Mann war für die Dunkelheit dankbar, die seine Verlegenheit vor dem jungen Soldaten verbarg. Dann, als das letzte Donnergrollen der Bomben verklungen war, antwortete er: »Ja, Sergeant, danke, daß Sie mich an meine Pflicht erinnert haben. Würde es Ihnen etwas ausmachen, mich zu begleiten, bitte?« Damit drehten sie sich um und gingen den Trampelpfad hinunter, der zurück zur Straße und – hoffentlich noch – zum 20 Kilometer / 12 Meilen entfernten Yen-Bai-Flugfeld führte.

Yen-Bai-Flugfeld, nordwestlich von Hanoi,
10. Mai 2000, 1412 Uhr

Aus der Studie des Militär-Komitees der Partei über den Golfkrieg von 1991 konnte eine sehr wichtige Lektion über Luftmacht abgeleitet werden: *Setz sie ein oder verlier sie!* Die VNPAF würde sich nicht in Schutzbunkern zusammenkauern und darauf warten, daß man sie zerstörte. Sie würde also von verstreuten Landebahnen aus, zu denen auch diese hier gehörte, kämpfen. So kam es, daß sich Colonel Nguyen Tri Loc, der ehemalige politische Offizier der VNPAF, urplötzlich in der Funktion des Befehlshabers über die Reste des 931. Fighter-Regiments wiederfand, nachdem sein Kommandeur drei Tage zuvor von einem AMRAAM-Flugkörper der Yankees getötet worden war. Das 931. bestand jetzt lediglich noch aus neun einsatzbereiten MiG-29C und einem antiken AN-2-Doppeldecker, der aber noch in ganz gutem Zustand war. Sie waren vor ein paar Stunden nur mit knapper Not aus den brennenden und explodierenden Trümmern des Luftverteidigungszentrums auf dem Gia-Liam-Flughafen nordwestlich von Hanoi entkommen. Der Colonel hatte erkannt, daß die Amerikaner seine Maschinen nicht zu eigentlichen Zielen erklärt hatten, solange sie sich nicht in der Luft befanden. Der erste Versuch der Einheit, die Luftblockade zu durchbrechen, hatte ihm den Verlust von fünf seiner wertvollen MiG-29 eingebracht, die von Langstrecken-AMRAAMs abgeschossen worden waren. Seit diesem Vorfall fühlten sich die Überlebenden, die sich in die Erd- und Betonbunker am Rande des Flugfelds zurückgezogen hatten, aller Macht beraubt.

Der Colonel wäre vor zwei Nächten beinahe selbst ums Leben gekommen, als er versucht hatte, einen der B-1B-Bomber bei seinem Minenleger-Einsatz abzufangen. Er war in dieser Nacht allein geflogen, hatte sich zwischen den Radar-Störflecken zu verstecken versucht und seinen IFF-Transponder ausgeschaltet, weil sie sonst möglicherweise auf ihn aufmerksam geworden wären. Er hatte gerade das schwarze Monster über der Mündung des Roten Flusses in der Nähe von Nam Dien entdeckt, als er den Blitzstrahl einer Sidewinder bemerkte, der direkt auf ihn zuhielt. Der Flugkörper kam von einer Begleitschutz fliegenden F-16. Nur ein »Schnappschuß« mit einem seiner eigenen R-73/AA-11-Archer-Flugkörper und sein umgehendes Verschwinden im nahegelegenen Karst retteten ihm das Leben.

Dieses Ereignis hatte einen ernsthaften Schock bei ihm ausgelöst. Jetzt war er allerdings wütend und ärgerte sich über die Hilflosigkeit seines Regiments gegenüber den fliegenden Eindringlingen. Er und die verbliebenen Piloten und Flugzeuge lebten nur deshalb noch, weil es im Ermessen des feindseligen Widersachers stand, und auch das nur, solange sie ihn nicht bedrohten. Das war der Grund, weshalb die Yankees als erstes die Batterien von Boden-Luft-Flugkörpern ausradiert hatten, die seinen Stützpunkt in einem Tal des vietnamesischen Hochlandes geschützt hatten, dessen Namen er trug. Als die Überlebenden der vier Flugkörper-Batterien zurückkehrten, verfluchten sie die HARM-Flugkörper, die ihre Angriffsradare wie Donnerkeile aus heiterem Himmel zerstört hatten. Ungeachtet dieses Verlustes würde die Volksarmee weiterhin den Stützpunkt verteidigen. Schließlich verfügten sie noch über einige gut getarnte S-60-Flakgeschütze und etliche Kompanien, ausgerüstet mit der chinesischen Version der SA-16, die man von der Schulter aus starten konnte. Sie hatten sich auf den Hügelkuppen im Süden und Westen eingegraben.

Aber schon die amerikanischen Eindringlinge aufzuspüren, war fast unmöglich. Fast alle Abfang-Radar-Stellungen in Nordvietnam waren bereits in den ersten paar Tagen der amerikanischen Intervention ausgeschaltet worden. Jetzt verfügte der Colonel nur noch über ein Inmarsat-P-Satelliten-Telefon, das ihn mit Agenten am Boden in Thailand verband. Er wußte deshalb zwar immer, wann ein Angriff oder eine Patrouille von Takhli oder U-Tapao gestartet wurde, hatte aber keine Ahnung, wo sie dann hinflogen. Mehr als einmal hatte er schon seine Handvoll Fighter zusammengekratzt, jede Menge kostbaren Kraftstoff verschwendet und damit die ewig wachsamen AWACS-Maschinen alarmiert, nur um dann zu erkennen, daß die Flugzeuge irgendwo abgebogen und jetzt einfach zu weit entfernt waren, als daß auch nur die geringste Chance bestanden hätte, sie noch abzufangen.

Heute würde aber alles ganz anders laufen. Verschiedene Gruppen von F-15E hatten gerade eben einen der letzten Höhlenkomplexe der Führung bombardiert, und eine dringende verschlüsselte Meldung über sein Satellitentelefon hatte ihn darüber informiert, daß die Maschinen auf dem Rückflug fast genau über seine Position fliegen würden. Die Wahrscheinlichkeit dafür lag bei mehr als zwei zu eins zu seinen Gunsten. Er hätte das Überraschungsmoment auf seiner Seite, und wahrscheinlich würde das ohnehin die letzte Gelegenheit für das 931. Regiment sein, einen Angriff hinzubekommen, bevor es zum Ziel erklärt und auf die Reise zum Herrgott geschickt würde. Er lief zu seiner MiG, schnallte sich an und gab den Befehl an den Rest des Regiments, die Maschinen zu starten. Nachdem das letzte Klimov-RG-33-Triebwerk heulend zum Leben erwacht war, rollte Colonel Nguyen Tri Loc mit seiner MiG los. Es sollte die letzte Luftschlacht der Luftstreitkräfte der Volksrepublik Vietnam werden.

General Perry drehte die Wing King aus ihrem Zielanflug ab und zog sie in die Standard-Formation der Strike Eagles für einen Rückflug. Dabei flogen immer zwei Paar F-15E voraus, mit einem nachfolgenden Paar im Abstand von bis zu vier Meilen hinter sich. Nachdem er und sein Flügelmann einen großen Komplex von Höhlen in der Nähe der alten nordwestlichen PRC / Vietnam-Eisenbahnlinie angegriffen hatten, in dem sich die Führungspersönlichkeiten versteckten, waren sie jetzt in den Steigflug gegangen und hatten die Position des Nachfolgerpaars in der Formation eingenommen, während sie Kurs auf den Rückflugschenkel des Einsatzes nahmen, der sie etwa fünf Meilen / acht Kilometer an der Airbase Yen Bai vorbeiführen würde. Der Kommodore der Gunfighter war freudig erregt. Die letzten Bonzenhöhlen waren mit insgesamt acht GBU-24 / B zerstört worden. Es war schon erstaunlich, aber die letzten Angehörigen des Regierungsrates hatten darauf bestanden, in ihrem privaten Gräberkomplex zu bleiben, selbst als sie schon von der Gefahr wußten, die von den panzerbrechenden Bomben des 366. ausging. Man konnte fast zu der Ansicht gelangen, daß sie erkannt hatten, daß ihre Zeit abgelaufen war ... wie alte Elefanten, die sich zurückziehen, um zu sterben. General Perry lächelte. Endlich einmal hatten diejenigen, die dafür verantwortlich waren, daß unschuldige Menschen einen Krieg erdulden mußten, selbst mit dem Leben dafür bezahlt. Gerechtigkeit. Seine Augen huschten auf der Suche nach irgendwelchen Zeichen, die auf mechanische oder Systemprobleme hinwiesen, durch das Cockpit, als sie das Kartendisplay erreichten und sein Blick starr wurde.

»Ahab«, schnauzte der General, »verschaff mir ein SAR-Bild vom Runway in Yen Bai. Beeil dich!«

Der junge Captain schwenkte sofort die große Antenne des APG-70-Radars auf die linke Seite hinüber und markierte das Flugfeld, das gerade in einem Abstand von etwa 20 Meilen / 32,2 Kilometern in Sicht kam. Der Synthetic-Aperture-Radar-(SAR-)Modus lieferte ihnen Bilder in Fotoqualität von Erdzielen, die noch viele Meilen entfernt waren; selbst Ziele, die nur 8 feet / 2,4 Meter groß waren, konnten dargestellt werden. Beide Männer starrten angespannt auf ihre MFDs. Was sie sahen, löste bei beiden ein Frösteln aus, denn auf den Bildschirmen erkannten sie acht oder neun kleine Ziele, die klar als Flugzeuge identifiziert werden konnten. General Perry sah, daß die meisten von ihnen sich um etwas zusammendrängten. Er erinnerte sich, daß auf den Satellitenfotos der Basis genau dort die Bewaffnungs- und Tankgrube zu sehen gewesen war. Zwei andere Maschinen rollten gerade eindeutig auf ihre Startpositionen. Sofort schrie er Captain Ontra über das Intercom zu, er solle noch einen Suchstrahl mit dem APG-70 im SAR-Modus kreisen lassen, und entdeckte, daß sich zwei weitere Flugzeuge von der Bewaffnungsgruppe entfernten. Vom Rücksitz hörte er seinen WSO »O Allah!« murmeln. Sie waren in Schwierigkeiten.

Colonel Nguyen und sein Flügelmann blieben tief über dem Tal, ließen ihre Radare und sämtliche elektronische Ausrüstung abgeschaltet, weil die ihre Position und ihr Vorhaben hätten verraten können. Als sie mit vollem Nachbrennereinsatz über den Bergsattel am Ende des Tales jagten, sahen sie sofort zwei Strike Eagles der Yankees unmittelbar vor sich auftauchen. Als er das umgesetzt hatte, jubelte Nguyen und rief seinem Flügelmann zu: »Captain Tran, Sie nehmen das Ziel auf der rechten Seite, und ich kümmere mich um das linke.« Sofort überprüfte er seine Sensoren. Sein Infrared-Search-and-Track-(IRST-)System, das in einer kleinen, transparenten Kugel im Bug seiner Maschine untergebracht war, gab ihm einen guten Blickwinkel für seine beiden R-73/AA-11-Archer-Kurzstrecken-IR-Flugkörper. Weil der Abstand noch zu groß für sie war, aktivierte er das RLPK-29 Slot Back Radar und gab den Start seiner beiden R-27/AA-10-Alamo-Langstrecken-Flugkörper mit Radarsuchkopf ein. Als sein HUD ihm anzeigte, daß die führende Eagle aufgeschaltet war, drückte er zweimal auf den Abzug, und schon waren die beiden Flugkörper unterwegs. Gleichzeitig sah er aus den Augenwinkeln, daß auch bei Captain Trans Maschine zwei Flugkörper ihre Startschienen verließen und sich auf den Weg zum zweiten amerikanischen Fighter machten.

O Jesus! dachte General Perry, als er die Rauchspuren sah, die hinauf zum führenden Paar in der Strike-Eagle-Formation führten. Er preßte einen Finger auf den Sendeknopf für den Notrufkanal und brüllte: »Harry! Tony! Da kommen Alamos rauf. Haut von da ab, und zwar *sofort*!« Die Crews beider Strike Eagles reagierten blitzartig, mit antrainierter Präzision und fehlerlos. Auf den Rücksitzen aktivierten die beiden WSOs ihre Electronic-Countermeasures-(ECM-)Systeme und drückten dann auf die Knöpfe für die ALF-47-Düppel/Störkörper-Starter, die metallisierte Plastikstreifen und Infrarot-Scheinziele auswarfen, um die anfliegenden Missiles anzulocken und vom Weg abzubringen. Vorn in den Cockpits stießen beide Piloten die Leistungshebel ihrer doppelten F-100-PW-229-Triebwerke auf Stufe 5 – Nachbrenner – und rissen ihre Fighter in einen ausholenden Linksturn auf die sich nähernde Gefahr zu. Fast wären sie damit durchgekommen.

Einer von Captain Trans Flugkörpern versagte mitten im Flug, der andere wurde durch das interne ECM-System der Strike Eagle abgelenkt und flog hinaus in den westlichen Himmel. Die führende Strike Eagle hatte leider nicht soviel Glück. Auch hier fiel der erste Flugkörper auf die

Störkörper herein, doch der zweite war ein Volltreffer. Er traf die F-15E am Flügelansatz der Backbord-Tragfläche, detonierte und riß diese komplett ab. Als sich der große Fighter daraufhin wie ein Rad zu drehen begann, lösten beide Besatzungsmitglieder ihre ACES-II-Schleudersitze aus und begaben sich auf einen »Nylon-Abstieg« zu Gott-weiß-was-für-einem Untergrund. General Perry schüttelte den Schock dieses plötzlichen Angriffs ab und stellte fest, daß drei oder sogar vier weitere Rotten von MiG-29 dabei waren, mit den verbliebenen drei Maschinen seiner Angriffsformation dasselbe zu veranstalten. Er mußte jetzt schnell handeln, denn die Zeit drängte.

Dann lief aber alles viel langsamer ab, während der Adrenalinstoß Zeit und Ereignisse in einem schwindelerregenden Wirbel komprimierte. Perry knallte den doppelten Leistungshebel der 229-Triebwerke auf Nachbrenner, drückte erneut den Knopf für den Funkkanal und dachte an die beiden Männer, die jetzt an ihren Fallschirmen hingen, während er sagte: »Tony, setz dich zunächst ab und komm in den Kampf zurück, wenn du kannst. Besorg uns für hier oben ein bißchen CSAR-Hilfe« – Combat Search and Rescue –, »die sich um die Jungs kümmern soll.« Jetzt wandte er seine Aufmerksamkeit seinem Flügelmann zu, dem jungen First Lieutenant Billy »Jack« Bowles, einem reinblütigen Cherokee-Indianer aus Oklahoma. »Billy, sorg dafür, daß alle ihre Slammer starten. *Jetzt!* Dann versucht euch abzusetzen und im Westen wieder in Formation zu gehen.«

Danach rief er Captain Ontra auf dem Rücksitz und befahl: »Mit zwei Slammern auf das zweite Paar aufschalten, das sich in der Luft befindet. Sieh zu, daß du das ECM in Gang kriegst, und besorg mir die Zahl der Angreifer mit dem FLIR.«

Eigentlich hätte er gar nichts zu sagen brauchen. Ahab hatte längst das APG-70 auf TWS-Betrieb geschaltet, nach dem zweiten Paar gesucht, das Dreh- und Angelpunkt des Geschehens war, und es auch schon gefunden. Schnell stellte er je einen AIM-120 Slammer auf die beiden sich nähernden MiGs ein und startete sie im *STARTEN-UND-AKTUALISIEREN-(FIRE-AND-UPDATE-)*Modus. Rasch fraßen die zwei Flugkörper die fünf Meilen/acht Kilometer Entfernung zu den beiden vietnamesischen Fightern und ließen sie in zwei schmutzig orangefarbenen Feuerbällen aufgehen. Keine Überlebenden.

»Zweimal *Splash*«, hörte er Ontra auf dem Rücksitz über den Notkanal schreien, und ein ähnliches Gebrüll kam von Lieutenant Bowles.

In seinen Kopfhörern vernahm er eine Meldung des diensttuenden AWACS: »Hier ist Disco-1 auf Kontrollflug. Banditen … Ich wiederhole … mehrere Banditen bei Bullseye« – Hanoi – »2-9-5 Grad auf 85« (85 Meilen/136,8 Kilometer). King Flight wird angegriffen. King-3 ist unten. CSAR-Hilfe ist unterwegs. Oilcan Flight, angreifen. Ihr Code ist BUSTER« – voller Nachbrennereinsatz –, »ich wiederhole: Ihr Code ist Buster!« Der junge weibliche Captain am Lotsenplatz des AWACS war aufgeregt, aber sie tat ihre Pflicht. Jetzt mußte General Perry nur noch weitere fünf Minuten am Leben zu bleiben, dann würden die vier F-15C von der 390. da sein, um ihre sämtlichen Ärsche zu retten.

Colonel Nguyen, noch in Hochstimmung von seinem Überfall aus dem Hinterhalt auf die erste Strike Eagle, schickte Captain Tran nach unten, um nicht selbst in einen Hinterhalt zu geraten. Als die beiden MiGs über einen Berggrat zischten, verging jedoch sein Hochgefühl. Zu den beiden weißen amerikanischen Fallschirmen hatten sich jetzt drei schmutzige Rauchwolken gesellt, die Kurs auf den Erdboden nahmen.

Seine Männer zahlten den Preis für seinen Sieg. Jetzt war es an ihm, sie zu rächen. Er schaltete sein Radar wieder ein und suchte nach Zielen. Als er bemerkte, daß Captain Tran nicht mehr an seinem Flügel hing, beschloß er, allein vorzugehen.

Auf dem Pfad zum Yen-Bai-Flugfeld,
10. Mai 2000, 1422 Uhr

General Truong Le beobachtete mit größtem Erstaunen den Luftkampf, der über seinem Kopf stattfand. Als er sah, daß die Strike Eagle abgeschossen wurde, jubelte er wie ein Junge beim Fußballspiel. Dann aber wurde er von Entsetzen gepackt, als vier der Fulcrum[120] innerhalb weniger Sekunden zusammen mit ihren Piloten starben. Noch vier junge Vietnamesen tot. Wofür? dachte er. Dann bemerkte er die beiden Amerikaner, die sich, an ihren Fallschirmen hängend, dem Boden näherten. Er und sein Sergeant eilten zum Landeplatz und nahmen die beiden Männer gefangen, als die noch damit beschäftigt waren, sich von ihren Fallschirmen zu befreien. Der Sergeant schlug vor, die beiden zum Ausgleich für die getöteten MiG-Piloten einfach zu erschießen, aber der General vertrat die Ansicht, daß für heute genug Menschen gestorben seien, und trieb die beiden Männer den Pfad zum Yen-Bai-Flugfeld hinunter.

Der »Furball« westlich des Yen-Bai-Flugfeldes,
10. Mai 2000, 1423 Uhr

Colonel Nguyen sah aus einiger Entfernung, wie eine einzelne Strike Eagle eine MiG-29 jagte, wobei die beiden von links nach rechts am Bug seiner Maschine vorbeiflogen. Er riß seinen Fighter gerade in einen engen Rechtsturn, um seinem Genossen in der MiG zu Hilfe zu kommen, als er sah, wie eine Sidewinder gestartet wurde, die das Opfer der Strike Eagle in einem zerplatzenden Feuerball vergehen ließ. Glücklicherweise konnte der Pilot noch aussteigen, einer der wenigen vietnamesischen Überlebenden dieser Schlacht. Inzwischen hatte Nguyen versucht, zum feindlichen Angriffsflugzeug aufzuschließen, um zum Schuß zu kommen, als er plötzlich einen Blitz in seinem Rückspiegel sah.

General Perry bemerkte eine einzelne MiG, die gerade die Jagd auf Lieutenant Bowles in seiner King-2 aufnahm, und zog seine Maschine in eine

---

120 »F«-Name der MiG 29

überhöhte Kehre, um in den Rücken des feindlichen Fighters zu gelangen. Er mußte den Kerl schnellstens abschießen. Er wählte den *SIDE*-Modus auf seiner HOTAS-Steuerung und wartete, bis sich der Ton in seinem Kopfhörer auf ein kontinuierliches Quietschen eingependelt hatte. Bei einer Entfernung von 2500 feet/762,5 Metern startete er den Flugkörper, der rasend schnell die Entfernung zum Backbord-Triebwerk der Fulcrum zurücklegte. Er schlug in die Brennkammer des Nachbrenners ein, Kontaktzündung, zerfetzte den rückwärtigen Teil des Triebwerks und nahm auch noch die Backbord-Ruderfläche und das Höhenleitwerk mit. Erstaunlicherweise flog die MiG mit dem Steuerbordtriebwerk weiter, und auch die Ruder- und Höhenleitwerksfunktion blieben erhalten. Während er die zu kleinen Gefechtsköpfe des AIM-9M verfluchte, legte er den Waffen-Wahlschalter auf *GUN*.

Colonel Nguyen hörte und spürte einen mächtigen Knall hinten an seiner MiG, und sofort darauf sprangen sämtliche Anzeigen für das Backbordtriebwerk in den roten Gefahrenbereich. Er nahm den Leistungshebel für das Backbordtriebwerk zurück betätigte den Knopf für den Feuerlöscher, um den Brand einzudämmen, der im zertrümmerten Triebwerk ausgebrochen war. Immerhin flog der Vogel noch, und vielleicht würde er es bis zurück nach Yen Bai schaffen. Nur Sekunden später war dieser Traum zu Ende. Er fühlte ein heftiges Pochen am Steuerhebel und an der gesamten Konsole, und dann explodierte das Cockpit in einem Blitz und plötzlicher Dunkelheit. Das war der letzte Eindruck, den er mitnahm.

General Perry brachte die MiG in den Kernschußbereich der Kanone, verringerte den Abstand auf weniger als 1000 feet/305 Meter und feuerte eine Drei-Sekunden-Salve aus seiner M61-Vulcan-Kanone in der Flügelwurzel der Steuerbordfläche seiner Eagle. Der Strom von panzerbrechenden PGU-28-Brandgeschossen wanderte über das Rückgrat des Flugzeugs, erreichte schließlich das Cockpit des feindlichen Fighters und löste darin Explosionen und Rauchentwicklung aus. Die Fulcrum fiel und trudelte dem Boden entgegen. Schließlich ging sie in Flammen auf, und der Feuerball war der Scheiterhaufen für die Beisetzung des Colonel Nguyen von der Air Force der Volksrepublik Vietnam. Ein kurzer Check von Radar und Funk zeigte ihm, daß nur noch die beiden anderen überlebenden Strike Eagles von King Flight und die sich nähernde Gruppe von F-15 am Himmel waren. Er brachte die Nase des großen Fighters auf Südwest und fing an, sich Gedanken über das Auftanken beim Tanker vom Dienst zu machen; anschließend wollte er auf Heimatkurs gehen. Hinter ihm lagen lange zehn Minuten.

Captain Tran landete seine MiG-29, die einzige Maschine, die den letzten Kampf des 931. Regiments überstanden hatte. Nachdem er sie in den Hangar gerollt hatte, schaltete er die Triebwerke ab und ließ seinen Kopf gegen das Instrumentenbrett sinken. Dabei murmelte er eine alte Redensart aus einem amerikanischen Western vor sich hin: »Bei jedem Massaker gibt es einen Überlebenden ...« Er bemerkte nicht den alten General und seinen Sergeant, die mit ihren Gefangenen herangetreten waren. Er konnte nur noch daran denken, daß er unendlich müde war und nie wieder fliegen wollte. In der Zwischenzeit war der Verteidigungsminister auf den AN-2-Doppeldecker aufmerksam geworden, den man am Ende des Flugfeldes abgestellt hatte. Er fragte einen vom Bodenpersonal, ob ein Pilot verfügbar sei, der ihn und seine Gäste nach Hanoi fliegen könne. Der Crew-Chief fühlte sich belästigt und wollte gerade anfangen, den alten Mann zu beschimpfen, als er auf der schmutzigen Uniform die goldenen Tressen und die Sterne bemerkte. Er spurtete los, um Captain Tran zu bitten, noch einmal zu fliegen.

Königlicher Palast, Hue,
11. Mai 2000

Inmitten des Chaos, das die Luftangriffe der Koalition auf die Höhlen der Parteiführer ausgelöst hatten, war es kein Wunder, daß erst nach etlichen Stunden bekannt wurde, daß der Verteidigungsminister General Truong Le der höchstrangige überlebende Funktionär der DRV war. Aus Bach Mai hatte der General in Beijing angerufen, und die chinesischen Genossen hatten ihn zu Duc Oanhs vorläufigem Hauptquartier auf der Bien Hoa Air Base vor Saigon geschleust. Ihre Unterhaltung war kurz, offen und herzlich. Beide Parteien wußten genau, daß jeder Nachrichtendienst, auch wenn sie mit nur zwei SIGINT-Analytikern auskommen müßten, jedes Wort aufnehmen, übersetzen und analysieren würde. Wenn es Zeiten wie diese im Dasein von Nationen gibt, ist Symbolik immer schon von großer Wichtigkeit gewesen. Also einigten sie sich darauf, sich von Angesicht zu Angesicht an dem Ort gegenüberzutreten, der politisch gesehen den größten nationalen Symbolgehalt besaß: in dem von Wällen und Wassergräben umgebenen Komplex des königlichen Palastes in Hue.

»Ich bedaure sehr, daß ich niemals die Gelegenheit hatte, unter Ihrem Kommando zu dienen«, sagte Duc.

»Und ich bedaure außerordentlich, daß ich nicht Hunderttausende von Soldaten wie Sie hatte«, entgegnete der General. »Wir müssen diesen Konflikt beenden, bevor unserer Bevölkerung irreparable Schäden zugefügt werden. Was wäre denn erforderlich, damit wir unser Land wieder einigen können?«

»Wir schlagen vor, zu den Bestimmungen des Genfer Abkommens von 1954 zurückzukehren. Wir wissen beide, daß unsere Bevölkerung nur sehr wenig Erfahrung mit freien Wahlen hat. Es wird Generationen dauern, bis die Demokratie in dem Land, das wir beide lieben, Wurzeln geschlagen hat. Wir sollten besser schnell damit anfangen, indem wir eine Verfassung ausarbeiten. Ich wäre sehr geehrt, wenn Sie sich für die Wahl zum Amt des Präsidenten zur Verfügung stellen würden. Mir selbst wäre es eine übergroße Ehre, Ihnen als Vizepräsident dienen zu dürfen.«

Die Unterzeichnung der Übereinkunft war dann nur noch eine Formalität. Das Foto des alten Generals und des ehemaligen Guerilleros und Postbeamten, die sich unter Tränen umarmten, gewann den Pulitzer-Preis.

Taktische Operations-Zentrale,
366. RTNAS U-Tapo, 11. Mai 2000

General Perry saß in seiner Kommandantenkammer und sah durch das Fenster, wie seine B-1B und F-15E gerade mit Maximallasten von CBU-87-Streubomben bewaffnet wurden. Der Anblick machte ihn ganz krank, weil er wußte, wo die tödlichen »Eier« laut Plan abgeworfen werden sollten. Nach Abschluß des letzten Einsatzes gegen die Bonzenhöhlen am Vortag hatte er einen Befehl vom Nationalen Sicherheitsrat erhalten, mit Billigung des UN-Sicherheitsrates massive Streubombenangriffe gegen die Infanterie-Divisionen der DRV zu beginnen, die sich gerade den östlichen Abhang am Mu-Gia-Paß hinaufbewegten. Es würde ein Massaker werden, wenn sich die Behälter mit den CEMs über den ungeschützten Truppen öffneten und die Luft mit heißem Metall, Feuer und Schreien erfüllten. Diese Vorstellung erfüllte ihn schon jetzt mit schlechtem Gewissen und Reue. Unglücklicherweise würde aber genau diese Aktion unvermeidlich sein, wenn die 50000 Menschen in diesen Einheiten sich nicht entschlossen, in ihre Kasernen auf dem Gebiet der DRV zurückzukehren. Die Großmächte der Welt hatten viel zu oft zugelassen, daß die Menschen aus diesem Bereich der Erde in Konflikte hineingezogen wurden; noch einmal durfte das nicht passieren. Und jetzt waren die 50000 jungen Männer, die auf Mu Gia marschierten, dem Verhängnis geweiht, wenn die Typen in Hanoi, die für das all das verantwortlich waren, nicht langsam wieder zu Sinnen kämen. Als es an der Tür klopfte, wurde er aus seinen Gedanken gerissen. Er wandte sich um und sah, daß Major Goldberg mit einer Nachricht auf dünnem Durchschlagpapier in der Tür stand und breit grinste. »Gute Neuigkeiten, Sir«, sagte der jüngere Mann. »Nachrichten von beiden Sicherheitsräten.«

Der General nahm das zarte Papier und las die kurze Mitteilung. Es war der Befehl zur Feuereinstellung. Die DRV hatte sich den Bedingungen des alten Abkommens von 1954 gebeugt, und es schien so, als ob bald Frieden sein würde. Die Bodentruppen für die Friedenssicherung wurden bereits zusammengezogen und würden binnen weniger Stunden unterwegs sein. Ihm wurde ganz flau vor Erleichterung, und es dauerte eine lange Minute, bevor er zu Major Goldberg hinüberblicken konnte.

»Major, sagen Sie den ›Ordies‹, daß sie die Waffen sofort wieder abnehmen sollen. Dann geben Sie weiter, daß wir von jetzt an unsere Pläne auf Maßnahmen zur Sicherung und Durchsetzung des Friedens abstimmen werden. Wir werden hier wahrscheinlich noch eine Weile bleiben und genau damit beschäftigt sein. Und dann versuchen Sie bitte, über die UN irgendwie in Kontakt mit den beiden Männern von King-3 zu kommen. Ich will wissen, was mit ihnen los ist, und zwar ASAP[121].«

»Yes, Sir«, sagte der Major, salutierte und verließ den Raum.

---

121 »As Soon As Possible«: »So schnell wie möglich«

Sicherheitsrat der Vereinten Nationen, New York

RESOLUTION 1398

Der Sicherheitsrat,

Stellt fest, daß die zivile Regierung und die gesetzgebenden Autoritäten in der DRV zusammengebrochen sind,

Ist besorgt wegen der Verluste an Menschenleben, Zerstörung von Privateigentum und Umweltzerstörung als Resultat ständiger Feindseligkeiten in Südostasien,

Beschließt die Wiederherstellung von Frieden, Gerechtigkeit und Demokratie im gesamten Territorium der Republik Vietnam und der ehemaligen DRV:

1. *Verkündet,* daß die Bestimmungen des Genfer Abkommens von 1954, die freie Wahlen in allen nördlichen wie südlichen Regionen von Vietnam zusicherten, innerhalb von sechs Monaten in die Tat umgesetzt werden sollen, gerechnet vom Datum dieser Resolution an,
2. *Ermächtigt* den Generalsekretär, eine vietnamesische Wahlkommission zu nominieren, die alle Teile der vietnamesischen Bevölkerung repräsentiert, einschließlich derjenigen, die im Augenblick nicht in Vietnam ihren Wohnsitz haben. Diese Kommission soll im gesamten Gebiet, das sich unter der Kontrolle der provisorischen Regierung der Republik Vietnam befindet, und ebenso auf dem Gebiet der ehemaligen DRV für die Veröffentlichung und Verbreitung der Regularien für das Verhalten politischer Parteien und Kandidaten und bei Wahlkämpfen in Übereinstimmung mit den internationalen Geboten der Fairneß und des freien und gleichberechtigten Zugangs sorgen,
3. *Ermächtigt* den Generalsekretär, alle notwendigen Schritte zu unternehmen, damit die Registrierung der Wahlberechtigten und eine Abstimmung ohne Betrug, Zwang oder Verletzung der Menschenrechte durchgeführt werden,
4. *Ermutigt* alle Mitgliedsnationen, technische Unterstützung, Wahlbeobachter und materielle Zuwendungen zur Verfügung zu stellen, um die Durchsetzung dieser Resolution zu gewährleisten,
2. *Ersucht* den Generalsekretär, einen Bericht über den Fortgang der Durchsetzung dieser Resolution spätestens in dreißig Tagen vom heutigen Datum an vorzulegen.

Die Resolution wurde einstimmig angenommen.

Mountain Home AFB, Idaho,
04. Juli 2000

Das komplette Geschwader hatte sich etwas außerhalb der Elmendorf AFB in Alaska versammelt, um die letzte Etappe des Heimwegs in einer einzigen Formation zurückzulegen. Die Friedenstruppen der UN hatten das Geschwader am Tag zuvor abgelöst, und die Flugverbots-Operationen waren mit der Durchsetzung der UN-Resolution abgeschlossen worden. Jetzt, da die Formation in die Platzrunde über der Basis ging, sah General Perry, daß Tausende von Menschen die Flugbetriebsfläche säumten, um etwas zu erleben, das auf dem besten Wege war, eine unglaubliche Rückkehr zu werden. Irgendwo da unten war auch der Präsident der Vereinigten Staaten von Amerika und wartete darauf, Orden anzustecken und eine Rede über den Feldzug zu halten, die man ein Leben lang nicht vergessen sollte. Auch Repräsentanten des UN-Sicherheitsrats befanden sich bei den Menschen unten auf dem Stützpunkt, um dem Geschwader einen speziellen Wimpel für die Friedenssicherungsarbeit zu verleihen. Am besten von all dem war, daß auch Perrys Familie unter diesen Menschen war und auf ihn wartete – aber nicht nur seine, sondern die Familien aller Angehörigen des Geschwaders, die mit in diesen Einsatz geflogen waren, einschließlich der Familien der beiden abgeschossenen Besatzungsmitglieder. Der neue Vizepräsident Vietnams hatte die persönliche Verantwortung dafür übernommen, daß sie nach Hause gebracht würden, und Perry machte sich in Gedanken eine Notiz, dem Mann zu schreiben und ihm dafür zu danken. Als er seine Strike Eagle in den Landeanflug brachte, lächelte er in sich hinein, wohlwissend, daß es diesmal für die Gunfighter eine Parade geben würde, wenn sie aus Vietnam nach Hause zurückgekehrt waren.

Schlußwort

Luftmacht ist ein vielen Einschränkungen unterworfenes Instrument. Aber in ihrer kurzen Geschichte hat sie die Eigenart von Kriegen zutiefst verändert. So wie eine Marine über die Ozeane fahren und eine feindliche Küste ohne Vorwarnung angreifen kann, so kann heute auch ein Flugzeug am ersten Tag – oder in den ersten Minuten – von Feindseligkeiten über dem Herzen eines Landes auftauchen und mit sofortiger Wirkung den Krieg zu Menschen und Orten bringen, die in der Vergangenheit erst nach jahrelangen Feldzügen und dem Verlust unzähliger Menschenleben erreicht werden konnten. Zugleich sind aber die Verteidigungsmaßnahmen gegen Angriffe aus der Luft – Abfangjäger, bodengestützte Flak-Kanonen und Boden-Luft-Flugkörper – als Antwort auf die Bedrohung, die von dieser neuen militärischen Kapazität ausgeht, rapide weiterentwickelt und verbessert worden. Doch das Rennen zwischen offensiven und defensiven Technologien, so zeigt die Militärgeschichte, ist immer zugunsten der Offensive ausgegangen.

Amerika hat erst kürzlich zwei revolutionäre Offensivfähigkeiten entwickelt. Die erste, Stealth, nimmt einem Feind die Möglichkeit der Erfassung und beraubt ihn so seiner Schutzmaßnahmen gegen einen tief ins Land geführten und zerstörerischen Angriff. Stealth ist keineswegs Schwarze Magie; Stealth ist eine Tatsache. Wenn diese Technologie richtig und sorgfältig bei der Konstruktion von Flugzeugen, Flugkörpern, Schiffen oder gar Unterseebooten eingesetzt wird, verschafft sie dem Angreifer einen überwältigenden Vorteil gegenüber fast jeder Art von Sensoren, vom Radar bis zum Sonar. Die zweite Offensivfähigkeit, Präzisions-Lenkwaffen (PGMs), verschafft dem Angreifer weniger die Möglichkeit, seine Waffen für »chirurgische Eingriffe« zu verwenden, als vielmehr die, einen enorm hohen Wirkungsgrad zu erzielen. Die Zeiten sind endgültig vorbei, da das Auslegen von Bombenteppichen über einem Ziel noch eine vertretbare politische oder militärische Option darstellte. Unter Berücksichtigung des weltweiten Abscheus vor kollateralen Zerstörungen durch Luftangriffe ist die Verwendung von PGMs nicht nur wünschenswert, sondern wird in der Zukunft möglicherweise auch gefordert werden. Die Kombination dieser beiden technischen Kapazitäten gibt unserer nationalen Führungsschicht Möglichkeiten an die Hand, die seit dem Verschwinden einer kleinen und bösartigen Gesellschaft des Mittleren Ostens unbekannt waren, deren Name als Fluch in die englischen Wörterbücher aufgenommen wurde – Assassin. Im Mittelalter, als sie in ihrer Bergfestung im Libanon saßen, wahrte die militärisch-religiöse Ordnung der Hashishin ihre Unabhängigkeit, indem sie jeden Kalifen, Khan, Sultan, Imperator oder Schah töteten, der es wagte, sie zu bedrohen.

Krieg ist letztlich organisierter Mord, der von Regierungen abgesegnet wird. Wenn ein Krieg auch bisweilen notwendig erscheinen mag – je schneller er beendet werden kann, desto weniger Leid wird unschuldigen Menschen zugefügt. Der Schrecken des Krieges hat in jüngster Vergangenheit dazu geführt, daß man seine Notwendigkeit zuweilen bezweifelte. Das ist eine Quelle der Hoffnung für den Fortbestand der Menschheit. Das erste Zeichen dieser Hoffnung konnte man erkennen, als sich »zivilisierte« Nationen nicht überwinden konnten, ihre potentesten Waffen – Atomwaffen – während des Kalten Krieges einzusetzen. Trotz der tiefgreifenden und fundamentalen Unterschiede der Philosophien, die während der ganzen Menschheitsgeschichte immer wieder Anlaß für schwerwiegende Auseinandersetzungen waren, wurde durch das atomare Gleichgewicht des Schreckens (euphemistisch als »Mutually Assured Destruction« oder MAD[122] bezeichnet) der Friede immer wieder gewahrt. Wir sollten uns daran erinnern, daß die Waffen und militärischen Einheiten, die zum Einsatz geschaffen wurden, zwei Generationen lang existierten und allzeit bereit waren, auf den Knopf zu drücken. Doch niemand hat auf den Knopf gedrückt, weil es dem Verstand offensichtlich manchmal gelingt, über die Ideologie zu triumphieren. Gott sei Dank.

Ein Teil dieser Vernunft war sicherlich durch die Vorteile der Luftmacht motiviert (wenn wir die strategischen Flugkörper und Orbital-Satelliten in diese Definition mit einbeziehen), und die nächste Zukunft könnte eine weitere Anwendung des gleichen Prinzips mit sich bringen. Daher bedeutet das Zusammenwirken von Stealth-Technologie und PGMs heute unter anderem, daß die Entscheidungsträger, die junge Männer in den Tod schicken, auch selbst zu einem direkten Ziel werden können. Niemand ist wirklich sicher vor einem solchen Präzisionsangriff, und die persönliche Verwundbarkeit, kann einen Diktator durchaus motivieren, zweimal und dann noch ein weiteres Mal zu überlegen, bevor er sein Land in einen Krieg stürzt – tut er es dennoch, wird Amerika die Doktrin entwickeln und die Kapazitäten freisetzen, um die aufs Korn zu nehmen, die den Krieg angezettelt haben. Clausewitz sprach gern vom feindlichen »Gravitationszentrum« und meinte damit die Dinge, die eine Nation schützen müsse, um zu überleben. Das wirkliche Gravitationszentrum einer Nation sind aber die Entscheidungsträger, gleich, ob sie als Präsident, Premierminister, Diktator oder Junta bezeichnet werden. Kein Mensch wird Oberhaupt eines Staates, keine Gruppe übernimmt die Macht, um zu leiden. Die Ausübung von Macht ist allerdings ein Wein, der besonders Despoten sehr zu Kopf steigen kann. Sich in tiefen Bunkern verstecken zu müssen (die aber auch nicht mehr unter allen Bedingungen Sicherheit bieten), kann doch keinen Spaß machen. Genausowenig kann es reizvoll sein, im ständigen Bewußtsein umherzureisen, daß ein einziger feindlicher Geheimdienstoffizier oder ein einheimischer Verräter nur ein einziges Mal den Finger krümmen muß, um sein Ziel zu treffen. Wie sich abzeichnet, können die Möglichkeiten des wohlbekannten MAD-Prinzips der Nuklearwaffen auf konventionelle Waffen übertragen und mit diesen Kriege von ultimativer Wirksamkeit geführt werden.

---

122 »sichere gegenseitige Zerstörung«, aber mit dem Beiklang »mad« (»verrückt«)

Diese Idee mögen manche als »Luftschloß« bezeichnen. Es ist aber bereits heute eine unbestreitbare Tatsache (obwohl wir es nicht ganz geschafft haben, Saddam Husseins persönliches Funkgerät auszuschalten), daß diese Möglichkeit besteht. Die Fähigkeit, in die Tiefe vorzudringen und sehr zielgenau anzugreifen, könnte manche Menschen veranlassen, statt Kriege anzuzetteln nach anderen Instrumenten internationaler Politik zu suchen.

Um eine Luftmacht effektiv nutzen zu können, muß man allerdings ihre Kapazitäten wie ihre Grenzen kennen:

- **Luftmacht ist kostspielig**. Es ist leicht, sich über die Vorstellung zu entsetzen, daß ein Fighter zwanzig Millionen US-Dollar, ein Fighter-Bomber fünfzig Millionen und ein Stealth Bomber sogar fünfhundert Millionen US-Dollar kostet. Die reinen Kosten in US-Dollar für ein Flugzeug besagen aber nichts über den Umfang der wirklichen Kosten einer Luftmacht. Es kostet bereits Tausende von US-Dollar, nur das einfachste Jet-Schulflugzeug eine einzige Stunde in der Luft zu halten. Eine wirksame Luftstreitmacht erfordert eine gewaltige Infrastruktur aus Training, Wartung und Bürokratie. Sie macht eine ganze Bandbreite hochspezialisierter Industriezweige erforderlich, die Talent- wie auch Produktions-Ressourcen aus anderen Bereichen der Wirtschaft abziehen.
- **Luftmacht ist zerbrechlich**. Am 22. Juni 1941 wurde der größte Teil der sowjetischen »Front-Flieger«, also der taktischen Flugzeuge, am Boden überrascht und von der deutschen Luftwaffe zerstört. Kaum sechs Monate später passierte das gleiche den Amerikanern, als fast die gesamte Air Force der U.S. Army auf den Philippinen ebenfalls am Boden durch japanische Luftangriffe auf Clark Field zerstört wurde. Am 5. Juni 1967 wurde der größte Teil der Offensivmacht der ägyptischen Luftstreitkräfte am Boden überrascht und zerstört, das Werk von Angriffen der israelischen Air Force an einem einzigen Vormittag. Vielleicht noch empfindlicher als die Flugzeuge selbst ist das Netzwerk aus Radar, Befehlszentralen, Kommunikationseinrichtungen, Tanksystemen und Munitionsdepots, das eine Luftmacht erst möglich macht. Eine komplette Luftstreitmacht kann binnen weniger Stunden ausradiert werden. Wie die Iraker im Golfkrieg erfahren mußten, können selbst die stärksten gepanzerten Hangars einer Air Force keinen Schutz mehr bieten, wenn sie die Kontrolle über den Luftraum verloren hat.
- **Luftmacht ersetzt keine klare militärische Zielsetzung.** Besonders dann nicht, wenn sie nur halbherzig für beschränkte politische Zwecke eingesetzt wird. Das ist die unzweideutige Lehre, die aus dem Vietnamkrieg gezogen werden konnte. Hunderte amerikanischer und südvietnamesischer Flugzeuge wurden zwischen 1964 und 1972 abgeschossen, ohne daß sie zuvor einem schwer faßbaren Feind hätten Schäden in strategisch bedeutender Größenordnung zufügen können. Jahre zuvor hatten schon politische Beschränkungen für die Verwendung der Luftmacht im Korea-Krieg dazu beigetragen, einen entscheidenden Sieg des alliierten Militärs in eine endlose Pattsituation zu verwandeln. Sogar die Israelis, die so

fähig beim politischen Einsatz von Luftmacht sind, haben Hunderte von Einsätzen auf »Terroristen-Nester« durchgeführt, ohne bemerkenswerte Auswirkungen auf die politische Basis der Terroristen zu erzielen, die für die israelische Bevölkerung eine Bedrohung darstellte. Einzelne »Straf-Luftangriffe« mögen sich für die einheimische Zuhörerschaft in den Abendnachrichten gut anhören, schüren prinzipiell aber eher den solidarischen Widerstandswillen des Feindes. Viel zu oft wirkt so etwas auch als »Geisel-Liefer-System«, das dem Feind die unglückseligen abgeschossenen Aircrews als Handelsobjekte in die Hände spielt. Ein gutes Beispiel hierfür war der Luftangriff, den Maschinen der U.S. Navy 1983 auf syrische Luftabwehrstellungen im Libanon durchführten. Das Resultat bestand in zwei verlorenen Maschinen, eine weitere wurde beschädigt, ein Pilot getötet, einer von den Syrern gefangengenommen und erst durch Vermittlung von Reverend Jesse Jackson wieder freigelassen. Ein verdammt schlechter Tausch für ein paar Flak-Geschütze!

Ironischerweise *kann* die Macht von Marine und Armee in beschränktem Maß überall dort als politisches Werkzeug verwendet werden, wo eine Luftmacht nichts auszurichten vermag, weil ein Flugzeug eines nicht kann: *Präsenz* dokumentieren. Über Jahrzehnte hinweg war es die Präsenz der U.S. Army in Europa und Korea, die als Abschreckung gegen Angriffe seitens der Kommunisten diente, und das selbst dann noch, als sich genau diese Army in der Post-Vietnam-Ära in eine taube Nuß verwandelt hatte. Die Präsenz der U.S. Navy im Westpazifik und im Indischen Ozean hat einen vergleichbar stabilisierenden geopolitischen Einfluß.

Denken Sie einmal an die derzeitigen Versuche der Westmächte, die Ereignisse im ehemaligen Jugoslawien zu beeinflussen. Sämtliche Kampf-Luft-Patrouillen zur Durchsetzung des Flugverbots der NATO (Operation Deny Flight), Luftangriffe auf Stellungen des Militärs der bosnischen Serben und eine multinationale Seeblockade der Adria haben es nicht vermocht, das Verhalten der bosnischen Serben bemerkenswert zu verändern, weil sie nicht das serbische Gravitationszentrum in Belgrad erreichten. Die mehr symbolische Präsenz einiger hundert US-Fallschirmjäger als UN-Friedenstruppe in Mazedonien hat dagegen das Weiterbestehen dieses zerbrechlichen Staatsgefüges gesichert. Nicht einmal die Serben sind verrückt genug, die Bodentruppen der Vereinigten Staaten von Amerika direkt herauszufordern. Symbolisch gesprochen: Wenn du mein Flugzeug abschießt, ist das ein unglücklicher Vorfall, wenn du aber anfängst, meine Soldaten zu erschießen oder meine Schiffe zu versenken, ist das ein kriegerischer Akt.

Es mag ja sein, daß Luftmacht nie in der Lage sein wird, Land zu erobern. Es mag auch sein, daß Luftmacht nicht so lange an einem Platz verharren kann, wie Schiffe es können. Luftmacht kann dafür aber den Kampf bis ins Herz und Gehirn eines Feindes vortragen, und das auf eine Art und Weise und mit einer Geschwindigkeit, die den traditionelleren Streitkräften einfach verwehrt sind. Sie ist zudem nahezu vollständig eine amerikanische Interventionsform, die – wie die Demokratie – das Angesicht der Welt verändert hat.

Glossar[123]

*** A-10 Thunderbolt** »Donnerkeil«. Namensnachfolger der legendären P-47. Spitzname der Piloten für die Maschine: »Warthog« (siehe auch: P-47, Warthog).

A-12 Lockheed Abfangjäger, entwickelt in den 60er Jahren, ausgelegt für Flüge in großer Höhe, Hochgeschwindigkeit und schwere Erfaßbarkeit. Kam nie zur Truppe, diente jedoch als Entwicklungsbasis für die SR-71 Blackbird. Nicht zu verwechseln mit der McDonnell Douglas A-12 Avenger (»Rächer«), die zu einem Programm der Navy für Träger-Kampfflugzeuge mit Stealth-Eigenschaften aus den 90er Jahren gehörte. Diese Programm wurde jedoch aufgrund von Kostenüberziehungen und Mißwirtschaft eingestellt.

AAA **A**nti-**A**ircraft **A**rtillery = Anti-Flugzeug-Artillerie, auch »Triple-A« (3A) oder »Flak« (siehe dort) genannt.

*** AAM** **A**ir-to-**A**ir-**M**issile: Luft-Luft- (oder Luftkampf-)Flugkörper (siehe auch: AI, AIM)

ABCCC **A**irborne **B**attlefield **C**ommand and **C**ontrol **C**entre. In der Luft befindliches (Schlachtfeld-)Einsatz- und Befehlszentrum. Eine EC-130E, in der Stab und Kommunikationseinrichtungen untergebracht sind.

ABF **A**nnular **B**last **F**ragmentation: Streu-Gefechtskopf-Typen mit ringförmiger Detonations-Druckwirkung, die bei verschiedenen AIM (siehe dort) verwendet werden.

ACC **A**ir **C**ombat **C**ommand. Ein Oberkommando der USAF, 1992 durch die Zusammenlegung des SAC (siehe dort) und TAC (siehe dort) und Teile des MAC geschaffen.

ACES II Standard Schleudersitz der USAF. Er wird bei McDonnell Douglas auf der Basis der ursprünglichen Weber-Corporation-Konstruktion produziert. ACES II ist ein »zero-zero« Sitz, was bedeutet, daß er in der Lage ist, das Leben eines Besatzungsmitglieds (mit dem Risiko einiger Verletzungen) auch bei Zero-(=Null) Geschwindigkeit und Zero-Höhe zu retten, falls sich die Maschine sich nicht auf den Kopf gestellt hat.

ACM **A**ir **C**ombat **M**aneuvering. Luftkampfmanöver; die Kunst, in Schußposition zu gelangen, bevorzugt von hinten, bevor der andere Typ selbst in der Lage ist, Sie abzuschießen.

AFB **A**ir **F**orce **B**ase = Stützpunkt (Horst) der Luftstreitkräfte der Vereinigten Staaten von Amerika. NATO-Stützpunkte oder die verbündeter Nationen werden üblicherweise als **AB** (**A**ir **B**ase) bezeichnet. Die Royal Air Force pflegt ihre Stützpunkte

123 Mit * gekennzeichnete Einträge sind Ergänzungen des Übersetzers zum besseren Verständnis der deutschen Leser.

nach den Ortsnamen zu bezeichnen z. B. »RAF Lakenheat, »-Brüggen« oder »-Wildenrath«.

Afterburner Nachbrenner. Vorrichtung zur Einspritzung von Kraftstoff in die Abgasdüse eines Strahltriebwerks zur Schubvergrößerung auf Kosten größeren Treibstoffverbrauchs. Im britischen Sprachgebrauch: »Reheat« (siehe dort).

AGL **A**bove **G**round **L**evel: Höhe über Grund. Methode der Höhenmessung durch einen Piloten; Ingenieure ziehen allerdings die absolutere »ASL-Methode« (**A**bove **S**ea **L**evel = Höhe über dem Meeresspiegel) vor.

*** AGM** **A**ir-to-**G**round **M**issile: Lenkwaffe für den Bodenkampfeinsatz. Deutsche Bezeichnung: Luft-Boden-Flugkörper

*** AGM-45 Shrike** Als ARM (Anti-Radiation-Missile) von der Navy entwickelt, war die »Würger« im Vietnamkrieg die Hauptwaffe der Wild-Weasel-Staffeln und recht erfolgreich. Ihr größter Nachteil lag in der sehr geringen Reichweite.

*** AGM-65 Maverick** **A**ir-to-**G**round-**M**issile-65. Luft-Boden-Flugkörper, der seit Jahren in verschiedenen Variationen als Standard-Lenkflugkörper für den Bodenkampfeinsatz bei der USAF verwendet wird (siehe auch unter AGM und Maverick).

*** AGM-88 HARM** HARM bedeutet **H**ighspeed **A**nti **R**adiation **M**issile, aber auch wörtl. übersetzt: »Schaden«, womit wieder eine der beliebten Doppeldeutigkeiten zustande gekommen war. Die HARM erreicht eine Spitzengeschwindigkeit, die auf jeden Fall eher über Mach 4 als darunter liegt.

*** AGM-114 Hellfire** Der »Höllenfeuer« – Lenkflugkörper ist ein Air-to-Ground-Missile, der bevorzugt bei der U.S. Army und dort von Kampfhubschraubern des Typs Apache und Kiowa Warrior eingesetzt wird.

*** AH-64A Apache** Hubschrauber werden bei den amerikanischen Streitkräften gerne mit Namen von Indianerstämmen versehen (siehe auch OH-58D). Der »Apache« wird bei McDonnell Douglas in verschiedenen Versionen gebaut.

AI **A**irborne **I**ntercept: Abfangen in der Luft. Normalerweise verwendeter Begriff für einen Radar- oder Flugkörpertyp.

*** AIM-7 Sparrow** **A**ir-**I**ntercept-**M**issile-7 »Sperling« (bzw. »Spatz«). Ein bei Raytheon hergestellter Luft-Luft-Flugkörper (AAM; siehe dort)) der anfangs die Grundausrüstung der F-15 Modelle war. Er ging bereits 1946 als XAAM-N-2 Sparrow I aus dem Projekt »Hot Shot« der Navy hervor, litt aber immer unter seinen technischen Unzulänglichkeiten.

AIM-9 Sidewinder Hitzesuchende Familie von Luft-Luft-Flugkörpern, die bei U.S. Air Force, -Navy, -Marines und -Army sowie einigen Exportkunden im Einsatz ist. Die unterschiedlichen Ausführungen werden durch den Zusatz eines Buchstabens gekennzeichnet, wie z. B. AIM-9L oder AIM-9X. (Der Name Sidewinder ist doppelsinnig: einerseits wörtl.: »Seitenwinder«, also etwas, das Wind von der Seite bekommt, oder aber sich seitlich windet. Damit wird auf die typische Flugbahn dieses AIM hingewiesen. Auf der anderen Seite ist Sidewinder aber auch der Name einer amerikanischer Klapperschlangenart. – Anm. d. Ü.)

*** AIM-120 Scorpion** Von den Piloten als »Slammer« (»Schläger«) bezeichnet, ist die Scorpion ein bei Hughes hergestellter Advanced-Medium-Range-Air-to-Air-Missile (siehe dort).

AMC **A**ir **M**obility **C**ommand = Ein Oberkommando in der USAF, das für die meisten Luft-Transport- und -Tankereinsätze verantwortlich ist. Sein Stützpunkt ist die Scott AFB in Illinois.

AMRAAM **A**dvanced **M**edium **R**ange **A**ir-to-**A**ir **M**issile (siehe auch AIM-120). Fortschrittlicher Luft-Luft-Flugkörper für mittlere Reichweiten. Erster moderner Luft-Luft-Flugkörper, bei dem programmierbare Mikroprozessoren für selbstsuchende Radarköpfe eingesetzt wurden. Der Flugkörper verfügt über einen eigenen Radarsender, der »Fire-and-Forget«-Taktiken erlaubt.

ANG **A**ir **N**ational **G**uard: Luft-Nationalgarde. Reserveeinheiten der USAF, nominell unter Regierungskommando und -finanzierung. Viele ANG-Kampf- und Bodencrews arbeiten bei Fluglinien oder in der Flugzeugindustrie auf Abruf.

Angles Kürzel für Höhenangaben. 1 Angle = 1000 ft. Z.B. »Angles 15« = 15 000 feet

AOC **A**ir **O**peration **C**entre: Luftkampf(-Einsatz-)Zentrale

API **A**rmor **P**iercing **I**ncendiary: Munitionstyp mit panzerbrechender und Brandwirkung, der bevorzugt beim Einsatz gegen bewaffnete Bodenfahrzeuge verwendet wird.

ARM **A**nti **R**adiation **M**issiles: Antistrahlen-Flugkörper die speziell für den Einsatz gegen Abschußbasen von Boden-Boden- oder Boden-Luft-Flugkörpern entwickelt wurden. Suchköpfe der ARMs schalten sich auf die Such- und / oder Lenk-Emissionen dieser Abschußeinrichtungen auf.

*** ASAP** **A**s **S**oon **A**s **P**ossible: so schnell wie möglich. Beliebte Abkürzung (inzwischen nicht mehr nur) beim amerikanischen Militär.

Aspect Der Winkel, aus dem ein Ziel zu sehen ist. Die Frontalansicht eines Flugzeugs bietet eine relativ kleine Zielfläche; dagegen ist die Zielfläche aus der Sicht von oben oder unten am größten.

*** Assassine** Angehöriger der Assassinen. Historische Gesellschaft von islamischen Meuchelmördern, die sich selbst als eine Art Orden verstand und gegen Bezahlung in erster Linie politische Morde in der Zeit der Kreuzzüge des 13. Jahrhunderts verübte.

ATF **A**dvanced **T**actical **F**ighter: weiterentwickeltes taktisches Kampfflugzeug. Der ursprüngliche Name des Programms für die F-22.

ATO **A**ir **T**asking **O**rder: Lufteinsatz-Order. Planungsdokument, das den Einsatz jeden einzelnen Flugzeugs und die für den jeweiligen Tag angesetzten Operationsziele im einzelnen festlegt. ATO-Vorbereitungen erfordern äußerste Umsicht, damit auf jeden Fall die Sicherheit befreundeter Einheiten gewährleistet ist. Während des Golfkrieges erreichten die ATOs einen Umfang von einigen tausend Seiten pro Tag.

*** AV-8V Harrier** Die »Harrier« (engl. Hunderasse, die speziell für die Hasenjagd gezüchtet wird) ist ein STOVL-Kampfjet (siehe dort). Diese Entwicklung fand unter der Federführung Großbritanniens statt. Die Maschine wird auch in erster Linie von Royal Air Force und Royal Navy verwendet, aber auch das USMC fliegt einige. Relativ kurze Reichweite, da die Pegasus-Triebwerke einen enormen Durst entwickeln.

Avionics Übergreifender Ausdruck für sämtliche elektronischen Systeme eines Flugzeugs, einschließlich Radar, Kommunikations-, Identifikations-, Flugsteuerungs-, Navigations- und Feuerleitcomputern. Die Komponenten eines Avionic-Systems werden in zunehmendem Maß miteinander zu »Datenbus-« bzw. digitalen Hochgeschwindigkeits-Netzwerken verbunden.

AWACS **A**irborne **W**arning **A**nd **C**ontrol **S**ystem: in der Luft befindliches Warn- und Kontrollsystem. Hauptsächlich für die Beschreibung der Boeing E-3 Sentry (siehe dort) Familie verwendet. Allerdings wird dieser Ausdruck auch für vergleichbare Typen anderer Luft-Streitkräfte angewendet.

*** AWOL** **A**way **W**ith**O**ut **L**eave: sich ohne Verzug auf den Weg machen. Beim amerikanischen Militär werden gerne Abkürzungen (nicht nur im technischen Bereich) verwendet. (siehe auch ASAP).

*** B-1B Lancer** Der »Lanzenreiter« (Ulan) wird bei Rockwell International gebaut und kam als Ersatz für das abgesetzte XB-70 Valkyrie (Walküre) zu den Einheiten. Für ihre Crews ist die B-1B »The Bone« (»der Knochen«).

*** B-2A Spirit** »Geist«. Bei Northrop Grumman entwickelter Stealth-Bomber, der 1988 zu ersten Mal flog und 1996 IOC in Staffelumfang erreichen soll.

Bandit Pilotenausdruck für ein eindeutig als feindlich identifiziertes Flugzeug. Ein älterer Ausdruck, der nach wie vor in einigen englischsprachlichen Luftstreitkräften Verwendung findet ist »Bogey« (böser Geist oder »Gespenst«).

Bar Streichsektor eines Radarstrahls, üblicherweise einige Grad in vertikale und 60 bis 120 Grad in horizontale Richtung.

BARCAP **Bar**rier **C**ombat **A**ir **P**atrol. Operationsprofil für Jagdflugzeuge mit dem Zweck, feindliche Maschinen daran zu hindern, in einen definierten Luftraum einzufliegen oder ihn zu passieren. Ein BARCAP wird üblicherweise entlang solcher Gebiete eingerichtet, die sich im wahrscheinlichsten Einflugbereich feindlicher Einheiten befinden. Dabei werden Ablösungen von Jagdeinheiten, die dort ständig Patrouille fliegen, in den Plan mit einbezogen.

BDA **B**omb **D**amage **A**ssessment: Einschätzung von Bombenwirkungen. Die umstrittene Fähigkeit, anhand von unscharfen Bildern und Aufklärungsergebnissen festlegen zu wollen, ob ein bestimmtes Ziel durch Bombeneinwirkung zerstört oder nur funktionsunfähig gemacht wurde.

Bingo Der Punkt, an dem eine Maschine über gerade eben noch ausreichende Kraftstoffreserven verfügt, um zu einen befreundeten Stützpunkt zurückkehren zu können. An einem solchen Punkt wird ein vernünftiger Pilot versuchen sich zurückzuziehen, es sei denn, daß ein außerordentlich zwingender Grund vorliegt, die Maschine zu riskieren.

*** bird strike** Zusammenstoß mit einem bzw. das Ansaugen eines Vogels in einen Triebwerkseinlaß. Beides oftmals mit katastrophalen Folgen. Je nach Höhe der Geschwindigkeit reicht der Aufschlag eines Vogel auf der Windschutzscheibe aus, diese explosionsartig bersten zu lassen und damit Flugzeug und Mannschaft in höchste Gefahr zu bringen. Das Ansaugen eines Vogel in die Lufteinflußschächte führt bei der Empfindlichkeit von Strahltriebwerken fast immer zu Problemen. Die Skala reicht hier von einem Aussetzen bis hin zu ihrer völligen Zerstörung.

BLU Air Force-Vokabel für Bombe oder Munition.

*** Blue Angels** Die »Blauen Engel« sind die Kunstflugstaffel der U.S. Navy.

Boresight Mode Betriebsart, bei der eine Radarkeule oder ein elektro-optisches Gerät recht voraus (auf »12 Uhr«) weist.

*** Brigadier General** Brigadegeneral der Bundeswehr. NATO-Code OF-7. Einstern-General.

BVR **B**eyond **V**isual **R**ange: außerhalb der Sichtweite. Normalerweise eine Referenzangabe für Luft-Luft-Flugkörper mit Radarsuchköpfen. »Visual Range« (also der sichtbare Bereich) hängt davon ab, welche Wetterverhältnisse herrschen, wie gut die Windschutzscheibe gereinigt und poliert wurde und wie das Sehvermögen des Piloten ist. In bezug auf ein Ziel in der Größenordnung eines Kampfflugzeuges dürfte die VR kaum über 10 Meilen (16 km) betragen.

BW **B**omber **W**ing = Bomber-Geschwader. Traditionelle Bezeichnung: *Bombardment Wing.*

C-5B Galaxy Lockheed Martin Langstrecken-Schwergut-Transporter. Vier TF39-Mantelstromtriebwerke. Maximales take-off-weight 837000 lb/379656,86 kg. Der gesamte Bugbereich ist nach oben schwenkbar, und eine Laderampe wird daraus herabgesenkt, um ein schnelles Be- und Entladen zu ermöglichen. 82 Maschinen befinden sich im Einsatz.

C-17 Globemaster III Schwergut-Transporter von McDonnell Douglas. Wurde für Operationen entworfen, bei denen nur kurze und unbefestigte Startbahnen verfügbar sind. Vier P&W-F117-Mantelstromtriebwerke. Höchstzulässige Startmasse 585000 lb/265351,57 kg. Weiterentwickeltes Cockpit, doppelte Flugbesatzung und zusätzlicher Lademeister im Frachtraum. Im Augenblick werden nur vierzig Flugzeuge dieses Typs betrieben.

C-130 Hercules Taktisches Transportflugzeug von Lockheed. Vier Allison T56 Turboprops (siehe dort). Weit über zweitausend Einheiten dieses Klassikers wurden seit 1955 gebaut, und die Maschine wird weiterhin produziert. Held bei der Rettungsaktion israelischer Geiseln 1976 in Entebbe, Uganda. Es existieren vielfältige Modellvarianten, wie beispielsweise die AC-130U Gunship (»Kanonenboot«) und die EC-130H mit Funkstöreinrichtungen. Im Augenblick befindet sich die neue C-130J in der Entwicklung. Sie wird mit weiterentwickelter Avionic und den neuen Allison-T406-Turboprop-Triebwerken mit sechsblättrigen Propellern ausgerüstet sein. Die Standard Transportversion hat ein maximales take-off-weight (siehe dort) von 175 000 lb. / 79 378,67 kg

C-141 Starlifter Langstrecken-Schwertransporter von Lockheed, wurde 1964 bei der Air Force eingeführt. Vier TF33-Mantelstromtriebwerke. Nur 227 Einheiten sind noch im Einsatz, da aufgrund von Materialermüdungen des Rumpfes die Stückzahl reduziert werden mußte. Verfügt über die zur Betankung in der Luft notwendigen Einrichtungen. Maximale Starthöchstmasse 325 000 lb / 147 417,54 kg.

C^{3}I **C**ommand, **C**ontrol, **C**ommunication and **I**ntelligence. Die Bestandteile und Ziele geheimdienstlicher Kampfführung. Ausgesprochen: »see-three-eye« (Doppelsinnige Bedeutung, etwa zu verstehen als: »Blick mit drei Augen« Anm. d. Ü.)

Call Sign eigentlich: Rufzeichen, hat Call Sign jedoch zwei Bedeutungen: 1. Identifikationscode (-nummer oder -name), der einem Flugzeug für eine bestimmte Mission zugeordnet wird. Maschinen der gleichen Staffel haben dabei normalerweise aufeinanderfolgende Nummern (siehe im Text »Claw-1«, »Claw-2« usw.). 2. Spitzname der einem Flieger von seinen Geschwaderkamerad(inn)en verliehen wird und den er während seiner gesamten Laufbahn behält, häufig humoriger Art.

Canard Kleine feste oder bewegliche Flügel, die an der Vorderkante des Hauptflügels der Maschine angebracht sind (Vorflügel-Steuerflächen). Das Wort leitet sich von der französischen Vokabel für »Ente« ab, da ein frühes französisches Flugzeug (um 1910), das über eine solche Einrichtung verfügte den Spitznamen die »Ente« trug. Konstruktionen des Canard-Typs sind prinzipiell sehr widerstandsfähig gegen Überziehungen.

Canopy Die durchsichtige Kappe (Blase) über dem Flugzeugcockpit. Normalerweise aus Plexiglas oder Polycarbonaten hergestellt, ist es häufig mit einem mikroskopisch feinen RAM (siehe dort) überzogen. Kann leicht durch Sand- oder Hageleinwirkung zerkratzt oder abgeschürft werden. Schleudersitze verfügen über Absprengs- oder sonstige Explosivvorrichtungen, welche die Kappe zerstören, um die Gefahr der Verletzung des Piloten beim Herausschleudern zu reduzieren.

CAP **C**ombat **A**ir **P**atrol. Ein Grundprinzip der Fighter-Taktik, das darin besteht, bei wirtschaftlichem Kraftstoffverbrauch auf großer oder mittlerer Flughöhe ein vorgeschriebenes Gebiet abzufliegen und dabei nach Feindflugzeugen zu suchen.

Captain Hauptmann in der Bundeswehr. NATO-Code: OF-3.

CBU **C**luster **B**omb **U**nit: Schüttbombe. Eine Waffe, deren Zündung auf niedrige Höhen eingestellt ist und bei der Detonation eine große Zahl von »Submunition« freigibt und über das Zielgebiet verteilt. Submunition können Granaten, Minen mit Zeitzünder, panzerbrechende Waffen oder andere Spezialwaffen sein.

CENTAF Air Force Bestandteil des U.S. CENTCOM (siehe dort), dem auch alle Einheiten mit Stationierung im Ausland, wie Kuwait, Saudi-Arabien und anderen Staaten der Golfregion, unterstellt sind. Der CENTAF-Kommandeur ist ein Lieutenant General (Generalleutnant) der üblicherweise gleichzeitig Kommandeur der 9. Luftflotte auf der Shaw AFB in South Carolina ist.

CENTCOM **CENT**ral **COM**mand der Vereinigten Staaten von Amerika. Zusammengeführtes Kommando (joint services: zusammengeführte/kombinierte Streitkräfte) mit Verantwortungsbereich Mittlerer Osten und Südwestasien. Hauptquartier ist die McDill AFB in Florida, Oberkommandierender grundsätzlich ein Viersternegeneral der Army. Normalerweise unterstehen CENTCOM keine größeren Truppenkontingente. In Krisensituationen hingegen wird es sehr schnell durch Einheiten des XVII. Airborne Corps (Luftlandetruppen) der Army, der Marines und alliierter Streitkräfte verstärkt.

*** CFT** **C**onformal **F**uel **T**anks: angepaßte Kraftstoff-Tanks, seitlich an den Rumpf »geschmiegte« Zusatztanks, die speziell der F-15E Strike Eagle einen größeren Aktionsradius ohne Betankung in der Luft verleihen. Durch besonders ausgeklügelte Konstruktion und hervorragende Bündigkeit mit dem Rumpf konnte sogar ein geringfügiger Zuwachs an Auftrieb erzielt werden, der das Manko des höheren Gewichts wieder etwas ausgleicht.

Chaff »Düppel«. Bündel dünner Streifen aus Aluminiumfolie oder metallbeschichtetem Plastikfilm, die von einem Flugzeug ausgestoßen werden, um ein feindliches Radar zu verwirren. Eine Düppelwolke ruft ein vorübergehendes »Rauchbild« hervor, das es dem Radar erschwert, ein eindeutiges Ziel auszumachen. Die Effektivität von Düppeln beruht darauf, daß die Länge der Düppelstreifen möglichst genau auf die Wellenlänge des Radars abgestimmt ist.

Chop Dieser Begriff wird verwendet, wenn es um die Unterstellung einer Einheit unter den Befehl eines anderen Hauptquartiers geht. So würde beispielsweise das 366. Geschwader in der Zeit einer Krise im Mittleren Osten dem CENTCOM (U.S. Central Command) zugewiesen (bzw. unterstellt). Der Begriff ist wahrscheinlich von der kantonesischen Aussprache des chinesischen Begriffs für ein Siegel, das bei der Unterzeichnung offizieller Dokumente verwendet wird, abgeleitet. »In-chop« und »out-chop« bezeichnen die offiziellen Termine zu denen eine Einheit in einem bestimmten Kampfgebiet eintrifft bzw. es wieder verläßt.

CinC **C**ommander **in** **C**hief: Bezeichnung eines hochrangigen Offiziers, üblicherweise eines Viersterne-Generals oder -Admirals, der die Position eines Oberbefehlshaber bekleidet. So ist zum Beispiel der CINCPAC (Commander in Chief of the U.S. Pacific Command), der Oberkommandierende der US-Pazifikflotte)

CMUP **C**onventional **M**unitions **U**pgrade **P**rogram: eine Initiative der U.S. Air Force zur Entwicklung neuer Familien kostengünstiger, verbesserter Bomben.

*** Colonel** Oberst in der Bundeswehr. NATO-Code: OF-6.

Compressor stalling Verdichterabriß. Dieser Zustand, manchmal auch als Verdichterblockierung bezeichnet, tritt bei Rotationsverdichtern (Strahltriebwerke) immer dann ein, wenn der Luftstrom bei einigen oder allen Turbinen- und Leitschaufeln in einem derartig ungünstigen Winkel auftrifft, daß ein Strömungsabriß bzw. eine Umkehr der Strömungsrichtung erfolgt. Das wiederum führt bei Gasturbinen sehr oft zum »Flameout« (siehe dort).

CONOPS **CON**cept of **OP**eration**S**: Befehlskonzept eines Befehlshabers, gerichtet an untergeordnete Einheiten, über die Durchführung eines Feldzugs.

CTAPS **C**ontingency **T**actical Air Control System **A**utomated **P**lanning **S**ystem: mobiles Computernetzwerk aus Workstations, in dem unterschiedliche Datenbänke miteinander verbunden werden, um eine Air Tasking Order (ATO[siehe dort]), zu entwickeln.

CVW **C**arrier **A**ir **W**ing: Flugzeugträger-Geschwader. Teilstreitkraft der amerikanischen Marineflieger, die für Operationen von einem Flugzeugträger aus zusammengestellt ist. Besteht normalerweise aus einer Jagdstaffel, zwei Jagdbomberstaffeln und kleineren Einheiten mit Hubschraubern, Flugzeugen für die Anti-U-Boot- und elektronische Kampfführung sowie einigen Frühwarn-Radarflugzeugen. Flugzeugeinheiten des U.S. Marine Corps können gegebenenfalls einem Flugzeugträger-Geschwader zugewiesen werden.

CW **C**ontinuous **W**ave: »stehende« bzw. »andauernde« Welle. Radartyp der seine Energie fortdauernd und nicht in Form von Impulsen aussendet.

DARO **D**efense **A**irborne **R**econnaissance **O**ffice: »Büro für die Verteidigungs-Aufklärung aus der Luft«. Diese Geschäftsstelle des Pentagon wurde 1992 geschaffen, um Ordnung in das Durcheinander, das bei der Luftaufklärung entstanden war, zu bringen.

DMPI **D**irect **M**ean **P**oint of **I**mpact (wird »Dimpy« ausgesprochen): »Mittelpunkt des unmittelbaren Aufschlags«, die exakten geographischen Koordinaten eines Ziels, die bei der Einsatzplanung benötigt werden.

Dogfight Luftkampf zweier Kampfflugzeuge.

*** Doppler** Nach Christian Doppler, österr. Physiker (1803-1853), wurde das Doppler-Prinzip bzw. der Doppler-Effekt benannt. Er entdeckte, daß sich die Frequenz einer Schwingung (Licht oder Schall) abhängig von der relativen Bewegung von Sender (Quelle) und Empfänger (Beobachter) zueinander verändert. »Doppler hoch« = nah/»Doppler tief« = entfernt.

Drag Die Kraft, die der Bewegung eines Gegenstandes durch ein gasförmiges oder flüssiges Medium entgegengerichtet ist. Das Gegenteil ist der Auftrieb. Unter »drag« versteht man außerdem die jeweils umgekehrte Bekleidung von Männern und Frauen bei Informationsveranstaltungen eines Geschwaders.

DSCS **D**efense **S**atellite **C**ommunication **S**ystem: Verteidigungs-Satelliten-Kommunikationssystem. Eine Familie geostationärer Satelliten und Erd-Empfangsstationen mit Antennen die von 33 inch (0,838 Meter) in der Luft bis zu 60 ft (18,28 Meter) Parabolantennen auf dem Erdboden. Die augenblickliche Generation DSCS III besteht aus fünf Satelliten, die für eine globale Abdeckung sorgen. Einige der früheren DSCS II Satelliten befinden sich nach wie vor im Einsatz.

E/O **E**lektro/**O**ptisch: allgemeiner Begriff für alle Sensoren, die auf Video-, Infrarot- oder Lasertechnologie basierend, Navigations-, Orts-, Verfolgungskurs- oder Zielbestimmungen unterstützen.

E-2C Hawkeye Die »Falkenauge« ist ein Trägerflugzeug der U.S. Navy, das von Grumman gebaut wird. Von zwei Turboprop-Triebwerken (siehe dort) angetrieben, erfüllt sie die Aufgabe einer in der Luft befindlichen Frühwarnstation. Sie verfügt über eine große Antenne in einem rotierenden, untertassenförmigen Radom (siehe dort). 1964 in Dienst gestellt, wird die E-2C auch bei den Franzosen, Israelis und Japanern eingesetzt.

*** E-3 Sentry AWACS** Die E-3 »Wächter« ist ein Boeing 707-320B-VC-137 Flugwerk, das von vier Pratt & Whitney JT3G/TF33 Mantelstromtriebwerken angetrieben wird.

*** E-8 Joint-STARS** (siehe auch unter Joint STARS). Auch bei dieser Maschine für die Überwachung aus der Luft handelt es sich um ein Boeing-Flugwerk. Im Gegensatz zu den AWACS liegt jedoch die Hauptaufgabe der Joint-STARS in der Überwachung von Vorgängen auf dem Erdboden.

ECM **E**lectronic **C**ounter**M**easures: elektronische Gegenmaßnahmen. Jeglicher Gebrauch des elektromagnetischen Spektrums, um feindliche Radargeräte, Sensoren oder den Funkverkehr zu verwirren, in ihrer Wirkung herabzusetzen oder unwirksam zu machen. »ECCM« (Electronic Counter-Countermeasures) bezeichnet aktive oder passive Maßnahmen gegen feindliche ECM, wie Frequenzsprünge oder Breitbandwellenformen.

EF-111 Raven Spezialversion des F-111 Kampfbombers für die elektronische Kampfführung. Spitzname »Spark'Vark« (»Funkenferkel«).

ELINT **El**ectronic **Int**elligence: elektronische Aufklärung. Auffangen und die Analyse von Radar-, Radio- und anderen elektromagnetischen Emissionen, um hieraus Position, Anzahl und Stärke eines Feindes zu bestimmen.

Energy Fliegerausdruck für die Gesamtsumme kinetischer (Geschwindigkeit) und potentieller Energie (Höhe), über die ein

Flugzeug oder Flugkörper real verfügt. Das Konzept der »energy maneuverability« (wörtl.: »energetische Manövrierbarkeit«) wurde von Colonel John Boyd entwickelt und ist ein Grundzug der Luft-Luft-Taktiken. Wenden und andere Manöverformen verbrauchen sehr schnell Energie, was ein Flugzeug gegenüber einem Feind verwundbar macht, der über größere Energie verfügt. Je stärker eine Maschine beschleunigen kann, desto eher ist sie in der Lage, verlorene Energie zu ersetzen.

ESM **E**lectronic **S**upport **M**easure: passives Empfangssystem, um Radaremissionen von anderen Flugzeugen (Schiffen oder Bodenastationen) zu erfassen.

*** F/A-18 Hornet** »Hornisse«. Zweistrahliges Trägerflugzeug der U.S. Navy von McDonnell Douglas.

*** F-3H Demon** »Dämon«. Kampf-Jet (Fighter) der 50er Jahre von McDonnell Douglas.

*** F-4 Phantom II** Die Phantom von McDonnell Douglas, von den Piloten als »Rhino« bezeichnet ist eine Art Legende. Ende der 50er Jahre vorgestellt, wurde sie von zwei General Electric J79-GE-15 Turbojets angetrieben und war im Vietnamkrieg ununterbrochen im Einsatz. Die F-4 wird auch heute noch von der Luftwaffe der Bundesrepublik Deutschland und einigen anderen NATO-Staaten geflogen und steht in der G-Version für »Wild Weasel«-Einsätze bei der USAF kurz vor ihrer vollständigen Ausmusterung.

*** F4-U Corsair** »Pirat« bzw. »Korsar«. Mit dem legendären Double Whasp Sternmotor ausgestattetes amerikanisches Jagd-Flugzeug des Zweiten Weltkriegs.

*** F5-U Cutlass** »Entermesser«. Amerikanischer Fighter (USN, USMC) von Vought mit Axialstromtriebwerk.

*** F6-F Hellcat** Die »Höllenkatze«. Erfolgreiche taktische (Jagd-)Maschine der USAF in der Zeit des Zweiten Weltkrieges.

*** F-14 Tomcat** Der »Kater« ist ein zweistrahliges Trägerflugzeug der USN.

*** F-15 Eagle Modelle A-D und E Strike Eagle** Die einsitzigen (»hellgrauen«)»Adler« von McDonnell Douglas waren die ersten »Air-Superiority«-Fighter der amerikanischen Streitkräfte mit »Kampf«-Turbofan-(Mantelstrom-)Triebwerken der F100 Serie von Pratt & Whitney. Die zweisitzigen (»dunkelgrauen«), »Strike Eagle« (F-15E) dagegen sind Strike-Fighter, also Jagdbomber bzw. Luft-Boden-Kampfflugzeuge, wurden aus der Basis F-15 entwickelt und ab 1988 an die Air Force ausgeliefert.

*** F-16 Serien A-C Fighting Falcon** Der »Kampf«- bzw. »Jagdfalke«, zunächst von GD (General Dynamics) gebaut, wird heute, nach dem Verkauf der Produktlinie von Lockheed Martin produziert. Die F-16 wird von ihren Piloten auch als »Viper« (Giftschlange oder Fighter der SF-Serie *Kampfstern Galactica)* oder als »electric Jet« wegen ihres (elektronischen fly-by-wire) digitalen Steuersystems bezeichnet. Sie ist entweder mit Turbofan-Triebwerken der F100-Serie von Pratt & Whitney (z. Zt. -PW-220) oder F110-Serie von General Electric (z. Zt. -GE-100) angetrieben.

*** F-100 Super Sabre** »Super Säbel«. Von den Piloten inoffiziell als »Hun« (»Hunne«) bezeichnet, war die F-100 Mitte der 50er Jahre eines der erfolgreichsten amerikanischen Flugzeuge für den taktischen Einsatz. Mit seinem Pratt & Whitney J57-P-7 Axialverdichter-Turbojet war sie die erste Maschine die Mach 1,25 erreichte.

*** F-105 Thunderchief** »Donnerhäuptling« ist ein Kampfflugzeug, bei dem auf die Luftkampfleistung zugunsten der Vielzweckfunktion eines »Fighterbombers« verzichtet wurde.

*** F-111 Aardvark** »Erdferkel«. Der Spitzname der Piloten für diesen Kampfbomber dürfte auf die riesige Nase und das häßliche Erscheinungsbild dieses Flugzeugs zurückzuführen sein. Die F-111 erhielt nie einen offiziellen Namen.

*** F-117A Nighthawk** »Nachtfalke«. Ein Stealth-Fighter-Bomber. Es waren zwei Maschinen dieses Typs, die in einem Nachteinsatz während des Golfkrieges die wichtigste Kommunikations- und Schaltzentrale in der Altstadt Bagdads mit nur zwei LGBs ausschalteten.

*** FAA** **F**ederal **A**viation **A**dministration: Luftfahrtbehörde in den USA. Entspricht dem LFB (Luftfahrt-Bundesamt) in der BRD.

FAC **F**oreward **A**ir **C**ontroller: vorgeschobene Luftraumüberwachung. Bezeichnet sowohl die Maschine als auch den Piloten, die mit der gefährlichen Aufgabe betraut sind, über einem Schlachtfeld zu kreisen, Ziele auszumachen und die Kampfbomber zu führen.

FADEC **F**ull **A**uthority **D**igital **E**ngine **C**ontrol: eigenständiges digitales Antriebs-Steuersystem, bei dem ein Computer die Triebwerksleistung und Leistungshebelstellungen des Piloten überwacht und aufgrund dieser Daten den Kraftstoffdurchfluß auf maximale Ausbeute optimiert.

*** Fahrenheit** In den USA und Großbritannien immer noch gebräuchliche Temperaturangabe. 1° F entspricht –17,222 °Celsius. Dementsprechend ist 1°C = 33,8° F.

*** Fighter** Amerikanische Gruppenbezeichnung für militärische Kampfflugzeuge, die im Sprachgebrauch der Luftwaffe sowohl Jäger als auch Jagdbomber umfaßt.

*** Fire and Forget** Wörtl.: »schieß und vergiß«. Taktische Bezeichnung, die bei selbstsuchenden Flugkörpern verwendet wird. Da die mikroprozessorgesteuerten Suchköpfe die Ziele kraft eigener »Intelligenz« suchen, kann der Pilot nach dem »Abschießen« weitere Maßnahmen bezüglich des Flugkörpers »vergessen«.

*** Flak** **Flug**abwehr**k**anone. Deutscher Begriff für bodengebundene Verteidigung gegen feindliche Flugzeuge durch den Einsatz von Flugabwehrkanonen, -raketen, -lenkflugkörpern und konventionellen Maschinenwaffen.

Flameout Wörtl.: »Flamme aus«. Ein unerwarteter Ausfall des Verbrennungsvorganges im Inneren eines Strahltriebwerks, bedingt durch Abriß des Luftstroms. So etwas kann sehr schwerwiegende Folgen haben, wenn es der Besatzung nicht gelingt, das ausgefallene Triebwerk wieder zu starten.

Flap Klappe, Landeklappe: Steuerfläche, die gewöhnlich zur rückwärtigen Kante einer Tragfläche gehört und während des Fluges verstellt werden kann. Ihre Hauptaufgabe besteht in der Erhöhung des Auftriebs in der Startphase und des Abtriebs bei der Landung

Flare 1. pyrotechnische Vorrichtung (Infrarot-Scheinziel), die von einem Flugzeug als Gegenmaßnahme gegen anfliegende Lenkflugkörper mit Hitzesuchkopf eingesetzt wird. 2. Erzeugung von Schwanzlastigkeit, um die Geschwindigkeit bei der Landung unmittelbar vor Grundberührung zu senken.

*** flight envelope** »Flugleistungsbereich« eines Kampfflugzeugs. Minutiöse Listung der Performancewerte einer Maschine. Kampfpiloten müssen diese Werte hinsichtlich der eigenen Maschine wie die potentieller Feindmaschinen exakt kennen. Die Kunst des Luftkampfes besteht darin, einen Gegner mit der eigenen Maschine in eine Situation zu bringen, in der das gegnerische Flugzeug die Grenzen seines flight envelope erreicht, besser noch überschritten hat, während die eigene Maschine in diesem Bereich noch zulegen kann.

FLIR **F**orward **L**ooking **I**nfra**R**ed: »vorausschauendes Infrarot«. Elektro-optisches Gerät, ähnlich einer Fernsehkamera, die jedoch das Infrarot-Spektrum und nicht das sichtbare Licht »sieht«. FLIR erzeugt ein Bild aufgrund von aktuellen Temperaturänderungen in seinem Blickfeld. Dadurch werden beispielsweise die heißen Abgasdüsen eines Triebwerks als heller Punkt dargestellt.

*** Fly-by-wire** Flugsteuerung durch elektrische Signalübertragung von Steuerbefehlen. Löst bei den modernen Maschinen die hydraulischen und mechanischen Steuerelemente weitgehend ab. Dieses System ist zwar weniger verschleißanfällig, muß aber im Gegensatz zu den traditionellen Systemen extrem gut gegen magnetische und v. a. gegen elektromagnetische Einflüsse abgeschirmt sein, um Fehlfunktionen durch Außeneinflüsse zu unterbinden.

*** Fly-to-box** Der »Flieg-nach-Rahmen«. Optische Anzeige auf dem HUD, die eine manuelle Steuerung der Maschine durch den Piloten im Tiefflug ermöglicht.

*** flying wing** »Fliegender Flügel« bzw. »fliegende Schwinge«. Gemeint ist ein Nurflügel-Flugzeug. Diese Typen schwanzloser Flugzeuge bestehen im wesentlichen nur aus einer Tragfläche, in welche sowohl die Rumpfkomponente, als auch das Steuerwerk integriert sind. Die Steuerelemente sind praktisch unsichtbar, da direkt an den Flügel angeschlossen. Erste Experimentalmaschinen wurden bereits in den 40er Jahren von den deutschen Gebrüdern Horten entwickelt und auch zum Fliegen gebracht. Allerdings weisen Nurflügel ein konstruktionsbedingtes, enorm instabiles Flugverhalten auf, was bei den damaligen technischen Möglichkeiten schließlich zu einem Scheitern des Projektes führte. Da Nurflügler jedoch nicht nur über enorm strömungsgünstige Eigenschaften verfügen, sondern auch einen sehr geringen Radarquerschnitt aufweisen, wurde das Konzept für Stealth-Bomber wieder aufgegriffen. Die Problematik der Fluginstabilität konnte durch modernste Steuerelektronik (Fly-by-wire-Technologie) gelöst werden.

*** foot** Maßangabe: 1 ft = 30,5 cm. Als »Daumenregel« wird häufig auch die Umrechnung 1 ft = 1/3 m bzw. 1 Meter = 3 ft. verwendet.

Furball »Pelzkugel«: Verworrener Luftkampf in den etliche Maschinen beider Seiten verwickelt sind. Der Begriff leitet sich von typischen Comic-Darstellungen der Kämpfe zwischen Hunden und Katzen ab.

g*-Force** Gravitationskraft. Ein ***g ist die Kraft, die von der Erdanziehung auf stationäre Objekte auf Meereshöhe ausgeübt wird. Hochgeschwindigkeitsmanöver können Maschine und Piloten einer Belastung von bis zu 9 *g* aussetzen. Einige der fortschrittlichsten Flugkörper können bei Wenden Kräfte von bis zu 60 *g* aufbauen.

***g*-suit** Kleidungsstück der Flugzeugbesatzungen mit aufblasbaren Polstern, die an ein Druckregulierungs-System angeschlossen werden. Während Manövern unter hoher *g*-Belastung komprimiert der Anzug Beine und Bauch, um zu verhindern, daß zuviel Blut in die unteren Körperteile fließt, was zu einer Unterversorgung des Gehirns mit Sauerstoff und damit zum »grey out« (Bewußtseinstrübung) oder in extremen Situationen sogar zum GLOC (siehe dort) führen könnte.

*** Gallon** amerikanisches Volumenmaß. 1 gallon = 3,779 Liter.

GBU **G**uided **B**omb **U**nit: Lenkbombe. Allgemeiner Ausdruck für Präzisions-Lenk-Waffen.

*** »General Quarters«** Wörtlich übersetzt: »Alle Abteilungen« hat dieser Begriff die Bedeutung des deutschen Befehls: »Alle Mann auf Gefechtsstationen«.

*** General** General, Viersterne. NATO-Code: OF-10.

GHz Gigahertz. Einheit der Frequenz. 1 000 000 000 Schwingungen pro Sekunde

Glass Cockpit »Gläsernes Cockpit«. Eine Konstruktion, die einzelne Fluganzeigen und -instrumente durch Multifunktions-Displays ersetzte. Ein paar mechanische Anzeigen werden gewöhnlich als Notreserve beibehalten.

*** GLOC** ***g***-inducted **L**oss **O**f **C**onsciousness: durch *g*-Wirkung (siehe *g*-Force) ausgelöster Bewußtseinverlust. Ab bestimmten Werten kann das menschliche Gehirn *g*-Belastungen nicht mehr kompensieren und »schaltet ab«, was zunächst zu einer Bewußtseinstrübung (»grey out«) und bei weiterer Belastung zu einem völligen Bewußtseinsverlust (Ohnmacht) als Schutzreaktion führt.

Goldwater-Nichols Verbreiteter Name für den Military Reform Act von 1986, der eine Reihe von zusammengeführten Kommandos schuf, wobei man sich über sämtliche Grenzen traditioneller Streitkräfte hinwegsetzte und die Macht des Oberkommandierenden der Vereinigten Stäbe stärkte.

GPS **G**lobal **P**ositioning **S**ystem: Konstellation von 22 NAVSTAR-Satelliten im erdnahen Orbit, die ununterbrochen Navigationssignale senden, die mit ultragenauen Atomuhren synchronisiert sind. Normalerweise können von jedem Punkt der Erde außerhalb der Polkappen mindestens vier Satelliten im gleichzeitigen Durchgang beobachtet werden. Ein spezieller Computer der in einem tragbaren Empfänger eingebaut ist, kann dann die exakte Positions- und Geschwindigkeitsangabe ableiten, indem er die Informationen in Beziehung zu den Daten von drei weiteren Satelliten setzt. Ein Teil der Signale wird zum ausschließlichen Gebrauch durch das Militär verschlüsselt gesendet. Ein ähnliches, jedoch unvollständiges System wird von den Russen unter der Bezeichnung GLONASS betrieben.

Green Flag Eine Serie von wirklichkeitsnahen Air Force Schulungsübungen die auf der Nellis AFB abgehalten wird, damit Lehrmeinung, Taktiken, Bereitschaft, Training und die Führungsqualität auf Geschwader- und Staffelebene beurteilt werden können.

HARM AGM (siehe dort)-88 – **H**igh Speed **A**nti-**R**adiation **M**issile: Hochgeschwindigkeits-Flugkörper zur Unterbindung von Sendungen (Funk-, Radar etc.), hergestellt bei Texas Instruments. Über Mach 2 schnell, mit einem 146 lb. Splittersprengkopf. Üblicherweise aus Entfernungen von 35 bis 55 Meilen zum Ziel abgefeuert, obwohl die maximale Reichweite größer ist.

Have Blue Ursprünglicher F-117 Stealth-Fighter-Prototyp der Lockheed »Skunk Werke«. Erheblich kleiner als die Maschinen aus der Serienproduktion und nach wie vor unter der höchsten Geheimhaltungsstufe.

Have Nap AGM (siehe dort)-142. Schwerer Mittelstrecken-Standoff (siehe dort)-Luft-Boden Flugkörper mit einer Reichweite von 50 Meilen/80 km. Er wurde von der israelischen Rafael Company in Koproduktion mit Lockheed Martin entwickelt.

Have Quick Familie von Flugzeug-Funkgeräten, die unempfindlich gegen Funkstörung sind. Sie arbeiten auf dem UHF-Band unter Nutzung der Frequenzsprung-Technik.

HEI **H**igh **E**xplosive **I**ncendiary: hochexplosive Brandgeschosse. Ein Munitionstyp, der gewöhnlich bei Luft-Luft-Kanonen verwendet wird.

Horsepower 1 HP = 1,0138 PS = 0,7456 KW

HOTAS **H**ands **O**n **T**hrottle **A**nd **S**tick: Hände auf (»Pulle und »Knüppel«, also:) auf Leistungs- und Steuerhebel. Ein Steuersystem in der Kabine, das dem Piloten die Möglichkeit gibt, Schubeinstellungen und Steuerbefehle mit einer Hand auszuführen, ohne daß er den Blick senken muß.

HUD **H**eads-**U**p **D**isplay. Wörtl.: »Kopf-Hoch-Anzeigegerät«. (Im Sprachgebrauch der Luftwaffe der Bundeswehr: Frontsicht-Anzeige oder Blickfeld-Darstellungs-Gerät, Anm. d. Ü.) Ein transparenter Schirm oberhalb der Cockpit-Instrumente auf den entscheidende Flug-, Ziel- und Waffeninformationen projiziert werden, damit ein Pilot nicht hinunter ins Cockpit zu blicken braucht, um Meß- und Anzeigeinstrumente abzulesen, während er sich in einer Kampfsituation befindet. Die derzeitige HUD-Generation verfügt auch über eine Weitwinkelanzeige für Radar- und Sensordaten.

HVHAA — **H**igh **V**alue **H**eavy **A**irframe **A**ircraft: hochwertiges Flugzeug mit schwerem Rumpf. Begriff der Air Force für ein großes, langsames, schutzloses und extrem wertvolles Flugzeug wie zum Beispiel die AWACS oder Tanker, die trotz aller damit verbundener Kosten immer eines Schutzes bedürfen.

*** ICBM** — **I**nter-**C**ontinental **B**allistic **M**issile: Ballistische Marschflugkörper mit interkontinentaler Reichweite (und diversen Variationen von Atomsprengköpfen).

IFF — **I**dentification **F**riend or **F**oe: Freund-/Feind-Identifikation. Ein auf Funkfrequenz arbeitendes System, das entwickelt wurde, um das Risiko des Abschusses einer befreundeten Maschine herabzusetzen. Ein »Vernehmer« an Bord des einen Flugzeugs sendet eine kodierte Nachricht, die für den IFF-»Transponder« (siehe dort) in einem unbekannten Ziel bestimmt ist. Wenn die richtige Codeantwort den Empfänger erreicht, wird das Ziel als befreundet eingestuft. Kommt keine Antwort, erfolgt die Einstufung des Ziels als unbekannt. IFF-Codes werden in Kriegszeiten häufig geändert, aber dann reicht das Ausbleiben einer IFF-Rückmeldung nicht aus, um ein Ziel als feindlich einzustufen, da der Transponder auch ausgeschaltet oder gestört sein könnte.

IIR — **I**maging **I**nfra**R**ed: ein elektro-optisches Gerät, ähnlich einer Videokamera, das kleinste Temperaturdifferenzen »sieht« und sie als Kontrastschattierungen oder Fehlfarben auf dem Bildschirm des Operators wiedergibt.

IL-76 Candid — Russischer Schwertransporter mit vier Mantelstromtriebwerken. Das maximale Startgewicht der Iljuschin-76 liegt bei 375 00 lb / 170 097,1 kg. Sie wurde so konstruiert, daß sie auch von kurzen, unpräparierten Startbahnen abheben kann. Die Maschine wurde in viele Bündnisländer der ehemaligen Sowjetunion exportiert.

ILS — **I**nstrument **L**anding **S**ystem: Instrumenten-Lande-System, ein Gerät, das auf der Funkfrequenz arbeitet. Es wurde auf einigen speziell dafür ausgerüsteten Flugplätzen installiert, um Piloten von mit dem ILS-Gerät ausgerüsteten Maschinen bei einer Landung unter schlechten Sichtbedingungen zu unterstützen.

*** Inch** — Zoll = 2,54 cm. 1 cm = 0,03937 inch.

*** inlet ramp** — Leitblech am Flugzeugrumpf vor dem Triebwerkeinlaß. Diese Vorrichtung ist beweglich und wird automatisch über den Staudruck angesteuert. Sie ist erforderlich, da Strahltriebwerke nur funktionsfähig sind, solange die Geschwindigkeit der einfließenden Luft im Unterschallbereich liegt. Fliegt eine Maschine mit Überschallgeschwindigkeit, kommt es ohne diese »Luftverzögerer« zu einem Compressor-Stalling (siehe dort).

INS — **I**nertial **N**avigation **S**ystem: Trägheitsnavigationssystem. Ein Gerät, das die aktuelle Position und Geschwindigkeit angibt, indem es jeden Wechsel der Beschleunigung oder des Kurses registriert, der seit der Initialisierung oder Aktualisierung des Systems an einem bekannten Ausgangspunkt unternommen wurde. Herkömmliche INS-Geräte, die noch mit einem Kreiselkompaß-System arbeiten, tendieren dazu, nach einigen Stunden ununterbrochenen Einsatzes zu »wandern«. Ringlaser-Kreisel registrieren Bewegungen, indem sie den Frequenzwechsel der Laserschwingungen zweier gegenläufig rotierender Ringe messen; sie sind wesentlich genauer. Der Vorteil des INS-Systems liegt darin, daß es keinerlei Sender von außen zur Positionsbestimmung benötigt.

Interdiction — Abriegelung: Anwendung von Luftmacht, um die Bewegung von feindlichen Militäreinheiten durch Angriffe auf Transportwege, Fahrzeuge und Brücken tief im Rücken des Feindes zu unterbrechen oder gänzlich zu unterbinden.

IOC — **I**nitial **O**perational **C**apability: der Zeitpunkt im Dasein eines Waffensystems, zu dem es offiziell in Dienst gestellt, als kampfeinsatzbereit eingestuft wird und sämtliche Schulungsmöglichkeiten, Ersatzteile, technische Handbücher und die vollständige Software verfügbar sind. Je komplizierter ein System ist, desto größer die Wahrscheinlichkeit, daß der Zeitplan bis zur IOC nicht eingehalten werden kann.

IRBM — **I**ntermediate **R**ange **B**allistic **M**issile: Ballistische Mittelstrecken Rakete (mit Atomsprengkopf). Eine Rakete (üblicherweise zweistufig), die konstruiert wurde, um einen Sprengkopf über kürzere als interkontinentale Entfernungen zu tragen. Diese Waffenklasse wurde per Vertrag und durch Überalterung aus den Arsenalen der strategischen Streitkräfte Amerikas und Rußlands entfernt. Sie breiten sich allerdings inzwischen trotz internationaler Bemühungen, die Technologie-Exporte für ballistische Raketen zu begrenzen, sehr schnell in den Krisenherden der Welt aus.

*** IRST** — **I**nfra**R**ed **S**earch an **T**ack: Such- und Navigationssystem auf Infrarot-Basis.

J-3 — Einsatz-Offizier bei den Vereinigten Stäben. Er trägt die Verantwortung als Referent des Kommandeurs bei der Planung und Durchführung von Operationen.

JCS — **J**oint **C**hiefs of **S**taff = Vereinigte Stabschefs. Oberste Führungs-(Kommando-)Ebene des US-Militärs, verantwortlich für die Beratung des Präsidenten in Dingen der nationalen Verteidigung. Die JCS setzen sich aus einem Vorsitzenden (Chairman, der Generalstabschefs), der aus jeder Teilstreitkraft kommen kann, dem Oberkommandierenden der Marineoperationsstäbe, dem Stabschef der Army, dem Kommandeur des Marine Corps und dem Stabschef der Air Force zusammen.

JDAM — **J**oint **D**irect **A**ttack **M**unition: Allzweck-Bomben vom Typ Mk 83 bzw. Mk 84 oder BLU-109-Streubomben mit eigenem Trägheits-Lenksystem-Paket und einem Miniatur-GPS-Empfänger in einem modifizierten Schwanzkonus. IOC (siehe dort) war ursprünglich für 1997 geplant. Es ist beabsichtigt, Strike Flugzeuge der U.S. Air Force und Navy damit auszurüsten.

Jink »Jink« ist der Name eines Tanzes. Hier sind allerdings heftige Zickzack-Manöver gemeint, die in der Absicht geflogen werden, ein feindliches Kursverfolgungs- oder Feuerleitsystem zu verwirren.

Joint STARS (siehe auch unter E-8 Joint-STARS) **Joint** **S**urveillance and **T**argeting **A**ttack **R**adar **S**ystem: Kombiniertes Überwachungs- und Zielverfolgungs-Angriffs-Radar-System. Ein gemeinsames Programm von U.S. Army und U.S. Air Force für den Einsatz von 20 Boeing E-8C Flugzeugen, die über ein starkes Seitenradar vom SAR-Typ (siehe dort) verfügen und damit über weite Entfernungen Bewegungen von Bodentruppen erfassen sollen. Zwei E-8A, die an die Front nach Saudi-Arabien geworfen wurden, waren bei Nachteinsätzen während Desert Storm sehr erfolgreich.

Joystick Steuerhebel eines Starrflügel-Flugzeugs. Wird der Joystick vorwärts oder rückwärts bewegt hat das ein Senken oder Heben der Flugzeugnase zur Folge. Bewegungen nach rechts oder links bewirken, daß sich die Maschine in die entsprechende Kurvenrichtung legt. Das Seitenruder wird mit den Füßen über Pedale betätigt.

JP-5 Standard-Jet-Kraftstoff der U.S. Air Force. Ein Fraktionsprodukt (Stufenprodukt einer Destillation) des Petroleums, sehr ähnlich dem Kerosin.

JSOW AGM-154, kombinierte Standoff-Waffe, eine 1000-Pound-Gleitbombe mit einer Reichweite von 25 Meilen/40 km mit einem INS/GPS Lenksystem, die voraussichtlich in den späten 90er Jahren eingeführt werden wird. Die Version der Air Force wird wahrscheinlich sechs BLU-108 enthalten (siehe auch: AG, GPS, INS, Standoff).

JTF **J**oint **T**ask **F**orce = Kombinierte (zusammengefaßte) Einsatz-(bzw. Eingreif-)truppe. Militärische Einheit, die aus zwei oder mehr Teilstreitkräften kombiniert wurde und unter dem Befehl eines höherrangigen Offiziers steht. JTFs können für spezielle Missionen aufgestellt werden oder wie die Anti-Drogen-JTF-4 mit Stützpunkt in Florida, als »fast-ständige« Organisationen arbeiten.

JTIDS **J**oint **T**actical **I**nformation **D**istribution **S**ystem: verbundenes System für Verteilung taktischer Informationen. Geplanter Ersatz für bestehende US- und einige NATO-Luft-, Land- und See-Hochleistungs-Funkdaten-Verbindungen, die inzwischen veraltet sind. JTIDS arbeitet auf dem Langwellen-Band (960 bis 1215 MHz) unter Verwendung von Frequenzsprüngen und Verschlüsselung. Seine maximale Reichweite liegt bei 300 bis 500 Meilen. Durch JTIDS können Einheiten mit unterschiedlichen Computersystemen dennoch auf Sensoren-, Waffen- und andere Daten zugreifen, um auf diese Weise ein vereinheitlichtes taktisches Situationsbild zu erzeugen.

KARI Das integrierte irakische Luftabwehr-System, in dem französische und russische Radargeräte, Flugkörper, Fighter, Befehls-, Kontroll- und Kommunikations-Systeme zusammengefaßt wurden. Wurde während Desert Storm fast völlig ausgeschaltet und ist möglicherweise nach dem Krieg teilweise wieder aufgebaut worden. Angeblich entstand der Name durch Rückwärtsbuchstabieren von »IRAK«.

KC-10 Extender Schwerer Tanker/Transporter auf der Basis der zivilen Douglas DC-10 Großraumflugzeuge. Zur Zeit befinden sich 59 Maschinen im Einsatz, von denen einige mit einer ausziehbaren Tankschlauchrolle, andere mit einem Schwanzausleger ausgerüstet sind. Drei CF6-Mantelstromtriebwerke. Maximales Startgewicht 590 000 lb / 220 212,6 kg.

Knot 1 Knoten = 1 Nautische Meile pro Stunde = 1,852 km / h. Häufig zur Angabe von Geschwindigkeiten, speziell im Unterschallbereich, bei U.S. Air Force und Navy verwendet.

*** LAN** **L**ocal **A**rea **N**etwork: computergestützte Netzwerksuite, normalerweise bestehend aus dem sogenannten Server (Zentralrechner) und diesem angeschlossenen Workstations (Arbeitsplätze).

LANTIRN **L**ow **A**ltitude **N**avigation **T**argeting **I**nfra**R**ed for **N**ight: Nacht-Navigations- und Zielverfolgungsgerät auf Infrarotbasis. Ein Paar Gondeln, die an der F-15E und auch einigen F-16C / D montiert sind. Die AAQ-13 Navigationsgondel setzt sich aus einem vorausschauenden Infrarotsensor und einem Terrain-Erfassungs-Radar zusammen. In der AAQ-14 Zielverfolgungs-Gondel wurden ein vorausschauender Infrarot- und Laserdesignator kombiniert. Das gegenwärtig verwendete System wird bei Lockheed Marin hergestellt und ist eng mit den Steuersystemen und der Waffenkontroll-Software verknüpft.

*** LASER** **L**ight **A**mplification by **S**timulated **E**mission of **R**adiation: Gerät zur Erzeugung und Verstärkung von kohärentem Licht. Kohärenz beschreibt hier, daß die Phasen zweier Wellen gleicher Frequenz übereinstimmen oder konstant differieren.

LGB **L**aser-**G**uided-**B**omb: lasergeführte Bombe. Gleitfähige Bomben, die über einen Laserbeam vom Boden aus ins Ziel geführt werden.

*** Lieutenant** US-Leutnantdienstgrade sind in verschiedene Stufen unterteilt: Ein First L. entspricht etwa dem Oberleutnant, der Second L. einem Leutnant im Bereich der Bundeswehr-Offiziers-Dienstgrade.

*** Lieutenant General** Ranggleich mit einem Generalleutnant der Bundeswehr, Dreisterne-General. NATO-Code: OF-9

*** Lieutenant Colonel** Oberstleutnant in der Bundeswehr. NATO-Code: OF-5.

*** Local Project** »Örtliches Projekt«. Dieser Term bezeichnet eine Planung, die örtlich beschränkt (z. B. auf die NOTS) ist und nicht im Rahmen eines allgemeinen Entwicklungsprogramms abläuft.

»Loose Deuce« Wörtl.: »Lockere Zwei«. Eine Formation von zwei Flugzeugen, bestehend aus einer Führungs- und einer Flügelmaschine, die horizontal, wie vertikal relativ weit voneinander entfernt, jedoch in der Lage sind, sich gegenseitig zu unterstützen und die miteinander in Funkverkehr stehen.

*** LRU** **L**ine-**R**eplacable-**U**nit ist eine sogenannte »Black Box«, also eine austauschbare Einheit innerhalb eines elektronischen Systems.

M-61 Vulcan Sechsläufige Revolverkanone, Kaliber 20 mm. Arbeitet nach dem »Gatling«-Prinzip (rotierende Läufe) und ist die Standardkanone der US-Kampfflugzeuge. Sehr hohe Feuergeschwindigkeit. Wird auch auf Fahrzeugen der Army und Schiffen der Navy zur Flugabwehr auf kurze Entfernung montiert.

Mach Schallgeschwindigkeit auf Meereshöhe (Mach 1 = 1115,5 ft. pro Sekunde = 340 m/Sek.) Die Machzahl eines Flugzeugs hängt von der Flughöhe ab, da sich der Schall in einem dünneren Medium langsamer, als in einem dichteren bewegt. Die Bezeichnung erhielt ihren Namen nach dem österreichischen Physiker Ernst Mach (1835–1916).

*** Major General** Entspricht einem Generalmajor der Bundeswehr. Zweisterne-General. NATO-Code: OF-8.

Maverick Wörtl.: »Einzelgänger« (amerikanisch für ein wildes Rind – im Sinne von nicht domestiziert. – Anm. d. Ü.). AGM-65 Familie von Luft-Boden-Flugkörpern, die seit 1971 von Hughes und Raytheon mit einer Vielzahl von Lenksystem- und Sprengkopf-Konfigurationen hergestellt werden (siehe: AGM).

*** MC** **M**ission **C**ommander: verantwortlicher oder leitender Offizier für einen bestimmten Einsatz (kein militärischer Dienstrang!). Ein Mission Commander braucht auch nicht Pilot zu sein, hat jedoch die Befehlsgewalt an Bord des Flugzeugs.

MFD **M**ulti-**F**unction-**D**isplay: Mehrfachanzeigegerät. Ein kleiner Video- oder LCD-Monitor im Instrumentenbrett eines Flugzeugs, der es dem Operator ermöglicht, sich verschiedene Arten von Sensor-Informationen, Statusanzeigen, Warnmeldungen und Daten der Systemdiagnose anzeigen zu lassen und zu bearbeiten.

MiG Russisches Akronym für das »**Mi**koyan-**G**urevich Konstruktionsbüro«. MiG entwickelte einige der besten Fighter der Geschichte, darunter die MiG-17 und MiG-29. Das Unternehmen überstand den Zusammenbruch der Sowjetunion und nimmt aktiv am Wettbewerb im weltweiten Waffengeschäft teil.

*** Mig-12/27, 23 Flogger** Die »Peitscher« – Serie der sowjetischen MiG-Kampfflugzeuge. Alle sowjetischen Maschinen, die eine Bedrohung für westliche Streitkräfte waren, bekamen von den westlichen Geheimdiensten einen mit dem Buchstaben »F« beginnenden Namen.

MiG-23 Sowjetischer Fighter-Einsitzer mit starrer Geometrie und einem Turbojet-Triebwerk. Dieser Typ wurde in diversen

Varianten und großen Stückzahlen weitverbreitet verkauft. Eine 23-mm-Kanone und sechs Flugkörper-Startschienen. Erster Flug 1967. Ähnlich dem MiG-27 Strike Fighter, doch wurde hier das Radar durch einen Laser-Entfernungsmesser/Designator ersetzt. Nato Kodename für die -23 und -27 Varianten: »Flogger«. Wird nicht mehr hergestellt.

*** MiG-25 Foxbat** »Fuchsfledermaus«. Russische Typenbezeichnung Ye-266. Kampfflugzeug, das zu Zeiten der UdSSR vor der F-15 herauskam und als deren direkter Kontrahent angesehen wurde.

*** MiG-29 Fulcrum** »Dreh-« bzw. »Angelpunkt«. »F«-Name der MiG-29. Einige dieser sowjetischen Kampfflugzeuge befinden sich heute auch in der Flotte der Luftwaffe, nachdem die NVA-Bestände der ehemaligen DDR von der Bundeswehr übernommen worden sind.

MIL-STD-1553 US-Militärstandard, der die technischen Daten für Kabel, Anschlußstücke und Datenformate definiert, die für digitale Datenschnittstellen oder Hochgeschwindigkeits-Netzwerke der elektronischen Systeme von Flugzeugen, bei Marineeinheiten und Bodeneinheiten eingesetzt werden. Einer der erfolgreichsten Standards in der Geschichte der Luftfahrt.

*** Mile** Statute Mile = 5280 feet = 1,6104 km

MRC **M**ajor **R**egional **C**ontingency: größeres, unvorhersehbares Ereignis regionaler Ausdehnung. Derzeitiger Euphemismus des Pentagons für kleinere Kriege oder Krisen, die einen Einsatz militärischer Streitkräfte der USA, falls vom Präsidenten angeordnet, notwendig machen.

MRE **M**eals **R**eady to **E**at: Fertigmahlzeiten. Militärische Feldrationen in unterschiedlichen Darreichungsformen. Wird von Angehörigen der Air Force im Einsatz verzehrt, bis reguläre Kantineneinrichtungen erstellt sind. Humorvoll als »Meals Rejected by Ethiopians« (»von Äthiopiern abgelehnte Mahlzeiten«) bezeichnet.

Nautical Mile 6076 ft. = 1852 Meter. Nicht zu verwechseln mit der Gesetzlichen (Land-)Meile, die 5280 ft./1610,4 m lang ist (siehe: Mile). Die historischen Hintergründe für die Unterschiede aufzuzeichnen, würde zu weit führen.

NBC **N**uclear, **B**iological, **C**hemical. Allgemeine Bezeichnung für Massenvernichtungswaffen, einschließlich Atombomben oder Waffen, die darauf konstruiert wurden, radioaktives Material, Giftgase, -flüssigkeiten oder -pulver, infektiöse Mikroorganismen oder biologische Toxine zu verstreuen. Die im deutschen Sprachraum verwendete Abkürzung **ABC** ist gleichbedeutend. Wurden durch etliche internationale Verträge verboten, die jedoch weitgehend ignoriert werden.

NORAD **NOR**th American **A**ir **D**efense Command: nordamerikanisches Luftabwehr-Kommando. Vereinigtes Hauptquartier US-amerikanischer und kanadischer Streitkräfte mit Sitz im Innern des Cheyenne Mountain in Colorado und verantwortlich für die Luftverteidigung des nordamerikanischen Kontinents. CINCNORAD (= Commander IN Chief NORAD = Oberbefehlshaber des NORAD) ist gleichzeitig kommandierender General des U.S. Space Command (amerikanisches Weltraum-Kommando).

NRO — **N**ational **R**econnaissance **O**ffice: »Nationales-Aufklärungs-Büro« (im Sinne von nachrichtendienstlichen Informationen). Früher eine höchst geheime Organisation, die in den späten 50er Jahren im Verteidigungsministerium eingerichtet wurde. Die Existenz des NRO wurde bis in die 90er Jahre hinein offiziell nicht zugegeben. Verantwortlich für Beschaffung, Betrieb und Verwaltung verschiedener Typen von Aufklärungs-Satelliten. Eine gesonderte Organisation, das Central Imagery Office (Zentralbüro für Bildmaterial) CIO, ist verantwortlich für die Verarbeitung, Interpretation und Weiterleitung (Verbreitung) des Satelliten-Bildmaterials.

O&M — **O**perations and **M**aintenance: Betrieb und Instandhaltung. Ein großer Posten im Budget der meisten Militäreinheiten.

*** OH-58 D Kiowa Warrior** — Der »Kiowa-Krieger« ist ein Scout- / Angriffs-Hubschrauber von Bell Helicopter TEXTRON, der bevorzugt von der U.S. Army (Armored Cavalry) verwendet wird.

Optempo — **Op**erational **tempo**: Operations-Geschwindigkeit. Subjektives Maß der Intensität militärischer Operationen. In einer Kampfsituation kann eine hohe Operationsgeschwindigkeit Reaktionsmöglichkeiten eines Feindes unterbinden, allerdings mit dem Risiko, daß die eigenen Streitkräfte dabei ausgezehrt werden. In Friedenszeiten kann eine hohe Operationsgeschwindigkeit zu moralischer Ablehnung und schneller Verausgabung von wirtschaftlich vorgegebenen Mitteln führen.

*** Ordies** — Kurz- bzw. Spitzname der Ordnance Technicans (Waffentechniker).

Ordnance — Waffen, Munition und andere Verbrauchs-Rüstungsmaterialien. Häufig falsch geschrieben.

*** P-47 Thunderbolt** — Der legendäre »Donnerkeil«. Von seinen Piloten als »the Jug« (»der Krug« bzw. »die Kanne«) bezeichnet, war die P-47 in der Zeit des Zweiten Weltkriegs – und auch noch danach – fast überall auf der Welt bei fliegenden Streitkräften der USA im Einsatz. Wie viele andere Maschinen dieser Zeit wurde auch die Thunderbolt vom P&W R-2800 Sternmotor angetrieben, der es auf eine Leistung von 28 000 HP brachte.

PAA — **P**rimary **A**ircraft **A**uthorized: Wörtl.: »Grundlegende Flugzeug-Genehmigung« im Sinne von: Anzahl der Maschinen, die einer Einheit zugeteilt werden, damit diese ihre Operationsaufgaben erfüllen kann. PAA stellt die Grundlage für Personalplanung, Budgetierung der Versorgungsausrüstung und Flugstunden dar. In einigen Fällen kann es vorkommen, daß eine Einheit über weniger Flugzeuge als vorgesehen verfügt, weil es zu Lieferverzögerungen bei neuen Maschinen oder zu Unfällen gekommen ist. Umgekehrt kann eine Einheit auch über mehr Maschinen verfügen, als die PAA vorsieht. Das sind dann Trainingsmaschinen, »Wartungs-Schwimmer« oder nicht einsatzfähige »Hangar-Königinnen«.

PAO **P**ublic **A**ffairs **O**fficer (oder **O**ffice): Presseoffizier bzw. Offizier für Öffentlichkeitsarbeit (bzw. Pressestelle oder Büro für Öffentlichkeitsarbeit). Stabsoffizier (bzw. eine Dienststelle), für die Beziehungen zu den Medien, Koordination mit Zivilbehörden, Pflichten bei der Begleitung von VIPs und vergleichbare Routinearbeiten zuständig.

*** PAVE** **P**recision **A**vionics **V**ectoring **E**quipment: Ausrüstung mit Präzisions-Vektorisierungs-Avionic

Pave Penny Teil einer Programmserie der Air Force. Bei P.-Penny handelt es sich um eine Laserpunkt-Spürgondel, die ursprünglich bei den A-10 und A-7 Maschinen der USAF verwendet wurde, um lasergeführte Bomben ins Ziel zu bringen. Dieses sehr einfache Gerät verfügt über keinen Laser-Ziel-Designator, weshalb die Ziele von anderen Flugzeugen designiert (bezeichnet) werden müssen. Gondeln, die bei den A-7 ausgemustert wurden, werden im Augenblick für den Einbau in die F-16 überarbeitet (siehe auch: PAVE).

Pave Pillar Pillar = »Säule«: Teil einer Programmserie der Air Force. P.-Pillar führte zur Entwicklung einer neuen Generation modularer Elektronik-Komponenten für die neue Kampfflugzeuggeneration.

Pave Tack Eine frühe Laser-Ziel-Designator-Gondel, die von Ford Aeronutronic (jetzt Loral) entwickelt und in der F-111 und anderen Flugzeugen verwendet wurde.

Paveway Wörtl.: »Wegbereiter«. Gattungsbegriff für die lasergeführte Bombenserie vom Typ Mk (Mark) 80.

PGM **P**recision **G**uided **M**unition. Wörtl.: »präzise-gelenktes-Rüstungsmaterial«. Gewöhnlich »smart bombs« (siehe dort) genannt.

Pitch Längsneigung. Höhenwechsel eines Flugzeugs in Relation zu seiner Lateral- oder Querachse (eine von links nach rechts durch die Symmetrieebene bzw. das Gravitationszentrum gezogene Linie, wobei die Werte auf der rechten Seite ein positives Vorzeichen haben). Im Steigflug (Pitch up) hebt sich der Bug des Flugzeugs. Im Sinkflug (Pitch down) geht die Nase der Maschine nach unten.

*** pound** Maß für Kraft (bzw. Gewicht) ebenso wie für Masse. (Pound force/weight). Heute wird Kraft in der Dimension *Newton*, Kilopond bzw. Kilogramm Meter/Sekunde^2, *Masse* dagegen in Kilogramm angegeben. Pound als Kraftmaß: 1 lb. = 0,453592 kp bzw. 4,448 N(ewton); als Maß für die Masse: 0,453592 kg.

Pucker Factor »Sorgenfalten-Faktor«: Angstschwelle einer Flugzeugbesatzung. Typischerweise abhängig von der Streßbelastung in einer Kampfsituation beispielsweise bei Fehlfunktionen der Maschine unter Beschuß durch feindliche Flugkörper.

PVO »**P**rotivo-**v**ozdushnoye **O**rganicheniye Stany«. Russisch für »Luftabwehr«. Diese unabhängige Einheit der früheren sowjetischen – heute russischen – Streitkräfte trug die Verantwortung für das Verteidigungssystem in der Heimat gegen feindliche Bomber und ICBM (siehe dort).

Pylon Mast: Aufbau, der an einen Flügel oder den Flugzeugrumpf montiert wird, um daran eine Triebwerksgondel, einen Außentank, eine Waffe oder externe Gondel anzubringen. Ist der Pylon selbst abnehmbar, wird er an »hard points« montiert, die über mechanische und elektrische Schnittstellen verfügen.

*** quad redundant** »vierfach abgesichert«. Backup-(Not-)Systeme, die das Fly-by-wire-Steuerungssystem (siehe dort) gegen Ausfälle absichern sollen.

*** RADAR** **Ra**dio **D**etection **A**nd **R**anging. Wörtl.: »Funkermittlung und Entfernungsmessung«. Ein Verfahren zur Ortung von Gegenständen im Raum mit Hilfe gebündelter elektromagnetischer Wellen, die von einem Sender ausgehen, von dem betreffenden Gegenstand reflektiert und über einen Empfänger auf einem Anzeigegerät sichtbar gemacht werden.

*** Radom** Antennenkuppel. Wetterfeste Umkleidung der Antennenanlage, die den freien Durchgang von Funkwellen nicht beeinflußt.

RAM **R**adar **A**bsorbing **M**aterial: Radarwellen schluckendes Material (auch als »Frequenzschäume« bezeichnet. Anm. d. Ü.). Metall-, Metalloxid- oder Faserpartikel in einem Kunstharz werden als Beschichtung oder zur Oberflächenbehandlung von radarreflektierenden Bereichen eines Fahr- oder Flugzeugs angewendet, um dessen Radarquerschnitt zu reduzieren. Besondere RAM-Zusammensetzungen können speziell auf ein niedriges Band des Radarspektrums abgestimmt sein.

*** RAS** **R**adar **A**bsorbing **S**tructure: Radarenergieschluckende Bauweise.

RC-135V Rivet Joint »Nietverbindung« ist der Programmname für ein Flugzeug für elektronische Aufklärung, das vom 55. Geschwader mit Stützpunkt auf der Offut AFB in Nebraska verwendet wird und in Saudi-Arabien während Desert Shield und Desert Storm zum Einsatz kam.

*** Rear Admiral** Konteradmiral

*** Red Arrows** Die »Roten Pfeile« sind die Kunstflugstaffel der Royal Air Force (Großbritannien).

Red Flag Regelmäßig (etwa fünfmal jährlich) angesetzte Schulungsübungen für Geschwader, die auf der Nellis AFB in Nevada abgehalten werden. Jede Crew fliegt dabei verschiedene Missionen über einem mit Meßinstrumenten gespickten Gebiet.

Red Horse Pioniereinheiten der U.S. Air Force (Staffel / Bataillonsstärke) die dazu ausgebildet und ausgerüstet sind, in kürzester Zeit Start- / Landebahnen und Stützpunkteinrichtungen zu erstellen oder zu reparieren.

*** Reheat** In Großbritannien verwendeter Begriff für eine Verbrennung hinter der letzten Turbinenstufe zur Erzeugung von zusätzlichem Schub = Nachverbrennung > Nachbrenner. Im amerikanischen Sprachgebrauch: Afterburner (siehe dort)

Revetment Ein Gebiet, das, umgeben von Schutzwällen, -hügeln oder Erdreich, unmittelbar an Roll- oder Start- / Landebahnen angrenzt und in dem Flugzeuge kurzfristig geschützt abgestellt werden können, um aufgetankt oder neu bewaffnet zu werden.

RFMDS — **R**ed **F**lag **M**easurement and **D**ebrief **S**ystem: Meß- und Befragungs- (nach Rückkehr von einem Einsatz) System bei Red Flag. Elektronisches Beobachtungs- und Aufzeichnungssystem auf der Nellis AFB, daß verwendet wird, um Leistungen und Taktiken der Maschinen beurteilen zu können, die an einem Red Flag Manöver (siehe dort) teilnehmen.

*** RHAW** — **R**adar **H**oming **a**nd **W**arn **R**eceiver: Radar-Zielsuch- und -Warnempfänger. (Siehe auch: RADAR, RWR)

ROE — **R**ules **O**f **E**ngagement: Regeln für Kampfhandlungen. Leitfaden, meist durch höchste Regierungsstellen festgelegt, die das Wie und Wann eines Waffeneinsatzes für Flugzeugbesatzungen festschreiben. Bei Luftkämpfen benennen die ROE üblicherweise spezifische Kriterien, die erfüllt sein müssen, damit ein nicht identifiziertes Flugzeug als feindlich eingestuft werden muß. Im Bodenkampfeinsatz verbieten die ROE gewöhnlich Flugzeugen den Angriff auf Ziele, wenn wahrscheinlich auch Bereiche der Zivilbevölkerung oder religiöse Stätten zu Schaden kommen würden.

Roll — Rolle: volle Drehung um die Längsachse (Linie vom Bug zum Schwanz durch die Symmetrieebene) eines Flugzeugs. Bei einer Rolle nach links kippt die Maschine über ihre linke, bei einer Rolle nach rechts über ihre rechte Seite. Als Rolle werden auch Kunstflugfiguren, wie zum Beispiel eine »Faßrolle« bezeichnet.

*** RoRo** — **R**oll-**o**n-**R**oll-**o**ff: Roll-hinein-Roll-hinaus. Gemeint ist eine Ladesystematik, die heute in der Handelsmarine (vornehmlich bei Fähren), im Cargo-(Fracht-)Betrieb der zivilen Luftfahrt und in zunehmendem Maße auch von militärischen Transportverbänden verwendet wird. Durch RoRo kann einerseits der Stauraum optimal genutzt und abgesichert und andererseits die Be- und Entladegeschwindigkeit erhöht werden.

RWR — **R**adar **W**arning **R**eceiver: elektronischer Detektor, der auf eine oder mehrere feindliche Radarfrequenz(en) eingestellt und mit einem Alarmsystem verbunden ist, das den Pilot auf die ungefähre Richtung und die mögliche Art einer Gefahr hinweist. Vom Konzept her den Kraftfahrzeug-Radardetektoren vergleichbar, die bei der Polizei verwendet werden. Auch als RHAW (siehe dort) bekannt.

S-60 — Sowjetische 57-mm-Flak (siehe dort). Höchst beweglich. Außerordentlich tödlich auf geringe Höhe. Kann mit Radar- oder optischen Zieleinrichtungen ausgerüstet sein.

SA-2 — **S**urface-**A**ir-**2**. Sowjetischer Boden-Luft-Flugkörper (siehe auch SAM). Eingeführt 1950 und von Zeit zu Zeit modernisiert. Ausgezeichnete Leistung in großer Höhe. Westlicher Kodename: »Guideline« (Richt- bzw. Leitlinie. Anm. d. Ü.).

SA-3 — Sowjetischer Boden-Luft-Flugkörper (siehe auch SAM). Sowjetische Bezeichnung S-125 Neva. Westlicher Kodename: »Goa«. Verbesserte Leitung in niedrigen Höhen. Seit den frühen 60er Jahren im Einsatz.

SA-6 Sowjetischer Kurzstrecken-Boden-Luft-Flugkörper (siehe auch SAM). Westlicher Kodename: »Gainful«. Erwies sich als hochwirksam in ägyptischen Diensten während des Nahostkrieges 1973.

SA-8 Sowjetischer Kurzstrecken-Boden-Luft-Flugkörper. Westlicher Codename: »Gecko«.

*** SAC** **S**trategical **A**ir **C**ommand. Oberkommando der strategischen Luftflotte der USAF (Bomber und Tanker).

SALT **S**trategic **A**rms **L**imitation **T**reaty: Kernwaffen-Begrenzungs-Vertrag. Ein Vertragswerk einer ganzen Serie von Übereinkünften zwischen den USA und der ehemaligen Sowjetunion, die seit 1972 getroffen wurden, um Zahl und Art nuklearer Angriffssysteme und Sprengköpfe zu begrenzen.

SAM **S**urface to **A**ir **M**issile: Boden-Luft-Flugkörper. Lenkflugkörper mit der primären Aufgabe, ein feindliches Flugzeug anzugreifen. Die meisten SAMs haben einen Raketenantrieb und einige von ihnen verfügen über Radar- oder Infrarot-Lenksysteme.

SAR **S**ynthetic **A**perture **R**adar: »Radar mit synthetischer Blende«. Flugzeugradar (oder Betriebsart eines Multifunktions-Radars), das hochauflösende Bodenkarten liefern kann.

SAR **S**earch **A**nd **R**escue: Such- und Rettungsdienst. Manchmal auch in der Schreibweise CSAR, **C**ombat **S**earch **A**nd **R**escue (Such- und Rettungsdienst im Kampfeinsatz. – Anm. d. Ü.). In Kampfsituationen eine vordringliche und gefährliche Mission, um abgeschossene Flugzeugbesatzungen oder Überlebende aus vom Feind kontrollierten Gebieten abzubergen, üblicherweise durch Einbeziehung von Helikoptern, die im versteckten Tiefflug – mit oder ohne Jagdschutz – operieren, durchgezogen. Nicht zu verwechseln mit SAR: Synthetic Aperture Radar (siehe dort).

SCUD Im Westen gebräuchlicher Name für die sowjetischen ballistischen R-11-(SCUD-A) und R-17-(SCUD-B) Kurzstrecken-Flugkörper. Weitestgehend auf deutscher Technologie aus dem Zweiten Weltkrieg basierend. Reichweite: 110–180 Meilen/176–288 km mit 1000-kg-Sprengköpfen. Ungenaues Trägheits-Lenksystem. Können von einem großen Lkw transportiert und zum Start aufgestellt werden. In erheblichem Umfang in den Irak, nach Nordkorea und andere Bündnisstaaten der Sowjetunion exportiert. Die Iraker modifizierten die Grundversion der SCUD um daraus die Al-Abbas- und Al-Hussein-Marschflugkörper mit größerer Reichweite und wesentlich kleineren Sprengköpfen zu bauen.

SEAD **S**uppression of **E**nemy **A**ir **D**efense: Ausschaltung feindlicher Luftabwehr. Die Maßnahme macht es erforderlich, daß ein Feind dazu verleitet wird, seine Such- und Verfolgungs-Radarsysteme einzuschalten, SAM-Flugkörper (siehe dort) zu starten oder Flugabwehrgeschütze abzufeuern, die erst dann zum Ziel für eine Zerstörung oder Neutralisierung durch Funkstörung oder andere Gegenmaßnahmen werden können. SEAD war die Hauptaufgabe der Wild Weasel-Flugzeuge. Nach Ausscheiden der verbliebenen F-4G Wild Weasel wird die SEAD-Aufgabe durch besonders ausgestattete und dafür trainierte F-16 übernommen.

*** Sergeant** Unteroffiziers-Dienstgrade verschiedener Abstufungen durch vor- oder nachgesetzten Bezeichnungen. »Sergeant (Nato Code: OR-5) ohne Zusätze bezeichnet einen Dienstgrad, der bei der Bundeswehr in diesem Code Unteroffizier und Stabsunteroffizier erfaßt.

SIGINT **SIG**gnal **INT**elligence: Signal-Aufklärung. Abfangen, Dekodierung und Analyse des feindlichen Funkverkehrs.

Skunk Works® wörtl.: »Stinktier Fabrik«. Lockheeds Entwicklungsgruppe für fortschrittliche Technologie in Burbank (Kalifornien) wurde während des Zweiten Weltkriegs von dem Ingenieur Clarence »Kelly« Johnson ins Leben gerufen. Dort entwickelte er die U-2, SR-71, F-117 und weitere geheime Flugzeuge. Das Copyright für den Namen und das Cartoon-Logo mit dem Stinktier liegt bei Lockheed.

Slat Vorflügel. Lange, schmale, bewegliche Steuerflächen, normalerweise an der Vorderkante eines Tragflügels, die bei Start zusätzlichen Auftrieb erzeugen.

Slave Mode wörtl.: »Sklaven Modus«. Jede Systembetriebsart, welche die Sensorik einer Waffe veranlaßt sich auf ein Ziel aufzuschalten, das von einem Sensor an Bord der Maschine verfolgt wird. Beispielsweise kann der Infrarot-Sucher eines Sidewinder-Lenkflugkörpers auf ein Ziel »versklavt« werden, das vom Radar des Flugzeugs verfolgt wird.

*** SLBM** **S**ubmarine **L**aunched **B**allistic **M**issile: von einem Unterseeboot gestarteter ballistischer (Atomwaffen-)Marschflugkörper

*** Smart Bombs** wörtl.: »raffinierte Bomben«. Gleitbomben mit eingeschränkter elektronischer Intelligenz, in erster Linie die LGB (siehe dort), die durch eine Laser-Ziel-Designation (entweder vom Boden oder von einem anderen Flugzeug aus) ins Ziel geführt bzw. durch den Laserbeam geleitet werden.

SNECMA **S**ociété **N**ationale d'**É**tude et de **C**onstruction de **M**oteurs d'**A**vions: Nationale Flugzeugtriebwerk-Forschungs- und Konstruktionsgesellschaft. Staatlich französischer Strahltriebwerk-Hersteller. Finanziell nicht ganz ohne Sorgen, aber technisch fähig.

Sortie Die Grundeinheit der Luftmacht; eine komplette Kampfmission wird von nur einem einzigen Flugzeug erfüllt. »Sortie generation« (Erzeugung von Einsatzbereitschaft. – Anm. d. Ü.) ist die Fähigkeit einer Einheit, ein Flugzeug für einen neuen Einsatz innerhalb einer vorgegebenen Zeitspanne wieder zu bewaffnen, aufzutanken und zu warten.

SOS **S**pace **O**perations **S**quadron: Staffel für Operationen im Weltall. (Die ebenfalls gebräuchliche Abkürzung SOS im Morsefunkverkehr ...---... für **S**ave **O**ur **S**ouls ist zwar durchaus noch bekannt, aber nachdem der Morseverkehr fast zur Bedeutungslosigkeit in der Funkkommunikation zurückgegangen ist, besteht im Sprachgebrauch der Luftstreitkräfte kaum die Gefahr einer Verwechslung. – Anm. d. Ü.)

Spar Holm: eine lange, unter Last stehende Strebe in der Struktur eines Tragflügels. (Hauptbauteil eines Tragflügels oder Leitwerks, ausgerichtet in Richtung der Flügelspannweite. Anm. d. Ü.)

Sparrow »Sperling« bzw. »Spatz«. AIM-7-Familie von Langstrecken-Luft-Luft-Flugkörpern mit Radar-Lenkeinrichtung, die bei Raytheon hergestellt wird. Eine Variante ist die von Schiffen zu startende »Sea Sparrow«.

*** Staff Sergeant** Erfaßt die Dienstränge des Nato-Codes OR-6 und damit Oberfeldwebel und Feldwebel der Bundeswehr. In der USAF wird der Rang nach Dienstjahren in Junior- und Senior-Grade differenziert.

Stall Strömungsabriß: plötzlicher Verlust des Auftriebs, der bei progressiver Ablösung der Strömung an der Oberfläche eines Tragflügels stattfindet. Kann durch unterschiedliche Manöver hervorgerufen werden, beispielsweise bei einem zu steilen Steigflug mit zu schwachem Schub. »Compressor Stall« (siehe dort) ist ein anderes Problem, das im Innern eines Strahltriebwerks auftreten kann.

*** Standoff Weapon** Allgemeiner Begriff für Luft-Boden-Lenkwaffen, die ohne Bodenunterstützung (Laserführung) mit eigenen Navigationssystemen ausgerüstet sind und in erheblicher Entfernung vom Startpunkt ihr Ziel treffen sollen.

START **ST**rategic **A**rms **R**eduction **T**reaty: Vertragsserie über die Begrenzung von strategischen Waffensystemen. Diese Übereinkommen zwischen den Vereinigten Staaten von Amerika und der früheren Sowjetunion definierten Umfang und Ablauf der Verminderung einsatzfähiger Kernwaffensysteme und Sprengköpfe.

Stealth »Heimlichkeit, Unsichtbarkeit« (auch bekannt als »Tarnkappen-Technologie«. – Anm. d. Ü.): eine Kombination von Konstruktionsmerkmalen, Technologien und Materialien – einige davon unter strengster Geheimhaltung – entwickelt, um die Radar-, Infrarot-, optische und akustische Signatur eines Flugzeugs, Schiffes oder anderen Fahrzeuges auf einen Punkt zu reduzieren, der es außerordentlich unwahrscheinlich macht, daß Feinderfassung und feindliche Gegenmaßnahmen greifen, bevor das Fahr-/Flugzeug seine Mission erfüllt hat und entkommen ist. Die F-117A ist das am besten bekannte moderne Beispiel dafür.

STOVL Kurzstart/Senkrechtlandung: Fähigkeit bestimmter schubvektorisierter Flugzeuge, besonders der AV-8 Harrier. Das Kurzstartvermögen kann durch feste »Sprungschanzen« unterstützt werden.

*** Strike aircraft** »Strike« (also wörtl.: »Treffer, Angriff«) ist in der Terminologie der Luftstreitkräfte mehr als ein reiner Angriffschlag. Auch vergleichsweise »kleine« Maschinen, wie die F-15

Strike Eagle könnten Atombomben ins Ziel tragen, die jedoch von ihrer Sprengkraft her geringer dimensioniert sind, als die von den Strike-Bombern mitgeführten.

*** Support** Der amerikanische Begriff Support hat im militärischen Sprachgebrauch sowohl die Bedeutung von Unterstützung (im Kampf) und Versorgung (nicht nur in logistischem Sinn) als auch den von Hilfeleistung (im Rahmen von technischen und Rettungsmaßnahmen).

T-38 Talon »Klaue«, bzw. »Kralle«. Fortschrittliches Trainingsflugzeug mit Doppel-Turbojet-Triebwerk. Über 1100 davon wurden bei Northrop gebaut. 1961 in Dienst gestellt. Die erste überschallschnelle Maschine, die speziell als Schulungsflugzeug entworfen wurde.

T-3A Firefly »Glühwürmchen«. Leichtgewichtiges, zweisitziges Propeller-Schulflugzeug auf der Basis der britischen Slingsby T67. Wird von der U.S. Air Force bei der Ausbildung künftiger Piloten verwendet. Höchstgeschwindigkeit 178 mph/ 285 km/h, maximale Reiseflughöhe 19 000 ft/6333,3 m.

*** TAC** **T**actical **A**ir **C**ommand. Ehemaliges Oberkommando der taktischen Luftstreitkräfte der USAF, das für die meisten Fighter-Geschwader zuständig war. 1992 im Air Combat Command aufgegangen.

TACC **T**actical **A**ir **C**ontrol **C**enter: Befehlszentrale für taktische Luftstreitkräfte. Eine Stabsorganisation, die für Planung und Koordination von Kampf- und Versorgungseinsätzen der Air Force in einem vorgegebenen Gebiet verantwortlich ist.

*** tactical aircraft** Taktisches Kampfflugzeug. Weniger geläufig im deutschen Sprachgebrauch, umfaßt dieser Begriff ohne nähere Details alle Angriffs- und Abfang-Flugzeuge, die im Gegensatz zu den strategischen (Bomber-)Maschinen ohne Betankung in der Luft über einen nur begrenzten Aktionsradius verfügen.

*** Take-off-weight** Maximum take-off weicht = höchstzulässige Startmasse, die maximale Gesamtmasse, mit der ein Flugzeug aufgrund seiner konstruktiven oder Betriebsgrenzwerte starten darf.

*** TBF/TBM Avenger** »Rächer«. Taktisches Flugzeug der amerikanischen Streitkräfte in der Zeit des Zweiten Weltkriegs mit dem über zweitausend Horsepower starken Pratt & Whitney R-2800 Sternmotor.

TDY **T**emporary **D**u**ty**: zeitlich begrenzter Einsatz, militärische Aufgabenstellung außerhalb des normalen Dienstbereichs. Eine TDY beinhaltet grundsätzlich eine Trennung von der Familie und gibt dem Personal ein Anrecht auf Zuschläge auf den Sold und Sonderzuteilungen.

TELAR **T**ransporter **E**rector **L**auncher **A**nd **R**adar: Transport-, Aufricht-, Start- und Radarfahrzeug. Schienen- oder Radfahrzeug, typischerweise sowjetischer Konstruktion, ausgestattet, um einen oder mehrere SAM-Flugkörper (siehe dort) zu transportieren, aufzurichten und zu starten. Nicht selten auch mit optischen Zielverfolgungs-, Befehls-, Kontroll- und Kommunikationselektronik ausgestattet.

TERCOM **TER**rain **CO**ntour **M**atching: »Terrain-Konturen-Anpassung« (**TCM** im Sprachgebrauch der U.S. Navy – Anm. d. Ü.). Konzept des Lenksystems eines Marschflugkörpers (Cruise Missile), das auf einen Radar-Höhenmesser und eine gespeicherte digitalisierte Karte der Erhöhungen entlang der Fluglinie angewiesen ist. Die Flugpläne erfordern eine sehr detaillierte und zeitaufwendige Vorbereitung und können nicht für relativ flache bzw. konturlose Terrains erstellt werden.

TFR **T**errain **F**ollowing **R**adar: dem Terrain folgendes Radar. Ein schwaches Radar, welches das Terrain voraus während eines Tiefflugs scannt (erfaßt) und entweder automatisch in das Flugkontrollsystem eingreift, um zu verhindern, daß es zu einer Grundberührung kommt, oder eine akustische Warnung an den Piloten abgibt, wenn es notwendig wird, die Maschine hochzuziehen.

TFW **T**actical **F**ighter **W**ing: Einheit aus drei Fighterstaffeln und den Einheiten für die technisch Versorgung.

*** Thunderbirds** Die »Donnervögel« ist ein Name, den sich sowohl die berühmte Kunstflugstaffel der USA, wie auch die 34. Bombardment Squadron (Staffel) des 366. Composite Wing gegeben hat.

TO&E **T**able of **O**rganisation **&** **E**quipment: offizielles Dokument, das detailliert Aufbau und bewilligte Vollmachten einer militärischen Einheit festlegt.

Top Gun Fighter-Waffenschule der U.S. Navy. Es ist geplant, sie von der NAS Miramar in Kalifornien zur NAS LeMoore, ebenfalls in Kalifornien zu verlegen. Top Gun ist zuständig für das Luftkampf-Manöver-Training von Piloten der Flotte.

*** Transponder** Zusammengesetzter Begriff aus **Trans**mitter (Sender) und Res**ponder** (Antwortgeber): System aus Sender und Empfänger in einem Gerät, das den Anruf eines entsprechenden Abfragegeräts aufnehmen und automatisch eine passende Antwort senden kann.

TSSAM AGM-137 **Tri-S**ervice **S**tandoff **A**ttack **M**issile (siehe auch: AGM): Langstrecken-Präzisions-Lenkflugkörper für den Gebrauch durch U.S. Air Force, -Navy und -Army (daher Tri Service = drei Streitkräfte – Anm. d. Ü.). Das Programm wurde 1994 eingestellt, da die kalkulierten Kosten pro Einheit 2 Millionen Dollar überschritten. Die aus der Luft gestartete Version war für die B-1B, B-2, F-16 und F-22 vorgesehen und hatte ein Gewicht von etwa 2300 lb. / 1043 kg mit einer Reichweite von etwas unter 375 Meilen / 600 km.

*** Turbojet** Turbinen-Luftstrahltriebwerk (auch »TL-Triebwerk«). Die gesamte Nutzleistung eines derartigen Gasturbinentriebwerks wird aus der Strömungsenergie gewonnen. Diese wird durch eine Schubdüse produziert, aus der Luft und Abgase der Turbine austreten.

*** Turboprop** Populäre Bezeichnung für »Propellerturbinen-Luftstrahltriebwerk« (PTL). Ein Gasturbinentriebwerk, das seine gesamte Nutzleistung aus der Strömungsenergie einer

	Schubdüse gewinnt, die das austretende Luft-Abgas-Gemisch als Vortriebsenergie liefert.
* **TWS**	**T**rack **W**hile **S**can: Zielverfolgung während des Abtastens.
U-2	Aufklärungsflugzeug für große Höhen (über 90000 ft/ 27432 m), in den 50er Jahren von Lockheed ursprünglich für die Central Intelligence Agency (CIA) entwickelt. Ein J57-, später J75-Axialstrom-Triebwerk. Etliche Modellvarianten mit unterschiedlicher Sensorik werden von der USAF und NASA (dort für zivile Forschungsarbeiten) betrieben.
UAV	**U**nmanned **A**erial **V**ehicle: unbemannter Flugkörper. Auch unter der Bezeichnung RPV: Remotely Piloted Vehicle (»auf Entfernung gesteuertes Fahr-/Flugzeug«). Ein wiedereinsetzbares Flugzeug ohne Pilot, das entweder über eine Funkdatenverbindung ferngesteuert oder über einen fortschrittlichen Autopiloten vorprogrammiert wird. Die Air Force neigt dazu, den Einsatz von UAVs – außer als Zielflugzeuge – grundsätzlich abzulehnen, da sie den Piloten Aufgaben entziehen. Außerdem bestehen schwerwiegende Bedenken bezüglich der Sicherheit beim Einsatz von unbemannten und bemannten Maschinen im selben Luftraum, weil die UAVs meist sehr klein und schwer auszumachen sind.
UPT	**U**ndergraduate **P**ilot **T**raining: Lehrveranstaltung für Piloten vor der Prüfung.
* **USMC**	**U**nited **S**tates **M**arine **C**orps: Marine-Landstreitkräfte der Vereinigten Staaten von Amerika.
* **USN**	**U**nited **S**tates **N**avy: Marine der Vereinigten Staaten von Amerika.
Variable Geometry	Fähigkeit eines Flugzeuges in der Luft, die Tragflügelstellung abzuändern (nach achtern zu schwingen. – Anm. d. Ü.), um die Leistungsfähigkeit der Maschine in vorgegebenen Höhen und Geschwindigkeiten zu verbessern.
Viewgraph	Graphische Darstellung auf transparenter Folie: eine Folie für Overhead-Projektoren oder ein Diapositiv, das bei Instruktionen oder Präsentationen eingesetzt wird. Manchmal auch spöttisch für ein unzulänglich entwickeltes Projekt, z. B.: »Sein Plan war kaum mehr als ein Haufen Folien (Viewgraphs).«
Warthog	»Warzenschwein«. Spitzname für die A-10 Thunderbolt. (Das charakteristische Einsatzprofil dieser Maschine hat dazu geführt, daß der Begriff der »Warthog-Fluglage« bei der USAF zu einem festen Begriff geworden ist. – Anm. d. Ü.)
Waypoint	Wegpunkt: bereits vor dem Start im Flugplan festgelegter Navigationspunkt. Er kann die geografischen Koordinaten zuzüglich Höhen-, Geschwindigkeits- und Ankunftsdaten enthalten (Term, der auch in der GPS-Navigation verwendet wird. – Anm. d. Ü.).
WCMD	**W**ind-**C**orrected **M**unitions **D**ispenser (»Querwind-korrigierender Munitionsauswerfer«): Streubombe mit Trägheitlenksystem und GPS-Empfänger, die einen genauen Abwurf aus großen Höhen auf ein Ziel ermöglicht. Für den Einsatz mit der B-1B ab etwa 2002 vorgesehen.

WICP — **W**ing **I**nitial **C**ommunication **P**ackage: Grundausstattung mit Funkgeräten, Satellitenkommunikations-Antennen, tragbaren Stromerzeugern und entsprechendem Zubehör, das von ausgewählten Geschwadern der Air Force für Einsätze in abgelegenen Gebieten unterhalten wird.

Wild Weasel — Mit Radar-Zielsuch- und -Warnausrüstung sowie ARMs (siehe dort) ausgestattetes Flugzeug, dessen Hauptaufgabe es war, feindliche Abschußbasen für Boden-Luft-Flugkörper (SAM – siehe dort) niederzuhalten. Ursprünglich wurde diese Aufgabe von F-100F, F-105F und F-4G Phantom II durchgeführt, wird jedoch jetzt in steigendem Maße von besonders trainierten und ausgestatteten F-16C übernommen.

William Tell — Luftüberlegenheits-Übung, die jedes Jahr auf der Tyndall AFB in Florida abgehalten wird. Über dem Golf von Mexico werden dabei Missionen unter Einsatz scharfer Munition durchgeführt.

WSO — **W**eapon **S**ystem **O**fficer: Waffensystem-Offizier, Navigator (früher: Bordschütze, Beobachter), der Mann auf dem Rücksitz z. B. einer F-15E oder F-111. Sprich: »Wisso«. Obwohl nicht speziell als Pilot geschult, verfügt der WSO gewöhnlich über grundlegende Kenntnisse in der Flugzeugführung.

XO — E**X**ecutive **O**fficer: Stellvertreter des Geschwader-Kommodore oder des Befehlshabers einer vergleichbaren Einheit.

Yaw — Giermoment; Gieren: Wechsel der Fluglage einer Maschine in Relation zur Vertikalachse (Linie von oben nach unten durch die Symmetrieebene). Gieren nach links: Der Bug wendet sich weiter nach links. Gieren nach rechts und die Nase des Flugzeugs zeigt weiter nach rechts.

ZSU-23-4 — Vierläufige sowjetische Flak, Kaliber 23 mm auf einer leichten Panzerlafette mit optischer Zieleinrichtung. Tödlich für unbewaffnete Flugzeugen in niedrigen Flughöhen. Normalerweise zusammen mit mobilen SAM-Starteinrichtungen im Einsatz. Russischer Spitzname: »Shilka« (siehe auch: Flak, SAM).

Bibliographie

Bücher

Adams, James: *Bull's Eye: The Assassination and Life of Supergun Inventor Gerald Bull*. Times Books, 1992

Adan, Avraham (Bren): *On the Banks of the Suez*. Presidio Press, 1980

Allen, Charles: *Thunder and Lightning: The RAF in the Gulf*. HMSO, 1991

Allen, Thomas B.: *War Games: The Secret World of Creators, Players and Policy Makers Rehearsing World War III Today*. McGraw-Hill, 1987

– und Polmar, Norman: *Merchants of Treason*. Dell Publishing, 1988

Allison, Graham T.: *Essence of Decision*. Little Brown, 1971

Arnett, Peter: *Live from the Battlefield: From Vietnam to Baghdad*. Simon & Schuster, 1994

Arnett, Peter: *Unter Einsatz des Lebens*, Droemer Knaur, 1994

Asher, Jerry, zs. mit Hammel, Eric: *Duel for the Golan: The 100-Hour Battle that Saved Israel*. Morrow Publishers, 1987

Atkinson, Rick: *Crusade: The Untold Story of the Persian Gulf War*. Houghton Mifflin, 1993

Baker, A. D.: *Combat Fleets of the World 1993*. The Naval Institute Press, 1993

Ballard, Jack S.: *The United States Air Force in Southeast Asia*. U.S. Government Printing Office

Barker, A. J.: *The Yom Kippur War*. Ballantine Books, 1974

Barron, John: *MiG Pilot: The Final Escape of Lt. Belenko*. Avon Books, 1980

Basel, G. I.: *Pak Six*. Associated Creative Writers, 1982

Bathurst, Robert B.: *Understanding the Soviet Navy: A. Handbook*. U.S. Government Printing Office, 1979

Baxter, William P.: *Soviet AirLand: Battle Tactics*. Presidio Press, 1986

Berry, F. Clifton, Jr.: *Strike Aircraft: The Vietnam War*. Bantam Books, 1987

– *Gadget Warfare: The Vietnam War*. Bantam Books, 1988

Beschloss, Michael R.: *May Day*. Harper & Row, 1986

– und Talbott, Strobe: *At the Highest Levels*. Little Brown, 1993

Bishop, Chris, und Donald, David.: *The Encyclopedia of World Military Power*. The Military Press, 1986

Bishop, Edward: *Wellington Bomber*. Ballantine Books, 1974

Blackwell, James: *Thunder in the Desert: The Strategy and Tactics of the Persian Gulf War*. Bantam Books, 1991

Blair, Colonel Arthur H. USA (Ret.): *At War in the Gulf*. A&M University Press, 1992

Bodansky, Yossef: *Crisis in Korea: The Emergence of a New and Dangerous Nuclear Power*. SPI Books, 1994

Bonnanni Pete: *Art of the Kill: A Comprehensive Guide to Modern Air Combat*, Spectrum Holobyte, 1993

Boyne, Walter J.: *Clash of Wings: World War II in the Air*. Simon & Schuster, 1994

Bradin, James W.: *From Hot Air to Hellfire: The History of Army Attack Aviation*. Presidio Press, 1994

Braybrook, Roy: *British Aerospace Harrier and Sea Harrier*. Osprey / Motorbooks International, 1984

– *Soviet Combat Aircraft*, Osprey / Motorbooks International 1991
Broughton, Colonel Jack, USAF (Ret.): *Thud Ridge*. Bantam Books, 1969
– *Going Downtown: The War against Hanoi and Washington*. Orion Books, 1988
Brown, Captain Eric M., RN: *Duels in the Sky: World War II Naval Aircraft in Combat*. Naval Institute Press, 1988
Brown, David F.: *Birds of Prey: Aircraft, Nose Art and Mission Markings of Desert Storm/Shield*. U.S. Government Printing Office, 1993
Brugioni, Dino A.: *Eyeball to Eyeball: The Cuban Missile Crisis*. Random House, 1991
Burrows, William E.: *Exploring Space: Voyages in the Solar System and Beyond*. Random House, 1990
– und Windrem, Robert: *Critical Mass*. Simon & Schuster, 1994
Burton, James G.: *The Pentagon Wars: Reformers Challenge the Old Guard*. Naval Institute Press, 1993
Butowski, Piotr, zs. mit Miller, Jay.: *OKB MiG: A History of the Design Bureau and Its Aircraft*. Specialty Press, 1991
Caidin, Martin: *The Night Hamburg Died*. Bantam Books, 1960
– *Flying Forts: The B-17 in World War II*. Ballantine Books, 1968
Caldwell, Donald L.: *The Epic Saga of Germany's Greatest Fighter Wing: JG 26, Top Guns of the Luftwaffe*. Orion Books, 1991
Campbell, Glenn: *Area 51, Viewer's Guide*. Glenn Campbell-HCR, 1994
Carter, Kit C., und Mueller, Robert: *The Army Air Forces in World War II: Combat Chronology 1941–1945*. U.S. Government Printing Office, 1973
Cescotti, Roderich: *Kampfflugzeuge und Aufklärer*, Bernard & Graefe 1989
Chadwick, Frank: *Gulf War Fact Book*. GDW, 1992
Chant, Christopher: *Encyclopedia of Modern Aircraft Armament*. IMP Publishing Services Ltd., 1988
Cinnery, Philip D.: *Life on the Line*. St. Martins Press, 1988
Clancy, Tom: *The Hunt for Red October*. The Berkley Publishing Group, 1985
– *Red Storm Rising*. G. P. Putnam's Sons, 1986
– *The Cardinal of the Kremlin*. G. P. Putnam's Sons, 1988
– *The Sum of All Fears*. G. P. Putnam's Sons, 1991
– *Submarine: A Guided Tour Inside a Nuclear Warship*. Berkley, 1993
– *Armored Cav: A Guided Tour of an Armored Cavalry Regiment*. Berkley, 1994
– *Debt of Honor*. G. P. Putnam's Sons, 1994
Cline, Ray S.: *Secrets, Spies and Scholars*. Acropolis, 1976
Clodfelter, Mark: *The Limits of Airpower: The American Bombing of North Vietnam*. Free Press. 1989
Cochran, Thomas; Arkin, William; Norris, Robert; und Sands, Jeffrey: *Soviet Nuclear Weapons*. Harper & Row, 1989
Cohen, Colonel Eliezer »Cheetah«: *Israel's Best Defense: The First Full Story of Israeli Air Force*. Orion Books, 1993
Cohen, Dr. Elliot A.: *Gulf War Air Power Survey Summary Report*. U. S. Government Printing Office, 1993
– *Gulf War Air Power Survey Volume I*. U. S. Government Printing Office, 1993
– *Gulf War Air Power Survey Volume II*. U. S. Government Printing Office, 1993
– *Gulf War Air Power Survey Volume III*. U. S. Government Printing Office, 1993
– *Gulf War Air Power Survey Volume IV*. U. S. Government Printing Office, 1993
– *Gulf War Air Power Survey Volume V*. U. S. Government Printing Office, 1993
Cohen, Elliot A., und Gooch, John: *Military Misfortunes: The Anatomy of Failure in War*. Free Press, 1990
Copeland, Peter: *She Went to War: The Rhonda Cornum Story*. Presidio Press, 1992
Coyne, James P.: *Airpower in the Gulf*. Air Force Association, 1992

Creech, Bill: *The Five Pillars of TQM: How to Make Total Quality Management Work for You*. Dutton, 1994
Crickmore, Paul F.: *Lockheed SR-71: The Secret Missions Exposed*. Osprey Aerospace, 1993
Crow, Admiral William J., Jr.: *The Line of Fire: From Washington to the Gulf, the Politics and Battles of the New Military*. Simon & Schuster, 1993
Cunningham, Randy, zs. mit Ethell, Jeff. *Fox Two: The Story of America's First Ace in Vietnam*. Chaplin Fighter Museum, 1984
Darwish, Adel, und Alexander, Gregory: *Unholy Babylon: The Secret History of Saddam's War*. St. Martin's Press, 1991
David, Peter: *Triumph in the Desert*. Random House, 1991
Davis, Larry: *MiG Alley: Air-to-Air Combat over Korea*. Squadron/Signal Publicationen, 1978
Dawood, N. J. (Hg.) *The Koran*. Penguin Books, 1956
Dean, David J.: *The Air Force Role in Low Intensity Conflict*. Air University Press, 1986
Divine, Robert A.: *The Sputnik Challenge*. Oxford, 1993
Doleman, Edgar C., Jr.: *The Vietnam Experience: Tools of War*. Boston Publishing Company, 1985
Doolittle, Jimmy, zs. mit Glines, Carol V.: *An Autobiography by General James H. »Jimmy« Doolittle: I Could Never Be So Lucky Again*. Bantam Books, 1991
Dorr, Robert F.: *Air War Hanoi*. Blanford Press, 1988
– *Vietnam MiG Killers*. Motorbooks, 1988
– *Desert Shield – The Build Up: The Complete Story*. Motorbooks, 1991
– *Desert Storm Air War*. Motorbooks, 1991
– *F-86 Sabre: History of the Sabre and FJ Jury*. Motorbooks, 1993
– und Taylor, Norman E.: *U. S. Air Force Nose Art: Into the 90s*. Specialty Press, 1993
Dunnigan, James F., und Bay, Austin: *From Shield to Storm*. Morrow Books, 1992
– und Martel, Williams: *How to Stop a War: Lessons on Two Hundred Years of War and Peace*. Doubleday Books, 1987
Dupuy, Colonel T. N., USA (Ret.): *The Evolution of Weapons and Warfare*. Bobbs-Merrill, 1980
– *Options of Command*. Hippocrene Books, Inc., 1984
– *Numbers, Predictions & War: The Use of History to Evaluate and Predict the Outcome of Armed Conflict*. Hero Books, 1985
– *Understanding War: History and Theory of Combat*. Paragon House, 1987
– *Attrition: Forecasting Battle Casualties and Equipment Losses in Modern War*. Hero Books, 1990
– *Understanding Defeat: How to Recover From Loss in Battle to Gain Victory in War*, Paragon House, 1990
– *Saddam Hussein: Scenarios and Strategies for the Gulf War*. Warner Books, 1991
– *Future Wars: The World's Most Dangerous Flashpoints*. Warner Books, 1993
Dzhus, Alexander M.: *Soviet Wings: Modern Soviet Military Aircraft*. Greenhill Books, 1991
Edwards, Major John E., USA (Ret.): *Combat Service Support Guide*. 2nd Edition. Stackpole Books, 1993
Eighth Military History Symposium USAF Academy: *Air Power and Warfare*. U.S. Government Printing Office, 1978
Eshel, David: *The U. S. Rapid Development Forces*. Arco Publishing, Inc., 1985
Ethell, Jeffrey L., und Price, Alfred: *One Day in a Long War: May 10, 1972, Air War North Vietnam*. Random House, 1989
– und Sand, Robert T.: *Fighter Command: American Fighters in Original WWII Color*. Motorbooks, 1991

– und Simonsen, Clarence: *The History of Aircraft*. Ethell and Simonsen, 1991
Finney, Robert T.: *History of the Air Corps Tactical School, 1920–1940*. U.S. Government Printing Office, 1992
Fisher, David E.: *A Race on the Edge of Time*. McGraw Hill, 1988
Flaherty, Thomas J.: *Carrier Warfare*. Time Life Books, 1991
– *Air Combat*. Time Life Books, 1990
Fletcher, Harry R.: *U.S. Air Force Reference Series: Air Force Bases*. U.S. Government Printing Office, 1993
Flintham, Victor: *Air Wars and Aircraft: A Detailed Record of Air Combat, 1945 to Present*. Facts on File, 1990
Ford, Brian: *German Secret Weapons: Blueprint for Mars*. Ballantine Books, 1969
Francillon, Rene J.: *Tonkin Gulf Yacht Club: U.S. Carrier Operations off Vietnam*. Naval Institute Press, 1988
Freeman, Roger A.: *The Mighty Eighth: In Color*. Specialty Press, 1993
– *The Mighty Eighth: The History of the Units, Men, and Machines of the U.S. 8th Air Force*. Motorbooks International, 1993
– *The Mighty Eighth: War Diary*. Motorbooks International, 1993
– *The Mighty Eighth: War Manual*. Motorbooks International, 1993
Fricker, John: *Battle for Pakistan*. Ian Allen, 1979
Friedman, Norman: *Desert Victory: The War For Kuwait*. Naval Institute Press, 1991
– *The Naval Institute Guide to World Naval Weapons Systems 1991/92*. Naval Institute Press, 1994
– *The Naval Institute Guide to World Naval Weapons Systems*. Naval Institute Press, 1994
Furtrell, Robert F.: *The United States Air Force in Southeast Asia: The Advisory Years to 1965*. U.S. Government Printing Office, 1981
– *The United States Air Force in Korea*. U.S. Government Printing Office, 1983
Galland, Adolf: *The First and the Last*. Chaplin Museum Press, 1986
Gann, Ernest K.: *The Black Watch: The Men Who Fly America's Secret Spy Planes*. Random House, 1989
Garnett, Graham Christian: *Against All Odds: The Battle of Britain*. The Rococo Group, 1990
Garrett, Dan: *Wings of Freedom*. Lockheed-Ft. Worth, 1988
Gibson, James Williams: *The Perfect War: Technowar in Vietnam*. Atlantic Monthly Press, 1986
Gordon, Yefim, und Rigmant, Vladimir: *MiG-15*. Motorbooks, 1993
Gribkov, General Anatoli I., und Smith, General William Y.: *Operation Anadyr: U.S. and Soviet Generals Recount the Cuban Missile Crisis*. Edition, Inc., 1994
Gropman, Lt. Colonel Alan L.: *Airpower and the Airlift Evacuation of Kham Duc*. Airpower Research Institute, 1979
Gumble, Bruce L.: *The International Countermeasures Handbook*. EW Communications Inc., 1987
Gunston, Bill: *Mikoyan MiG-21*. Osprey Publishing Limited, 1986
– zs. mit Gilchrist, Peter: *Jet Bombers: From the Messerschmitt Me 262 to the Stealth B-2*. Osprey Aerospace, 1993
Halberstadt, Hans: *Desert Storm: Ground War*. Motorbooks, 1991
– *F-15E Strike Eagle*. Windrow & Greene, 1992
Hall, George: *Air Guard: America's Flying Militia*. Presidio Press, 1990
Hallion, Dr. Richard P.: *On the Frontier: Flight Research at Dryden, 1946–1981*. National and Aeronautics and Space Administration, 1984
– *The Literature of Aeronautics, Astronautics and Air Power. U.S.* Government Printing Office, 1984

– *Rise of the Fighter Aircraft, 1914-1918*. The Nautical & Aviation Publishing Co., 1988
– *Storm over Iraq: Air Power and the Gulf War*. Smithsonian Books, 1992
– *Strike from the Sky: The History of Battlefield Air Attack, 1911–1945*. Smithsonian Books, 1989
Hanak, Walter: *Aces and Aerial Victories*. U.S. Government Printing Office, 1979
Hansen, Chuck: *U.S. Nuclear Weapons*. Orion Books, 1988
Hanson, Victor Davis: *The Western Way of War: Infantry Battle in Classical Greece*, Alfred Knopf Publishers, 1989
Hartcup, Guy: *The Silent Revolution*. Brassey's, 1993
Hastings, Max: *Bomber Command: Churchill's Epic Campaign*. Simon & Schuster, 1989
Heiferman, Ron: *Flying Tigers: Chennault in China*, Ballantine Books, 1971
Heinlein, Robert A.: *Starship Troopers*. Ace Books, 1959
Heinmann, Edward, Rausa, Rosario, und Van Every, K. E.: *Aircraft Design*, Nautical & Aviation Publishing Co., 1985
Hersh, Seymour M.: *The Samson Option*. Random House, 1991
Hess, William: *B-17 Flying Fortress*. Ballantine Books, 1974
Hilsman, Roger: *George Bush vs. Saddam Hussein: Military Success! Political Failure?* Lyford Books, 1992
Holley, L. B., Jr.: *The U.S. Special Studies: Ideas and Weapons*. U.S. Government Printing Office, 1983
Hudson, Heather E.: *Communication Satellites: Their Development and Impact*. Free Press, 1990
Hurley, Colonel Alfred, USAF, und Erhart, Major Robert C., USAF: *Air Power and Warfare*. U.S. Government Printing Office, 1978
Jessup, John E., Jr., und Coakley, Robert W.: *A Guide to the Study and Use of Military History*. U.S. Government Printing Office, 1991
Jomini, Baron Antoine Henri de: *The Art of War*. Green Hill Books, 1992
Joss, John: *Strike: U.S. Naval Strike Warfare Center*. Presidio Press, 1989
Kahn, David: *Seizing the Enigma: The Race to Break the German U-Boat Codes, 1939-1943*. Houghton Mifflin Company, 1991
Kampfflugzeuge von heute, Kaiser, 1993
Kaplan, Philip: *Little Friends: The Fighter Pilot Experience in World War II England*. Random House, 1991
– *Round the Clock*. Random House, 1993
– und Collier, Richard: *Their Finest Hour: The Battle of Britain Remembered*. Abbeville Press 1989
– und Smith, Rex Alan. *One Last Look*. Cross River Press, 1983
Keegan, John: *A History of Warfare*. Alfred A. Knopf, 1993
Kelly, Orr.: *Hornet: The Inside Story of the F/A-18*. Presidio Press, 1990
Kenney, George C.: *General Kenney Reports*. Office of Air Force History, 1987
Kerr, E. Batlett: *Flames over Tokyo*. Donald I. Fine, Inc., 1991
Kershaw, Andrew: *Kampfflugzeuge*, Delphin Verlag, 1986
Kinzey, Bert: *The Fury of Desert Storm: The Air Campaign*. McGraw-Hill, 1991
– *U.S. Aircraft and Armament of Operation Desert Storm*. Kalmbach Books, 1993
Kissinger, Henry: *Henry Kissinger: Diplomacy*. Simon & Schuster, 1994
Knott, Captain Richard C., USN: *The Naval Aviation Guide*. Naval Institute Press, 1985
Kohn, Richard H., und Harahan, Joseph P.: *USAF Warrior Studies*. Coward McCann, Inc., 1942
– *Air Superiority in World War II and Korea*. U.S. Government Printing Office, 1983

– *Air Interdiction in World War II, Korea and Vietnam*. U.S. Government Printing Office, 1990
Korb, Edward L.: *The World's Missile Systems*. General Dynamics, Pamona Division, 1988
Krumbach, Dieter: *Das Super-Posterbuch der bedeutendsten Kampfflugzeuge*, Müller, 1994
Kyle, Colonel James H., USAF (Ret.): *The Guts to Try*. Orion Books, 1990
Lake, Jon: *MiG-29: Soviet Superfighter*. Osprey Publishing, 1989
– *McDonnell F-4 Phantom-Spirit in the Skies*. Aerospace Publishing Ltd., 1992
Lambert, Mark: *Jane's All the World's Aircraft 1991–92*. Jane's Publishing Group, 1992
Lavalle, Major A. J. C.: *Last Flight from Saigon*. Office of Air Force History, 1978
– *The Tale of Two Bridges and the Battle for the Skies over North Vietnam*. Office of Air Force History, 1978
– *The Vietnamese Air Force, 1951-1975, and Analysis of Its Role in Combat and Fourteen Hours at Koh Tang*. Office of Air Force History, 1978
– *Airpower and the 1972 Spring Invasion*. Airpower Research Institute, 1979
Lehman, John: *Making War*. Scribners, 1992
Levinson, Jeffrey L.: *Alpha Strike Vietnam: The Navy's Air War, 1964–1973*. Presidio Press, 1989
Liddell-Hart, B. H.: *Strategy*. Frederick A. Praeger, Inc., 1967
Lindsey, Robert: *The Flight of the Falcon*. Simon & Schuster, 1983
Luttwak, Edward, und Koehl, Stuart L.: *The Dictionary of Modern War: A Guide to the Ideas, Institutions and Weapons of Modern Military Power*. Harper Collins, 1991
Macedonia, Raymond M.: *Getting it Right*. Morrow Publishing, 1993
Makower, Joel: *The Air and Space Catalog: The Complete Sourcebook to Everything in the Universe*. Vintage Tilden Press, 1989
Manning, Robert: *The Vietnam Experience: The North*. Boston Publishing Company, 1986
Marolds, Edward J.: *Carrier Operations: The Vietnam War*. Bantam Books, 1987
Mason, Francis K.: *Battle over Britain*. Aston Publications, 1990
Mason, Tony: *To Inherit the Skies: From Spitfire to Tornado*. Brassey's, 1990
McCarthy, Brigadier General James R., USAF, und Rayfield, Colonel Robert E., USAF: *Linebacker II: A View from the Rock*. Office of Air Force History, 1978
McConnell, Malcolm: *Just Cause: The Real Story of America's High-Tech Invasion of Panama*. St. Martin's Press, 1991
McFarland, Stephen L., und Newton, Wesley Phillips: *The Command of the Sky*. Smithsonian, 1991
McKinnon, Dan: *Bullseye – Iraq*. Berkley, 1987
Meisner, Arnold: *Desert Storm: Sea War*. Motorbooks, 1991
Mersky, Peter B., und Polmar, Norman: *The Naval War in Vietnam*. Kensington Books, 1981
Micheletti, Eric: *Operation Daguet: The French Air Force in the Gulf War*. Concord Publications Company, 1991
Middlebrook, Martin: *Task Force: The Falklands War, 1982*. Penguin Books, 1987
Miller, Samuel Duncan: *U.S. Air Force Reference Series: An Aero Space Bibliography*. U.S. Government Printing Office, 1986
Morrison, Bob: *Operation Desert Sabre: The Desert Rat's Liberation of Kuwait*. Concord, 1991
Morroco, John: *The Vietnam Experience: Thunder from Above*. Boston Publishing Company, 1984
– *The Vietnam Experience: Rain of Fire*. Boston Publishing Company, 1985
Morse, Stan: *Gulf Air War Debrief*. Aerospace Publishing Limited, 1991

Musciano, Walter A.: *Messerschmitt Aces*. TAB / Aero Books, 1990
Nakdimon, Shlomo: *First Strike: The Exclusive Story of How Israel Foiled Iraq's Attempt to Get the Bomb*. Summit Books, 1987
Nalty, Bernard C.: *The United States Air Force Special Studies: Air Power and the Fight for the Khe Sanh*. U.S. Government Printing Office, 1986
Neafeld, Jacob: *Ballistic Missiles in the United States Air Force*. U.S. Government Printing Office, 1992
Nelson, Derek, und Parsons, Dave: *Hell-Bent for Leather*. Motorbooks, 1990
Neustadt, Richard E., und May, Ernest R.: *Thinking in Time: The Uses of History for Decision Makers*. Free Press, 1986
Newhouse, John: *War and Peace in the Nuclear Age*. Alfred Knopf Publications, 1989
Nichols, Commander John B., USN (Ret.), und Tillman, Barrett: *On Yankee Station: The Naval Air War over Vietnam*. Naval Institute Press, 1987
Nissen, Jack: *Winning the Radar War*. St. Martin's Press, 1987
Norby, M. O.: *Soviet Aerospace Handbook*. U.S. Government Printing Office, 1987
Nordeen, Lon: *Fighters over Israel: The Story of the Israeli Air Force from the War of Independence to the Beakaa Valley*. Orion Books, 1990
O'Ballance, Edgar: *No Victor, No Vanquished*. Presidio Press, 1978
Office of the Secretary of Defense: *Conduct of the Persian Gulf War*. U.S. Government Printing Office, 1992
Ogley, Bob: *Doodlebugs and Rockets*. Froglets Publications, 1992
O'Neill, Richard: *Suicide Squads of World War II*. Salamander Books, 1981
Orange, Vincent: *Coningham: A Biography of Air Marshall Sir Arthur Coningham*. U.S. Government Printing Office, 1992
Pagonis, Lt. General William G., zs. mit Cruikshank, Jeffrey L.: *Moving Mountains: Lesson in Leadership and Logistics from the Gulf War*. HBS Press, 1992
Parrish, Thomas: *The American Codebreakers: The U.S. Role in Ultra*. Scarborough Publishers, 1986
Parsons, Dave, und Nelson, Derek: *Bandits!* Motorbooks, 1993
Paszek, Lawrence J.: *U.S. Air Force Reference Series: A Guide to Documentary Sources*. U.S. Government Printing Office, 1986
Peebles, Curtis: *Guardians: Strategic Reconnaissance Satellites*, Presidio Press, 1987
– *The Moby Dick Project*. Smithsonian Institute, 1991
Penkovskiy, Oleg: *The Penkovskiy Papers*. Avon Books, 1965
Perla, Peter P.: *The Art of Wargaming*. Naval Institute Press, 1990
Perret, Geoffrey: *Winged Victory: The Army Air Forces in World War II*. Random House, 1993
Petersen, Philip A.: *Soviet Air Power and the Pursuit of New Military Options*. United States Air Force, 1979
Pocock, Chris: *Dragon Lady: The History of the U-2 Spyplane*. Motorbooks International, 1989
Polmar, Norman, und Laur, Timothy: *Strategic Air-Command*. Nautical & Aviation, 1990
Pretty, Ronald T.: *Jane's Weapon Systems 1981–82*. Jane's Publishing Company Limited, 1981
Price, Dr. Alfred: *Battle of Britain: 18. August 1940, The Hardest Day*, Granada Books, 1980
– *Air Battle Central Europe*. Warner Books, 1986
– *Instrument of Darkness. The History of Electronic Warfare*. Peninsula Publishing, 1987
– *The History of U.S. Electronic Warfare*. Association of Old Crows, 1989
Rapoport, Anatol (Hg.) *Carl von Clausewitz on War*. Penguin Books, 1968

Ravenstein, Charles A.: *The U.S. Air Force Reference Series: Air Force Combat Wings 1947–1972* U.S. Government Printing Office, 1984
Rentoul, Ian, und Wakeford, Tom. *Gulf War: British Air Arms*. Concord, 1991
Richelson, Jeffrey T.: *The U.S. Intelligence Community*. Ballinger Publishing Company, 1985
– *Sword and Shield: Soviet Intelligence and Security Apparatus*. Ballinger Publishing Company, 1986
– *American Espionage and the Soviet Target*. William Morrow and Company, 1987
– *America's Secret Eyes in Space*. Harper & Row Publishers, 1990
Robbins, Christopher: *The Ravens*. Simon & Schuster, 1987
Rogers, Will, und Sharon, zs. mit Gregston, Gene: *Storm Center: The USS Vincennes and Iran Air Flight 655*. Naval Institute Press, 1992
Santoli, Al: *Leading the Way: How Vietnam Veterans Rebuilt the U.S. Military*. Ballantine Books, 1993
Schlight, John: *The War in South Vietnam: The Years of the Offensive, 1965–1968*. U.S. Government Printing Office, 1988
Schmitt, Gary: *Silent Warfare: Understanding the World of Intelligence*. Brassey's (U.S.), 1993
Schwarzkopf, H. Norman, zs. mit Petre, Peter: *General H. Norman Schwarzkopf, the Autobiography: It Doesn't Take a Hero*. Bantam Books, 1992
Schwarzkopf, H. Norman: *Man muß kein Held sein*, Bertelsmann, 1992
Scutts, Jerry: *Wrecking Crew: The 388th Tactical Fighter Wing in Vietnam*. Warner Books, 1990
Sharp, Admiral U.S.G., USN (Ret.): *Strategy for Defeat*. Presidio Press, 1978
Sharpe, Captain Richard, RN: *Jane's Fighting Ships 1989-90*. Jane's Publishing Company, 1990
Shaw, Robert L.: *Fighter Combat: Tactics and Maneuvering*. Naval Institute Press, 1985
Shawcross, William: *Sideshow: Kissinger, Nixon and the Destruction of Cambodia*. Simon & Schuster, 1977
Sheehan, John W., Jr.: *Gunsmoke: USAF Worldwide Gunnery Meet*. Motorbooks, 1990
Sheehan, Neil: *The Pentagon Papers*. Bantam Books, 1971
Simonsen, Erik: *This Is Stealth: The F-117 and B-2 in Color*. Greenhill Books, 1992
Sims, Edward H.: *Fighter Tactics and Strategy 1914–1970*. Harper & Row Publishers, 1972
Smallwood, William L.: *Warthog: Flying the A-10 in the Gulf War*. Brassey's (U.S.), 1993
– *Strike Eagle: Flying the F-15E in the Gulf War*. Brassey's 1994
Smith, Peter C.: *Close Air Support: An Illustrated History, 1914 to the Present*. Orion Books, 1990
Spick, Mike: *The Ace Factory*. Avon War, 1988
– und Wheeler, Barry: *Modern Aircraft Markings*. Salamander Books Ltd., 1992
Stevenson. William: *90 Minutes at Entebbe*. Bantam Books, 1976
Stockdale, Jim und Sybil: *In Love and War*. Naval Institute Press, 1990
Straubel, James H.: *Crusade for Airpower*. Aerospace Education Foundation, 1982
Sturu, Colonel William D., Jr.: *F-16 Falcon*. General Dynamics, 1976
Summers, Colonel Henry G., Jr., USA (Ret.): *On Strategy II: A Critical Analysis of the Gulf War*. Dell Publishing, 1992
Sweetman, John: *Schweinfurt: Disaster in the Skies*. Ballantine Books, 1971
– *The Dambusters Raid*. Motorbooks, 1990
Talbott, Strobe: *Deadly Gambits*. Alfred Knopf, Inc., 1984
– *The Master of Game*. Alfred Knopf, Inc., 1988

Terraine, John: *A Time for Company: The Royal Air Force in the European War, 1939 to 1945*. Macmillan Publishing Company, 1985
Thornborough, Anthony: *Sky Spies: The Decades of Airborne Reconnaissance, Arms and Armour*. 1993
Tilford, Earl H., Jr.: *Search and Rescue*. U.S. Government Printing Office, 1992
Toffler, Alvin und Heidi: *War and Anti-War: Survival at the Dawn of the 21st Century*. Little Brown, 1993
Toliver, Colonel Raymond F., und Constable, Trevor J.: *Fighter General: The Life of Adolf Galland*. AmPress. 1990
Townsend, Peter: *Duel of Eagles*. Simon & Schuster, 1959
Tubbs, D.B.: *Lancaster Bomber*. Ballantine Books, 1972
U.S. Military Air Force Academy: *The Intelligence Revolution*. U.S. Government Printing Office, 1988
Ulanoff, Brigadier General Stanley M., USAF, und Eshel, Lt. Colonel David, IDF (Ret.): *The Fighting Israeli Air Force*. Arco Publishing, 1985
U.S. News and World Report Staff: *Triumph without Victory: The Unreported History of the Persian Gulf War*. Random House, 1992
Valenzi, Kathleen D.: *Forged in Steel: U.S. Marine Corps Aviation*. Howell Press, 1987
Venkus, Colonel Robert E.: *Raid on Qaddafi*. St. Martin's Press, 1992
Volkman, Ernest, und Baggett, Blaine. *Secret Intelligence: The Inside Story of America's Espionage Empire*. Doubleday, 1989
Wagner, William: *Lightning Bugs and Other Reconnaissance Drones*. Aero Publishers, 1992
– *Fireflies and Other UAV's*. Midland Publishing Limited, 1992
Waller, Douglas C.: *The Commandos: The Inside Story of America's Secret Soldiers*. Simon & Schuster, 1994
Ward, Sharkey, DSC, AFC, RN: *Sea Harrier over the Falklands: A Maverick at War*. Naval Institute Press, 1992
Warden, Colonel John A., III, USAF: *The Air Campaign: Planning for Combat*. Brassey's, 1989
Ware, Lewis B.: *Low Intensity Conflict in the Third World*. U.S. Government Printing Office, 1988
Warnock, A. Timothy: *The Battle against the U-Boat in the American Theater: The U.S. Army Air Forces in World War II*. U.S. Government Printing Office, 1992
Watson, Bruce; George, Bruce; Tsouras, Peter; Cyr, B.L.: *Military Lessons of the Gulf War*. Greenhill Books, 1991
Wedertz, Bill: *Dictionary of Naval Abbreviations*. Naval Institute Press, 1977
Weinberger, Caspar: *Fighting for Peace*. Warner Books, 1990
Wesgall, Johnathan M.: *Operation Crossroads: The Atomic Tests at Bikini Atoll*. Naval Institute Press, 1994
Wilcox, Robert K.: *Scream of Eagles*. John F. Wiley & Sons, 1990
Winnefeld, James A., und Johnson, Dana J.: *Joint Air Operation*. Naval Institute Press, 1993
Winnefeld, James: Niblack, David; und Johnson, David: *A League of Airmen: U.S. Air Power in the Gulf War*. Rand Project Air Force, 1994
Winter, Frank H.: *The First Golden Age of Rocketry*. Smithsonian Institution, 1990
Wood, Derek: *Project Cancelled: The Disaster of Britain's Abandoned Aircraft Projects*. Jane's Publishing Inc., 1986
Woodward, Sandy: *One Hundred Days: The Memoirs of the Falklands Battle Group Commander*. Naval Institute Press, 1992
Yergin, Daniel: *The Prize: The Epic Quest for Oil, Money & Power*. Simon & Schuster, 1991
Yonay, Ehud: *No Margin for Error*. Pantheon, 1993

Zaloga, Steven J.: *Red Thrust: Attack on the Central Front, Soviet Tactics and Capabilities in the 1990's*. Presidio Press, 1989
– *Target America: The Soviet Union and the Strategic Arms Race, 1945–1964*. Presidio Press, 1993
Zuyev, Alexander, zs. mit McConnell, Malcom. *Fulcrum: A Top Gun Pilot's Escape from the Soviet Empire*. Warner Books, 1992

Broschüren

Department of the Air Force Reaching Globally, Reaching Powerfully: The United States Air Force in the Gulf War. Department of the Air Force, 1991
GPS – A Guide to the Next Utility. Trimble Navigation, 1989
Measuring Effects of Payload and Radius Differences of Fighter Aircraft. Rand, 1993
Space Log – 1993. TRW, 1994
TRW Space Data. 4th Edition. TRW, 1992
Wings at War Series, No. 2: Airborne Assault on Holland. Headquarters, Army Air Forces, 1992
Wings at War Series, No. 2: Air Ground Teamwork on the Western Front. Headquarters, Army Air Forces, 1992
Wings at War Series, No. 2: Pacific Counterblow. Headquarters, Army Air Forces, 1992
Wings at War Series, No. 2: Sunday Punch in Normandy. Headquarters, Army Air Forces, 1992
Wings at War Series, No. 2: The AAF in Northwest Africa. Headquarters, Army Air Forces, 1992
Wings at War Series, No. 2: The AAF of Southern France. Headquarters, Army Air Forces, 1992

Zeitschriften

Air and Space Smithsonian
Air Force
Air Force Monthly
Airman
Airpower Journal
Aviation Week and Space Technology
Code One
Command: Military History, Strategy & Analysis
Naval History
Proceedings
Royal Air Force Yearbook 1992
Royal Air Force Yearbook 1993
The Economist
The Hook
Thunderbirds
USAF Weapons Review
U.S. News and World Report
World Airpower Journal

Videokassetten

AGM-137 (TTSSAM). U.S. Air Force, 9/6/94
Army TACMS. Loral Vought Systems
Astrovision Music Video (B-2). Northrop Television Communications, 1994
BLU-109B: Penetrate and Destroy. Lockheed Missiles and Space Company
Bold Tigers. McDonnell Douglas
B-1B: Top Performer for the U.S. Air Force. Time, 1991
The B-2 Legacy, Northrop Grumman, 1994
The Canadian Forces in the Persian Gulf. DGPA-Director General Public Affairs, 1991
CIA: The Secret Files Parts 1–4. A&E Home Video, 1992
CNN ISAR Demo. Defense Systems & Electronics Group, 4/21/93
C-17: The 2nd Year. McDonnell Douglas Teleproductions
F/A-18 Hornet 94. McDonnell Douglas, Northrop Grumman, General Electric, Hughes, 1994
Fighter Air Combat Trainer. Spectrum HoloByte, 1993
Fire and Steel. McDonnell Douglas
Flight-F-15 Eagle. Network Project Ltd., 1989
F-16's in Iraq and New Glory. Multimedia Group
F-22 Plane, F-117 Fighter. United Technologies, 1994
Harrier II Plus Remanufacture Program. McDonnell Douglas, 1994
Hercules and Beyond. Lockheed Aeronautical Systems Company
Hercules Multi-Mission Aircraft. Lockheed Aeronautical Systems Company
Heroes of the Storm. Media Center
It's about Performance. Sight & Sound Media
Joint Stars. Grumman
Joint Stars One Sysstem Multiple Missions. Grumman
JSOW Update 1994. Texas Instruments, 1994
Loral Aeronutronic-Pave Tack Exec, Version. Loral
MAG-13 Music Video – Long Version. McDonnell Douglas
Manufacturing the B-2: A New Approach. Television Communications, 7/29/94
Navy League 1992. Hornet Team, 1992
Navy League 1992. McDonnell Douglas & Northrop
Navy League 1993. Hornet Team, 1993
Navy League 1993. McDonnell Douglas, Northrop, General Electric, Hughes, 1993
New Developments in the Harpoon and Slam, Media Center
New Legacy, A. Northrop Television Communications, 1994
Night Strike Fighter FA-18 McDonnell Douglas, Northrop, General Electric, Hughes
90 Days: The Chairman Quarterly Report. McDonnell Douglas. 1989
Nite Hawk F/A-18 Targeting FLIR Video. Loral Aeronutronic
Nobody Does it Better. McDonnell Douglas
OM94008 Lantim Turning Night into Day: OM94154 Lantim/Pathfinder Cockpit Display. Martin Marietta. 9/29/94
On the Road Again. McDonnell Douglas, Northrop, General Electric, Hughes
Operation Desert Storm Nite Hawk and Pave Tack FLIR Video for IRIS. Loreal Aeronutronic
Paveway Stock Footage. Defense Systems & Electronics Group
Predator Presentation & 2 MPV Shots. Loral Aeronutronic
Slam/Slam ER Product Video. Media Center
Slam Video Composite. Media Center
Stealth and Survivability Revision 5. Television Communications
Storm from the Sea. Naval Institute, 1991

Three Hits in a Row. Loral Vought Systems, 1994
United States Air Force ATF-23. Northrop McDonnell Douglas Team
War in the Gulf Video Series Volumes 1-4. Video Ordance Inc., 1991
Wings of the Red Star, Volumes 1,2 and 3. The Discovery Channel, 1993
Wings over the Gulf, Star Volumes 1, 2 and 3. The Discovery Channel, 1991

Spiele

Ace of Aces of Jet Eagles. NOVA Game Designs, Inc.
Ace of Aces Wingleader. NOVA Game Designs, Inc.
Ace of Aces WWI Air Combat Game. NOVA Game Designs, Inc.
Air Strike: Modern Air-to-Ground Combat. Game Designers Workshop
Air Superiority: Modern Jet Air Combat. Game Designers Workshop
Captain's Edition Harpoon. GDW Games
Dawn Patrol: Role-Playing Game of WWI Air Combat. TSR Hobbies
Flight Leader: The Game of Air-to-Air Jet Combat Tactics, 1950-Present. The Avalon Hill Game Company, 1985
Harpoon. Game Designers Workshop
Over the Reich: WWII Air Combat over Europe. Clash of Arms Games
Phase Line Smash. GDW
The Speed of Heat: Air Combat over Korea and Vietnam. Clash of Arms Games
12 O'Clock High: The WWII Aerial Action Card Game. Wild West Productions

Tom Clancy

Atom-U-Boot

Reise ins Innere eines Nuclear Warship

Tom Clancy, bekannt durch seine Spannungsromane, ist zugleich ein Militär- und Waffenexperte. In diesem einzigartigen Bericht vermittelt er erstmals eine Vorstellung vom Leben an Bord eines atomar angetriebenen Unterseebootes. Dabei setzt er sich mit den technischen Fakten genauso auseinander wie mit den Aufgaben und Missionen der Unterseeboote, dem Leben der Besatzung und der Kommandostruktur. Er bedient sich dabei Informationen, Abbildungen und Illustrationen, die der Öffentlichkeit bislang vorenthalten waren.

Ein ebenso kompetentes wie faszinierendes Sachbuch, geschrieben in Clancys glänzendem, faktenreichen Stil, das nicht nur die Marinefans der Clancy-Lesergemeinde in seinen Bann ziehen wird.

376 Seiten,
mit zahlreichen s/w-Abbildungen
Efalin mit Schutzumschlag
ISBN 3-453-09093-4

HEYNE